산업기사 필기 완벽 대비

철근콘크리트 및 강구조

고영주 지음

핵심 시리즈 **4**

Civil Engineering Series

 **BM** (주)도서출판 **성안당**

독자 여러분께 알려드립니다

토목기사/산업기사 필기시험을 본 후 그 문제 가운데 "철근콘크리트 및 강구조" 10여 문제를 재구성해서 성안당 출판사로 보내주시면, 채택된 문제에 대해서 성안당 도서 중 "7개년 과년도 토목기사 [필기]" 1부를 증정해 드립니다. 독자 여러분이 보내 주시는 기출문제는 더 나은 책을 만드는 데 큰 도움이 됩니다. 감사합니다.

🔍 e-mail coh@cyber.co.kr (최옥현)

★ 메일을 보내주실 때 성명, 연락처, 주소를 기재해 주시기 바랍니다.
★ 보내주신 기출문제는 집필자가 검토한 후에 도서를 증정해 드립니다.

■ 도서 A/S 안내

성안당에서 발행하는 모든 도서는 저자와 출판사, 그리고 독자가 함께 만들어 나갑니다.

좋은 책을 펴내기 위해 많은 노력을 기울이고 있습니다. 혹시라도 내용상의 오류나 오탈자 등이 발견되면 "좋은 책은 나라의 보배"로서 우리 모두가 함께 만들어 간다는 마음으로 연락주시기 바랍니다. 수정 보완하여 더 나은 책이 되도록 최선을 다하겠습니다.

성안당은 늘 독자 여러분들의 소중한 의견을 기다리고 있습니다. 좋은 의견을 보내주시는 분께는 성안당 쇼핑몰의 포인트(3,000포인트)를 적립해 드립니다.

잘못 만들어진 책이나 부록 등이 파손된 경우에는 교환해 드립니다.

저자 문의 홈페이지 : http://www.pass100.co.kr (게시판 이용)
본서 기획자 e-mail : coh@cyber.co.kr (최옥현)
홈페이지 : http://www.cyber.co.kr   전화 : 031) 950-6300

CHAPTER	Section	1회독	2회독	3회독
제1장 철근콘크리트의 기본개념	1. 기본개념~2. 콘크리트의 특성	1일	1일	1일
	3. 철근의 종류 및 성질~예상 및 기출문제	2일		
제2장 철근콘크리트의 설계법 (강도설계법)	1. 강도설계법	3일	2일	
	2. 보의 파괴형태(강도설계법)~ 3. 변형률한계(강도설계법)	4일		
	4. 지배 단면(강도설계법)~예상 및 기출문제	5일	3일	
제3장 RC보의 휨 해석과 설계	1. 개요~2. 단철근 직사각형 보의 설계	6일		2일
	3. 복철근 직사각형 보의 설계~4. T형보의 설계	7일	4일	
	예상 및 기출문제	8일		
제4장 전단과 비틀림 해석	1. 전단설계의 필요성~6. 전단경간의 영향	9일	5일	3일
	7. 전단설계의 기본개념~12. 전단마찰	10일		
	13. 비틀림설계~예상 및 기출문제	11일	6일	
제5장 철근의 정착과 이음	1. 철근의 부착~2. 철근의 정착	12일		4일
	3. 철근의 이음~4. 표준 갈고리, 예상 및 기출문제	13일	7일	
제6장 보의 처짐과 균열 (사용성 및 내구성)	1. 처짐~3. 피로	14일		5일
	예상 및 기출문제	15일	8일	
제7장 기둥(휨+압축부재)	1. 기둥의 개요~2. 기둥의 판정	16일		6일
	3. 기둥의 설계~예상 및 기출문제	17일	9일	
제8장 슬래브, 옹벽, 확대기초의 설계	1. 슬래브~2. 옹벽	18일		7일
	3. 확대기초~예상 및 기출문제	19일	10일	
제9장 프리스트레스 콘크리트(PSC)	1. 개론	20일		8일
	2. 재료~4. 프리스트레스 도입과 손실	21일	11일	
	5. PSC보의 해석과 설계	22일		
	예상 및 기출문제	23일		
제10장 강구조 및 교량	1. 개론~2. 리벳이음	24일	12일	9일
	3. 용접이음~4. 볼트이음(고장력 볼트)	25일	13일	
	5. 교량~예상 및 기출문제	26일		
부록 I 과년도 출제문제	2018~2020년 토목기사·토목산업기사	27일	14일	10일
	2021~2022년 토목기사	28일		
부록 II CBT 대비 실전 모의고사	토목기사 실전 모의고사 1~9회	29일	15일	
	토목산업기사 실전 모의고사 1~9회	30일		

❝ 수험생 여러분을 성안당이 응원합니다! ❞

30일 완성! **15일 완성!** **10일 완성!**

CHAPTER	Section	1회독	2회독	3회독
제1장 철근콘크리트의 기본개념	1. 기본개념~2. 콘크리트의 특성			
	3. 철근의 종류 및 성질~예상 및 기출문제			
제2장 철근콘크리트의 설계법 (강도설계법)	1. 강도설계법			
	2. 보의 파괴형태(강도설계법)~ 3. 변형률한계(강도설계법)			
	4. 지배 단면(강도설계법)~예상 및 기출문제			
제3장 RC보의 휨 해석과 설계	1. 개요~2. 단철근 직사각형 보의 설계			
	3. 복철근 직사각형 보의 설계~4. T형보의 설계			
	예상 및 기출문제			
제4장 전단과 비틀림 해석	1. 전단설계의 필요성~6. 전단경간의 영향			
	7. 전단설계의 기본개념~12. 전단마찰			
	13. 비틀림설계~예상 및 기출문제			
제5장 철근의 정착과 이음	1. 철근의 부착~2. 철근의 정착			
	3. 철근의 이음~4. 표준 갈고리, 예상 및 기출문제			
제6장 보의 처짐과 균열 (사용성 및 내구성)	1. 처짐~3. 피로			
	예상 및 기출문제			
제7장 기둥(휨+압축부재)	1. 기둥의 개요~2. 기둥의 판정			
	3. 기둥의 설계~예상 및 기출문제			
제8장 슬래브, 옹벽, 확대기초의 설계	1. 슬래브~2. 옹벽			
	3. 확대기초~예상 및 기출문제			
제9장 프리스트레스 콘크리트(PSC)	1. 개론			
	2. 재료~4. 프리스트레스 도입과 손실			
	5. PSC보의 해석과 설계			
	예상 및 기출문제			
제10장 강구조 및 교량	1. 개론~2. 리벳이음			
	3. 용접이음~4. 볼트이음(고장력 볼트)			
	5. 교량~예상 및 기출문제			
부록 I 과년도 출제문제	2018~2020년 토목기사·토목산업기사			
	2021~2022년 토목기사			
부록 II CBT 대비 실전 모의고사	토목기사 실전 모의고사 1~9회			
	토목산업기사 실전 모의고사 1~9회			

" 수험생 여러분을 성안당이 응원합니다! "

머리말

토목공학(Civil Engineering)이 '시민의', '시민을 위한' 공학이라는 직업적 자부심이 오늘날 토목을 전공하는 학생들에게 크게 와 닿지 않는 현실을 지켜보면서 토목공학을 전공한 선배로서 큰 책임감을 느낀다.

토목공학도가 사회에 진출해서 자긍심을 갖고 토목현장에서 마음껏 이상을 펼치기 위해서는 필수적으로 자격증을 취득해야 한다. 향후 특급기술자로 발전해 나가는 데 초석이 되기 때문이다.

이에 본 교재는 토목기사 및 산업기사 자격증을 취득하는 데 필요한 수준의 내용만을 집중적으로 다루었으며, 2021년 개정된 KDS(Korea Design Standard, 국가건설기준)를 반영하였다.

학생들이 자격증 시험공부를 단기간에 끝낼 수 있도록 최근 8년간의 문제를 철저하게 분석하여 이론을 구성하였고, 본문 내용 중에서 출제와 연관된 부분을 [알아두기]란에 출제연도와 함께 내용을 요약하여 실었다. 그리하여 시험 직전 최종 정리단계에서 [알아두기]란만 숙지해도 고득점을 올릴 수 있도록 하였다.

강단에서 오랫동안 강의하면서 본문 내용을 학생들이 어떻게 활용하고 있고, 최종적으로 무엇을 목표로 이 단원을 배우는가에 대해 생각해봤을 때 본 교재가 이러한 학생들의 의문을 풀어주기에는 수험서라는 한계가 있음을 인정한다. 이에 향후 지속적으로 내용을 보완해 나가고자 한다.

끝으로 본 교재를 출판하는 데 도움을 주신 성안당출판사의 이종춘 회장님과 직원 여러분께 깊은 감사를 드린다. 아울러 이 책을 통해 공부한 수험생들에게 좋은 결과가 있기를 기원한다.

덕마리에서
저자 씀

출제기준

• **토목기사** (적용기간 : 2022. 1. 1. ~ 2025. 12. 31.) : 20문제

과목명	주요 항목	세부항목	세세항목
철근콘크리트 및 강구조	1. 철근콘크리트 및 강구조	(1) 철근콘크리트	① 설계일반 ② 설계하중 및 하중조합 ③ 휨과 압축 ④ 전단과 비틀림 ⑤ 철근의 정착과 이음 ⑥ 슬래브, 벽체, 기초, 옹벽, 라멘, 아치 등의 구조물 설계
		(2) 프리스트레스트 콘크리트	① 기본개념 및 재료 ② 도입과 손실 ③ 휨부재 설계 ④ 전단 설계 ⑤ 슬래브 설계
		(3) 강구조	① 기본개념 ② 인장 및 압축부재 ③ 휨부재 ④ 접합 및 연결

• **토목산업기사** (적용기간 : 2023. 1. 1. ~ 2025. 12. 31.) : 10문제

과목명	주요 항목	세부항목	세세항목
구조 설계	2. 철근콘크리트 및 강구조	(1) 철근콘크리트	① 설계일반 ② 설계하중 및 하중조합 ③ 휨과 압축 ④ 전단 ⑤ 철근의 정착과 이음 ⑥ 슬래브, 벽체, 기초, 옹벽 등의 구조물 설계
		(2) 프리스트레스트 콘크리트	① 기본개념 및 재료 ② 도입과 손실
		(3) 강구조	① 기본개념 ② 인장 및 압축부재 ③ 휨부재 ④ 접합 및 연결

출제빈도표

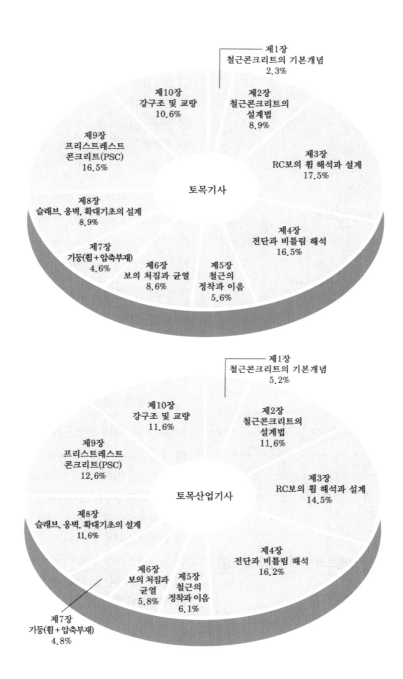

제1장
철근콘크리트의 기본개념
2.3%

제2장
철근콘크리트의
설계법
8.9%

제3장
RC보의 휨 해석과 설계
17.5%

제4장
전단과 비틀림 해석
16.5%

제5장
철근의
정착과 이음
5.6%

제6장
보의 처짐과 균열
8.6%

제7장
기둥(휨+압축부재)
4.6%

제8장
슬래브, 옹벽, 확대기초의 설계
8.9%

제9장
프리스트레스트
콘크리트(PSC)
16.5%

제10장
강구조 및 교량
10.6%

토목기사

제1장
철근콘크리트의 기본개념
5.2%

제2장
철근콘크리트의
설계법
11.6%

제3장
RC보의 휨 해석과 설계
14.5%

제4장
전단과 비틀림 해석
16.2%

제5장
철근의
정착과 이음
6.1%

제6장
보의 처짐과
균열
5.8%

제7장
기둥(휨+압축부재)
4.8%

제8장
슬래브, 옹벽, 확대기초의 설계
11.6%

제9장
프리스트레스트
콘크리트(PSC)
12.6%

제10장
강구조 및 교량
11.6%

토목산업기사

차 례

제3장 RC보의 휨 해석과 설계

제4장 전단과 비틀림 해석

Preliminary Study 미리 알아두기

REINFORCED AND STEEL STRUCTURE

01 단위표시(국제단위계인 SI단위로 표시)

① 하중, 전단력, 축력 등 : N, kN
② 휨모멘트 : N·m, kN·m
③ 강도, 응력 등 : MPa($=N/mm^2$)
④ 단위체적당 중량(단위중량) : N/mm^3

02 단위환산

① 힘
- $1kgf = 9.8N ≒ 10N$
- $1tf = 1,000kgf = 10,000N = 10kN$
- $1N ≒ 0.1kgf$
- $1kN = 1,000N(=10^3N)$

② 응력
- $1Pa = 1N/m^2$
- $1MPa = 10^6Pa = 10^6N/m^2 = 1N/mm^2$
- $1MPa = 1N/mm^2 ≒ 10kgf/cm^2$
- $1kgf/cm^2 ≒ 0.1N$

03 그리스문자

그리스문자	읽는 법	그리스문자	읽는 법
α	알파	μ	뮤
β	베타	ν	뉴
γ	감마	π	파이
δ	델타	ρ	로
ε	엡실론	σ	시그마
θ	세타	τ	타우
λ	람다	η	에타

시험 전 꼭 암기해야 할 **필수 암기노트**

REINFORCED AND STEEL STRUCTURE

01 CHAPTER 철근콘크리트의 기본개념

01 | 철근콘크리트의 성립이유

① 철근과 콘크리트 사이의 부착강도가 크다.
② 콘크리트가 알칼리성이므로 철근은 부식되지 않는다.
③ 철근과 콘크리트의 열팽창계수는 거의 같다.
④ 철근은 인장에 강하고, 콘크리트는 압축에 강하다.

02 | 콘크리트의 휨인장강도(휨파괴계수)

$$f_r = 0.63\lambda\sqrt{f_{ck}}\,[\mathrm{MPa}]$$

여기서, λ : 경량콘크리트계수

03 | 콘크리트의 탄성계수(시컨트계수, E_c)

① 응력−변형률곡선의 기울기($f = E\varepsilon$)
② 설계 시 콘크리트의 탄성계수 적용 : 할선탄성계수 사용
③ 콘크리트 탄성계수 일반식
$$E_c = 0.077\,m_c^{1.5}\sqrt[3]{f_{cu}}\,[\mathrm{MPa}]$$
④ 콘크리트 단위질량 : $m_c = 2{,}300\mathrm{kg/m^3}$인 경우
$$E_c = 8{,}500\sqrt[3]{f_{cm}}\,[\mathrm{MPa}]$$
여기서, f_{cm} : 재령 28일 콘크리트 평균압축강도

04 | 철근의 항복강도

① 휨설계 : $f_y \leq 600\mathrm{MPa}$
② 전단설계 : $f_y \leq 500\mathrm{MPa}$

05 | 배력철근의 역할

① 응력 분배
② 주철근간격 유지
③ 건조수축 등의 억제

06 | 철근의 간격규정

① 보(주철근)

수평 순간격	연직 순간격
• 25mm 이상 • $\dfrac{4}{3}G_{max}$ 여기서, G_{max} : 굵은 골재 최대치수 • 철근의 공칭지름 이상	• 25mm 이상 • 동일 연직면 내에 위치

② 기둥

축방향 철근	띠철근	나선철근
• 40mm 이상 • $\dfrac{4}{3}G_{max}$ 여기서, G_{max} : 굵은 골재 최대치수 • (1.5×철근의 공칭지름) 이상	• 부재 최소치수 이하 • (16×축방향 철근지름) 이하 • (48×띠철근지름) 이하	• 25~75mm 이하

③ 슬래브(주철근)
  ㉠ 최대휨모멘트 발생 단면 : $2t$ 이하 또는 30cm 이하
  ㉡ 기타 단면 : $3t$ 이하 또는 45cm 이하
    여기서, t : 슬래브두께
  ※ 수축 및 온도철근(배력철근) : $5t$ 이하 또는 45cm 이하

[참고]
① 주철근
  ‣ 위험 단면 : 슬래브두께 2배, 30cm 이하
  ‣ 기타 단면 : 슬래브두께 3배, 45cm 이하
② 배력철근 : 슬래브두께 5배, 45cm 이하

07 | 현장타설 콘크리트의 최소피복두께

① 슬래브, 벽체, 장선구조에서 D35 이하 철근 : 20mm
② 흙에 접하는 콘크리트에서 D25 이하 철근 : 50mm
③ 영구히 흙에 묻혀 있는 콘크리트 : 75mm

 02 철근콘크리트의 설계법(강도설계법)
CHAPTER

01 | 휨부재의 강도설계법 기본가정

① 철근과 콘크리트의 변형률은 중립축부터 거리에 비례한다(단, 깊은 보는 비선형변형률분포 또는 스트럿－타이모델 고려).
② 압축연단콘크리트의 극한변형률 ε_{cu} 는 $f_{ck} \leq 40$MPa인 경우 0.0033, $f_{ck} > 40$MPa인 경우 매 10MPa의 강도 증가 시 0.0001씩 감소시킨다(단, $f_{ck} > 90$MPa인 경우 성능실험 등으로 선정근거 명시).

$$\varepsilon_{cu} = 0.0033 - \left(\frac{f_{ck} - 40}{100{,}000} \right) \leq 0.0033$$

③ 철근의 변형률 ε_s 와 항복변형률 ε_y 의 관계에 따라 다음과 같이 적용한다.
　㉠ $\varepsilon_s \leq \varepsilon_y$ 인 경우 : $f_s = E_s \varepsilon_s$(Hook의 법칙)
　㉡ $\varepsilon_s > \varepsilon_y$ 인 경우 : $f_s = f_y$
④ 콘크리트의 인장강도는 부재 단면의 축강도와 휨강도 계산에서 무시한다.
⑤ 콘크리트의 압축응력-변형률관계는 직사각형, 사다리꼴, 포물선형 등 어떤 형상으로도 가정할 수 있다.

02 | 등가직사각형 압축응력블록으로 가정한 경우

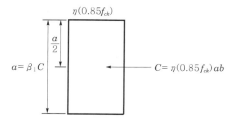

여기서, a : 등가직사각형 압축응력블록의 깊이(= $\beta_1 c$)
　　　　b : 보의 폭
　　　　c : 중립축~압축연단까지 거리(mm)
　　　　β_1 : 압축응력블록깊이지수
　　　　η : 압축응력블록크기지수

f_{ck}[MPa]	≤40	50	60	70	80	90
η	1.00	0.97	0.95	0.91	0.87	0.84

03 | 계수 β_1 결정법

① $f_{ck} \leq 40$MPa인 경우 $\beta_1 = 0.80$
②

f_{ck}[MPa]	≤40	50	60	70	80	90
β_1	0.80	0.80	0.76	0.74	0.72	0.70

04 | 강도감소계수(ϕ) 적용 목적

① 재료공칭강도와 실제 강도와의 차이
② 부재를 제작·시공할 때 설계도와의 차이
③ 부재강도의 추정과 해석 시 불확실성을 고려

05 | 강도감소계수(ϕ)

① 출제된 ϕ값
　㉠ 나선철근 : $\phi = 0.70$, 띠철근 : $\phi = 0.65$
　㉡ 전단력과 비틀림모멘트 : $\phi = 0.75$
　㉢ 포스트텐션 정착구역 : $\phi = 0.85$
　㉣ 무근콘크리트 : $\phi = 0.55$
② ϕ 적용이 필요한 설계강도 : 휨강도, 전단강도, 비틀림강도, 기둥 축하중강도
　※ 철근 정착길이 계산 : ϕ 불필요

06 | 하중계수(α) 적용 목적

① 하중의 이론값과 실제 하중 간의 불가피한 차이
② 하중을 외력으로 고려할 때 해석상의 불확실성
③ 환경작용 등의 변동요인 고려
④ 예기치 않은 초과하중

07 | 하중계수 적용 하중조합

① 고정하중 D, 활하중 L, 집중하중 작용 시 계수하중(가장 큰 값)
　㉠ $U = 1.2D + 1.6L$
　㉡ $U = 1.4D$
② 고정하중 w_d, 활하중 w_l 등분포하중 작용 시 계수하중
$$w_u = 1.2w_d + 1.6w_l$$
③ 계수모멘트 : $M_u = \dfrac{w_u l^2}{8}$

08 | 순인장변형률(ε_t)

$$c : \varepsilon_{cu} = (d_t - c) : \varepsilon_t$$

$$\therefore \varepsilon_t = \varepsilon_{cu}\left(\frac{d_t - c}{c}\right)$$

여기서, $c = \dfrac{a}{\beta_1} = \dfrac{1}{\beta_1}\left(\dfrac{f_y A_s}{\eta(0.85 f_{ck})b}\right)$

09 | 변화구간 단면 강도감소계수

① 띠철근(기타) : $\phi = 0.65 + 0.2\left(\dfrac{\varepsilon_t - \varepsilon_y}{0.005 - \varepsilon_y}\right)$

② 나선철근 : $\phi = 0.70 + 0.15\left(\dfrac{\varepsilon_t - \varepsilon_y}{0.005 - \varepsilon_y}\right)$

03 CHAPTER RC보의 휨 해석과 설계

01 | 단철근 직사각형 보

① 균형보의 중립축위치

ㄱ $c_b = \left(\dfrac{\varepsilon_{cu}}{\varepsilon_{cu} + \varepsilon_y}\right)d \rightarrow \dfrac{c_b}{d} = \dfrac{\varepsilon_{cu}}{\varepsilon_{cu} + \varepsilon_y}$

ㄴ $c_b = \left(\dfrac{660}{660 + f_y}\right)d$

ㄷ $c_b = \left(\dfrac{0.0033}{0.0033 + f_y/E_s}\right)d$

② 균형철근비

$$\rho_b = \underset{①}{\eta}\,\underset{②}{0.85\beta_1}\,\underset{③}{\left(\frac{f_{ck}}{f_y}\right)}\,\underset{④}{\left(\frac{\varepsilon_{cu}}{\varepsilon_{cu} + \varepsilon_y}\right)}$$

여기서, ④는 여러 형태로 표현된다.

$$\frac{\varepsilon_{cu}}{\varepsilon_{cu} + \varepsilon_y} = \frac{c_b}{d} = \frac{660}{660 + f_y}$$

③ 균형철근량 : $A_{sb} = \rho_b b d$

④ 최소철근비 : $\rho_{min} = 0.178\dfrac{\lambda\sqrt{f_{ck}}}{\phi f_y}$ (사각형 단면의 경우)

⑤ 최소철근량 : $A_{s,min} = \rho_{min} b d$

※ 최소철근량 규정이유 : 취성파괴 방지목적

⑥ 최대철근비

$$\rho_{max} = \eta(0.85\beta_1)\left(\frac{f_{ck}}{f_y}\right)\left(\frac{\varepsilon_{cu}}{\varepsilon_{cu} + \varepsilon_{t,min}}\right)\left(\frac{d_t}{d}\right)$$

⑦ 등가응력사각형 깊이 : $a = \dfrac{f_y A_s}{\eta(0.85 f_{ck})b}$

⑧ 중립축위치 : $a = \beta_1 c \rightarrow c = \dfrac{a}{\beta_1}$

⑨ 공칭휨강도(모멘트)

$$M_n = f_y A_s\left(d - \frac{a}{2}\right) \text{ 또는 } M_n = \eta(0.85 f_{ck})ab\left(d - \frac{a}{2}\right)$$

여기서, $a = \beta_1 c$

⑩ 설계휨강도(모멘트)

$$M_d = \phi M_n = \phi\left[f_y A_s\left(d - \frac{a}{2}\right)\right]$$

⑪ 철근량

$$M_u = \phi M_n = \phi f_y A_s\left(d - \frac{a}{2}\right)$$

$$\therefore A_s = \frac{M_u}{\phi f_y\left(d - \dfrac{a}{2}\right)}$$

02 | 복철근 직사각형 보

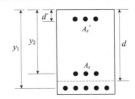

① 유효깊이 : $d = \dfrac{5y_1 + 3y_2}{8}$

② 등가사각형 깊이

$$a = \frac{f_y(A_s - A_s{}')}{\eta(0.85 f_{ck})b} = \frac{f_y d(\rho - \rho')}{\eta(0.85 f_{ck})}$$

여기서, $\rho = \dfrac{A_s}{bd}$, $\rho' = \dfrac{A_s{}'}{bd}$

③ 중립축위치

$a = \beta_1 c$

$$\therefore c = \frac{a}{\beta_1} = \frac{f_y(A_s - A_s{}')}{\eta(0.85 f_{ck})b\beta_1}$$

④ 공칭휨강도(모멘트)

$$M_n = M_{n1} + M_{n2}$$
$$= f_y(A_s - A_s{}')\left(d - \frac{a}{2}\right) + f_y A_s{}'(d - d')$$

⑤ 설계휨강도(모멘트)

$$M_d = \phi M_n$$

$$= \phi \left[f_y (A_s - A_s{'}) \left(d - \frac{a}{2} \right) + f_y A_s{'} (d - d{'}) \right]$$

⑥ 균형철근비

　㉠ 압축철근 항복(O) : $\overline{\rho_b} = \rho_b + \rho{'}$

　㉡ 압축철근 항복(×) : $\overline{\rho_b} = \rho_b + \rho{'} \left(\dfrac{f_s{'}}{f_y} \right)$

　여기서, ρ_b : 단철근 직사각형 보의 균형철근비

　　　　 $f_s{'}$: 압축철근의 응력

　　　　 $\rho{'}$: 압축철근비$\left(= \dfrac{A_s{'}}{bd} \right)$

⑦ 최대 철근비

　㉠ 압축철근 항복(O) : $\overline{\rho}_{\max} = \rho_{\max} + \rho{'}$

　㉡ 압축철근 항복(×) : $\overline{\rho}_{\max} = \rho_{\max} + \rho{'} \left(\dfrac{f_s{'}}{f_y} \right)$

　여기서, $\rho_{\max}$: 단철근 직사각형 보의 최대철근비

03 | T형보

① 유효폭(b_e) 결정

　㉠ T형보(가장 작은 값)

　　• $16 t_f + b_w$

　　• b_c(양쪽 슬래브의 중심 간 거리)

　　• $\dfrac{1}{4} l$

　　　여기서, l : 보 경간

　㉡ 반T형보(가장 작은 값)

　　• $6 t_f + b_w$

　　• $\dfrac{1}{12} l + b_w$

　　• $\dfrac{1}{2} b_n + b_w$

　　　여기서, b_n : 보의 내측 거리

　　　　　　 b_w : 복부폭

② 등가응력사각형 깊이 : $a = \dfrac{f_y (A_s - A_{sf})}{\eta (0.85 f_{ck}) b}$

③ 중립축거리 : $c = \dfrac{a}{\beta_1}$

④ 플랜지철근량 : $A_{sf} = \dfrac{\eta (0.85 f_{ck}) t (b - b_w)}{f_y}$

⑤ 공칭휨강도(모멘트)

$$M_n = f_y A_{sf} \left(d - \frac{t}{2} \right) + f_y (A_s - A_{sf}) \left(d - \frac{a}{2} \right)$$

⑥ 설계휨강도(모멘트)

$$M_d = \phi \left[f_y A_{sf} \left(d - \frac{t}{2} \right) + f_y (A_s - A_{sf}) \left(d - \frac{a}{2} \right) \right]$$

04 CHAPTER 전단과 비틀림 해석

01 | 전단위험 단면

① 보, 1방향 슬래브 : d

② 2방향 슬래브(확대기초) : $d/2$

02 | 전단철근의 종류

① 수직스터럽(|||)

② 45° 이상 경사스터럽(///)

③ 30° 이상 굽힘철근(___/)

④ 스터럽+굽힘철근

03 | 전단철근 공칭전단강도

$$V_n = V_c + V_s$$

여기서, $V_c = \dfrac{1}{6} \lambda \sqrt{f_{ck}} \, b_w d$

　　　 $V_s = \dfrac{d}{s} A_v f_y$(수직스터럽)

04 | 전단철근 최대 전단강도

$$V_s \leq \dfrac{1}{5} \left(1 - \dfrac{f_{ck}}{250} \right) f_{ck} b_w d \, [\text{N}]$$

05 | 전단철근 불필요 시 단면($b_w d$)

$$V_u = \dfrac{1}{2} \phi V_c = \dfrac{1}{2} \phi \left(\dfrac{1}{6} \lambda \sqrt{f_{ck}} \, b_w d \right)$$

$$\therefore b_w d = \dfrac{12 V_u}{\phi \lambda \sqrt{f_{ck}}}$$

06 | 최소전단철근량(가장 큰 값)

① $A_{s,\,min} = 0.0625\sqrt{f_{ck}}\,\dfrac{b_w s}{f_{yt}}$

② $A_{s,\,min} = 0.35\,\dfrac{b_w s}{f_{yt}}$

07 | 전단철근간격(s)

① $V_s = \dfrac{d}{s}A_v f_y = \dfrac{V_u}{\phi} - V_c$

② $\dfrac{1}{3}\lambda\sqrt{f_{ck}}\,b_w d$

∴ ①과 ②의 값을 비교하여 s 결정

08 | $V_s \le \dfrac{1}{3}\lambda\sqrt{f_{ck}}\,b_w d$인 경우(수직스터럽)

① $s = \dfrac{d}{2}$ 이하

② $s = 600\text{mm}$ 이하

③ $s = \dfrac{d}{V_s}A_v f_y$

∴ 가장 작은 값

09 | $V_s > \dfrac{1}{3}\lambda\sqrt{f_{ck}}\,b_w d$인 경우(수직스터럽)

① $s = \dfrac{d}{4}$ 이하

② $s = 300\text{mm}$ 이하

③ $s = \dfrac{d}{V_s}A_v f_y$

∴ 가장 작은 값

10 | 균열비틀림모멘트

$T_{cr} = \dfrac{1}{3}\lambda\sqrt{f_{ck}}\,\dfrac{A_{cp}^{\,2}}{p_{cp}}$

여기서, p_{cp} : 콘크리트 단면의 둘레길이
$\quad\quad A_{cp}$: 콘크리트 단면의 면적

05 CHAPTER 철근의 정착과 이음

01 | 인장이형철근의 기본정착길이

$l_{db} = \dfrac{0.6d_b f_y}{\lambda\sqrt{f_{ck}}}$

여기서, λ : 경량콘크리트계수

02 | 압축이형철근의 기본정착길이

$l_{db} = \left[\dfrac{0.25d_b f_y}{\lambda\sqrt{f_{ck}}},\ 0.043d_b f_y\right]_{max}$

∴ 두 값 중 큰 값 사용

03 | 표준갈고리의 기본정착길이

$l_{db} = \dfrac{0.24\beta d_b f_y}{\lambda\sqrt{f_{ck}}}$

단, $f_y = 400\text{MPa}$

04 | 인장이형철근의 겹침이음길이

① A급이음 : $1.0l_d$ 이상 ≥ 300mm(겹침이음길이 최소값)
　㉠ 겹침이음철근량 ≤ 총철근량$\times\dfrac{1}{2}$
　㉡ 배근철근량 ≥ 소요철근량$\times 2$
　∴ 위 2개의 조건을 충족하는 이음
② B급이음 : $1.3l_d$ 이상 ≥ 300mm(겹침이음길이 최소값)
여기서, l_d : 인장이형철근의 정착길이(보정계수는 적용하지 않음)

06 CHAPTER 보의 처짐과 균열(사용성 및 내구성)

01 | 최종 처짐

$\delta_t = \delta_i + \delta_l$
여기서, δ_i : 탄성처짐
$\quad\quad \delta_l$: 장기처짐

02 | 장기처짐

① $\delta_l = \delta_i \lambda_\Delta$

여기서, λ_Δ : 장기처짐계수 $\left(= \dfrac{\xi}{1+50\rho'}\right)$

ρ' : 압축철근비 $\left(= \dfrac{A_s'}{bd}\right)$

ξ : 시간경과계수

② 재하기간에 따른 시간경과계수(ξ)

   ㉠ 3개월 : 1.0

   ㉡ 6개월 : 1.2

   ㉢ 1년 : 1.4

   ㉣ 5년 이상 : 2.0

03 | 균열모멘트

$$M_{cr} = 0.63\lambda\sqrt{f_{ck}}\,\dfrac{I_g}{y_t}$$

04 | 처짐을 계산하지 않는 보 또는 1방향 슬래브의 최소두께(h)

① $f_y = 400\text{MPa}$ 철근을 사용한 경우

부재	캔틸레버지지	단순 지지
1방향 슬래브	$\dfrac{l}{10}$	$\dfrac{l}{20}$
보	$\dfrac{l}{8}$	$\dfrac{l}{16}$

② $f_y \neq 400\text{MPa}$인 경우

계산된 $h\left(0.43 + \dfrac{f_y}{700}\right)$

05 | 표피철근의 간격 및 배치

① 표피철근간격 s(가장 작은 값)

   ㉠ $s = 375\dfrac{k_{cr}}{f_s} - 2.5c_c$

   ㉡ $s = 300\dfrac{k_{cr}}{f_s}$

   여기서, $k_{cr} = 280$(건조)

          $k_{cr} = 210$(기타)

          $f_s = \dfrac{2}{3}f_y$(근사값)

② 표피철근배치 : 보의 깊이가 900mm 초과 시 $h/2$까지 배치

07 CHAPTER 기둥(휨+압축부재)

01 | 축방향 철근간격(가장 큰 값)

① $s = 40\text{mm}$ 이상

② $s = \dfrac{4}{3}G_{\max}$ 이상

③ $s = 1.5d_b$ 이상

02 | 띠철근의 수직간격(가장 작은 값)

① 축방향 철근지름×16 이하

② 띠철근지름×48 이하

③ 기둥 단면 최소치수 이하

03 | 나선철근간격

$$s = \dfrac{4A_s}{D_c\rho_s}$$

여기서, ρ_s : 나선철근비 $\left(= 0.45\left(\dfrac{D^2}{D_c^2} - 1\right)\dfrac{f_{ck}}{f_{yt}}\right)$

      D_c : 심부지름

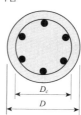

04 | 공칭축강도

① 나선철근

  $P_n = \alpha P_n' = 0.85[0.85f_{ck}A_c + f_yA_{st}]$

  여기서, $A_c = A_g - A_{st}$

② 띠철근

  $P_n = \alpha P_n' = 0.80[0.85f_{ck}A_c + f_yA_{st}]$

  여기서, A_c : 콘크리트 단면적

05 | 설계축강도

① $P_d = \phi P_n = P_{\max}$

② α, ϕ 값

구분	나선철근	띠철근
α	0.85	0.80
ϕ	0.70	0.65

08 CHAPTER 슬래브, 옹벽, 확대기초의 설계

01 | 1방향 슬래브 정철근 및 부철근 중심간격

① 최대휨모멘트 발생 단면 : 슬래브두께 2배 이하, 300mm 이하
② 기타 단면 : 슬래브두께 3배 이하, 450mm 이하

02 | 2방향 슬래브의 직접설계법 제한사항

① 각 방향으로 3경간 이상 연속
② 기둥이탈은 경간의 최대 10%까지 허용
③ 모든 하중은 연직하중으로 슬래브판 전체에 등분포
④ 활하중은 고정하중의 2배 이하
⑤ 경간길이의 차이는 긴 경간의 1/3 이하
⑥ 슬래브 판들은 직사각형으로 단변과 장변의 비가 2 이하

03 | 옹벽의 설계

① 저판
　㉠ 캔틸레버옹벽 : 수직벽(전면벽)으로 지지된 캔틸레버
　㉡ 부벽식 옹벽 : 부벽 간 거리를 경간으로 고정보 (연속보)
② 전면벽
　㉠ 캔틸레버옹벽 : 저판에 지지된 캔틸레버
　㉡ 부벽식 옹벽 : 3변이 지지된 2방향 슬래브
③ 뒷부벽 : T형보(인장철근)
④ 앞부벽 : 직사각형 보(압축철근)

04 | 확대기초

① 위험 단면의 휨모멘트 : $M_u = \dfrac{1}{8} q_u S(L-t)^2$

　여기서, S : 짧은 변
　　　　　L : 긴 변
　　　　　t : 기둥두께

(점선 기준)

② 1방향 기초위험 단면 전단력

$V = $ 응력 $\times$ 단면적

$\quad = q_u S G = q_u S\left(\dfrac{L-t}{2} - d\right)$

③ 2방향 기초위험 단면 전단력

$V_u = q_u(SL - B^2)$

여기서, $q_u = \dfrac{P}{A}$

$\quad\quad B = t + d$

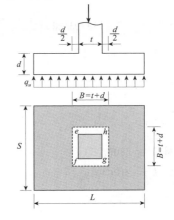

09 | 프리스트레스트 콘크리트(PSC)
CHAPTER

01 | PSC의 3대 기본개념

① 응력개념(탄성이론, 균등질 보의 개념)
② 강도개념(RC와 동일, 내력모멘트개념)
③ 하중평형개념(등가하중개념)

02 | 하중평형개념의 상향력(u)

① 긴장재 포물선배치

$$u = \frac{8Ps}{l^2}$$

여기서, P : 프리스트레스 힘
　　　　s : 보 중앙에서 콘크리트, 도심 ~ 긴장재 도
　　　　　심거리
　　　　l : 보 경간
② 긴장재 절곡배치
　　㉠ 상향력 : $u = 2P\sin\theta$
　　㉡ 하향력 : F = 상향력 u인 경우
$$u = 2P\sin\theta = F$$
$$\therefore P = \frac{F}{2\sin\theta}$$

03 | 프리스트레스 손실원인

① 도입 시 손실 = 즉시 손실(loss)
　　　　　　　 = 즉시 감소(reduction)
　　㉠ 콘크리트의 탄성수축(변형)
　　㉡ 강재와 시스(덕트) 사이의 마찰(포스트텐션방
　　　식에만 해당)
　　㉢ 정착장치의 활동(sliding)
② 도입 후 손실 = 시간적 손실 = 시간적 감소
　　㉠ 콘크리트의 크리프
　　㉡ 콘크리트의 건조수축(프리텐션방식 > 포스트
　　　텐션방식)
　　㉢ PS강재의 릴랙세이션

04 | 프리스트레스 손실응력

① 정착장치의 활동

$$\Delta f_{pa} = E_p \varepsilon = E_p \frac{\Delta l}{l}\,(\text{1단 정착}) = E_p \frac{2\Delta l}{l}\,(\text{2단 정착})$$

② 콘크리트의 탄성변형(탄성수축) : 프리텐션공법일 때
$$\Delta f_{pe} = n f_{ci}$$
$$\therefore f_{ci} = \frac{P_i}{A} = \frac{f_{pi} A_P}{A}$$
여기서, f_{pi} : 초기 프리스트레스 응력
　　　　A_P : 강선 단면적
③ PS강재와 시스 사이의 마찰(곡률, 파상) 손실률 : 포
　스트텐션공법만 해당
　　㉠ 근사식 적용조건 : $l < 40m$, $\alpha < 30$,
　　　$u\alpha + kl \leq 0.3$
　　㉡ 마찰 손실률 $= (kl + u\alpha) \times 100\,[\%]$
　　여기서, u : 곡률마찰계수
　　　　　　α : 각변화(radian)
　　　　　　k : 파상마찰계수
　　　　　　l : 긴장재길이

05 | PS강재의 허용응력

① 긴장할 때 긴장재의 허용인장응력
　　$\left[0.8 f_{pu},\ 0.94 f_{py}\right]_{\min}$
　　여기서, f_{pu} : PS강재의 구조기준 인장강도(극한응력)
　　　　　　f_{py} : PS강재의 구조기준 항복강도
② 프리스트레스 도입 직후의 허용인장응력
　　㉠ 프리텐셔닝 : $\left[0.74 f_{pu},\ 0.82 f_{py}\right]_{\min}$
　　㉡ 포스트텐셔닝 : $0.70 f_{pu}$

06 | 보의 휨 해석과 설계

① (PS강선 편심배치) 상·하연응력
$$f_{\substack{ci \\ ti}} = \frac{P_i}{A_g} \mp \frac{P_i e}{I} y \pm \frac{M}{I} y$$

② (PS강선 도심배치) 상·하연응력
$$f_{\substack{ci \\ ti}} = \frac{P_i}{A_g} \pm \frac{M}{I} y$$

③ (PS강선 도심배치) 하연응력＝0

$$f_{ti} = 0 \ ; \ f_{ti} = \frac{P_i}{A_g} - \frac{M}{I}y = 0$$

$$\therefore \ P_i = \frac{6M}{h}$$

$$\therefore \ M = \frac{P_i h}{6}$$

여기서, 손실률이 발생하면 P_e 사용

$$M = \frac{wl^2}{8}$$

$$P_e = P_i R$$

CHAPTER 10 강구조 및 교량

01 │ 리벳강도

① 1면 전단(단전단)

　㉠ $P_s = v_a\left(\dfrac{\pi d^2}{4}\right)$

　㉡ $P_b = f_{ba}(dt)$

　∴ ㉠과 ㉡ 중 작은 값이 리벳강도

② 2면 전단(복전단)

$$P_s = 2Av_a = \left(\frac{\pi d^2}{2}\right)v_a$$

02 │ 판의 강도

① (인장부재) 축방향 인장강도

　$P_t = f_{ta}A_n$

② 순단면적 : $A_n = b_n t$

③ 순폭(b_n) 결정

　㉠ 일렬배열된 강판 : $b_n = b_g - nd$

　　여기서, d : 리벳구멍의 지름
　　　　　ϕ : 리벳(볼트)의 지름
　　　　　b_g : 부재 총폭
　　　　　n : 부재의 폭방향 동일 선상의 리벳(볼트)
　　　　　　　구멍수

리벳지름(mm)	리벳구멍지름(mm)
$\phi < 20$	$d = \phi + 1.0$
$\phi \geq 20$	$d = \phi + 1.5$

② 지그재그배열된 강판

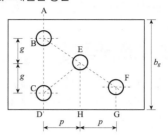

　㉠ ABCD 단면 : $b_{n1} = b_g - 2d$

　㉡ ABEH 단면 : $b_{n2} = b_g - d - w$

　㉢ ABECD 단면 : $b_{n3} = b_g - d - 2w$

　㉣ ABEFG 단면 : $b_{n3} = b_g - d - 2w$

　　여기서, $w = d - \dfrac{p^2}{4g}$

　　　p : 피치
　　　g : 리벳응력의 직각방향인 리벳선간길이

03 │ 필릿용접 목두께

$$\sin 45° = \frac{a}{s}$$

$$\therefore \ a = \sin 45° \, s = 0.7s$$

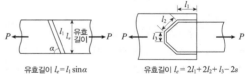

04 │ 용접부 응력

$$f_a = \frac{P}{\sum a l_e}$$

　여기서, $\sum a l_e$: 용접부 유효 단면적의 합
　　　　　P : 이음부에 작용하는 힘

유효길이 $l_e = l_1 \sin\alpha$
(a) 홈용접 유효길이

유효길이 $l_e = 2l_1 + 2l_2 + l_3 - 2s$
(b) 필릿용접 유효길이 Ⅰ

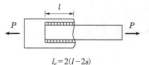

$$l_e = 2(l - 2s)$$
(c) 필릿용접 유효길이 Ⅱ

※ 필릿용접 유효길이는 2가지 타입이 있다.
　여기서, s : 모살치수(필릿사이즈)

chapter 1

철근콘크리트의 기본개념

출제경향 분석

철근콘크리트의 기본개념을 이해하는 단원으로, ① **철근콘크리트 성립이유**, ② **보 및 기둥에서 철근의 간격**, ③ **슬래브에서 주철근의 간격**, ④ **철근의 피복두께**에서 주로 출제된다. 크리프의 영향요인에 대해서도 이해한다.

2.3%

토목기사 출제빈도

5.2%

토목산업기사 출제빈도

1 철근콘크리트의 기본개념

01 기본개념

① 철근콘크리트의 정의

① 콘크리트는 압축에 강하고, 인장에는 매우 약하다.
② 인장에 약한 콘크리트를 보완하기 위해 인장측에 철근을 배치한다.
③ 압축력은 콘크리트가 받고, 인장력은 철근이 받도록 한 일체식 구조를 철근콘크리트(R.C, Reinforced Concrete)라고 한다.

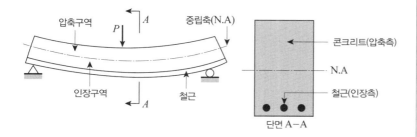

② 철근콘크리트의 성립이유

① 철근과 콘크리트 사이의 부착강도가 크다.
② 콘크리트가 알칼리성이므로 철근은 부식되지 않는다.
③ 철근과 콘크리트의 열팽창계수는 거의 같다.
④ 철근은 인장에 강하고, 콘크리트는 압축에 강하다.

알 • 아 • 두 • 기 •

▶ **기출 예시**
• 08(5) : 2008년 5월 출제
• 09(3,5,8) : 2009년 3, 5, 8월 출제
• ㉔ : 기사
• ㉑ : 산업기사

• 콘크리트 : 압축 담당
• 철근 : 인장 담당
• 콘크리트＝물＋시멘트＋잔골재 ＋굵은 골재＋혼화제

[출제] 철근콘크리트 성립이유
08(5), 09(3,5,8), 18(4), 22(4) ㉔
08(5), 10(9), 11(3), 13(6),
14(3), 19(9), 20(6) ㉑

▶ **열팽창계수(α)**
① 철근 : 0.00012/℃
② 콘크리트 : 0.0001~0.00013/℃

❸ 철근콘크리트의 장점

① 내구성, 내화성이 좋다.
② 구조물의 형태, 치수를 자유롭게 시공이 가능하다.
③ 다양한 조각의 구조물을 일체식 구조로 시공할 수 있다.
④ 강구조물과 비교할 때 경제적이다.
⑤ 진동과 소음, 충격에 대한 저항력이 크다.

❹ 철근콘크리트의 단점

① 자중이 크기 때문에 장경간 교량 및 연약지반 구조물 시공에 불리하다.
② 인장응력, 크리프 및 건조수축 등으로 균열이 발생하기 쉽다.
③ 부분적인 파손이 발생하기 쉽다.
④ 구조물 시공 후 내부검사가 어렵다.
⑤ 개조, 보강, 해체가 어렵다.
⑥ 시공기간이 길고, 거푸집 가격이 비싸다.

02 콘크리트의 특성

① 용어의 정의

① **설계기준강도(f_{ck})** : 콘크리트부재를 설계할 때 기준이 되는 압축강도를 말한다. 즉 구조 계산 시 필요한 28일 압축강도이다.
② **배합강도(f_{cr})** : 설계기준강도를 만족시키기 위해 콘크리트를 배합할 때 목표로 하는 강도를 말한다.
③ **재령 28일 강도(f_{28})** : 콘크리트를 배합한 후 28일간 양생시키고 측정한 콘크리트의 압축강도를 말한다.
④ **평균압축강도(f_{cm})** : 콘크리트의 평균압축강도
⑤ **배합설계** : 요구되는 강도를 얻기 위해 재료의 상태와 혼합비율을 고려하여 각 재료의 양을 결정하는 것으로, 가장 경제적인 배합이 되는 것을 목표로 한다.
⑥ **시방배합** : 실험실에서 배합설계원칙에 따라 결정된 배합으로 골재는 표면건조포화상태의 이상적인 상태를 기준으로 한다.

⑦ **현장배합** : 실험실에서 이상적인 골재상태를 기준으로 구한 배합을 현장조건에 따라 골재의 함수상태와 입도를 보정한 배합을 말한다.

❷ 배합강도(f_{cr})의 결정

(1) 압축강도의 표준편차 이용 : 최소 30회 이상의 압축강도시험 측정치를 확보한 경우

$f_{ck} \leq 35\text{MPa}$	$f_{ck} > 35\text{MPa}$
$f_{cr} = f_{ck} + 1.34s$ $f_{cr} = (f_{ck} - 3.5) + 2.33s$	$f_{cr} = f_{ck} + 1.34s$ $f_{cr} = 0.9f_{ck} + 2.33s$

∴ 둘 중 큰 값 사용
　여기서, s : 압축강도의 표준편차(MPa)

※ **표준편차보정계수** : 시험이 15회 이상, 29회 이하일 때 적용

시험횟수	표준편차보정계수
15회	1.16
20회	1.08
25회	1.03
30회 이상	1.00

(2) 간편식 이용 : 시험횟수가 14회 이하 또는 실험기록이 없는 경우

설계기준강도(f_{ck})	배합강도(f_{cr})
21MPa 이하	$f_{cr} = f_{ck} + 7\text{MPa}$
21~35MPa	$f_{cr} = f_{ck} + 8.5\text{MPa}$
35MPa 초과	$f_{cr} = 1.1f_{ck} + 5.0\text{MPa}$

❸ 강도의 종류

(1) 압축강도(f_c)

$$f_c = \frac{P}{A} = \frac{P}{\pi d^2/4}$$

$$= \frac{4P}{\pi d^2}[\text{N/mm}^2] \quad \cdots\cdots\cdots\cdots (1.1)$$

여기서, P : 원주형 공시체에 작용하는 압축하중(N)
　　　　d : 원주형 공시체의 지름(mm)

▶ **배합강도(f_{cr})의 의미**
설계기준강도(f_{ck})를 만족시키기 위해서 강도목표치를 약간 상회해서 배합하는 강도로, 현장관리상태에 따라 목표치가 다르다.

▶ **압축강도**
① 일반적인 구조물을 설계할 때 압축강도를 기준으로 한다.
② 공시체 크기 : ϕ150mm×300mm

(2) 쪼갬인장강도(f_{sp})

$$f_{sp} = \frac{2P}{\pi dL} [\text{N/mm}^2] \cdots\cdots\cdots\cdots\cdots\cdots\cdots (1.2)$$

여기서, P : 원주형 공시체에 작용하는 압축하중(kgf)
d : 원주형 공시체의 지름(mm)
L : 원주형 공시체의 길이(mm)

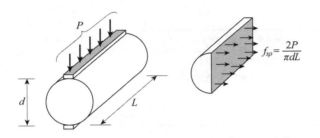

(3) 휨인장강도(휨파괴계수, f_r)

중앙점 재하법과 3등분점 재하법이 있으나 일반적으로 사각형 단면의 3등분점 재하법으로 측정하며 휨파괴계수라고도 한다.

① 휨강도용 공시체 크기 : 150mm(폭)×150mm(높이)×530mm(길이)

② 시험방법

구분	중앙점 재하법	3등분점 재하법
하중재하	P / $\frac{L}{2}$ $\frac{L}{2}$	$\frac{P}{2}$ $\frac{P}{2}$ / $\frac{L}{3}$ $\frac{L}{3}$ $\frac{L}{3}$
균열모멘트 (M_{cr})	$\dfrac{PL}{4}$	$\dfrac{PL}{6}$
휨인장강도 (f_r)	$f_r = \dfrac{M_{cr}}{I_g} y_t = \dfrac{M_{cr}}{Z}$ 여기서, I_g : 총단면 2차 모멘트$\left(직사각형의 \ 경우 \ \dfrac{bh^3}{12}\right)$ y_t : 도심까지의 거리$\left(직사각형의 \ 경우 \ \dfrac{h}{2}\right)$	

■ 쪼갬인장강도

① 할렬인장강도라고도 하며 간접적인 인장강도측정법이다.
② 가압판 상·하면에 힘 P가 작용하면 공시체 축방향으로 인장력이 발생한다.

■ 휨인장강도

① 시멘트 콘크리트 포장설계 시 휨인장강도를 기준으로 한다.
② 실험으로 휨인장강도를 구하지 않을 때의 적용식
$f_r = 0.63\lambda\sqrt{f_{ck}}$[MPa]
여기서, λ : 경량콘크리트계수

■ 경량콘크리트계수(λ)

① f_{sp}가 주어지지 않은 경우
• 전경량콘크리트 : $\lambda = 0.75$
• 모래경량콘크리트 : $\lambda = 0.85$
② f_{sp}가 주어진 경우
$\lambda = \dfrac{f_{sp}}{0.56\sqrt{f_{ck}}} \le 1.0$
③ 보통중량콘크리트 : $\lambda = 1.0$

실험에 의해 직접 구하지 않는 경우 콘크리트구조설계기준에서 휨인장강도(파괴계수)를 다음과 같이 제시하고 있다.

$$f_r = 0.63\lambda\sqrt{f_{ck}}\,[\text{N/mm}^2]$$ ················· (1.3)

여기서, λ : 경량콘크리트계수

(4) 콘크리트 강도별 크기

압축강도 > 휨강도 > 전단강도 > 인장강도

④ 콘크리트의 탄성계수

(1) 할선탄성계수(시컨트계수, E_c)

콘크리트를 설계할 때 적용하는 탄성계수로, 시컨트(secant)계수라고도 한다. 일반적으로 **콘크리트탄성계수는 할선탄성계수**를 말한다. 콘크리트의 할선탄성계수는 콘크리트의 단위질량 m_c의 값이 1,450~2,500kg/m³인 콘크리트의 경우 다음 식에 따라 계산할 수 있다.

$$E_c = 0.077 m_c^{1.5}\sqrt[3]{f_{cm}}\,[\text{MPa}]$$ ················· (1.4)

여기서, $m_c = 2,300$kg/m³(보통중량골재를 사용한 콘크리트)이면

$$E_c = 8,500\sqrt[3]{f_{cm}}\,[\text{MPa}]$$ ················· (1.5)

$$f_{cm} = f_{ck} + \Delta f\,[\text{MPa}]$$ ················· (1.6)

여기서, $f_{ck} \leq 40$MPa이면 $\Delta f = 4$MPa

$f_{ck} \geq 60$MPa이면 $\Delta f = 6$MPa

40MPa $< f_{ck} <$ 60MPa이면 직선보간법 적용

(2) 초기 접선탄성계수(E_{ci})

응력-변형률곡선에서 원점과 곡선의 접선이 이루는 기울기를 초기 접선탄성계수라 한다. 콘크리트의 탄성계수와 초기 접선탄성계수의 관계는 다음과 같다.

$$E_{ci} = 1.18 E_c$$ ················· (1.7)

$$= 1.18 \times 8,500\sqrt[3]{f_{cm}}$$

$$= 10,030\sqrt[3]{f_{cm}}$$

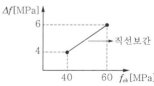

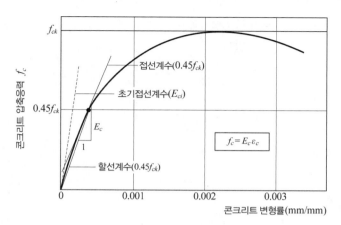

【그림 1-1】 콘크리트의 압축응력 - 변형률곡선과 탄성계수의 결정

(3) 콘크리트의 크리프(creep)

① 크리프의 정의 : 콘크리트에 일정한 하중이 장기간 작용할 때 시간이 경과함에 따라 소성변형이 증대되는 현상을 크리프라고 한다.

② 크리프의 영향요인

비례적 요인	반비례적 요인
• 재하응력(하중)이 클수록 크리프는 크다. • 단위시멘트량이 많을수록 크리프는 크다. • W/C비가 클수록 크리프는 크다. • 온도가 높을수록 크리프는 크다. • 재하기간이 길수록 크리프는 크다.	• 습도가 낮을수록 크리프는 크다. • 재령이 작을수록 크리프는 크다. • 부재치수가 작을수록 크리프는 크다. • 콘크리트 강도가 클수록 크리프는 작다. • 철근비가 높을수록 크리프는 작다. • 고온증기양생을 하면 크리프는 작다.

③ 크리프계수(ϕ)

$$\phi = \frac{크리프변형률}{탄성변형률} = \frac{\varepsilon_c}{\varepsilon_e} = \frac{\varepsilon_c}{\dfrac{f_c}{E_c}} \quad\cdots\cdots\cdots\cdots\cdots (1.8)$$

(옥내구조물 : $\phi=3.0$, 옥외구조물 : $\phi=2.0$, 수중구조물 : $\phi=1.0$ 적용)

여기서, E_c는 콘크리트의 탄성계수로, 크리프변형을 계산할 때 적용하는 콘크리트의 초기 접선탄성계수 E_{ci}와의 관계는 다음과 같다.

▶ 콘크리트의 크리프(creep)

① 오랜 시간에 걸쳐 서서히 진행되는 변형의 종류
② creep : 낮은 포복(군대) → 속도가 느림

▶ 크리프의 영향요인

크리프는 변형의 한 종류이므로 변형이 커지거나 작아지는 영향요인을 이해하는 것이 중요하다.
(예) W/C비가 크면 물이 많은 것이므로 크리프(변형)는 커진다.

[출제] 크리프에 영향을 주는 요인
21(5) ㉐
10(9) ㉑

▶ 크리프계수(ϕ)

① 옥내 : 3.0
② 옥외 : 2.0
③ 수중 : 1.0
※ 수중에 있으면 수분 증발이 없어서 변형이 적고 옥내는 건조하므로 변형이 커서 계수값이 크게 적용된다.

$$E_{ci} = 10,030 \sqrt[3]{f_{cm}} \cdots\cdots\cdots\cdots\cdots\cdots\cdots\cdots\cdots\cdots (1.9)$$

$f_{ck}[\text{MPa}]$	18	21	28	30	35	40
$f_{cm}(= f_{ck} + \Delta f)[\text{MPa}]$	22	25	32	34	39	44
$E_c[\text{MPa}]$	23,000	25,000	27,000	28,000	29,000	30,000

④ 크리프 변형률(ε_c)과 탄성변형률(ε_e) 관계 : 크리프변형률은 탄성변형률보다 1~3배 크며, 크리프변형의 증가비율은 재하시간이 경과함에 따라 감소한다.

(4) 콘크리트의 건조수축(dry shrinkage)

① 건조수축의 정의 : 콘크리트를 배합할 때 작업성(workability)을 확보하기 위해 수화작용에 필요한 물의 양보다 많은 양의 물이 투입되는데, 이 수화작용에 사용되고 남은 물이 증발(건조)하면서 콘크리트가 수축하는 현상을 말한다.

② 건조수축 영향요인

비례적 요인	반비례적 요인
• 단위수량(W)이 많으면 건조수축이 크게 일어난다. • 단위시멘트량(C)이 많으면 건조수축이 크게 일어난다. • W/C비가 클수록 건조수축은 크다.	• 골재입자의 크기가 작으면 건조수축은 크다. • 습윤양생하면 공기 중 양생보다 건조수축이 작다. • 직경이 작은 철근을 많이 사용할수록 건조수축은 작아진다.

③ 콘크리트의 건조수축변형률

구조물의 종류		건조수축변형률
라멘		0.00015
아치	철근량 0.5% 이상	0.00015
	철근량 0.1~0.5%	0.00020

(5) 콘크리트의 탄성변형률 및 크리프변형률

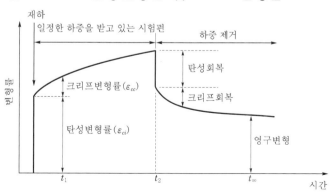

■ 크리프변형률과 탄성변형률

① 크리프변형률(ε_c) : 서서히 발생
② 탄성변형률(ε_e) : 즉시 발생
  ∴ $\varepsilon_c = \phi\varepsilon_e$ ($\phi = 1 \sim 3$)
③ 크리프변형률이 탄성변형률보다 최대 3배까지 크다.

■ 콘크리트의 건조수축

시멘트와 결합하고 남은 여분의 물이 증발하면서 수축하는 현상으로, 콘크리트의 균열을 발생시키는 가장 큰 요인이다.

■ 건조수축 영향요인

① 건조수축은 시멘트 및 물의 양이 많으면 커진다. W/C비가 크면 물이 많으므로 건조수축은 증가한다.
② 동일한 부피에서 골재입자가 작으면 비표면적이 커져 골재 주변의 물이 많으므로 건조수축은 커진다.
③ 습윤양생하면 표면의 수분증발을 막아 건조수축은 작아진다.

03 철근의 종류 및 성질

① 철근의 종류

(1) 이형철근(SD, Deformed Steel)

콘크리트와 철근의 부착력을 높이기 위해 철근의 표면에 리브(rib)와 마디 등의 돌기를 준 철근으로 SD300, SD400, SD500, SD600, SD700, SD400W, SD500W, SD400S, SD500S, SD600S 등 10종류가 있다.

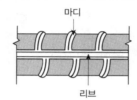

(2) 원형철근(SR, Rounded Steel)

표면이 매끈한 철근으로 부착강도가 작아서 부착에 대해 반드시 검토해야 하며 SR240, SR300 등 2종류가 있다.

(3) 철근의 표기

종류	기호	항복강도 (N/mm², MPa)	색 구분	용도
원형철근	SR240	240 이상	청색	
	SR300	300 이상	녹색	
이형철근	SD300	300 이상	녹색(일반철근)	일반용
	SD400	400 이상	황색(고장력 철근)	
	SD500	500 이상	흑색(super-bar)	
	SD600	600 이상	회색	
	SD700	700 이상	하늘색	
	SD400W	400 이상	백색	용접용
	SD500W	500 이상	분홍색	
	SD400S	400 이상	보라색	특수 내진용
	SD500S	500 이상	적색	
	SD600S	600 이상	청색	

※ 기호의 숫자는 최소항복점강도를 의미한다.

철근마킹 표시(롤링마크, KDS 3504)

주1) 횡방향 리브의 수 : 각 표시사항 사이에 2개 이상
주2) 횡방향 리브 생략 시 각 표시사항 사이에 1개 이상 가능
주3) • SD300 : 표시 없음
• SD400 : 4
• SD500 : 5
• SD600 : 6
• SD700 : 7
• SD400W : 4W
• SD500W : 5W
• SD400S : 4S
• SD500S : 5S
• SD600S : 6S

철근의 표기
• 이형철근 : SD(10종류)
• 원형철근 : SR(2종류)
• SD400 : 숫자는 철근의 항복점 응력을 의미, 숫자가 클수록 고강도 철근
• SD500W : W는 용접(welding)용을 의미

알·아·두·기·

❷ 철근의 탄성계수

$$E_s = 2.0 \times 10^5 \mathrm{MPa} \quad \cdots\cdots\cdots\cdots\cdots (1.10)$$

❸ 탄성계수비(n)

(1) 정의

철근과 콘크리트의 탄성계수의 비로 다음과 같이 표현된다.

$$n = \frac{E_s}{E_c}\left(= \frac{철근탄성계수}{콘크리트탄성계수}\right)$$

(2) 설계 적용

$$n = \frac{E_s}{E_c} = \frac{2.0 \times 10^5}{8,500 \sqrt[3]{f_{cm}}} = \frac{23.53}{\sqrt[3]{f_{cm}}} \quad \cdots\cdots\cdots\cdots (1.11)$$

(3) 콘크리트설계기준강도와 탄성계수비

f_{ck}[MPa]	18	21	28	30	35	40
$f_{cm}(= f_{ck} + \Delta f)$[MPa]	22	25	32	34	39	44
$n\left(= \dfrac{E_s}{E_c}\right)$	8	8	7	7	7	7

❹ 철근의 응력-변형률선도

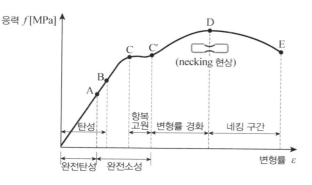

【그림 1-2】 철근의 응력-변형률선도

알아두기 (우측)

▶ 철근의 탄성계수
① 철근의 탄성계수는 콘크리트의 탄성계수보다 약 8배 크다.
② 강도와 탄성계수는 비례한다.
 • 응력(f)$= E\varepsilon$
 • 탄성계수비(n)$= \dfrac{23.53}{\sqrt[3]{f_{cm}}}$
  ($n = 7 \sim 8$)

▶ 철근의 응력-변형률선도에서 중요지점 기억하기
 • A : 비례한도 • B : 탄성한도
 • C : 상항복점 • C′ : 하항복점
 • D : 극한강도 • E : 파괴점

① 비례한도(A점) : 응력과 변형률 직선비례
② 탄성한도(B점) : 외력을 제거하면 영구변형 없이 원상태로 복
　귀하는 응력의 한계
③ 항복점(C점, C′점) : 외력의 증가 없이 변형률이 급격히 증가
④ 극한강도(D점) : 최대응력, 즉 극한강도
⑤ 파괴점(E점) : D점을 지나면 응력은 감소하고 변형은 증가

⑤ 철근의 설계기준항복강도(f_y)

철근의 설계기준항복강도 상한값(긴장재 제외)은 다음과 같다.

철근 종류	항복강도 상한값(MPa)	철근 종류	세부 적용	항복강도 상한값(MPa)
주철근	600	전단철근	벽체를 제외한 보, 기둥, 슬래브 등의 부재	500
나선철근	700		벽체	600
띠철근	600		용접이형철망형 전단철근	600
확대머리이 형철근	400		2방향 전단보강재	400
비틀림철근	500		편심전단설계용 전단철근	400
전단마찰철근	500			

▶ **철근의 설계기준항복강도 상한값**
① 휨설계 : $f_y \leq 600\text{MPa}$
② 전단설계 : $f_y \leq 500\text{MPa}$

▶ **f_y의 상한값 제한이유**
① 부재의 연성파괴 유도
② 균열, 처짐이 지나치게 증가하는
　것 방지
③ 철근의 가공성능 확보

⑥ 철근의 분류

(1) 주철근

설계하중에 의해 단면적이 결정되는 철근으로 정철근, 부철근, 축방
향철근, 전단철근(사인장철근), 비틀림철근 등이 있다.

▶ **철근의 분류**
① 주철근 : 정철근, 부철근, 축방향
　철근, 전단철근, 비틀림철근 등
② 보조철근 : 배력철근, 나선철근,
　띠철근, 조립철근 등

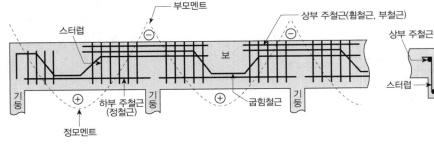

【그림 1-3】 측면도　　　　　【그림 1-4】 단면도

① **정철근** : 정(+)휨모멘트에 의해 생기는 인장응력을 받도록 부
　재의 하부에 배치한 주철근
② **부철근** : 부(-)휨모멘트에 의해 생기는 인장응력을 받도록 부
　재의 상부에 배치한 주철근

③ **전단(보강)철근(사인장철근, 복부철근)** : 콘크리트의 사인장응력
이 인장강도를 초과하면 사인장균열(전단균열)이 발생하므로 이
균열에 저항하기 위해 배치한 주철근이다. **스터럽**(90°의 수직스
터럽, 45° 이상의 경사스터럽)과 정철근 또는 부철근의 일부를
30° 이상 구부린 **절곡철근(굽힘철근)**이 있다.

④ **축방향 철근** : 부재의 축방향으로 배치한 철근으로 주로 기둥
의 주철근이다.

(2) 보조철근

① **수축 및 온도철근(배력철근)** : 응력을 분포시키기 위해 주철근
에 직각 또는 직각에 가까운 방향으로 배치한 보조적인 철근

② **나선철근** : 축방향 철근의 위치를 확보하고 좌굴을 방지하기
위해 축방향 철근을 나선형으로 둘러싼 철근

③ **띠철근** : 축방향 철근의 위치를 확보하고 좌굴을 방지하기 위
해 축방향 철근을 일정한 간격으로 둘러감은 횡방향 철근

④ **조립용 철근** : 철근을 조립할 때 철근의 위치를 확보하기 위해
사용하는 보조적인 철근

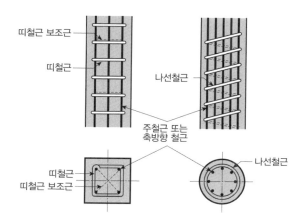

【그림 1-5】 띠철근 기둥 【그림 1-6】 나선철근 기둥

⑦ 철근의 간격

(1) 정의

철근의 간격은 설계할 때는 순간격(l_n)을 적용하고, 제도할 때는 중
심간격(C.T.C)을 사용한다.

[출제] 배력철근의 정의
13(9), 18(3) (산)

▶ **배력철근**
주철근에 직각방향으로 배치한 보조
철근

▶ **배력철근의 역할**
① 응력 분배
② 주철근간격 유지
③ 건조수축 등의 억제

▶ **철근간격**
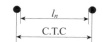

(2) 철근간격의 의미

콘크리트를 타설할 때 철근과 철근 사이를 충분히 메워 철근콘크리트 내부의 공극을 제거함으로써 철근과 콘크리트의 부착을 높이기 위함이다. 따라서 콘크리트의 굵은 골재가 철근 사이를 충분히 빠져나갈 수 있도록 충분한 간격을 유지하는 데 그 목적이 있다.

■▶ 철근간격 유지이유
① 콘크리트 타설 시 유동성 확보
② 재료분리 방지
③ 소요강도 확보

(3) 간격규정

① 보(주철근)

수평 순간격	연직 순간격
• 25mm 이상 • $\frac{4}{3}G_{max}$ 여기서, G_{max} : 굵은 골재 최대치수 • 철근의 공칭지름 이상	• 25mm 이상 • 동일 연직면 내에 위치

[출제] 철근간격규정
08(3), 09(3), 13(6)

■▶ 철근간격규정
① 보의 수평 순간격과 기둥의 축방향 철근간격규정 암기
② 계산문제 : 가장 큰 값 사용 (25mm, 30mm, 32mm → 정답)

② 기둥

축방향 철근	띠철근	나선철근
• 40mm 이상 • $\frac{4}{3}G_{max}$ 여기서, G_{max} : 굵은 골재 최대치수 • (1.5×철근의 공칭지름) 이상	• 부재 최소치수 이하 • (16×축방향 철근지름) 이하 • (48×띠철근지름) 이하	25~75mm 이하

③ 슬래브(주철근)

㉠ 최대휨모멘트 발생 단면 : **2t 이하 또는 30cm 이하**
　　여기서, t : 슬래브두께
㉡ 기타 단면 : **3t 이하 또는 45cm 이하**
※ 수축 및 온도철근(배력철근) : **5t 이하 또는 45cm 이하**

⑧ 철근의 피복두께

(1) 정의

콘크리트의 표면에서 철근의 최외측 표면까지의 최단거리를 피복두께라 한다.

(2) 피복두께를 두는 이유

① 부착강도 증진
② 내화성 증진

[출제] 슬래브의 주철근간격
07(5), 08(9), 09(5), 10(9), 11(3), 13(3,6)

① 주철근간격
• 위험 단면 : 슬래브두께 2배, 30cm 이하
• 기타 단면 : 슬래브두께 3배, 45cm 이하
② 배력철근 : 슬래브두께 5배, 45cm 이하

■▶ 철근의 피복두께
피복두께는 수분이 없는 좋은 환경에서 작게 하고, 수분과 직접 만나는 환경에서는 크게 하여 수분의 침투를 억제하는 역할을 한다.

③ 내구성 증진

④ 철근의 부식 방지

⑤ 콘크리트 타설 시 유동성 확보

(3) 현장타설 콘크리트의 최소피복두께

구분			최소피복두께
수중에 타설하는 **콘크리트**			100mm
흙에 접하여 콘크리트를 친 후 영구히 **흙에 묻혀 있는 콘크리트**			75mm
옥외의 공기나 **흙에** 직접 **접하는 콘크리트**		D19 이상 철근	50mm
		D16 이하 철근	40mm
옥외의 공기나 **흙에** 직접 **접하지 않는 콘크리트**	**슬래브, 벽체,** 장선구조	D35 초과 철근	40mm
		D35 이하 철근	20mm
	보, 기둥 ($f_{ck} \geq$ 40MPa이면 규정값에서 10mm 저감할 수 있다.)		40mm
	셸(shell), 절판부재		20mm

주1) 설계피복두께(표준피복두께) = (최소피복두께 + 10mm) 이상

주2) 피복두께의 시공허용오차는 10mm 이내

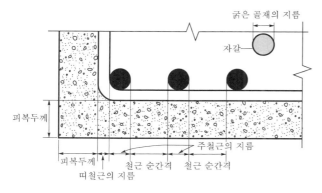

【그림 1-7】 철근콘크리트부재의 순간격 및 피복두께

[출제] 최소피복두께

08(5), 09(8), 11(6), 15(3), 20(6) ㉠

11(3), 20(8) ㉯

➡ **최소피복두께**

① 슬래브, 벽체, 장선구조에서 D35 이하 철근 : 20mm(3회 출제)

② 흙에 접하는 콘크리트에서 D25 이하 철근 : 50mm(1회 출제)

③ 영구히 흙에 묻혀 있는 콘크리트 : 75mm(1회 출제)

④ D35 초과 철근 : 40mm(1회 출제)

➡ **다발철근**

다발철근의 피복두께는 50mm와 다발철근의 등가지름 중 작은 값 이상이어야 한다.

예상 및 기출문제

1. 콘크리트 속에 묻혀 있는 철근이 콘크리트와 일체가 되어 외력에 저항할 수 있는 이유로 적합하지 않은 것은?

[기사 02, 03, 04, 07, 09, 20, 21, 22, 산업 13, 14]

① 철근과 콘크리트 사이의 부착강도가 크다.
② 철근과 콘크리트의 열팽창계수가 거의 같다.
③ 콘크리트 속에 묻힌 철근은 부식하지 않는다.
④ 철근과 콘크리트의 탄성계수는 거의 같다.

> **해설** 철근의 탄성계수=n×콘크리트 탄성계수
> 즉, $E_s = nE_c$(n값 : 6~8), 철근탄성계수가 콘크리트탄성계수의 약 7배 크다.

2. 철근콘크리트가 성립하는 이유에 대한 설명으로 잘못된 것은? [기사 08, 18, 산업 14]

① 철근과 콘크리트와의 부착력이 크다.
② 콘크리트 속에 묻힌 철근은 녹슬지 않고 내구성을 높인다.
③ 철근과 콘크리트의 무게가 거의 같고, 내구성이 같다.
④ 철근과 콘크리트는 열에 대한 팽창계수가 거의 같다.

> **해설** 철근의 단위중량이 콘크리트보다 크므로 무게가 무거우며, 내구수명은 환경조건에 따라 다르다.

3. 철근콘크리트의 장점을 열거한 것 중에서 옳지 않은 것은? [산업 97]

① 내구성, 내화성이 크다.
② 형상이나 치수에 제한을 받지 않는다.
③ 보수나 개조가 용이하다.
④ 유지관리비가 적게 든다.

> **해설** 철근콘크리트는 중량이 무겁고 검사, 개조·보강이 어려우며 균열이 발생하는 단점을 가지고 있다.

4. 다음은 철근콘크리트의 특징에 대한 설명이다. 틀린 것은? [산업 93]

① 내구성과 내화성이 크다.
② 철근과 콘크리트는 온도에 대한 신축계수가 거의 같다.
③ 콘크리트와 철근은 부착강도가 커서 합성체를 이룬다.
④ 설계하중에서 균열이 거의 생기지 않는다.

5. 철근콘크리트의 성립요건 중 틀린 것은?

[산업 08]

① 철근과 콘크리트의 부착강도가 크다.
② 부착면에서 철근과 콘크리트의 변형률은 같다.
③ 철근의 열팽창계수는 콘크리트의 열팽창계수보다 매우 크다.
④ 압축은 콘크리트가, 인장은 철근이 부담한다.

> **해설** 성립요건
> ㉮ 부착이 좋다.
> ㉯ 콘크리트 속 철근은 녹슬지 않는다.
> ㉰ 열팽창계수가 거의 같다.

6. 다음 용어의 정의 중 틀린 것은? [기사 95]

① 무근콘크리트란 강재로 보강하지 않은 콘크리트를 말한다. 그러나 콘크리트의 수축, 균열 등에 대비하여 강재를 사용한 것은 무근콘크리트라고 본다.
② 피복두께란 철근의 중심과 콘크리트표면 사이의 콘크리트의 최소두께이다.
③ 설계하중이란 부재설계 시 적용하는 하중으로서, 강도설계법에 의할 때는 계수하중을, 허용응력설계법에 의할 때는 사용하중을 적용한다.
④ 부철근이란 슬래브 또는 보에서 부(−)의 휨모멘트에 의해서 일어나는 인장응력을 받도록 배치한 주철근을 말한다.

해설 피복두께는 콘크리트표면에서 철근표면까지의 최단거리를 말한다.

7. 다음 중 철근콘크리트부재 설계 시 하중항으로 고려해야 할 사항이 아닌 것은? [기사 94]
① 연직활하중 및 고정하중
② 온도변화
③ 건조수축과 크리프
④ 탄성계수비

해설 탄성계수비는 콘크리트와 철근의 탄성계수비로 6~8의 범위를 갖는다.

8. 설계기준강도 $f_{ck}=25$MPa일 때 현행 콘크리트구조설계기준에 의거 평균소요배합강도 f_{cr}은 얼마인가? (단, 압축강도의 시험횟수가 14회 이하인 경우) [산업 04]
① $f_{cr}=28.8$MPa
② $f_{cr}=31.2$MPa
③ $f_{cr}=33.5$MPa
④ $f_{cr}=25.0$MPa

해설 설계기준강도(f_{ck})가 21~35MPa인 경우의 배합강도 간편식
$$f_{cr}=f_{ck}+8.5$$
$$=25+8.5=33.5\text{MPa}$$

9. 콘크리트의 압축응력과 변형률선도에 영향을 주지 않는 것은? [기사 95]
① 강도
② 크리프
③ 하중형태, 공시체 크기
④ 철근의 종류

10. 다음 중 콘크리트의 탄성계수에 가장 많은 영향을 주는 것은? [기사 92]
① 콘크리트단위질량과 28일 설계기준강도
② 물－시멘트비와 양생온도
③ 물－시멘트비와 시멘트계수
④ 단위중량과 조·세골재비

해설 $E_c=0.077m_c^{1.5}\sqrt[3]{f_{cm}}$
여기서, $f_{cm}=f_{ck}+\Delta f$[MPa]
　　　　　m_c : 콘크리트단위질량
　　　　　f_{ck} : 콘크리트설계기준강도

11. 보통골재를 사용했을 때 $f_{ck}=21$MPa이면 탄성계수비 n은? (단, $E_s=2.0\times10^5$MPa) [기사 93, 95]
① 6
② 7
③ 8
④ 9

해설 $f_{ck}\leq40$MPa일 때
$$f_{cm}=f_{ck}+4=21+4=25\text{MPa}$$
$$\therefore n=\frac{200,000}{8,500\sqrt[3]{25}}\fallingdotseq8$$

12. 탄성계수비 $n=8$이면 콘크리트설계기준강도는? [기사 94]
① $f_{ck}=17$MPa
② $f_{ck}=21$MPa
③ $f_{ck}=29$MPa
④ $f_{ck}=32$MPa

해설 $$n=\frac{200,000}{8,500\sqrt[3]{f_{cm}}}=8$$
$$\sqrt[3]{f_{cm}}=\frac{200,000}{8\times8,500}$$
$$f_{cm}=25\text{MPa}$$
$$\therefore f_{ck}=f_{cm}-4=25-4=21\text{MPa}$$

13. 철근콘크리트 단면의 결정이나 응력을 계산할 때 콘크리트의 탄성계수(elastic modulus, E_c)는 다음의 어느 값으로 취하는가? [기사 02, 04, 19]
① 초기 계수(initial modulus)
② 탄젠트계수(tangent modulus)
③ 할선(시컨트)계수(secant modulus)
④ 영계수(Young's modulus)

14. 콘크리트의 크리프변형률을 계산할 때 사용하는 초기 접선탄성계수는 어느 것인가? [산업 02]
① $E_{ci}=8,500\sqrt[3]{f_{cm}}$
② $E_{ci}=0.077m_c^{1.5}\sqrt[3]{f_{cm}}$
③ $E_{ci}=10,030\sqrt[3]{f_{cm}}$
④ $E_{ci}=0.043w_c^{1.5}\sqrt{f_{ck}}$

해설 ㉮ 초기 접선탄성계수 : $E_{ci}=10,030\sqrt[3]{f_{cm}}$
㉯ 콘크리트 탄성계수 : $E_c=0.85E_{ci}$
　　　　　　　　　　　$=8,500\sqrt[3]{f_{cm}}$

15. 콘크리트의 압축강도가 60MPa인 고강도 콘크리트를 사용한다면 탄성계수 E_c는 대략 얼마인가? (단, 보통골재를 사용한 콘크리트의 단위중량 2.3t/m³) [산업 02]

① 25,720MPa　　② 33,276MPa
③ 28,340MPa　　④ 36,740MPa

해설 보통골재 사용 시
$$E_c = 8,500\sqrt[3]{f_{cm}} = 8,500\sqrt[3]{60} = 33,276\,\text{MPa}$$

16. 보통골재를 사용한 콘크리트의 탄성계수 E_c는?
(단, 콘크리트의 설계기준강도 $f_{ck}=24$MPa) [기사 94]

① 24,773MPa　　② 25,811MPa
③ 29,321MPa　　④ 35,642MPa

해설 보통골재 사용 시
$$E_c = 8,500\sqrt[3]{f_{cm}}$$
$$= 8,500\sqrt[3]{f_{ck}+4}$$
$$= 8,500\sqrt[3]{24+4} = 25,811\,\text{MPa}$$

17. 콘크리트의 압축강도가 29MPa이고, 단위질량이 2,200kg/m³일 때 콘크리트의 탄성계수(E_c)는?
[기사 05]

① 22,123MPa　　② 23,012MPa
③ 24,275MPa　　④ 24,411MPa

해설 $E_c = 0.077{m_c}^{1.5}\sqrt[3]{f_{cm}}$
$$= 0.077 \times 2,200^{1.5} \times \sqrt[3]{29} = 24,411\,\text{MPa}$$

18. 다음은 콘크리트의 건조수축에 관한 사항이다. 잘못된 것은? [기사 92]

① 수중구조물은 수축이 거의 없고, 아주 습한 대기 중에 있는 구조물에는 건조수축이 적게 일어난다.
② 철근이 많이 사용된 콘크리트구조물에서는 콘크리트의 수축이 크게 발생한다.
③ 부정정구조물 설계 시 라멘구조에 적용하는 건조수축계수는 0.00015이다.
④ 아치 설계 시 건조수축계수는 철근량 0.5% 이상인 경우 0.00015, 철근량 0.1~0.5%에서 0.0002를 적용한다.

해설 철근이 콘크리트의 건조수축을 억제하는 역할을 하므로 동일 단면적에 직경이 작은 철근을 여러 개 배치하면 수축 저감에 효과적이다.

19. 콘크리트의 단위중량이 2.1t/m³일 때 콘크리트의 탄성계수 E_c는 얼마인가? (단, f_{ck} : 콘크리트설계기준강도, f_{cm} : 재령 28일 콘크리트 평균압축강도)
[기사 92, 94, 97]

① $1,000\sqrt{f_{ck}}$　　② $2,270\sqrt{f_{ck}}$
③ $3,500\sqrt[3]{f_{cm}}$　　④ $7,410\sqrt[3]{f_{cm}}$

해설 $E_c = 0.077{m_c}^{1.5}\sqrt[3]{f_{cm}}$
$$= 0.077 \times 2,100^{1.5} \times \sqrt[3]{f_{cm}}$$
$$= 7,410\sqrt[3]{f_{cm}}$$

20. 콘크리트의 건조수축에 대한 설명 중 잘못된 것은? [기사 97]

① 탄성변형 외에 시간에 따라 생기는 변형으로 반드시 하중이 재하되어야만 한다.
② 콘크리트의 워커빌리티를 위해 많은 물을 첨가할 경우 시멘트와 수화반응을 일으키고 남는 초과수량에 의해 건조수축이 발생한다.
③ 부재가 구속된 부정정조건에서는 건조수축으로 인해 인장력이 발생되고, 그 결과 균열이 생긴다.
④ 최종 건조수축크기는 물-시멘트비, 상대습도, 온도, 골재형태 및 구조물의 크기와 형상에 따라 다르다.

해설 건조수축
작업성을 위해 시멘트와 수화반응에 필요한 수량 외에 더 많은 물을 넣기 때문에 여분의 물이 증발(건조)하며 내부가 수축하는 현상으로 하중과는 무관하다.

21. 콘크리트의 건조수축에 대한 설명 중 틀린 것은?
[기사 02]

① 콘크리트가 경화될 때 증발한 물의 양만큼 콘크리트가 수축하는 현상이다.
② 건조수축에 의해 콘크리트에는 압축응력, 철근에는 인장응력이 생긴다.
③ 건조수축은 상재하중과는 무관하다.
④ 건조수축변화량은 물-시멘트비(W/C), 상대습도, 온도, 골재의 형상, 구조물의 크기와 형상에 따라 다르다.

▶**해설** 건조수축의 특징

　㉮ 습한 구조물은 작게 일어난다.
　㉯ 철근과 콘크리트의 부착력은 수축 억제에 효과가 있다.
　㉰ 콘크리트의 단위수량이 많으면 건조수축은 크게 일어난다.
　㉱ 건조수축에 의해 콘크리트가 인장응력을 받는다.

22. 콘크리트의 특성에 대한 설명 중 잘못된 것은?
[기사 04]

① 부정정구조물인 경우에는 부재가 건조수축을 일으키려는 거동이 구속되어 인장력이 생긴다.
② 압축력은 콘크리트의 모상균열을 통하여 전달되지만 인장력은 그렇지 못하다.
③ 부재표면에 인접된 콘크리트가 내부콘크리트보다 빨리 건조되어 압축을 받는다.
④ 양생 중 골재 사이의 시멘트풀이 건조수축을 일으켜 내부에 모상균열을 형성한다.

▶**해설** 콘크리트의 표면과 내부의 건조속도가 다르며 표면이 빨리 건조되어 인장을 받게 되므로 균열이 발생한다.

23. 콘크리트의 건조수축에 관한 다음 기술 중 잘못된 것은 어느 것인가?
[기사 07]

① 흡수율이 큰 골재일수록 건조수축이 커진다.
② 단위수량이 작을수록 건조수축은 작다.
③ 양생 초기에 충분한 습윤양생을 하면 건조수축이 작아진다.
④ 단위시멘트량이 작으면 건조수축이 커진다.

▶**해설** 건조수축은 콘크리트표면이 건조하면서 내부는 수축하는 현상으로 단위시멘트량과 단위수량이 많을수록 건조수축이 커진다.

24. 콘크리트의 크리프에 대한 설명 중 잘못된 것은?
[기사 94]

① 크리프처짐은 탄성처짐의 2~3배가 되며 반드시 하중이 작용해야만 생긴다.
② 콘크리트의 압축응력이 설계기준강도의 50% 이내인 경우 크리프는 응력에 비례한다.
③ 크리프계수는 옥내인 경우 2, 옥외인 경우 3으로 한다.

④ 크리프변형은 철근이 더 많은 하중을 지지하도록 하는 효과를 나타낸다.

▶**해설** 크리프계수(ϕ)
　수중 1.0, 옥외 2.0, 옥내 3.0(옥내는 건조하므로 습도가 있는 옥외구조물보다 크리프계수가 크다)

25. 콘크리트의 크리프와 건조수축에 관한 설명 중 틀린 것은?
[기사 94]

① 콘크리트의 크리프에 의한 변형은 탄성변형의 1~3배 정도이다.
② 콘크리트의 크리프변형률과 소성변형률과의 비를 크리프계수라 하며, 옥내 2.0, 옥외 3.0을 표준으로 한다.
③ 콘크리트의 건조수축량은 변형률로 표시되며, 그 값은 보통 $2.0 \sim 6.0 \times 10^{-4}$ 정도이다.
④ 수중구조물은 부재의 최소치수에 관계없이 건조수축의 영향을 고려하지 않는다.

▶**해설** 크리프계수는 콘크리트의 크리프변형률과 탄성변형률의 비이며, 옥내 3.0, 옥외 2.0이다.

26. 콘크리트의 크리프변형률은 탄성변형률의 몇 배인가?
[기사 96]

① 3~5배　　　　　② 1~3배
③ 6~8배　　　　　④ 8~10배

▶**해설** $\phi = \dfrac{\varepsilon_c}{\varepsilon_e} = 1.0 \sim 3.0$

$\therefore \varepsilon_c = (1.0 \sim 3.0)\varepsilon_e$

27. 콘크리트의 탄성계수가 21,000MPa, 압축강도가 28MPa일 때 콘크리트의 탄성변형률은 얼마인가?
[산업 06]

① $\varepsilon = 0.0011$
② $\varepsilon = 0.0013$
③ $\varepsilon = 0.0014$
④ $\varepsilon = 0.0015$

▶**해설** 훅의 법칙 $f = E\varepsilon$

$\therefore \varepsilon = \dfrac{f_c}{E_c} = \dfrac{28}{21,000} = 0.00133$

28. 콘크리트의 크리프에 관한 사항 중 크리프계수는 다음 어느 것을 말하는가? [산업 94]

① $\dfrac{크리프변형률}{팽창률}$ ② $\dfrac{크리프변형률}{탄성변형률}$

③ $\dfrac{팽창률}{크리프변형률}$ ④ $\dfrac{탄성변형률}{크리프변형률}$

29. 어떤 재료의 초기 탄성변형량이 15mm이고, 크리프(creep)변형량이 30mm라면 이 재료의 크리프계수는 얼마인가? [산업 97]

① 1.0   ② 2.0

③ 3.0   ④ 4.0

해설 크리프계수 $= \dfrac{크리프변형률}{탄성변형률}$

$$\phi = \frac{\varepsilon_c}{\varepsilon_e} = \frac{30}{15} = 2.0$$

30. 콘크리트 탄성계수 $E_c = 9.0 \times 10^3$MPa이고, 크리프계수 $\phi = 3$일 때 콘크리트 크리프에 의한 변형률은? (단, $f_c = 8$MPa) [기사 99]

① 0.00167   ② 0.0020

③ 0.0022   ④ 0.00267

해설 훅의 법칙 $f = E\varepsilon$에서 콘크리트의 탄성변형률

$$\varepsilon_e = \frac{f_c}{E_c}$$

$$= \frac{8}{9.0 \times 10^3} = 0.000889$$

콘크리트의 크리프변형률 $\varepsilon_c = \phi \varepsilon_e$에서

$$\therefore \varepsilon_c = 3 \times 0.000889 = 0.00267$$

31. $f_{ck} = 21$MPa인 보통콘크리트로 된 기둥이 9MPa의 응력을 장기하중으로 받을 때 이 기둥은 크리프로 인하여 그 길이가 얼마나 줄어들겠는가? (단, 이 기둥의 길이는 5m이고 수중에 있다.) [기사 95, 98]

① 1.8mm   ② 3.20mm

③ 3.45mm   ④ 4.25mm

해설 $\varepsilon_c = \phi \varepsilon_e = \phi \left(\dfrac{f_c}{E_c} \right)$

$$= 1.0 \times \frac{9}{25,000} = 0.00036$$

여기서, $E_c = 8,500 \sqrt[3]{f_{ck} + 4}$

$$= 8,500 \sqrt[3]{21 + 4} = 25,000\text{MPa}$$

$$\therefore \Delta l = \varepsilon_c l$$

$$= 0.00036 \times 5 \times 10^3$$

$$= 1.8\text{mm}$$

32. 콘크리트의 크리프에 대한 설명 중 옳지 않은 것은? [기사 02, 06]

① 응력은 늘지 않았는데 변형은 계속 진행되는 현상을 크리프라고 한다.

② 물−시멘트비가 클수록 크리프가 크게 일어난다.

③ 강도가 높을수록 크리프가 작다.

④ 콘크리트가 놓이는 주위의 온도와 습도가 높을수록 크리프변형은 커진다.

해설 크리프 저감요인

㉮ 물−시멘트비 작음

㉯ 강도가 높음

㉰ 습도가 높음

㉱ 온도 낮음

㉲ 재령 김

㉳ 큰 부재치수

➡ 크리프는 변형이므로 변형을 작게 하는 요인을 고려

33. 콘크리트의 크리프에 대한 설명으로 틀린 것은? [산업 04, 05, 07]

① 물−시멘트비가 클수록 크리프가 크게 일어난다.

② 고강도 콘크리트인 경우 크리프가 증가한다.

③ 온도가 높을수록 크리프가 증가한다.

④ 상대습도가 높을수록 크리프가 작게 발생한다.

해설 크리프 증가요인

㉮ 물−시멘트비 증가

㉯ 습도 낮음

㉰ 온도 높음

㉱ 응력 높음

㉲ 재령 짧음

㉳ 시멘트량 많음

➡ 크리프는 변형의 한 종류이므로 변형을 크게 발생시키는 요인을 고려한다.

34. 콘크리트의 크리프에 영향을 미치는 요인들에 대한 설명으로 잘못된 것은? [산업 10, 19]
① 물－시멘트비가 클수록 크리프가 크게 일어난다.
② 단위시멘트량이 많을수록 크리프가 증가한다.
③ 부재의 치수가 클수록 크리프가 증가한다.
④ 온도가 높을수록 크리프가 증가한다.

● 해설 ▶ 부재치수가 크면 크리프변형은 감소한다.

35. 철근의 설계강도를 정할 때 철근의 항복응력을 600MPa 이하로 규정한 이유는? [기사 92]
① 콘크리트의 균열폭을 제한하기 위해
② 고가의 고강도 철근의 사용을 억제하기 위해
③ 콘크리트와 철근의 설계강도를 맞추기 위해
④ 철근의 항복강도에 여유를 두어 안전율을 확보하기 위해

● 해설 ▶ 철근의 항복응력을 지나치게 크게 보면 콘크리트부터 파괴되는 취성파괴가 발생하므로 콘크리트의 연성파괴를 유도하기 위해 휨설계 및 전단설계 시 철근의 항복응력을 제한하고 있다(휨설계 : $f_y \leq 600$MPa, 전단설계 : $f_y \leq 500$MPa).

36. 주철근에 이형철근을 사용하는 이유로 옳지 않은 것은? [기사 96]
① 부착응력이 크다.
② 철근이음에서 절약된다.
③ 보통의 경우에는 갈고리를 필요로 하지 않는다.
④ 지압강도를 증진시킨다.

37. 부철근에 대한 설명으로 옳은 것은? [기사 95, 96]
① 전단보강철근이다.
② 인장응력을 받도록 배치한 주철근이다.
③ 인장철근이며, 주철근은 아니다.
④ 가외철근으로 압축철근이다.

● 해설 ▶ ㉮ 정철근 : (＋)모멘트가 발생하는 구역에 배치하는 주철근
㉯ 부철근 : (－)모멘트가 발생하는 구역에 배치하는 주철근

38. 응력 계산에 의하여 그 단면적을 결정하는 것이 아닌 철근은 다음 중 어느 것인가? [기사 95]
① 사인장철근   ② 조립철근
③ 정철근   ④ 부철근

● 해설 ▶ ㉮ 주철근(설계 시 응력 계산에 반영) : 정철근, 부철근, 사인장철근
㉯ 보조철근 : 배력철근, 조립철근, 띠철근, 나선철근 등

39. 철근콘크리트부재에 이형철근으로 SD300을 사용한다고 하였을 때 SD300에서 300이 의미하는 것은? [산업 91]
① 철근의 공칭지름   ② 철근의 인장강도
③ 철근의 연신율   ④ 철근의 항복점응력

40. 배력철근의 역할이 아닌 것은? [기사 95, 산업 96, 98, 12, 13]
① 응력을 고르게 분포시킨다.
② 전단응력에 대한 보강철근이다.
③ 주철근의 간격을 유지시켜 준다.
④ 온도변화에 대한 수축을 감소시킨다.

● 해설 ▶ 배력철근의 역할
㉮ 응력 분산
㉯ 주철근의 간격 유지
㉰ 건조수축 및 크리프 억제

41. 철근의 피복두께에 관한 설명 중 틀린 것은? [기사 92]
① 피복두께의 제한이유는 철근의 부식 방지, 부착력 증대, 내화구조를 만들기 위해서이다.
② 흙에 접하지 않는 현장치기 콘크리트의 경우 보와 기둥의 최소피복두께는 40mm이다.
③ 현장치기 콘크리트의 경우 흙에 접하거나 심한 기상작용을 받는 D16 이하 철근의 최소피복두께는 40mm이다.
④ 현장치기 콘크리트의 경우 수중에 있는 콘크리트의 최소피복두께는 40mm이다.

● 해설 ▶ 현장치기 수중 콘크리트의 최소피복두께는 100mm이다.

42. 철근의 간격에 대한 시방서 구조세목으로 틀린 것은? [기사 95]

① 보의 정철근 또는 부철근의 수평 순간격은 25mm 이상, 굵은 골재의 4/3배 이상, 철근의 공칭지름 이상이어야 한다.

② 정철근 또는 부철근을 2단으로 배치하는 경우 연직 순간격은 25mm 이상으로 해야 한다.

③ 기둥에서 축방향 철근의 순간격은 40mm 이상, 철근의 공칭지름 이상, 굵은 골재 최대치수의 4/3배 이상이어야 한다.

④ 철근을 다발로 사용할 때 이형철근으로 그 수는 4개 이하로 하여 스터럽이나 띠로 둘러싸야 한다.

▶해설 철근의 간격
㉮ 보(수평 순간격) : 25mm 이상, 철근지름 이상, $4/3 G_{max}$
㉯ 기둥 : 40mm 이상, 철근지름 × 1.5, $4/3 G_{max}$

43. 흙에 접하거나 옥외의 공기에 직접 노출되는 현장치기 콘크리트로 D19 이상 철근을 사용하는 경우 최소피복두께는 얼마인가? [기사 19, 산업 04, 11, 19]

① 20mm　　　　　② 40mm
③ 50mm　　　　　④ 60mm

▶해설 흙에 접하거나 외기에 노출되는 콘크리트의 피복두께
㉮ D19 이상의 철근 : 50mm
㉯ D16 이하 : 40mm

44. 현장치기 콘크리트에서 콘크리트치기로부터 흙에 접하여 콘크리트를 친 후 영구히 흙에 묻혀 있는 콘크리트의 피복두께는 최소 얼마 이상이어야 하는가? [기사 07, 15, 20]

① 120mm　　　　　② 100mm
③ 75mm　　　　　④ 60mm

▶해설 흙에 접하여 콘크리트를 친 후 영구적으로 흙에 묻혀 있는 콘크리트 : 75mm

45. 철근콘크리트부재의 최소피복두께에 관한 설명 중 틀린 것은? [기사 08, 09]

① 흙에 접하거나 옥외의 공기에 직접 노출되는 현장치기 콘크리트로 D19 이상의 철근을 사용하는 경우 최소피복두께는 50mm이다.

② 옥외의 공기나 흙에 직접 접하지 않는 현장치기 콘크리트로 슬래브에 D35 이하의 철근을 사용하는 경우 최소피복두께는 20mm이다.

③ 흙에 접하거나 옥외의 공기에 직접 노출되는 프리캐스트 콘크리트로 벽체에 D35 이하의 철근을 사용하는 경우 최소피복두께는 40mm이다.

④ 흙에 접하거나 옥외의 공기에 직접 노출되는 프리스트레스트 콘크리트 벽체인 경우 최소피복두께는 30mm이다.

▶해설 흙에 접하지 않고 외기에 노출되지 않는 콘크리트 피복두께(슬래브, 벽체)
㉮ D35 초과 철근 : 40mm
㉯ D35 이하 : 20mm

chapter 2

철근콘크리트의 설계법
(강도설계법)

강도설계법을 이해하는 단원으로, ① **강도설계법의 기본가정사항**, ② **계수** (β_1) **계산**, ③ **강도감소계수**(ϕ), ④ **하중의 기본조합**, ⑤ **지배 단면(압축, 인장, 변화구간)의 이해**, ⑥ **순인장변형률**(ε_t) 개념 파악에 집중한다.

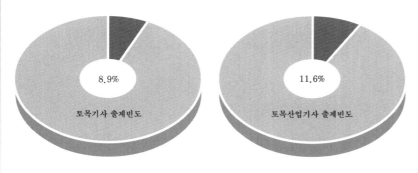

8.9%

토목기사 출제빈도

11.6%

토목산업기사 출제빈도

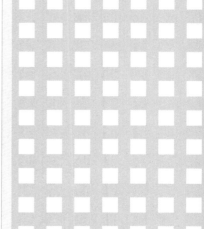

2 | 철근콘크리트의 설계법(강도설계법)

01 강도설계법

알·아·두·기·

① 정의

구조물이 파괴시점에 있을 때 철근콘크리트부재를 탄소성체로 보고, 탄소성 이론에 의하여 계수하중이 작용 시 파괴에 대해 안전하도록 부재를 설계하는 방법으로 **안전성에 초점을 둔 극한강도설계법**(USD, Ultimate Strength Method)이다.

② 하중형태 및 부재별 설계조건

극한강도 ≤ 설계강도(=강도감소계수×공칭강도)			
휨부재	전단부재	비틀림부재	축방향 부재
$M_u \leq M_d = \phi M_n$	$V_u \leq V_d = \phi V_n$	$T_u \leq T_d = \phi T_n$	$P_u \leq P_d = \phi P_n$

(1) 극한강도(소요강도) : M_u, V_u, T_u, P_u

계수하중에 의한 위험 단면의 극한강도로 실제 작용하는 하중에 하중계수를 적용하여 모든 극한조건을 반영한 하중이 외부에서 작용한다고 가정된 강도이다.

(2) 공칭강도 : M_n, V_n, T_n, P_n

외력이 작용할 때 강도설계법의 가정에 따라 계산된 이론상 저항할 수 있는 강도로 부재치수 및 형상에 따라 저항능력이 변화하는 강도이다. 따라서 적정한 설계강도를 확보하기 위해서는 공칭강도의 산정과 변화가 중요하다고 할 수 있다.

> **설계방법**
> ① 허용응력설계법(WSD)
> • 탄성이론에 의한 설계법으로 콘크리트 응력 및 철근의 응력이 허용응력을 초과하지 않도록 설계하는 방법
> • 사용성(처짐, 균열, 진동, 피로 등)에 강점
> • 설계하중 : 실제 하중(실하중, 사용하중) 적용
> ② 극한강도설계법(USD)
> • 소성이론에 의한 설계법으로 극한하중상태에서 구조물의 파괴형상을 예측하는 설계법
> • 안전성에 강점(하중계수 α, 강도감소계수 ϕ 적용)
> • 설계하중 : 계수하중(소요하중, 극한하중) 적용
> ③ 한계상태설계법(LRFD)
> • 구조물이 사용목적에 적합하지 않은 어떤 한계에 도달하는 확률을 허용한도 이하로 되게 하려는 설계법
> • 한계상태(극한한계, 사용한계, 피로한계)
> • 확률론적 신뢰성 이론에 의한 안전성 확보

(3) 설계강도 : M_d, V_d, T_d, P_d

극한조건을 고려한 극한강도가 외력으로 작용할 때 부재의 저항강도인 공칭강도에 강도감소계수 ϕ를 곱하여 산정하며 설계에 적용되는 부재의 강도이다.

> **➡ 설계하중**
> 부재를 설계할 때 사용되는 적용 가능한 모든 하중과 힘

③ 휨부재의 강도설계법 기본가정

① 철근과 콘크리트의 변형률은 중립축부터 거리에 비례한다(단, 깊은 보는 비선형변형률분포 또는 스트럿-타이모델 고려).

② 압축연단콘크리트의 극한변형률 ε_{cu} 는 $f_{ck} \leq 40\text{MPa}$인 경우 0.0033, $f_{ck} > 40\text{MPa}$인 경우 매 10MPa의 강도 증가 시 0.0001씩 감소시킨다 (단, $f_{ck} > 90\text{MPa}$인 경우 성능실험 등으로 선정근거 명시).

$$\varepsilon_{cu} = 0.0033 - \left(\frac{f_{ck} - 40}{100,000}\right) \leq 0.0033 \quad \cdots\cdots\cdots\cdots (2.1)$$

여기서, ε_{cu} : 압축연단콘크리트의 극한변형률

   f_{ck} : 콘크리트의 설계기준압축강도(MPa)

> **[출제] 강도설계법 기본가정**
> 22(3) ㉮

f_{ck}[MPa]	≤40	50	60	70	80	90
ε_{cu}	0.0033	0.0032	0.0031	0.0030	0.0029	0.0028

③ 철근의 변형률 ε_s 와 항복변형률 ε_y 의 관계에 따라 다음과 같이 적용한다.

㉠ $\varepsilon_s \leq \varepsilon_y$ 인 경우 : $f_s = E_s \varepsilon_s$ (Hook의 법칙)

㉡ $\varepsilon_s > \varepsilon_y$ 인 경우 : $f_s = f_y$

여기서, f_s : 인장철근의 응력(MPa)

   f_y : 철근의 설계기준항복강도(MPa)

   ε_s : 철근의 변형률

   E_s : 철근의 탄성계수(MPa)

> **[출제] 휨설계 시 철근항복강도**
> 08(9), 12(3) ㉯
>
> • 휨설계 : $f_y \leq 600\text{MPa}$
> • 전단설계 : $f_y \leq 500\text{MPa}$

④ 콘크리트의 인장강도는 부재 단면의 축강도와 휨강도 계산에서 무시할 수 있다(단, 전단응력 계산은 전체 단면적 고려).

⑤ 콘크리트의 압축응력-변형률관계는 직사각형, 사다리꼴, 포물선형 등 어떤 형상으로도 가정할 수 있다.

㉠ 포물선-직선형 등가응력분포로 가정한 경우

• 구간 $0 \leq \varepsilon_c \leq \varepsilon_{co}$: $f_c = 0.85 f_{ck}\left[1 - \left(1 - \frac{\varepsilon_c}{\varepsilon_{co}}\right)^n\right]$

• 구간 $\varepsilon_{co} < \varepsilon_c < \varepsilon_{cu}$: $f_c = 0.85 f_{ck}$

여기서, f_c : 콘크리트의 압축응력(MPa)

　　　　n : 콘크리트 압축응력－변형률곡선의 형상지수($f_{ck} \leq$ 40MPa이면 2.0)

　　　　ε_c : 콘크리트의 압축변형률

　　　　ε_{co} : 콘크리트 최대응력 도달 시 변형률

　　　　ε_{cu} : 콘크리트 극한변형률($f_{ck} \leq$ 40MPa이면 0.0033)

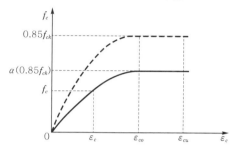

【그림 2-1】 포물선-직선형상의 압축응력분포

• $f_{ck} \leq$ 40MPa인 경우 : $n = 2.0$, $\varepsilon_{co} = 0.0020$, $\varepsilon_{cu} = 0.0033$(**예시**)

$$f_c = 0.85 f_{ck}\left[1 - \left(1 - \frac{\varepsilon_c}{\varepsilon_{co}}\right)^2\right] = 850 f_{ck}(\varepsilon_c - 250 {\varepsilon_c}^2)$$

$$n = 1.2 + 1.5 \left(\frac{100 - f_{ck}}{60}\right)^4 \leq 2.0$$

$$\varepsilon_{co} = 0.002 + \left(\frac{f_{ck} - 40}{100,000}\right) \geq 0.0020 \,(증가)$$

$$\varepsilon_{cu} = 0.0033 - \left(\frac{f_{ck} - 40}{100,000}\right) \leq 0.0033 \,(감소)$$

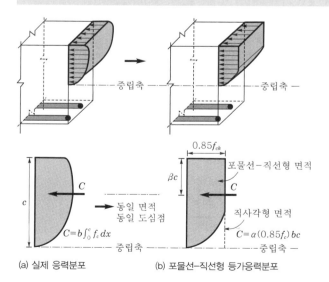

(a) 실제 응력분포　　　　(b) 포물선-직선형 등가응력분포

위 그림에서 압축합력 $C = \alpha(0.85f_{ck})bc$

여기서, α : 압축합력 C의 크기(면적) 관련 계수(포물선 직사
각형 부분 면적/직사각형 면적)

β : 압축합력의 작용위치(도심점) 관련 계수

【표 2-1】 포물선-직선형 등가응력분포계수값(사각형 단면만 적용)

f_{ck}[MPa]	≤40	50	60	70	80	90
n	2.0	1.92	1.50	1.29	1.22	1.20
α	0.80	0.78	0.72	0.67	0.63	0.59
β	0.40	0.40	0.38	0.37	0.36	0.35

ⓛ 등가직사각형 압축응력블록으로 가정한 경우

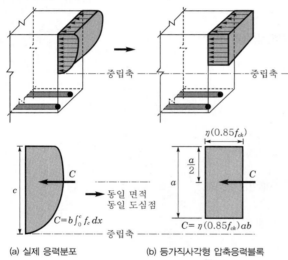

(a) 실제 응력분포   (b) 등가직사각형 압축응력블록

위 그림에서 압축합력 $C = \eta(0.85f_{ck})ab$

여기서, a : 등가직사각형 압축응력블록의 깊이($= \beta_1 c$)

η : 콘크리트의 등가직사각형 압축응력블록크기를 나타내는 지수

β_1 : 콘크리트의 등가직사각형 압축응력의 깊이를 나타내는 지수($= 2\beta$)

c : 압축연단에서 중립축까지의 거리(mm)

ε_{cu} : 압축연단콘크리트의 극한변형률

【표 2-2】 등가직사각형 압축응력블록계수값(전 단면 적용 가능)

f_{ck}[MPa]	≤40	50	60	70	80	90
η	1.00	0.97	0.95	0.91	0.87	0.84
β_1	0.80	0.80	0.76	0.74	0.72	0.70

[출제] 콘크리트 등가직사각형
　　　압축응력블록의 깊이
22(3,4) ㉑

④ 강도감소계수(ϕ)

이론상의 강도인 공칭강도 산정 시 부재가 갖는 실제 강도와의 오차를 고려하여 설계에 적용하는 설계강도는 안전상 1보다 작은 계수를 공칭강도에 곱하여 적용한다. 이는 부재의 강도를 낮게 평가함으로써 안전성을 확보하기 위한 것으로, 이때 적용하는 1보다 작은 계수를 강도감소계수라 한다.

부재 또는 부재 간의 연결부 및 각 부재 단면력에 대한 설계강도			강도감소계수(ϕ)
휨부재 (휨+축력을 받는 부재)	인장지배 단면		0.85
	변화구간 단면[1]	나선철근부재	0.70~0.85
		그 외의 부재	0.65~0.85
	압축지배 단면	나선철근부재	0.70
		그 외의 부재	0.65
전단력, 비틀림모멘트			0.75
콘크리트의 지압력(포스트텐션 정착부 및 스트럿-타이모델은 제외)			0.65
포스트텐션 정착구역			0.85
스트럿－타이모델과 그 모델에서 스트럿, 타이, 절점부 및 지압부			0.75
프리텐션부재의 휨단면 (긴장재 묻힘길이<정착길이)	부재 단부~전달길이 단부까지		0.75
	전달길이 단부~정착길이 단부 사이		0.75~0.85
무근콘크리트(휨모멘트, 압축력, 전단력, 지압력)			0.55

주1) 공칭강도에서 최외단 인장철근의 순인장변형률(ε_t)이 인장지배와 압축지배 단면 사이일 경우에는 순인장변형률(ε_t)이 압축지배변형률한계에서 0.005로 증가함에 따라 강도감소계수(ϕ)값을 압축지배 단면에 대한 값에서 0.85까지 증가시킨다.

나선철근 사용	띠철근 등 기타
$\phi = 0.70 + 0.15\left(\dfrac{\varepsilon_t - \varepsilon_y}{0.005 - \varepsilon_y}\right)$	$\phi = 0.65 + 0.20\left(\dfrac{\varepsilon_t - \varepsilon_y}{0.005 - \varepsilon_y}\right)$

⑤ 하중계수(α)

(1) 정의

부재에 작용하는 하중은 예측한 하중이므로 실제 하중보다 하중이 초과하여 작용하는 것을 대비하여 사용하중에 곱해주는 1보다 큰 안전계수를 하중계수라 한다.

하중조합	계수하중
고정하중, 유체하중 작용	$U = 1.4(D+F)$
온도, 적설하중, 강우하중, 풍하중 작용	$U = 1.2(D+F+T) + 1.6(L+\alpha_H H_v + H_h)$ $\quad + 0.5(L_r,\ S,\ R)$
	$U = 1.2D + 1.6(L_r,\ S,\ R) + (1.0L,\ 0.65W)$
	$U = 1.2D + 1.3W + 1.0L + 0.5(L_r,\ S,\ R)$
	$U = 1.2(D+F+T) + 1.6(L+\alpha_H H_v) + 0.8H_h$ $\quad + 0.5(L_r,\ S,\ R)$
	$U = 0.9(D+H_v) + 1.3W + (1.6H_h\ \text{또는}\ 0.8H_h)$
지진하중 작용	$U = 1.2(D+H_v) + 1.0L + 1.0E + 0.2S$ $\quad + (1.0H_h\ \text{또는}\ 0.5H_h)$
	$U = 0.9(D+H_v) + 1.0E + (1.0H_h\ \text{또는}\ 0.5H_h)$

여기서, **U : 소요강도**

D : 고정하중, L : 활하중, W : 풍하중, E : 지진하중, R :
강우하중, F : 유체하중, S : 적설하중, H_v : 연직방향 하중,
T : 온도, L_r : 지붕활하중, H_h : 수평방향 하중
α_H : 토피두께 보정계수
($h \leq 2\text{m} \rightarrow \alpha_H = 1.0$, $h > 2\text{m} \rightarrow \alpha_H = 1.05 - 0.025h \geq 0.875$)

(2) 하중계수의 적용

① 유체하중 및 연직하중이 작용하지 않는 경우 : $U = 1.4D$

② 활하중과 사하중만 고려하는 경우 :

　기본하중 조합 $U = 1.2D + 1.6L \geq 1.4D$(큰 값 사용)

③ 사용수준 지지력을 사용하는 경우 : 지진하중의 하중계수는 강
　도수준의 $1.0E$ 대신 $1.4E$ 사용

④ 활하중에 대한 보정계수 $1.0L$ 에서 0.5 감소 가능

　(예외 : 차고, 공공집회장소, $L \geq 5.0\text{kN/m}^2$ 이상인 장소)

6 철근비(steel ratio)

철근콘크리트부재의 단면에서 철근의 단면적과 콘크리트 단면적의
비로 다음과 같이 표현한다.

$$\rho = \frac{A_s}{bd} \quad \text{...} \quad (2.2)$$

여기서, A_s : 철근 단면적, b : 단면의 폭, d : 단면의 유효깊이

[출제] $U = 1.2D + 1.6L$ 활용
10(5), 11(3,10), 13(3), 17(9) ㉠
10(9), 11(3,6), 12(3,9), 13(6),
17(3) ㉴

• 고정하중(D), 활하중(L), 집중하
　중 작용 시 계수하중(U)
　$\therefore\ \begin{matrix} U = 1.2D + 1.6L \\ U = 1.4D \end{matrix}$ 큰 값 사용

• 고정하중 w_d, 활하중 w_l, 등분포하
　중 작용 시 계수하중(w_u)
　$\therefore\ w_u = 1.2w_d + 1.6w_l$

• 계수모멘트(M_u)
　$\therefore\ M_u = \dfrac{w_u l^2}{8}$

[출제] 철근비 구하기
09(5), 13(3) ㉴

• $\rho = \dfrac{A_s}{bd}$

❼ 최소철근비($\rho_{\min}$)

철근콘크리트부재에 배근된 주인장철근의 양이 매우 적은 경우에 휨균열 발생 시의 외력을 철근이 지지하지 못하고, 휨균열 발생과 동시에 철근이 항복하여 취성파괴될 수 있다. 이러한 취성파괴를 방지하기 위한 최소한의 주인장철근량의 비를 의미한다.

$$\phi M_n \geq 1.2 M_{cr} \ (\text{최소철근파괴 방지}) \quad \cdots\cdots\cdots\cdots\cdots (2.3)$$

여기서, ϕ : 강도감소계수
M_n : 휨균열 발생 시 단면저항모멘트
M_{cr} : 휨균열모멘트

$$A_{s,\min} = 1.2 \left(\frac{1}{\phi f_y jd} \right) \left(\frac{I_g}{y_t} \right) f_r \quad \cdots\cdots\cdots\cdots\cdots (2.4)$$

$$\rho_{\min} = 1.2 \left(\frac{1}{\phi f_y jd} \right) \left(\frac{I_g f_r}{y_t} \right) \frac{1}{bd} \quad \cdots\cdots\cdots\cdots (2.5)$$

여기서, 직사각형 보의 경우 $d \approx 0.9h$, $jd \approx (7/8)d$이므로 식 (2.5)에 대입하면

$$\rho_{\min} = 0.178 \frac{\lambda \sqrt{f_{ck}}}{\phi f_y} \ (\text{사각형 단면의 경우}) \quad \cdots\cdots\cdots (2.6)$$

❽ 최대철근비($\rho_{\max}$)

인장파괴 철근콘크리트부재의 철근비가 균형철근비에 근접하는 경우 부재의 연성이 작아진다. 따라서 연성파괴를 유도하기 위해 최외단 인장철근의 변형률(ε_t)이 최소허용변형률($\varepsilon_{t,\min}$) 이상이 되도록 규정하고 있다.

$$\rho_{\max} = \eta (0.85 \beta_1) \left(\frac{f_{ck}}{f_y} \right) \left(\frac{\varepsilon_{cu}}{\varepsilon_{cu} + \varepsilon_{t,\min}} \right) \left(\frac{d_t}{d} \right) \quad \cdots\cdots\cdots (2.7)$$

【표 2-3】 최소철근비와 최대철근비(단철근 직사각형 보의 경우)

f_y[MPa]		f_{ck}[MPa]					
		21	24	27	30	40	50
300	$\rho_{\max}$	0.0216	0.0246	0.0277	0.0307	0.0410	0.0491
	$\rho_{\min}$	0.0032	0.0034	0.0036	0.0038	0.0044	0.0049
400	$\rho_{\max}$	0.0161	0.0184	0.0207	0.0231	0.0307	0.0368
	$\rho_{\min}$	0.0024	0.0026	0.0027	0.0029	0.0033	0.0037

▶ 두께 균일구조용 슬래브, 기초판

$\phi M_n > \dfrac{4}{3} M_u$ 적용

- $M_n = TZ = f_y A_s \, jd$
여기서, f_y : 인장철근설계기준항복
강도
A_s : 인장철근 단면적
jd : 압축력과 인장력 중심
간 거리

- $M_{cr} = \dfrac{I_g}{y_t} f_r$
여기서, $f_r = 0.63 \lambda \sqrt{f_{ck}}$

· 최소허용변형률($\varepsilon_{t,\min}$)

$f_y \leq 400$MPa	$f_y > 400$MPa
0.004	$2\varepsilon_y$

[출제] 연성파괴조건
12(9), 20(6) 산

· 연성파괴거동 : $\rho_{\min} \leq \rho \leq \rho_{\max}$

▶ 최대철근비($\rho_{\max}$)

$C = T$,
$\eta (0.85 f_{ck})(\beta_1 c) b = f_y A_s$
$c = \dfrac{1}{\beta_1} \dfrac{f_y (\rho bd)}{\eta (0.85 f_{ck}) b} \cdots\cdots$ ①
$c : \varepsilon_{cu} = d_t : (\varepsilon_{cu} + \varepsilon_t)$
$\varepsilon_t = \varepsilon_{cu} \left(\dfrac{d_t}{c} - 1 \right) \cdots\cdots\cdots$ ②
식 ①을 ②에 대입하고
ε_t를 $\varepsilon_{t,\min}$으로 대체하면
$\therefore \rho_{\max} = \eta (0.85 \beta_1) \left(\dfrac{f_{ck}}{f_y} \right)$
$\left(\dfrac{\varepsilon_{cu}}{\varepsilon_{cu} + \varepsilon_{t,\min}} \right) \left(\dfrac{d_t}{d} \right)$

f_y[MPa]		f_{ck}[MPa]					
		21	24	27	30	40	50
500	ρ_{max}	0.0114	0.0130	0.0146	0.0162	0.0216	0.0259
	ρ_{min}	0.0019	0.0021	0.0022	0.0023	0.0026	0.0030
600	ρ_{max}	0.0084	0.0097	0.0109	0.0121	0.0161	0.0192
	ρ_{min}	0.0016	0.0017	0.0018	0.0019	0.0022	0.0025
700	ρ_{max}	0.0065	0.0075	0.0084	0.0093	0.0124	0.0149
	ρ_{min}	0.0014	0.0015	0.0016	0.0016	0.0019	0.0021

주) 최소철근비 계산 시에 $d = 0.9h$, $jd = 0.875d$, $\phi = 0.85$로 가정하였다. ρ_{max}는 $d = d_t$일 때의 최대철근비이며, d와 d_t가 다른 경우에는 이 값에 d_t/d를 곱해서 계산해야 한다.

02 보의 파괴형태(강도설계법)

① 저보강보($\rho < \rho_b$ 상태)

(1) 정의

평형철근비보다 적은 철근을 사용한 보로 저보강보 또는 **과소철근보**라고 한다. 이 상태에서는 철근이 먼저 항복한 후에 콘크리트가 큰 변형을 일으키며 서서히 파괴되는데, 이를 **연성파괴**라 한다.

(2) 특징 요약

① $\rho < \rho_b$인 상태

② $\rho_{min} < \rho < \rho_{max}$ 범위를 갖는다.

③ 철근이 먼저 항복한다(콘크리트변형률 $\varepsilon_{cu} = 0.0033$일 때 $\varepsilon_s > \varepsilon_y$).

④ 파괴가 서서히 진행되는 연성파괴가 발생한다.

⑤ **중립축이 상승**한다.

⑥ 유효깊이(d)가 증가한다.

⑦ 인장지배 단면으로 인장파괴(**연성파괴**)가 발생한다.

⑧ 강도설계법이 추구하는 바람직한 설계조건이다.

■ 보의 파괴형태
① 저보강보(과소철근보)
  • 연성파괴(철근 먼저 항복)
  • 중립축 상승
② 균형보(평형보)
  • 평형파괴(철근과 콘크리트 동시 파괴)
③ 과보강보(과다철근보)
  • 취성파괴(콘크리트 먼저 항복)
  • 중립축 하강

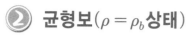

② 균형보($\rho = \rho_b$상태)

(1) 정의

평형철근비와 같은 철근비를 갖는 보로 평형보 또는 균형보라고 한다. 이때는 철근과 콘크리트가 동시에 파괴된다. 따라서 과소철근보에 비해 많은 철근이 필요하므로 비경제적인 설계라고 할 수 있다.

(2) 특징 요약

① $\rho = \rho_b$인 상태

② 철근과 콘크리트가 동시에 파괴된다(**평형파괴**).

③ 가장 이상적인 설계조건이나, 실제 설계에 적용할 때는 연성파괴를 위해 과소철근보로 설계한다.

[출제] 균형보 정의
10(9), 17(5) ⓢ

- $\varepsilon_{cu} = 0.0033$(콘크리트변형률)
- $\varepsilon_y = \dfrac{f_y}{E_s}$(철근변형률)

---

③ 과보강보($\rho > \rho_b$ 상태)

(1) 정의

평형철근비보다 많은 철근을 사용한 보로 과보강보 또는 과다철근보라고 한다. 이때는 철근이 항복하기 전에 콘크리트가 극한응력에 도달하여 갑작스런 파괴가 발생하며, 이를 **취성파괴**라고 한다.

(2) 특징 요약

① $\rho > \rho_b$인 상태

② 콘크리트가 먼저 항복한다.

③ 갑작스런 파괴가 진행되는 취성파괴가 발생한다.

④ **중립축이 하강**한다.

⑤ 유효깊이(d)가 감소한다.

⑥ 압축지배 단면으로 압축파괴(**취성파괴**)가 발생한다.

⑦ 현행 설계법에서 금지하고 있는 설계조건이다.

[출제] 중립축 이동
12(3), 19(9) ⓢ

▶ 저보강보
철근이 적음 → 철근 먼저 파괴 → 철근변형률도 증가 → 중립축 상승

▶ 과보강보
철근이 많음 → 콘크리트 먼저 파괴 → 콘크리트변형률도 증가 → 중립축 하강

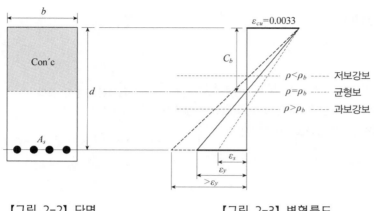

【그림 2-2】단면

【그림 2-3】변형률도

03 변형률한계(강도설계법)

① 균형변형률상태($\varepsilon_c = \varepsilon_{cu}$일 때 $\varepsilon_s = \varepsilon_y$)

인장철근의 변형률이 항복변형률인 $\varepsilon_s = \varepsilon_y = f_y/E_s$에 도달하고 동시에 압축콘크리트가 가정된 극한변형률에 도달할 때 그 단면을 균형변형률상태라고 한다.

② 압축지배변형률한계(ε_y)

균형변형률상태에서 철근의 항복변형률(ε_y)을 압축지배변형률한계로 본다. 프리스트레스 콘크리트(PSC)의 경우에는 최외단 긴장재의 순인장변형률(ε_t)을 기준으로 하며, 압축지배변형률한계는 0.002로 한다.

- ▣ 압축지배변형률한계 : ε_y
- ▣ 압축지배 단면 : $\varepsilon_t \leq \varepsilon_y$

③ 인장지배변형률한계(0.005 또는 $2.5\varepsilon_y$)

철근의 항복강도가 400MPa 이하인 경우 인장지배변형률한계는 0.005이고, 항복강도가 400MPa을 초과하는 경우에는 철근항복변형률의 2.5배($2.5\varepsilon_y$)를 인장지배변형률한계로 본다.

- ▣ 인장지배변형률한계
  - ① $0.005(f_y \leq 400\text{MPa})$
  - ② $2.5\varepsilon_y(f_y > 400\text{MPa})$
- ▣ 인장지배 단면
  - ① $\varepsilon_t \geq 0.005(f_y \leq 400\text{MPa})$
  - ② $\varepsilon_t \geq 2.5\varepsilon_y(f_y > 400\text{MPa})$

④ 휨부재 또는 계수축력 $P_u < 0.1 f_{ck} A_g$ 인 휨부재(휨모멘트+축력)

ε_t(순인장변형률) ≥ 0.004 또는 $\varepsilon_t \geq 2.0\varepsilon_y$ 조건을 만족해야 최소한의 연성을 확보하여 인장파괴를 유도한다.

■ 휨설계 일반원칙

① 휨부재
② $P_u < 0.1 f_{ck} A_g$ 인 휨부재
위 부재는 $\varepsilon_t \geq 0.004$, $\varepsilon_t \geq 2.0\varepsilon_y$ 조건을 충족해야 한다.
• 균형파괴변형률
 $- \varepsilon_s \rightarrow \varepsilon_y$: d 기준
• 압축지배변형률, 인장지배변형률
 $- \varepsilon_t \rightarrow \varepsilon_y$: d_t 기준

【표 2-4】강재 종류별 변형률한계

구분	강재 종류	압축지배 변형률한계	인장지배 변형률한계	휨부재의 최소허용변형률
RC	SD400 이하	철근항복변형률(ε_y)	0.005	0.004
	SD400 초과	철근항복변형률(ε_y)	$2.5\varepsilon_y$	$2.0\varepsilon_y$
PSC	PS강재	0.002	0.005	—

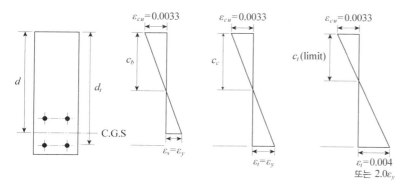

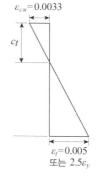

| (a) 단면 | (b) 균형파괴변형률 | (c) 압축지배변형률한계 | (d) 휨부재변형률한계 | (e) 인장지배변형률한계 |

【그림 2-4】균형파괴, 압축지배, 휨부재변형률한계, 인장지배 단면

[참고] 그림 (b) : d 기준
그림 (c)~(e) : d_t 기준

 04 지배 단면(강도설계법)

① 정의

최외단 인장철근(인장측 연단에 가장 가까운 철근)의 **순인장변형률**(ε_t)에 따라 압축지배 단면, 인장지배 단면, 변화구간 단면으로 구분하고, 지배 단면에 따라 강도감소계수(ϕ)를 달리 적용해야 한다.

❷ 순인장변형률(ε_t)

공칭강도에서 **최외단 인장철근의 인장변형률 또는 긴장재의 인장변형률**을 말한다(프리스트레스, 크리프, 건조수축, 온도변화에 의한 변형률은 포함하지 않는다).

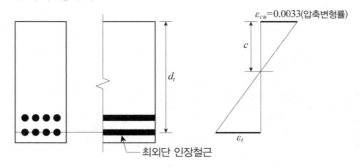

【그림 2-5】변형률분포와 순인장변형률(ε_t)

이때 $c : \varepsilon_{cu} = (d_t - c) : \varepsilon_t$ 이므로

순인장변형률 $\varepsilon_t = \varepsilon_{cu}\left(\dfrac{d_t - c}{c}\right) = \varepsilon_{cu}\left(\dfrac{d_t}{c} - 1\right)$ .... (2.8)

여기서, d_t : 압축연단~최외단 인장철근도심까지의 거리

c : 중립축거리

❸ 압축지배 단면(과보강 단면) : 압축파괴

① 압축콘크리트가 가정된 극한변형률에 도달할 때 **최외단 인장철근의 순인장변형률 ε_t가 압축지배변형률한계(ε_y) 이하인 단면**을 말한다.

② 압축지배변형률한계는 균형변형률상태에서의 인장철근의 순인장변형률과 같다.

∴ 압축지배 단면조건 : $\varepsilon_t \le$ 압축지배변형률한계

$=$ 철근의 항복변형률(ε_y)

③ 철근의 항복강도 $f_y = 400$MPa인 경우(**예시**)

$\varepsilon_y = \dfrac{f_y}{E_s} = \dfrac{400}{2.0 \times 10^5} = 0.002$이므로 $\varepsilon_t \le 0.002$이다.

▶ 순인장변형률(ε_t)
인장철근에서 가장 바깥쪽에 위치한 철근의 변형률값

▶ 철근의 인장변형률(ε_s)
↪ 보의 유효깊이(d)

▶ 철근의 순인장변형률(ε_t)
↪ 보의 유효깊이(d_t)

[출제] 순인장변형률(ε_t) 계산
09(5), 11(10), 13(6), 18(3) ㉑

• $\varepsilon_t = \varepsilon_{cu}\left(\dfrac{d_t - c}{c}\right)$

$[c : \varepsilon_{cu} = (d_t - c) : \varepsilon_t]$
여기서,

$c = \dfrac{a}{\beta_1} = \dfrac{1}{\beta_1}\left(\dfrac{f_y A_s}{\eta(0.85 f_{ck})b}\right)$

[출제] 인장철근 항복변형률(ε_y) 계산
10(3) ㉑
10(5) ㉔

• $\varepsilon_y = \varepsilon_{cu}\left(\dfrac{d - c}{c}\right)$

여기서,

$c = \dfrac{a}{\beta_1} = \dfrac{f_y A_s}{\eta(0.85 f_{ck})b\beta_1}$

$\varepsilon_{cu} = 0.0033$

▶ 압축지배 단면조건

$\varepsilon_t \le \varepsilon_y$ (취성파괴)

④ 인장지배 단면(저보강 단면) : 인장파괴

① 철근의 항복강도 f_y가 400MPa 이하인 경우 압축콘크리트가 가정된 극한변형률에 도달할 때 최외단 인장철근의 순인장변형률 ε_t가 0.005의 인장지배변형률한계 이상인 단면을 인장지배 단면이라고 한다.

  ∴ 철근의 항복강도 $f_y \leq 400\text{MPa} \rightarrow \varepsilon_t \geq 0.005$

② 철근의 항복강도 $f_y > 400\text{MPa}$인 경우에는 최외단 인장철근의 순인장변형률 ε_t가 철근의 항복변형률 ε_y의 2.5배 이상인 단면을 인장지배 단면이라고 한다.

  ∴ 철근의 항복강도 $f_y > 400\text{MPa} \rightarrow \varepsilon_t \geq 2.5\varepsilon_y$

[출제] 인장지배 단면
09(5), 21(8) ㉑

▶ 인장지배 단면조건
① $f_y \leq 400\text{MPa} : \varepsilon_t \geq 0.005$
② $f_y > 400\text{MPa} : \varepsilon_t \geq 2.5\varepsilon_y$
  (연성파괴)

⑤ 변화구간 단면

① 순인장변형률 ε_t가 압축지배변형률한계(ε_y)와 인장지배변형률한계 (0.005 또는 $2.5\varepsilon_y$) 사이인 단면을 변화구간 단면이라고 한다.

  ㉠ 철근의 항복강도 $f_y \leq 400\text{MPa} \rightarrow \varepsilon_y < \varepsilon_t < 0.005$

  ㉡ 철근의 항복강도 $f_y > 400\text{MPa} \rightarrow \varepsilon_y < \varepsilon_t < 2.5\varepsilon_y$

② 일반적으로 휨부재는 인장지배 단면이고, 압축부재는 압축지배 단면을 가지나 다음의 경우 변화구간 단면이 존재한다.

  ㉠ 휨부재 : 인장철근의 단면적이 큰 경우

  ㉡ 압축부재 : 휨모멘트가 큰 경우

③ 철근의 항복강도 $f_y = 400\text{MPa}$인 경우(**예시**)

  $f_y = 400\text{MPa}$인 경우 철근의 항복변형률 $\varepsilon_y = 0.002$이므로 순인장변형률 ε_t가 $0.002 < \varepsilon_t < 0.005$범위에 있으면 변화구간 단면이다.

▶ 변화구간 단면조건
① $f_y \leq 400\text{MPa} : \varepsilon_y < \varepsilon_t < 0.005$
② $f_y > 400\text{MPa} : \varepsilon_y < \varepsilon_t < 2.5\varepsilon_y$

[출제] 인장지배 단면 ϕ값
10(3) ㉑

• $\varepsilon_t \geq 0.005 \rightarrow \phi = 0.85$

[출제] 압축지배 단면 ϕ값
10(3) ㉑

• 나선철근 $\phi = 0.70$
• 띠철근 $\phi = 0.65$

[출제] 변화구간 단면 ϕ값
10(9), 11(3,6), 12(5,9), 13(3)
17(3), 18(8), 22(4) ㉑

• 띠철근(기타)
$$\phi = 0.65 + 0.2\left(\frac{\varepsilon_t - \varepsilon_y}{0.005 - \varepsilon_y}\right)$$
• 나선철근
$$\phi = 0.70 + 0.15\left(\frac{\varepsilon_t - \varepsilon_y}{0.005 - \varepsilon_y}\right)$$

【표 2-5】지배 단면에 따른 순인장변형률(ε_t)조건과 강도감소계수(ϕ)

지배 단면 구분	순인장변형률(ε_t)조건	강도감소계수(ϕ)
압축지배 단면	$\varepsilon_t \leq \varepsilon_y$	• 띠철근 : 0.65 • 나선철근 : 0.70
변화구간 단면	• $f_y \leq 400\text{MPa} \rightarrow \varepsilon_y < \varepsilon_t < 0.005$ • $f_y > 400\text{MPa} \rightarrow \varepsilon_y < \varepsilon_t < 2.5\varepsilon_y$	• 띠철근 : 0.65~0.85 • 나선철근 : 0.70~0.85
인장지배 단면	• $f_y \leq 400\text{MPa} \rightarrow \varepsilon_t \geq 0.005$ • $f_y > 400\text{MPa} \rightarrow \varepsilon_t \geq 2.5\varepsilon_y$	0.85

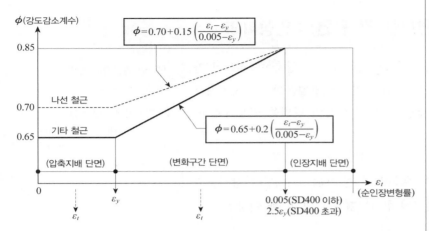

【그림 2-6】지배 단면에 따른 강도감소계수(ϕ)

🔵 순인장변형률(ε_t)과 c/d_t

① 순인장변형률한계는 c/d_t의 비율로 나타낼 수 있다. 여기서, c
는 공칭강도에서 중립축의 깊이이며, d_t는 최외단 압축연단에
서 최외단 인장철근까지의 거리이다.

② 철근의 항복강도 $f_y =400$MPa인 경우 순인장변형률 ε_t와 c/d_t
의 비율로 표현하면 [그림 2-7]과 같다.

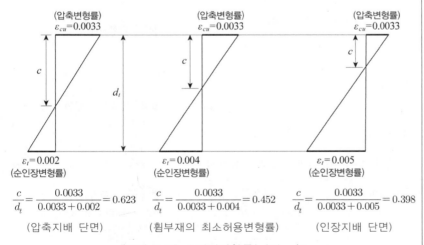

$$\frac{c}{d_t}=\frac{0.0033}{0.0033+0.002}=0.623$$

(압축지배 단면)

$$\frac{c}{d_t}=\frac{0.0033}{0.0033+0.004}=0.452$$

(휨부재의 최소허용변형률)

$$\frac{c}{d_t}=\frac{0.0033}{0.0033+0.005}=0.398$$

(인장지배 단면)

【그림 2-7】순인장변형률(ε_t)과 c/d_t

강도감소계수(ϕ) 적용 예

[철근의 항복강도 $f_y = 400\text{MPa}$인 경우 강도감소계수(ϕ)의 적용]

휨부재의 최소허용변형률은 0.004이므로 $\varepsilon_t = 0.004$이고 항복변형률 $\varepsilon_y = 0.002$를 다음 식에 대입하여 변화구간의 강도감소계수를 산정한다.

(1) 나선철근의 강도감소계수

$$\phi = 0.70 + (\varepsilon_t - \varepsilon_y)\left(\frac{0.15}{0.005 - \varepsilon_y}\right)$$

$$= 0.70 + (0.004 - 0.002) \times 50$$

$$= \boxed{0.80}$$

(2) 띠철근 등 기타 철근의 강도감소계수

$$\phi = 0.65 + (\varepsilon_t - \varepsilon_y)\left(\frac{0.2}{0.005 - \varepsilon_y}\right)$$

$$= 0.65 + (0.004 - 0.002) \times \frac{200}{3}$$

$$= \boxed{0.78}$$

변형률한계 및 철근비(ρ), 강도감소계수(ϕ)

철근 종류	압축지배				인장지배			휨부재(보,슬래브) 허용값			
	변형률 한계 (ε_y)	ϕ			변형률 한계 (ε_t)	휨부재 해당 철근비 ($\rho_{\max}$)	ϕ	최소 허용변형률 ($\varepsilon_{t,\min}$)	해당 철근비 ($\rho_{\max}$)	ϕ	
		기타	나선 철근							기타	나선 철근
SD300	0.0015				0.005	$0.578\rho_b$		0.004	$0.658\rho_b$	0.79	0.81
SD400	0.0020				0.005	$0.639\rho_b$		0.004	$0.726\rho_b$	0.78	0.80
SD500	0.0025	0.65	0.70		0.00625 ($2.5\varepsilon_y$)	$0.607\rho_b$	0.85	0.005 ($2.0\varepsilon_y$)	$0.699\rho_b$	0.78	0.80
SD600	0.0030				0.0075 ($2.5\varepsilon_y$)	$0.583\rho_b$		0.006 ($2.0\varepsilon_y$)	$0.677\rho_b$	0.78	0.80

주) (예시)

① 인장지배 단면 최대철근비($\rho_{\max}$) : SD 400MPa

$$\rho_{\max} = \left(\frac{\varepsilon_{cu} + \varepsilon_y}{\varepsilon_{cu} + 0.005}\right)\rho_b = \left(\frac{0.0033 + 0.0020}{0.0033 + 0.0050}\right)\rho_b = \boxed{0.639\rho_b}$$

② 휨부재의 최대철근비($\rho_{\max}$) : SD 400MPa

$$\rho_{\max} = \left(\frac{\varepsilon_{cu} + \varepsilon_y}{\varepsilon_{cu} + \varepsilon_{t,\min}}\right)\rho_b = \left(\frac{0.0033 + 0.0020}{0.0033 + 0.0040}\right)\rho_b = \boxed{0.726\rho_b}$$

▶ **균형철근비(ρ_b)**

$$\rho_b = \eta(0.85\beta_1)\left(\frac{f_{ck}}{f_y}\right)\left(\frac{\varepsilon_{cu}}{\varepsilon_{cu} + f_y}\right)$$

여기서, 철근의 항복변형률 ε_y가 최소허용변형률 $\varepsilon_{t,\min}$일 때 휨부재의 최대철근비($\rho_{\max}$)가 된다.

▶ **최대철근비($\rho_{\max}$)**

$$\rho_{\max} = \eta(0.85\beta_1)$$
$$\left(\frac{f_{ck}}{f_y}\right)\left(\frac{\varepsilon_c}{\varepsilon_c + \varepsilon_{t,\min}}\right)$$

▶ **$\rho_{\max}$와 ρ_b관계 산정**

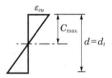

$$\varepsilon_t = 0.005\,(\text{SD} \leq 400)$$
$$2.5\varepsilon_y\,(\text{SD} > 400)$$

① 균형상태

$$C_b = \left(\frac{\varepsilon_{cu}}{\varepsilon_{cu} + \varepsilon_y}\right)d_t \cdots\cdots\cdots ㉠$$

② ε_t가 인장변형률한계 도달 시

$$C_{\max} = \left(\frac{\varepsilon_{cu}}{\varepsilon_{cu} + 0.005}\right)d_t \cdots\cdots ㉡$$

식 ㉠과 ㉡의 관계 정리

$C_{\max} \rightarrow \rho_{\max}$, $C_b \rightarrow \rho_b$ 적용

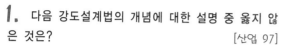

1. 다음 강도설계법의 개념에 대한 설명 중 옳지 않은 것은? [산업 97]

① 재료의 탄성범위를 넘지 않는 범위에서 선형 탄성 이론을 적용한다.

② 설계 기본개념이 응력개념 위주가 아니라 강도개념 위주의 설계법이다.

③ 설계하중은 사용하중에 하중계수를 곱한 계수하중을 사용한다.

④ 안전을 확보하는 방법으로 구조물의 종류에 따라 강도감소계수를 적용한다.

해설 강도설계법은 응력의 크기를 직사각형 응력블록으로 가정하여 응력의 폭은 $0.85f_{ck}$로 일정하고, 철근의 항복응력을 f_y로 계산하는 소성이론을 적용한다.

2. 철근콘크리트보에서 극한강도설계법의 기본가정에 관한 설명 중 옳지 않은 것은? [기사 97]

① 콘크리트와 철근이 모두 훅의 법칙(Hook's law)을 따른다고 가정한다.

② 콘크리트의 인장응력은 무시하고, 콘크리트의 극한변형률은 0.0033으로 가정한다.

③ 구조 해석 시는 탄성이론에 따른다.

④ 변형률은 중립축으로부터 떨어진 거리에 비례한다.

3. 강도설계법에 대한 사항 중 옳지 않은 것은? [기사 92, 97, 산업 93, 98]

① 극한강도상태에서 $f_{ck} \leq 40\text{MPa}$인 경우 압축측 연단의 극한변형률은 0.0033으로 본다.

② 철근의 항복변형률은 $\dfrac{f_y}{E_s}$로 본다.

③ 콘크리트의 응력은 그 변형률에 비례한다고 본다.

④ 콘크리트의 응력분포는 포물선-직선형 등가응력부포 또는 등가직사각형 압축응력블록으로 본다.

해설 강도설계법에서 콘크리트의 응력분포는 중립축거리와 관계없이 일정(직사각형 분포)하고, 변형률은 중립축거리에 비례하여(삼각형 분포) 커진다.

4. 극한강도설계법에 관한 설명 중 옳지 않은 것은? [산업 93, 10]

① 콘크리트의 응력은 중립축에서부터의 거리에 비례한다.

② 콘크리트의 압축측 연단의 극한변형률은 0.0033으로 본다.

③ 콘크리트의 변형률은 중립축에서부터의 거리에 비례한다.

④ 철근의 극한변형률은 $\dfrac{f_y}{E_s}$로 본다.

해설 강도설계법에서 콘크리트의 응력은 소성상태를 보이므로 직사각형, 사다리꼴 등 응력블록으로 가정하게 된다. 따라서 중립축거리로부터 크기가 일정하고 거리에 따라 비례하여 크기가 변하지 않는다.

5. 강도설계법의 가정으로 틀린 것은? [산업 12, 13, 15, 18]

① 철근과 콘크리트의 변형률은 중립축으로부터의 거리에 비례한다.

② 압축측 연단에서 콘크리트의 극한변형률은 0.0033으로 가정한다.

③ 휨응력 계산에서 콘크리트의 인장강도는 무시한다.

④ 극한강도상태에서 콘크리트의 응력은 그 변형률에 비례한다.

해설 콘크리트의 응력은 그 변형률에 비례하지 않는다.

6. 강도설계법의 가정으로 옳지 않은 것은?

[기사 20, 산업 08]

① 철근과 콘크리트의 변형률은 중립축으로부터의 거리에 비례한다.

② 철근의 항복강도 f_y에 해당되는 변형률보다 더 큰 변형률에 대해서는 철근의 응력은 변형률에 비례한다.

③ 콘크리트의 압축응력은 변형률에 비례하지 않는다.

④ 콘크리트의 압축응력−변형률관계는 직사각형, 사다리꼴, 포물선형 등으로 가정할 수 있다.

• 해설 ㉮ $\varepsilon_s \le \varepsilon_y$인 경우 : $f_s = E_s\varepsilon_s$
㉯ $\varepsilon_s > \varepsilon_y$인 경우 : $f_s = f_y$

7. 강도설계법의 설계 기본가정 중에서 옳지 않은 것은?

[기사 03, 07, 08, 09]

① 철근 및 콘크리트의 변형률은 중립축으로부터의 거리에 비례한다.

② 인장측 연단에서 콘크리트의 극한변형률은 0.0033으로 가정한다.

③ 콘크리트의 인장강도는 철근콘크리트의 휨 계산에서 무시한다.

④ 철근의 변형률이 f_y에 대응하는 변형률보다 큰 경우 철근의 응력은 변형률에 관계없이 f_y로 본다.

• 해설 압축측 연단에서 콘크리트의 극한변형률은 0.0033으로 가정한다.

8. 철근콘크리트보의 공칭휨강도 M_n을 계산하기 위한 가정 중 틀린 것은?

[산업 04, 11]

① 철근의 응력은 항상 항복강도 f_y를 사용한다.

② 콘크리트의 인장강도는 무시한다.

③ 계수 β_1은 $f_{ck} \le 40$MPa인 경우 0.80이다.

④ 콘크리트 압축 상단에서의 극한변형률은 0.0033으로 가정한다.

• 해설 ㉮ 철근의 변형률 $\varepsilon_s \le \varepsilon_y$인 경우 : $f_s = E_s\varepsilon_s$
㉯ 철근의 변형률 $\varepsilon_s > \varepsilon_y$인 경우 : $f_s = f_y$

9. 다음 기술 중 타당하지 않은 것은?   [기사 97]

① 철근콘크리트의 파괴는 균형상태(콘크리트의 변형률이 0.0033, 철근의 응력이 f_y)로 설계하는 것이 가장 바람직하다.

② 단면설계 시 사하중은 먼저 적당히 가정하고, 최종 단면이 정해진 후 사하중을 구하여 가정값과 비교하여 그 오차가 극히 작을 때까지 반복계산한다.

③ 철근콘크리트보는 연성파괴가 되도록 과소철근 단면으로 설계해야 한다.

④ $(+)M$와 $(-)M$를 교대로 받는 부재는 복철근으로 설계한다.

• 해설 강도설계법에서 철근콘크리트 파괴는 철근의 항복과 동시에 콘크리트가 파괴되는 균형(평형)상태가 이상적이나 실제 설계에서는 과소철근보로 설계하여 철근이 먼저 파괴에 도달하도록 설계한다.

10. 강도설계법에 의해 보를 설계할 때 압축측 연단에서의 콘크리트의 극한변형률은 얼마로 가정하는가? (단, $f_{ck} \le 40$MPa)   [산업 11, 13, 16, 17]

① 0.0010

② 0.0020

③ 0.0033

④ 0.0040

• 해설 콘크리트의 극한변형률 $\varepsilon_{cu} = 0.0033$으로 가정한다.

11. 콘크리트의 극한변형률 0.0033에서 콘크리트의 압축응력은 얼마인가?   [산업 96]

① $0.75f_{ck}$

② $0.85f_{ck}$

③ $0.90f_{ck}$

④ $0.95f_{ck}$

12. 강도설계법에서 등가응력블록을 산정할 때 사용하는 계수 β_1에 대한 설명 중 맞는 것은?   [예상]

① f_{ck}가 40MPa 이하인 경우 0.80이다.

② β_1은 f_{ck}가 40MPa을 초과하는 경우 그 값은 증가한다.

③ β_1의 최소값은 0.60이다.

④ β_1의 최대값은 0.90이다.

• 해설 ② β_1은 f_{ck}가 40MPa을 초과하는 경우 그 값은 감소한다.
③ $f_{ck} = 90$MPa인 경우 0.70까지 감소한다.
④ β_1의 최대값은 0.80이다.

13. 다음 중 강도설계법에서 중요시하는 것은?

[기사 98]

① 안전성   ② 사용성

③ 내구성   ④ 경제성

> **해설** ㉮ 강도설계법 : 안전성 중시(강도감소계수, 하중계수 적용)
> ㉯ 허용응력설계법 : 사용성(처짐, 균열, 진동 등) 중시

14. 강도설계법에서 강도감소계수(ϕ)를 규정하는 이유에 해당되지 않는 것은?   [기사 96, 02]

① 재료의 품질변동과 시험오차 등 재료의 강도차

② 단면의 치수차 등 시공오차

③ 응력 계산오차

④ 초과하중의 재하

> **해설** ㉮ 강도감소계수(ϕ) : 재료의 품질변동, 시공 및 계산상의 오차 등 안전성을 확보하기 위해 불확실성을 반영한 계수
> ㉯ 하중(증가)계수(α) : 예측하지 못한 외부의 초과하중을 고려하기 위해 실제 하중에 곱하는 1보다 큰 계수

15. 다음 중 하중계수에 대한 설명으로 틀린 것은?

[산업 10]

① 하중의 공칭값과 실제 하중 사이의 불가피한 차이를 고려하기 위해

② 하중을 작용 외력으로 변환시키는 해석상의 불확실성을 고려하기 위한 안전계수

③ 환경작용 등으로 인한 하중의 변동을 고려하기 위한 안전계수

④ 부재강도의 추정과 해석에 관련된 불확실성을 고려하기 위한 안전계수

> **해설** 하중계수
> ㉮ 하중의 공칭값과 실제 하중 사이의 불가피한 차이
> ㉯ 하중을 작용 외력으로 변환시키는 해석상의 불확실성을 고려
> ㉰ 환경작용 등으로 인한 하중의 변동 등을 고려하기 위한 안전계수

16. 강도감소계수 ϕ를 규정하는 목적으로 적당하지 않은 것은?   [기사 08, 09, 10, 19, 산업 15, 18]

① 재료강도와 치수가 변동될 수 있으므로 부재의 강도 저하 확률에 대비한 여유

② 구조물에서 차지하는 부재의 중요도를 반영

③ 계산의 단순화로 인해 야기될지 모르는 초과하중의 영향에 대비한 여유

④ 부정확한 설계방정식에 대비한 여유

> **해설** 초과하중의 영향을 고려하기 위해 하중(증가)계수를 사용한다.

17. 강도설계법에서 강도감소계수를 사용하는 이유에 대한 설명으로 틀린 것은?   [기사 12]

① 재료의 공칭강도와 실제 강도와의 차이를 고려하기 위해

② 부재를 제작 또는 시공할 때 설계도와의 차이를 고려하기 위해

③ 하중의 공칭값과 실제 하중 사이의 불가피한 차이를 고려하기 위해

④ 부재강도의 추정과 해석에 관련된 불확실성을 고려하기 위해

> **해설** 이론적인 하중인 공칭값과 실제 하중 사이의 차이를 고려하기 위해 하중계수(α)를 적용한다.

18. 강도감소계수(ϕ)에 대한 설명 중 틀린 것은?

[기사 99, 산업 98, 99, 07, 20]

① 설계 및 시공상의 오차를 고려한 값이다.

② 하중의 종류와 조합에 따라 값이 달라진다.

③ 휨부재로 인장지배 단면의 강도감소계수는 0.85이다.

④ 전단과 비틀림에 대한 강도감소계수는 0.75이다.

> **해설** 부재가 받는 하중의 종류에 따라 강도감소계수를 달리 적용하며, 하중조합에 따라 하중계수를 달리 적용하여 하중특성을 반영한다.

19. 강도설계법에서 강도감소계수 ϕ값 규정에 어긋나는 것은? [기사 91, 06, 12, 산업 94, 10, 12, 13]

① 휨부재(인장지배 단면) : $\phi = 0.85$

② 무근콘크리트 휨부재 : $\phi = 0.55$

③ 나선철근부재(압축지배 단면) : $\phi = 0.70$

④ 띠철근부재(압축지배 단면) : $\phi = 0.60$

해설 압축지배 단면인 띠철근부재 : $\phi = 0.65$

20. 구조물의 부재, 부재 간의 연결부 및 각 부재 단면의 휨모멘트, 축력, 전단력, 비틀림모멘트에 대한 설계강도는 공칭강도에 강도감소계수 ϕ를 곱한 값으로 한다. 무근콘크리트의 휨모멘트, 압축력, 전단력, 지압력에 대한 강도감소계수는? [산업 11, 18]

① 0.55   ② 0.65
③ 0.70   ④ 0.75

해설 무근콘크리트 휨부재 : $\phi = 0.55$

21. 보강철근의 $f_y = 400\text{MPa}$일 때 공칭강도에서 최외단 인장철근의 순인장변형률 $\varepsilon_t < 0.002$이고 나선철근으로 보강된 단면의 강도감소계수는 얼마인가? [기사 10]

① 0.85   ② 0.75
③ 0.70   ④ 0.65

해설 $\varepsilon_y = \dfrac{f_y}{E_s} = \dfrac{400}{2 \times 10^5} = 0.002$
$\varepsilon_t < \varepsilon_y$이므로 압축지배 단면
$\therefore \ \phi = 0.70$

22. 콘크리트 구조설계기준에서 띠철근으로 보강된 기둥에 대해서는 감소계수 $\phi = 0.65$, 나선철근으로 보강된 기둥에 대해서는 $\phi = 0.70$을 적용한다. 그 이유에 대한 설명으로 가장 적당한 것은? [기사 05, 09, 14]
① 콘크리트의 압축강도 측정 시 공시체의 형태가 원형이기 때문이다.
② 나선철근으로 보강된 기둥이 띠철근으로 보강된 기둥보다 연성이나 인성이 크기 때문이다.
③ 나선철근으로 보강된 기둥은 띠철근으로 보강된 기둥보다 골재분리현상이 적기 때문이다.
④ 같은 조건(콘크리트 단면적, 철근 단면적)에서 사각형(띠철근) 기둥이 원형(나선철근) 기둥보다 큰 하중을 견딜 수 있기 때문이다.

해설 나선철근기둥이 띠철근기둥보다 연성이 크기 때문이다. 즉, 나선철근기둥의 안전율을 높게 보고 있다.

23. 강도설계법으로 전단과 비틀림을 받는 콘크리트부재를 설계할 때 사용되는 강도감소계수 ϕ는 얼마인가? [산업 02, 04]

① 0.70   ② 0.75
③ 0.80   ④ 0.85

해설 전단과 비틀림모멘트를 받는 부재 : $\phi = 0.75$

24. 다음 중 강도감소계수(ϕ)를 적용할 필요가 없는 경우는? [산업 08]
① 휨강도의 계산
② 전단강도의 계산
③ 비틀림강도의 계산
④ 철근의 정착길이 계산

25. 강도설계법에 관한 용어의 설명 중에서 틀린 것은? [산업 90]
① 공칭강도는 시방서 강도설계법의 규정과 가정에 따라 계산된 부재 또는 단면의 강도를 말한다.
② 설계강도는 시공 시 안전을 고려하여 공칭강도를 강도감소계수 ϕ로 나눈 값을 말한다.
③ 강도감소계수는 재료의 공칭강도와 실제 강도 사이의 차이나 시공의 불확실성을 고려한 안전계수이다.
④ 하중계수는 하중의 공칭치와 실제 하중과의 차이 등을 고려하기 위한 안전계수이다.

해설 설계강도 $M_d = \phi M_n$으로 계산상의 강도인 공칭강도에 안전을 고려하여 강도감소계수 ϕ를 곱해 산정한다.

26. 강도설계법에서 휨부재의 등가사각형 압축응력 분포의 깊이가 $a = \beta_1 c$인데, 이 중 f_{ck}가 40MPa일 때 β_1의 값은? [기사 02, 03, 07, 11, 19, 산업 02, 03, 05, 06, 07, 08, 12, 13, 14, 15, 17, 18, 19, 20]

① 0.76   ② 0.80
③ 0.72   ④ 0.70

해설 $f_{ck} \leq 40\text{MPa}$일 때 $\beta_1 = 0.80$이다.

27. 콘크리트의 강도설계에서 등가직사각형 응력블록의 깊이 $a=\beta_1 c$로 표현할 수 있다. $f_{ck}=60$MPa인 경우 β_1의 값은 얼마인가? (단, 1MPa=10kg/cm^2)

[기사 04, 16, 18, 산업 06, 14, 18]

① 0.85   ② 0.76

③ 0.70   ④ 0.65

• 해설 $f_{ck} \geq 60$MPa일 때 $\beta_1 = 0.76$이다.

28. 강도설계법에 의할 때 휨부재는 다음 조건을 만족해야 한다. 옳은 것은? (단, M_u : 극하중에 의한 소요휨강도, M_n : 공칭휨강도, ϕ : 강도감소계수)

[기사 90, 92, 98]

① $M_u \geq \phi M_n$ ② $M_u > \phi M_n$

③ $M_u < \phi M_n$ ④ $M_u \leq \phi M_n$

• 해설 소요강도 ≤ 설계강도 = 강도감소계수 × 공칭휨강도($M_u \leq M_d = \phi M_n$)

29. 강도설계법에서 계수하중 U를 사용하여 구조물설계 시 안전을 도모하는 이유와 가장 거리가 먼 것은 어느 것인가? [산업 11]

① 구조 해석을 할 때의 가정으로 인한 것을 보완하기 위해

② 하중의 변경에 대비하기 위하여

③ 활하중 작용 시의 충격 흡수를 위해서

④ 예상하지 않은 초과하중 때문에

• 해설 ③은 충격계수에 대한 설명이다.

30. 하중계수를 곱하지 않은 고정하중 및 활하중을 강도설계법으로 무엇이라고 부르는가? [기사 92, 산업 17]

① 계수하중

② 사용하중

③ 설계하중

④ 지속하중

• 해설 ㉮ 사용하중(실제 하중, 실하중) : 하중계수(α)를 곱하지 않은 실제 크기의 하중 → 허용응력설계법

㉯ 계수하중(소요하중) : 하중계수를(α)를 곱해 실제 크기의 하중보다 큰 하중 → 강도설계법

31. 고정하중(D)과 활하중(L)만을 고려하는 경우 기본하중의 조합으로 옳은 것은? [산업 04, 06, 13]

① $U = 1.2D + 1.6L \geq 1.4D$

② $U = 1.5D + 1.8L \geq 1.6D$

③ $U = 1.3D + 1.7L \geq 1.4D$

④ $U = 1.6D + 1.8L \geq 1.6D$

• 해설 활하중과 사하중만 고려하는 경우 기본하중 조합 : $U = 1.2D + 1.6L \geq 1.4D$

32. 철근콘크리트 휨부재에 고정하중모멘트 186kN · m, 활하중모멘트 250kN · m 작용 시 이 부재를 설계해야 할 극한모멘트는? [기사 91, 93, 산업 17]

① 587kN · m   ② 623kN · m

③ 729kN · m   ④ 808kN · m

• 해설
$$M_d \geq M_u = 1.2M_d + 1.6M_L$$
$$= (1.2 \times 186) + (1.6 \times 250)$$
$$= 623.2\text{kN} \cdot \text{m}$$
$$M_u = 1.4M_d = 1.4 \times 186 = 260.4\text{kN} \cdot \text{m}$$
$$\therefore M_u = 623\text{kN} \cdot \text{m} \,(\text{큰 값})$$

33. 보의 자중에 의한 휨모멘트가 200kN · m이고, 활하중에 의한 휨모멘트가 400kN · m일 때 강도설계법에서의 소요휨강도는 얼마인가? (단, 하중계수 및 하중조합을 고려할 것) [기사 11, 16, 산업 11, 12, 16]

① 840kN · m   ② 880kN · m

③ 1,020kN · m   ④ 1,120kN · m

• 해설
$$M_u = 1.4M_D = 1.4 \times 200 = 280\text{kN} \cdot \text{m}$$
$$M_u = 1.2M_D + 1.6M_L$$
$$= 1.2 \times 200 + 1.6 \times 400 = 880\text{kN} \cdot \text{m}$$
$$\therefore M_u = 880\text{kN} \cdot \text{m} \,(\text{큰 값})$$

34. 보의 자중은 10kN · m, 활하중은 15kN · m인 등분포하중을 받는 경간 10m인 단순 지지보의 극한설계모멘트는? (단, 감소율은 고려하지 않음)

[기사 93, 06, 10, 11, 14, 17, 산업 11, 14]

① 450kN · m   ② 505kN · m

③ 515kN · m   ④ 535kN · m

해설

$$w_u = 1.4w_D = 1.4 \times 10 = 14\text{kN/m}$$

$$w_u = 1.2w_D + 1.6w_L$$
$$= 1.2 \times 10 + 1.6 \times 15 = 36\text{kN/m}$$

$$\therefore w_u = 36\text{kN/m}\,(\text{큰 값})$$

$$\therefore M_u = \frac{w_u l^2}{8} = \frac{36 \times 10^2}{8} = 450\text{kN} \cdot \text{m}$$

35. 강도설계법에서 보에 사용되는 인장철근의 항복강도 $f_y = 400\text{MPa}$일 때 최소허용인장변형률($\varepsilon_{t,\min}$)에 해당하는 철근비는 균형철근비의 몇 배인가? [기사 95]

① 0.726배
② 0.699배
③ 0.677배
④ 0.658배

해설 ㉮ 균형철근비

$$\rho_b = \eta(0.85\beta_1)\left(\frac{f_{ck}}{f_y}\right)\left(\frac{\varepsilon_{cu}}{\varepsilon_{cu} + \varepsilon_y}\right)$$

㉯ $\varepsilon_{t,\min}$에 해당하는 철근비

$$\rho_{\max} = \eta(0.85\beta_1)\left(\frac{f_{ck}}{f_y}\right)\left(\frac{\varepsilon_{cu}}{\varepsilon_{cu} + \varepsilon_{t,\min}}\right)$$

$$\frac{\rho_{\max}}{\rho_b} = \frac{\varepsilon_{cu} + \varepsilon_y}{\varepsilon_{cu} + \varepsilon_{t,\min}}$$

여기서, $\varepsilon_{t,\min} = 0.004\,(f_y \leq 400\text{MPa인 경우})$

$$\varepsilon_y = \frac{f_y}{E_s} = \frac{400}{2 \times 10^5} = 0.002\text{이므로}$$

$\varepsilon_{cu} = 0.0033$을 대입하여 정리하면

$$\therefore \frac{\rho_{\max}}{\rho_b} = \frac{0.0033 + 0.002}{0.0033 + 0.004} = 0.726$$

36. 철근콘크리트 휨부재에서 최소철근비를 규정한 이유는? [기사 93, 17, 산업 15]

① 부재의 경제적인 단면설계를 위해서
② 부재의 사용성을 증진시키기 위해서
③ 부재의 파괴에 대한 안전을 확보하기 위해서
④ 부재의 갑작스런 파괴를 방지하기 위해서

해설 철근이 먼저 항복하여 부재의 연성파괴를 유도하기 위해 철근비의 상한치를 제한하고 있으나, 반대로 최소철근비를 규정하여 시공과 동시에 갑작스럽게 부재가 파괴되는 것을 방지하여야 한다.

37. 과소철근콘크리트보에서 철근이 항복한 후에 계속해서 외부모멘트가 증가할 경우 중립축의 위치는 어떻게 되는가? [산업 02]

① 압축연단 쪽으로 이동한다.
② 인장연단 쪽으로 이동한다.
③ 변화하지 않는다.
④ 단면의 도심 쪽으로 이동한다.

해설 평형철근비보다 적은 철근을 사용한 과소철근보는 철근이 먼저 항복한 후에 콘크리트가 큰 변형을 일으키며 서서히 파괴되는 연성파괴를 나타낸다. 이때 중립축은 압축측으로 상승한다.

38. 균형철근량보다 적은 인장철근을 가진 과소철근보가 휨에 의해 파괴될 때의 설명 중 옳은 것은? [기사 06, 09, 21]

① 중립축이 인장측으로 내려오면서 철근이 먼저 파괴된다.
② 압축측 콘크리트와 인장측 철근이 동시에 항복한다.
③ 인장측 철근이 먼저 항복한다.
④ 압축측 콘크리트가 먼저 파괴된다.

해설 ㉮ 과소철근보 : 인장측 철근이 먼저 항복하여 연성파괴
㉯ 과다철근보 : 압축측 콘크리트가 먼저 항복하여 취성파괴

39. 균형철근량보다 적은 인장철근량을 가진 보가 휨에 의해 파괴되는 경우에 대한 설명으로 옳은 것은? [산업 12, 16]

① 연성파괴를 한다.
② 취성파괴를 한다.
③ 사용철근량이 균형철근량보다 적은 경우는 보로서 의미가 없다.
④ 중립축이 인장측으로 내려오면서 철근이 먼저 파괴된다.

해설 ㉮ $\rho_{\min} \leq \rho \leq \rho_{\max}$: 연성파괴
㉯ $\rho_{\min} > \rho > \rho_{\max}$: 취성파괴

40. 철근콘크리트부재설계에 적용하는 개념으로 가장 적합한 것은? [기사 92, 97]

① 콘크리트가 철근보다 먼저 파쇄되는 것이다.
② 콘크리트가 파쇄되기 전에 철근이 먼저 항복점에 도달하는 것이다.
③ 콘크리트의 압축파괴와 철근의 항복점 도달이 동시에 일어나는 것이다.
④ 철근의 변형이 콘크리트의 변형보다 큰 것이 좋다.

> **해설** 콘크리트가 파괴되기 전에 철근이 먼저 항복해야 연성파괴(파괴가 서서히 진행)가 되어 안전하다.

41. 단철근 직사각형 보의 단면폭 $b=400mm$, 유효깊이 $d=800mm$일 때 $\phi16mm$ 원형철근 10개를 사용했을 때의 철근비는 얼마인가?

[기사 95, 97, 산업 09, 13]

① $\rho = 0.003$ ② $\rho = 0.005$
③ $\rho = 0.006$ ④ $\rho = 0.008$

> **해설** $\rho = \dfrac{A_s}{bd} = \dfrac{\dfrac{\pi \times 16^2}{4} \times 10}{400 \times 800} = 0.006$

42. 강도이론에 의한 균형보를 설명한 것 중 옳은 것은? [기사 09, 산업 10, 17]

① 압축측 최외단 응력은 f_{ck}이고, 철근의 응력이 f_y에 도달한 상태
② 압축측 최외단 변형률은 0.0033이고, 철근의 변형률이 f_y/E_s에 도달한 상태
③ 압축측 최외단 응력이 $0.85f_{ck}$이고, 철근의 변형률이 f_y/E_s인 상태
④ 압축측 최외단 응력이 $0.85f_{ck}$이고, 철근의 응력이 f_y에 도달한 상태

> **해설** 균형보
> 압축측 콘크리트의 변형률이 0.0033일 때 철근의 변형률이 항복변형률($\varepsilon_y = f_y/E_s$)에 도달한 보

43. 보의 휨파괴에 대한 설명 중 틀린 것은? [기사 09]

① 인장철근이 항복응력 f_y에 도달함과 동시에 콘크리트도 최대응력에 도달하여 파괴되는 보를 균형철근보라 한다.
② 인장으로 인한 파괴 시 중립축은 위로, 압축으로 인한 파괴 시 중립축은 아래로 이동한다.
③ 과소철근보는 철근이 먼저 항복하게 되지만, 철근은 연성이 크기 때문에 파괴는 단계적으로 일어난다.
④ 과다철근보는 철근량이 많기 때문에 더욱 느린 속도로 파괴되고 위험예측이 가능하다.

> **해설** 평형(균형)철근량보다 많은 과다철근보는 콘크리트가 먼저 파괴되는 취성파괴(갑작스런 파괴)가 일어나 위험하다.

44. 철근콘크리트보의 파괴거동내용 중 잘못된 것은 어느 것인가? [기사 06]

① 최소철근비보다 적은 철근량이 배근된 경우 인장부 콘크리트 응력이 파괴계수에 도달하면 균열과 동시에 취성파괴를 일으킨다.
② 과소철근으로 배근된 단면에서는 최종 붕괴가 생길 때까지 큰 처짐이 생긴다.
③ 과다철근으로 배근된 단면에서는 압축측 콘크리트의 변형률이 0.0033에 도달할 때 인장철근의 응력은 항복응력보다 작다.
④ 인장철근이 항복응력 f_y에 도달함과 동시에 콘크리트 압축변형률 0.0033에 도달하도록 설계하는 것이 경제적이고 바람직한 설계이다.

> **해설** 철근이 항복응력에 도달함과 동시에 콘크리트가 파괴변형률 0.0033에 도달하는 것이 가장 이상적이나 취성파괴가 생길 수 있으며, 실제 설계에서는 연성파괴를 위해 평형철근량보다 적게 배치한다.

45. 다음 중 "인장지배 단면"의 정의로 가장 적합한 것은? [기사 09]

① 공칭강도에서 인장철근군의 인장변형률이 인장지배변형률한계 이상인 단면

② 공칭강도에서 인장철근군의 순인장변형률이 인장지배변형률한계 이상인 단면

③ 공칭강도에서 최내단 인장철근의 인장변형률이 인장지배변형률한계 이상인 단면

④ 공칭강도에서 최외단 인장철근의 순인장변형률이 인장지배변형률한계 이상인 단면

해설 인장지배 단면

㉮ $f_y \leq 400$MPa : 최외단 인장철근의 순인장변형률이 인장지배변형률한계 이상인 단면 ($\varepsilon_t \geq 0.005$)

㉯ $f_y > 400$MPa : 최외단 인장철근의 순인장변형률이 철근항복변형률의 2.5배 이상인 단면 ($\varepsilon_t \geq 2.5\varepsilon_y$)

46. 단철근 직사각형 보를 강도설계법으로 설계할 경우 최외단 인장철근의 순인장변형률(ε_t)이 최소허용인장변형률($\varepsilon_{t,\min}$) 이상이 되도록 하는 이유는?

[기사 93, 94, 95, 97, 98]

① 철근을 절약하기 위해서

② 처짐을 감소시키기 위해서

③ 철근이 먼저 항복하는 것을 막기 위해서

④ 콘크리트의 압축파괴, 즉 취성파괴를 피하기 위해서

해설 콘크리트의 압축파괴, 즉 취성파괴를 피하기 위해서

47. 압축측 연단의 콘크리트 변형률이 0.0033에 도달할 때 최외단 인장철근의 순인장변형률이 0.005 이상인 단면의 강도감소계수는? (단, $f_y \leq 400$MPa)

[산업 10, 16]

① 0.85 ② 0.75

③ 0.70 ④ 0.65

해설 $\varepsilon_t \geq 0.005$이므로 인장지배 단면이며 $\phi = 0.85$이다.

48. 주철근 SD400을 사용한 축력과 휨을 동시에 받는 철근콘크리트부재가 띠철근으로 보강된 경우의 강도감소계수 ϕ를 구하는 직선보간식으로 옳은 것은?

[기사 12]

① $0.546 + 57.1\varepsilon_t$ ② $0.542 + 61.5\varepsilon_t$

③ $0.517 + 66.7\varepsilon_t$ ④ $0.517 + 53.3\varepsilon_t$

해설 $\phi = 0.65 + 0.2\left(\dfrac{\varepsilon_t - \varepsilon_y}{0.005 - \varepsilon_y}\right)$

$= 0.65 + 0.2 \times \dfrac{\varepsilon_t - 0.002}{0.005 - 0.002}$

$= 0.65 - 0.2 \times \dfrac{2}{3} + \dfrac{0.2}{0.003}\varepsilon_t$

$= 0.5167 + 66.67\varepsilon_t$

49. 유효깊이(d)가 450mm인 직사각형 단면보에 $f_y = 400$MPa인 인장철근이 1열로 배치되어 있다. 중립축(c)의 위치가 압축연단에서 180mm인 경우 강도감소계수(ϕ)는? [기사 12, 15]

① 0.817 ② 0.824

③ 0.835 ④ 0.847

해설 $\varepsilon_t = \varepsilon_{cu}\left(\dfrac{d_t - c}{c}\right) = 0.0033 \times \left(\dfrac{450 - 180}{180}\right)$

$= 0.00495 < 0.005$이므로 변화구간 단면이다.

$\therefore \phi = 0.65 + 0.2\left(\dfrac{\varepsilon_t - \varepsilon_y}{0.005 - \varepsilon_y}\right)$

$= 0.65 + 0.2 \times \left(\dfrac{0.00495 - 0.002}{0.005 - 0.002}\right) = 0.847$

50. 다음 그림과 같이 철근콘크리트 휨부재의 최외단 인장철근의 순인장변형률(ε_t)이 0.0045일 경우 강도감소계수 ϕ는 얼마인가? [단, 나선철근으로 보강되지 않은 경우이고, 사용철근은 $f_y = 400$MPa, ε_y(압축지배변형률한계)=0.002이다.] [기사 11, 17]

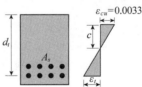

① 0.813 ② 0.817

③ 0.821 ④ 0.825

해설
$$\phi = 0.65 + 0.2\left(\frac{\varepsilon_t - \varepsilon_y}{0.005 - \varepsilon_y}\right)$$
$$= 0.65 + 0.2 \times \left(\frac{0.0045 - 0.002}{0.005 - 0.002}\right)$$
$$= 0.8167$$

여기서, $\varepsilon_y = \dfrac{f_y}{E_s} = \dfrac{400}{2 \times 10^5} = 0.002$

51. 휨모멘트와 축력을 동시에 받는 부재에서 $f_y = $ 300MPa일 때 계수축력 $P_u < 0.10\,f_{ck}A_g$이고, 공칭강도에서 최외단 인장철근의 순인장변형률 $\varepsilon_t = 0.0048$일 때 띠철근으로 보강된 단면의 강도감소계수를 구하는 식으로 옳은 것은? (단, 여기에서 A_g는 단면의 전체 단면적이고, ε_y는 철근의 설계기준 항복변형률이다.)

[기사 10]

① $\phi = 0.65 + (\varepsilon_t - \varepsilon_y)(0.20/0.0035)$
② $\phi = 0.65 + (\varepsilon_t - \varepsilon_y)(0.20/0.00325)$
③ $\phi = 0.65 + (\varepsilon_t - \varepsilon_y)(0.20/0.003)$
④ $\phi = 0.65 + (\varepsilon_t - \varepsilon_y)(0.20/0.0025)$

해설 띠철근이고 순인장변형률 $\varepsilon_t = 0.0048$이므로 변화구간 단면이다.
따라서 그림에서 $\phi = 0.65 + y$이므로
$$\therefore\ \phi = 0.65 + 0.2\left(\frac{\varepsilon_t - \varepsilon_y}{0.005 - \varepsilon_y}\right)$$
$$= 0.65 + 0.2\left(\frac{\varepsilon_t - \varepsilon_y}{0.005 - 0.0015}\right)$$
$$= 0.65 + 0.2\left(\frac{\varepsilon_t - \varepsilon_y}{0.0035}\right)$$

여기서, $\varepsilon_y = \dfrac{f_y}{E_s} = \dfrac{300}{2 \times 10^5} = 0.0015$

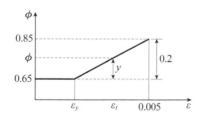

52. 연속 휨부재의 부모멘트를 재분배하고자 할 경우 휨모멘트를 감소시킬 단면에서 최외단 인장철근의 순인장변형률(ε_t)이 얼마 이상인 경우에만 가능한가?

[기사 10]

① 0.0045　　　　② 0.005
③ 0.0075　　　　④ ε_y

해설 ㉮ $\varepsilon_t \geq 0.0075$인 경우 부모멘트 재분배 가능
㉯ 연속 휨부재의 부모멘트는 $1,000\varepsilon_t\,[\%]$까지 증가 또는 감소 가능
㉰ 부모멘트의 증가 또는 감소량 : 부모멘트의 20% 이하

53. 다음 주어진 단철근 직사각형 단면의 보에서 설계휨강도를 구하기 위한 강도감소계수(ϕ)는? (단, $f_{ck} = 28$MPa, $f_y = 400$MPa)

[기사 14, 16, 20]

① 0.85
② 0.83
③ 0.81
④ 0.79

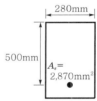

해설 ㉮ 순인장변형률
$$a = \frac{f_y A_s}{\eta(0.85 f_{ck})b}$$
$$= \frac{400 \times 2,870}{1.0 \times 0.85 \times 28 \times 280}$$
$$= 172.27\text{mm}$$

$$c = \frac{a}{\beta_1} = \frac{172.27}{0.80} = 215.33\text{mm}$$

$$\varepsilon_t = \varepsilon_{cu}\left(\frac{d_t - c}{c}\right)$$
$$= 0.0033 \times \left(\frac{500 - 215.33}{215.33}\right)$$
$$= 0.0044 < 0.005$$
∴ 변화구간 단면

㉯ 강도감소계수
$$\phi = 0.65 + 0.2\left(\frac{\varepsilon_t - \varepsilon_y}{0.005 - \varepsilon_y}\right)$$
$$= 0.65 + 0.2 \times \left(\frac{0.0044 - 0.002}{0.005 - 0.002}\right)$$
$$= 0.81$$

 MEMO

chapter 3

RC보의 휨 해석과 설계

출제경향 분석

철근콘크리트보의 휨 해석과 설계는 전체 단원 중에서 가장 출제빈도가 높으며 제2장의 강도설계법과 연관된 단원이다. ① **균형보의 중립축위치**, ② **균형철근비**, ③ **등가사각형의 깊이**, ④ **공칭휨강도의 계산**, ⑤ **유효폭 계산** 등에서 집중 출제되며, 단철근 직사각형, 복철근 직사각형, 단철근 T형 단면에서 주요 공식을 정리한다.

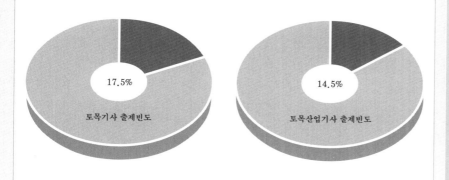

17.5%

토목기사 출제빈도

14.5%

토목산업기사 출제빈도

3 | RC보의 휨 해석과 설계

01 개요

    휨모멘트나 축력 또는 휨모멘트와 축력을 동시에 받는 단면의 설계는 힘의 평형조건과 변형률의 적합조건에 기초하여야 한다. 또 **보**와 같은 **휨부재**, 휨모멘트와 축력을 동시에 받는 **기둥부재**의 순인장변형률 ε_t는 **휨부재의 최소허용변형률 이상**이어야 한다. 본 장에서는 우리나라 시방서의 규정에 따라 강도설계법을 적용하여 **보의 휨설계와 해석**에 대해 다루기로 한다.

02 단철근 직사각형 보의 설계

① 정의

    정(+)의 휨모멘트 또는 부(−)의 휨모멘트가 작용할 때 직사각형 단면의 인장구역에만 철근을 배치한 보를 단철근 직사각형 보라고 한다.

② 균형보

    인장**철근의 변형률**이 **항복변형률(ε_y)에 도달**함과 동시에 **콘크리트의 변형률이 극한변형률에 도달**하는 보를 균형보(평형보, balanced beam)라 한다.

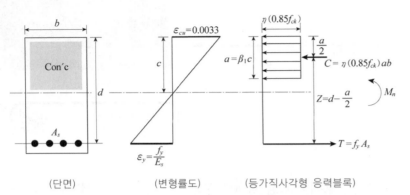

(단면)　　　　　　(변형률도)　　　(등가직사각형 응력블록)

【그림 3-1】 단철근 직사각형 단면보

[출제] 소성중심개념
09(3) 🐿

▶ 소성중심

콘크리트 전단면이 균등하게 f_{ck}의 응력을 받고 철근도 균등하게 항복 응력 f_y를 받는다고 가정하였을 때 전응력의 합력작용점을 말한다.

❸ 균형보의 중립축위치(c_b)

　균형 단면보의 변형률도에서 삼각형 닮음비를 이용하면 $c_b : \varepsilon_{cu} = d :$ $(\varepsilon_{cu} + \varepsilon_y)$이므로 $\dfrac{c_b}{d} = \dfrac{\varepsilon_{cu}}{\varepsilon_{cu} + \varepsilon_y}$ 이다. 즉, $c_b = \left(\dfrac{\varepsilon_{cu}}{\varepsilon_{cu} + \varepsilon_y}\right)d$이고, $\varepsilon_{cu} =$ 0.0033, $\varepsilon_y = \dfrac{f_y}{E_s}$, $E_s = 2.0 \times 10^5 \mathrm{MPa}$을 대입하면($f_{ck} \leq 40\mathrm{MPa}$인 경우)

$$\therefore \; c_b = \left(\frac{\varepsilon_{cu}}{\varepsilon_{cu} + \varepsilon_y}\right)d = \left(\frac{0.0033}{0.0033 + \varepsilon_y}\right)d$$
$$= \left(\frac{0.0033}{0.0033 + \dfrac{f_y}{E_s}}\right)d = \left(\frac{660}{660 + f_y}\right)d \quad \cdots\cdots\cdots\cdots (3.1)$$

[출제] 균형보의 중립축위치(c_b)
08(5), 13(6), 15(9), 19(8), 22(3) ㉯
08(5,9), 11(10), 12(3), 13(3,6), 14(5), 16(5) 🐿

① $c_b = \left(\dfrac{\varepsilon_{cu}}{\varepsilon_{cu} + \varepsilon_y}\right)d$

　$\rightarrow \dfrac{c}{d} = \dfrac{\varepsilon_{cu}}{\varepsilon_{cu} + \varepsilon_y}$

② $c_b = \left(\dfrac{660}{660 + f_y}\right)d$

③ $c_b = \left(\dfrac{0.0033}{0.0033 + f_y/E_s}\right)d$

▶ 균형보의 등가직사각형 압축응력블록의 깊이(a_b)

$a_b = \beta_1 c_b = \beta_1 \left(\dfrac{660}{660 + f_y}\right)d$
($f_y \leq 400\mathrm{MPa}$인 경우)

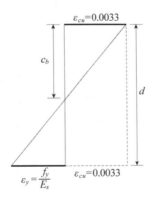

【그림 3-2】 변형률도

균형철근비(ρ_b)

(1) 정의

균형변형률상태의 철근비로 콘크리트가 가정된 극한변형률에 도달함과 동시에 인장철근의 변형률이 항복변형률(ε_y)에 도달하는 경우의 철근비이다.

(2) 평형조건식

$\sum H = 0$이면 $C = T$이므로 $\eta(0.85f_{ck})ab = f_y A_s$ 이고, $a = \beta_1 c_b$, $A_{sb} = \rho_b b d$를 대입하면 $\eta(0.85f_{ck})\beta_1 c_b b = f_y \rho_b b d$이다.

$$\therefore \ \rho_b = \eta(0.85\beta_1)\left(\frac{f_{ck}}{f_y}\right)\left(\frac{c_b}{d}\right) \quad \cdots\cdots\cdots\cdots (3.2)$$

$$= \eta(0.85\beta_1)\left(\frac{f_{ck}}{f_y}\right)\left(\frac{\varepsilon_{cu}}{\varepsilon_{cu}+\varepsilon_y}\right)$$

$$= \eta(0.85\beta_1)\left(\frac{f_{ck}}{f_y}\right)\left(\frac{660}{660+f_y}\right)$$

⑤ **최대철근비($\rho_{\max}$) : 인장철근비의 상한**

(1) 정의

철근콘크리트가 파괴될 때 철근이 먼저 항복함으로써 연성파괴를 유도하기 위한 인장철근비의 상한선으로 **인장철근의 항복변형률이 최소 허용인장변형률인 경우**의 철근비를 말한다.

$$\rho_{\max} = \left(\frac{\varepsilon_{cu}+\varepsilon_y}{\varepsilon_{cu}+\varepsilon_{t,\min}}\right)\rho_b \quad \cdots\cdots\cdots\cdots (3.3)$$

(2) SD400 이하의 철근을 사용한 경우

$$\rho_{\max} = \eta(0.85\beta_1)\left(\frac{f_{ck}}{f_y}\right)\left(\frac{c}{d}\right)$$

$$= \eta(0.85\beta_1)\left(\frac{f_{ck}}{f_y}\right)\left(\frac{\varepsilon_{cu}}{\varepsilon_{cu}+\varepsilon_y}\right)$$

$$= \eta(0.85\beta_1)\left(\frac{f_{ck}}{f_y}\right)\left(\frac{\varepsilon_{cu}}{\varepsilon_{cu}+\varepsilon_{t,\min}}\right) \quad \cdots\cdots\cdots (3.4)$$

[출제] 균형철근비(ρ_b) 계산

09(5), 12(5), 17(5) ㉠
08(3,5), 09(5,8), 10(9), 11(3,6), 12(9), 14(5), 16(10), 17(5), 18(3) ㉢

$$\rho_b = \eta\,0.85\beta_1 \underset{①}{} \left(\frac{f_{ck}}{f_y}\right) \left(\frac{\varepsilon_{cu}}{\varepsilon_{cu}+\varepsilon_y}\right)$$

$$\qquad\quad ① \quad ② \quad\ ③ \qquad ④$$

여기서, ④는 여러 형태로 표현된다.

$$\frac{\varepsilon_{cu}}{\varepsilon_{cu}+\varepsilon_y} = \frac{c_b}{d} = \frac{660}{660+f_y}$$

[출제] 균형철근량(A_{sb}) 계산

11(10), 12(3), 17(3), 22(4) ㉠
10(5), 13(9), 15(9), 20(6) ㉢

▶ **균형철근량(A_{sb})**

$$A_{sb} = \rho_b b d$$

▶ **최대철근비 개념**
① 인장철근비의 최대값
② 인장철근의 항복변형률 ε_y가 최소 허용인장변형률 $\varepsilon_{t,\min}$인 경우
  • $f_y \leq 400\text{MPa} : \varepsilon_{t,\min} = 0.004$
  • $f_y > 400\text{MPa} : \varepsilon_{t,\min} = 2\varepsilon_y$

여기서, $\varepsilon_{t,\min}$: 최소허용인장변형률

- $f_y \leq 400\text{MPa}$이면 $\varepsilon_{t,\min} = 0.004$
- $f_y > 400\text{MPa}$이면 $\varepsilon_{t,\min} = 2.0\varepsilon_y$

예로 SD400 이하인 철근의 최소허용인장변형률은 0.004이고, 파괴 시 콘크리트의 극한변형률은 0.0033이다. 즉, $\varepsilon_{cu} = 0.0033$, $\varepsilon_y = \varepsilon_{t,\min} = 0.004$를 대입하여 정리하면 다음과 같다.

$$\rho_{\max} = \eta(0.85\beta_1)\left(\frac{f_{ck}}{f_y}\right)\left(\frac{0.0033}{0.0033 + 0.004}\right) \quad\text{............... (3.5)}$$

▶ 균형철근비(ρ_b)와 최대철근비 ($\rho_{\max}$)의 관계
$$\rho_{\max} = 0.726\rho_b$$

⑥ 최소철근비($\rho_{\min}$)

(1) 정의

보에 인장철근량이 매우 적게 배치된 경우 휨균열 발생과 동시에 철근이 항복하여 취성파괴가 발생할 수 있다. 따라서 취성파괴를 방지하기 위한 최소한의 철근량($A_{s,\min}$)과 철근비($\rho_{\min}$)를 규정하고 있다.

▶ 최소철근비($\rho_{\min}$)
$$\rho_{\min} = 0.178\frac{\lambda\sqrt{f_{ck}}}{\phi f_y}\text{ (사각형 단면)}$$

(2) 최소철근량

$$A_{s,\min} = 1.2\left(\frac{1}{\phi f_y jd}\right)\left(\frac{I_g}{y_t}\right)f_r \quad\text{또는}\quad A_{s,\min} = \frac{1.4}{f_y}b_w d \quad\text{...... (3.6)}$$

여기서, f_y : 인장철근 철계기준 항복강도

jd : 압축력과 인장력 중심 간 거리

I_g : 총 단면 2차 모멘트

f_r : 휨파괴계수($= 0.63\lambda\sqrt{f_{ck}}$)

[출제] 최소철근량($A_{s,\min}$)
09(8), 10(9), 11(3), 12(9),
13(3), 15(9), 17(5) ㉮
08(5), 11(6), 13(6), 17(3) ㉯

① $A_{s,\min} = \rho_{\min}bd$
② 최소철근량 규정이유 → 취성파괴 방지목적

(3) 최소철근비

$$\rho_{\min} = 1.2\left(\frac{1}{\phi f_y jd}\right)\left(\frac{I_g f_r}{y_t}\right)\frac{1}{bd} \quad\text{............................... (3.7)}$$

여기서, 직사각형 보의 경우 $d \approx 0.9h$, $jd \approx (7/8)d$이므로

$$\rho_{\min} = 0.178\frac{\lambda\sqrt{f_{ck}}}{\phi f_y}\text{ (사각형 단면 적용)} \quad\text{............... (3.8)}$$

⑦ 등가직사각형 압축응력블록깊이(a)

힘의 평형조건식 $\sum H = 0$ 에서 $C = T$ 이므로

$$\eta(0.85f_{ck})ab = f_y A_s$$

$$\therefore \quad a = \frac{f_y A_s}{\eta(0.85f_{ck})b} = \frac{\rho d f_y}{\eta(0.85f_{ck})} \quad \cdots\cdots\cdots\cdots (3.9)$$

⑧ 공칭휨강도(모멘트, M_n)

$$M_n = f_y A_s\left(d - \frac{a}{2}\right) \text{ 또는 } M_n = \eta(0.85f_{ck})ab\left(d - \frac{a}{2}\right)$$

$$\therefore \quad M_n = \eta f_{ck}\, qbd^2(1 - 0.59q) \quad \cdots\cdots\cdots (3.10)$$

여기서, $q = \dfrac{\rho f_y}{\eta f_{ck}}$

⑨ 설계휨강도(모멘트, M_d)

$$M_d = \phi M_n = \phi\left[f_y A_s\left(d - \frac{a}{2}\right)\right] \quad \cdots\cdots\cdots (3.11)$$

⑩ 극한휨강도(모멘트, M_u) : 안전 검토

$$M_u \leq M_d = \phi M_n \quad \cdots\cdots\cdots\cdots (3.12)$$

여기서, $0.005 \leq \varepsilon_t$ 인 경우 : $\phi = 0.85$

$\varepsilon_y < \varepsilon_t < 0.005$ 인 경우 : 직선보간법으로 산정

$\varepsilon_t \leq \varepsilon_y$ 인 경우 : $\phi = 0.65$ (띠철근 등), $\phi = 0.70$ (나선철근)

⑪ 최소철근량 검토

$$\phi M_n \geq 1.2 M_{cr} \quad \cdots\cdots\cdots\cdots\cdots (3.13)$$

여기서, M_{cr} : 휨균열모멘트$\left(= \dfrac{I_g}{y_t} f_r\right)$

[출제] 등가직사각형 응력깊이(a)
08(3), 15(3), 20(6), 22(4) ㉠
09(8), 10(3), 11(10), 13(9),
17(3) ㉲

$$a = \frac{f_y A_s}{\eta(0.85f_{ck})b}$$

[출제] 중립축위치(c)
13(9) ㉠
10(5,9) ㉲

$$a = \beta_1 c \rightarrow c = \frac{a}{\beta_1}$$
($f_{ck} \leq 40$ 일 때 $\beta_1 = 0.80$)

[출제] 공칭휨강도(M_n)
09(5,8), 12(9), 14(9) ㉠
11(6,10), 12(9), 13(3) ㉲

$$M_n = f_y A_s\left(d - \frac{a}{2}\right)$$
$$\therefore \quad M_n = \eta(0.85f_{ck})ab\left(d - \frac{a}{2}\right)$$
여기서, $a = \beta_1 c$

[출제] 설계휨강도(M_d)
10(3), 16(10) ㉠
09(5), 18(4) ㉲

$$M_d = \phi M_n$$

[출제] 철근량(A_s)
17(3), 18(3) ㉠
09(3) ㉲

$$M_u = \phi M_n = \phi f_y A_s\left(d - \frac{a}{2}\right)$$
$$\therefore \quad A_s = \frac{M_u}{\phi f_y\left(d - \frac{a}{2}\right)}$$

[출제] 압축철근응력(f_s')
09(3) ㉲

$$f_s' = E_s \varepsilon_s'$$
여기서, $\varepsilon_s' = \varepsilon_{cu}\left(\dfrac{c - d'}{c}\right)$

03 복철근 직사각형 보의 설계

① 정의

보의 인장구역에 배치한 인장철근이 부담하는 하중을 경감하기 위해 보의 압축측에도 철근을 배치하여 압축응력의 일부를 철근이 부담하는 것을 복철근 직사각형 보라고 한다.

② 복철근 직사각형 보로 설계하는 경우

① 외력에 의한 계수강도가 설계강도를 초과할 때 보의 단면치수를 변경하여야 하나 구조상 보의 높이가 제한받는 경우
② 보의 고정지점이나 연속보에서 부(−)의 휨모멘트를 받는 경우
③ 정(+), 부(−)의 휨모멘트를 반복해서 받는 경우
④ 크리프, 건조수축 등으로 인한 장기처짐을 최소화하기 위한 경우
⑤ 연성을 극대화시키기 위한 경우(과다철근보 → 과소철근보)
⑥ 스터럽철근의 조립을 쉽게 하기 위한 경우

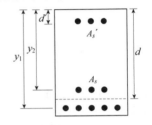

[출제] 유효깊이(d) 계산
17(9), 18(3) ㉮
09(8), 11(3) ㉯

▶ 바리뇽의 정리
$$8A_s f_s d = 5A_s f_s y_1 + 3A_s f_s y_2$$
$$\therefore \ d = \frac{5y_1 + 3y_2}{8}$$

▶ 압축철근의 항복 여부 판별
① $\varepsilon_s' \geq \varepsilon_y$ 이면 $f_s' = f_y$ (압축응력 항복응력 도달상태)
② $\varepsilon_s' < \varepsilon_y$ 이면 $f_s' < f_y$ (압축응력 항복응력에 도달하지 않은 상태)
※ 복철근 직사각형 보에서 압축철근 항복 유무에 따라 설계식이 차이가 있으나, 일반적으로 압축철근이 항복한 것으로 보고 계산한다.

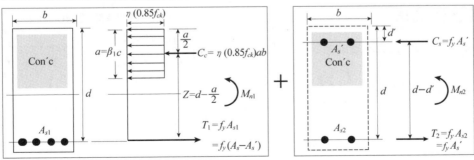

【그림 3-3】 복철근 직사각형 단면보

❸ 등가응력깊이(a)

① 힘의 평형조건 $C = T$에서 단면의 총압축력 C는 콘크리트가 부담하는 압축력 C_c와 압축철근의 압축력 C_s로 중첩원리를 적용하여 해석한다.

② 힘의 평형조건식 $\sum H = 0$에서 $C_c = T_1$이므로

$$\eta(0.85f_{ck})ab = f_y(A_s - A_s')$$

$$\therefore \quad a = \frac{f_y(A_s - A_s')}{\eta(0.85f_{ck})b} \quad \text{............................} (3.14)$$

[출제] 등가사각형 깊이(a)
08(9), 10(5), 11(3), 12(3),
13(3), 15(10), 16(10) ㉑
09(5,8), 12(9), 16(10), 18(3) ㉑

$$a = \frac{f_y(A_s - A_s')}{\eta(0.85f_{ck})b}$$
$$= \frac{f_y d(\rho - \rho')}{\eta(0.85f_{ck})}$$
$$\left(\rho = \frac{A_s}{bd}, \ \rho' = \frac{A_s'}{bd}\right)$$

❹ 공칭휨강도(모멘트, M_n)

① 콘크리트의 압축력(C_c)과 평형을 이루는 인장철근의 인장력(T_1)에 의한 우력모멘트(M_{n1})

$$M_{n1} = C_c Z = \eta(0.85f_{ck})ab\left(d - \frac{a}{2}\right) = T_1 Z$$

$$= f_y(A_s - A_s')\left(d - \frac{a}{2}\right)$$

② 압축철근의 압축력(C_s)과 평형을 이루는 인장철근의 인장력(T_2)에 의한 우력모멘트(M_{n2})

$$M_{n2} = C_s Z = T_2 Z = f_y A_s'(d - d')$$

$$\therefore \quad M_n = M_{n1} + M_{n2}$$

$$= f_y(A_s - A_s')\left(d - \frac{a}{2}\right) + f_y A_s'(d - d') \quad \text{.......} (3.15)$$

[출제] 중립축위치(c)
18(4) ㉑
12(5), 15(5), 17(5) ㉑

$$a = \beta_1 c$$
$$\rightarrow c = \frac{a}{\beta_1} = \frac{f_y(A_s - A_s')}{\eta(0.85f_{ck})b\beta_1}$$

[출제] 공칭휨강도(M_n)
11(6), 12(9), 13(9), 16(5),
17(3) ㉑

❺ 설계휨강도(모멘트, M_d)

$$M_d = \phi M_n$$

$$= \phi\left[f_y(A_s - A_s')\left(d - \frac{a}{2}\right) + f_y A_s'(d - d')\right] \quad \text{........} (3.16)$$

여기서, $0.005 \leq \varepsilon_t$인 경우 : $\phi = 0.85$

$\quad\quad\quad \varepsilon_y < \varepsilon_t < 0.005$인 경우 : 직선보간법으로 산정

$\quad\quad\quad \varepsilon_t \leq \varepsilon_y$인 경우 : $\phi = 0.65$(띠철근 등), $\phi = 0.70$(나선철근)

[출제] 설계휨강도(M_d)
10(3), 12(9) ㉑

▶ 설계휨강도

$\quad M_d = \phi M_n$

여기서,
$\phi = 0.85(\varepsilon_t \geq 0.005)$
$\phi =$ 직선보간값$(\varepsilon_y < \varepsilon_t < 0.005)$
$\phi = 0.65, \ 0.70(\varepsilon_t \leq \varepsilon_y)$

⑥ 극한휨강도(모멘트, M_u) : 안전 검토

$$M_u \leq M_d = \phi M_n \quad \text{.................................} \quad (3.17)$$

⑦ 압축철근의 항복($f_s' = f_y$) 검토

복철근 직사각형 보에서 휨강도를 산정할 때 압축철근과 인장철근이 모두 항복하는 것으로 가정하였다. 따라서 가정에 대한 검토가 필요하다. 압축철근의 항복조건은 다음과 같다.

$$\varepsilon_s' = \varepsilon_{cu}\left(\frac{c-d'}{c}\right) \geq \varepsilon_y \quad \text{.................................} \quad (3.18)$$

식 (3.18)에 $c = \dfrac{a}{\beta_1}$를 대입하고 $\dfrac{d'}{a}$에 대해 정리하면

$$\frac{d'}{a} = \frac{1}{\beta_1}\left(1 - \frac{\varepsilon_s'}{\varepsilon_{cu}}\right) \quad \text{.................................} \quad (3.19)$$

따라서 압축철근의 항복한계값은 다음과 같이 정의된다.

$$\left(\frac{d'}{a}\right)_{lim} = \frac{1}{\beta_1}\left(1 - \frac{f_y}{660}\right) \quad \text{.................................} \quad (3.20)$$

⑧ 인장철근의 항복($f_s = f_y$) 검토(저보강보)

$$\varepsilon_s \geq \varepsilon_y \ \text{또는} \ \frac{a}{d} \leq \frac{a_b}{d} = \beta_1\left(\frac{660}{660+f_y}\right) \quad \text{.................} \quad (3.21)$$

⑨ 지배 단면과 강도감소계수(ϕ) 결정

① 인장지배 단면($\phi = 0.85$)

$\varepsilon_c = \varepsilon_{cu}$일 때 $\begin{cases} \varepsilon_t \geq 0.005 \, (f_y \leq 400\text{MPa}) \\ \varepsilon_t \geq 2.5\varepsilon_y \, (f_y > 400\text{MPa}) \end{cases}$

② 변화구간 단면

$\varepsilon_c = \varepsilon_{cu}$일 때 $\varepsilon_y < \varepsilon_t < 0.005 \, (2.5\varepsilon_y)$

$$\phi = 0.65 + 0.2\left(\frac{\varepsilon_t - \varepsilon_y}{0.005 - \varepsilon_y}\right) : \text{띠철근(기타)}$$

$$\phi = 0.70 + 0.15\left(\frac{\varepsilon_t - \varepsilon_y}{0.005 - \varepsilon_y}\right) : \text{나선철근}$$

[출제] 압축철근변형률(ε_s')
11(10) ㉯
08(3), 20(6) ㉑

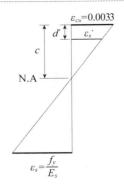

$c : \varepsilon_{cu} = (c-d') : \varepsilon_s'$에서

① $c = \left(\dfrac{\varepsilon_{cu}}{\varepsilon_{cu} - \varepsilon_s'}\right)d'$

$\quad = \left(\dfrac{660}{660 - f_y}\right)d'$

② $\varepsilon_s' = \varepsilon_{cu}\left(\dfrac{c-d'}{c}\right)$

$\quad = 0.0033\left(\dfrac{c-d'}{c}\right)$

▣ $a_b = \beta_1 c_b$

이때 $c_b = \left(\dfrac{660}{660+f_y}\right)d$

⑩ 휨부재의 최소철근량

① **최소철근량** : 휨부재의 모든 단면에 대하여 설계휨강도가 다음 식의 조건을 만족하도록 인장철근을 배치해야 한다.

$$\phi M_n \geq 1.2 M_{cr}$$ ·· (3.22)

여기서, M_{cr} : 휨부재의 균열휨모멘트$\left(= \dfrac{I_g}{y_t} f_r\right)$

f_r : 콘크리트의 휨인장강도(파괴계수)$(= 0.63 \lambda \sqrt{f_{ck}})$

I_g : 총 단면 2차 모멘트$\left(= \dfrac{bh^3}{12}\right)$

y_t : 도심에서 인장측 연단까지의 거리$\left(= \dfrac{h}{2}\right)$

② **최소철근량 예외규정** : 해석에 의한 필요철근량보다 1/3 이상 인장철근이 더 배치되어 다음 식의 조건을 만족하는 경우 최소철근량규정을 적용하지 않아도 된다.

$$\phi M_n \geq \frac{4}{3} M_u$$ ·· (3.23)

여기서, ϕ : 강도감소계수
M_n : 공칭휨강도
M_u : 극한(소요)휨강도

T형보의 설계

① 정의

단철근 직사각형 보에서 인장측 콘크리트는 하중을 부담하지 못하고 자중만 증가시켜 비경제적인 단면설계를 초래한다. 따라서 인장철근을 수용할 단면만 남기고 인장측 콘크리트의 단면을 감소시킨 T자 형태의 보를 T형보라고 한다.

② T형보의 명칭

플랜지(flange)와 복부(web)로 구성되며, 플랜지는 휨에 저항하고, 복부는 전단에 저항한다. 특히 단면의 전단저항력을 증가시킬 경우 플랜지와 복부의 연결 부위에 헌치(hunch)를 둔다.

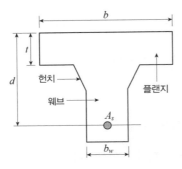

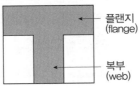
③ 플랜지의 유효폭

T형보가 반복되어 사용될 때 단면두께가 균일하지 않으므로 T형보가 받는 응력분포는 변화하게 된다. 이때 응력분포가 일정하다고 보는 범위를 플랜지의 유효폭(b_e)이라고 하며 **설계에 적용하는 폭**이다.

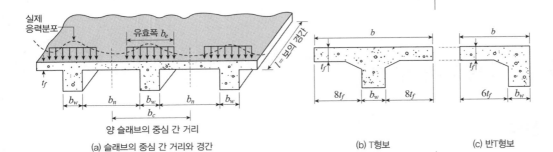

(a) 슬래브의 중심 간 거리와 경간   (b) T형보   (c) 반T형보

【그림 3-4】

(1) T형보(가장 작은 값)

① $16t_f + b_w$

② b_c(양쪽 슬래브의 중심 간 거리)

③ $\dfrac{1}{4}l$(여기서, l : 보 경간)

(2) 반T형보(가장 작은 값)

① $6t_f + b_w$

② $\dfrac{1}{12}l + b_w$

③ $\dfrac{1}{2}b_n + b_w$

여기서, b_n : 보의 내측거리, b_w : 복부 폭

④ T형보의 판정

(1) 정(+)의 휨모멘트가 작용하는 경우

① 중립축위치(c)에 의한 방법

㉠ 중립축위치 ①(플랜지 내에 위치) : 폭이 b인 직사각형 보로 해석

㉡ 중립축위치 ②(복부 내에 위치) : 단철근 T형보로 해석

② 등가응력깊이(a)와 플랜지두께(t)를 비교하는 방법

㉠ $a \leq t$: 폭이 b인 직사각형 보로 해석

㉡ $a > t$: 단철근 T형보로 해석

여기서, $a = \dfrac{f_y A_s}{\eta(0.85 f_{ck})b}$

③ 압축력 C와 인장력 T를 비교하는 방법

㉠ $C \geq T$: 폭이 b인 직사각형 보로 해석

㉡ $C < T$: 단철근 T형보로 해석

여기서, $C = \eta(0.85 f_{ck})ab$, $T = f_y A_s$

(2) 부(−)의 휨모멘트가 작용하는 경우

폭이 b_w인 직사각형 보로 해석

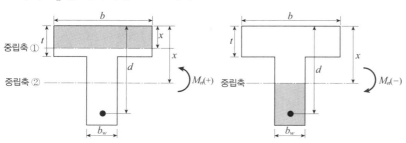

【그림 3-5】정모멘트가 작용하는 경우 【그림 3-6】부모멘트가 작용하는 경우

[출제] 반T형보 유효폭(b_e) 계산

08(5), 10(9), 17(5), 18(4), 22(3) ㉠

▶ 반T형보 유효폭(b_e)

① $6t + b_w$

② $\dfrac{l}{12} + b_w$

③ $\dfrac{b_n}{2} + b_w$

∴ 가장 작은 값 = b_e

[출제] 유효폭(b_e) 적용한 a 계산

11(10), 12(9) ㉠

▶ 유효폭(b_e) 결정

$$a = \dfrac{f_y A_s}{\eta(0.85 f_{ck})b_e}$$

[출제] T형보, 직사각형 보 판별

09(3) ㉠

08(3), 11(3), 13(6), 16(3) ㉑

① $a \leq t$

직사각형 보 $a = \dfrac{f_y A_s}{\eta(0.85 f_{ck})b}$

② $a > t$

T형보 $a = \dfrac{f_y(A_s - A_s{}')}{\eta(0.85 f_{ck})b}$

[출제] 부(−)모멘트 작용 시

→ 폭 b_w 사용

08(9) ㉠

08(3) ㉑

▶ 부모멘트 작용

폭 b_w인 직사각형 보 해석

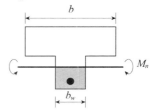

⑤ T형보의 해석

T형보는 플랜지의 내민 부분과 복부로 나누어 중첩의 원리를 이용하여 해석한다.

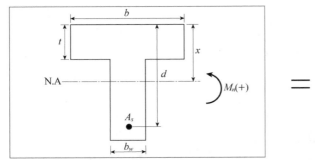

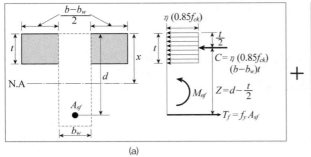

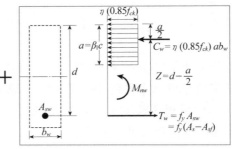

(a)   (b)

【그림 3-7】 T형 단면보

(1) 등가응력사각형 깊이(a)

[그림 3-7]의 (b)에서 힘의 평형조건식 $\sum H = 0$을 적용하면 $C_w = T_w$ 이므로

$$\eta(0.85f_{ck})ab_w = f_y(A_s - A_{sf})$$

$$\therefore\ a = \frac{f_y(A_s - A_{sf})}{\eta(0.85f_{ck})b_w} \quad\cdots\cdots\cdots (3.24)$$

(2) 공칭휨강도(M_n)

$$M_n = M_{nf} + M_{nw} = T_f Z + T_w Z$$

$$\therefore\ M_n = f_y A_{sf}\left(d - \frac{t}{2}\right) + f_y(A_s - A_{sf})\left(d - \frac{a}{2}\right) \quad\cdots\cdots (3.25)$$

[출제] 등가응력깊이(a)
08(9), 09(5,8), 10(9), 13(3,6), 17(5) ㉑

➡ 등가응력깊이
$$a = \frac{f_y(A_s - A_{sf})}{\eta(0.85f_{ck})b}$$

➡ 중립축거리
$$c = \frac{a}{\beta_1}$$

➡ 플랜지 철근량
$$A_{sf} = \frac{\eta(0.85f_{ck})t(b - b_w)}{f_y}$$

[출제] 공칭휨강도(M_n) 계산
11(3,6), 18(3,4) ㉑

(3) 설계휨강도(M_d)

$$M_d = \phi M_n = \phi\left[f_y A_{sf}\left(d - \frac{t}{2}\right) + f_y(A_s - A_{sf})\left(d - \frac{a}{2}\right)\right]$$

.... (3.26)

(4) 안전 검토

$$M_u \leq M_d = \phi M_n$$ .... (3.27)

(5) 최소철근량 검토

$$\phi M_n \geq 1.2 M_{cr}$$ .... (3.28)

6 단면설계

(1) 정의

설계하중에 저항할 수 있는 콘크리트 단면의 폭(b_w)과 유효깊이(d), 철근량(A_s)을 결정하는 것을 단면설계라고 한다

(2) ϕM_{nf}에 대한 철근량(A_{sf})

$$M_u = M_d = \phi M_n = \phi(M_{nf} + M_{nw})$$

$C_f = T_f$이므로 $A_{sf}f_y = \eta(0.85f_{ck})(b - b_w)t$

$$\therefore \quad A_{sf} = \frac{\eta(0.85f_{ck})(b - b_w)t}{f_y}$$ .... (3.29)

(3) ϕM_{nw}에 대한 철근량($A_s - A_{sf}$)

$$\phi M_{nw} = M_u - \phi M_{nf} = \phi\left[f_y(A_s - A_{sf})\left(d - \frac{a}{2}\right)\right]$$

$$\therefore \quad A_s - A_{sf} = \frac{M_u - \phi M_{nf}}{\phi f_y\left(d - \frac{a}{2}\right)}$$ .... (3.30)

[출제] 플랜지 인장철근량(A_{sf})
19(8) ㉑
10(5), 13(9) ㉔

$$A_{sf} = \frac{\eta(0.85f_{ck})(b - b_w)t}{f_y}$$

▶ 철근량
$A_s = A_{sf} + A_{sw}$
$\therefore \quad A_{sw} = A_s - A_{sf}$

예상 및 기출문제

1. 강도설계에서 다음 그림과 같은 균형보의 중립축 위치는 다음 중 어느 것인가? (단, $\rho_b = A_s/bd$, $f_y =$ 철근의 항복강도, $E_s =$ 철근의 탄성계수, $\varepsilon_s =$ 철근의 변형률이다.) [기사 98, 99]

① $\left(\dfrac{660}{660+\varepsilon_s}\right)d$

② $\left(\dfrac{0.0033}{0.0033+f_y/E_s}\right)d$

③ $\left(\dfrac{660}{660+f_y/E_s}\right)d$

④ $\left(\dfrac{0.0033}{0.0033+f_y}\right)d$

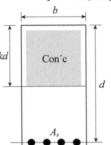

해설 변형률도에서 비례식을 적용하면
$$c_b : d = \varepsilon_{cu} : (\varepsilon_{cu}+\varepsilon_y)$$
$$\therefore \ c_b = \left(\frac{\varepsilon_{cu}}{\varepsilon_{cu}+\varepsilon_y}\right)d = \left(\frac{0.0033}{0.0033+f_y/E_s}\right)d$$
$$= \left(\frac{660}{660+f_y}\right)d$$

2. 강도설계법에서 단철근 직사각형 보의 중립축위 치를 구하는 식은? [산업 94, 99, 08]

① $\left(\dfrac{0.0033}{0.0033+f_y}\right)d$ 또는 $\left(\dfrac{660}{660+\varepsilon_y}\right)d$

② $\left(\dfrac{0.0033}{0.0033+E_s}\right)d$ 또는 $\left(\dfrac{660}{660+f_y}\right)d$

③ $\left(\dfrac{0.0033E_s}{0.0033E_s+f_y}\right)d$ 또는 $\left(\dfrac{660}{660+f_y}\right)d$

④ $\left(\dfrac{0.0033}{0.0033+\varepsilon_y}\right)d$ 또는 $\left(\dfrac{660}{660-f_y}\right)d$

해설 문1 해설 참조

3. 단철근 직사각형 보에서 항복응력 $f_y = 300$MPa, $d = 600$mm일 때 중립축거리 c_b를 구한 값 중 옳은 것은? (단, 강도설계법으로 계산할 것)
[기사 02, 04, 07, 15, 22, 산업 05, 12, 13, 14, 16, 19]

① 413mm
② 447mm
③ 483mm
④ 537mm

해설 $c_b = \left(\dfrac{660}{660+f_y}\right)d$
$$= \frac{660}{660+300}\times 600 = 412.5\text{mm}$$

4. 연성파괴를 일으키는 직사각형 단면에서 중립축 거리(c)는 얼마인가? (단, $A_s = 3-\text{D}25 = 1{,}520\text{mm}^2$, $f_{ck} = 30$MPa, $f_y = 500$MPa) [산업 07, 10, 15]

① 175.3mm
② 178.3mm
③ 182.7mm
④ 186.3mm

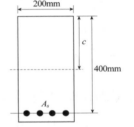

해설 $a = \dfrac{f_y A_s}{\eta(0.85f_{ck})b}$
$$= \frac{500\times 1{,}520}{1.0\times 0.85\times 30\times 200} = 149.01\text{mm}$$
$f_{ck} \le 40$MPa이므로 $\beta_1 = 0.80$
$a = \beta_1 c$
$$\therefore \ c = \frac{a}{\beta_1} = \frac{149.01}{0.80} \fallingdotseq 186.3\text{mm}$$

5. $b = 200$mm, $d = 500$mm, $A_s = 1{,}000$mm^{2}인 단철 근 직사각형 보의 중립축위치 c값은? (단, $f_{ck} = 21$MPa, $f_y = 280$MPa) [기사 98, 13, 산업 03, 05, 10, 17]

① 62.3mm
② 78.4mm
③ 88.4mm
④ 98.0mm

해설 $f_{ck} \le 40$MPa이므로 $\beta_1 = 0.80$
$$\therefore \ c = \frac{a}{\beta_1} = \frac{1}{0.80}\left(\frac{f_y A_s}{\eta(0.85f_{ck})b}\right)$$
$$= \frac{1}{0.80}\times \frac{280\times 1{,}000}{1.0\times 0.85\times 21\times 200} = 98\text{mm}$$

정답 1. ② 2. ③ 3. ① 4. ④ 5. ④

6. 단철근 직사각형 보에서 균형 단면이 되기 위한 중립축의 위치 c와 유효깊이 d의 비는 얼마인가? (단, $f_{ck}=21$MPa, $f_y=350$MPa, $b=360$mm, $d=700$mm) [기사 95, 06, 13]

① $\dfrac{c}{d}=0.43$ ② $\dfrac{c}{d}=0.51$

③ $\dfrac{c}{d}=0.65$ ④ $\dfrac{c}{d}=0.72$

해설 $\dfrac{c}{d}=\dfrac{660}{660+350}=0.65$

7. 다음 그림과 같이 철근콘크리트보 단면파괴 시 인장철근의 변형률은? (단, $f_{ck}=28$MPa, $f_y=350$MPa, $A_s=1,520$mm²) [기사 10, 13, 산업 10, 14]

① 0.004
② 0.008
③ 0.011
④ 0.015

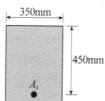

해설 $a=\dfrac{f_y A_s}{\eta(0.85f_{ck})b}=\dfrac{350\times1,520}{1.0\times0.85\times28\times350}$

$=63.87$mm

$c=\dfrac{a}{\beta_1}=\dfrac{63.87}{0.80}=79.84$mm

$c:\varepsilon_{cu}=(d_t-c):\varepsilon_y$

$\therefore \varepsilon_y=\varepsilon_{cu}\left(\dfrac{d_t-c}{c}\right)=0.0033\times\dfrac{450-79.84}{79.84}$

$=0.015$

8. 강도설계에서 균형철근비 ρ_b를 구하는 공식은? [기사 98]

① $\rho_b=\eta(0.80\beta_1)\left(\dfrac{f_{ck}}{f_y}\right)\left(\dfrac{660+f_y}{660}\right)$

② $\rho_b=\left(\dfrac{f_y}{\eta(0.85f_{ck})}\right)\beta_1\left(\dfrac{660}{660+f_y}\right)$

③ $\rho_b=\eta(0.85\beta_1)\left(\dfrac{f_{ck}}{f_y}\right)\left(\dfrac{660}{660+f_y}\right)$

④ $\rho_b=\left(\dfrac{f_y}{\eta(0.85f_{ck})}\right)\beta_1\left(\dfrac{660+f_y}{660}\right)$

해설 $\rho_b=\eta(0.85\beta_1)\left(\dfrac{f_{ck}}{f_y}\right)\left(\dfrac{\varepsilon_{cu}}{\varepsilon_{cu}+\varepsilon_y}\right)$

$=\eta(0.85\beta_1)\left(\dfrac{f_{ck}}{f_y}\right)\left(\dfrac{660}{660+f_y}\right)$

9. 다음 단철근 직사각형 보에서 $f_{ck}=21$MPa, $f_y=300$MPa일 때 균형철근비 ρ_b를 구한 값은? [기사 98, 09, 산업 04, 05, 06, 08, 12, 15, 17, 18, 19]

① 0.025
② 0.033
③ 0.043
④ 0.052

해설 $\rho_b=\eta(0.85\beta_1)\left(\dfrac{f_{ck}}{f_y}\right)\left(\dfrac{660}{660+f_y}\right)$

$=1.0\times0.85\times0.80\times\dfrac{21}{300}\times\left(\dfrac{660}{660+300}\right)$

$=0.033$

10. 강도설계에서 $f_{ck}=29$MPa, $f_y=300$MPa일 때 단철근 직사각형 보의 균형철근비(ρ_b)는? [기사 05, 12, 17, 산업 02, 04, 09, 10, 11, 14, 16]

① 0.034
② 0.045
③ 0.051
④ 0.067

해설 $\rho_b=\eta(0.85\beta_1)\left(\dfrac{f_{ck}}{f_y}\right)\left(\dfrac{660}{660+f_y}\right)$

$=1.0\times0.85\times0.80\times\dfrac{29}{300}\times\left(\dfrac{660}{660+300}\right)$

$=0.045$

11. 다음 $b=300$mm, $d=600$mm, $A_s=3-$D35$=2,870$mm²인 직사각형 단면보의 파괴 양상은? (단, 강도설계법에 의한 $f_{ck}=21$MPa, $f_y=300$MPa) [기사 93, 02, 19]

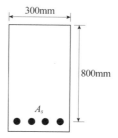

① 취성파괴
② 연성파괴
③ 균형파괴
④ 파괴되지 않는다.

해설 $\rho_b = \eta(0.85\beta_1)\left(\dfrac{f_{ck}}{f_y}\right)\left(\dfrac{660}{660+f_y}\right)$

$= 1.0 \times 0.85 \times 0.80 \times \dfrac{21}{300} \times \left(\dfrac{660}{660+300}\right)$

$= 0.0327$

$\rho = \dfrac{A_s}{bd} = \dfrac{2,870}{300 \times 800} = 0.0119$

$\rho_{\min} = 0.178 \dfrac{\lambda \sqrt{f_{ck}}}{\phi f_y}$

$= 0.178 \times \dfrac{1.0\sqrt{21}}{0.85 \times 280} = 0.0034$

$\therefore \rho_{\min} < \rho < \rho_b$ 이므로 철근이 먼저 항복하는 연성파괴가 발생한다.

12. 단철근 직사각형 보에서 인장철근량이 증가하고 다른 조건은 동일할 경우 중립축의 위치는 어떻게 변하는가? [산업 12]

① 변동이 없다.

② 증가된 철근량에 따라 중립축이 위 또는 아래로 움직인다.

③ 압축부 콘크리트 쪽으로 중립축이 올라간다.

④ 인장철근 쪽으로 중립축이 내려간다.

해설 콘크리트의 압축강도가 증가하여 균형을 이루기 위해 인장측으로 중립축이 내려간다.

13. 강도설계에서 $f_{ck}=35\text{MPa}$, $f_y=350\text{MPa}$을 사용하는 단철근보에 사용할 수 있는 최대인장철근비 ($\rho_{\max}$)는? [기사 02, 03, 07]

① 0.020

② 0.024

③ 0.030

④ 0.032

해설 $\rho_{\max} = \eta(0.85\beta_1)\left(\dfrac{f_{ck}}{f_y}\right)\left(\dfrac{\varepsilon_{cu}}{\varepsilon_{cu}+\varepsilon_{t,\min}}\right)$

$= 1.0 \times 0.85 \times 0.80 \times \dfrac{35}{350}$

$\times \left(\dfrac{0.0033}{0.0033+0.004}\right)$

$= 0.030$

여기서, $\beta_1 = 0.80(f_{ck} \le 40\text{MPa}$일 때)

$f_y = 350\text{MPa}$일 때 최소인장변형률

$\varepsilon_{t,\min} = 0.004$

14. 콘크리트의 압축강도(f_{ck})가 35MPa, 철근의 항복강도(f_y)가 400MPa, 폭이 350mm, 유효깊이가 600mm인 단철근 직사각형 보의 최소철근량은 얼마인가?

[기사 05, 07, 09, 14, 15, 17, 산업 14, 17]

① 651mm^2

② 735mm^2

③ 777mm^2

④ 816mm^2

해설 $\rho_{\min} = 0.178 \dfrac{\lambda \sqrt{f_{ck}}}{\phi f_y}$

$= 0.178 \times \dfrac{1.0\sqrt{35}}{0.85 \times 400}$

$= 0.0031$

$\therefore A_{s,\min} = \rho_{\min}\,b\,d$

$= 0.0031 \times 350 \times 600$

$= 651\text{mm}^2$

15. 휨부재의 단면을 산정할 때 최소철근량규정을 지켜야 하는데, 이렇게 최소인장철근 단면적을 규정하는 이유는 무엇인가? [산업 08, 19]

① 취성파괴를 피하기 위해서

② 균형적인 철근분배를 위해서

③ 과다철근보(과보강보)의 단점 보완을 위해서

④ 경제적인 단면 이용을 위해서

해설 평형철근비보다 철근을 적게 넣어 연성파괴 (파괴가 서서히 진행)를 유도해야 하나, 철근을 너무 적게 넣으면 시공과 동시에 철근이 항복하여 콘크리트의 파괴도 동시에 진행되므로 취성파괴(갑작스런 파괴)가 발생한다. 따라서 취성파괴를 방지하기 위해 철근의 하한값을 규정하고 있다.

16. 다음 그림과 같은 단철근 직사각형 보의 단면에서 최대휨철근량은 약 얼마인가? (단, $f_{ck}=21\text{MPa}$, $f_y=350\text{MPa}$) [기사 18, 산업 07]

① 5,280mm^2

② 4,580mm^2

③ 3,080mm^2

④ 2,760mm^2

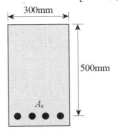

해설 $\rho_{\max} = \eta(0.85\beta_1)\left(\dfrac{f_{ck}}{f_y}\right)\left(\dfrac{\varepsilon_{cu}}{\varepsilon_{cu}+\varepsilon_{t,\min}}\right)$

$= 1.0 \times 0.85 \times 0.80 \times \dfrac{21}{350}$

$\times \left(\dfrac{0.0033}{0.0033+0.004}\right)$

$= 0.0184$

$\therefore A_{s,\max} = \rho_{\max}bd$

$= 0.0184 \times 300 \times 500 = 2,760\,\mathrm{mm}^2$

17. 단철근 직사각형 단면의 균형철근비(ρ_b)를 이용하여 균형철근량을 구하는 식은 어느 것인가? (단, b=폭, d=유효깊이) [산업 02]

① $A_s = \rho_b bd$ ② $A_s = \dfrac{\rho_b}{bd}$

③ $A_s = \dfrac{\rho_b}{b-d}$ ④ $A_s = \dfrac{\rho_b - b}{d}$

해설 $\rho_b = \dfrac{A_s}{bd}$

$\therefore A_s = \rho_b bd$

18. 다음 그림과 같은 단철근 직사각형 보의 균형철근량을 계산하면? (단, f_{ck}=21MPa, f_y=300MPa) [산업 07, 13, 15]

① $5,090\,\mathrm{mm}^2$
② $4,455\,\mathrm{mm}^2$
③ $5,173\,\mathrm{mm}^2$
④ $5,055\,\mathrm{mm}^2$

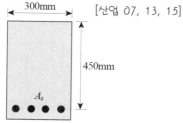

해설 $\rho_b = \eta(0.85\beta_1)\left(\dfrac{f_{ck}}{f_y}\right)\left(\dfrac{660}{660+f_y}\right)$

$= 1.0 \times 0.85 \times 0.80 \times \dfrac{21}{300} \times \left(\dfrac{660}{660+300}\right)$

$= 0.033$

$\therefore A_s = \rho_b bd$

$= 0.033 \times 300 \times 450 = 4,455\,\mathrm{mm}^2$

19. 폭 b_w=300mm, 유효깊이 d=450mm인 단철근 직사각형 보의 균형철근량은 약 얼마인가? (단, f_{ck}=35MPa, f_y=300MPa이다.)

[기사 11, 12, 14, 15, 16, 17, 19, 22]

① $7,590\,\mathrm{mm}^2$ ② $7,358\,\mathrm{mm}^2$
③ $7,150\,\mathrm{mm}^2$ ④ $7,010\,\mathrm{mm}^2$

해설 $\beta_1 = 0.80\,(f_{ck} \leq 40\mathrm{MPa}$일 때$)$

$\rho_b = \eta(0.85\beta_1)\left(\dfrac{f_{ck}}{f_y}\right)\left(\dfrac{660}{660+f_y}\right)$

$= 1.0 \times 0.85 \times 0.80 \times \dfrac{35}{300} \times \left(\dfrac{660}{660+300}\right)$

$= 0.0545$

$\therefore A_s = \rho_b bd$

$= 0.0545 \times 300 \times 450 = 7357.5\,\mathrm{mm}^2$

20. 폭 b=300mm, 유효깊이 d=540mm인 단철근 직사각형 단면에서 설계모멘트 M_u=208kN·m를 받도록 설계하려고 한다. 이때 필요한 철근량을 구하면? (단, f_{ck}=21MPa, f_y=300MPa, a=93mm) [산업 93, 94, 06]

① $1,253\,\mathrm{mm}^2$ ② $1,453\,\mathrm{mm}^2$
③ $1,653\,\mathrm{mm}^2$ ④ $1,853\,\mathrm{mm}^2$

해설 ㉮ $a = \beta_1 c$

$\therefore c = \dfrac{a}{\beta_1} = \dfrac{93}{0.80} = 116.25$

$\varepsilon_t = \varepsilon_{cu}\left(\dfrac{d_t}{c}-1\right) = 0.0033 \times \left(\dfrac{540}{116.25}-1\right)$

$= 0.0120 > 0.005$

$\therefore \phi = 0.85$

㉯ $A_s = \dfrac{M_u}{\phi f_y\left(d-\dfrac{a}{2}\right)}$

$= \dfrac{208,000,000}{0.85 \times 300 \times \left(540-\dfrac{93}{2}\right)}$

$= 1,653\,\mathrm{mm}^2$

21. 다음 그림과 같은 단철근 직사각형 보에서 f_y=350MPa, f_{ck}=21MPa일 때 철근량을 구하면? (단, M_u=700kN·m, a=150mm이고, 균형철근보이다.)

[산업 93, 94, 03]

① $2,870\,\mathrm{mm}^2$
② $3,245\,\mathrm{mm}^2$
③ $3,572\,\mathrm{mm}^2$
④ $3,866\,\mathrm{mm}^2$

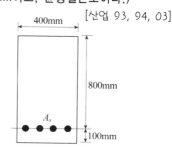

해설 ㉮ 강도감소계수(ϕ) 결정 : $f_y \le 400$MPa인 경우 $\varepsilon_t \ge 0.005$이면 인장지배 단면으로 $\phi = 0.85$

㉯ $A_s = \dfrac{M_u}{\phi f_y \left(d - \dfrac{a}{2}\right)}$

$= \dfrac{700,000,000}{0.85 \times 350 \times \left(800 - \dfrac{150}{2}\right)}$

$= 3245.4 \text{mm}^2$

22. 다음 그림과 같은 단철근 직사각형 보를 강도설계법으로 해석할 때 콘크리트의 등가직사각형의 깊이 a는? (단, $f_{ck} = 21$MPa, $f_y = 300$MPa)
[기사 02, 04, 08, 20, 22, 산업 14, 15, 16, 17, 19, 20]

300mm / 500mm / $A_s = 1,500 \text{mm}^2$

① 104mm ② 94mm
③ 84mm ④ 74mm

해설 $a = \dfrac{f_y A_s}{\eta(0.85 f_{ck})b}$

$= \dfrac{300 \times 1,500}{1.0 \times 0.85 \times 21 \times 300} = 84\text{mm}$

23. 다음 보의 유효깊이(d) 600mm, 복부의 폭 (b_w) 320mm, 플랜지의 두께 130mm, 인장철근량 7,650mm², 양쪽 슬래브의 중심 간 거리 2.5m, 경간 10.4m, $f_{ck} = 25$MPa, $f_y = 400$MPa로 설계된 대칭 T형보가 있다. 이 보의 등가직사각형 응력블록의 깊이 (a)는? [기사 12]

① 51.2mm ② 60mm
③ 137.5mm ④ 145mm

해설 ㉮ 플랜지의 유효폭 결정
㉠ $16t + b_w = 16 \times 130 + 320 = 2,400$mm

㉡ 슬래브 중심 간 거리(b_c) $= 2,500$mm

㉢ $\dfrac{1}{4} l$ (경간길이) $= \dfrac{1}{4} \times 10,400$
$= 2,600$mm

∴ $b_e = 2,400$mm (최소값)

㉯ 등가응력사각형의 깊이
$a = \dfrac{f_y A_s}{\eta(0.85 f_{ck})b}$

$= \dfrac{400 \times 7,650}{1.0 \times 0.85 \times 25 \times 2,400}$

$= 60$mm $< t (= 130$mm$)$
직사각형 보로 해석
∴ $a = 60$mm

24. 다음 그림과 같은 단철근 직사각형 보에서 강도설계법에 의하여 압축력 C를 구한 값 중 옳은 것은? (단, $f_{ck} = 21$MPa, $a = 85.2$mm) [기사 02, 산업 14]

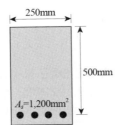

250mm / 500mm / $A_s = 1,200 \text{mm}^2$

① 300kN ② 340kN
③ 380kN ④ 420kN

해설 $C = \eta(0.85 f_{ck}) ab$
$= 1.0 \times 0.85 \times 21 \times 85.2 \times 250$
$= 380,200$N ≒ 380kN

25. 극한강도설계법에 의해 단철근 직사각형 단면보의 전압축력 C를 구한 값은? (단, $d = 50$mm, $A_s = 2,500$mm², $f_{ck} = 21$MPa, $f_y = 300$MPa) [기사 99, 산업 20]

① 875kN
② 750kN
③ 105kN
④ b가 주어지지 않아 구할 수 없다.

해설 $C = T$
∴ $T = f_y A_s$
$= 300 \times 2,500$
$= 750,000$N $= 750$kN

26. 다음 그림과 같은 단철근보에서 f_{ck} =21MPa, f_y =350MPa일 때 철근량 A_s는 얼마가 필요한가?

[기사 92, 93, 94, 99]

① 2,840mm^2
② 3,060mm^2
③ 3,240mm^2
④ 3,460mm^2

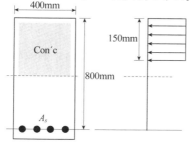

해설 ㉮ $M = CZ$

$$= \eta(0.85f_{ck})\,ab\left(d - \frac{a}{2}\right)$$
$$= 1.0 \times 0.85 \times 21 \times 150 \times 400$$
$$\times \left(800 - \frac{150}{2}\right)$$
$$= 776,475,000\text{N} \cdot \text{mm}$$

㉯ $M = TZ = f_y A_s\left(d - \frac{a}{2}\right)$

$$\therefore A_s = \frac{M}{f_y\left(d - \frac{a}{2}\right)}$$
$$= \frac{776,475,000}{350 \times \left(800 - \frac{150}{2}\right)}$$
$$= 3,060\,\text{mm}^2$$

27. M_u =200kN · m의 계수모멘트가 작용하는 단철근 직사각형 보에서 필요한 철근량(A_s)은 약 얼마인가?
(단, b_w =300mm, d =500mm, f_{ck} =28MPa, f_y =400MPa, ϕ =0.85)　[기사 10, 11, 14, 17, 18, 산업 20]

① 1072.7mm^2
② 1266.3mm^2
③ 1524.6mm^2
④ 1785.4mm^2

해설 $M_u = \phi M_n = \phi\left\{\eta(0.85f_{ck})\,ab\left(d - \frac{a}{2}\right)\right\}$

$$200 \times 10^6 = 0.85 \times 1.0 \times 0.85 \times 28 \times a \times 300$$
$$\times \left(500 - \frac{a}{2}\right)$$
$$= 3,034,500a - 3034.5a^2$$
$$3034.5a^2 - 3,034,500a + 200 \times 10^6 = 0$$

따라서 근의 공식을 적용하면 ∴ $a = 71$mm

$$\therefore A_s = \frac{M_u}{\phi f_y\left(d - \frac{a}{2}\right)}$$
$$= \frac{200 \times 10^6}{0.85 \times 400 \times \left(500 - \frac{71}{2}\right)}$$
$$= 1266.38\,\text{mm}^2$$

28. b =200mm, d =380mm, A_s =3−D25(1,520mm^2), f_{ck} =21MPa, f_y =300MPa인 저보강보의 설계강도(M_d)는?

[기사 02]

① 102kN · m
② 122kN · m
③ 154kN · m
④ 204kN · m

해설 $a = \dfrac{f_y A_s}{\eta(0.85f_{ck})b}$

$$= \frac{300 \times 1,520}{1.0 \times 0.85 \times 21 \times 200} = 127.7\text{mm}$$
$$\therefore M_d = \phi M_n = \phi\left\{f_y A_s\left(d - \frac{a}{2}\right)\right\}$$
$$= 0.85 \times \left\{300 \times 1,520 \times \left(380 - \frac{127.7}{2}\right)\right\}$$
$$= 122,539,740\text{N} \cdot \text{mm} = 122\text{kN} \cdot \text{m}$$

29. 다음 그림에 나타난 단철근 직사각형 보의 압축측에 지름 50mm인 원형관(duct)이 있을 경우 공칭휨강도 M_n을 구하면? (단, 철근 D25 4본의 단면적은 2,027mm^2, f_{ck} =28MPa, f_y =400MPa이고, 중립축은 원형관 밑에 있다.)

[기사 09]

① 285kN · m
② 318kN · m
③ 341kN · m
④ 352kN · m

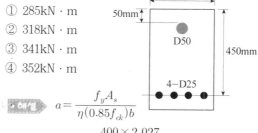

해설 $a = \dfrac{f_y A_s}{\eta(0.85f_{ck})b}$

$$= \frac{400 \times 2,027}{1.0 \times 0.85 \times 28 \times 300} = 113.56\text{mm}$$
$$\therefore M_n = f_y A_s\left(d - \frac{a}{2}\right)$$
$$= 400 \times 2,027 \times \left(450 - \frac{113.56}{2}\right)$$
$$= 318,822,776\text{N} \cdot \text{mm}$$
$$= 318.82\text{kN} \cdot \text{m}$$

30. 다음과 같은 단철근 직사각형 단면보의 설계 휨강도 ϕM_n을 구하면? (단, A_s =2,000mm^2, f_{ck} = 21MPa, f_y =300MPa) [기사 07, 16, 산업 06, 09]

① 213.1kN · m

② 266.4kN · m

③ 226.4kN · m

④ 239.9kN · m

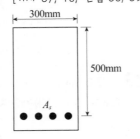

해설 ㉮ 공칭휨강도

$$a = \frac{f_y A_s}{\eta(0.85 f_{ck})b}$$

$$= \frac{300 \times 2,000}{1.0 \times 0.85 \times 21 \times 300} = 112\text{mm}$$

$$\therefore M_n = f_y A_s\left(d - \frac{a}{2}\right)$$

$$= 300 \times 2,000 \times \left(500 - \frac{112}{2}\right)$$

$$= 2.664 \times 10^8 \text{N} \cdot \text{mm}$$

$$= 266.4\text{kN} \cdot \text{m}$$

㉯ 강도감소계수(ϕ)

$f_y \le 400$MPa인 경우 $\varepsilon_t \ge 0.005$이면 인장지배 단면으로 $\phi = 0.85$

$$\varepsilon_t = \varepsilon_{cu}\left(\frac{d\beta_1 - a}{a}\right)$$

$$= 0.0033 \times \left(\frac{500 \times 0.80 - 112}{112}\right)$$

$$= 0.0085 \ge 0.005$$

㉰ 설계휨강도

$$M_d = \phi M_n = 0.85 \times 266.4 = 226.4\text{kN} \cdot \text{m}$$

31. 다음 주어진 단철근 직사각형 단면이 연성파괴를 한다면 이 단면의 공칭휨강도는 얼마인가? (단, f_{ck} =21MPa, f_y =300MPa)

[기사 91, 92, 06, 09, 12, 14, 16, 산업 11, 15]

① 252.4kN · m

② 296.9kN · m

③ 356.3kN · m

④ 396.9kN · m

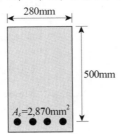

해설

$$a = \frac{f_y A_s}{\eta(0.85 f_{ck})b}$$

$$= \frac{300 \times 2,870}{1.0 \times 0.85 \times 21 \times 280} = 172.27\text{mm}$$

$$\therefore M_n = f_y A_s\left(d - \frac{a}{2}\right)$$

$$= 2,870 \times 300 \times \left(500 - \frac{172.27}{2}\right)$$

$$= 356,337,765\text{N} \cdot \text{mm}$$

$$= 356.3\text{kN} \cdot \text{m}$$

32. 다음과 같은 단철근 직사각형 단면보의 설계휨강도 ϕM_n을 구하면? (단, A_s =1,927mm^2, f_{ck} = 24MPa, f_y =400MPa) [기사 10]

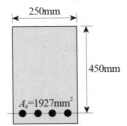

① 213.1kN · m

② 266.4kN · m

③ 226.4kN · m

④ 237.0kN · m

해설 ㉮ 강도감소계수(ϕ)

$$a = \frac{f_y A_s}{\eta(0.85 f_{ck})b}$$

$$= \frac{400 \times 1,927}{1.0 \times 0.85 \times 24 \times 250} = 151\text{mm}$$

$$c = \frac{a}{\beta_1} = \frac{151}{0.80} = 189\text{mm}$$

$$\varepsilon_t = \varepsilon_{cu}\left(\frac{d_t - c}{c}\right)$$

$$= 0.0033 \times \left(\frac{450 - 178}{178}\right) = 0.00456$$

$\varepsilon_y = 0.002 < \varepsilon_t = 0.00456 < 0.005$이므로 변화구간이다.

따라서 직선보간식으로 구하면

$$\phi = 0.65 + (\varepsilon_t - \varepsilon_y)\left(\frac{0.2}{0.005 - \varepsilon_y}\right)$$

$$= 0.65 + (0.00456 - 0.002)$$

$$\times \left(\frac{0.2}{0.005 - 0.002}\right)$$

$$= 0.821$$

㉯ 공칭휨강도

$$M_n = f_y A_s \left(d - \frac{a}{2} \right)$$

$$= 400 \times 1,927 \times \left(450 - \frac{151}{2} \right)$$

$$= 288,664,600 \text{N} \cdot \text{mm}$$

$$= 288.7 \text{kN} \cdot \text{m}$$

㉰ 설계휨강도

$$M_d = \phi M_n$$

$$= 0.821 \times 288.7 = 237 \text{kN} \cdot \text{m}$$

33. $b=250$mm, $d=500$mm이고, 압축연단에서 중립축까지의 거리(c)=200mm, f_{ck}=24MPa의 단철근 직사각형 보에서 콘크리트의 공칭휨강도 M_n은? [산업 12, 19]

① 305.8kN · m   ② 342.7kN · m

③ 364.3kN · m   ④ 423.3kN · m

해설 $a = \beta_1 c = 0.80 \times 200 = 160$mm

$$\therefore M_n = CZ = TZ = \eta(0.85 f_{ck})ab\left(d - \frac{a}{2}\right)$$

$$= 1.0 \times 0.85 \times 24 \times 160 \times 250$$

$$\times \left(500 - \frac{160}{2}\right) \times 10^{-6}$$

$$= 342.72 \text{kN} \cdot \text{m}$$

34. 단면의 복부에 각각 한 개씩의 D29 철근(1개의 단면적은 642mm²)으로 보강되었다. 단면의 공칭휨강도 M_n은 얼마인가? (단, f_{ck}=25MPa, f_y=400MPa)

[산업 09]

① 180.2kN · m

② 162.3kN · m

③ 130.7kN · m

④ 109.8kN · m

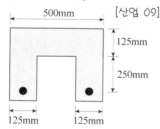

해설 $a = \dfrac{f_y A_s}{\eta(0.85 f_{ck})b} = \dfrac{400 \times 2 \times 642}{1.0 \times 0.85 \times 25 \times 500}$

$$= 48.34 \text{mm}$$

$$\therefore M_n = f_y A_s \left(d - \frac{a}{2} \right)$$

$$= 400 \times 2 \times 642 \times \left(375 - \frac{48.34}{2} \right)$$

$$= 180,186,288 \text{N} \cdot \text{mm}$$

$$= 180.2 \text{kN} \cdot \text{m}$$

35. 다음 그림에 나타난 이등변삼각형 단철근보의 공칭휨강도 M_n을 계산하면? (단, 철근 D19 3본의 단면적은 860mm², f_{ck}=28MPa, f_y=350MPa이다.)

[기사 05, 12, 15]

① 75.3

② 85.2

③ 95.3

④ 105.3

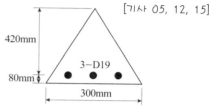

해설 ㉮ 등가응력이 작용하는 부분의 하부폭을 b'이라고 하면

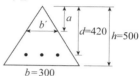

$$500 : 300 = a : b'$$

$$\therefore b' = 0.6a$$

㉯ $C = T$에서 $\eta(0.85 f_{ck})ab'\left(\dfrac{1}{2}\right) = f_y A_s$

여기에 $b' = 0.6a$를 대입하고 정리하면

$$1.0 \times 0.85 \times 28 \times 0.6a^2 \times \frac{1}{2} = 350 \times 860$$

$$\therefore a = \sqrt{\frac{350 \times 860}{1 \times 0.85 \times 28 \times 0.3}} = 205.3 \text{mm}$$

㉰ $M_n = f_y A_s \left(d - \dfrac{2}{3}a \right)$

$$= 350 \times 860 \times \left(420 - \frac{2}{3} \times 205.3 \right)$$

$$= 85,223,133 \text{N} \cdot \text{mm} \fallingdotseq 85.2 \text{kN} \cdot \text{m}$$

36. 다음 그림과 같은 임의의 단면에서 등가직사각형 응력분포가 빗금 친 부분으로 나타났다면 철근량 A_s는 얼마인가? (단, f_{ck}=21MPa, f_y=400MPa)[기사 10, 13, 19]

① 874mm²

② 1,028mm²

③ 1,543mm²

④ 2,109mm²

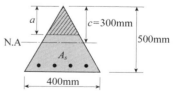

해설 ㉮ $a = \beta_1 c = 0.80 \times 300 = 240$mm

㉯ $b : h = b' : a$

$$\therefore\ b' = \frac{b}{h}a = \frac{400}{500} \times a = 0.8a$$

$$= 0.8 \times 240 = 192\text{mm}$$

㉴ $C = T$ 에서

$$\eta(0.85 f_{ck})\left(\frac{1}{2}ab'\right) = f_y A_s$$

$$1.0 \times 0.85 \times 21 \times \left(\frac{1}{2} \times 240 \times 192\right)$$

$$= 400 \times A_s$$

$$\therefore\ A_s = \frac{436,968}{400} = 1,028\text{mm}^2$$

37. 다음 그림에서 나타난 직사각형 단철근보가 공칭휨강도 M_n에 도달할 때 인장철근의 변형률은 얼마인가? (단, 철근 D22 4개의 단면적 1,548mm², f_{ck} = 28MPa, f_y =350MPa) [기사 09]

① 0.003
② 0.005
③ 0.010
④ 0.012

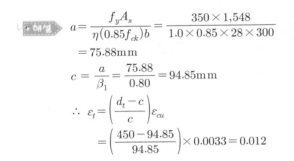

$$a = \frac{f_y A_s}{\eta(0.85 f_{ck})b} = \frac{350 \times 1,548}{1.0 \times 0.85 \times 28 \times 300}$$

$$= 75.88\text{mm}$$

$$c = \frac{a}{\beta_1} = \frac{75.88}{0.80} = 94.85\text{mm}$$

$$\therefore\ \varepsilon_t = \left(\frac{d_t - c}{c}\right)\varepsilon_{cu}$$

$$= \left(\frac{450 - 94.85}{94.85}\right) \times 0.0033 = 0.012$$

38. 다음 그림에 나타난 직사각형 단철근보가 공칭휨강도 M_n에 도달할 때 압축측 콘크리트가 부담하는 압축력(C)은? (단, 철근 D22 4본의 단면적 1,548mm², f_{ck} =28MPa, f_y =350MPa) [산업 02, 05, 08]

① 542kN
② 637kN
③ 724kN
④ 833kN

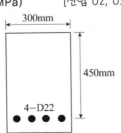

해설 $C = T$

$$\therefore\ T = f_y A_s = 350 \times 1,548$$

$$= 541,800\text{N} = 542\text{kN}$$

39. 계수하중에 의한 모멘트가 M_u =400kN·m인 단철근 직사각형 보의 소요유효깊이 d의 최소값은? (단, ρ =0.015, b =400mm, f_{ck} =24MPa, f_y =400MPa)

[기사 03, 05, 06, 07, 13, 19]

① 420mm
② 480mm
③ 540mm
④ 580mm

해설

$$q = \frac{\rho f_y}{f_{ck}} = \frac{0.015 \times 400}{24} = 0.25$$

$$M_u = M_d = \phi M_n = \phi f_{ck} q b d^2 (1 - 0.59q)$$

$$d^2 = \frac{M_u}{\phi f_{ck} q b (1 - 0.59q)}$$

$$= \frac{400,000,000}{0.85 \times 24 \times 0.25 \times 400 \times (1 - 0.59 \times 0.25)}$$

$$= 230,004\text{mm}^2$$

$$\therefore\ d = 480\text{mm}$$

40. 다음 그림과 같은 복철근보의 유효깊이는? (단, 철근 1개의 단면적은 250mm²) [기사 09, 17, 18, 19, 22]

① 810mm
② 780mm
③ 770mm
④ 730mm

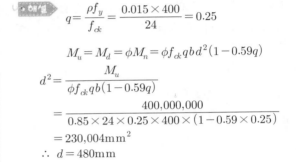

해설 바리뇽의 정리를 적용하여 보 상단에서 모멘트를 취하면

$$f_y \times 8A_s \, d = f_y \times 5A_s \times 810 + f_y \times 3A_s \times 730$$

$$\therefore\ d = \frac{(5 \times 810) + (3 \times 730)}{8} = 780\text{mm}$$

41. f_{ck} =35MPa, f_y =350MPa을 사용하고 b_w = 500mm, d =1,000mm인 휨을 받는 직사각형 단면에 요구되는 최소휨철근량은 얼마인가?

[기사 09, 12, 13, 15, 산업 13]

① 1,524mm²
② 1,770mm²
③ 2,000mm²
④ 2,113mm²

해설
$$\rho_{\min} = 0.178 \frac{\lambda \sqrt{f_{ck}}}{\phi f_y}$$
$$= 0.178 \times \frac{1.0 \sqrt{35}}{0.85 \times 350} = 0.00354$$
$$\therefore A_{s,\min} = \rho_{\min} b_w d$$
$$= 0.00354 \times 500 \times 1,000$$
$$= 1,770 \mathrm{mm}^2$$

42. 다음 그림과 같은 복철근 직사각형 보의 변형률도에서 압축철근의 응력은? (단, $f_{ck} = 28\mathrm{MPa}$, $f_y = 300\mathrm{MPa}$, $E_s = 2 \times 10^5 \mathrm{MPa}$) [산업 09]

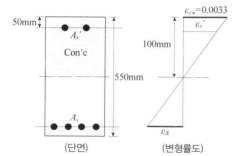

(단면)　　　　(변형률도)

① 280MPa
② 340MPa
③ 350MPa
④ 400MPa

해설 ㉮ $100 : 0.0033 = 50 : \varepsilon_s{}'$
$$\therefore \varepsilon_s{}' = 0.0017$$
㉯ $f_s{}' = E_s \varepsilon_s{}'$
$$= 2 \times 10^5 \times 0.0017 = 340\mathrm{MPa}$$

43. 다음 그림과 같은 복철근 직사각형 단면에서 응력 사각형의 깊이 a의 값은? (단, $f_{ck} = 24\mathrm{MPa}$, $f_y = 300\mathrm{MPa}$, $A_s = 5 - D35 = 4,790\mathrm{mm}^2$, $A_s{}' = 2 - D35 = 1,916\mathrm{mm}^2$)
[기사 08, 10, 11, 13, 14, 16, 산업 06, 07, 09, 12, 14, 16]

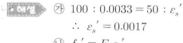

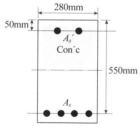

① 107mm
② 147mm
③ 151mm
④ 268mm

해설
$$a = \frac{(A_s - A_s{}')f_y}{\eta(0.85 f_{ck})b}$$
$$= \frac{(4,790 - 1,916) \times 300}{1.0 \times 0.85 \times 24 \times 280}$$
$$= 150.95 \mathrm{mm}$$

44. 다음 그림과 같은 복철근 직사각형 단면의 보에서 압축연단에서 중립축까지의 거리(c)값은? (단, $f_{ck} = 28\mathrm{MPa}$, $f_y = 300\mathrm{MPa}$, $A_s = 4,765\mathrm{mm}^2$, $A_s{}' = 1,284\mathrm{mm}^2$)
[기사 18, 산업 12]

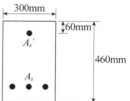

① 129mm
② 146mm
③ 183mm
④ 197mm

해설
$$a = \frac{(A_s - A_s{}')f_y}{\eta(0.85 f_{ck})b}$$
$$= \frac{(4,765 - 1,284) \times 300}{1.0 \times 0.85 \times 28 \times 300}$$
$$= 146.26 \mathrm{mm}$$
$$\therefore c = \frac{a}{\beta_1} = \frac{146.26}{0.80} = 182.8 \mathrm{mm}$$

45. 다음 그림과 같은 복철근 직사각형 보 인장철근의 최대철근비를 구하면? (단, 콘크리트의 변형률이 0.0033에 도달할 때 인장철근은 항복응력에 도달하였으나, 압축철근의 응력은 $f_s{}' = 200\mathrm{MPa}$이었으며 $f_{ck} = 21\mathrm{MPa}$, $f_y = 300\mathrm{MPa}$, $\rho' = 0.0050$이다.) [기사 06]

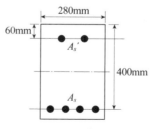

① 0.0186
② 0.0253
③ 0.0586
④ 0.0686

해설 압축철근이 항복하지 않을 경우 복철근 직사각형 보의 최대철근비

$$\bar{\rho}_{\max} = \rho_{\max} + \rho' \left(\frac{f_s'}{f_y} \right)$$

$$= 0.022 + 0.005 \times \left(\frac{200}{300} \right) = 0.0253$$

여기서, $\rho_{\max} = \eta(0.85\beta_1) \left(\frac{f_{ck}}{f_y} \right)$

$$\left(\frac{\varepsilon_{cu}}{\varepsilon_{cu} + \varepsilon_{t,\min}} \right) \left(\frac{d_t}{d} \right)$$

$$= 1.0 \times 0.85 \times 0.80 \times \frac{21}{300}$$

$$\times \left(\frac{0.0033}{0.0033 + 0.004} \right) \times \frac{400}{400}$$

$$= 0.022$$

46. $b = 300\text{mm}$, $d = 460\text{mm}$, $A_s = 6-\text{D32}(4,765\text{mm}^2)$, $A_s = 2-\text{D29}(1,284\text{mm}^2)$, $d' = 60\text{mm}$인 복철근 직사각형 단면에서 파괴 시 압축철근이 항복하는 경우 인장철근의 최대철근비($\rho_{\max}$)를 구하면? (단, $f_{ck} = 35\text{MPa}$, $f_y = 350\text{MPa}$) [기사 06]

① 0.0307   ② 0.0400
③ 0.0416   ④ 0.0437

해설 압축철근이 항복할 경우 복철근 직사각형 보의 최대철근비

$$\bar{\rho}_{\max} = \rho_{\max} + \rho' = 0.029 + 0.0093 = 0.0383$$

여기서, $\rho_{\max} = \eta(0.85\beta_1) \left(\frac{f_{ck}}{f_y} \right)$

$$\left(\frac{\varepsilon_{cu}}{\varepsilon_{cu} + \varepsilon_{t,\min}} \right) \left(\frac{d_t}{d} \right)$$

$$= 1.0 \times 0.85 \times 0.80 \times \frac{35}{350}$$

$$\times \left(\frac{0.0033}{0.0033 + 0.004} \right) \times \frac{460}{460}$$

$$= 0.0307$$

$$\beta_1 = 0.80 \, (f_{ck} \leq 40\text{MPa일 때})$$

$$\rho' = \frac{A_s'}{bd} = \frac{1,284}{300 \times 460} = 0.0093$$

47. 다음 그림과 같은 복철근 직사각형 보에서 인장철근비 ρ와 압축철근비 ρ'은 각각 얼마인가? [산업 05]

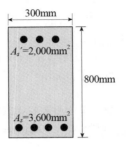

① $\rho = 0.002$, $\rho' = 0.018$
② $\rho = 0.023$, $\rho' = 0.007$
③ $\rho = 0.015$, $\rho' = 0.008$
④ $\rho = 0.003$, $\rho' = 0.006$

해설 ㉮ $\rho = \dfrac{A_s}{bd} = \dfrac{3,600}{300 \times 800} = 0.015$

㉯ $\rho' = \dfrac{A_s'}{bd} = \dfrac{2,000}{300 \times 800} = 0.008$

48. 다음 그림과 같은 복철근 직사각형 보의 변형률도에서 압축철근의 변형률(ε_s')은? [산업 08]

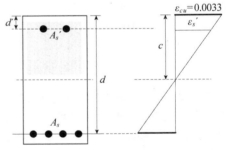

① 0.0033의 85%   ② $0.0033 \left(\dfrac{c + d'}{c} \right)$
③ $0.0033 \left(\dfrac{c - d'}{c} \right)$ ④ $\dfrac{1}{3} \times 0.0033$

해설 변형률도에서 닮은 삼각형의 비례식 적용

$$c : \varepsilon_{cu} = (c - d') : \varepsilon_s'$$

$$\therefore \, \varepsilon_s' = \varepsilon_{cu} \left(\frac{c - d'}{c} \right)$$

$$= 0.0033 \left(\frac{c - d'}{c} \right)$$

49. 다음 그림과 같은 복철근 직사각형 보에서 공칭모멘트 강도(M_n)는? (단, f_{ck}=24MPa, f_y=350MPa, A_s=5,730mm², $A_s{'}$=1,980mm²) [기사 11, 13, 16]

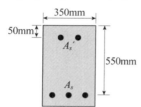

① 947.7kN · m

② 886.5kN · m

③ 805.6kN · m

④ 725.3kN · m

해설

$$a = \frac{(A_s - A_s{'})f_y}{\eta(0.85f_{ck})b}$$

$$= \frac{(5,730 - 1,980) \times 350}{1.0 \times 0.85 \times 24 \times 350} = 184\text{mm}$$

$$\therefore M_n = f_y(A_s - A_s{'})\left(d - \frac{a}{2}\right) + f_y A_s{'}(d - d')$$

$$= 350 \times (5,730 - 1,980)$$

$$\times \left(550 - \frac{184}{2}\right) + 350 \times 1,980$$

$$\times (550 - 50) \times 10^{-6}$$

$$= 947.63\text{kN} \cdot \text{m}$$

50. 다음 그림과 같은 복철근 직사각형 보에서 강도설계법에 의한 단면의 총설계휨모멘트강도 ϕM_n은?
(단, A_s=6-D29(3,852mm²), $A_s{'}$=2-D22(774mm²), f_{ck}=22MPa, f_y=350MPa) [기사 05, 12]

① 350kN · m

② 380kN · m

③ 440kN · m

④ 504kN · m

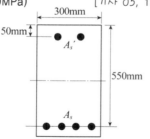

해설

㉮ 강도감소계수(ϕ)

$$a = \frac{(A_s - A_s{'})f_y}{\eta(0.85f_{ck})b}$$

$$= \frac{(3,852 - 774) \times 350}{1.0 \times 0.85 \times 22 \times 300} = 192\text{mm}$$

$$c = \frac{a}{\beta_1} = \frac{192}{0.80} = 240\text{mm}$$

$$\varepsilon_t = \varepsilon_{cu}\left(\frac{d_t - c}{c}\right) = 0.0033 \times \left(\frac{550 - 240}{240}\right)$$

$$= 0.0043$$

$\varepsilon_y = 0.00175 < \varepsilon_t = 0.0043 < 0.005$이므로 변화구간이다.

따라서 직선보간식으로 구하면

$$\phi = 0.65 + (\varepsilon_t - \varepsilon_y)\left(\frac{0.2}{0.005 - \varepsilon_y}\right)$$

$$= 0.65 + (0.0043 - 0.00175)$$

$$\times \left(\frac{0.2}{0.005 - 0.00175}\right) = 0.807$$

㉯ $M_d = \phi M_n$

$$= \phi\left[f_y(A_s - A_s{'})\left(d - \frac{a}{2}\right)\right.$$

$$\left. + f_y A_s{'}(d - d')\right]$$

$$= 0.807 \times \left[350 \times (3,852 - 774)\right.$$

$$\times \left(550 - \frac{192}{2}\right) + 350 \times 774$$

$$\left. \times (550 - 50)\right] = 504\text{kN} \cdot \text{m}$$

51. b_w=300mm, d=550mm, d'=50mm, A_s=4,500mm², $A_s{'}$=2,200mm²인 복철근 직사각형 보가 연성파괴를 한다면 설계휨모멘트강도(ϕM_n)는 얼마인가? (단, f_{ck}=21MPa, f_y=300MPa) [기사 10, 12, 15]

① 516.3kN · m

② 565.3kN · m

③ 599.3kN · m

④ 612.9kN · m

해설

$$a = \frac{(A_s - A_s{'})f_y}{\eta(0.85f_{ck})b}$$

$$= \frac{(4,500 - 2,200) \times 300}{1.0 \times 0.85 \times 21 \times 300} = 129\text{mm}$$

$$c = \frac{a}{\beta_1} = \frac{129}{0.80} = 161.3\text{mm}$$

$$\varepsilon_t = \varepsilon_{cu}\left(\frac{d_t - c}{c}\right) = 0.0033 \times \left(\frac{550 - 161.3}{161.3}\right)$$

$$= 0.008$$

따라서 $f_y \leq 400$MPa, $\varepsilon_t > 0.005$이므로 $\phi = 0.85$(인장지배 단면)

$$\therefore \ M_d = \phi M_n$$
$$= \phi \left[f_y (A_s - A_s{}') \left(d - \frac{a}{2} \right) \right.$$
$$\left. + f_y A_s{}' (d - d') \right]$$
$$= 0.85 \times \left[300 \times (4,500 - 2,200) \right.$$
$$\times \left(550 - \frac{129}{2} \right) + 300 \times 2,200$$
$$\left. \times (550 - 50) \right] \times 10^{-6}$$
$$= 565.3 \text{kN} \cdot \text{m}$$

52. 복철근보에서 압축철근에 대한 효과를 설명한 것으로 적절하지 못한 것은?   [기사 08, 10, 13]

① 단면저항모멘트를 크게 증대시킨다.

② 지속하중에 의한 처짐을 감소시킨다.

③ 파괴 시 압축응력의 깊이를 감소시켜 연성을 증대시킨다.

④ 철근의 조립을 쉽게 한다.

> **해설** 복철근보에서 압축철근의 역할
> ㉮ 처짐 감소
> ㉯ 연성 증대
> ㉰ 스터럽철근의 조립 용이

53. 대칭 T형 콘크리트 단면에서 플랜지의 유효폭 산정 시 고려해야 할 사항으로 틀린 것은? (단, t_f : 플랜지 유효폭, b_w : 복부폭)   [기사 18, 산업 06, 07]

① $16t_f + b_w$

② 양쪽 슬래브의 중심 간 거리

③ 보 경간의 1/4

④ 인접 보와의 내측거리의 $1/2 + b_w$

> **해설** ㉮ $16t + b_w$
> ㉯ 슬래브 중심 간 거리(b_c)
> ㉰ $\dfrac{1}{4} l$ (여기서, l : 보 경간)
> ∴ 유효폭은 ㉮, ㉯, ㉰ 중 가장 작은 값이다.

54. 경간 10m인 대칭 T형보에서 양쪽 슬래브의 중심 간 거리가 2,100mm, 플랜지두께는 100mm, 복부의 폭(b_w)은 400mm일 때 플랜지의 유효폭은?

[기사 04, 05, 08, 13, 20, 21, 산업 03, 09, 11, 14, 17, 19]

① 2,500mm   ② 2,250mm

③ 2,100mm   ④ 2,000mm

> **해설** ㉮ $16t + b_w = 16 \times 100 + 400 = 2,000 \text{mm}$
> ㉯ 슬래브 중심 간 거리(b_c) = 2,100
> ㉰ $\dfrac{1}{4} l = \dfrac{10,000}{4} = 2,500 \text{mm}$
> ∴ 플랜지의 유효폭(b_e) = 2,000mm (가장 작은 값)

55. 강도설계 시 T형보에서 t_f =100mm, d =300mm, f_{ck} =20MPa, f_y =420MPa, A_s =2,000mm², b = 800mm일 때 응력사각형의 깊이는? (단, E_s =2.0× 10^5 MPa)   [기사 95, 09, 산업 11, 13, 19]

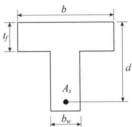

① 51.8mm   ② 61.8mm

③ 71.8mm   ④ 81.8mm

> **해설** $a = \dfrac{f_y A_s}{\eta (0.85 f_{ck}) b}$
> $= \dfrac{420 \times 2,000}{1.0 \times 0.85 \times 20 \times 800} = 61.8 \text{mm}$
> 따라서 $a < t_f$ 이므로 직사각형 보로 계산한다.

56. 강도설계법에서 다음 그림과 같은 T형보의 응력사각형 깊이 a는 얼마인가? (단, A_s =14-D25= 7,094mm², f_{ck} =21MPa, f_y =300MPa)

[기사 93, 05, 06, 07, 08, 09, 13, 15, 17]

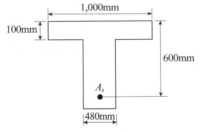

① 120mm   ② 130mm

③ 140mm   ④ 150mm

해설 ㉮ $a = \dfrac{f_y A_s}{\eta(0.85 f_{ck})b}$

$= \dfrac{300 \times 7,094}{1.0 \times 0.85 \times 21 \times 1,000}$

$= 119.2\text{mm}$

따라서 $a > t_f$이므로 T형보로 계산한다.

㉯ $A_{sf} = \dfrac{0.85 f_{ck} t_f (b - b_w)}{f_y}$

$= \dfrac{0.85 \times 21 \times 100 \times (1,000 - 480)}{300}$

$= 3,094\text{mm}^2$

㉰ $a = \dfrac{f_y(A_s - A_{sf})}{\eta(0.85 f_{ck})b_w}$

$= \dfrac{300 \times (7,094 - 3,094)}{1.0 \times 0.85 \times 21 \times 480}$

$= 140.06\text{mm}$

57. 경간 $l = 20\text{m}$이고 다음 그림의 빗금 친 부분과 같은 반T형보(b)의 등가응력사각형의 깊이 a는? (단, $f_{ck} = 28\text{MPa}$, $f_y = 400\text{MPa}$) [기사 11, 12]

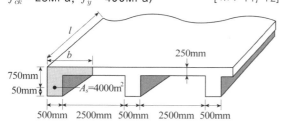

① 33.61mm   ② 38.42mm

③ 134.45mm   ④ 262.34mm

해설 ㉮ 반T형보의 유효폭(b_e) 결정

  ㉠ $6t + b_w = 6 \times 250 + 500 = 2,000\text{mm}$

  ㉡ $\dfrac{1}{2}b_n + b_w = \dfrac{1}{2} \times 2,500 + 500$

      $= 1,750\text{mm}$

  ㉢ $\dfrac{1}{12}l + b_w = \dfrac{1}{12} \times 20,000 + 500$

      $= 2,167\text{mm}$

  ∴ $b_e = 1,750\text{mm}$ (가장 작은 값)

㉯ $a = \dfrac{f_y A_s}{\eta(0.85 f_{ck})b}$

$= \dfrac{400 \times 4,000}{1.0 \times 0.85 \times 28 \times 1,750} = 38.415\text{mm}$

58. 다음 그림과 같은 T형 단면을 강도설계법으로 해석할 경우 내민 플랜지 단면적을 압축철근 단면적(A_{sf})으로 환산하면 얼마인가? (단, $f_{ck} = 21\text{MPa}$, $f_y = 400\text{MPa}$) [기사 06, 19]

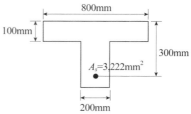

① 1375.8mm²   ② 1275.0mm²

③ 1175.2mm²   ④ 2677.5mm²

해설 $A_{sf} = \dfrac{\eta(0.85 f_{ck})t_f(b - b_w)}{f_y}$

$= \dfrac{1.0 \times 0.85 \times 21 \times 100 \times (800 - 200)}{400}$

$= 2677.5\text{mm}^2$

59. 강도설계법에서 $b_w = 500\text{mm}$, $b = 1,500\text{mm}$, $t = 100\text{mm}$, $f_{ck} = 21\text{MPa}$, $f_y = 300\text{MPa}$인 단철근 T형보에서 플랜지의 내민 부분의 압축력과 비길 수 있는 철근 단면적 A_{sf}의 값은? [산업 07, 10, 13]

① 4,550mm²   ② 4,950mm²

③ 5,950mm²   ④ 6,950mm²

해설 $A_{sf} = \dfrac{\eta(0.85 f_{ck})t_f(b - b_w)}{f_y}$

$= \dfrac{1.0 \times 0.85 \times 21 \times 100 \times (1,500 - 500)}{300}$

$= 5,950\text{mm}^2$

60. 강도설계법에서 다음 그림과 같은 T형보에 압축연단에서 중립축까지의 거리(c)는 얼마인가? (단, $A_s = 14 - \text{D}25 = 7,094\text{mm}^2$, $f_{ck} = 35\text{MPa}$, $f_y = 400\text{MPa}$) [기사 10, 15]

① 132mm

② 155mm

③ 165mm

④ 186mm

해설
$$a = \frac{f_y A_s}{\eta(0.85 f_{ck})b}$$
$$= \frac{400 \times 7,094}{1.0 \times 0.85 \times 35 \times 800} = 119\text{mm} > t$$

중립축위치가 복부에 있으므로 T형보로 해석
$$A_{sf} = \frac{\eta(0.85 f_{ck}) t_f (b - b_w)}{f_y}$$
$$= \frac{1.0 \times 0.85 \times 35 \times 100 \times (800 - 480)}{400}$$
$$= 2,380\text{mm}^2$$
$$a = \frac{(A_s - A_{sf})f_y}{\eta(0.85 f_{ck})b_w}$$
$$= \frac{(7,094 - 2,380) \times 400}{1.0 \times 0.85 \times 35 \times 480} = 132\text{mm}$$
$$\beta_1 = 0.80 > 0.65 \,(f_{ck} \leq 40\text{MPa일 때})$$
$$\therefore c = \frac{a}{\beta_1} = \frac{132}{0.80} = 165\text{mm}$$

61. 강도설계법으로 다음 그림과 같은 단철근 T형 단면을 설계할 때의 설명 중 옳은 것은? (단, $f_{ck} = $ 21MPa, $f_y = 400$MPa, $A_s = 6,000\text{m}^2$) [산업 07, 14]

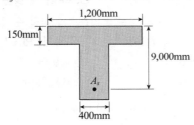

① 폭이 1,200mm인 직사각형 단면보로 계산한다.
② 폭이 400mm인 직사각형 단면보로 계산한다.
③ T형 단면보로 계산한다.
④ T형 단면보나 직사각형 단면보나 상관없이 같은 값이 나온다.

해설 ㉮ $a = \dfrac{f_y A_s}{\eta(0.85 f_{ck})b}$
$$= \frac{400 \times 6,000}{1.0 \times 0.85 \times 21 \times 1,200} = 112\text{mm}$$
㉯ $c = \dfrac{a}{\beta_1} = \dfrac{112}{0.80} = 140\text{mm}$

따라서 $c < t_f$이므로 폭을 $b(= 1,200\text{mm})$로 하는 직사각형 보로 해석한다.

62. 플랜지 유효폭이 b이고, 복부폭이 b_w인 복철근 T형보의 중립축이 복부에 있고 $(-)$휨모멘트가 작용할 때의 응력 계산방법이 옳은 것은? [산업 08]

① 폭이 b인 직사각형 보로 계산
② 폭이 b_w인 직사각형 보로 계산
③ T형보로 계산
④ 어느 방법으로 계산해도 좋다.

해설 중립축이 복부에 있고 중립축 아래(압축방향)의 단면형태는 폭이 b_w인 직사각형 보

63. 다음 단철근 T형보에서 다음 주어진 조건에 대하여 공칭모멘트강도(M_n)는? (단, $b = 1,000$mm, $t = $ 80mm, $d = 600$mm, $A_s = 5,000\text{mm}^2$, $b_w = 400$mm, $f_{ck} = 21$MPa, $f_y = 300$MPa) [기사 11, 14, 18]

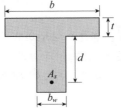

① 711.3kN · m
② 836.8kN · m
③ 947.5kN · m
④ 1084.6kN · m

해설 ㉮ T형보 판별
$$a = \frac{f_y A_s}{\eta(0.85 f_{ck})b}$$
$$= \frac{300 \times 5,000}{1.0 \times 0.85 \times 21 \times 1,000}$$
$$= 84.0\text{mm}$$
$a > t_f$이므로 T형보로 계산
$$\therefore c = \frac{a}{\beta_1} = \frac{84}{0.80} = 105\text{mm}$$
㉯ A_{sf}, a 결정
$$A_{sf} = \frac{\eta(0.85 f_{ck}) t_f (b - b_w)}{f_y}$$
$$= \frac{1.0 \times 0.85 \times 21 \times 80 \times (1,000 - 400)}{300}$$
$$= 2,856\text{mm}^2$$
$$\therefore a = \frac{f_y(A_s - A_{sf})}{\eta(0.85 f_{ck})b_w}$$
$$= \frac{300 \times (5,000 - 2,856)}{1.0 \times 0.85 \times 21 \times 400}$$
$$= 90\text{mm}$$

④ 공칭휨강도(M_n)

$$= f_y A_{sf} \left(d - \frac{t_f}{2} \right) + f_y (A_s - A_{sf}) \left(d - \frac{a}{2} \right)$$

$$= 300 \times 2,856 \times \left(600 - \frac{80}{2} \right) + 300$$

$$\times (5,000 - 2,856) \times \left(600 - \frac{90}{2} \right)$$

$$= 836,784,000 \text{N} \cdot \text{mm} = 836.78 \text{kN} \cdot \text{m}$$

64. 다음 그림과 같은 T형보에서 f_{ck} =21MPa, f_y = 400MPa, A_s =3,212mm²일 때 공칭휨강도(M_n)는?

[산업 11, 17]

① 463.7kN · m
② 521.6kN · m
③ 578.4kN · m
④ 613.5kN · m

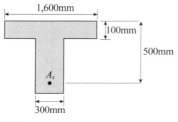

해설 ② T형보 판별

$$a = \frac{f_y A_s}{\eta(0.85 f_{ck}) b}$$

$$= \frac{400 \times 3,212}{1.0 \times 0.85 \times 21 \times 1,600} = 45 \text{mm}$$

$\therefore a < t_f$이므로 직사각형 보로 해석

④ 공칭휨강도(M_n)

$$= f_y A_s \left(d - \frac{a}{2} \right)$$

$$= 400 \times 3,212 \times \left(500 - \frac{45}{2} \right) \times 10^{-6}$$

$$= 613.49 \text{kN} \cdot \text{m}$$

65. 다음 강도설계법으로 단철근 T형보의 설계휨 강도($M_d = \phi M_n$)식은? [산업 90, 98]

① ϕM_n

$$= 0.85 \left[f_y A_{sf} \left(d - \frac{t_f}{2} \right) + f_y (A_s - A_{sf}) \left(d - \frac{a}{2} \right) \right]$$

② ϕM_n

$$= 0.85 \left[f_y (A_s - A_{sf}) \left(d - \frac{t_f}{2} \right) + f_y (A_s - A_{sf}) \left(d - \frac{a}{2} \right) \right]$$

③ ϕM_n

$$= 0.75 \left[f_y A_{sf} \left(d - \frac{t_f}{2} \right) + f_y (A_s - A_{sf}) \left(d - \frac{a}{2} \right) \right]$$

④ ϕM_n

$$= 0.75 \left[f_y (A_s - A_{sf}) \left(d - \frac{t_f}{2} \right) + f_y (A_s - A_{sf}) \left(d - \frac{a}{2} \right) \right]$$

66. 다음 그림과 같은 T형보에서 f_{ck} =21MPa, f_y = 300MPa일 때 설계휨강도(ϕM_n)를 구하면? (단, 과소철근 보이고 A_s =5,000mm²) [기사 98, 07, 11, 14]

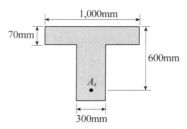

① 613.1kN · m
② 577.7kN · m
③ 653.1kN · m
④ 707.9kN · m

해설 ② T형보 판별

$$a = \frac{f_y A_s}{\eta(0.85 f_{ck}) b}$$

$$= \frac{300 \times 5,000}{1.0 \times 0.85 \times 21 \times 1,000} = 84.0 \text{mm}$$

$a > t_f$이므로 T형보로 계산

$$c = \frac{a}{\beta_1} = \frac{84}{0.80} = 105 \text{mm}$$

④ 강도감소계수 ϕ 결정

$$\varepsilon_t = \varepsilon_{cu} \left(\frac{d_t - c}{c} \right)$$

$$= 0.0033 \times \left(\frac{600 - 105}{105} \right)$$

$$= 0.016 > 0.005 \text{이므로 } \phi = 0.85$$

④ A_{sf}, a 결정

$$A_{sf} = \frac{\eta(0.85 f_{ck}) t_f (b - b_w)}{f_y}$$

$$= \frac{1.0 \times 0.85 \times 21 \times 70 \times (1,000 - 300)}{300}$$

$$= 2915.5 \text{mm}^2$$

$$\therefore a = \frac{f_y (A_s - A_{sf})}{\eta(0.85 f_{ck}) b_w}$$

$$= \frac{300 \times (5,000 - 2915.5)}{1.0 \times 0.85 \times 21 \times 300}$$

$$= 116.78 \text{mm}$$

라 설계강도$(M_d) = \phi M_n$

$$= 0.85 \times \left[300 \times 2915.5 \times \left(600 - \frac{70}{2} \right) \right.$$

$$+ 300 \times (5,000 - 2915.5)$$

$$\left. \times \left(600 - \frac{116.78}{2} \right) \right]$$

$$= 707,942,104 \text{N} \cdot \text{mm} = 707.9 \text{kN} \cdot \text{m}$$

67. 보의 유효깊이(d) 600mm, 복부의 폭(b_w) 320mm, 플랜지의 두께 130mm, 인장철근량 7,650mm², 양쪽 슬래브의 중심 간 거리 2.5m, 경간 10.4m, f_{ck} =25MPa, f_y =400MPa로 설계된 대칭 T형보가 있다. 이 보의 등가 직사각형 응력블록의 깊이(a)는? [기사 15]

① 51.2mm　　　　② 60mm

③ 137.5mm　　　　④ 145mm

해설 ㉮ 플랜지 유효폭 결정

　㉠ $16t + b_w = 16 \times 130 + 320 = 2,400$mm

　㉡ 슬래브 중심 간 거리 $= 2,500$mm

　㉢ $\frac{1}{4}l = \frac{10,400}{4} = 2,600$mm

　∴ $b_e = 2,400$mm(가장 작은 값)

㉯ T형보의 판별

$$a = \frac{A_s f_y}{\eta(0.85 f_{ck})b}$$

$$= \frac{7,650 \times 400}{1.0 \times 0.85 \times 25 \times 2,400}$$

$$= 60\text{mm} < t_f (=130\text{mm})$$

∴ 직사각형 보로 해석

∴ $a = 60$mm

68. 다음 그림은 복철근 직사각형 단면의 변형률이다. 다음 중 압축철근이 항복하기 위한 조건으로 옳은 것은? [기사 15]

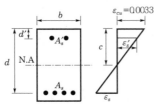

① $\dfrac{0.0033(c-d')}{c} \geq \dfrac{f_y}{E_s}$　② $\dfrac{660(c-d')}{c} \leq f_y$

③ $\dfrac{660d'}{660 - f_y} > c$　④ $\dfrac{660d'}{660 + f_y} < c$

해설 $c : \varepsilon_{cu} = (c - d') : \varepsilon_s'$

$$\therefore \varepsilon_s' = \varepsilon_{cu} \left(\frac{c-d'}{c} \right) \geq \varepsilon_y \,(\text{압축철근항복조건})$$

$$= 0.0033 \left(\frac{c-d'}{c} \right) \geq \frac{f_y}{E_s}$$

여기서, $\varepsilon_y = \dfrac{f_y}{E_s}$

69. 다음 그림의 빗금 친 부분과 같은 단철근 T형보의 등가응력의 깊이(a)는? (단, A_s =6,354mm², f_{ck} =24MPa, f_y =400MPa) [기사 16]

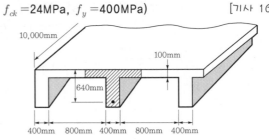

① 96.7mm　　　　② 111.5mm

③ 121.3mm　　　　④ 128.6mm

해설 ㉮ T형보의 유효폭(b_e) 결정

　㉠ $16t + b_w = 16 \times 100 + 400 = 2,000$mm

　㉡ $b_c = 400 + 400 + 400 = 1,200$mm

　㉢ $\frac{1}{4}l = \frac{1}{4} \times 10,000 = 2,500$mm

　∴ $b_e = 1,200$mm (가장 작은 값)

㉯ T형보 판별

$$a = \frac{f_y A_s}{\eta(0.85 f_{ck})b}$$

$$= \frac{400 \times 6,354}{1.0 \times 0.85 \times 24 \times 1,200}$$

$$= 103.8 > t_f (=100) \,(\text{T형보})$$

㉰ $A_{sf} = \dfrac{\eta(0.85 f_{ck})t(b-b_w)}{f_y}$

$$= \frac{1.0 \times 0.85 \times 24 \times 100 \times (1,200 - 400)}{400}$$

$$= 4,080 \text{mm}^2$$

㉱ $a = \dfrac{f_y(A_s - A_{sf})}{\eta(0.85 f_{ck})b_w}$

$$= \frac{400 \times (6,354 - 4,080)}{1.0 \times 0.85 \times 24 \times 400}$$

$$= 111.47 \text{mm}$$

76. 유효깊이(d)가 910mm인 다음 그림과 같은 단 철근 T형보의 설계휨강도(ϕM_n)를 구하면? (단, 인장 철근량(A_s)은 7,652mm², f_{ck}=21MPa, f_y=350MPa, 인장지배 단면으로 ϕ=0.85, 경간은 3,040mm)

[기사 17, 20]

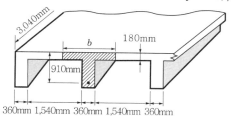

① 1,803kN·m

② 1,845kN·m

③ 1,883kN·m

④ 1,981kN·m

 ㉮ 유효폭(b) 결정

㉠ $16t_f + b_w = 16 \times 180 + 360$
$$= 3,240\text{mm}$$

㉡ $b_c = 1,900\text{mm}$

㉢ $\dfrac{l}{4} = \dfrac{1}{4} \times 3,040 = 760\text{mm}$ (가장 작은 값)

∴ $b = 760\text{mm}$

㉯ $A_{sf} = \dfrac{\eta(0.85f_{ck})\, t_f (b - b_w)}{f_y}$
$$= \dfrac{1.0 \times 0.85 \times 21 \times 180 \times (760 - 360)}{350}$$
$$= 3,672\text{mm}^2$$

㉰ $a = \dfrac{f_y(A_s - A_{sf})}{\eta(0.85f_{ck})\, b_w}$
$$= \dfrac{350 \times (7,652 - 3,672)}{1.0 \times 0.85 \times 21 \times 360} = 216.8\text{mm}$$

㉱ $M_d = \phi M_n$
$$= \phi \left\{ f_y A_{sf}\left(d - \dfrac{t_f}{2}\right) + f_y(A_s - A_{sf})\left(d - \dfrac{a}{2}\right) \right\}$$
$$= 0.85 \times \left\{ 350 \times 3,672 \times \left(910 - \dfrac{180}{2}\right) \right.$$
$$+ 350 \times (7,652 - 3,672)$$
$$\left. \times \left(910 - \dfrac{216.8}{2}\right) \right\}$$
$$= 1,844,918,880 \times 10^{-6}\text{kN} \cdot \text{m}$$
$$\fallingdotseq 1,845\text{kN·m}$$

MEMO

chapter 4

전단과
비틀림 해석

출제경향 분석

철근콘크리트보의 전단과 비틀림 해석은 제3장에 이어 출제빈도가 높은 단원이다. ① **전단위험 단면의 위치 및 위험 단면에서의 전단력 구하기**, ② **전단철근의 종류**, ③ **콘크리트의 전단강도**(V_c), ④ **전단철근의 전단강도** (V_s), ⑤ **공칭전단강도**(V_n), ⑥ **깊은 보의 개념**, ⑦ **전단철근의 간격**(s), ⑧ **비틀림철근배치규정** 등을 집중학습한다.

16.5%

토목기사 출제빈도

16.2%

토목산업기사 출제빈도

4 전단과 비틀림 해석

01 전단설계의 필요성

철근콘크리트 구조물을 설계하는 경우 인장철근의 항복에 따라 연성 파괴 양상을 보이는 휨파괴와는 다르게 전단파괴는 취성적으로 발생하므로 설계 시 이를 방지하기 위한 검토가 요구된다. 특히 **경간이 짧거나 단면의 높이가 큰 경우는 전단파괴**에 의한 구조물의 파괴가 지배적일 가능성이 크므로 전단강도를 고려한 단면설계가 반드시 필요하다.

02 전단응력

① 균질보의 전단응력

등분포하중을 받는 단순보에서 보가 균질한 재료라고 가정하면 단면에서 발생되는 **전단응력은 지점부에서 최대**이며, 동일한 위치일 때 도심축에서 전단응력이 큰 값을 갖는다. 또한 전단응력분포도와 비교한 **휨응력분포도는 보의 중앙부에서 최대**이고, 단면의 상·하단에서 최대이므로 전단응력분포와 대조를 이룬다.

$$v = \frac{VG}{Ib} \quad \text{.......................................} (4.1)$$

여기서, I : 단면 2차 모멘트
b : 단면폭
V : 위험 단면의 전단력
G : 단면 1차 모멘트

▶ **전단응력과 휨응력의 최대**
① 전단응력 : 지점부에서 최대
② 휨응력 : 중앙부에서 최대

알·아·두·기·

② 위험 단면의 전단력(V)

RC보의 경우 지점에서 유효깊이 d만큼 떨어진 곳이 전단에 대해 가장 위험한 지점이다.

① 단순보 : $V = \dfrac{wl}{2} - wd$

② 캔틸레버보 : $wl - wd$

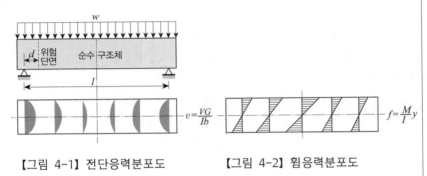

【그림 4-1】 전단응력분포도   【그림 4-2】 휨응력분포도

❸ RC보의 전단응력

철근콘크리트의 해석에서 인장측(중립축 이하) 콘크리트의 휨응력을 무시하므로 중립축에서 인장철근까지의 전단응력은 일정하게 되어 인장측 전체의 전단응력이 가장 크게 된다. 전단응력은 계산의 편의상 평균전단응력을 사용하며, 최대전단응력의 2/3 정도 값을 갖는다.

$$v = \frac{V}{bd}$$ ·· (4.2)

여기서, V : 최대전단력(지점에서 d만큼 떨어진 곳)
  b, d : 보의 폭과 유효높이

❹ 유효높이가 변하는 보의 전단응력

$$v = \frac{V_1}{bd} = \frac{1}{bd}\left[V - \frac{M}{d}(\tan\alpha + \tan\beta)\right]$$ ················ (4.3)

여기서, V, M : 최대전단력과 최대모멘트
  α, β 부호 : $|M|$이 **증가**할 때 유효깊이 d가 증가하면 (+)값,
  d가 감소하면 (−)값

[출제] 전단에 대한 위험 단면
12(9) ㉑

▶ 전단위험 단면
① 보, 1방향 슬래브 : d
② 2방향 슬래브(확대기초) : $d/2$

[출제] 전단위험 단면의 전단력(V)
08(5), 09(5), 11(3), 19(9) ㉔

▶ 위험 단면의 전단력

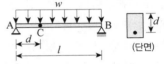

지점에서 d만큼 떨어진 C점 전단력
∴ $V = \dfrac{wl}{2} - wd$

▶ RC보의 전단응력과 전단력
① $v = \dfrac{V}{bd}$ (전단응력)
② $V = vbd$ (전단력)

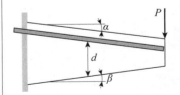

03 사인장응력(전단응력)

철근콘크리트보의 지점 부근에는 전단응력과 휨응력이 합성되어 경사방향의 인장응력이 발생하는데, 이로 인해 경사방향의 균열이 생기게 된다. 이러한 경사방향의 인장응력을 사인장응력이라 하고, 전단응력 v와 같기 때문에 전단응력이라고도 한다. 이러한 사인장응력에 의해 발생하는 균열을 사인장균열이라고 한다. 일반적으로 부재 단면에는 **중립축과 45° 정도의 각을 이루는 사인장균열이 발생**한다.

> **[출제] 사인장균열 발생각도**
> 13(9) ⚠
>
> ▶ 사인장균열 발생각도
> 중립축과 45°

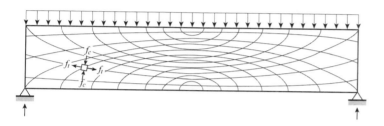

❶ 중립축과 45° 각도의 사인장균열 발생 시 주응력(평면응력상태)

주응력(최대응력, 최소응력)	주응력면의 기울기
$f_{1,2} = \dfrac{f_x + f_y}{2} \pm \sqrt{\left(\dfrac{f_x - f_y}{2}\right)^2 + v^2}$	$\tan 2\theta = \dfrac{2v}{f_x - f_y}$

❷ RC보의 주응력($f_y = 0$)

주응력(최대응력, 최소응력)	주응력면의 기울기
$f_{1,2} = \dfrac{f_x}{2} \pm \sqrt{\left(\dfrac{f_x}{2}\right)^2 + v^2}$	$\tan 2\theta = \dfrac{2v}{f_x}$

❸ RC보의 인장측에 균열 발생 시 주응력 ($f_x = 0$) : 전단응력만 작용

주응력(최대응력, 최소응력)	주응력면의 기울기
$f_{1,2} = \pm v = \pm \dfrac{V}{bd}$	$\theta = 45°$ 또는 $\theta = 135°$

04 사인장균열(전단균열)

① 사인장균열의 형태

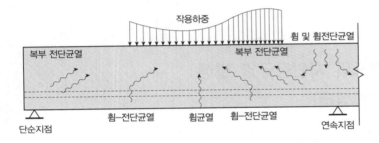

② 휨 – 전단균열의 특징

① 휨모멘트가 크고, 전단력도 큰 단면에서 발생한다.
② 휨균열(수직균열)이 먼저 발생하고, 이어서 중립축과 45°방향의 경사균열(사인장균열)로 진전한다.
③ 휨모멘트와 전단력에 의한 합작균열이다.
④ RC보에 대부분 발생하는 균열이다.
⑤ 휨 – 전단균열 발생 시 콘크리트의 최대전단응력

$$v_{cr} = 0.16\lambda \sqrt{f_{ck}}\,[\text{MPa}]$$ ·················· (4.4)

▷ 균열의 형태 및 종류

① 휨균열( )
  보 하단 중앙부 발생
② 전단균열( )
  보 중립축 근처 지점부 발생
③ 휨-전단균열( )
  보 중앙부와 지점부 사이에 발생

▷ 콘크리트의 최대전단응력

① 휨 – 전단균열
  $v_{cr} = 0.16\lambda \sqrt{f_{ck}}\,[\text{MPa}]$
② 복부전단균열
  $v_{cr} = 0.29\lambda \sqrt{f_{ck}}\,[\text{MPa}]$

③ 복부전단균열의 특징

① 전단력이 크고, 휨모멘트가 작은 곳(지점 부근)에서 발생한다.
② 복부에서 중립축과 45°방향의 균열이 발생한다.
③ RC보에는 거의 발생하지 않으며, 복부가 있는 T형 및 I형 단면의 PSC보에 주로 발생한다.
④ 복부전단균열 발생 시 콘크리트의 최대전단응력

$$v_{cr} = 0.29\lambda\sqrt{f_{ck}}\,[\mathrm{MPa}]$$ ·················· (4.5)

05　전단(보강)철근

① 정의

콘크리트의 사인장응력(주인장응력)이 콘크리트의 인장강도를 초과하면 사인장균열 또는 전단균열이 발생한다. 이 균열을 제어하기 위해 사용되는 철근을 전단(보강)철근이라고 한다.

② 설계기준강도

콘크리트의 사인장균열을 억제하기 위해 사용되는 전단철근의 설계항복강도는 500MPa 이하로 제한한다.

③ 전단철근의 종류

① 경사스터럽 : 주철근에 45° 이상의 경사로 배치한 스터럽
② 수직스터럽 : 주철근에 직각으로 배치한 스터럽
③ 굽힘철근 : 주철근을 30° 이상의 각도로 구부린 철근
④ 스터럽과 굽힘철근의 병용 : 지점 부근에서 사용
⑤ 나선철근
⑥ 수직용접강선망 : PSC에서 사용

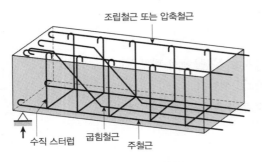

【그림 4-3】 전단철근

④ 스터럽의 분류

(a) U형 스터럽　　(b) 폐합 스터럽　　(c) U형 스터럽　　(d) 복W형 스터럽

【그림 4-4】 스터럽의 종류

[출제] 스터럽의 종류
13(9) ㉑

▶ 스터럽
① 45° 이상 경사스터럽
② 수직스터럽

06　전단경간의 영향

① 정의

철근콘크리트는 휨 전단균열이 발생하며, **보의 파괴형태는 전단경간** (shear span)에 따라 영향을 받는다.

(1) 전단경간(a)

지점에서 집중하중작용점까지의 거리를 말하며, 휨모멘트와 전단력의 비$\left(\dfrac{M}{V}\right)$로 계산된다.

▶ 전단경간(a)
지점에서 집중하중작용점까지의 거리

알•아•두•기•

(2) 전단경간비 $\left(\dfrac{a}{d}\right)$

전단경간을 유효높이로 나눈 것으로, 휨균열이 전단균열로 발전하는 데 영향을 준다.

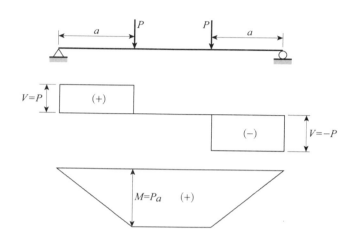

■ 전단경간비(a/d)
a/d에 따라 휨균열이 전단균열로 발전

② 보의 파괴형태

(1) $\dfrac{a}{d} \leq 1$일 때 : 보의 강도는 전단력이 지배

높이가 큰 보로 사인장균열 후 타이드아치(tied-arch)와 같은 거동을 보이는데, 이를 RC보의 아치작용이라 한다.

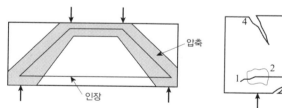

(2) $1 < \dfrac{a}{d} \leq 2.5$일 때 : 전단강도 > 사인장강도

높이가 큰 보로 전단강도가 사인장균열강도보다 크기 때문에 전단파괴가 발생한다.

■ 보의 파괴형태
① $\dfrac{a}{d} \leq 1$: 전단력이 지배 → 아치 작용
② $1 < \dfrac{a}{d} \leq 2.5$: 전단강도 > 사인장 강도 → 전단파괴
③ $2.5 < \dfrac{a}{d} \leq 6$: 전단강도 = 사인장 강도 → 사인장파괴
④ $\dfrac{a}{d} > 6$: 휨력이 지배

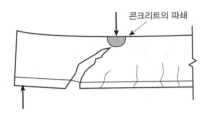

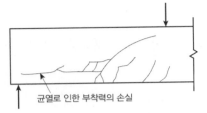

(3) $2.5 < \dfrac{a}{d} \leq 6$**일 때** : 전단강도＝사인장강도

보통의 보로 전단강도가 사인장균열강도와 같아서 이 빠진 형태의 사인장파괴가 나타난다.

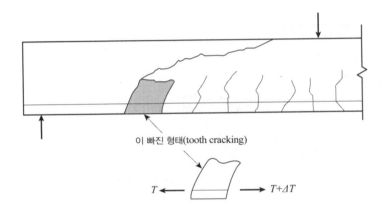

(4) $\dfrac{a}{d} > 6$**일 때** : 보의 강도는 휨력이 지배

경간이 큰 보로 보의 파괴는 전단강도보다는 휨강도가 지배한다.

07 전단설계의 기본개념

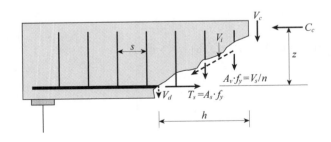

[출제] 전단철근 전단강도(V_s)
11(6), 12(5) ㉎
12(5), 13(6) ㉑

$$V_u = \phi(V_c + V_s)$$

$$\therefore V_s = \frac{V_u}{\phi} - V_c$$

여기서, $V_c = \dfrac{1}{6}\lambda\sqrt{f_{ck}}\,b_w\,d$

$$V_u = \frac{wl}{2} - wd \text{(단순보)}$$

$$\phi = 0.75$$

$$V_u \leq V_d = \phi V_n = \phi(V_c + V_s) \quad \cdots\cdots (4.6)$$

여기서, V_u : 계수전단강도

V_d : 설계전단강도

V_n : 공칭전단강도

ϕ : **강도감소계수**(=0.75)

V_c : 콘크리트가 부담하는 전단강도

V_s : 전단철근이 부담하는 전단강도

[출제] 공칭전단강도(V_n)

09(3,5), 12(3,5) ㉎
08(3), 11(3), 12(3) ㉒

• $V_n = V_c + V_s$

여기서, $V_c = \dfrac{1}{6}\lambda\sqrt{f_{ck}}\,b_w\,d$

$V_s = \dfrac{d}{s}A_{vf}f_y$ (수직스터럽)

• $\sqrt{f_{ck}} \leq 8.4\text{MPa}$

08 콘크리트가 부담하는 전단강도

(실용식) $V_c = \dfrac{1}{6}\lambda\sqrt{f_{ck}}\,b_w d\,[\text{N}]$ (직사각형 단면) $\cdots\cdots (4.7)$

$V_c = \dfrac{1}{6}\lambda\sqrt{f_{ck}}(0.8D)\,d\,[\text{N}]$ (원형 단면)

(정밀식) $V_c = \left(0.16\lambda\sqrt{f_{ck}} + 17.6\rho_w\dfrac{V_u d}{M_u}\right)b_w d \leq 0.29\lambda\sqrt{f_{ck}}\,b_w d$

$\cdots\cdots (4.8)$

여기서, M_u : 계수휨모멘트$\left(\dfrac{V_u d}{M_u} \leq 1,\ \rho_w = \dfrac{A_s}{b_w d}\right)$

f_{ck} : 콘크리트 설계기준강도

$(\sqrt{f_{ck}} \leq 8.4\text{MPa}$ 또는 $f_{ck} \leq 70\text{MPa})$

b_w : 복부 폭, d : 유효높이, D : 원형 단면 지름

[출제] 콘크리트 전단강도(V_c)
(실용식)

08(5), 17(3) ㉎
08(3,5,9), 09(3), 10(5), 11(10), 12(9), 13(6,9), 18(3), 19(8), 20(6) ㉒

▶ 콘크리트 전단강도

$V_c = \dfrac{1}{6}\lambda\sqrt{f_{ck}}\,b_w d$

[출제] 콘크리트 전단강도(V_c)
(정밀식)

12(3), 20(6) ㉎

$V_c = 0.16\lambda\sqrt{f_{ck}} + 17.6\rho_w\dfrac{V_u d}{M_u}$

여기서, $\dfrac{V_u d}{M_u}$ 는 주어짐

09 전단철근이 부담하는 전단강도

① 수직스터럽

(1) 전단철근의 전단강도

$$V_s = \dfrac{d}{s}A_v f_{yt} = n A_v f_{yt} \quad \text{또는} \quad V_s = \dfrac{V_u}{\phi} - V_c \quad \cdots (4.9)$$

[출제] 수직스터럽 전단강도(V_s)

08(5), 09(3), 10(9), 11(6) ㉒

$V_s = \dfrac{d}{s}A_v f_{yt}$

여기서, 수직스터럽 단면적

$\therefore A_v = 2A_s$ 적용

여기서, n : 스터럽개수$\left(=\dfrac{d}{s}\right)$, s : 스터럽간격, d : 유효깊이

A_v : 전단철근(스터럽) 단면적

f_{yt} : 전단철근(스터럽) 설계기준항복강도

(2) 전단철근량

$$A_v = \frac{V_s s}{f_{yt} d} \quad \text{또는} \quad A_v = \frac{(V_u - \phi V_c)s}{\phi f_{yt} d} \quad \cdots\cdots\cdots\cdots (4.10)$$

(3) 전단철근의 간격

$$s = \frac{A_v f_{yt} d}{V_s} \quad \text{또는} \quad s = \frac{\phi A_v f_{yt} d}{V_u - \phi V_c} \quad \cdots\cdots\cdots\cdots\cdots (4.11)$$

② 경사스터럽(여러 곳에서 굽힌 굽힘철근)

(1) 전단철근의 전단강도

$$V_s = \frac{d}{s} A_v f_{yt}(\sin\alpha + \cos\alpha) \quad \text{또는} \quad V_s = \frac{V_u}{\phi} - V_c \cdots (4.12)$$

(2) 전단철근량

$$A_v = \frac{V_s s}{f_{yt} d(\sin\alpha + \cos\alpha)} \quad \cdots\cdots\cdots\cdots\cdots\cdots\cdots\cdots (4.13)$$

(3) 굽힘철근의 유효길이

종방향 철근을 구부려 굽힘철근으로 사용할 때는 그 경사길이의 중앙 3/4만이 전단철근으로 유효하다.

③ 한 곳에서 굽힌 굽힘철근

(1) 전단철근의 전단강도

$$V_s = A_v f_{yt} \sin\alpha \leq 0.25\lambda\sqrt{f_{ck}}\, b_w d \cdots\cdots\cdots\cdots\cdots\cdots (4.14)$$

(2) 전단철근량

$$A_v = \frac{V_s}{f_{yt} \sin\alpha} \quad \cdots\cdots\cdots\cdots\cdots\cdots\cdots\cdots\cdots\cdots\cdots (4.15)$$

[출제] 전단철근간격(s)

08(9) ⓢ

▶ 전단철근간격

$$s = \frac{d}{V_s} A_v f_{yt}$$

전단철근간격 s는 전단강도 V_s에 반비례한다.

[출제] 경사스터럽 전단강도(V_s)

11(3) ㉑
10(3) ⓢ

▶ 경사스터럽 전단강도

$$V_s = \frac{d}{s} A_v f_{yt}(\sin\alpha + \cos\alpha)$$

❹ 전단철근이 부담하는 전단강도의 제한

전단철근이 부담하는 전단강도 V_s의 최대한계값은 사인장균열각도의 변화를 반영하고, 전단인장파괴를 유도하며, 사인장균열폭을 억제하기 위하여 제한된다.

전단철근의 최대전단강도 $V_s \le \dfrac{1}{5}\left(1 - \dfrac{f_{ck}}{250}\right)f_{ck}\,b_w\,d\,\text{[N]}$ (4.16)

[출제] 전단철근 최대전단강도(V_s)
08(9) ㉠
08(5), 12(3) ㉑

▶ 전단강도의 최대값

$$V_s \le \frac{1}{5}\left(1 - \frac{f_{ck}}{250}\right)f_{ck}\,b_w\,d\,\text{[N]}$$

10 전단철근의 보강 여부 검토

전단은 1차적으로 콘크리트가 부담하므로 콘크리트의 전단강도(V_c) 와 계수전단강도(V_u)를 비교하여 전단보강 여부를 검토한다.

① $V_u \le \dfrac{1}{2}\phi V_c$인 경우

이론적으로 전단철근이 필요 없다.

[출제] 전단철근 불필요 시 단면($b_w d$) 계산

09(3), 10(3), 12(3,5), 16(10), 21(3) ㉠
09(8) ㉑

$$V_u = \frac{1}{2}\phi V_c$$
$$= \frac{1}{2}\phi\left(\frac{1}{6}\lambda\sqrt{f_{ck}}\,b_w\,d\right)$$
$$\therefore b_w d = \frac{12\,V_u}{\phi\lambda\sqrt{f_{ck}}}$$

② $\dfrac{1}{2}\phi V_c < V_u \le \phi V_c$인 경우

이론적으로 전단철근이 필요 없으나 안전을 위해 최소량의 철근을 배치한다.

[출제] 전단철근 불필요 시 유효 깊이(d) 계산

08(3,9), 09(5), 10(5,9), 13(6), 18(4), 22(3) ㉠
11(3,6) ㉑

$$V_u = \frac{1}{2}\phi\left(\frac{1}{6}\lambda\sqrt{f_{ck}}\,b_w\,d\right)$$
$$\therefore d = \frac{12\,V_u}{\phi\lambda\sqrt{f_{ck}}\,b_w}$$

(1) 최소전단철근량

$$A_{s,\min} = \left[0.0625\lambda\sqrt{f_{ck}}\,\frac{b_w s}{f_{yt}},\ 0.35\frac{b_w s}{f_{yt}}\right]$$
(둘 중 큰 값 사용)

(2) 최소전단철근보강의 예외
① 슬래브와 확대기초
② 콘크리트의 장선구조(일정한 간격의 장선과 그 위의 슬래브가 일체로 되어 있는 구조형태)

③ 보의 높이$(h) \leq 250$mm

④ 보의 높이$(h) \leq 2.5t_f$와 $\dfrac{1}{2}b_w$ 중 큰 값

　　여기서, t_f : 플랜지두께, b_w : 복부 폭

③ $V_u > \phi V_c$인 경우

　콘크리트가 부담하고 남는 전단력에 저항하기 위한 전단철근량을 배치하여 보강한다.

11 　전단철근 상세 및 간격기준

① 전단철근의 상세

① 전단철근의 설계기준항복강도는 500MPa 이하로 한다.

② 다음과 같은 깊은 보의 경우 깊은 보의 전단설계규정을 적용하여 설계한다.

　㉠ 정의 : 높이가 경간에 비해 높고, 폭이 경간이나 높이에 비해 매우 작은 보를 깊은 보(deep beam)라고 한다.

　㉡ 설계기준에서 $\dfrac{l_n}{d} \leq 4$, 즉 $l_n \leq 4d$인 보

　　여기서, l_n : 보의 순경간(받침부 내면 사이의 거리)

　　　　　　d : 보의 유효깊이

　㉢ 하중이 받침부로부터 부재깊이의 2배 거리 이내에 작용하고, 하중의 작용점과 받침부 사이에 압축대가 형성된 보

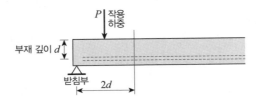

③ 깊은 보의 공칭전단강도 $V_n \leq \dfrac{5}{6}\lambda\sqrt{f_{ck}}\,b_w d$ 이하여야 한다.

④ 전단에 대한 위험 단면

  ㉠ 등분포하중을 받는 경우 : 받침부 전면에서 $0.15 l_n$

  ㉡ 집중하중을 받는 경우 : 받침부 전면에서 $0.5a$

    여기서, a : 전단경간, l_n : 보의 순경간

⑤ 전단철근의 간격 및 배치철근량

전단철근	간격(s)	전단철근량
수직전단철근	$\dfrac{d}{5}$ 이하, 300mm 이하	$A_v \geq 0.0025\, b_w s$
수평전단철근		$A_{vh} \geq 0.0015\, b_w s$

[출제] 전단철근간격(s)

08(5,9), 09(3,8), 10(3), 11(6), 12(3,5), 13(9), 16(10), 17(5), 18(3), 21(5) ㉠

08(3,9), 09(5), 10(5,9) ㉡

▶ 전단철근간격(s)

① $V_s = \dfrac{d}{s} A_v f_y = \dfrac{V_u}{\phi} - V_c$

② $\dfrac{1}{3} \lambda \sqrt{f_{ck}}\, b_w d$

①과 ②의 값을 비교하여 s 결정

▶ $V_s \leq \dfrac{1}{3} \lambda \sqrt{f_{ck}}\, b_w d$인 경우 (수직스터럽)

① $s = \dfrac{d}{2}$ 이하

② $s = 600$mm 이하

③ $s = \dfrac{d}{V_s} A_v f_y$

위 3개의 값 중 최소값이 전단철근간격(s)임

▶ $V_s > \dfrac{1}{3} \lambda \sqrt{f_{ck}}\, b_w d$인 경우 (수직스터럽)

① $s = \dfrac{d}{4}$ 이하

② $s = 300$mm 이하

③ $s = \dfrac{d}{V_s} A_v f_y$

위 3개의 값 중 최소값이 전단철근간격(s)임

② 전단철근의 간격기준

사인장균열선이 인장철근의 중심에서 45°방향으로 발생한다고 가정하면, 이 균열과 한 번 이상 교차되도록 전단철근의 간격을 정하며, 전단철근의 전단강도(V_s)가 콘크리트가 부담하는 전단강도(V_c)의 2배를 초과하는 경우 간격은 1/2로 감소시킨다.

전단철근		$\begin{aligned} V_s \leq \dfrac{1}{3} \lambda \sqrt{f_{ck}}\, b_w d \\ (V_s \leq 2V_c) \end{aligned}$	$\begin{aligned} \dfrac{1}{3} \lambda \sqrt{f_{ck}}\, b_w d < V_s \leq \dfrac{2}{3} \lambda \sqrt{f_{ck}}\, b_w d \\ (2V_c < V_s \leq 4V_c) \end{aligned}$
수직 스터럽	RC	$\dfrac{d}{2}$ 이하, 600mm 이하	$\dfrac{d}{4}$ 이하, 300mm 이하
	PSC	$0.75h$ 이하, 600mm 이하	$\dfrac{3h}{8}$ 이하, 300mm 이하
경사스터럽 굽힘철근		$\dfrac{3d}{4}$ 이하	$\dfrac{3d}{8}$ 이하

③ 전단철근의 배치

부재의 중간 높이 $\dfrac{d}{2}$에서 반력점(받침부)방향으로 주인장철근까지 연장된 45°선과 1회 이상 교차해야 한다.

12 전단마찰

① 개요

전단경간비$\left(\dfrac{a}{d}\right)$가 1보다 작은 경우 전단력의 작용방향으로 균열이 생기는 현상을 전단마찰이라고 한다. 이 경우 사인장보다는 순수 전단이 발생하므로 전단균열에 대해 마찰력만이 저항하게 된다.

② 전단마찰을 고려하여 설계해야 하는 경우

① 서로 다른 시기에 친 콘크리트의 접합면(신·구 콘크리트 접합면)
② 강재와 콘크리트 사이의 접합면(서로 다른 재료의 접촉면)
③ 균열이 발생하거나 발생 가능성이 높은 단면
④ 기둥과 브래킷(bracket), 기둥과 내민보 사이의 접촉면
⑤ 프리캐스트보 단부의 지압부

③ 전단마찰설계

(1) 공칭전단강도(V_n)

전단균열에 대해 마찰력만 저항하므로 콘크리트의 저항강도(V_c)는 고려하지 않는다.

$$V_n = V_c + 마찰력, \ V_c = 0이므로$$

$$\therefore \ V_n = 마찰력 = 수직항력 \times 마찰계수$$

① 일체로 친, 표면이 거친 보통 콘크리트

$$V_n = [0.2f_{ck}A_c, \ (3.3+0.08f_{ck})A_c, \ 11A_c]_{\min} \quad \cdots\cdots (4.17)$$

여기서, $f_{ck} \leq 27.5\,\text{MPa} \rightarrow V_n = 0.2f_{ck}A_c$가 지배

$f_{ck} > 27.5\,\text{MPa} \rightarrow V_n = (3.3+0.08f_{ck})A_c$가 지배

② 그 외의 경우

$$V_n = [0.2f_{ck}A_c, \ 5.5A_c]_{\min} \quad \cdots\cdots\cdots\cdots\cdots\cdots (4.18)$$

여기서, $f_{ck} \leq 27.5\,\text{MPa} \rightarrow V_n = 0.2f_{ck}A_c$가 지배

$f_{ck} > 27.5\,\text{MPa} \rightarrow V_n = 5.5A_c$가 지배

A_c : 전단전달에 저항하는 콘크리트 단면적

▶ 전단마찰 공칭전단강도(V_n)

① 일체로 친, 표면이 거친 콘크리트
$V_n = [0.2f_{ck}A_c, \ (3.3+0.08f_{ck})A_c,$
$\quad 11A_c]_{\min}$
② 기타
$V_n = [0.2f_{ck}A_c, \ 5.5A_c]_{\min}$

(2) 전단마찰철근과 균열면이 직각인 경우

$$V_n = A_{vf} f_y \mu \quad \cdots\cdots\cdots (4.19)$$

여기서, A_{vf} : 균열면에 직각으로 배치된 철근의 단면적

μ : 균열면의 마찰계수

(3) 전단마찰철근이 균열면과 a_f의 각도로 경사진 경우

$$V_n = A_{vf} f_y (\mu \sin a_f + \cos a_f) \quad \cdots\cdots (4.20)$$

(4) 전단마찰계수(μ) : 일반 콘크리트 사용

① 일체로 친 콘크리트 : $\mu = 1.4\lambda$

② 표면이 거친 콘크리트에 새로 친 콘크리트 : $\mu = 1.0\lambda$

③ 표면이 거칠지 않은 콘크리트에 새로 친 콘크리트 : $\mu = 0.6\lambda$

④ 구조용 강재에 정착된 콘크리트 : $\mu = 0.7\lambda$

13   비틀림설계

❶ 개요

구조물의 대형화와 특수한 비대칭구조물의 증가로 인해 비틀림을 고려하여 설계한다.

❷ 설계원칙

$$T_u \leq \phi T_n \quad \cdots\cdots\cdots (4.21)$$

여기서, T_u : 계수비틀림강도

ϕ : 강도감소계수($=0.75$)

T_n : 공칭비틀림강도

❸ 공칭비틀림강도(T_n)

$$T_n = \frac{2A_o A_t f_{yv}}{s} \cot\theta \quad \cdots\cdots\cdots (4.22)$$

101

여기서, A_o : 전단흐름에 의해 닫혀진 단면적($= 0.85 A_{oh}$)

A_{oh} : 폐쇄스터럽의 중심선에 의해 폐쇄된 면적($= x_o y_o$)

A_t : 폐쇄스터럽 1가닥의 단면적

f_{yv} : 횡방향 비틀림철근(폐쇄스터럽)의 항복강도(MPa)

θ : 압축스터럽의 경사각

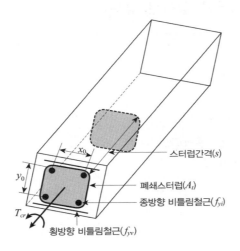

④ 균열비틀림모멘트(T_{cr})

$$T_{cr} = \frac{1}{3} \lambda \sqrt{f_{ck}} \frac{A_{cp}^2}{p_{cp}}$$ ·············· (4.23)

여기서, A_{cp} : 콘크리트 단면적($= bh$)

p_{cp} : 콘크리트 둘레길이($= 2b + 2h$)

⑤ 비틀림철근 보강 여부 검토

(1) 비틀림의 영향을 무시하는 경우

$$T_u < \phi \left(\frac{\lambda \sqrt{f_{ck}}}{12} \right) \frac{A_{cp}^2}{p_{cp}} \left(\therefore\ T_u < \frac{1}{4} \phi T_{cr} \right)$$ ·············· (4.24)

(2) 비틀림의 영향을 고려하는 경우

$$T_u \geq \phi \left(\frac{\lambda \sqrt{f_{ck}}}{12} \right) \frac{A_{cp}^2}{p_{cp}} \left(\therefore\ T_u \geq \frac{1}{4} \phi T_{cr} \right)$$ ·············· (4.25)

[출제] 비틀림모멘트 작용 시
스터럽요구 단면적 $\left(\dfrac{A_t}{s} \right)$

08(3), 09(5), 11(10) ㉑

$$T_u = \phi T_n = \phi \left(\frac{2 A_o A_t f_{yv}}{s} \right) \cot \theta$$

$$\therefore\ \frac{A_t}{s} = \frac{T_u}{\phi 2 A_o f_{yv} \cot \theta}$$

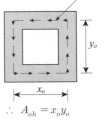

$$\therefore\ A_{oh} = x_o y_o$$

[출제] 균열비틀림모멘트(T_{cr})
11(10), 17(9), 21(5) ㉑

$$T_{cr} = \frac{1}{3} \lambda \sqrt{f_{ck}} \frac{A_{cp}^2}{p_{cp}}$$

여기서, p_{cp} : 콘크리트 단면 둘레길이

A_{cp} : 콘크리트 단면 면적

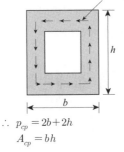

$$\therefore\ p_{cp} = 2b + 2h$$
$$A_{cp} = bh$$

[출제] 비틀림영향 무시조건
09(3), 13(3) ㉑

$$T_u < \phi \left(\frac{1}{12} \lambda \sqrt{f_{ck}} \right) \frac{A_{cp}^2}{p_{cp}}$$

여기서, $\phi = 0.75$

▶ 최소비틀림모멘트

$$\frac{1}{4} T_{cr} = \frac{1}{12} \lambda \sqrt{f_{ck}} \frac{A_{cp}^2}{p_{cp}}$$

비틀림철근의 배치

(1) 횡방향 철근의 배치

① 횡방향 철근의 간격은 $\dfrac{p_h}{8}$ 이하, 300mm 이하로 한다.

② 횡방향 철근은 종방향 철근 주위로 135° 표준 갈고리에 의해 정착한다.

③ 계산상 필요한 거리를 넘어 $(b_t + d)$ 이상의 거리까지 연장시켜 배치한다.

　여기서, b_t : 폐쇄스터럽이 배치된 단면의 폭

(2) 종방향 철근의 배치

① 종방향 철근은 폐쇄스터럽의 둘레를 따라 300mm 이하의 간격으로 배치한다.

② 종방향 철근은 폐쇄스터럽의 내부에 배치하며, **모서리에는 하나 이상의 종방향 철근을 배치**한다(스터럽 각 모서리에는 4개 이상).

③ 종방향 철근의 직경은 스터럽간격(s)의 1/24 이상, D10 이상으로 한다.

④ 계산상 필요한 거리를 넘어 $(b_t + d)$ 이상의 거리까지 연장시켜 배치한다.

알·아·두·기·

[출제] 비틀림철근의 종류
09(5), 10(5) 산

▶ 비틀림철근의 종류
① 부재축에 수직인 폐쇄스터럽
② 부재축에 수직인 폐쇄용접철망
③ 철근콘크리트보에서 나선철근

[출제] 비틀림철근배치규정
08(3,5), 10(9), 12(9), 18(8), 22(3) 기

▶ 횡방향 비틀림철근간격
$$\left[\dfrac{p_h}{8}, 300\text{mm}\right]_{min}$$

[출제] 스터럽 모서리에 종방향 철근배치
08(5), 12(9) 기

스터럽 모서리에 1개 이상(각 모서리에 4개 이상) 종방향 철근배치

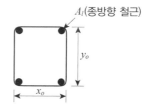

$\therefore p_h = 2x_o + 2y_o$

예상 및 기출문제

1. 철근콘크리트보에서 전단응력이 제일 크게 생기는 곳은? [기사 99]
① 압축측
② 중립축
③ 인장측
④ 전단면 동일

> **해설** RC보 : 중립축 이하의 콘크리트 응력은 무시하므로 중립축에서 최대인 전단응력은 인장철근까지 일정하게 최대가 된다. 따라서 인장측 전체의 전단응력이 가장 크다.

2. 다음 중 사인장균열을 규제하기 위해 배치하는 전단보강철근은? [산업 94, 04]
① 주철근
② 조립철근
③ 배력철근
④ 스터럽

3. 철근콘크리트보에서 사인장철근(복부철근)이 부담하는 응력은? [기사 98, 99]
① 휨인장응력
② 전단응력
③ 부착응력
④ 지압응력

4. 철근콘크리트보에서 스터럽을 배근하는 주목적은? [기사 98, 02, 04, 05, 06, 산업 13, 16]
① 철근의 인장강도가 부족하기 때문에
② 콘크리트의 사인장강도가 부족하기 때문에
③ 콘크리트의 탄성이 부족하기 때문에
④ 철근과 콘크리트의 부착강도가 부족하기 때문에

> **해설** 사인장응력(전단응력)이 보의 사인장강도(전단강도)를 초과하면 사인장균열이 발생한다. 따라서 사인장강도(전단강도)를 보강하기 위해 사인장보강철근(전단보강철근)을 배근한다. 즉, 전단응력에 저항하기 위해 스터럽을 배치한다. 또 스터럽은 사인장보강철근의 한 종류이다.

5. 다음 중 전단철근으로 사용할 수 없는 것은? [기사 09, 13, 산업 11]
① 부재축에 직각으로 배치한 용접철망
② 주인장철근에 30°의 각도로 설치되는 스터럽
③ 나선철근, 원형 띠철근 또는 후프철근
④ 스터럽과 굽힘철근의 조합

> **해설** 전단철근의 종류
> ㉮ 주철근에 직각으로 배치하는 수직스터럽
> ㉯ 주철근에 45° 또는 그 이상의 경사스터럽
> ㉰ 주철근을 30° 또는 그 이상의 굽힘철근
> ㉱ 스터럽과 굽힘철근의 병용
> ㉲ 부재축에 직각으로 배치된 용접철망

6. 다음 중 철근콘크리트부재의 전단철근으로 사용할 수 없는 것은? [산업 08, 10, 12, 20]
① 주인장철근에 45°의 각도로 설치되는 스터럽
② 주인장철근에 30°의 각도로 설치되는 스터럽
③ 주인장철근에 30°의 각도로 구부린 굽힘철근
④ 주인장철근에 45°의 각도로 구부린 굽힘철근

7. 부재축에 직각으로 배치하는 전단철근의 전단강도 V_s를 구하는 식으로 옳은 것은? (단, A_v : 전단철근의 단면적, s : 전단철근간격, d : 부재의 유효깊이, f_{yt} : 전단철근의 항복강도, ϕ : 강도감소계수) [산업 04, 09, 12]

① $V_s = \dfrac{A_v s\, d}{f_{yt}}$
② $V_s = \dfrac{d}{s} A_v f_{yt}$
③ $V_s = \dfrac{d}{\phi s} A_v f_{yt}$
④ $V_s = \dfrac{s}{d} A_v f_{yt}$

> **해설** 전단철근 1개의 힘=면적×응력
> ∴ 전단철근 n개의 전단력 $V_s = n A_v f_{yt}$
> 여기서, n : 개수$\left(= \dfrac{d}{s}\right)$

8. D13 철근을 U형 스터럽으로 가공하여 300mm 간격으로 부재축에 직각이 되게 설치한 전단철근의 강도 V_s는? [단, 스터럽의 설계기준항복강도(f_{yt})=400MPa, d=600mm, D13 철근의 단면적은 127mm^{2}로 계산하며 강도설계임] [산업 02, 05, 08, 10, 11, 13, 16]

① 101.6kN
② 203.2kN
③ 406.4kN
④ 812.8kN

● 해설
$$V_s = \frac{d}{s} A_v f_y$$
$$= \frac{600}{300} \times (2 \times 127 \times 400)$$
$$= 203,200\text{N} = 203.2\text{kN}$$

9. b_w=400mm, d=700mm인 보에 f_y=400MPa인 D16 철근을 인장주철근에 대한 경사각 a=60°인 U형 경사스터럽으로 설치했을 때 전단보강철근의 공칭강도(V_s)는? (단, 스터럽간격 s=300mm, D16 철근 1본의 단면적은 199mm^{2}이다.) [기사 11, 21, 22]

① 253.7kN
② 321.7kN
③ 371.5kN
④ 507.4kN

● 해설
$$V_s = \frac{d}{s} A_v f_y (\sin\alpha + \cos\alpha)$$
$$= \frac{700}{300} \times (2 \times 199) \times 400$$
$$\times (\sin 60° + \cos 60°)$$
$$= 507,433\text{N} = 507.43\text{kN}$$

10. 전단력과 휨모멘트만을 받는 부재에서 콘크리트가 부담하는 공칭전단강도 V_c는? [산업 02, 03, 04, 07, 08, 13, 20]

① $V_c = \frac{1}{3} \lambda \sqrt{f_{ck}} b_w d$

② $V_c = \frac{1}{6} \lambda \sqrt{f_{ck}} b_w d$

③ $V_c = \frac{2}{3} \lambda \sqrt{f_{ck}} b_w d$

④ $V_c = \lambda \sqrt{f_{ck}} b_w d$

● 해설 $V_c = \frac{1}{6} \lambda \sqrt{f_{ck}} b_w d$

11. 폭이 400mm, 유효깊이가 600mm인 직사각형 보에서 콘크리트가 부담할 수 있는 전단강도 V_c는 얼마인가? (단, f_{ck}=24MPa) [산업 02, 06, 08, 09, 11, 12, 14, 15, 16, 19]

① 196kN
② 248kN
③ 326kN
④ 392kN

● 해설
$$V_c = \frac{1}{6} \lambda \sqrt{f_{ck}} b_w d$$
$$= \frac{1}{6} \times 1.0 \sqrt{24} \times 400 \times 600$$
$$= 195,959.2\text{N} = 195.96\text{kN}$$

12. 철근콘크리트보에 전단력과 휨만이 작용할 때 콘크리트가 받을 수 있는 설계전단강도(ϕV_c)는 약 얼마인가? (단, b_w=300mm, d=500mm, f_{ck}=24MPa, f_y=350MPa) [산업 13]

① 78.4kN
② 84.7kN
③ 91.9kN
④ 102.3kN

● 해설
$$\phi V_c = \phi \frac{1}{6} \lambda \sqrt{f_{ck}} b_w d$$
$$= 0.75 \times \frac{1}{6} \times 1.0 \sqrt{24} \times 300 \times 500$$
$$= 91.86 \times 10^3 \text{N} = 91.86\text{kN}$$

13. b_w=350mm, d=600mm인 단철근 직사각형 보에서 콘크리트가 부담할 수 있는 공칭전단강도를 정밀식으로 구하면 약 얼마인가? (단, V_u=100kN, M_u=300kN·m, ρ_w=0.016, f_{ck}=24MPa) [기사 12, 15, 20]

① 164.2kN
② 171.5kN
③ 176.4kN
④ 182.7kN

● 해설
$$\frac{V_u d}{M_u} = \frac{100 \times 0.6}{300} = 0.2 \leq 1 (\text{O.K})$$

㉮ $0.29\sqrt{f_{ck}} b_w d = 0.29\sqrt{24} \times 350$
$$\times 600 \times 10^{-3}$$
$$= 298.35\text{kN}$$

㉯ $V_c = \left(0.16\lambda\sqrt{f_{ck}} + 17.6\rho_w \frac{V_u d}{M_u}\right) b_w d$
$$= (0.16 \times \sqrt{24} + 17.6 \times 0.016 \times 0.2)$$
$$\times 350 \times 600 \times 10^{-3}$$
$$= 176.43\text{kN} < 298.35\text{kN}(\text{O.K})$$

14. 전단철근이 받을 수 있는 최대전단강도는?
(단, f_{ck} : 콘크리트의 압축강도, b_w : 보의 복부 폭,
d : 보의 유효깊이) [기사 05]

① $0.2\left(1-\dfrac{f_{ck}}{250}\right)f_{ck}b_w d$ ② $0.3\left(1-\dfrac{f_{ck}}{250}\right)f_{ck}b_w d$

③ $0.2\left(1-\dfrac{f_{ck}}{280}\right)f_{ck}b_w d$ ④ $0.3\left(1-\dfrac{f_{ck}}{280}\right)f_{ck}b_w d$

해설 전단철근의 최대전단강도(V_s)는

$0.2\left(1-\dfrac{f_{ck}}{250}\right)f_{ck}b_w d$ 이다.

15. 계수전단력 V_u =108kN이 작용하는 직사각형
보에서 콘크리트의 설계기준강도 f_{ck} =24MPa인 경우
전단철근을 사용하지 않아도 되는 최소유효깊이는 약
얼마인가? (단, b_w =400mm)

[기사 02, 04, 06, 08, 09, 10, 13, 14, 16, 17, 18, 22,
산업 11, 17, 18]

① 489mm ② 552mm
③ 693mm ④ 882mm

해설 $V_u \le \dfrac{1}{2}\phi V_c = \dfrac{1}{2}\phi\left(\dfrac{1}{6}\lambda\sqrt{f_{ck}}\,b_w d\right)$

$\therefore\ d = \dfrac{12\,V_u}{\phi\lambda\sqrt{f_{ck}}\,b_w}$

$= \dfrac{12 \times 108,000}{0.75 \times 1.0\sqrt{24} \times 400} = 881.82\text{mm}$

16. 폭이 500mm, 유효깊이가 800mm인 철근콘
크리트에서 f_{ck} 가 28MPa인 콘크리트를 사용할 때 위
험 단면에 작용하는 계수전단력 V_u 가 최대 얼마 이하
이면 전단철근이 필요 없는 부재가 되는가?

[기사 14, 산업 05, 06, 07, 16]

① 124.2kN ② 132.3kN
③ 141.1kN ④ 150.7kN

해설 $V_u \le \dfrac{1}{2}\phi V_c$이면 전단철근을 배치하는 것은
불필요하다.

$\therefore\ V_u = \dfrac{1}{2}\phi V_c$

$= \dfrac{1}{2} \times 0.75 \times \dfrac{1}{6} \times \sqrt{28} \times 500 \times 800$

$= 132,288\text{N} = 132.3\text{kN}$

17. 다음 그림에 나타난 직사각형 단철근보의 공칭
전단강도 V_n을 계산하면? (단, 스터럽철근간격 150mm,
스터럽철근 D13 1본의 단면적은 126.7mm², f_{ck} =
28MPa, f_y =350MPa)

[기사 04, 05, 06, 07, 09, 산업 11, 12, 19]

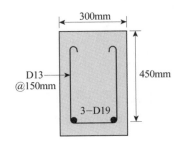

① 120kN ② 133kN
③ 253kN ④ 385kN

해설 ㉮ 콘크리트가 부담하는 전단강도

$V_c = \dfrac{1}{6}\sqrt{f_{ck}}\,b_w d$

$= \dfrac{1}{6} \times \sqrt{28} \times 300 \times 450$

$= 119,059\text{N} = 119.06\text{kN}$

㉯ 전단철근이 부담하는 전단강도

$V_s = \dfrac{d}{s}A_v f_y = \dfrac{450}{150} \times (2 \times 126.7 \times 350)$

$= 266,070\text{N} = 266.07\text{kN}$

$\therefore\ V_n = V_c + V_s$

$= 119.06 + 266.07 = 385.13\text{kN}$

18. 단면의 폭 400mm, 보의 유효깊이 600mm, 콘크
리트의 설계기준압축강도 25MPa로 설계된 전단철근이
있는 보가 있다. 이 보에 계수전단력 V_u =300kN이 작용
할 경우 전단철근이 부담하여야 할 전단력 V_s는?

[기사 11, 14, 산업 12]

① 75kN ② 100kN
③ 150kN ④ 200kN

해설 ㉮ 콘크리트의 전단강도

$\phi V_c = \phi\left(\dfrac{1}{6}\lambda\sqrt{f_{ck}}\,b_w d\right)$

$= 0.75 \times \dfrac{1}{6} \times 1.0\sqrt{25} \times 400 \times 600$

$= 150,000\text{N} = 150\text{kN}$

㉯ 전단철근의 전단강도

$$\phi V_s = V_u - \phi V_c = 300 - 150 = 150\text{kN}$$

$$\therefore V_s = \frac{150}{0.75} = 200\text{kN}$$

19. 강도설계법에 의해서 전단철근을 사용하지 않고 계수하중에 의한 전단력 $V_u = 50\text{kN}$을 지지하려면 직사각형 단면보의 최소면적($b_w d$)은 약 얼마인가? (단, $f_{ck} = 28\text{MPa}$, 최소전단철근도 사용하지 않는 경우이며, 전단에 대한 $\phi = 0.75$이다.)

[기사 04, 05, 06, 07, 09, 10, 12, 16, 산업 16]

① 151,190mm² 　② 123,530mm²
③ 97,840mm² 　④ 49,320mm²

해설 $V_u \leq \frac{1}{2}\phi V_c = \frac{1}{2}\phi\left(\frac{1}{6}\lambda\sqrt{f_{ck}}\,b_w d\right)$

$$\therefore b_w d = \frac{2 \times 6 V_u}{\phi\lambda\sqrt{f_{ck}}}$$

$$= \frac{2 \times 6 \times 50,000}{0.75 \times 1.0\sqrt{28}}$$

$$= 151,186\text{mm}^2$$

20. 계수하중에 의한 전단력 $V_u = 75\text{kN}$을 받을 수 있는 직사각형 단면을 설계하려고 한다. 규정에 의한 최소전단철근을 사용할 경우 필요한 콘크리트의 최소 단면적 $b_w d$는 얼마인가? (단, $f_{ck} = 28\text{MPa}$, $f_y = 300\text{MPa}$)

[기사 10, 21]

① 101,090mm² 　② 103,073mm²
③ 106,303mm² 　④ 113,390mm²

해설 $V_u \leq \phi V_c = \phi\left(\frac{1}{6}\lambda\sqrt{f_{ck}}\,b_w d\right)$

$$\therefore b_w d = \frac{6 V_u}{\phi\lambda\sqrt{f_{ck}}}$$

$$= \frac{6 \times 75,000}{0.75 \times 1.0\sqrt{28}}$$

$$= 113389.3\text{mm}^2$$

21. $b_w = 250\text{mm}$, $d = 500\text{mm}$, $f_{ck} = 21\text{MPa}$, $f_y = 400\text{MPa}$인 직사각형 보에서 콘크리트가 부담하는 설계전단강도($V_d = \phi V_c$)는?

[기사 04, 05, 06, 07, 14, 17, 산업 10, 13, 15, 18]

① 71.6kN 　② 76.4kN
③ 82.2kN 　④ 91.5kN

해설 $V_d = \phi V_c = \phi\left(\frac{1}{6}\lambda\sqrt{f_{ck}}\,b_w d\right)$

$$= 0.75 \times \frac{1}{6} \times 1.0\sqrt{21} \times 250 \times 500$$

$$= 71,602\text{N} = 71.6\text{kN}$$

22. 콘크리트구조설계기준에서 고려하고 있는 철근콘크리트보의 공칭전단강도(V_n)에 영향을 주는 인자가 아닌 것은? [산업 08]

① 종방향 철근에 의한 전단강도
② 콘크리트에 의한 전단강도
③ 주인장철근에 30° 이상의 각도로 구부린 굽힘철근에 의한 전단강도
④ 주인장철근에 45° 이상의 각도로 설치되는 스터럽에 의한 전단강도

해설 $V_n = V_c + V_s$일 때 전단철근의 전단강도 V_s는 수직스터럽, 30° 이상의 굽힘철근, 45° 이상의 경사스터럽이다.

23. 그림과 같은 단순보에서 자중을 포함하여 계수하중이 20kN/m 작용하고 있다. 이 보의 위험 단면에서 전단력은 얼마인가? [산업 05, 08, 09, 11, 16, 19]

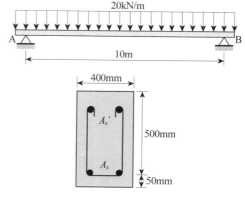

① 100kN 　② 90kN
③ 80kN 　④ 70kN

해설 $S = \dfrac{wl}{2} - wd = \dfrac{20 \times 10}{2} - 20 \times 0.5$

$$= 90\text{kN}$$

24. 다음 그림과 같이 활하중(w_L)은 30kN/m, 고정하중(w_D)은 콘크리트의 자중(단위무게 23kN/m³)만 작용하고 있는 캔틸레버보가 있다. 이 보의 위험 단면에서 전단철근이 부담해야 할 전단력은? [단, 하중은 하중조합을 고려한 소요강도(U)를 적용하고 f_{ck}=24MPa, f_y= 300MPa이다.] [기사 10, 11, 12, 13, 16, 산업 14]

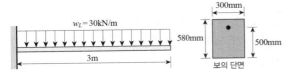

① 88.7kN
② 53.5kN
③ 21.3kN
④ 9.5kN

해설 ㉮ 계수하중
$$U = 1.2w_D + 1.6w_L$$
$$= 1.2 \times (0.3 \times 0.58) \times 23 + (1.6 \times 30)$$
$$= 52.80 \text{kN/m}$$

㉯ 계수전단력
$$V_u = R_A - wd = wl - wd$$
$$= 52.8 \times 3 - 52.8 \times 0.5 = 132 \text{kN}$$

㉰ $V_u = \phi V_n = \phi(V_c + V_s)$
$$\therefore V_s = \frac{V_u}{\phi} - V_c$$
$$= \frac{132 \times 10^3}{0.75} - \frac{1}{6} \times 1.0 \sqrt{24}$$
$$\times 300 \times 500$$
$$= 53525.5 \text{N} \fallingdotseq 53.5 \text{kN}$$

25. 계수전단력 V_u=200kN에 대한 수직스터럽간격의 최대값은? (단, 스터럽철근 D13 1본의 단면적은 126.7mm², f_{ck}=24MPa, f_y=350MPa)

[기사 17, 18, 20, 산업 02, 09, 11]

① 100mm
② 150mm
③ 200mm
④ 250mm

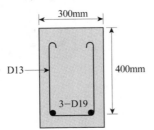

해설 ㉮ $V_u = \phi(V_c + V_s)$
$$V_s = \frac{V_u}{\phi} - V_c = \frac{200}{0.75} - 98 = 168.6 \text{kN}$$

여기서, $V_c = \frac{1}{6}\sqrt{f_{ck}}\,b_w d$
$$= \frac{1}{6}\sqrt{24} \times 300 \times 400$$
$$= 97979.59 \text{N} = 98 \text{kN}$$

㉯ $\frac{1}{3}\sqrt{f_{ck}}\,b_w d = \frac{1}{3} \times \sqrt{24} \times 300 \times 400$
$$= 196 \text{kN}$$

㉰ $V_s \leq \frac{1}{3}\sqrt{f_{ck}}\,b_w d$ 이므로 스터럽간격은 3가지 값 중에서 최소값이다.

$$\left(\frac{d}{2}\text{ 이하, } 600\text{mm 이하, } s = \frac{A_v f_y d}{V_s}\right)_{\min}$$
$$= \left(\frac{400}{2},\ 600\text{mm},\ \frac{127 \times 2 \times 350 \times 400}{189.8 \times 10^3}\right)_{\min}$$
$$= 200 \text{mm}$$

26. 철근콘크리트부재에서 전단철근이 부담해야 할 전단력이 400kN일 때 부재축에 직각으로 배치된 전단철근의 최대간격은? (단, A_v=700mm², f_y=350MPa, f_{ck}=21MPa, b_w=400mm, d=560mm)

[기사 03, 07, 08, 10, 11, 12, 13, 15, 산업 07]

① 140mm
② 200mm
③ 300mm
④ 343mm

해설 $\frac{1}{3}\sqrt{f_{ck}}\,b_w d = \frac{1}{3} \times \sqrt{21} \times 400 \times 560$
$$= 342.2 \text{kN}$$

㉮ $\frac{d}{4} = 140 \text{mm}$

㉯ 300mm

㉰ $s = \frac{d}{V_s}A_v f_y = \frac{560}{400 \times 10^3} \times 700 \times 350$
$$= 343 \text{mm}$$

따라서 $V_s > \frac{1}{3}\sqrt{f_{ck}}\,b_w d$ 이므로 수직스터럽간격은 이 중 작은 값인 140mm를 사용한다.

27. 철근콘크리트 깊은 보에 대한 전단설계방법 중 잘못된 것은? [기사 09]

① 깊은 보는 비선형변형률분포를 고려하여 설계하거나 스트럿－타이모델에 의하여 설계하여야 한다.

② 수직전단철근의 간격은 $d/5$ 이하 또는 300mm 이하로 하여야 한다.

③ 깊은 보의 V_n은 $(2\sqrt{f_{ck}}/3)b_w d$ 이하이어야 한다.

④ 깊은 보에서 수직전단철근이 수평전단철근보다 전단보강효과가 더 크다.

▶해설 깊은 보의 공칭전단강도 : $V_n \leq \dfrac{5}{6}\sqrt{f_{ck}}\,b_w d$

28. 깊은 보는 주로 어느 작용에 의하여 전단력에 저항하는가? [산업 03, 09, 11]

① 장부작용(dowel action)
② 골재 맞물림(aggregate interaction)
③ 전단마찰(shear friction)
④ 아치작용(arch action)

▶해설 깊은 보에서 내부전단저항은 콘크리트의 경사압축대(concrete compression strut)에 의해서만 저항할 수 있으며, 이런 한계상태를 아치거동(arch compression strut)이라고 한다. 또 깊은 보의 강도는 전단에 의해 지배된다.

29. 깊은 보(deep beam)의 강도는 다음 중 무엇에 의해 지배되는가? [기사 13, 18, 산업 09]

① 압축
② 인장
③ 휨
④ 전단

30. 전단설계 시에 깊은 보(deep beam)란 부재의 상부 또는 압축면에 하중이 작용하는 부재로 l_n/d이 최대 얼마보다 작은 경우인가? (단, l_n : 받침부 내면 사이의 순경간, d : 종방향 인장철근의 중심에서 압축측 연단까지의 거리) [기사 03]

① 3
② 4
③ 5
④ 6

▶해설 깊은 보의 조건 : $\dfrac{l_n}{d} \leq 4$, 즉 $l_n \leq 4d$인 보

31. 깊은 보(deep baem)에 대한 설명으로 옳은 것은? [기사 10, 21, 산업 09, 10, 11]

① 순경간(l_n)이 부재깊이의 3배 이하이거나 하중이 받침부로부터 부재깊이의 0.5배 거리 이내에 작용하는 보

② 순경간(l_n)이 부재깊이의 4배 이하이거나 하중이 받침부로부터 부재깊이의 2배 거리

③ 순경간(l_n)이 부재깊이의 5배 이하이거나 하중이 받침부로부터 부재깊이의 4배 거리 이내에 작용하는 보

④ 순경간(l_n)이 부재깊이의 6배 이하이거나 하중이 받침부로부터 부재깊이의 5배 거리 이내에 작용하는 보

▶해설 깊은 보의 조건 : $\dfrac{l_n}{d} \leq 4$, 즉 $l_n \leq 4d$인 보

32. 콘크리트구조설계기준에서 규정하고 있는 최소전단철근 및 전단철근의 강도에 대한 설명으로 옳은 것은? (단, b_w는 복부 폭, s는 전단철근의 간격이다.) [기사 08, 10]

① 최소전단철근은 경사균열폭이 확대되는 것을 억제함으로써 사인장응력에 의한 콘크리트의 취성파괴를 방지하기 위한 것이다.

② 전단철근의 최대전단강도(V_s)는 $\dfrac{1}{3}\sqrt{f_{ck}}\,b_w d$ 이하로 하여야 한다.

③ 최소전단철근은 모든 철근콘크리트 휨부재에 배치하여야 한다.

④ 전단철근의 설계기준항복강도는 300MPa을 초과할 수 없다.

▶해설 ② 전단철근의 최대전단강도(V_s)는 $\dfrac{1}{5}\left(1-\dfrac{f_{ck}}{250}\right)f_{ck}b_w d$ 이하로 하여야 한다.

③ 슬래브와 확대기초, 콘크리트 들보구조, $V_u \leq \dfrac{1}{2}\phi V_c$인 경우 등은 전단철근이 전혀 필요치 않다.

④ 전단철근의 설계기준항복강도는 500MPa을 초과할 수 없다.

33. 철근콘크리트구조물의 전단철근 상세에 대한 설명 중 잘못된 것은? [산업 05, 09]

① 스터럽의 간격은 어떠한 경우이든 400mm 이하로 하여야 한다.

② 주인장철근에 45도 이상의 각도로 설치되는 스터럽은 전단철근으로 사용할 수 있다.

③ 일반적인 전단철근의 설계기준항복강도 f_y는 500MPa을 초과하여 취할 수 없다.

④ 전단철근으로 사용하는 스터럽과 기타 철근 또는 철선은 콘크리트 압축연단부터의 거리 d만큼 연장하여야 한다.

> **해설** 스터럽의 간격은 전단강도(V_s)의 크기에 따라 다르게 적용한다.

34. 철근콘크리트구조물의 전단철근 상세기준에 대한 설명 중 잘못된 것은? [기사 09, 21, 22]

① 이형철근을 전단철근으로 사용하는 경우 설계기준항복강도 f_y는 600MPa을 초과하여 취할 수 없다.

② 전단철근으로서 스터럽과 굽힘철근을 조합하여 사용할 수 있다.

③ 주철근에 45° 이상의 각도로 설치되는 스터럽은 전단철근으로 사용할 수 있다.

④ 경사스터럽과 굽힘철근은 부재 중간 높이인 $0.5d$에서 반력점방향으로 주인장철근까지 연장된 45° 선과 한 번 이상 교차되도록 배치하여야 한다.

> **해설** 철근의 설계기준항복강도
> ㉮ 휨철근 : 600MPa
> ㉯ 전단철근 : 500MPa

35. 다음과 같은 철근콘크리트 단면에서 전단철근의 보강 없이 저항할 수 있는 최대계수전단력(V_u)은? (단, f_{ck}=21MPa, f_y=400MPa, ϕ=0.75)
[기사 07, 산업 09, 12]

① 73.735kN
② 64.512kN
③ 46.083kN
④ 34.369kN

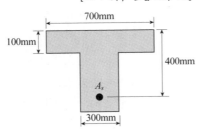

> **해설** $V_u \leq \dfrac{1}{2}\phi V_c$인 경우 전단철근이 필요 없다.
>
> $$\therefore \ V_u = \frac{1}{2}\phi V_c$$
> $$= \frac{1}{2} \times 0.75 \times \frac{1}{6}\sqrt{21} \times 300 \times 400$$
> $$= 34369.3\text{N} = 34.369\text{kN}$$

36. 계수전단력 V_u가 ϕV_c의 1/2을 초과하고 ϕV_c 이하인 경우에는 최소의 전단철근량을 배치하도록 규정하고 있다. 이 최소의 전단철근량이 옳게 된 것은? (단, s는 전단철근간격) [기사 07]

① $A_v = 0.35\left(\dfrac{sf_y}{b_w}\right)$ ② $A_v = 0.35\left(\dfrac{b_w s}{f_y}\right)$

③ $A_v = 0.35\left(\dfrac{b_w f_y}{s}\right)$ ④ $A_v = 0.35\left(\dfrac{ds}{f_y}\right)$

> **해설** 최소한의 전단철근량 $A_v = 0.35\left(\dfrac{b_w s}{f_y}\right)$로 배치하는 계수전단력($V_u$)범위 : $\dfrac{1}{2}\phi V_c < V_u \leq \phi V_c$

37. 철근콘크리트보에서 계수전단력 V_u가 ϕV_c의 1/2을 초과하고 비틀림을 고려하지 않아도 되는 경우 요구되는 전단철근의 최소단면적은? (단, b_w=300mm, 전단철근의 간격 s=200mm, 횡방향 철근의 설계기준강도(f_{yt})=300MPa, f_{ck}=30MPa, 전단철근은 부재축에 직각으로 배치한다.) [산업 08, 09]

① 35mm^2
② 70mm^2
③ 105mm^2
④ 140mm^2

> **해설**
> $$A_{s,min} = \left[0.0625\sqrt{f_{ck}}\,\frac{b_w s}{f_{yt}}, \ 0.35\frac{b_w s}{f_{yt}}\right]_{max}$$
> $$= \left[0.0625 \times \sqrt{30} \times \frac{300 \times 200}{300} = 68.4653\text{m}^2, \right.$$
> $$\left. 0.35 \times \frac{300 \times 200}{300} = 70\text{mm}^2\right]_{max}$$
> $$\therefore \ A_{s,min} = 70\text{mm}^2$$

38. 강도설계법에서 다음 그림과 같은 단철근 직사각형 보에 수직스터럽(stirrup)의 간격을 300mm로 할 때 최소전단철근의 단면적은 얼마인가? (단, $f_{ck}=21$MPa, $f_y=300$MPa) [기사 96, 산업 99, 07]

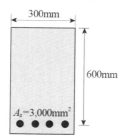

① 50mm^2
② 190mm^2
③ 105mm^2
④ 225mm^2

> **해설** $A_{s,min}=\left[0.0625\sqrt{f_{ck}}\dfrac{b_w s}{f_{yt}},\ 0.35\dfrac{b_w s}{f_{yt}}\right]_{max}$
>
> $=\left[0.0625\times\sqrt{21}\times\dfrac{300\times300}{300}=85.92\text{mm}^2,\right.$
>
> $\left.0.35\times\dfrac{300\times300}{300}=105\text{mm}^2\right]_{max}$
>
> $\therefore\ A_{s,min}=105\text{mm}^2$

39. 철근콘크리트부재에서 전단철근으로 부재축에 직각인 스터럽을 사용할 때 최대간격은 얼마인가? (단, d는 부재의 유효깊이이며, V_s가 $\left(\dfrac{\sqrt{f_{ck}}}{3}\right)b_w d$를 초과하지 않는 경우) [산업 02, 05, 08, 10, 17]

① d와 400mm 중 최소값 이하
② d와 600mm 중 최소값 이하
③ $0.5d$와 400mm 중 최소값 이하
④ $0.5d$와 600mm 중 최소값 이하

> **해설** ㉮ $V_s\leq\dfrac{1}{3}\sqrt{f_{ck}}\,b_w d$일 때 수직스터럽간격 :
>
> $\dfrac{d}{2}$ 이하, 600mm 이하
>
> ㉯ $V_s>\dfrac{1}{3}\sqrt{f_{ck}}\,b_w d$일 때 수직스터럽간격 :
>
> $\dfrac{d}{4}$ 이하, 300mm 이하$\left(\dfrac{1}{2}\ 감소\right)$

40. 강도설계법에 의해 전단부재를 설계할 때 보의 폭이 300mm이고, 유효깊이가 500mm라면 이때 수직스터럽의 최대간격은 얼마인가? (단, $V_s\leq\dfrac{1}{3}\sqrt{f_{ck}}\,b_w d$) [산업 04, 12, 20]

① 250mm
② 300mm
③ 400mm
④ 600mm

> **해설** 수직스터럽간격은 $\left[\dfrac{d}{2}\ 이하,\ 600\text{mm}\ 이하\right]$ 중 작은 값이다.
>
> $\therefore\ \dfrac{d}{2}=\dfrac{500}{2}=250\text{mm}$

41. 유효깊이가 800mm인 철근콘크리트보를 강도설계법에 의해 설계했을 때 전단철근이 부담하는 전단력 V_s가 $\left(\dfrac{\sqrt{f_{ck}}}{3}\right)b_w d$를 초과한다면 수직스터럽을 배치할 때 최대간격은 얼마인가? (단, f_{ck} : 콘크리트설계기준강도, b_w : 보의 폭, d : 보의 유효깊이) [기사 06, 09, 산업 07, 16]

① 200mm
② 400mm
③ 600mm
④ 800mm

> **해설** $V_s>\dfrac{1}{3}\sqrt{f_{ck}}\,b_w d$일 때 수직스터럽간격 :
>
> $\left[\dfrac{d}{4}\ 이하,\ 300\text{mm}\ 이하\right]_{min}$
>
> $\therefore\ \dfrac{d}{4}=\dfrac{800}{4}=200\text{mm}$

42. 다음 강도설계법에서 전단보강철근의 공칭전단강도 V_s가 $\left(\dfrac{2\sqrt{f_{ck}}}{3}\right)b_w d$를 초과하는 경우에 대한 설명으로 옳은 것은? [산업 02, 03, 05, 06, 08, 12, 15]

① 전단철근을 $\dfrac{d}{4}$ 이하, 600mm 이하로 배치해야 한다.
② 전단철근을 $\dfrac{d}{2}$ 이하, 300mm 이하로 배치해야 한다.
③ 전단철근을 $\dfrac{d}{4}$ 이하, 300mm 이하로 배치해야 한다.
④ $b_w d$의 단면을 변경하여야 한다.

●해설 전단보강철근이 부담하는 전단강도(V_s)가 지나치게 커져 콘크리트가 부담하는 전단강도(V_c)를 증가시켜야 하므로 단면의 크기를 늘리는 조치를 취해야 한다.

43. 직각으로 설치되는 스터럽(stirrup)철근의 간격을 산정하는 식에서 스터럽의 간격에 비례하지 않는 요소는? [기사 03, 산업 05, 08, 12]

① 스터럽이 부담해야 할 전단강도
② 스터럽철근의 단면적
③ 스터럽철근의 설계기준항복강도
④ 보의 유효깊이

●해설 $V_s = \dfrac{d}{s} A_v f_{yt}$

∴ $s = \dfrac{d}{V_s} A_v f_{yt}$에서 스터럽간격은 전단강도에 반비례한다.

44. 콘크리트보의 중립축에서 사인장응력은 중립축과 몇 도의 각을 이루는가? [기사 02]

① 0°
② 30°
③ 45°
④ 90°

●해설 RC보의 중립축과 그 이하면에서 주수직응력의 작용면 : $\theta = 45°$, $135°$

45. 자중을 포함한 계수하중 80kN/m를 지지하는 다음 그림과 같은 단순보가 있다. 경간은 7m이고 $f_{ck}=$ 21MPa, $f_y=$300MPa일 때 다음 설명 중 옳지 않은 것은? [기사 07, 14]

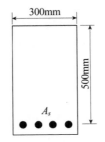

① 위험 단면에서의 계수전단력은 240kN이다.
② 콘크리트가 부담할 수 있는 전단강도는 114.6kN이다.
③ 전단철근(수직스터럽)의 최대간격은 250mm이다.
④ 이론적으로 전단철근이 필요한 구간은 지점으로부터 1.73m까지이다.

●해설

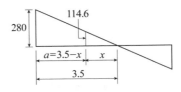

㉮ 위험 단면(지점에서 d거리)에서의 전단력

$$V_s = \frac{wl}{2} - wd$$
$$= \frac{80 \times 7}{2} - 80 \times 0.5$$
$$= 240kN$$

㉯ 콘크리트가 부담하는 전단력

$$V_c = \frac{1}{6}\lambda\sqrt{f_{ck}}\,b_w d$$
$$= \frac{1}{6} \times 1.0\sqrt{21} \times 300 \times 500$$
$$= 114564.4N \fallingdotseq 114.6kN$$

㉰ 수직스터럽간격 : $\left[\dfrac{d}{2} \text{ 이하},\ 600mm\right]_{min}$
$$= [250,\ 600]_{min} = 250mm$$

㉱ 콘크리트가 부담하는 구간을 제외한 곳(전단철근이 필요한 구간) : $a = 2.0675m$

46. 자중을 포함한 계수등분포하중 75kN/m를 받는 단철근 직사각형 단면 단순보가 있다. $f_{ck}=$24MPa, 지간은 8m이고, $b=$350mm, $d=$550mm일 때 다음 설명 중 옳지 않은 것은? [기사 05, 06]

① 위험 단면에서의 전단력은 258.8kN이다.
② 콘크리트가 부담할 수 있는 전단강도는 157.2kN이다.
③ 부재축에 직각으로 스터럽을 설치하는 경우 그 간격은 275mm 이하로 설치하여야 한다.
④ 전단철근이 필요한 구간은 지점으로부터 1.68mm까지이다.

해설 ㉮ $R_A = R_B = \dfrac{75 \times 8}{2} = 300\text{kN}$, 위험 단면의 전단력 V_u는 받침부로부터 d만큼 떨어진 곳의 전단력이므로

$$\therefore \quad V_u = 300 - 75 \times 0.55 = 258.8\text{kN}$$

㉯ $V_c = \dfrac{1}{6}\sqrt{f_{ck}}\,b_w d$

$$= \dfrac{1}{6}\sqrt{24} \times 350 \times 550 = 157175.6\text{N}$$

㉰ $\left[\dfrac{d}{2}\ \text{이하}, \ 600\text{mm}\ \text{이하}\right]$ 중 작은 값이므로

$$\dfrac{d}{2} = \dfrac{550}{2} = 275\text{mm}$$

47. 슬래브와 일체로 시공된 다음 그림의 직사각형 단면 테두리보에서 비틀림에 대해서 설계에서 고려하지 않아도 되는 계수비틀림모멘트 T_u의 최대크기는 얼마인가? (단, $f_{ck} = 24$MPa, $f_y = 400$MPa, 비틀림에 대한 ϕ는 0.75) [기사 06, 09, 13]

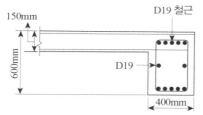

① 29.5kN · m   ② 17.5kN · m
③ 8.8kN · m   ④ 3kN · m

해설 $T_u < \phi\left(\dfrac{1}{12}\sqrt{f_{ck}}\right)\dfrac{A_{cp}^{\ 2}}{P_{cp}}$ 인 경우 비틀림영향을 무시해도 좋다.

$$\therefore \ \text{최대값} = \phi\left(\dfrac{1}{12}\sqrt{f_{ck}}\right)\dfrac{A_{cp}^{\ 2}}{p_{cp}}$$

$$= 0.75 \times \dfrac{\sqrt{24}}{12} \times \dfrac{(600 \times 400)^2}{2 \times (600 + 400)}$$

$$= 8,818,163\text{N} \cdot \text{mm} = 8.82\text{kN} \cdot \text{m}$$

48. $b_w = 250$mm, $h = 500$mm인 직사각형 철근콘크리트보의 단면에 균열을 일으키는 비틀림모멘트 T_{cr}은 얼마인가? (단, $f_{ck} = 28$MPa) [기사 05, 06, 17, 21]

① 9.8kN · m   ② 11.3kN · m
③ 12.5kN · m   ④ 18.2kN · m

해설 $T_{cr} = 0.33\sqrt{f_{ck}}\left(\dfrac{A_{cp}^{\ 2}}{p_{cp}}\right)$

$$= 0.33 \times \sqrt{28} \times \dfrac{(250 \times 500)^2}{2 \times (500 + 250)}$$

$$= 18,189,540\text{N} \cdot \text{mm} = 18.2\text{kN} \cdot \text{m}$$

49. 철근콘크리트구조물에서 비틀림철근으로 사용할 수 없는 것은? [산업 09]
① 부재축에 수직인 폐쇄스터럽
② 부재축에 수직인 횡방향 강성으로 구성된 폐쇄용접철망
③ 철근콘크리트보에서 나선철근
④ 주인장철근에서 30° 이상 구부린 굽힘철근

해설 ④는 전단철근이다.

50. 비틀림철근에 대한 설명 중 옳지 않은 것은? [단, p_h : 가장 바깥의 횡방향 폐쇄스터럽 중심선의 둘레(mm)] [기사 08, 12]
① 비틀림철근의 설계기준항복강도는 500MPa을 초과해서는 안 된다.
② 횡방향 비틀림철근의 간격은 $\dfrac{p_h}{8}$, 300mm 중 작은 값 이하라야 한다.
③ 비틀림에 요구되는 종방향 철근은 폐쇄스터럽의 둘레를 따라 300mm 이하의 간격으로 분포시켜야 한다.
④ 스터럽의 각 모서리에 최소한 세 개 이상의 종방향 철근을 두어야 한다.

해설 스터럽모서리에는 적어도 한 개의 종방향 철근을 두어야 한다.

51. 철근콘크리트부재의 비틀림철근 상세에 대한 설명으로 틀린 것은? [단, p_h : 가장 바깥의 횡방향 폐쇄스터럽 중심선의 둘레(mm)] [기사 08, 10, 19, 22]
① 종방향 비틀림철근은 양단에 정착하여야 한다.
② 횡방향 비틀림철근의 간격은 $\dfrac{p_h}{4}$보다 작아야 하고, 200mm보다 작아야 한다.
③ 비틀림에 요구되는 종방향 철근은 폐쇄스터럽의 둘레를 따라 300mm 이하의 간격으로 분포시켜야 한다.
④ 종방향 철근의 지름은 스터럽간격의 1/24 이상이어야 하며, D10 이상의 철근이어야 한다.

◆해설 횡방향 비틀림철근의 간격은 $p_h/8$보다 작아야 하고, 300mm보다 작아야 한다.

52. 다음 그림의 단면에 계수비틀림모멘트 $T_u=$ 18kN·m가 작용하고 있다. 이 비틀림모멘트에 요구되는 스터럽의 요구 단면적은? (단, $f_{ck}=21$MPa이고, 횡방향 철근의 설계기준항복강도(f_{yt})=350MPa, s는 종방향 철근에 나란한 방향의 스터럽간격, A_t는 간격 s 내의 비틀림에 저항하는 폐쇄스터럽 1가닥의 단면적이고, 비틀림에 대한 강도감소계수 $\phi=0.75$를 사용한다.)

[기사 03, 08, 09, 11]

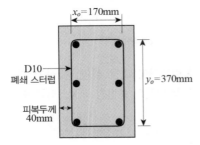

① $\dfrac{A_t}{s}=0.0641$mm²/mm

② $\dfrac{A_t}{s}=0.641$mm²/mm

③ $\dfrac{A_t}{s}=0.0502$mm²/mm

④ $\dfrac{A_t}{s}=0.502$mm²/mm

◆해설 $T_u \le \phi T_n = \phi \left(\dfrac{2A_o A_t f_{yv}}{s} \cot\theta \right)$

$\therefore \dfrac{A_t}{s} = \dfrac{T_u}{2\phi A_o f_{yv} \cot\theta}$

$= \dfrac{18,000,000}{2 \times 0.75 \times (0.85 \times 170 \times 370) \times 350 \times \cot 45°}$

$= 0.6413$mm²/mm

53. 다음 그림의 단면에 비틀림에 대해서 횡철근을 설계한 결과 D10 폐쇄스터럽이 130mm 간격으로 배치되게 되었다. 이 단면에 필요한 종방향 철근의 단면적(A_l)으로 맞는 것은? (단, $f_{ck}=21$MPa, $f_{yv}=f_{yl}=$ 400MPa이다. 여기서, f_{yt} : 횡방향 비틀림철근의 설계기준항복강도, f_{yl} : 종방향 비틀림철근의 설계기준항복강도)

[기사 02, 07]

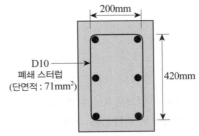

① A_l 배치 불필요
② $A_l=932$mm²
③ $A_l=678$mm²
④ $A_l=344$mm²

◆해설 $A_l = \dfrac{A_t}{s} p_h \dfrac{f_{yt}}{f_{yl}} \cot^2\theta$

$= \dfrac{71}{130} \times (200 \times 2 + 420 \times 2)$

$\times \dfrac{400}{400} \times \cot^2 45°$

$= 678$mm²

여기서, A_t : 폐쇄스터럽다리 1가닥 단면적

p_h : 폐쇄스터럽 주변 길이

chapter 5

철근의 정착과 이음

출제경향 분석

철근의 정착과 이음에서는 ① **인장이형철근의 기본정착길이**(l_{db}), ② **압축철근의 기본정착길이**(l_{db})의 **식을 활용**하는 문제가 주로 출제된다. 철근의 이음조건 중 A급 이음에 대한 개념을 정리한다.

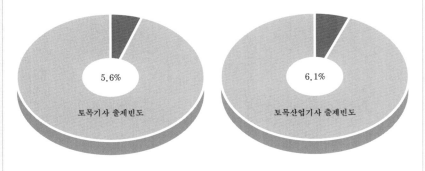

5.6%

토목기사 출제빈도

6.1%

토목산업기사 출제빈도

5 철근의 정착과 이음

01 철근의 부착

① 정의

철근과 콘크리트의 경계면에서 미끄러지지 않도록 저항하는 것을 부착(bond)이라 한다.

② 부착효과 발생원인

① 시멘트풀과 철근표면 사이의 교착작용
② 콘크리트와 철근표면 사이의 마찰작용
③ 이형철근표면의 요철(마디와 리브)에 의한 기계적 작용

③ 부착에 영향을 주는 요인 비교

(1) 철근의 표면상태 : 이형철근＞원형철근

원형철근보다 이형철근이 부착강도가 크며 약간 녹이 슨 철근이 부착에 유리하다.

(2) 콘크리트의 강도 : 고강도 콘크리트＞저강도 콘크리트

고강도일수록 부착에 유리하다.

(3) 철근의 지름 : 직경이 작은 철근 다수 사용＞직경이 큰 철근 사용

동일 철근량에 대해 적은 수의 굵은 철근보다 많은 수의 가는 철근이 부착에 유리하다.

알•아•두•기•

[출제] 부착에 영향을 주는 요인
08(3) ㉑

▶ 부착에 영향을 미치는 요인
① 철근의 표면상태
② 콘크리트의 강도
③ 철근의 위치 및 방향
④ 피복두께
⑤ 다짐 정도
⑥ 철근직경

(4) 철근의 피복두께 : 피복두께가 큰 콘크리트 > 피복두께가 작은 콘크리트

피복두께는 부착강도의 증가와 철근의 녹 방지를 위한 것으로 피복두께가 클수록 부착강도가 증가한다.

(5) 철근의 배치방향 및 위치 : 연직철근 > 수평철근, 하부(수평) 철근 > 상부(수평) 철근

물이 상승하는 콘크리트의 블리딩(bleeding)현상으로 철근의 방향 및 위치가 부착에 영향을 준다.

(6) 콘크리트의 다짐

콘크리트 타설 시 다짐을 충분히 하면 내부의 공극을 제거할 수 있으므로 부착강도가 증가한다.

02 철근의 정착

❶ 정의

콘크리트 속에 묻힌 철근이 콘크리트의 단부(端部)에서 빠져나오지 않기 위해 저항하는 성질을 정착(anchorage)이라고 한다.

❷ 철근의 정착방법

① 매입길이에 의한 정착 : 철근을 콘크리트 속에 충분히 묻어서 콘크리트와의 부착에 의해 정착시키는 방법
② 표준 갈고리에 의한 정착 : 철근 끝에 표준 갈고리를 만들어 정착시키는 방법으로 압축철근의 정착에는 유효하지 않다.
③ T형 용접 등 기계적 방법 : 정착하고자 하는 철근의 끝을 T자 형태로 용접하여 정착시키는 방법

③ 인장이형철근(철선)의 정착

(1) 정착길이(l_d) = 기본정착길이(l_{db})×보정계수(α) ≥ 300mm

(2) 기본정착길이(l_{db})

$$l_{db} = \frac{0.6 d_b f_y}{\lambda \sqrt{f_{ck}}} \quad \cdots\cdots\cdots\cdots\cdots\cdots\cdots\cdots\cdots\cdots (5.1)$$

여기서, d_b : 철근의 공칭지름(mm), λ : 경량콘크리트계수

(3) 보정계수(α)

조건 \ 철근지름	D19 이하	D22 이상
• 철근 순간격 : d_b 이상 • 피복두께 : d_b 이상 • 최소철근량 이상의 스터럽 또는 띠철근배치 ∴ 3가지 조건 충족	$0.8\alpha\beta$	$\alpha\beta$
• 철근 순간격 : $2d_b$ 이상 • 피복두께 : d_b 이상 ∴ 2가지 조건 충족		
기타	$1.2\alpha\beta$	$1.5\alpha\beta$

(4) α, β, λ계수값

구분	조건	적용 값
α (철근배치위치계수)	상부 철근	1.3
	기타	1.0
β (도막계수)	피복두께 $3d_b$ 미만 또는 순간격 $6d_b$ 미만인 에폭시도막 혹은 아연-에폭시 이중도막철근	1.5
	기타 에폭시도막 혹은 아연-에폭시 이중도막철근	1.2
	아연도금 혹은 도막되지 않은 철근	1.0
γ (철근의 크기계수)	D19 이하 철근	0.8
	D22 이상 철근	1.0
λ (경량콘크리트계수)	f_{sp}가 주어지지 않은 경량콘크리트	• 전 경량콘크리트 : 0.75 • 부분 경량콘크리트 : 0.85
	f_{sp}가 주어진 경량콘크리트	$\dfrac{f_{sp}}{0.56\sqrt{f_{ck}}} \leq 1.0$
	일반 콘크리트 (보통중량골재콘크리트)	1.0

[출제] 인장이형철근 기본정착길이
08(5), 09(5), 10(5), 11(6),
13(3,6), 18(3) ㉮
08(3,5), 09(3,5), 10(3),
11(3,10), 12(3,9), 13(9), 18(3)
19(9) ㉯

▶ 인장이형철근 기본정착길이

$$l_{db} = \frac{0.6 d_b f_y}{\lambda \sqrt{f_{ck}}}$$

여기서, λ : 경량콘크리트계수

[출제] 인장이형철근 소요(필요)
정착길이
08(9), 11(3), 20(6) ㉯

▶ 인장이형철근 소요정착길이

$l_d = l_{db}$×보정계수≥300mm

여기서, l_{db} : 기본정착길이

[출제] 보정계수 α, β
09(8), 12(9) ㉮
10(9) ㉯

▶ 철근배치위치계수(α)
상부 철근 $\alpha=1.3$

▶ 도막계수(β)
기타 에폭시도막 혹은 아연-에
폭시 이중도막철근 $\beta=1.2$

[출제] 보정계수(λ)
17(9), 18(3), 19(8) ㉮

▶ f_{sp}가 주어진 경량콘크리트

$$\lambda = \frac{f_{sp}}{0.56\sqrt{f_{ck}}} \leq 1.0$$

[출제] 보정계수 $\alpha\beta \leq 1.7$
17(5) ㉮

* f_{sp} : 콘크리트의 평균쪼갬인장강도(MPa)

* 에폭시도막철근이 상부 철근인 경우에 $\alpha\beta$가 1.7보다 클 필요는 없다.

④ 압축이형철근의 정착

(1) 정착길이(l_d) = 기본정착길이(l_{db}) × 보정계수(α) ≥ 200mm

(2) 기본정착길이(l_{db})

$$l_{db} = \left[\frac{0.25 d_b f_y}{\lambda \sqrt{f_{ck}}},\ 0.043 d_b f_y\right]_{\max} \cdots\cdots\cdots (5.2)$$

여기서, d_b : 철근의 공칭지름(mm), λ : 경량콘크리트계수

(3) 보정계수(α)

조건	보정계수
철근량을 초과 배근한 경우	$\dfrac{\text{소요}A_s}{\text{배근}A_s}$
나선철근(D6 이상, 간격 100mm 이하) 또는 띠철근(D13, 간격 100mm 이하)으로 감겨진 압축이형철근	0.75

⑤ 표준 갈고리를 갖는 인장이형철근의 정착

(1) 정착길이(l_d) = 기본정착길이(l_{db}) × 보정계수(α) ≥ $8d_b$ ≥ 150mm

(2) 기본정착길이(l_{db})

$$l_{db} = \frac{0.24 \beta d_b f_y}{\lambda \sqrt{f_{ck}}} \cdots\cdots\cdots\cdots\cdots (5.3)$$

여기서 β값은 ① 에폭시도막, 아연-에폭시 이중도막 : 1.2
② 아연도금, 도막되지 않은 철근 : 1.0

(3) 보정계수(α)

조건	보정계수
(띠철근 또는 스터럽) D35 이하 철근에서 갈고리를 포함한 전체 정착길이(l_d)구간에 $3d_b$ 이하 간격으로 띠철근 또는 스터럽이 둘러싼 경우	0.8
(콘크리트 피복두께) D35 이하 철근에서 갈고리 평면에 수직방향인 측면피복두께가 70mm 이상이며, 90° 갈고리에 대해서는 갈고리를 넘어선 부분의 철근피복두께가 50mm 이상인 경우	0.7

[출제] 압축철근의 기본정착길이
09(3,8), 11(3), 12(5,9), 13(9), 17(3), 22(4) ㉔
09(5), 11(6) ㉑

▶ 압축철근
① 기본정착길이
$$l_{db} = \left[\frac{0.25 d_b f_y}{\lambda \sqrt{f_{ck}}},\ 0.043 d_b f_y\right]_{\max}$$
∴ 두 개의 값 중 큰 값 사용
② 소요정착길이
$l_d = l_{db} \times$ 보정계수 ≥ 200mm

▶ 표준 갈고리(인장철근)
① 기본정착길이
$$l_{db} = \frac{0.24 \beta d_b f_y}{\lambda \sqrt{f_{ck}}}$$
② 소요정착길이
$l_d = l_{db} \times$ 보정계수 ≥ $8d_b$
≥ 150mm

[출제] 표준 갈고리의 정착길이
17(9) ㉔

[출제] 보정계수(α)
22(3) ㉔

▶ 보정계수(α)
① 띠철근 또는 스터럽 : 0.8
② 콘크리트 피복두께 : 0.7
③ 휨철근이 소요철근량 이상 :
$$\frac{\text{소요}A_s}{\text{배근}A_s}$$

조건	보정계수
휨철근이 소요철근량 이상 배치된 경우	$\dfrac{\text{소요}A_s}{\text{배근}A_s}$

⑥ 휨철근의 정착

휨철근은 휨인장과 휨압축에 저항하기 위해 배치한 철근으로 부재의 위치 및 부재의 거동에 따라 정착위치를 다르게 한다.

(1) 휨철근의 정착 일반

① 휨부재의 **최대응력점과 인장철근이 끝나거나 굽혀진** 위험 단면 : 철근의 정착에 대한 안전 검토

② 위험 단면을 지나 휨철근이 필요치 않은 지점에서 연장되는 길이 : d와 $12d_b$ 중 큰 값 이상

③ 연속 철근의 경우 휨저항이 필요치 않은 지점에서 연장되는 묻힘길이 : l_d 이상

④ 휨철근은 원칙적으로 전체 철근량의 50%를 초과하여 한 단면에서 절단하지 않아야 하며, 압축부에서 끝내는 것을 원칙으로 한다.

(2) 정철근의 정착

① 정철근을 받침부까지 연장해야 하는 철근량

단순 부재	연속 부재	보
$\dfrac{1}{3}\times$전체 정철근량 이상	$\dfrac{1}{4}\times$전체 정철근량 이상	150mm 이상

② 받침부로 연장되어야 할 정철근은 받침부의 전면에서 설계기준항복강도 f_y를 발휘하도록 정착한다.

(3) 부철근의 정착

받침부의 부($-$)휨모멘트에 배근된 전체 인장철근량의 1/3 이상은 다음 중 가장 큰 값 이상의 묻힘길이가 확보되어야 한다.

① 반곡점을 지나 부재의 유효깊이(d)

② $12d_b$

③ $\dfrac{1}{16}l_n$

여기서, 반곡점 : 휨모멘트의 부호가 바뀌는 점

　　　d_b : 철근직경(mm), l_n : 순경간

▶ 정철근 연장철근량
① 단순 부재 :
　전체 철근량$\times\dfrac{1}{3}$ 이상
② 연속 부재 :
　전체 철근량$\times\dfrac{1}{4}$ 이상
③ 보 : 150mm 이상

03 철근의 이음

① 개요

철근은 이음하지 않는 것이 원칙이나, 철근 1본의 길이가 제한되어 있으므로 이음을 할 경우 설계도 및 시방서를 준수하고 책임기술자의 승인하에서만 이음을 할 수 있다.

② 이음방법

① **겹침이음법** : D35 이하의 철근을 겹쳐서 철사로 감아 철근을 이음하는 것으로 현재 가장 많이 사용되는 방법이다.
② **용접이음법** : 철근의 지름이 D35 이상인 철근은 겹침이음으로 효과적인 힘의 전달이 어렵기 때문에 철근을 맞대어 용접하는 이음법이다.
③ **기계적 이음법** : 슬리브, 너트 등을 사용하여 철근을 이음하는 방법이다.

▶ **철근이음방법**
① 겹침이음법(D35 이하)
② 용접이음법(D35 이상)
③ 기계적 이음법

③ 이음위치 및 이음조건

① **이음위치** : 구조적으로 취약하므로 인장응력이 크게 작용하는 위험 단면을 피해 **인장응력이 최소인 곳**에서 이음을 하되, 이음부는 한 단면에 집중시키지 않고 서로 엇갈리게 하는 것이 좋다.
② **이음조건** : 용접이음 및 기계적 이음은 철근의 설계기준항복강도 f_y의 125% 이상 발휘할 수 있어야 한다.
③ **겹침이음 철근 순간격** : 겹침이음길이의 1/5 이하, 150mm 이하가 되도록 한다.

[출제] 철근이음 일반사항
08(9) ㉑

▶ **철근이음원칙**
① 이음위치 : 인장응력이 최소인 곳
② 이음조건 : 이음 후 강도＝f_y×125%
③ 겹침이음 순간격(l_n)
　$l_n \leq [1/5l_d, 150mm]$
　여기서, l_d : 겹침이음길이
④ D35 초과 철근 : 용접맞댐이음 (겹침이음 불가)

알•아•두•기•

⓸ 인장이형철근(철선)의 겹침이음

(1) 종류

A급 이음	겹침이음된 A_s / 전체 A_s $\leq \dfrac{1}{2}$ 이고 배근된 A_s / 소요 A_s $\geq 2 \left(\dfrac{\text{겹침이음} A_s}{\text{전체 } A_s} \leq 50\%, \dfrac{\text{소요} A_s}{\text{배근} A_s} \leq 50\% \right)$
B급 이음	A급 이음조건이 아닌 경우

(2) 겹침이음길이

① A급 이음 : $1.0l_d$ 이상 ≥ 300mm(겹침이음길이 최소값)

② B급 이음 : $1.3l_d$ 이상 ≥ 300mm(겹침이음길이 최소값)

여기서, l_d : 인장이형철근의 정착길이(보정계수는 적용하지 않음)

⓹ 압축이형철근의 겹침이음

$f_{ck} \geq 21MPa$인 경우	
$f_y \leq 400MPa$일 때	$f_y > 400MPa$일 때
• $l_s = \left[\left(\dfrac{1.4f_y}{\lambda \sqrt{f_{ck}}} - 52 \right) d_b, \ (0.072f_y)d_b \right]_{min}$ 이상 • 300mm 이상	• $l_s = \left[\left(\dfrac{1.4f_y}{\lambda \sqrt{f_{ck}}} - 52 \right) d_b, \ (0.13f_y - 24)d_b \right]_{min}$ 이상 • 300mm 이상

단, $f_{ck} < 21MPa$인 경우 위의 계산값에서 $\left(\text{계산값} \times \dfrac{1}{3} \right)$만큼 겹침이음길이를 더 증가시킨다.

⓺ 다발철근

① 2개 이상의 철근을 묶어서 사용하는 다발철근은 이형철근으로서 그 개수는 4개 이하이며 스터럽이나 띠철근으로 감싸야 한다.

② 휨부재의 경간 내에서 끝나는 한 다발철근 내의 개개 철근은 $40d_b$ 이상 서로 엇갈리게 끝내야 한다.

③ 다발철근의 간격과 최소피복두께를 철근지름으로 나타낼 경우 다발철근의 지름은 등가 단면적으로 환산된 한 개의 철근지름으로 보아야 한다.

[출제] A급 이음조건
12(3,5), 18(4), 20(6) ㉑
08(5,8) ㉒

➡ A급 이음($1.0l_d$ 이상)

① 겹침이음철근량≤총철근량$\times \dfrac{1}{2}$

② 배근철근량≥소요철근량$\times 2$

∴ 위 2개 조건 충족하는 이음

➡ (인장이형철근) 겹침이음길이 최소값 : 300mm

➡ 다발철근의 겹침이음길이 증가량

① 3개의 철근다발 : 20% 증가

② 4개의 철근다발 : 33% 증가

④ 다발철근의 간격은 굵은 골재 최대치수규정을 만족하도록 한다.

⑤ 다발철근의 겹침이음은 다발 내의 개개 철근에 대한 겹침이음 길이를 기본으로 하여 결정하며, 3개 다발은 20%, 4개 다발은 33%를 증가시킨다. 그러나 한 다발 내에서 각 철근의 이음은 한 곳에서 중복되지 않아야 하며, 2개 다발철근을 개개 철근처럼 겹침이음하지 않는다.

⑥ 다발철근에 대해 겹침이음길이를 증가시키는 것은 콘크리트와 접하는 철근표면적이 감소하는 것을 고려한 것이다.

04 표준 갈고리

① 개요

철근 부착이 부족한 경우 철근의 정착을 확보하기 위해 끝부분을 구부려 갈고리를 둔다.

② 갈고리의 효과

갈고리는 인장구역에는 효과가 있지만, 압축구역에는 효과가 없다. **따라서 인장을 받는 철근에는 반드시 갈고리**를 한다.

▶ **표준 갈고리**
압축구역에는 효과가 없어 표준 갈고리를 하지 않으나, 원형철근과 인장철근은 반드시 갈고리를 하여야 한다.

③ 갈고리의 종류

① 주철근용 표준 갈고리 : 2종류(90° 표준 갈고리, 180° 표준 갈고리)

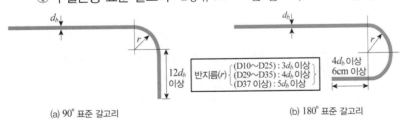

반지름(r) { (D10~D25) : $3d_b$ 이상 / (D29~D35) : $4d_b$ 이상 / (D37 이상) : $5d_b$ 이상 }

(a) 90° 표준 갈고리

(b) 180° 표준 갈고리

[출제] 표준 갈고리 정착길이
13(9) ㉑

▶ **정착길이(l)**

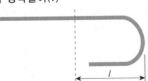

② 스터럽과 띠철근용 표준 갈고리 : 2종류(90° 표준 갈고리, 135° 표준 갈고리)

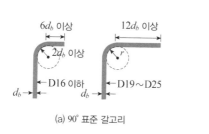

(a) 90° 표준 갈고리

(b) 135° 표준 갈고리

🔵 철근 구부리기

(1) 개요

철근은 상온에서 구부리고, 철근이 콘크리트 속에 일부 묻혀 있는 경우 현장에서 구부리지 않는 것을 원칙으로 한다. 또한 과도한 구부림은 철근의 재질을 손상시키므로 철근의 직경에 따라 구부리는 내면의 반지름을 다르게 규정하고 있다.

(2) 구부림의 최소내면반지름

① 주철근용 표준 갈고리 : 90°, 180°

철근지름	최소내면반지름
D10~D25	$3d_b$
D29~D35	$4d_b$
D38 이상	$5d_b$

② 스터럽 및 띠철근용 표준 갈고리

철근지름	최소내면반지름
D16 이하	$2d_b$ 이상
D19 이상	주철근용 표준 갈고리기준 적용
용접철망(7mm 이하)	$2d_b$ 이상
기타	d_b 이상

* 구부리는 내면 반지름이 $4d_b$보다 작은 경우 : 용접교차점에서 $4d_b$ 이상의 거리에서 철망을 구부린다.

(3) 표준 갈고리 이외의 철근

기타 철근의 구부리는 내면반지름은 주철근용 표준 갈고리의 경우와 같다. 그러나 큰 응력을 받는 곳에서 철근을 구부릴 때는 구부리는 내면반지름을 더 크게 하여 철근반지름 내부의 콘크리트가 파쇄되는 것을 방지한다.

종류	최소구부림 내면반지름(r)
스터럽, 띠철근	d_b
굽힘철근	$5d_b$
라멘구조의 모서리 외측 부분	$10d_b$

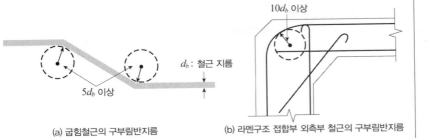

(a) 굽힘철근의 구부림반지름   (b) 라멘구조 접합부 외측부 철근의 구부림반지름

【그림 5-1】 철근 구부리기

예상 및 기출문제

1. 철근콘크리트가 일체식 거동을 나타낼 수 있도록 두 재료 사이의 부착효과를 일으키는 것이 아닌 것은? [기사 97]

① 이형철근의 정착효과
② 시멘트풀과 철근의 점착력
③ 물과 시멘트의 수화반응에 의한 수화열
④ 철근과 콘크리트 사이의 마찰

해설 수화반응에 의한 수화열은 부착과 직접 관계가 없다.

2. 철근의 부착강도에 영향을 주는 요인이 아닌 것은? [기사 94, 08, 13]

① 철근의 표면상태   ② 철근의 인장강도
③ 콘크리트의 압축의 강도   ④ 철근의 피복두께

해설 부착강도의 영향요인 : 철근표면상태, 콘크리트 강도, 철근지름, 철근피복두께, 철근배치방향 및 위치, 콘크리트 다짐

3. 설계 계산에 있어 부착응력에 대한 검토를 해야 하는 철근은? [산업 92]

① 인장철근   ② 나선철근
③ 배력철근   ④ 축방향 압축철근

해설 인장구역에 배치하는 인장철근은 부착응력을 검토하여 안정성을 확보해야 한다.

4. 다음 중 철근의 정착방법이 아닌 것은? [산업 97]
① 매입길이에 의한 정착방법
② 갈고리에 의한 정착방법
③ 철근의 가로방향에 T형 철근을 용접하여 정착하는 방법
④ 철근을 절곡시켜 정착하는 방법

해설 철근정착방법
㉮ 매입길이에 의한 정착
㉯ 갈고리에 의한 정착
㉰ T형 용접이음에 의한 정착

5. 콘크리트 부착에 관한 설명 중 틀린 것은? [산업 06]

① 이형철근은 원형철근보다 부착강도가 크다.
② 약간 녹이 슨 철근은 부착강도가 현저히 떨어진다.
③ 콘크리트 강도가 커지면 부착강도가 커진다.
④ 같은 철근량을 가질 경우 굵은 철근보다 가는 것을 여러 개 쓰는 것이 부착에 좋다.

해설 약간 녹이 슨 철근은 부착에 유리하다(철근표면의 거칠기와 관계있음).

6. f_{ck}=28MPa, f_y=350MPa로 만들어지는 보에서 압축이형철근으로 D29(공칭지름 28.6mm)를 사용한다면 기본정착길이는?

[기사 03, 04, 06, 09, 11, 12, 13, 15, 19, 22, 산업 14, 15]

① 412mm   ② 446mm
③ 473mm   ④ 522mm

해설
$$l_{db} = \frac{0.25 d_b f_y}{\lambda \sqrt{f_{ck}}}$$
$$= \frac{0.25 \times 28.6 \times 350}{1.0\sqrt{28}}$$
$$= 472.93\text{mm} \geq 0.043 d_b f_y$$
∴ $l_{db} = 473$mm (큰 값)
여기서, $0.043 d_b f_y = 0.043 \times 28.6 \times 350$
$$= 430.43\text{mm}$$

7. 정착길이 아래 300mm를 초과되게 굳지 않은 콘크리트를 친 상부 인장이형철근의 정착길이를 구하려고 한다. f_{ck}=21MPa, f_y=300MPa을 사용한다면 상부 철근으로서의 보정계수를 사용할 때 정착길이는 얼마 이상이어야 하는가? (단, D29 철근으로 공칭지름은 28.6mm, 공칭 단면적은 642mm^{2}이고, 기타의 보정계수는 적용하지 않는다.) [산업 05, 08, 11, 14, 20]
① 1,461mm   ② 1,123mm
③ 987mm   ④ 865mm

해설 ㉮ $l_{db} = \dfrac{0.6d_b f_y}{\lambda \sqrt{f_{ck}}} = \dfrac{0.6 \times 28.6 \times 300}{1.0 \sqrt{21}}$

$= 1123.4\text{mm}$

㉯ $l_d = l_{db} \times$ 보정계수

$= 1123.4 \times 1.3 = 1460.4\text{mm}$

여기서, 보정계수$(\alpha) = 1.3$(철근배근위치계수)

8. $f_{ck} = 21\text{MPa}$, $f_y = 350\text{MPa}$로 만들어지는 보에서 인장이형철근으로 D29(공칭지름 28.6mm)를 사용한 다면 기본정착길이는?

[기사 02, 05, 07, 08, 09, 10, 11, 13, 16, 19, 산업 03, 10, 12, 13, 14, 15, 16, 17, 18, 19]

① 892mm ② 1,054mm

③ 1,167mm ④ 1,311mm

해설 $l_{db} = \dfrac{0.6d_b f_y}{\lambda \sqrt{f_{ck}}}$

$= \dfrac{0.6 \times 28.6 \times 350}{1.0 \sqrt{21}} = 1310.62\text{mm}$

9. 이형철근이 인장을 받을 때 기본정착길이를 구하는 식으로 옳은 것은? (단, d_b : 철근의 공칭지름)

[산업 08, 15]

① $\dfrac{0.6d_b f_y}{\lambda \sqrt{f_{ck}}}$

② $0.6d_b f_y \sqrt{f_{ck}}$

③ $\dfrac{0.25d_b f_y}{\lambda \sqrt{f_{ck}}}$

④ $0.25d_b f_y \sqrt{f_{ck}}$

해설 ① 인장이형철근의 기본정착길이공식
③ 압축이형철근의 기본정착길이공식

10. $f_{ck} = 24\text{MPa}$, $f_y = 400\text{MPa}$로 된 부재에 인장을 받는 표준 갈고리를 둔다면 기본정착길이는 얼마인가? (단, 철근의 공칭지름은 25.4mm, 도막되지 않은 철근 사용, $\beta = 1.0$, $\lambda = 1.0$) [기사 15, 산업 98, 02, 16]

① 518mm ② 498mm

③ 450mm ④ 410mm

해설 $l_{db} = \dfrac{0.24\beta d_b f_y}{\lambda \sqrt{f_{ck}}}$

$= \dfrac{0.24 \times 1 \times 25.4 \times 400}{1.0 \sqrt{24}}$

$= 497.7\text{mm}$

11. 인장을 받는 표준 갈고리의 정착길이는 $f_y = 400\text{MPa}$

일 때 $\dfrac{0.24\beta d_b f_y}{\lambda \sqrt{f_{ck}}}$ 이다. SD300, $f_{ck} = 27\text{MPa}$, D10($d_b = 9.5\text{mm}$), $\beta = 1.0$, $\lambda = 1.0$을 사용할 때 정착길이는 설계기준을 따르면 얼마인가? (※ 개정기준으로 문제 변형) [기사 98]

① 110mm

② 130mm

③ 140mm

④ 150mm

해설 $l_{db} = \dfrac{0.24\beta d_b f_y}{\lambda \sqrt{f_{ck}}}$

$= \dfrac{0.24 \times 1 \times 9.5 \times 400}{1.0 \sqrt{27}}$

$= 175.5\text{mm}$

SD300은 $f_y = 300\text{MPa}$이므로

보정계수$(\alpha) = \dfrac{f_y}{400} = \dfrac{300}{400} = 0.75$

$\therefore l_d = l_{db} \times$ 보정계수 $= 175.5 \times 0.75$

$= 131.6\text{mm}$

그러나 $l_d \geq 8d_b \geq 150\text{mm}$ 이어야 하므로 보정된 정착길이는 최소 150mm를 확보해야 한다.

12. 갈고리 철근의 정착에 관한 설명 중 틀린 것은?

[기사 97]

① 철근의 매입길이가 작을 경우 제한된 거리 내에서 표준 갈고리를 사용한다.
② 스터럽 또는 띠철근의 표준 갈고리는 90° 갈고리, 135° 갈고리가 있다.
③ 갈고리 철근의 정착길이는 철근의 항복강도 f_y와 무관하다.
④ 갈고리 철근은 인장력을 받는 구역에서 정착에 효과적이다.

정답 8. ④ 9. ① 10. ② 11. ④ 12. ③

해설 $l_{db} = \dfrac{0.24\beta d_b f_y}{\lambda\sqrt{f_{ck}}}$

정착길이(l_d) =기본정착길이$(l_{db})\times$보정계수$\left(\dfrac{f_y}{400}\right)$

따라서 갈고리 철근의 정착길이는 철근의 항복강도와 관련이 있다.

13. 인장이형철근의 정착길이는 기본정착길이(l_{db})에 보정계수를 곱한다. 상부 수평철근의 보정계수(α)는?

[산업 09, 10, 16]

① 1.3
② 1.0
③ 0.8
④ 0.75

해설 α(철근배근위치계수) : 1.3(상부 철근), 1.0(기타 철근)

14. 인장이형철근의 정착길이는 기본정착길이에 보정계수를 곱해서 구하는데, 이때 보정계수의 산정 요인으로 해당되지 않는 것은?

[산업 02]

① 철근의 위치계수
② 철근의 형상계수
③ 철근의 에폭시도막계수
④ 경량골재콘크리트계수

해설 보정계수
㉮ α : 철근배근위치계수
㉯ β : 철근의 표면처리계수=철근에폭시도막계수
㉰ λ : 경량골재콘크리트계수

15. 인장이형철근의 정착길이 산정 시 필요한 보정계수에 대한 설명 중 틀린 것은? (단, f_{sp}는 콘크리트의 쪼갬인장강도)

[기사 09, 산업 10]

① 상부 철근(정착길이 또는 겹침이음부 아래 300mm를 초과하게 굳지 않은 콘크리트를 친 수평철근)인 경우 철근배근위치에 따른 보정계수 1.3을 사용한다.
② 에폭시도막철근인 경우 피복두께 및 순간격에 따라 1.2나 2.0의 보정계수를 사용한다.
③ f_{sp}가 주어지지 않은 경량콘크리트인 경우 전 경량콘크리트는 0.75를 사용한다.
④ 경량콘크리트계수 λ는 보통 중량의 일반 콘크리트인 경우 1.0을 사용한다.

해설 에폭시도막계수(β)는 피복두께 및 순간격에 따라 1.5의 보정계수를 사용하고, 도막되지 않은 철근은 1.0, 기타 에폭시도막철근은 1.2를 사용한다.

16. 다음은 철근이음에 관한 일반사항이다. 옳지 않은 것은?

[산업 08]

① D35를 초과하는 철근은 겹침이음을 하지 않아야 한다.
② 이음은 가능한 최대인장응력점으로부터 떨어진 곳에 두어야 한다.
③ 휨부재에서 서로 직접 접촉되지 않게 겹침이음된 철근은 횡방향으로 소요겹침이음길이의 1/3 또는 200mm 중 작은 값 이상 떨어지지 않아야 한다.
④ 다발철근의 겹침이음은 다발 내의 개개 철근에 대한 겹침이음길이를 기본으로 하여 결정하여야 한다.

해설 휨부재에서 서로 접촉되지 않는 겹침이음으로 이어진 철근 간의 순간격은 겹침이음길이의 1/5 이하, 150mm 이하라야 한다.

17. 철근의 겹침이음길이에 대한 다음 기술 중 틀린 것은?

[산업 93]

① A급 이음 : $1.0 l_{db}$
② B급 이음 : 1.3
③ C급 이음 : $1.5 l_{db}$
④ 어떠한 경우라도 300mm 이상

해설 인장이형철근의 겹침이음길이
A급 이음 : $1.0 l_d$, B급 이음 : $1.3 l_d$, 적어도 300mm 이상

18. 인장을 받는 이형철근의 겹침이음에서 "배근된 철근량이 이음부 전체 구간에서 해석결과 요구되는 소요철근량의 2배 이상이고, 소요겹침이음길이 내에서 겹침이음된 철근량이 전체 철근량의 1/2 이하인 경우 A급 이음"에 해당한다. 이러한 A급 이음의 겹침이음길이는 규정에 따라 계산된 인장이형철근의 정착길이 l_d의 몇 배 이상이어야 하는가?

[산업 08, 09]

① 1.0배
② 1.2배
③ 1.3배
④ 1.5배

해설 A급 이음 : $1.0 l_d$, B급 이음 : $1.3 l_d$

19. 철근의 겹침이음등급에서 A급 이음의 조건은 다음 중 어느 것인가? [기사 12, 산업 14]

① 배근된 철근량이 이음부 전체 구간에서 해석결과 요구되는 소요철근량의 2배 이상이고, 소요겹침이음길이 내 겹침이음된 철근량이 전체 철근량의 1/3 이상인 경우

② 배근된 철근량이 이음부 전체 구간에서 해석결과 요구되는 소요철근량의 2배 이상이고, 소요겹침이음길이 내 겹침이음된 철근량이 전체 철근량의 1/2 이하인 경우

③ 배근된 철근량이 이음부 전체 구간에서 해석결과 요구되는 소요철근량의 3배 이상이고, 소요겹침이음길이 내 겹침이음된 철근량이 전체 철근량의 1/3 이상인 경우

④ 배근된 철근량이 이음부 전체 구간에서 해석결과 요구되는 소요철근량의 3배 이상이고, 소요겹침이음길이 내 겹침이음된 철근량이 전체 철근량의 1/2 이하인 경우

해설 A급 이음조건

㉮ $\dfrac{배근 A_s}{소요 A_s} \geq 2.0$

㉯ 겹침이음철근량 $\leq \dfrac{1}{2}$(전체 철근량)

20. 인장이형철근을 겹침이음할 때(배근A_s/소요A_s) <2.0이고, 겹침이음된 철근량이 전체 철근량의 1/2을 넘는 경우 겹침이음길이는? (단, l_d : 규정에 의해 계산된 이형철근의 정착길이) [기사 93, 03]

① $1.0l_d$ 이상   ② $1.3l_d$ 이상

③ $1.5l_d$ 이상   ④ $1.7l_d$ 이상

해설 겹침이음된 철근량이 전체 철근량의 1/2을 초과하는 경우는 B급 이음이다. 즉, B급 이음은 $1.3l_d$이다.

21. 3개의 철근을 묶어 다발로 사용할 경우에 정착길이의 증가량과 B급 이음을 했을 경우의 겹침이음길이가 바르게 묶여진 것은? (단, l_d : 정착길이) [산업 03]

① 20%, $1.0l_d$ ② 33%, $1.3l_d$

③ 20%, $1.3l_d$ ④ 33%, $1.0l_d$

해설 ㉮ 3개 다발철근의 겹침이음길이 증가량 : 20%
㉯ 4개 다발철근의 증가량 : 33%
㉰ A급 이음 : $1.0l_d$
㉱ B급 이음 : $1.3l_d$

22. 다음 그림에서 인장철근의 배근이 잘못된 것은? [산업 03, 08, 16]

①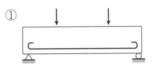

②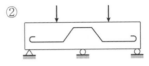

③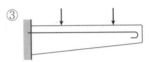

④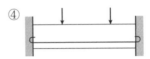

해설 인장측에 철근을 배치해야 한다. ④의 경우 보의 중앙부는 아래로 휨이 발생(정모멘트)하므로 철근을 하단에 배치하고, 고정단 양측면은 위쪽으로 휨이 발생(부모멘트)하므로 보의 상단에 철근을 배치해야 한다.

23. 인장이나 압축을 받는 이형철근의 정착길이는 다음 무엇과 반비례하는가? [산업 05, 07]

① 철근의 공칭지름
② 철근의 단면적
③ 철근의 설계기준항복강도
④ 콘크리트설계기준강도의 평방근

해설 ㉮ 압축이형철근의 기본정착길이
$$l_{db} = \frac{0.25 d_b f_y}{\lambda \sqrt{f_{ck}}}$$
㉯ 인장이형철근의 기본정착길이
$$l_{db} = \frac{0.6 d_b f_y}{\lambda \sqrt{f_{ck}}}$$
∴ $\sqrt{f_{ck}}$에 반비례

24. 표준 갈고리를 갖는 인장이형철근의 정착에 대한 기술 중 잘못된 것은? (단, d_b : 철근의 공칭지름)

[기사 92, 03, 06, 19, 산업 94]

① 갈고리는 인장을 받는 구역에서 철근의 정착에 유효하다.

② 기본정착길이에 보정계수를 곱하여 정착길이를 계산하는데, 이렇게 구한 정착길이는 항상 $8d_b$ 이상, 또한 150mm 이상이어야 한다.

③ 경량콘크리트에 대한 보정계수는 0.7이다.

④ 정착길이는 위험 단면으로부터 갈고리 외부 끝까지의 거리로 나타낸다.

해설 쪼갬인장강도가 주어지지 않은 경우 경량콘크리트의 보정계수는 전 경량콘크리트 0.75, 부분 경량콘크리트는 0.85를 적용한다(2012년도 개정 기준).

25. 인장을 받는 이형철근이나 이형철선의 정착길이를 계산할 때 기본정착길이에 보정계수를 곱하여 산출한다. 전 경량콘크리트를 사용하며 경량콘크리트의 평균쪼갬인장강도 f_{sp}가 주어지지 않았다면 보정계수는 얼마를 사용해야 하는가? [산업 06, 07, 12]

① 0.75

② 0.85

③ 1.0

④ 1.2

해설 경량콘크리트의 평균쪼갬인장강도 f_{sp}가 주어지지 않을 때

㉮ 전 경량콘크리트 : 0.75

㉯ 부분 경량콘크리트 : 0.85(2012년도 개정기준으로 문제 변형)

26. 인장을 받는 이형철근 및 이형철선의 최소정착길이는? [산업 03, 05]

① 150mm

② 200mm

③ 300mm

④ 400mm

해설 ㉮ 인장이형철근(철선)의 최소정착길이 : 300mm

㉯ 압축이형철근 최소정착길이 : 200mm

㉰ 표준 갈고리가 있는 인장이형철근의 최소 정착길이 : 150mm($8d_b$ 이상)

27. 압축이형철근의 정착에 대한 다음 설명 중 잘못된 것은? [기사 05, 산업 14, 20]

① 정착길이는 기본정착길이에 적용 가능한 모든 보정계수로 곱하여 구한다.

② 정착길이는 항상 200mm 이상이어야 한다.

③ 해석결과 요구되는 철근량을 초과하여 배치한 경우의 보정계수는 $\dfrac{\text{소요}A_s}{\text{배근}A_s}$ 이다.

④ 표준 갈고리를 갖는 압축이형철근의 보정계수는 0.75이다.

해설 압축을 받는 구역에서는 갈고리가 정착에 유효하지 않으므로 압축철근에 갈고리를 둘 필요가 없다. 인장을 받는 철근은 반드시 갈고리를 두어야 한다.

28. 인장철근의 겹침이음에 대한 설명 중 틀린 것은 어느 것인가? [기사 04, 20]

① 다발철근의 겹침이음은 다발 내의 개개 철근에 대한 겹침이음길이를 기본으로 결정되어야 한다.

② 겹침이음에는 A급, B급 이음이 있다.

③ 겹침이음된 철근량이 총철근량의 1/2 이하인 경우는 B급 이음이다.

④ 어떤 경우이든 300mm 이상 겹침이음한다.

해설 ㉮ 전체 철근 중에서 겹침이음된 철근량이 1/2 이하인 경우 : A급 이음

㉯ A급 이음이 아닌 경우 : B급 이음

29. 보의 정철근 또는 부철근의 수평 순간격은 철근공칭지름 이상으로 해야 하는데, 다음 그림과 같이 다발철근을 사용한다면 수평 순간격을 규정하는 공칭지름은 얼마인가? (단, D22의 공칭지름은 22.2mm)

[기사 02, 산업 96]

① 35.9

② 50.3

③ 31.4

④ 34.5

해설 다발철근의 다발지름은 등가 단면적으로 환산되는 1개의 철근지름으로 본다. 다발철근의 환산지름을 D_1이라 하고, D22 철근 2개의 단면과 같다고 하면

$$\frac{\pi D_1^{\,2}}{4} = 2 \times \frac{\pi D^2}{4}$$

$$D_1^{\,2} = 2D^2$$

$$\therefore \ D_1 = \sqrt{2}\,D = \sqrt{2} \times 22.2 = 31.4\text{mm}$$

30. 정철근의 정착에 관한 사항 중 틀린 것은?
[기사 02]
① 휨철근을 지간 내에서 끊어내는 경우에는 휨을 저항하는데 더 이상 필요로 하지 않는 점을 지나 유효깊이 혹은 철근지름의 12배 이상 연장한다.
② 일정한 철근량이면 많은 수의 가는 철근을 사용하는 것보다 적은 수의 굵은 철근을 사용하는 것이 정착에 유리하다.
③ 단순 부재에서 정철근의 1/3 이상, 연속 부재에서 1/4 이상을 부재의 같은 면을 따라 받침부까지 연장하여야 한다.
④ 휨철근은 압축구역에서 끝내는 것을 원칙으로 한다.

해설 철근량이 동일하면 가는 철근을 여러 개 사용하는 것이 정착에 유리하다.

31. 인장철근의 정착방법으로 가장 좋은 경우는?
[산업 94]
① 표준 갈고리를 붙여 인장부 콘크리트에 정착한다.
② 원칙적으로 압축부 콘크리트에 정착해야 한다.
③ 편리한 곳에 정착한다.
④ 인장부 콘크리트에 항상 정착해야 한다.

32. 휨부재에서 철근의 정착에 대한 위험 단면에 대한 설명 중 옳지 않은 것은?
[기사 97]
① 경간 내의 최대응력점
② 스터럽과 교차되지 않는 인장철근의 부분
③ 인장철근이 끝난 점
④ 인장철근이 절곡된 점

해설 휨철근의 정착에 대한 위험 단면
㉮ 인장철근이 절단된 지점
㉯ 인장철근이 절곡된 지점
㉰ 경간 내에서 최대응력 발생지점

33. 철근의 정착에 대한 다음 설명 중 옳지 않은 것은?
[기사 09]
① 휨철근을 정착할 때 절단점에서 V_u가 $(3/4)V_n$을 초과하지 않을 경우 휨철근을 인장구역에서 절단해도 좋다.
② 갈고리는 압축을 받는 구역에서 철근의 정착이 유효하지 않은 것으로 보아야 한다.
③ 철근의 인장력을 부착만으로 전달할 수 없는 경우에는 표준 갈고리를 병용한다.
④ 단순 부재에서는 정모멘트 철근의 1/3 이상, 연속 부재에서는 정모멘트 철근의 1/4 이상을 부재의 같은 면을 따라 받침부까지 연장하여야 한다.

해설 $V_u \geq \dfrac{2}{3}\phi V_n$인 경우 인장구역에서 휨철근을 절단할 수 있으나, 원칙적으로 전체 철근량의 50%를 초과하여 한 단면에서 절단할 수 없다.

34. 철근의 정착에 대한 다음 기술 중에서 옳지 않은 것은?
[기사 93]
① 휨철근은 압축구역에서 끝내는 것을 원칙으로 한다.
② 많은 수의 가는 철근보다 적은 수의 굵은 철근이 부착에 유리하다.
③ 갈고리는 압축저항에 효과가 없다.
④ 압축철근의 정착길이는 인장철근의 정착길이보다 짧다.

해설 철근과 콘크리트의 부착은 철근의 비표면적과 관계가 있으며 동일한 철근량일 때 가는 철근 여러 가닥이 비표면적이 커서 부착에 유리하다.

35. 철근콘크리트보의 주철근을 이음하는 데 가장 적당한 곳은?
[기사 92, 96]
① 보의 중앙
② 받침부로부터 경간의 1/3 되는 곳
③ 받침부로부터 경간의 1/4 되는 곳
④ 휨응력이 가장 작은 곳

해설 보의 주된 거동인 휨에 저항하는 주철근은 휨응력이 가장 작게 발생하는 지점 부근(받침부)에서 이음을 해야 한다.

36. 철근콘크리트보의 시공이음은 어느 위치에 하는 것이 가장 좋은가? [기사 98]

① 받침부

② 전단력이 작은 위치

③ 받침부로부터 경간의 1/4 되는 곳

④ 받침부로부터 경간의 1/3 되는 곳

해설 ㉮ 보의 시공이음 : 전단력이 최소인 곳
   ㉯ 철근의 이음 : 휨모멘트가 최소인 곳(휨응력이 가장 작게 발생)

37. 다음 그림과 같은 인장을 받는 표준 갈고리에서 정착길이란 어느 것을 말하는가? [산업 04, 13, 17]

① A

② B

③ C

④ D

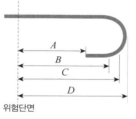

위험단면

해설 정착길이는 위험 단면에서 갈고리 외측까지의 길이를 말한다.

38. 표준 갈고리가 아닌 경우 철근의 구부리는 내면 반지름은 철근지름의 최소 몇 배 이상이어야 하는가? [기사 98]

① 1배

② 3배

③ 5배

④ 10배

해설 철근 구부리기에서 철근내면반지름
   ㉮ 스터럽, 띠철근 : 철근지름 이상
   ㉯ 굽힘철근 : 철근지름의 5배 이상
   ㉰ 라멘구조의 모서리 외측 부분 : 철근지름의 10배 이상

MEMO

chapter 6

보의 처짐과 균열
(사용성 및 내구성)

출제경향 분석

보의 처짐과 균열은 허용응력설계법으로 ① **균열모멘트(M_{cr}) 계산**, ② **처짐 계산(장기처짐 및 최종 처짐)**, ③ **슬래브 및 보의 최소두께규정**, ④ **표피 철근의 개념**에서 주로 출제된다.

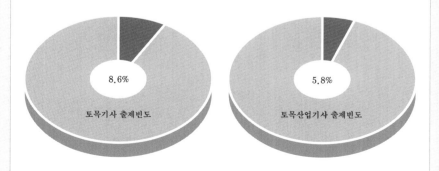

8.6%

토목기사 출제빈도

5.8%

토목산업기사 출제빈도

6 보의 처짐과 균열 (사용성 및 내구성)

01 처짐

① 일반사항

구조물 또는 부재는 소요공용기간 중에 **극한하중을 받을 때의 안전성**뿐만 아니라 **사용하중을 받을 때의 사용성**, 그리고 환경조건을 고려한 내구성을 검토하여야 한다. 구조부재에 발생하는 처짐, 균열, 진동 등을 사용성이라 하며 하중계수를 적용하지 않은 사용하중(service load)을 적용한다.

② 종류

(1) 탄성처짐(순간처짐, 즉시처짐)

하중이 재하되는 순간 발생하는 처짐으로 역학적 방법의 처짐 계산법에 따라 구한다.

(2) 장기처짐

탄성처짐에 이어 발생하는 처짐으로 콘크리트의 크리프와 건조수축 등에 의해 생기는 처짐이다.

(3) 최종 처짐(총처짐)

탄성처짐과 장기처짐의 합으로 구조부재에 발생한 전체 처짐을 의미한다.

③ 처짐 계산

(1) 탄성처짐

단순 지지된 보에 발생하는 최대처짐($\delta_{\max}$)

 알·아·두·기·

▶ **허용응력설계법**
① 사용성에 장점
② 처짐, 균열, 진동 등 사용성 검토
③ 실제 작용하중(사용하중) 적용

▶ **강도설계법**
① 안전성에 장점
② 극한하중(계수하중) 적용

① 집중하중 P가 경간 중앙에 작용할 때 : $\delta_{\max} = \dfrac{Pl^3}{48EI}$

② 등분포하중 ω가 경간 전체에 작용할 때 : $\delta_{\max} = \dfrac{5wl^4}{384EI}$

여기서, l : 경간, EI : 휨강성

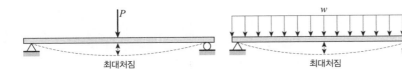

③ 최대처짐($\delta_{\max}$)에서 단면 2차 모멘트 I의 규정

구분	적용 사유	단면 2차 모멘트 I의 적용
비균열 단면	전단면이 유효	총단면 2차 모멘트 $I_g = \dfrac{bh^3}{12}$
균열 단면 (인장측 균열)	철근 환산 단면적 고려	균열 환산 단면 2차 모멘트 $I_{cr} = \dfrac{bx^3}{3} + nA_s(d-x)^2$
유효 단면	실제 단면과 유사 (설계 적용)	유효 환산 단면 2차 모멘트 $I_e = \left(\dfrac{M_{cr}}{M_a}\right)^3 I_g + \left[1 - \left(\dfrac{M_{cr}}{M_a}\right)^3 I_{cr}\right]$ 여기서, M_a : 보의 최대휨모멘트$\left(= \dfrac{wl^2}{8}\right)$ M_{cr} : 균열모멘트$\left(= f_r \dfrac{I_g}{y_t}\right)$ • $f_r = 0.63\lambda\sqrt{f_{ck}}$: 휨파괴계수 • y_t : 중립축~인장측 연단거리

④ 단면 2차 모멘트의 크기 비교 : $I_{cr} < I_e < I_g$

(2) 장기처짐

① 장기처짐량＝탄성처짐량(δ_i)×장기처짐계수($\lambda_\triangle$)

여기서, $\lambda_\triangle = \dfrac{\xi}{1+50\rho'}$, $\rho' = \dfrac{A_s{}'}{bd}$ (압축철근비)

② 재하기간에 따른 시간경과계수(ξ)

㉠ 3개월 : 1.0

㉡ 6개월 : 1.2

㉢ 1년 : 1.4

㉣ 5년 이상 : 2.0

▶ **유효 단면 2차 모멘트(I_e)**

$$I_e = \left(\frac{M_{cr}}{M_a}\right)^3 I_g + \left[1 - \left(\frac{M_{cr}}{M_a}\right)^3 I_{cr}\right]$$

여기서, $M_{cr} = \dfrac{I_g}{y_t} f_r$

　　　　M_a : 최대모멘트

▶ **휨인장강도(파괴계수)**

$$f_r = 0.63\lambda\sqrt{f_{ck}}$$

▶ **최대모멘트(M_a)**

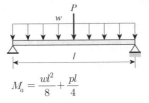

$$M_a = \frac{wl^2}{8} + \frac{pl}{4}$$

▶ **균열모멘트(M_{cr})**

$$M_{cr} = \frac{I_g}{y_t}\left(0.63\lambda\sqrt{f_{ck}}\right)$$

▶ **균열모멘트 M_{cr}에서 f_{ck} 구하기**

$$f_{ck} = \left(M_{cr}\frac{y_t}{I_g(0.63\lambda)}\right)^2$$

▶ **장기처짐량**

$\delta_l = \delta_i \lambda_\triangle$ (여기서, δ_i : 탄성처짐)

▶ **장기처짐계수**

$$\lambda_\triangle = \frac{\xi}{1+50\rho'}$$

여기서, ρ' : 압축철근비

　　　　ξ : 시간계수

(3) 최종 처짐

총처짐＝탄성처짐＋장기처짐

  ＝탄성처짐＋(탄성처짐×장기처짐계수)

  ＝탄성처짐×(1＋장기처짐계수)

④ 최대허용처짐

부재의 형태		고려해야 할 처짐	처짐한계
과도한 처짐에 의해 손상되기 쉬운 비구조요소를 지지 또는 부착하지 않은	평지붕구조	활하중 L에 의한 순간처짐	$\dfrac{l}{180}$
	바닥구조		$\dfrac{l}{360}$
과도한 처짐에 의해 손상되기 쉬운 비구조요소를 지지 또는 부착한	지붕, 바닥구조	전체 처짐 중에서 비구조요소가 부착된 후에 발생하는 처짐 부분(지속하중에 의한 장기처짐＋추가 활하중에 의한 탄성처짐)	$\dfrac{l}{480}$
과도한 처짐에 의해 손상될 염려가 없는 비구조요소를 지지 또는 부착한	지붕, 바닥구조		$\dfrac{l}{240}$

여기서, l : 보 또는 슬래브의 경간(cm)

⑤ 처짐을 제한하기 위한 부재의 두께규정

(1) 처짐을 계산하지 않아도 되는 경우는 구조물이 충분한 강성을 확보해야 하므로 구조물의 최소두께와 높이를 규정하고 있다.

(2) 처짐을 계산하지 않는 경우의 보 또는 1방향 슬래브의 최소두께

부재	최소두께(h)			
	캔틸레버지지	단순 지지	일단 연속	양단 연속
• 1방향 슬래브	$\dfrac{l}{10}$	$\dfrac{l}{20}$	$\dfrac{l}{24}$	$\dfrac{l}{28}$
• 보 • 리브가 있는 1방향 슬래브	$\dfrac{l}{8}$	$\dfrac{l}{16}$	$\dfrac{l}{18.5}$	$\dfrac{l}{21}$

여기서, l : 경간길이(cm), f_y＝400MPa 철근을 사용한 경우의 값

① 경량콘크리트 보정 : 계산된 $h(1.65-0.00031w_c) \geq 1.09$

② $f_y \neq 400$MPa인 경우 보정 : 계산된 $h\left(0.43+\dfrac{f_y}{700}\right)$

[출제] 최종 처짐량(δ_t)

10(3), 11(6), 12(3), 17(5), 21(3), 22(3,4) ㉠
08(9), 10(3), 12(3,5), 13(6,9), 18(3) ㉑

▶ 최종 처짐

  $\delta_t = \delta_i + \delta_l$

여기서, δ_i : 탄성처짐

  δ_l : 장기처짐($=\delta_i \lambda_\triangle$)

[출제] 1방향 슬래브 최소두께 (별도 처짐 계산 없을 때)

11(10), 12(5), 20(6) ㉑

▶ 1방향 슬래브 최소두께(h)

① 캔틸레버형태 : $l/10$
② 단순 지지형태 : $l/20$
  여기서, l : 경간
  f_y＝400MPa 철근

▶ 보정계수($f_y \neq 400$MPa 철근)

$\left(0.43+\dfrac{f_y}{700}\right)$를 곱해준다.

(예) $h = \dfrac{l}{20}\left(0.43+\dfrac{f_y}{700}\right)$
  (단순 지지)

[출제] 보의 최소두께(별도 처짐 계산 없을 때)

10(5), 11(3), 12(5), 13(3), 16(10), 21(3), 22(3) ㉠
10(5) ㉑

▶ 보의 최소두께(h)

① 캔틸레버형태 : $l/8$
② 단순 지지형태 : $l/16$
③ 양단 연속 : $l/21$
  여기서, l : 경간
  f_y＝400MPa 철근

▶ 보정계수($f_y \neq 400$MPa 철근)

$\left(0.43+\dfrac{f_y}{700}\right)$를 곱해준다.

(예) $h = \dfrac{l}{16}\left(0.43+\dfrac{f_y}{700}\right)$
  (단순 지지)

$h = \dfrac{l}{8}\left(0.43+\dfrac{f_y}{700}\right)$
  (캔틸레버지지)

02 균열

① 일반사항

① 콘크리트에 발생하는 균열은 구조물의 사용성, 내구성 및 미관 등 사용목적에 손상을 주지 않도록 제한하여야 한다.

② 내구성에 대한 균열의 검토는 콘크리트표면의 균열폭을 환경 조건, 피복두께, 공용기간 등으로부터 정해지는 허용균열폭 이하로 제어하는 것을 원칙으로 한다.

③ 내구성 검토를 위한 균열폭을 산정할 때 철근의 수량 및 간격, 콘크리트 구성재료, 철근의 피복두께 등을 검토함으로써 구조물에 발생하는 균열을 제어한다(**종전 기준** : 사용성 검토를 위해 휨균열폭을 직접 산정하여 허용균열폭과 비교함).

④ **수밀성**을 갖고, **미관**이 중요한 구조는 **허용균열폭을 설정하여 균열을 검토**할 수 있다.

⑤ 균열제어를 위한 철근은 필요로 하는 부재 단면의 주변에 분산시켜 배치하여야 하고, 이 경우 철근의 지름과 간격을 가능한 한 작게 하여야 한다.

⑥ 높은 사용하중에 의해 응력이 생기는 곳에 고강도 철근을 사용할 때에는 심한 균열 발생이 예상되므로 균열 억제를 위한 철근 배근의 조치가 요구된다.

⑦ 철근을 부식으로부터 보호하고 미관상 몇 개의 넓은 폭의 균열보다는 많은 미세한 균열이 더 바람직하다.

⑧ 균열폭은 철근의 응력에 비례하고, 콘크리트의 피복두께, 철근을 둘러싼 최대인장영역의 콘크리트 유효면적이 중요한 변수이다.

⑨ 여러 개의 철근을 배근하는 것이 동일한 단면적을 갖는 한두개의 철근을 배근하는 것보다 균열제어에 더 효과적이다.

⑩ 철근의 항복강도(f_y)가 300MPa 이상인 경우는 사용하중에 의해 균열폭을 검토한다.

> ▶ 균열의 일반사항
> ① 철근의 부식 방지를 위해 몇 개의 넓은 폭 균열보다 많은 미세한 균열이 바람직함
> ② 균열제어를 위해 동일 단면적을 갖는 여러 개의 가는 철근배치가 효과적임
> ③ 수밀성을 요하고, 미관이 중요한 구조는 허용균열폭을 설정하여 균열 검토

❷ 허용균열폭

① 수밀성을 갖고, 미관이 중요한 구조부재는 해석에 의해 허용균열폭을 설정하고 다음 식을 만족시켜야 한다.

$$w_k \leq w_a$$

여기서, w_k : 지속하중작용 시 계산된 균열폭

w_a : 내구성, 누수 및 미관에 관련된 허용균열폭

② 내구성 확보를 위한 허용균열폭 w_a[mm]

강재의 종류	건조환경	습윤환경	부식성환경	고부식성환경
철근	0.4mm와 $0.006c_c$ 중 큰 값	0.3mm와 $0.005c_c$ 중 큰 값	0.3mm와 $0.004c_c$ 중 큰 값	0.3mm와 $0.0035c_c$ 중 큰 값
프리스트레싱 긴장재	0.2mm와 $0.005c_c$ 중 큰 값	0.2mm와 $0.004c_c$ 중 큰 값	–	–

여기서, c_c : 최외단 주철근의 표면~콘크리트표면 사이의 최소피복두께(mm)

❸ 설계균열폭 계산

$$w_k = l_{s,\max} \left(\varepsilon_{sm} - \varepsilon_{cm} - \varepsilon_{cs} \right)$$

여기서, $l_{s,\max}$: 철근과 콘크리트 사이에 미끄럼이 발생하는 길이

ε_{sm} : 평균철근변형률($l_{s,\max}$ 구간)

ε_{cm} : 평균콘크리트변형률($l_{s,\max}$ 구간)

ε_{cs} : 수축에 의한 콘크리트변형률

❹ 휨인장철근의 간격

① 휨인장철근의 간격제한으로 균열을 제어하기 위해 다음 계산 값 중 작은 값 이하로 부재 단면의 최대휨인장영역 내에 배치하여야 한다(**종전 기준** : 균열폭을 계산하여 허용균열폭을 초과하지 않도록 철근을 배치함).

콘크리트 인장연단에 가장 가까이 배치되는 철근의 중심간격(s)

[균열폭 0.3mm를 기본으로 하여 철근의 간격으로 표현]

- $s = 375\left(\dfrac{k_{cr}}{f_s}\right) - 2.5c_c$

- $s = 300\left(\dfrac{k_{cr}}{f_s}\right)$

둘 중 작은 값 이하로 배치

　여기서, c_c : 인장철근 또는 긴장재의 표면 ~ 콘크리트표면 사이의 최소두
　　　　　께(철근이 1개 배치된 경우 인장연단의 폭을 s로 한다.)

　　　　f_s : 인장연단 부근의 철근응력(근사값 : $\dfrac{2}{3}f_y$ 사용)

　　　　$k_{cr} = 280$(건조환경), $k_{cr} = 210$(기타 환경)

---

② T형보 구조의 플랜지가 인장을 받는 경우에는 휨인장철근을
유효플랜지폭이나 경간의 1/10의 폭 중에서 작은 폭에 걸쳐서
분포시켜야 한다. 만일 유효플랜지폭이 경간의 1/10을 넘는 경
우에는 종방향 철근을 플랜지 바깥 부분에 추가로 배치하여야
한다.

⑤ 보, 장선의 표피철근

① 주철근이 단면의 일부에 집중배치된 경우 부재의 측면에 발생
가능한 균열을 제어하기 위한 목적으로 주철근위치에서부터
중립축까지의 표면 근처에 배치하는 철근이다.

② 표피철근의 크기보다는 간격이 균열제어에 더 영향을 주므로
철근의 간격을 기준으로 설계한다.

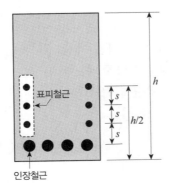

[출제] 표피철근 중심간격(s)
11(3), 17(3), 21(5) ㉠

▶ 표피철근간격 s(작은 값)
① $s = 375\left(\dfrac{k_{cr}}{f_s}\right) - 2.5c_c$
② $s = 300\left(\dfrac{k_{cr}}{f_s}\right)$
　여기서, $k_{cr} = 280$(건조), 210(기타)
　　　　$f_s = \dfrac{2}{3}f_y$(근사값)

[출제] 표피철근개념
12(5,9), 21(3) ㉠
09(5,8), 11(3,10), 12(5), 19(8) ㉑

▶ 표피철근배치
주철근위치에서부터 중립축까지의
표면 근처에 배치

03 피로

① 개요

구조물에 반복하중이 작용하면 정하중이 작용할 때보다 더 낮은 강도에서 파괴되는데, 이 현상을 피로(fatigue)라 한다.

② 구조 세목

① 보 및 슬래브의 피로는 휨 및 전단에 대해 검토한다.

② 기둥의 피로는 검토하지 않아도 된다.

③ 피로 검토가 필요한 구조부재는 높은 응력을 받는 부분에서 철근을 구부리지 않는다.

④ 피로에 대한 검토가 필요치 않는 철근의 응력범위는 130~150MPa 이다.

　㉠ 이형철근 SD300 ≤ 130MPa

　㉡ 이형철근 SD350 ≤ 140MPa

　㉢ 이형철근 SD400 이상 ≤ 150MPa

　※ 철근의 응력범위＝최대응력($f_{s,\max}$) － 최소응력($f_{s,\min}$)

[출제] 피로 검토 적용 범위

08(5) ㉮

▶ 적용 범위

① 하중에서 변동하중이 차지하는 비율이 큰 부재

② 보, 슬래브의 피로는 휨 및 전단에 대체 검토

③ 기둥의 피로는 검토 불필요

④ 피로 안정성 검토 시 활하중의 충격도 고려

[출제] 피로 검토가 필요 없는 철근 응력

16(10) ㉮

08(3) ㉯

▶ 피로 검토가 필요 없는 철근의 응력범위 : 130~150MPa

① SD300 ≤ 130MPa

② SD350 ≤ 140MPa

③ SD400 이상 ≤ 150MPa

예상 및 기출문제

1. 우리나라 시방서 강도설계편에서 처짐의 검사는 다음 어느 하중에 의하도록 되어 있는가? [기사 97]

① 계수하중(factored load)
② 설계하중(design load)
③ 사용하중(service load)
④ 상재하중(surcharge)

> **해설** 허용응력설계법에서 사용하중을 설계하중으로 적용하고, 강도설계법에서는 계수하중을 설계하중으로 적용한다. 그러나 처짐과 균열을 검토할 때는 강도설계법이지만 사용하중을 적용하여 계산한다.

2. 철근콘크리트보의 처짐에 대한 설명 중 옳지 않은 것은? [산업 09]

① 엄밀한 해석에 의하지 않는 한, 일반 콘크리트 휨부재의 크리프와 건조수축에 의한 추가 장기처짐은 해당 지속하중에 의해 생긴 순간처짐에 장기 추가 처짐에 대한 계수(λ)를 곱하여 구한다.
② 처짐을 계산할 때 하중의 작용에 의한 순간처짐은 부재강성에 대한 균열과 철근의 영향을 고려하여 탄성처짐공식을 사용하여 계산하여야 한다.
③ 처짐의 계산에 사용하는 단면 2차 모멘트 I값은 균열상태에 관계없이 총단면적에 대한 I를 사용한다.
④ 균열모멘트 M_{cr}을 구할 때 사용하는 콘크리트의 휨인장강도를 파괴계수라고도 하며 $f_r = 0.63\sqrt{f_{ck}}$를 사용한다.

> **해설** 처짐을 계산할 때 사용하는 단면 2차 모멘트는 유효 단면 2차 모멘트(I_e)를 사용한다.
> [참고] 2012년도 개정기준 : $f_r = 0.63\lambda\sqrt{f_{ck}}$

3. 처짐과 균열에 대한 다음 설명 중 틀린 것은? [기사 04, 07]

① 크리프, 건조수축 등으로 인하여 시간의 경과와 더불어 진행되는 처짐이 탄성처짐이다.
② 처짐에 영향을 미치는 인자로는 하중, 온도, 습도, 재령, 함수량, 압축철근의 단면적 등이다.
③ 균열폭을 최소화하기 위해서는 적은 수의 굵은 철근보다는 많은 수의 가는 철근을 인장측에 잘 분포시켜야 한다.
④ 콘크리트표면의 균열폭은 피복두께의 영향을 받는다.

> **해설** 시간의 경과에 따라 장기간에 걸쳐 발생되는 변형은 크리프변형이다. 탄성처짐은 하중의 작용과 함께 즉시 발생되는 처짐이다.

4. 부재의 최대모멘트 M_a와 균열모멘트 M_{cr}의 비(M_a/M_{cr})가 0.95인 단순보의 순간처짐을 구하려고 할 때 사용되는 유효 단면 2차 모멘트(I_e)의 값은? (단, 철근을 무시한 중립축에 대한 총단면의 단면 2차 모멘트 I_g=540,000cm⁴이고, 균열 단면의 단면 2차 모멘트 I_{cr}=345,080cm⁴이다.) [기사 12, 14]

① 200,738cm⁴
② 345,080cm⁴
③ 540,000cm⁴
④ 570,724cm⁴

> **해설**
> $$I_e = \left(\frac{M_{cr}}{M_a}\right)^3 I_g + \left[1 - \left(\frac{M_{cr}}{M_a}\right)^3\right]I_{cr} < I_g$$
> $$= \left(\frac{1}{0.95}\right)^3 \times 540,000 + \left[1 - \left(\frac{1}{0.95}\right)^3\right]$$
> $$\times 345,080$$
> $$= 629829.4 + (-57404.3)$$
> $$= 572425.1 \text{cm}^4 > I_g$$
> $$\therefore I_e = I_g = 540,000\text{cm}^4$$

5. 휨부재의 처짐에 관한 설명 중 맞지 않는 것은?

[기사 06]

① 복철근으로 설계하면 장기처짐량이 감소한다.

② 균열이 발생하지 않은 단면의 처짐 계산에서 사용되는 단면 2차 모멘트는 철근을 무시한 콘크리트 전체 단면의 중심축에 대한 단면 2차 모멘트(I_g)를 사용한다.

③ 휨부재의 처짐은 사용하중에 대하여 검토한다.

④ 장기처짐량은 단기처짐량에 반비례한다.

해설 장기처짐
= 탄성처짐(단기처짐) × 장기처짐계수(λ)
따라서 장기처짐은 탄성처짐에 비례한다.

6. 철근콘크리트부재의 처짐은 지속하중상태하에서 시간이 경과함에 따라 계속적으로 증가하게 된다. 장기처짐에 가장 적게 영향을 미치는 것은? [기사 03]

① 콘크리트 크리프(creep)

② 콘크리트 건조수축(drying shrinkage)

③ 철근탄성계수

④ 압축철근의 양

해설 철근의 탄성계수와 장기처짐은 직접적인 관련성이 적다.

7. $b=350$mm, $d=550$mm인 직사각형 단면의 보에서 지속하중에 의한 순간처짐이 16mm였다. 1년 후 총처짐량은 얼마인가? (단, $A_s=2,246$mm^2, $A_s{'}=1,284$mm^2, $\xi=1.4$)

[기사 05, 09, 11, 16, 22, 산업 16, 19]

① 20.5mm ② 32.8mm

③ 42.1mm ④ 26.5mm

해설 $\rho' = \dfrac{A_s{'}}{bd} = \dfrac{1,284}{350 \times 550} = 0.00667$

$\lambda_\Delta = \dfrac{\xi}{1+50\rho'}$

$\quad = \dfrac{1.4}{1+50 \times 0.00667} = 1.0487$

$\therefore$ 총처짐(δ_t) = 탄성처짐(δ_e) + 장기처짐(δ_l)

$\qquad = \delta_e + \delta_e \lambda_\Delta$

$\qquad = 16 + (16 \times 1.0487)$

$\qquad = 32.8$mm

8. $A_s=3,600$mm^2, $A_s{'}=1,200$mm^{2}로 배근된 다음 그림과 같은 복철근보의 탄성처짐이 12mm일 때 5년 후 지속하중에 의해 유발되는 장기처짐은 얼마인가? (단, 5년 후 지속하중재하에 따른 계수 $\xi=2.0$이다.)

[기사 09, 10, 12, 13, 18, 20, 산업 11, 12]

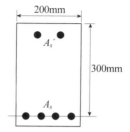

① 36mm ② 18mm

③ 12mm ④ 6mm

해설 $\rho' = \dfrac{A_s{'}}{bd} = \dfrac{1,200}{200 \times 300} = 0.02$

$\lambda_\Delta = \dfrac{\xi}{1+50\rho'}$

$\quad = \dfrac{2.0}{1+50 \times 0.02} = 1$

$\therefore$ 장기처짐(δ_l) = 탄성처짐(δ_e) × 보정계수(λ_Δ)

$\qquad = 12 \times 1$

$\qquad = 12$mm

9. 부재 측면에 발생하는 균열을 제어하기 위해 주철근부터 중립축까지 표면 근처에 배치하는 철근은?

[산업 09, 17]

① 배력철근 ② 표피철근

③ 피복철근 ④ 연결철근

10. 압축철근비가 0.01이고, 인장철근비가 0.003인 철근콘크리트보에서 장기 추가 처짐에 대한 계수 (λ)의 값은? (단, 하중재하기간은 5년 6개월이다.)

[기사 11, 16, 21]

① 0.80 ② 0.933

③ 2.80 ④ 1.333

해설 $\lambda_\Delta = \dfrac{\xi}{1+50\rho'}$

$\quad = \dfrac{2.0}{1+50 \times 0.01} = 1.3333$

11. 시간과 더불어 진행되는 장기처짐은 탄성처짐에 λ계수를 곱하여 사용한다. 이때 λ의 값으로 옳은 것은? (단, ξ는 지속하중의 재하기간에 따른 계수이고, ρ'은 압축철근비를 의미한다.) [산업 03]

① $\lambda_\triangle = \dfrac{\xi}{1+50\rho'}$　　② $\lambda_\triangle = \dfrac{1+50\rho'}{\xi}$

③ $\lambda_\triangle = \dfrac{1+\rho'}{50\xi}$　　④ $\lambda_\triangle = \dfrac{\xi}{50+\rho'}$

12. 단철근보 단면에 하중이 재하됨과 동시에 순간 처짐이 2mm 생겼다. 이 하중이 지속적으로 작용할 때 추가로 생기는 장기처짐량은 얼마인가? (단, 여기서 하중은 5년 이상 지속적으로 재하된 것으로 본다.) [기사 05, 산업 13]

① 2mm　　　② 4mm
③ 6mm　　　④ 8mm

> **해설** 단철근보이므로 $\rho' = 0$
> $$\lambda_\triangle = \frac{\xi}{1+50\rho'} = 2.0$$
> ∴ 장기처짐=탄성처짐×$\lambda_\triangle$
> $$= 2 \times 2 = 4mm$$

13. 길이 6m의 단순 철근콘크리트보의 처짐을 계산하지 않아도 되는 보의 최소두께는 얼마인가? (단, w_c=2,300kg/m³인 보통 콘크리트를 사용하며 f_{ck}=21MPa, f_y=400MPa) [산업 07, 10, 16]

① 356mm　　　② 403mm
③ 375mm　　　④ 349mm

> **해설** $h = \dfrac{l}{16} = \dfrac{600}{16} = 37.5cm$

14. 휨부재설계 시 처짐 계산을 하지 않아도 되는 보의 최소두께를 콘크리트구조설계기준에 따라 기술한 것 중 잘못된 것은? (단, L은 경간을 나타내며 $f_y \fallingdotseq$ 400MPa기준) [기사 02, 18]

① 단순지지 : $L/16$　　② 양단 연속 : $L/21$
③ 일단 연속 : $L/18.5$　　④ 캔틸레버 : $L/12$

> **해설** 캔틸레버보 : $L/8$

15. 길이 6m의 단순 철근콘크리트보의 처짐을 계산하지 않아도 되는 보의 최소두께는 얼마인가? (단, f_{ck}=21MPa, f_y=350MPa) [기사 02, 05, 10, 11, 12, 13, 16, 19]

① 356mm　　　② 403mm
③ 375mm　　　④ 349mm

> **해설** ㉮ 단순 지지보의 최소두께
> $$h = \frac{l}{16} = \frac{600}{16} = 37.5cm$$
> ㉯ $f_y \neq 400MPa$인 경우 보정계수 적용
> $$보정계수(\alpha) = 0.43 + \frac{f_y}{700}$$
> $$= 0.43 + \frac{350}{700} = 0.93$$
> ∴ $h = 0.93 \times 37.5 = 34.87cm$

16. 보통 콘크리트부재의 해당 지속하중에 대한 탄성처짐이 30mm이었다면 크리프 및 건조수축에 따른 추가적인 장기처짐을 고려한 최종 총처짐량은 얼마인가? (단, 하중재하기간은 10년이고, 압축철근비 ρ'은 0.005이다.) [기사 10, 산업 02, 10, 15, 18]

① 78mm　　　② 68mm
③ 58mm　　　④ 48mm

> **해설** $\lambda_\triangle = \dfrac{\xi}{1+50\rho'} = \dfrac{2.0}{1+50 \times 0.005} = 1.6$
> 장기처짐(δ_l)=탄성처짐×$\lambda_\triangle$
> $$= 30 \times 1.6 = 48mm$$
> ∴ 총처짐(δ_t)=탄성처짐(δ_e)+장기처짐(δ_l)
> $$= 30 + 48 = 78mm$$

17. 복철근콘크리트 단면에 인장철근비는 0.02, 압축철근비는 0.01이 배근된 경우 순간처짐이 20mm일 때 6개월이 지난 후 총처짐량은? (단, 작용하는 하중은 지속하중이며, 지속하중의 6개월 재하기간에 따르는 계수 ξ는 1.20이다.) [기사 12, 15, 19, 21]

① 26mm　　　② 36mm
③ 48mm　　　④ 68mm

> **해설** $\lambda_\triangle = \dfrac{\xi}{1+50\rho'} = \dfrac{1.2}{1+50 \times 0.01} = 0.8$
> ∴ $\delta_t = \delta_i + \delta_l = \delta_i + \delta_i \lambda_\triangle = \delta_i(1+\lambda_\triangle)$
> $$= 20 \times (1+0.8) = 36mm$$

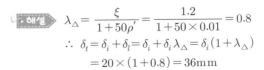

18. 처짐을 계산하지 않는 경우의 길이 l인 1방향 슬래브의 최소두께(h)로 옳은 것은? (단, 보통 콘크리트로 $m_c = 2,300\text{kg/m}^3$, 철근의 설계기준항복강도 400MPa 이다.) [산업 12, 20]

① $\dfrac{l}{20}$ 　　　　　② $\dfrac{l}{24}$

③ $\dfrac{l}{28}$ 　　　　　④ $\dfrac{l}{34}$

> **해설** 처짐을 계산하지 않는 경우 슬래브의 최소두께 (단, $f_y = 400\text{MPa}$인 경우)

부재	최소두께(h)	
	캔틸레버지지	단순 지지
• 1방향 슬래브	$l/10$	$l/20$
• 보 • 리브가 있는 1방향 슬래브	$l/8$	$l/16$

19. 콘크리트의 균열에 대한 다음 설명 중 옳지 않은 것은 어느 것인가? [산업 03, 06]

① 이형철근을 사용하면 균열폭이 최소로 된다.
② 하중으로 인해 발생하는 균열의 최대폭은 철근의 응력에 비례한다.
③ 콘크리트표면의 균열폭은 콘크리트 피복두께에 반비례한다.
④ 철근을 인장측 콘크리트에 잘 분포시키면 휨균열의 폭이 최소로 된다.

> **해설** 콘크리트표면의 균열폭은 피복두께가 크면 비례해서 커진다.

20. 다음은 철근콘크리트구조물의 균열에 관한 설명이다. 옳지 않은 것은? [기사 06, 19]

① 하중으로 인한 균열의 최대폭은 철근의 응력에 비례한다.
② 콘크리트표면의 균열폭은 철근에 대한 피복두께에 반비례한다.
③ 많은 수의 미세한 균열보다는 폭이 큰 몇 개의 균열이 내구성에 불리하다.
④ 인장측에 철근을 잘 분배하면 균열폭을 최소로 할 수 있다.

> **해설** 콘크리트표면의 균열폭은 피복두께에 비례하여 커진다.

21. 철근콘크리트부재에서 균열폭 제한을 위한 가장 적절한 조치는? (단, 부재 단면 및 철근량은 일정) [기사 05]

① 가능한 한 직경이 작은 이형철근을 배근한다.
② 가능한 한 콘크리트의 피복두께를 두껍게 한다.
③ 가능한 한 배근간격을 넓힌다.
④ 가능한 한 직경이 큰 이형철근을 배근한다.

> **해설** 직경이 작은 이형철근을 여러 개 사용하여 철근과 콘크리트의 부착을 강화함으로써 균열폭을 줄일 수 있다.

22. 시방서에 규정된 강재의 부식에 대한 환경조건에 의한 철근콘크리트구조물의 허용균열폭(mm)을 기술한 것 중 잘못된 것은? [단, c_c는 콘크리트의 최소피복두께(mm)] [기사 04]

① 건조환경 : $0.006c_c$
② 습윤환경 : $0.005c_c$
③ 부식성환경 : $0.004c_c$
④ 고부식성환경 : $0.003c_c$

> **해설** 고부식성환경에서 콘크리트구조물의 허용균열폭은 $0.0035c_c$이다.

23. 일반적으로 물을 저장하는 수조 등과 같은 수밀성을 요구하는 구조물의 허용균열폭은 얼마인가? [기사 06]

① 0.2mm 　　　　　② 0.4mm
③ 0.6mm 　　　　　④ 0.8mm

> **해설** 일반적인 물(상수도 등 음용수)을 저장하는 수처리구조물의 최소허용균열폭은 0.2mm이다.

24. 강재의 부식에 대한 환경조건이 건조한 환경이며 이형철근을 사용한 건물 이외의 구조물인 경우 허용균열폭은? (단, 콘크리트의 최소피복두께는 60mm이다.) [기사 07]

① 0.36mm 　　　　　② 0.30mm
③ 0.24mm 　　　　　④ 0.21mm

> **해설** $w_a = 0.006t_c$
> $= 0.006 \times 60 = 0.36\text{mm}$

25. 종방향 표피철근에 대한 설명으로 옳은 것은?

[기사 11, 12]

① 보나 장선의 부재 측면에 발생 가능한 균열을 제어하기 위해 주철근부터 중립축까지 표면 근처에 배치하여야 한다.

② 보나 장선의 깊이 h가 1,000mm를 초과하면 종방향 표피철근을 인장연단으로부터 $h/3$지점까지 부재 양쪽 측면을 따라 균일하게 배치하여야 한다.

③ 보나 장선의 유효깊이 d가 900mm를 초과하면 종방향 표피철근을 인장연단으로부터 $d/2$지점까지 부재 양쪽 측면을 따라 균일하게 배치하여야 한다.

④ 보나 장선의 깊이 d가 1,000mm를 초과하면 종방향 표피철근을 인장연단으로부터 $d/3$지점까지 부재 양쪽 측면을 따라 균일하게 배치하여야 한다.

해설 표피철근 : 부재 측면에 발생하는 균열을 제어하기 위해 주철근부터 중립축까지 표면 근처에 배치하는 철근

26. 보 또는 1방향 슬래브는 휨균열을 제어하기 위하여 휨철근의 배치에 대한 규정으로 콘크리트 인장연단에 가장 가까이 배치되는 휨철근의 중심간격(s)을 제한하고 있다. 철근의 항복강도가 300MPa이며, 피복두께가 30mm로 설계된 휨철근의 중심간격(s)은 얼마 이하로 하여야 하는가? [기사 11, 산업 13, 19]

① 300mm
② 315mm
③ 345mm
④ 390mm

해설 ㉮ 표피철근의 중심간격 : $c_c = 30\text{mm}$,

$$f_s = \frac{2}{3}f_y = \frac{2}{3} \times 300 = 200\text{MPa}$$

㉯ 중심간격

㉠ $s = 375\left(\dfrac{210}{f_s}\right) - 2.5c_c$

$\quad = 375 \times \dfrac{210}{200} - 2.5 \times 30 = 318.75\text{mm}$

㉡ $s = 300\left(\dfrac{210}{f_s}\right) = 300 \times \dfrac{210}{200} = 315\text{mm}$

∴ $s = [318.75,\ 315]_{\min} = 315\text{mm}$

27. 주어진 단철근보 단면에서 균열 검토를 위한 유효인장 단면적(A)는 얼마인가? (단, 사용철근은 D25 - 6EA이다.)

[기사 97, 07]

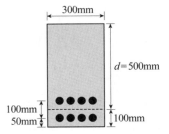

① $9,000\text{mm}^2$
② $75,000\text{mm}^2$
③ $12,000\text{mm}^2$
④ $60,000\text{mm}^2$

해설 유효철근비를 결정할 때 사용되는 유효인장면적(A)은 인장철근 주위의 콘크리트 면적을 의미하며, 유효 단면적깊이에 단면의 폭을 곱하여 계산한다.

∴ $A = 2.5(h - d)b$

$\quad = 2.5 \times (600 - 500) \times 300 = 75,000\text{mm}^2$

28. 다음 단면의 균열모멘트(M_{cr})의 값은? (단, $f_{ck} = 21\text{MPa}$, 휨인장강도 $f_r = 0.63\sqrt{f_{ck}}$)

[기사 02, 03, 12, 13, 14, 16, 17, 18, 20, 21, 산업 14]

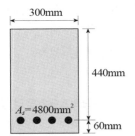

① 78.4kN · m
② 41.2kN · m
③ 36.2kN · m
④ 26.3kN · m

해설 $M_{cr} = \dfrac{I_g}{y_t}f_r = \dfrac{I_g}{y_t}\left(0.63\lambda\sqrt{f_{ck}}\right)$

$\quad = \dfrac{\frac{1}{12} \times 300 \times 500^3}{250} \times 0.63 \times 1.0\sqrt{21}$

$\quad = 36,087,784\text{N} \cdot \text{mm}$

$\quad = 36.1\text{kN} \cdot \text{m}$

29. 피로에 대한 안정성 검토는 철근의 응력범위의 값으로 평가하게 되는데, 이때 철근의 응력범위에 대한 설명으로 옳은 것은? [기사 03]

① 충격을 포함한 사용활하중에 의한 철근의 최대응력값

② 충격을 포함한 사용활하중에 의한 철근의 최대응력에서 충격을 포함한 사용활하중에 의한 철근의 최소응력을 뺀 값

③ 계수하중에 의한 철근의 최대응력값

④ 충격을 포함한 사용활하중에 의한 철근의 최대응력에서 고정하중에 의한 철근의 응력을 뺀 값

▶해설 피로에 대한 안정성 검토를 하는 철근의 응력범위 = 최대응력($f_{s,\max}$) − 최소응력($f_{s,\min}$)

30. 피로에 대한 콘크리트구조설계기준규정으로 틀린 설명은? [산업 09]

① 보의 피로는 휨 및 전단에 대하여 검토하여야 한다.

② 일반적인 기둥의 경우 피로를 검토하지 않아도 된다.

③ 슬래브의 피로는 휨 및 전단에 대하여 검토하여야 한다.

④ 피로의 검토가 필요한 구조부재는 높은 응력을 받는 부분에서는 반드시 철근을 구부려서 시공하여야 한다.

▶해설 피로 검토가 요구되는 부재는 높은 응력을 받는 부분에서 철근을 구부려 시공해서는 안 된다.

31. 다음은 철근콘크리트구조물의 피로에 대한 안정성 검토에 관한 설명이다. 옳지 않은 것은? [기사 08]

① 하중 중에서 변동하중이 차지하는 비율이 큰 부재는 피로에 대한 안정성 검토를 하여야 한다.

② 보나 슬래브의 피로는 휨 및 전단에 대하여 검토하여야 한다.

③ 일반적으로 기둥의 피로는 검토하지 않아도 좋다.

④ 피로에 대한 안정성 검토 시에는 활하중의 충격은 고려하지 않는다.

▶해설 피로에 대한 안정성을 검토할 경우 검토해야 할 철근의 응력범위는 충격을 포함한 사용활하중에 의한 철근의 최소응력을 뺀 값이다.

32. 길이 6m의 철근콘크리트 캔틸레버보의 처짐을 계산하지 않아도 되는 보의 최소두께는 얼마인가? (단, $f_{ck}=21$MPa, $f_y=350$MPa) [기사 15, 16]

① 612mm
② 653mm
③ 698mm
④ 731mm

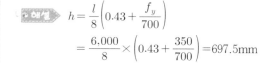 $h = \dfrac{l}{8}\left(0.43 + \dfrac{f_y}{700}\right)$

$\quad = \dfrac{6,000}{8} \times \left(0.43 + \dfrac{350}{700}\right) = 697.5$mm

33. 다음 그림과 같은 보의 단면에서 표피철근의 간격 s는 약 얼마인가? [단, 습윤환경에 노출되는 경우로서 표피철근의 표면에서 부재 측면까지 최단거리(c_c)는 50mm, $f_{ck}=28$MPa, $f_y=400$MPa이다.]

[기사 14, 17, 20, 21]

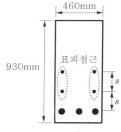

① 170mm
② 190mm
③ 220mm
④ 240mm

▶해설 표피철근간격 s(작은 값)

㉮ $s = 375\dfrac{k_{cr}}{f_s} - 2.5c_c$

$\quad = 375 \times \dfrac{210}{267} - 2.5 \times 50 = 170$mm

㉯ $s = 300\dfrac{k_{cr}}{f_s} = 300 \times \dfrac{210}{267} = 236$mm

∴ $s = 170$mm

여기서, $f_s = \dfrac{2}{3}f_y = \dfrac{2}{3} \times 400 = 267$MPa

$\quad k_{cr} = 210$ (습윤환경)

chapter 7

기둥
(휨 + 압축부재)

출제경향 분석 ✔️

휨과 압축을 동시에 받는 기둥은 **① 띠철근의 수직간격, ② 나선철근비(ρ_s), ③ 나선철근간격(s), ④ 나선철근 및 띠철근기둥의 공칭강도($P_n{}'$) 계산** 등에서 집중 출제된다. 나선철근과 띠철근의 구조 세목도 요약한다.

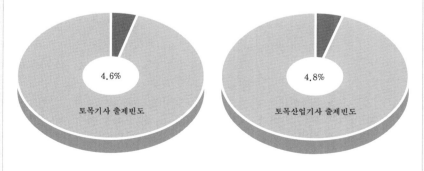

4.6%

토목기사 출제빈도

4.8%

토목산업기사 출제빈도

7 기둥(휨＋압축부재)

01 기둥의 개요

① 정의

축방향 압축이나 편심에 의해 축방향 압축과 휨을 동시에 받는 구조물로서, 부재의 높이가 단면 최소치수의 3배 이상인 것을 기둥이라 하고, 3배 미만인 것을 받침대라 한다.

② 기둥의 종류

(1) 띠철근기둥

축방향 철근을 적당한 간격의 띠철근으로 보강한 기둥으로 주로 사각형 단면에 사용한다.

(2) 나선철근기둥

축방향 철근을 나선철근으로 둘러 감은 기둥으로 주로 원형 단면에 사용한다.

③ 구조 세목

(1) 축방향 철근(주철근)

구분		띠철근기둥	나선철근기둥
축방향 철근 (주철근)	단면 치수	• 최소단면$(d) \geq 200$mm • 단면적$(A) \geq 60,000$mm^2	• 심부지름$(D) \geq 200$mm • $f_{ck} \geq 21$MPa
	개수	• ○, □ 단면 : 16mm 이상, 4개 이상 • △ 단면 : 16mm 이상, 3개 이상	• ● 단면 : 16mm 이상, 6개 이상

▶ **축방향 철근간격**(최대값)
① $s = 40$mm 이상
② $s = \dfrac{4}{3} G_{\max}$ 이상
③ $s = 1.5 d_b$ 이상

[출제] 나선철근기둥의 축방향 철근 수
11(6), 16(3), 17(3) ㉒
18(4) ㉑

▶ **나선철근기둥** : 축방향 철근은 16mm로 6개 이상 배치

구분		띠철근기둥	나선철근기둥
축방향 철근 (주철근)	간격	$s \geq \left[40mm, \dfrac{4}{3}G_{max}, 1.5d_b \right]_{max}$ 여기서, G_{max} : 굵은 골재 최대치수, d_b : 철근지름	
	철근비	$1\% \leq \rho_g \leq 8\%$	

(2) 띠철근, 나선철근(보조철근)

구분		띠철근기둥	나선철근기둥
띠철근, 나선철근 (보조철근)	간격	• 축방향 철근지름의 16배 • 띠철근지름의 48배 • 단면 최소치수 이하	• 25mm 이상~75mm 이하
	지름	• D32 이하 축방향 철근 → D10 이상의 띠철근 사용 • D35 이상의 축방향 철근 → D13 이상의 띠철근 사용	• 10mm 이상
	기타	−	• 정착길이 : 끝에서 1.5회전 이상 연장 • 겹침이음길이 : $48d_b$ 또는 30cm 이상(원형 철근 : $72d_b$ 또는 30cm 이상)

④ 나선철근비(체적비)

$$\rho_s = \frac{\text{나선철근체적}}{\text{심부체적}}$$

$$= \frac{\left(\dfrac{\pi d_b^2}{4}\right)\pi D_c}{\left(\dfrac{\pi D_c^2}{4}\right)s} = 0.45\left(\frac{A_g}{A_{ch}}-1\right)\frac{f_{ck}}{f_{yt}} \quad \cdots\cdots\cdots\cdots (7.1)$$

$$\therefore \quad s = \frac{4A_s}{D_c \rho_s} \quad \cdots\cdots\cdots\cdots\cdots\cdots\cdots\cdots\cdots\cdots\cdots\cdots (7.2)$$

여기서, ρ_s : 나선철근비

D_c : 심부지름(200mm 이상)

s : 나선철근간격(25~75mm)

d_b : 나선철근지름(10mm 이상)

A_g : 기둥의 총단면적

A_{ch} : 심부 단면적(나선철근 바깥지름)

[출제] 띠철근 수직간격

09(3), 14(3), 15(9), 18(4), 20(6), 22(3) ㉮

09(3,5), 11(3), 12(5), 17(9) ㉯

▶ **띠철근 수직간격(최소값)**

① 축방향 철근지름×16 이하

② 띠철근지름×48 이하

③ 기둥 단면 최소치수 이하

[출제] 나선철근 세부규정

12(3) ㉯

▶ **나선철근**

① 순간격 : 2.5~7.5cm

② 정착길이 : 끝에서 1.5회전 이상 연장

③ 겹침이음길이 : $48d_b$ 또는 30cm 이상(원형 : $70d_b$, 30cm)

④ 철근지름 : 10mm 이상

[출제] 나선철근비(ρ_s)

08(3,9), 12(3), 21(3,8) ㉮

▶ **나선철근비(ρ_s)**

$$\rho_s = 0.45\left(\frac{A_g}{A_{ch}}-1\right)\frac{f_{ck}}{f_{yt}}$$

여기서, A_{ch} : 심부 단면적

A_g : 기둥 단면적

[출제] 나선철근간격(s)

10(3), 12(9) ㉮

05(8), 07(5), 08(9), 10(3), 12(9) ㉯

▶ **나선철근간격(s)**

$$s = \frac{4A_s}{D_c \rho_s}$$

여기서, ρ_s : 나선철근비

D_c : 심부지름

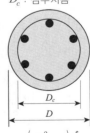

$$\therefore \rho_s = 0.45\left(\frac{D^2}{D_c^2}-1\right)\frac{f_{ck}}{f_{yt}}$$

A_s : 나선철근 단면적$\left(=\dfrac{\pi d_b^2}{4}\right)$

f_{yt} : 나선철근의 항복강도(700MPa 이하)

단, 400MPa 초과 시 : 용접이음(○), 겹침이음(×)

⑤ 축방향 철근(주철근, ρ_{st})

$$\rho_{st} = \frac{\text{축방향 철근량}(A_{st})}{\text{총단면적}(A_g)} \times 100 \, [\%] = 1\% \text{ 이상} \sim 8\% \text{ 이하}$$

(1) 최소축방향 철근비(1%) 규정이유

① 예상 외의 **편심하중에 의한 휨에 저항**하기 위해

② 콘크리트의 크리프 및 건조수축의 영향을 감소시키기 위해

③ 콘크리트의 부분적인 결함을 철근으로 보완하기 위해

④ 너무 적으면 배치효과가 없으므로

(2) 최대축방향 철근비(8%) 규정이유

① 철근량이 많아 조밀하게 배치되면 **콘크리트 타설에 지장** 초래

② 필요 이상의 철근 사용으로 **비경제적**

02 기둥의 판정

① 세장비(λ)

장주와 단주를 구분하는 기준으로 사용한다.

$$\lambda = \frac{kl_u}{r_{\min}} \quad \text{······················ (7.3)}$$

여기서, $r_{\min}$: 최소회전반지름$\left(=\sqrt{\dfrac{I_{\min}}{A}}\right)$

- 직사각형 단면 : $r = 0.3t$
- 원형 단면 : $r = 0.25t$ (이때 t : 단면의 최소치수)

k : 유효길이계수

l_u : 기둥의 비지지길이(기둥에서 균일한 단면 부분만의 길이)

▶ 세장비(λ)

① 장주와 단주의 구분기준

② $\lambda = \dfrac{l_r}{r_{\min}}$

여기서, $l_r = kl_u$

③ 최소회전반경

$r_{\min} = \sqrt{\dfrac{I_{\min}}{A}}$

$r = 0.3t \,(\square)$

$r = 0.25t \,(\bigcirc)$

④ 기둥의 유효길이(l_r)

$l_r = kl_u$

② 기둥의 유효길이(l_r)와 유효길이계수(k)

지지조건	일단 고정 타단 자유	양단 힌지	일단 고정 타단 힌지	양단 고정
좌굴곡선 (탄성곡선)	l_u			
$l_r = kl_u$ (유효길이)	$2l_u$	l_u	$0.7l_u$	$0.5l_u$
k (유효길이계수)	2	1	0.7	0.5
n (강성계수)	$\dfrac{1}{4}$ (1)	1(4)	2(8)	4(16)

* 횡방향 상대변위가 방지된 경우 : $k = 1$
  횡방향 상대변위가 방지되지 않은 경우 : $k > 1$

③ 단주조건

(1) 횡방향 상대변위가 구속된 경우

$$\lambda \leq 34 - 12\frac{M_1}{M_2} \qquad\qquad\qquad\qquad (7.4)$$

여기서, M_1 : 압축부재의 계수 단모멘트 중 작은 값
　　　　M_2 : 압축부재의 계수 단모멘트 중 큰 값

(2) 횡방향 상대변위가 구속되지 않은 경우

$$\lambda \leq 22 \qquad\qquad\qquad\qquad\qquad (7.5)$$

④ 장주조건

$$\lambda > 100 \quad \text{또는 단주의 조건을 만족하지 못한 경우} \cdots (7.6)$$

▣ 장·단주조건
① 단주조건
  • $\lambda \leq 34 - 12\dfrac{M_1}{M_2}\,(\Delta H = 0)$

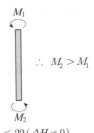

  $\therefore M_2 > M_1$

  • $\lambda \leq 22\,(\Delta H \neq 0)$

② 장주조건
  $\lambda > 100$

[출제] 장주의 조건
15(3) ⑦

▣ 장주의 조건
  $\lambda > 34 - 12\dfrac{M_1}{M_2}$

03 기둥의 설계

① 설계원칙

$$P_u \leq P_d = \phi P_n \quad \text{.......................... (7.7)}$$

여기서, P_u : 계수축강도, P_d : 설계축강도, P_n : 공칭축강도
ϕ : 강도감소계수(나선철근기둥 : 0.70, 띠철근기둥 : 0.65)

▶ **기둥의 설계**

$$P_u \leq P_d = \phi P_n$$

여기서, $\phi = 0.70$(나선철근)
$\phi = 0.65$(띠철근 등 기타)

② 축하중－모멘트 상관도($P-M$ 상관도)

기둥은 순수축방향 하중이 작용하면 압축거동을 보이지만, 편심축방향 하중이 작용하면 압축과 휨을 동시에 받는 구조부재이다. 이때 편심이 작아서 축방향 하중만 작용한다고 볼 수 있는 편심거리(편심거리 무시)를 최소편심거리라 한다.

▶ **최소편심거리(e_{min})**
① 나선철근기둥
$$e_{min} = 0.05t$$
② 띠철근기둥
$$e_{min} = 0.10t$$
여기서, t : 단면 최소치수

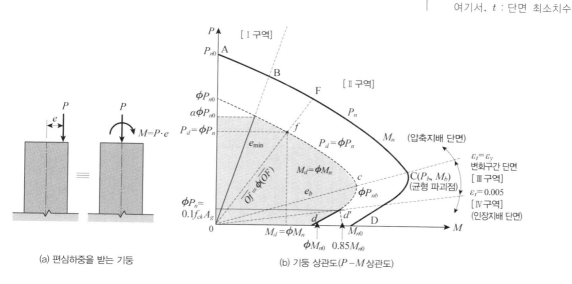

(a) 편심하중을 받는 기둥

(b) 기둥 상관도($P-M$ 상관도)

【그림 7-1】 $P-M$ 상관도

① **나선철근기둥** : $e_{min} = 0.05t$
② **띠철근기둥** : $e_{min} = 0.10t$

여기서, t : 단면 최소치수

(1) 평형편심거리(e_b)

축방향 압축과 휨을 받아 콘크리트의 변형률이 0.003, 철근의 인장 응력이 항복응력(f_y)에 동시 도달하는 상태로 평형파괴되며, 이때의 편심거리를 평형편심이라 한다.

(2) 편심거리에 따른 파괴형태

① $e = e_b$, $P_u = P_b$: 평형파괴

② $e > e_b$, $P_u < P_b$: 인장파괴 (철근이 먼저 항복)

③ $e < e_b$, $P_u > P_b$: 압축파괴 (콘크리트가 먼저 항복)

❸ 중심축하중을 받는 단주

(1) 나선철근기둥의 설계축하중강도

$$P_d = \phi P_n = P_{max}$$

$$\therefore P_{max} = \alpha \phi P_n{'}$$

$$= 0.85\phi[0.85f_{ck}(A_g - A_{st}) + f_y A_{st}] \quad \cdots\cdots\cdots\cdots (7.8)$$

(2) 띠철근기둥의 설계축하중강도

$$P_d = \phi P_n = P_{max}$$

$$\therefore P_{max} = \alpha \phi P_n{'}$$

$$= 0.80\phi[0.85f_{ck}(A_g - A_{st}) + f_y A_{st}] \quad \cdots\cdots\cdots\cdots (7.9)$$

구분	나선철근기둥	띠철근기둥
α	0.85	0.80
ϕ	0.70	0.65

❹ 중심축하중을 받는 장주

중심축하중을 받는 장주는 좌굴에 의해 파괴되므로 오일러(Euler)의 장주공식에 의해 좌굴하중(임계하중)을 결정한다.

(1) 좌굴하중

$$P_{cr} = \frac{n\pi^2 EI}{l_u{}^2} = \frac{\pi^2 EI}{l_r{}^2} \quad (l_r = kl_u) \quad \cdots\cdots\cdots\cdots\cdots\cdots (7.10)$$

▶ 기둥의 파괴형태

① $e = e_b$, $P_u = P_b$: 평형파괴

② $e > e_b$, $P_u < P_b$: 인장파괴

③ $e < e_b$, $P_u > P_b$: 압축파괴

[출제] 나선철근기둥 공칭축강도(P_n)

08(5), 11(3,10), 16(10), 17(5) ㉑
09(8), 12(9), 13(6), 18(8) ㉦

▶ 공칭축강도(P_n)

$$P_n = \alpha P_n{'}$$
$$= 0.85[0.85f_{ck}A_c + f_y A_{st}]$$

여기서, $A_c = A_g - A_{st}$

[출제] 띠철근기둥 공칭축강도(P_n)

09(5), 10(9), 12(5) ㉑
09(3), 13(9) ㉦

▶ 공칭축강도(P_n)

$$P_n = \alpha P_n{'}$$
$$= 0.80[0.85f_{ck}A_c + f_y A_{st}]$$

여기서, A_c : 콘크리트 단면적

[출제] 강도감소계수(ϕ)

09(8) ㉑

띠철근기둥의 $\phi = 0.65$보다 나선철근기둥의 $\phi = 0.70$으로 크게 적용하는 이유는 나선철근기둥의 연성이 크기 때문이다.

▶ 좌굴하중, 좌굴응력

① 좌굴하중

$$P_{cr} = \frac{\pi^2 EI}{l_r{}^2} = \frac{\pi^2 EI}{(kl_u)^2}$$
$$= \frac{n\pi^2 EI}{l_u^2}$$

여기서, $n = \frac{1}{k^2}$

(2) 좌굴응력

$$f_{cr} = \frac{P_{cr}}{A} = \frac{n\pi^2 E}{\lambda^2} \quad\cdots\cdots\cdots\cdots\cdots\cdots\cdots\cdots\cdots\cdots\cdots (7.11)$$

여기서, EI : 휨강성

$\quad\quad\quad l_u$: 기둥의 비지지길이

$\quad\quad\quad l_r$: 기둥의 유효길이

$\quad\quad\quad k$: 유효길이계수

$\quad\quad\quad n$: 기둥의 강성 $\left(= \dfrac{1}{k^2}\right)$

② 좌굴응력

$$f_{cr} = \frac{P_{cr}}{A} = \frac{n\pi^2 EI}{A{l_u}^2}$$

$$= \left(\frac{I}{A{l_u}^2}\right) n\pi^2 E$$

$$= \left(\frac{r}{l_u}\right)^2 n\pi^2 E$$

$$= \left(\frac{1}{\lambda^2}\right) n\pi^2 E$$

여기서, $\lambda = \dfrac{l_u}{r}$

$$r = \sqrt{\frac{I}{A}}$$

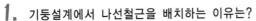

1. 기둥설계에서 나선철근을 배치하는 이유는?

[기사 93]

① 콘크리트의 건조수축에 의한 균열 방지
② 외력에 대한 하중의 응력분포를 고르게 하기 위해서
③ 외력에 대한 하중을 받고 콘크리트의 균열 방지
④ 종방향 철근의 위치를 확고히 하기 위해서

해설 띠철근 및 나선철근은 보조철근으로 종방향 주철근의 위치를 확보하고 좌굴을 방지하기 위해 배치한다.

2. 나선철근으로 둘러싸인 압축부재의 축방향 주철근의 최소개수는?

[기사 11, 17, 산업 16]

① 3개   ② 4개
③ 5개   ④ 6개

해설 ㉮ 나선철근의 주철근 최소개수 : 6개
㉯ 띠철근의 주철근 최소개수
   ㉠ 직사각형 및 원형 단면 : 4개
   ㉡ 삼각형 단면 : 3개

3. 나선철근과 띠철근기둥에서 종방향 철근의 순간격이 옳게 설명된 것은?

[산업 11, 12]

① 40mm 이상, 또한 철근의 공칭지름의 1.5배 이상으로 하여야 한다.
② 50mm 이상, 또한 철근의 공칭지름 이상으로 하여야 한다.
③ 50mm 이하, 또한 철근의 공칭지름의 1.5배 이하로 하여야 한다.
④ 40mm 이하, 또한 철근의 공칭지름 이하로 하여야 한다.

해설 종방향 철근의 순간격
㉮ 40mm 이상
㉯ 철근의 공칭지름×1.5 이상
㉰ $\frac{4}{3} G_{max}$ 이상

4. 압축부재에 사용되는 나선철근에 대한 설명으로 틀린 것은?

[산업 12]

① 현장치기 콘크리트공사에서 나선철근의 지름은 10mm 이상으로 하여야 한다.
② 나선철근의 순간격은 25mm 이상, 75mm 이하이어야 한다.
③ 나선철근의 겹침이음길이는 이형철근 또는 철선인 경우 철근지름의 48배 이상, 또한 300mm 이상으로 하여야 한다.
④ 나선철근의 정착은 나선철근의 끝에서 추가로 심부 주위를 2.5회전만큼 더 연장하여야 한다.

해설 나선철근의 정착길이는 나선철근 끝에서 1.5회전 이상 연장시킨다.

5. 장주의 좌굴하중(임계하중)은 Euler공식으로부터 $P_c = \dfrac{\pi^2 EI}{(kl)^2}$ 이다. 기둥의 양단이 hinge일 때 이론적인 k의 값은 얼마인가?

[기사 96, 03]

① 0.5   ② 0.7
③ 1.0   ④ 2.0

해설 유효길이계수(k)
㉮ 일단 고정 타단 자유 : 2.0
㉯ 양단 힌지 : 1.0
㉰ 일단 고정 타단 힌지 : 0.7
㉱ 양단 고정 : 0.5

6. 횡구속 골조구조물에서 기둥의 유효길이가 3m, 지름이 30cm인 원형 기둥의 유효세장비는 얼마인가?

[기사 02]

① 30   ② 40
③ 50   ④ 60

해설 $\lambda = \dfrac{l_r}{r} = \dfrac{kl_u}{0.25t} = \dfrac{300}{0.25 \times 30} = 40$
여기서, r : 원형 기둥의 최소회전반경($= 0.25t$)

7. 철골압축재의 좌굴 안정성에 대한 설명 중 틀린 것은? [기사 03, 10, 19]

① 좌굴길이가 길수록 유리하다.
② 힌지지지보다 고정지지가 유리하다.
③ 단면 2차 모멘트값이 클수록 유리하다.
④ 단면 2차 반지름이 클수록 유리하다.

해설 ㉮ 세장비가 작을수록(단주) 좌굴 안정성이 높다.
㉯ 좌굴길이가 길면 세장비가 크고 좌굴 안정성이 낮다.

8. 강도설계법에서 장주효과에 대한 설명 중 잘못된 것은? [기사 95]

① 횡방향 상대변위가 방지되어 있는 기둥에서 $\dfrac{kl_u}{r}$ $< 34 - 12\left(\dfrac{M_1}{M_2}\right)$이면 장주효과를 무시한다.

② 횡방향 상대변위가 방지되어 있는 기둥의 유효길이계수는 $k = 1$이다.

③ 횡방향 상대변위가 방지되어 있지 않은 기둥의 유효길이계수는 $k < 1$이다.

④ $\dfrac{kl_u}{r} > 100$인 기둥에 대해서는 모멘트 확대법이 적용되지 않는다.

해설 횡방향 상대변위가 방지되어 있지 않는 기둥의 유효길이는 $k > 1$이다.

9. 400mm×400mm의 단면을 가진 띠철근기둥이 양단 힌지로 구속되어 있으며, 횡방향 상대변위가 방지되어 있지 않은 경우의 단주의 한계높이는 얼마인가? [기사 04]

① 2.25m ② 2.64m
③ 3.12m ④ 3.23m

해설 횡방향 상대변위가 방지되어 있지 않은 기둥 ($\Delta H \neq 0$)은 $\lambda = \dfrac{kl_u}{r} < 22$, $\dfrac{l}{\sqrt{I/A}} = 22$로 놓으면

$\therefore\ l = 22\sqrt{I/A}$
$= 22 \times \sqrt{(400 \times 400^3)/(12 \times 400 \times 400)}$
$= 2.64\text{m}$

10. 횡구속 골조구조물에서 세장비 $\left(\dfrac{kl_u}{r}\right)$가 얼마를 초과할 때 장주로 취급하는가? (단, M_1 : 압축부재의 단부계수휨모멘트 중 작은 값, M_2 : 압축부재의 단부계수휨모멘트 중 큰 값) [기사 15]

① $22 - 12\dfrac{M_1}{M_2}$ ② $34 - 12\dfrac{M_1}{M_2}$

③ $34 + 12\dfrac{M_1}{M_2}$ ④ $22 + 12\dfrac{M_1}{M_2}$

11. 강도설계법에서 인장파괴기둥이란? [기사 90, 92, 93]

① $e > e_b$ 또는 $P_u < P_b$인 경우
② $e < e_b$ 또는 $P_u < P_b$인 경우
③ $e > e_b$ 또는 $P_u > P_b$인 경우
④ $e < e_b$ 또는 $P_u > P_b$인 경우

해설 편심거리와 파괴형태 : 편심거리 e, 평형편심거리 e_b, 계수하중 P_u, 평형상태 축하중 P_b라면
㉮ 압축파괴 : $e < e_b$, $P_u > P_b$
㉯ 인장파괴 : $e > e_b$, $P_u < P_b$
㉰ 평형파괴 : $e = e_b$, $P_u = P_b$

12. 강도설계법에서는 기둥에 중심축하중이 작용하는 경우를 허용하고 있지 않으며 최소편심을 받을 수 있도록 규정하고 있다. 띠철근기둥에 대한 설계강도는 다음 중 어느 것인가? [기사 92]

① $\phi P_n = \phi[0.85f_{ck}(A_g - A_{st}) + f_y A_{st}]$
② $\phi P_n = 0.80\phi[0.85f_{ck}(A_g - A_{st}) + f_y A_{st}]$
③ $\phi P_n = 0.85\phi[0.85f_{ck}(A_g - A_{st}) + f_y A_{st}]$
④ $\phi P_n = 0.70\phi[0.85f_{ck}(A_g - A_{st}) + f_y A_{st}]$

해설 ㉮ 띠철근기둥 : 보정계수(α) = 0.80
㉯ 나선철근기둥 : 보정계수(α) = 0.85

13. 지름 450mm인 원형 단면을 갖는 중심축하중을 받는 나선철근기둥에 있어서 강도설계법에 의한 축방향 설계강도(ϕP_n)는 얼마인가? (단, 이 기둥은 단주이고 f_{ck} =27MPa, f_y =350MPa, A_{st} =8-D22= 3,096mm² 이다.) [기사 99, 06, 08, 16, 21, 산업 13]

① 1,166kN ② 1,299kN
③ 2,424kN ④ 2,773kN

해설
$$P_d = \phi P_n = \phi \alpha P_n{}'$$
$$= 0.70 \times 0.85(0.85 f_{ck} A_c + f_y A_{st})$$
$$= 0.70 \times 0.85 \times [0.85 \times 27$$
$$\times (\pi \times 450^2/4 - 3{,}096) + 350 \times 3{,}096]$$
$$= 2{,}773{,}183 \text{MPa} \cdot \text{mm}^2$$
$$= 2{,}773 \text{kN}$$

14. $A_g = 180{,}000 \text{mm}^2$, $f_{ck} = 24$MPa, $f_y = 350$MPa 이고 종방향 철근의 전체 단면적(A_{st})= 4,500mm²인 나선철근기둥(단주)의 공칭축강도(P_n)는?

[기사 11, 15, 17, 산업 12, 20]

① 2987.7kN   ② 3067.4kN
③ 3873.2kN   ④ 4381.9kN

해설
$$P_n = 0.85[0.85 f_{ck}(A_g - A_{st}) + f_y A_{st}]$$
$$= 0.85 \times [0.85 \times 24 \times (180{,}000 - 4{,}500)$$
$$+ 350 \times 4{,}500]$$
$$= 0.85 \times (3{,}580{,}200 + 1{,}575{,}000)$$
$$= 4{,}381{,}920 \text{N}$$
$$= 4381.9 \text{kN}$$

15. 다음 띠철근기둥이 최소편심하에서 받을 수 있는 설계축하중강도($\phi P_{n,\max}$)는 얼마인가? (단, 축방향 철근의 단면적 $A_{st} = 1{,}865 \text{mm}^2$, $f_{ck} = 28$MPa, $f_y = 300$MPa이고, 기둥은 단주이다.)

[기사 99, 03, 14, 산업 13]

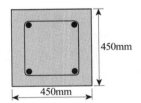

① 2,490kN   ② 2,774kN
③ 3,075kN   ④ 1,998kN

해설
$$P_d = \phi P_n = \phi \alpha P_n{}'$$
$$= 0.80 \times 0.65 \times [0.85 \times 28$$
$$\times (450 \times 450 - 1{,}865) + 300 \times 1{,}865]$$
$$= 2{,}773{,}998 \text{N}$$
$$= 2{,}774 \text{kN}$$

[참고] 1MPa=1N/mm², 1MPa·mm²=1N

16. 다음과 같은 띠철근 단주 단면의 공칭축하중강도 (P_n)는? [단, 종방향 철근(A_{st})=4-D29=2,570mm², f_{ck}=21MPa, f_y=400MPa]

[기사 07, 09, 12, 13, 15, 17, 산업 19]

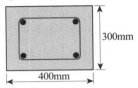

① 3331.7kN   ② 3070.5kN
③ 2499.3kN   ④ 2187.2kN

해설
$$P_n = \alpha[0.85 f_{ck}(A_g - A_{st}) + f_y A_{st}]$$
$$= 0.80 \times [0.85 \times 21 \times (400 \times 300 - 2{,}570)$$
$$+ 400 \times 2{,}570]$$
$$= 2{,}499{,}300 \text{N} = 2499.3 \text{kN}$$

여기서, α : 보정계수

17. 그림 (a)의 단면을 갖는 종(축)방향 압축부재의 변형률분포가 그림 (b)와 같을 때 편심축하중 P_n의 크기는? (단, f_{ck}=28MPa, f_y=400MPa, E_s=200,000MPa, $A_s{}' = A_s$=2,028mm², 압축응력의 분포는 Whitney의 직사각형 분포로 가정한다.)

[기사 95]

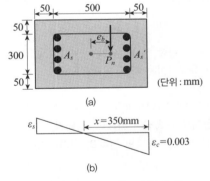

① 2640.8kN   ② 2778.5kN
③ 2785.9kN   ④ 2832.2kN

해설
$$a = \beta_1 c = 0.85 \times 35 = 29.75 \text{cm}$$
$$\therefore P_n = C_c + C_s - T$$
$$= 0.85 f_{ck} ab + f_y A_s{}' - f_y A_s$$
$$= 0.85 \times 28 \times 297.5 \times 400$$
$$= 2{,}832{,}200 \text{N} = 2832.2 \text{kN}$$

18. 장기간 지속하중을 받는 기둥은 초기의 하중작용 때보다 장기간 지난 후에 거동의 변화를 일으킨다. 다음 중 장기간 후의 거동 중 맞는 것은? (단, 하중은 같은 크기로 지속된다고 가정한다.) [기사 90]

① 콘크리트의 응력이 증가한다.

② 철근의 응력이 증가한다.

③ 변형의 증가량이 커진다.

④ 철근의 응력이 감소한다.

■해설▶ 장기하중이 작용하는 경우 크리프영향으로 압축철근의 응력이 탄성이론에 의해 계산된 값보다 크게 나타난다.
⑦ 단기하중(활하중)에 의한 탄성이론
$$f_s{}' = n f_c$$
④ 장기하중(고정하중)에 의한 반탄성이론
$$f_s{}' = 2 n f_c$$

19. 다음 그림과 같이 상단 자유, 하단 고정인 대칭단면 철근콘크리트기둥이 재하하지 않은 채 시일이 경과되어 건조상태에 있다. 이 기둥 상부에서 일어나는 일에 대한 설명으로 맞는 것은? [기사 96]

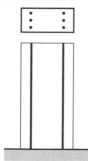

① 철근에는 인장력이 생겨 있고, 콘크리트에는 압축력이 생겨 있다.

② 철근에는 압축력이 생겨 있고, 콘크리트에는 인장력이 생겨 있다.

③ 재하되지 않았으므로 아무 응력도 생기지 않았다.

④ 기둥이므로 철근과 콘크리트에 모두 압축력이 생겨 있다.

■해설▶ 콘크리트의 건조수축으로 인해 기둥 전체는 수축되며, 이때 콘크리트는 인장력이 발생하고 철근은 길이변화 없이 압축력을 받게 된다.

20. 띠철근기둥 단면에 장기하중 1,000kN이 작용하고 있을 때 기둥에 생기는 콘크리트의 응력은? (단, f_{ck}=21MPa, f_y=300MPa이며 유효 환산 단면적을 이용할 것) [기사 97]

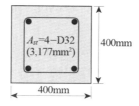

① 6.672MPa
② 5.672MPa
③ 4.816MPa
④ 3.672MPa

■해설▶ $f_{cu} = f_{ck} + 4 = 25\text{MPa}$
$$n = \frac{E_s}{E_c} = \frac{2.0 \times 10^5}{8,500 \times \sqrt[3]{25}} = 8$$
$$\therefore f_c = \frac{P}{A_g + (2n-1)A_{st}}$$
$$= \frac{1,000}{400 \times 400 + (2 \times 8 - 1) \times 3177}$$
$$= 4.8157\text{N/mm}^2 = 4.816\text{MPa}$$

21. 단면이 400mm×400mm인 중심축하중을 받는 기둥(단주)에 4-D25(A_{st}=2,027mm^2)의 축방향 철근이 배근되어 있다. 이 기둥의 변형률이 ε=0.001에 도달하게 될 때 축방향 하중의 크기는 약 얼마인가? (단, 콘크리트의 응력 f_c=15MPa이며 f_{ck}=24MPa, f_y=300MPa이다.) [기사 03, 13]

① 1,780kN
② 2,795kN
③ 3,780kN
④ 4,780kN

■해설▶ $f_c = E_c \varepsilon_c$
$15 = E_c \times 0.001$
$\therefore E_c = 15,000\text{MPa}$
$$n = \frac{E_s}{E_c} = \frac{200,000}{15,000} = 13.33 = 13\,(\text{정수})$$
$$\therefore P = f_c (A_c + n A_s)$$
$$= 15 \times (400 \times 400 + 13 \times 2,027)$$
$$= 2,795,265\text{N} = 2,795\text{kN}$$

22. 다음 그림에 나타난 정사각형 띠철근 단주가 균형상태일 때 압축측 콘크리트가 부담하는 압축력이 749kN이다. 설계축하중강도 ϕP_n을 계산하면? (단, 철근 D25 1본의 단면적은 507mm², f_{ck}=24MPa, f_y=400MPa, E=2.0×10⁵MPa이며 1MPa=1N/mm²=10kgf/cm²) [기사 04]

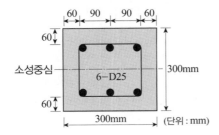

① 389kN ② 532kN
③ 608kN ④ 749kN

해설 $\phi P_n = 0.80\phi(C_c + C_s - T)$
$= 0.80 \times 0.65 \times 749$
$\fallingdotseq 389\text{kN}$

여기서, $C_c = 0.85 f_{ck} ab$, $C_s = f_y A_s{}'$,
$T = f_y A_s$ (균형상태 $C_s = T$)

23. 다음 그림과 같은 띠철근기둥 단면의 평형재하상태에 대해 해석한 결과 그림 (b)와 같이 콘크리트의 압축력 C_c=900kN, 압축철근의 압축력 C_s=200kN, 인장철근의 인장력 T_s=300kN을 얻었다. 이 기둥의 공칭편심하중 P의 크기는? [기사 04]

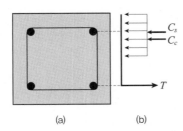

(a)   (b)

① 1000kN ② 800kN
③ 750kN   ④ 700kN

해설 $P_n = C_c + C_s - T$
$= 900 + 200 - 300 = 800\text{kN}$

24. 다음 그림과 같은 나선철근 단주의 설계축강도 ϕP_n을 구하면? (단, D32의 단면적 A_s=794mm², f_{ck}=24MPa, f_y=400MPa) [기사 05, 07, 18]

① 2,648kN
② 2,748kN
③ 2,601kN
④ 2,948kN

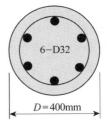

D=400mm

해설 $\phi P_n = \phi 0.85[0.85 f_{ck}(A_g - A_{st}) + f_y A_{st}]$
$= 0.70 \times 0.85 \times [0.85 \times 24$
$\times (\pi \times 400^2/4 - 794 \times 6)$
$+ 400 \times 794 \times 6]$
$= 2,601\text{kN}$

25. 다음 그림과 같은 나선철근 단주의 공칭중심축하중(P_n)은? [단, f_{ck}=28MPa, f_y=350MPa, 축방향 철근은 8-D25(A_s=4,050mm²)를 사용] [기사 11, 16, 21]

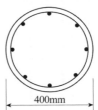

400mm

① 1,786kN ② 2,551kN
③ 3,450kN ④ 3,665kN

해설 $P_n = \alpha[0.85 f_{ck}(A_g - A_{st}) + f_y A_{st}]$
$= 0.85 \times [0.85 \times 28 \times (\pi \times 400^2/4 - 4,050)$
$+ 350 \times 4,050] \times 10^{-3}$
$= 3665.12\text{kN}$

26. 나선철근기둥에 사용되는 콘크리트의 재령 28일 압축강도는 얼마 이상이어야 하는가? [기사 94]
① 18MPa ② 20MPa
③ 21MPa ④ 28MPa

해설 나선철근의 재령 28일 콘크리트강도는 21MPa 이상이어야 한다.

27. $0.85f_{ck}(A_g - A_c)$는 무엇을 나타낸 식인가? (단, 여기서 A_g는 기둥의 총단면적이고, A_c는 심부 콘크리트 단면적이다.) [기사 93]

① 심부 콘크리트의 극한강도
② 나선철근비
③ 나선철근의 허용축하중
④ 외곽부 콘크리트의 극한강도

해설 $(A_g - A_c)$는 외곽부 콘크리트 단면을 의미하므로 $0.85f_{ck}(A_g - A_c)$는 외곽부 콘크리트의 극한강도를 의미한다.

28. 철근콘크리트의 기둥에 관한 구조 세목으로 틀린 것은? [기사 09, 13]

① 비합성 압축부재의 축방향 주철근 단면적은 전체 단면적의 0.01배 이상, 0.08배 이하로 한다.
② 압축부재의 축방향 주철근의 최소개수는 나선철근으로 둘러싸인 경우 6개로 한다.
③ 압축부재의 축방향 주철근의 최소개수는 삼각형 띠철근으로 둘러싸인 경우 3개로 한다.
④ 띠철근의 수직간격은 축방향 철근지름의 48배 이하, 띠철근이나 철선지름의 16배 이하, 또한 기둥 단면의 최대치수 이하로 한다.

해설 띠철근의 수직간격
㉮ 축방향 철근지름의 16배 이하
㉯ 띠철근지름의 48배 이하
㉰ 기둥 단면 최소치수 이하

29. 다음 그림과 같은 원형 철근기둥에서 콘크리트 구조설계기준에서 요구하는 최소나선철근의 간격은? (단, f_{ck} =24MPa, f_y =400MPa, D10 철근의 공칭 단면적은 71.3mm²이다.) [기사 02, 04, 05, 10, 12]

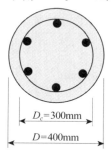

① 35mm **②** 40mm
③ 45mm **④** 70mm

해설
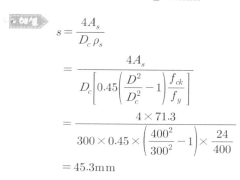

$$s = \frac{4A_s}{D_c \rho_s}$$

$$= \frac{4A_s}{D_c\left[0.45\left(\dfrac{D^2}{D_c^2}-1\right)\dfrac{f_{ck}}{f_y}\right]}$$

$$= \frac{4\times 71.3}{300\times 0.45\times\left(\dfrac{400^2}{300^2}-1\right)\times\dfrac{24}{400}}$$

$$= 45.3\text{mm}$$

30. 기둥에 관한 구조 세목 중 틀린 것은? [기사 06]

① 띠철근기둥 단면의 최소치수는 200mm 이상, 단면적은 60,000mm² 이상이어야 한다.
② 나선철근 단면 심부의 지름은 200mm 이상이고, 콘크리트설계기준강도는 18MPa 이상이어야 한다.
③ 압축부재의 축방향 주철근의 최소개수는 직사각형이나 원형 띠철근 내부의 철근의 경우는 4개로 하여야 한다.
④ 압축부재의 축방향 주철근의 최소개수는 삼각형 띠철근 내부의 철근의 경우는 3개로 하여야 한다.

해설 나선철근의 콘크리트설계기준강도는 21MPa 이상이어야 한다.

31. 기둥에서 종(축)방향 철근량의 최소한계를 두는 이유 중 틀린 것은? [기사 91]

① 콘크리트 크리프 및 건조수축의 영향을 줄이기 위해서이다.
② 시공 시 재료분리로 인한 부분적 결함을 보완하기 위해서이다.
③ 휨강도보다는 압축 단면의 부족을 보강하기 위해서이다.
④ 예상 외의 편심하중이 작용할 가능성에 대비하기 위해서이다.

해설 축방향 철근량을 최소 1% 두는 이유는 예상치 못한 휨(좌굴)에 대비하기 위함이다.

32. 다음 그림과 같은 띠철근기둥에서 띠철근의 최대 간격으로 적당한 것은? (단, D10의 공칭직경은 9.5mm, D32의 공칭직경은 31.8mm)

[기사 06, 09, 14, 15, 18, 20, 22, 산업 12, 17]

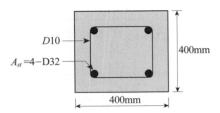

① 400mm   ② 450mm
③ 500mm   ④ 550mm

> **해설** ㉮ $16d_b = 16 \times 31.8 = 508.8\text{mm}$
> ㉯ $48 \times$ 띠철근지름 $= 48 \times 9.5 = 456\text{mm}$
> ㉰ 400mm
> ∴ 400mm(최소값)

33. 기둥에 관한 구조 세목 중 틀린 것은? [기사 03]
① 띠철근기둥 단면의 최소치수는 200mm 이상, 단면적은 60,000mm^2 이상이어야 한다.
② 나선철근 단면 심부의 지름은 200mm 이상이고, 콘크리트설계기준강도는 18MPa 이상이어야 한다.
③ 띠철근의 수직간격은 종방향 철근지름의 16배 이하, 띠철근지름의 48배 이하, 또한 기둥 단면의 최소치수 이하로 하여야 한다.
④ 나선철근의 순간격은 25mm 이상, 75mm 이하여야 하고, 정착을 위하여 나선철근 끝에서 1.5회전만큼 더 연장한다.

> **해설** 나선철근의 콘크리트설계기준강도는 21MPa 이상이어야 한다.

34. 기둥연결부에서 단면치수가 변하는 경우에 배치되는 구부린 주철근은? [산업 10]
① 옵셋굽힘철근   ② 연결철근
③ 종방향 철근   ④ 인장타이

> **해설** 옵셋굽힘철근 : 기둥연결부에서 단면치수가 변할 때 구부려서 배치하는 굽힘철근

35. 철근콘크리트기둥의 연결부에서 단면치수가 변하는 경우 옵셋굽힘철근을 배치하여야 하는데, 이 옵셋굽힘철근 사용에 대한 다음 설명 중 틀린 것은? [기사 12]
① 옵셋굽힘철근의 굽힘부에서 기울기는 1/6을 초과하지 않아야 한다.
② 옵셋굽힘철근의 굽힘부를 벗어난 상·하부 철근은 기둥축에 평행하여야 한다.
③ 옵셋굽힘철근의 굽힘부에는 띠철근 등으로 수평지지를 하여야 하는데, 이때 수평지지는 굽힘부에서 계산된 수평분력의 2.0배를 지지할 수 있도록 설계되어야 한다.
④ 기둥연결부에서 상·하부의 기둥면이 75mm 이상 차이가 나는 경우는 축방향 철근을 구부려서 옵셋굽힘철근으로 사용하여서는 안 된다.

> **해설** 옵셋굽힘철근에서 ③의 경우 수평분력의 1.5배를 지지할 수 있도록 수평지지가 이루어져야 한다. 수평지지에 사용되는 띠철근이나 나선철근은 굽힘점으로부터 150mm 이내에 배치하여야 한다.

36. 다음 그림과 같은 나선철근기둥에서 나선철근의 간격(pitch)으로 적당한 것은? (단, 소요나선철근비 $\rho_s = 0.018$, 나선철근의 지름은 12mm이다.) [기사 15, 16, 19]

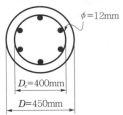

① 61mm   ② 85mm
③ 93mm   ④ 105mm

> **해설** $\rho_s = \dfrac{\text{나선근의 체적}}{\text{심부의 체적}}$
>
> $0.018 = \dfrac{\dfrac{\pi \times 12^2}{4} \times \pi \times 400}{\dfrac{\pi \times 400^2}{4} \times s}$
>
> ∴ $s = 62.8\text{mm}$
>
> [별해] $s = \dfrac{4A_s}{D_c \rho_s} = \dfrac{4 \times \dfrac{\pi \times 12^2}{4}}{400 \times 0.018} = 62.8\text{mm}$

chapter 8

슬래브, 옹벽, 확대기초의 설계

출제경향 분석

본 단원은 슬래브, 확대기초, 옹벽으로 구성되어 있다. **슬래브구조**에서는 ① 1방향 슬래브와 2방향 슬래브의 개념 및 구조 세목, ② 슬래브에 배치하는 정철근과 부철근의 간격규정, ③ 직접설계법 제한사항, ④ 하중분배에 집중하고, **옹벽구조**에서는 ① 옹벽의 안정조건, ② 옹벽설계 시 저판, 전면벽, 부벽의 설계방법에서 주로 출제된다. 또 **확대기초**의 경우 ① 위험 단면에서의 휨모멘트 계산, ② 위험 단면의 전단력 계산문제에 집중한다.

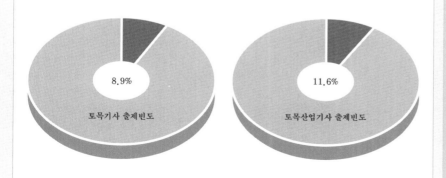

8.9%

토목기사 출제빈도

11.6%

토목산업기사 출제빈도

8 | 슬래브, 옹벽, 확대기초의 설계

01 슬래브

① 슬래브의 정의

구조물의 바닥이나 천장을 구성하고 있는 판 모양의 구조로 폭과 길이에 비해 두께가 매우 작은 구조물을 슬래브(slab)라 한다.

② 슬래브의 종류

(1) 1방향 슬래브(one-way slab)

$$\frac{L}{S} \geq 2.0 \quad\cdots\cdots\cdots\cdots\cdots\cdots\cdots\cdots\cdots\cdots\cdots\cdots\cdots (8.1)$$

여기서, S : 단변방향의 경간, L : 장변방향의 경간

(2) 2방향 슬래브(two-way slab)

$$1.0 \leq \frac{L}{S} < 2.0 \quad\cdots\cdots\cdots\cdots\cdots\cdots\cdots\cdots\cdots\cdots (8.2)$$

여기서, S : 단변방향의 경간, L : 장변방향의 경간

③ 슬래브의 경간

(1) 단순 교량

받침부에서 중심 간까지의 거리($l = l_c$)

(2) 단순 지지 슬래브, 라멘

받침부와 일체로 되지 않은 슬래브로 순경간에 슬래브 중앙에서의 두께를 더한 값을 경간으로 하되 받침부 중심 간 거리를 넘을 수 없다($l = l_n + h \leq l_c$).

알·아·두·기·

▶ 슬래브 구분

① 1방향 슬래브
$$\frac{L}{S} \geq 2.0$$

② 2방향 슬래브
$$1.0 \leq \frac{L}{S} < 2.0$$

(3) 긴 경간의 연속 부재

받침부(지지부)의 중심 간 거리($l = l_c$)

(4) 짧은 경간의 연속 슬래브

받침부와 일체로 된 3m 이하의 순경간을 갖는 슬래브는 순경간을
경간으로 하는 연속보로 보고 설계한다($l = l_n$).

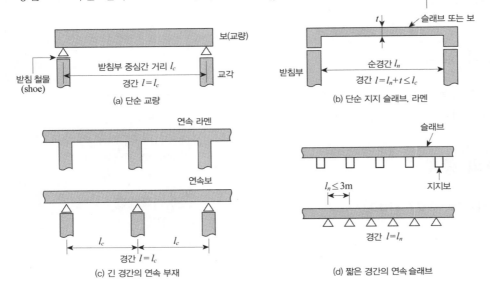

(a) 단순 교량

(b) 단순 지지 슬래브, 라멘

(c) 긴 경간의 연속 부재

(d) 짧은 경간의 연속 슬래브

④ 1방향 슬래브의 설계

(1) 단변(S)을 설계경간으로 하는 **단위폭(1m)의 직사각형 보**로 보고
설계한다. 즉, **슬래브의 지지하는 보 사이를 경간으로 하고 폭이
1m인 직사각형 보로 설계**한다.

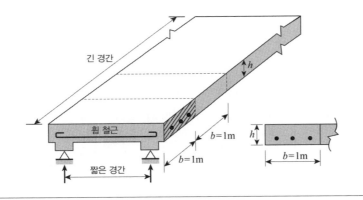

[출제] 1방향 슬래브설계
12(3) ⑭

▶ **1방향 슬래브**
단변을 경간으로 폭 1m인 직사각형 보

▶ **연속보, 1방향 슬래브 근사해법
적용 조건**
① 2경간 이상인 경우
② 인접 2경간의 차이가 짧은 경간의
20% 이하인 경우
③ 등분포하중이 작용하는 경우
④ 활하중이 고정하중의 3배를 초과
하지 않는 경우
⑤ 부재의 단면크기가 일정한 경우

(2) 전단에 대한 위험 단면

1방향 슬래브는 지점에서 d만큼 떨어진 곳이 전단에 대해 위험하며 보의 전단에 대한 위험 단면과 동일하므로 **보의 설계방법을 따른다.**

(3) 1방향 슬래브의 구조 상세

① 1방향 슬래브의 두께는 10cm 이상으로 하여야 한다.
② 처짐을 계산하지 않는 경우의 **보 또는 1방향 슬래브의 최소두께(h)**

구분	캔틸레버지지	단순 지지
1방향 슬래브	$\dfrac{l}{10}$	$\dfrac{l}{20}$
보	$\dfrac{l}{8}$	$\dfrac{l}{16}$

- $f_y \neq 400\text{MPa}$인 경우 보정 : 계산된 $h\left(0.43 + \dfrac{f_y}{700}\right)$

③ 1방향 슬래브의 정철근 및 부철근의 중심간격은 **최대휨모멘트가 발생**하는 위험 단면에서는 **슬래브두께의 2배 이하**이어야 하고, 또한 **300mm 이하**로 하여야 한다. **기타의 단면**에서는 **슬래브두께의 3배 이하**이고 **450mm 이하**로 하여야 한다.

④ 1방향 슬래브에서는 정철근 및 부철근에 직각방향으로 배력철근(수축 및 온도철근)을 배치해야 한다.

⑤ 수축 및 온도철근(배력철근)으로 배치되는 이형철근의 최소 철근비는 다음과 같다.

$f_y \leq 400\text{MPa}$	$\rho_{\min} = 0.0020$
$f_y > 400\text{MPa}$	$\rho_{\min} = \left[0.0014,\ 0.0020\left(\dfrac{400}{f_y}\right)\right]_{\max}$

주1) 최소철근비는 콘크리트 전체 단면적(A_g)에 대한 수축・온도철근의 단면적의 비이다. 따라서 최소철근량 $A_{s,\min} = \rho_{\min} bh$(여기서, h : 슬래브두께)이다.
주2) $f_y = 500\text{MPa}$이면 $\rho_{\min} = 0.0016$
  $f_y = 600\text{MPa}$이면 $\rho_{\min} = 0.0014$

⑥ **수축・온도철근의 간격은 슬래브두께의 5배 이하, 또한 450mm 이하**로 하여야 한다.

[출제] 1방향 슬래브 전단 위험 단면
05(5), 06(5) 산

▶ 1방향 슬래브, 보의 전단 위험 단면 : 지점에서 d 떨어진 지점

[출제] 1방향 슬래브 구조 상세
11(3), 12(5) 기
10(9) 산

1방향 슬래브의 최소두께는 10cm 이상이어야 한다.

[출제] 정철근 및 부철근간격
18(3) 기
08(9), 09(5), 10(9), 11(3), 13(3) 산

▶ 1방향 슬래브 정철근 및 부철근 중심간격
① 최대휨모멘트 발생 단면 : 슬래브두께 2배 이하, 300mm 이하
② 기타 단면 : 슬래브두께 3배 이하, 450mm 이하

[출제] 수축 및 온도철근간격, 철근비
15(9) 기
07(5), 11(6) 산

▶ 수축 및 온도철근간격, 철근비
① 간격 : 슬래브두께 5배 이하, 450mm 이하
② 철근비 : 0.0014 이상

[출제] 수축・온도철근비
19(5) 기

▶ 수축・온도철근비
① $f_y \leq 400\text{MPa}$: $\rho = 0.002$
② $f_y > 400\text{MPa}$:
  $\rho = \left[0.002\left(\dfrac{400}{f_y}\right),\ 0.0014\right]_{\max}$

⑤ 2방향 슬래브의 설계

(1) 2방향 슬래브는 직접설계법 또는 등가골조법으로 설계하고, **직접설계법의 제한사항**은 다음과 같다.

① 각 방향으로 3경간 이상이 연속되어야 한다.

② 슬래브 판들은 단변경간에 대한 장변경간의 비가 2 이하인 직사각형이어야 한다.

③ 각 방향으로 연속된 받침부 중심 간 경간길이의 차이는 긴 경간의 1/3 이하이어야 한다.

④ 연속한 기둥 중심선으로부터 기둥의 이탈은 이탈방향 경간의 **최대 10%까지 허용**한다.

⑤ 모든 하중은 연직하중으로서 슬래브판 전체에 등분포되는 것으로 간주한다. **활하중은 고정하중의 2배 이하**이어야 한다.

(2) 슬래브의 하중분담

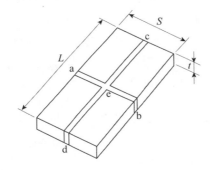

① 집중하중 P가 작용할 때

㉠ 평형방정식 : $P = P_S + P_L$

㉡ 적합방정식 : $\delta_{중앙} = \dfrac{P_S S^3}{48EI} = \dfrac{P_L L^3}{48EI}$

위 식의 평형방정식과 적합방정식을 연립해서 풀면

· 단변이 부담하는 하중 : $P_S = \left(\dfrac{L^3}{L^3+S^3}\right)P$ ·············· (8.3)

· 장변이 부담하는 하중 : $P_L = \left(\dfrac{S^3}{L^3+S^3}\right)P$ ·············· (8.4)

② 등분포하중 w가 작용할 때

㉠ 평형방정식 : $w = w_S + w_L$

㉡ 적합방정식 : $\delta_{중앙} = \dfrac{5w_S S^4}{384EI} = \dfrac{5w_L L^4}{384EI}$

위 식의 평형방정식과 적합방정식을 연립해서 풀면

- 단변이 부담하는 하중 : $w_S = \left(\dfrac{L^4}{L^4 + S^4}\right)w$ ·············· (8.5)

- 장변이 부담하는 하중 : $w_L = \left(\dfrac{S^4}{L^4 + S^4}\right)w$ ·············· (8.6)

(3) 지지보가 받는 하중의 환산

2방향 직사각형 슬래브의 지지보에 작용하는 등분포하중은 네 모서리에서 변과 45°의 각을 이루는 선과 슬래브의 장변에 평행한 중심선의 교차점으로 둘러싸인 삼각형 또는 사다리꼴의 분포하중을 받는 것으로 본다.

알·아·두·기·

[출제] 연속 휨부재의 부모멘트 재분배

10(3,5,9), 12(3), 13(3), 20(6) ㉮

▶ 인장철근의 순인장변형률

① $\varepsilon_t \geq 0.0075$: 부모멘트 재분배 가능

② 재분배율 : $1,000\varepsilon_t < 20\%$ 이하

▶ 연속 휨부재 해석 시 부모멘트를 증가 또는 감소시키면서 재분해 할 수 있는 경우 → 하중을 적용하여 탄성이론에 의하여 산정한 경우

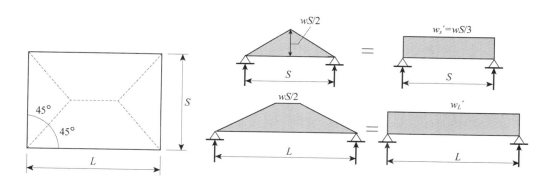

① 단경간(S)기준

환산하중 $w_s{}' = \dfrac{wS}{3}$ ····························· (8.7)

② 장경간(L)기준

환산하중 $w_L{}' = \dfrac{wS}{3}\left(\dfrac{3 - m^2}{2}\right)$ ····················· (8.8)

여기서, $m = \dfrac{S}{L}$

(4) 전단에 대한 위험 단면

① 2방향 슬래브나 기초판은 펀칭전단파괴가 발생한다.

② 2방향 슬래브, 기초판은 **지점에서 $d/2$만큼 떨어진 곳이 전단**에 대해서 위험하다.

[출제] 전단위험 단면

07(9) ㉒

▶ 2방향 슬래브, 2방향 확대기초 전단위험 단면 : 지점에서 $d/2$ 떨어진 곳

(5) 2방향 슬래브의 구조 상세

① 주철근량

㉠ $f_y \leq 400\text{MPa}$인 경우 : $\rho = 0.002$

㉡ $f_y > 400\text{MPa}$인 경우 : $\rho = 0.002\left(\dfrac{400}{f_y}\right)$

단, 철근의 항복변형률 $\varepsilon_y = 0.0035$에서 측정한 철근의 설계기준항복강도(f_y)이며, 철근비 ρ는 어느 경우도 0.0014 이상이어야 한다.

② 주철근의 배치

㉠ 배근간격 : 위험 단면에서는 슬래브두께의 2배 이하, 300mm 이하로 한다.

㉡ 배근위치 : 단변방향으로 더 큰 하중이 전달되므로 단변방향의 주철근을 슬래브 바닥에 가깝게 배치한다.

③ 슬래브두께

㉠ 지판이 없는 슬래브 : 120mm 이상

㉡ 지판이 있는 슬래브 : 100mm 이상

▶ 2방향 슬래브 주철근 배치

① 위험 단면 : 슬래브두께 2배 이하, 300mm 이하

② 단변방향 철근을 슬래브 바닥에 가깝게 배근

[출제] 직접설계법 : 정 · 부계수 휨모멘트

21(8) ㉑

▶ 전체 정적계수 휨모멘트 M_o의 분배

① 부계수 휨모멘트 : $0.65M_o$

② 정계수 휨모멘트 : $0.35M_o$

(6) 슬래브의 모서리 보강

장변의 1/5 되는 부분을 상부 철근은 대각선방향으로, 하부 철근은 대각선에 직각방향으로 배근한다.

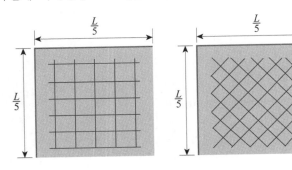

02 옹벽

① 옹벽의 정의

비탈면에서 배면토사의 붕괴에 저항하기 위해 설치되는 구조물을 옹벽(retaining wall)이라 하며, 옹벽의 자중에 의해 안정을 유지한다.

② 옹벽의 종류

① 중력식(무근콘크리트) : 중력식 옹벽, 반중력식 옹벽
② 캔틸레버식 : 역T형 옹벽, L형 옹벽, 역L형 옹벽
③ 부벽식 : 앞부벽식 옹벽, 뒷부벽식 옹벽

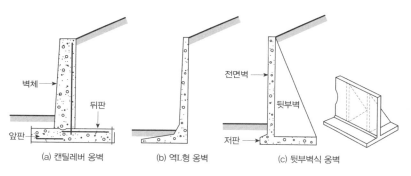

(a) 캔틸레버 옹벽   (b) 역L형 옹벽   (c) 뒷부벽식 옹벽

【그림 8-1】 옹벽의 종류

③ 옹벽의 3대 안정조건

(1) 전도에 대한 안정조건

$$\frac{\text{저항모멘트}}{\text{전도모멘트}} = \frac{\sum M_r}{\sum M_o} \geq 2.0 \quad \text{.............................} (8.9)$$

모든 외력의 합력 R의 작용선은 기초 저판의 중앙 $\frac{1}{3}$ 안에 있어야

한다. 즉, $e \leq \frac{B}{6}$ 이어야 한다.

[출제] 옹벽의 안정조건
09(3), 20(6), 21(5), 22(4) ㉔
07(9), 09(8), 11(3), 13(9) ㉘

▶ 옹벽의 3대 안정조건
① 전도 : 안전율 2.0
② 활동 : 안전율 1.5
③ 침하(지지력) : 안전율 3.0

(2) 활동에 대한 안정

$$\frac{f\sum W}{P_h} \geqq 1.5 \quad\text{.................} (8.10)$$

여기서, $\sum W$: 연직력의 총합

P_h : 수평력

(3) 침하(지지력)에 대한 안정

$e < \dfrac{B}{6}$ 일 때

$$\left.\begin{array}{c} q_{\max} \\ q_{\min} \end{array}\right\} = \frac{P}{A} \pm \frac{M}{I}y = \frac{\sum W}{B}\left(1 \pm \frac{6e}{B}\right) \quad\text{.........................} (8.11)$$

(옹벽 저면)

④ 옹벽의 설계

(1) 저판

① 저판의 뒷굽판은 뒷굽판 상부에 재하되는 모든 하중을 지지하도록 설계되어야 한다.

② **캔틸레버식 옹벽의 저판은 전면벽에 의해 지지된 캔틸레버**로 가정하고 설계한다.

③ **앞부벽식 및 뒷부벽식 옹벽의 저판**은 뒷부벽 또는 앞부벽 간의 거리를 경간으로 보고 **고정보, 연속보**로 설계한다.

(2) 전면벽

① 캔틸레버옹벽의 전면벽은 저판에 지지된 캔틸레버로 설계한다.

② 뒷부벽식 옹벽 및 앞부벽식 옹벽의 전면벽은 3변 지지된 2방향 슬래브로 설계한다.

③ 전면벽의 하부는 벽체로서 또는 캔틸레버로서도 작용하므로 연직방향으로 최소의 보강철근을 배치하여야 한다.

(3) 앞부벽 및 뒷부벽

앞부벽은 **직사각형 보**(구형 보)로 설계하며, **뒷부벽**은 **T형보**로 보고 설계한다.

알·아·두·기·

➡ **지지력과 지내력**

① 지지력(bearing capacity) : 기초 또는 말뚝이 지지할 수 있는 최대 하중

② 지내력(bearing capacity of soil) : 지반의 허용내력으로 기초판의 허용지지력과 허용침하량을 고려하여 결정

[출제] 옹벽설계(저판, 전면벽)

13(9), 17(9), 19(8) ㉮
09(8), 10(3), 11(6), 12(3) ㉯

➡ **저판설계**

① 캔틸레버옹벽 저판 : 수직벽(전면벽)으로 지지된 캔틸레버

② 부벽식 옹벽 저판 : 부벽 간 거리를 경간으로 고정보(연속보)

➡ **전면벽**

① 캔틸레버옹벽 전면벽 : 저판에 지지된 캔틸레버

② 부벽식 옹벽 전면벽 : 3변이 지지된 2방향 슬래브

[출제] 옹벽설계(뒷부벽, 앞부벽)

08(3,9), 09(5), 10(9), 11(10), 17(3), 18(4), 21(3), 22(3) ㉮
08(3,5), 10(5), 11(6,10), 18(3), 20(8) ㉯

• 뒷부벽설계 : T형보(인장철근)
• 앞부벽설계 : 직사각형 보(압축철근)

⑤ 구조 세목

① 옹벽 연직벽의 전면은 1 : 0.02 정도의 경사를 뒤로 두어 시공 오차 및 지반침하로 벽면이 앞으로 기우는 것을 방지한다.

② 부벽식 옹벽의 전면벽과 저판에는 인장철근의 20% 이상의 배력철근을 두어야 한다.

③ 활동에 대한 효과적인 저항을 위하여 저판의 하면에 활동 방지벽을 설치하는 경우 활동 방지벽과 저판을 일체로 만들어야 한다.

④ 옹벽의 연직벽표면에는 연직방향으로 9m 이하마다 V형 수축이음을 두고, 벽 표면의 건조수축으로 인한 균열을 V형 홈에서 발생할 수 있도록 한다. 수축이음에서 철근은 끊지 않고 연속되어야 한다.

⑤ 피복두께는 벽의 노출면에서는 30mm 이상, 콘크리트가 흙에 접하는 면에서는 80mm 이상으로 해야 한다.

⑥ 옹벽의 연장이 30m 이상일 경우에는 신축이음을 두어야 한다. 신축이음은 30m 이하의 간격으로 설치하되 완전히 끊어서 온도변화와 지반의 부등침하에 대비해야 한다.

⑦ 옹벽의 전면벽에는 지름 65mm 이상의 배수구멍을 최소 4.5m 간격으로 두어야 하며, 뒷부벽의 경우에는 각 부벽 사이에 한 개 이상의 배수구멍을 두어야 한다.

⑧ 옹벽의 뒷채움 속에는 배수구멍으로 물이 잘 모이도록 두께 30cm 이상의 배수층을 두어야 한다.

⑨ 콘크리트 전체 단면적에 대한 최소수평철근비와 간격은 다음과 같다.

ㄱ 지름이 16mm 이하이고 $f_y \geqq 400$MPa인 이형철근 : $0.0020\left(\dfrac{400}{f_y}\right)$

ㄴ 그 밖의 이형철근 : 0.0025

ㄷ 지름이 16mm 이하인 용접철망 : 0.0020

ㄹ 수평철근의 간격은 벽체두께의 3배 이하, 450mm 이하로 해야 한다.

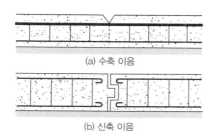

(a) 수축 이음

(b) 신축 이음

▶ 벽체의 최소철근비

구분		항복강도 (f_y)	최소수직 철근비 ($\rho_{v,\,min}$)	최소수평 철근비 ($\rho_{h,\,min}$)
이형 철근	D16 이하	400MPa 이상	0.0012	$0.0020\left(\dfrac{400}{f_y}\right)$
		400MPa 미만	0.0015	0.0025
	D16 초과	–	0.0015	0.0025
용접 철망	16 mm 이하	–	0.0012	0.0020

주1) 철근비 계산 시 f_y는 500MPa을 초과할 수 없다.

주2) 최소철근비는 콘크리트 전체 단면적에 대한 철근비이다.

03 확대기초

① 기초판의 정의

기초판(footing)은 상부 구조물의 하중을 지반에 전달하기 위하여 설치하는 구조물을 말한다. 즉, 구조물이 침하되는 일 없이 안전하게 지지될 수 있도록 상부 구조물의 하중을 넓은 면적에 분포시키기 위한 구조물을 말한다.

② 기초판의 종류

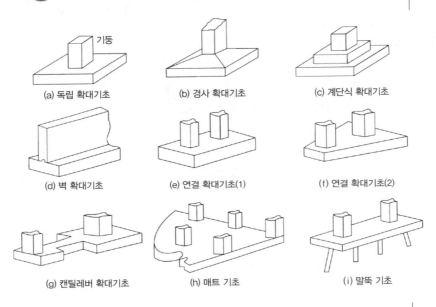

(a) 독립 확대기초   (b) 경사 확대기초   (c) 계단식 확대기초

(d) 벽 확대기초   (e) 연결 확대기초(1)   (f) 연결 확대기초(2)

(g) 캔틸레버 확대기초   (h) 매트 기초   (i) 말뚝 기초

③ 설계의 가정사항

① 확대기초 저면의 압력분포를 선형으로 가정한다.
② 확대기초 저면과 기초지반 사이에는 **압축력만 작용**한다.
③ 연결 확대기초에서는 하중을 기초저면에 등분포시키는 것을 원칙으로 한다.

④ 기초판의 면적 계산

$$A_f = \frac{P}{q_a}$$ .... (8.12)

여기서, A_f : 확대기초 저면적(m^2)

P : 사용하중 또는 실제 하중(N)

q_a : 지반의 허용지지력($\mathrm{N/m}^2$)

> **! Reference**
>
> 휨모멘트나 전단력에 의한 설계를 할 경우 계수하중 P_u를 사용해야 하며, 이때의 기초지반반력 q_u는 다음과 같다.
>
> $$q_u = \frac{P_u}{A}$$

⑤ 휨모멘트에 의한 기초판의 설계

(1) 휨모멘트에 대한 위험 단면

① 콘크리트 기둥, 받침대 또는 벽체를 지지하는 기초판(a, b) : 위험 단면을 기둥, 받침대 또는 벽체의 앞면으로 본다.

② 조적조 벽체를 지지하는 기초판(c) : 위험 단면을 벽체 중심과 벽체면과의 중간으로 본다.

③ 기둥 밑판을 갖는 기둥을 지지하는 기초판(d) : 위험 단면을 기둥 앞면과 기둥 밑판 단부와의 중간으로 본다.

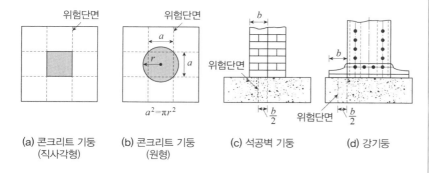

(a) 콘크리트 기둥   (b) 콘크리트 기둥   (c) 석공벽 기둥   (d) 강기둥
(직사각형)   (원형)

【그림 8-2】 확대기초의 휨모멘트에 대한 위험 단면

(2) 휨모멘트 계산

① 휨모멘트에 대한 위험 단면 : 다음 그림에서 $a-a$ 단면과 $b-b$ 단면

② 계산방법 : 단면 $a-a$에 대한 휨모멘트는 단면 $a-a$를 고정단으로 하고 경간이 $\frac{1}{2}(L-t)$인 캔틸레버보로 계산한다.

㉠ $a-a$ 단면에 대한 휨모멘트

$$M_a = 힘 \times 거리 = \left(q_u S \frac{1}{2}(L-t)\right)\frac{1}{4}(L-t)$$

$$= \frac{1}{8}q_u S(L-t)^2 \quad\cdots\cdots\cdots\cdots\cdots (8.13)$$

㉡ $b-b$ 단면에 대한 휨모멘트

$$M_b = \frac{1}{8}q_u L(S-t)^2 \quad\cdots\cdots\cdots\cdots\cdots (8.14)$$

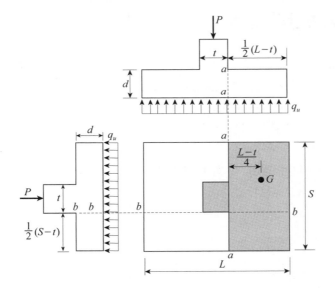

[출제] 위험 단면의 휨모멘트 계산
08(5) ㉠
05(5), 08(5) ㉑

▶ 휨모멘트

$$M_u = \frac{1}{8}q_u S(L-t)^2$$

여기서, S : 짧은 변
$\quad\quad L$: 긴 변
$\quad\quad t$: 기둥두께

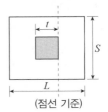

(점선 기준)

⑥ 전단력에 의한 기초판의 설계

(1) 1방향 작용의 경우

$$전단력(V) = 응력 \times 단면적 = q_u(SG)$$

$$= q_u S\left(\frac{L-t}{2}-d\right) \quad\cdots\cdots\cdots\cdots\cdots (8.15)$$

[출제] 1방향 기초위험 단면 전단력
20(8) ㉠

알·아·두·기·

[출제] 2방향 기초위험 단면 전
단력
09(5), 12(3,9) ㉠
09(3), 12(9) ㉑

▶ 위험 단면 전단력(2방향 기초)
$V_u = q_u (SL - B^2)$
여기서, $q_u = \dfrac{P}{A}$
$B = t + d$

[출제] 위험 단면 둘레길이
08(5), 09(8) ㉑

▶ 위험 단면 둘레길이
$b_o = 4B = 4(t + d)$
여기서, t : 기둥두께
d : 유효깊이

(2) 2방향 작용의 경우

위험 단면은 다음 그림에서와 같이 기둥 앞면에서 $\dfrac{d}{2}$ 만큼 떨어진 곳이다.

① 위험 단면의 주변 길이
$$b_o = 4B = 4(t + d)$$

② 위험 단면에서의 전단력
$$V_u = q_u (SL - B^2) \quad \cdots\cdots\cdots\cdots\cdots\cdots\cdots\cdots\cdots\cdots\cdots\cdots (8.16)$$

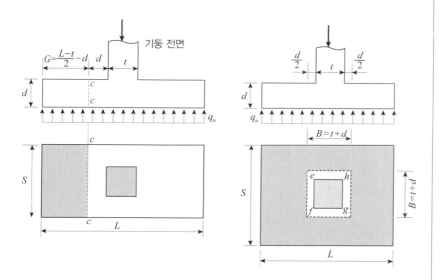

❼ 구조 세목

① 확대기초의 하단 철근부터 상부까지의 높이는 확대기초가 흙 위에 놓인 경우는 15cm 이상, 말뚝기초 위에 놓인 경우는 30cm 이상이어야 한다.

② 말뚝 위에 놓이는 확대기초에서 무근콘크리트를 사용해서는 안 된다.

③ 무근콘크리트 확대기초의 높이는 20cm 이상이어야 한다.

④ 무근콘크리트 확대기초의 최대응력은 콘크리트의 지압강도를 초과할 수 없다.

예상 및 기출문제

1. 슬래브의 구조 세목을 기술한 것 중 잘못된 것은? [기사 07]

① 1방향 슬래브의 두께는 최소 100mm 이상이어야 한다.

② 1방향 슬래브의 정철근 및 부철근의 중심간격은 최대휨모멘트가 일어나는 단면에서는 슬래브두께의 2배 이하이어야 하고, 또한 300mm 이하로 하여야 한다.

③ 1방향 슬래브의 수축·온도철근은 슬래브두께의 3배 이하, 또한 400mm 이하로 하여야 한다.

④ 2방향 슬래브의 위험 단면에서 철근간격은 슬래브두께의 2배 이하, 또한 300mm 이하로 하여야 한다.

> **해설** 1방향 슬래브의 수축·온도철근의 간격은 슬래브두께의 5배 이하, 또한 450mm 이하로 하여야 한다.

2. 슬래브에 대한 설명 중 옳은 것은? [기사 95]

① 2방향 슬래브의 배근은 짧은 변방향으로 주철근을 배근하고, 긴 변방향으로 배력철근을 배근한다.

② 슬래브는 판 이론에 의해 설계해야 하며, 근사해법으로 설계해서는 안 된다.

③ 1방향 슬래브는 짧은 변방향을 경간으로 하는 폭 1m의 보로 보고 설계한다.

④ 1방향 슬래브의 설계방법에는 직접설계법, 등가골조법 등이 있다.

> **해설** 1방향 슬래브의 설계방법은 보와 동일하다.

3. 장변이 단변의 2배가 넘는 슬래브는 단변을 경간으로 하는 1방향 슬래브로 설계해야 한다. 그 이유는? [기사 97]

① 철근이 절약되기 때문에

② 계산이 간편하기 때문에

③ 휨모멘트가 작기 때문에

④ 하중의 대부분이 단변방향으로 작용하기 때문에

> **해설** 단변 대 장변의 비가 1 : 2일 때 단변방향의 하중분담률이 장변방향보다 8배 크다.

4. 4변에 의해 지지되는 2방향 슬래브 중에서 1방향 슬래브로 보고 계산할 수 있는 경우는? (단, L : 2방향 슬래브의 장경간, S : 2방향 슬래브의 단경간) [기사 95, 03, 06, 18]

① $\dfrac{L}{S}$이 2보다 클 때

② $\dfrac{L}{S}$이 1일 때

③ $\dfrac{L}{S}$이 1.5 이상일 때

④ $\dfrac{L}{S}$이 3보다 작을 때

> **해설** ㉮ $\dfrac{L}{S} \geq 2.0$: 1방향 슬래브
>
> ㉯ $1 \leq \dfrac{L}{S} < 2.0$: 2방향 슬래브

5. 부재높이가 일정한 경우 휨에 의한 보 또는 1방향 슬래브에서 최대전단응력이 일어나는 곳은? [기사 95, 98]

① 받침부에서의 유효깊이 d만큼 떨어진 단면

② 받침부에서 생긴다.

③ 경간의 중앙에서 생긴다.

④ 받침부에서 $d/2$만큼 떨어진 단면

> **해설** 전단에 대한 위험 단면
>
> ㉮ 1방향 슬래브, 보 : 받침부에서 d만큼 떨어진 단면
>
> ㉯ 2방향 슬래브, 확대기초 : 받침부에서 $d/2$만큼 떨어진 곳

6. 슬래브의 전단에 대한 위험 단면을 설명한 것으로 옳은 것은? [산업 10]

① 2방향 슬래브의 전단에 대한 위험 단면은 지점으로부터 d만큼 떨어진 주변
② 2방향 슬래브의 전단에 대한 위험 단면은 지점으로부터 $2d$만큼 떨어진 주변
③ 1방향 슬래브의 전단에 대한 위험 단면은 지점으로부터 d만큼 떨어진 곳
④ 1방향 슬래브의 전단에 대한 위험 단면은 지점으로부터 $2d$만큼 떨어진 곳

해설 전단에 대한 위험 단면
㉮ 보, 1방향 슬래브 : 지점에서 d만큼 떨어진 곳
㉯ 2방향 슬래브 : 지점에서 $d/2$만큼 떨어진 곳

7. 슬래브의 정철근 및 부철근의 중심간격은 위험 단면에서 슬래브두께의 몇 배 이하 또는 몇 cm 이하로 하는가? [기사 93, 산업 13, 17]

① 2배 이하, 300mm 이하
② 2배 이하, 400mm 이하
③ 3배 이하, 300mm 이하
④ 3배 이하, 500mm 이하

해설 주철근간격
㉮ 1방향 슬래브 : 위험 단면은 슬래브두께 2배 이하, 300mm 이하, 기타 단면은 슬래브두께의 3배 이하, 450mm 이하
㉯ 2방향 슬래브 : 위험 단면에서 슬래브두께 2배 이하, 300mm 이하

8. 철근콘크리트 1방향 슬래브의 설계에 대한 설명 중 틀린 것은? [기사 04]

① 주철근에 직각되는 방향으로 온도철근을 배근해야 하며, 특히 항복강도가 400MPa 이하인 이형철근인 경우 온도철근비는 0.0020 이상이다.
② 슬래브의 정철근 및 부철근 중심간격은 최대모멘트 단면에서 슬래브두께의 3배 이하, 또한 400mm 이하이어야 한다.
③ 처짐제한을 위한 최소슬래브두께는 100mm이다.
④ 활하중이 고정하중의 3배를 초과하는 경우에는 설계 시 근사해법을 사용할 수 없다.

해설 1방향 슬래브의 정철근 및 부철근의 중심간격은 최대휨모멘트가 발생하는 위험 단면에서는 슬래브두께의 2배 이하이어야 하고, 또한 300mm 이하로 하여야 한다.

9. 1방향 슬래브에 대한 설명으로 틀린 것은? [기사 11, 산업 10]

① 슬래브의 정모멘트 철근 및 부모멘트 철근의 중심간격은 위험 단면에서는 슬래브두께의 3배 이하이어야 하고, 또한 450mm 이하로 하여야 한다.
② 1방향 슬래브의 두께는 최소 100mm 이상으로 하여야 한다.
③ 1방향 슬래브에서는 정모멘트 철근 및 부모멘트 철근에 직각방향으로 수축·온도철근을 배치해야 한다.
④ 4변에 의해 지지되는 2방향 슬래브 중에서 단변에 대한 장변의 비가 2배를 넘으면 1방향 슬래브로서 해석한다.

해설 1방향 슬래브 정·부철근의 중심간격
㉮ 위험 단면 : 슬래브두께의 2배 이하, 300mm 이하
㉯ 기타 단면 : 슬래브두께의 3배 이하, 450mm 이하
㉰ 수축·온도철근 : 슬래브두께의 5배 이하, 450mm 이하

10. 철근콘크리트 1방향 슬래브에 대한 설명으로 틀린 것은? [기사 16, 산업 12, 16]

① 1방향 슬래브에서는 정모멘트 철근 및 부모멘트 철근에 직각방향으로 수축·온도철근을 배치하여야 한다.
② 4변에 의해 지지되는 슬래브 중에서 단변에 대한 장변의 비가 2배를 넘으면 1방향 슬래브로 설계하여도 좋으며, 이때 슬래브의 경간은 장변방향으로 취하여야 한다.
③ 슬래브의 두께는 최소 100mm 이상으로 하여야 한다.
④ 슬래브의 정철근 및 부철근의 중심간격은 위험 단면에서 슬래브두께의 2배 이하이어야 하고, 또한 300mm 이하로 하여야 한다.

해설 1방향 슬래브의 경우는 단변을 경간으로 하고 폭이 1m인 보로 보고 설계한다.

11. 1방향 슬래브에 대한 설명으로 틀린 것은?

[기사 12, 산업 20]

① 4변에 의해 지지되는 2방향 슬래브 중에서 단변에 대한 장변의 비가 2배를 넘으면 1방향 슬래브로서 해석한다.
② 1방향 슬래브의 두께는 최소 80mm 이상으로 하여야 한다.
③ 슬래브의 정모멘트 철근 및 부모멘트 철근의 중심 간격은 위험 단면에서는 슬래브두께의 2배 이하 이어야 하고, 또한 300mm 이하로 하여야 한다.
④ 슬래브의 정모멘트 철근 및 부모멘트 철근의 중심 간격은 위험 단면을 제외한 단면에서는 슬래브두께의 3배 이하이어야 하고, 또한 450mm 이하로 하여야 한다.

> **해설** 1방향 슬래브의 최소두께는 100mm 이상이다.

12. 철근콘크리트구조에서 연속보 또는 1방향 슬래브는 조건을 모두 만족하는 경우에만 콘크리트구조설계기준에서 제안된 근사해법을 적용할 수 있다. 그 조건에 대한 설명으로 잘못된 것은? [기사 93, 98, 08, 16]

① 2경간 이상이어야 하며 인접 2경간의 차이가 짧은 경간의 20% 이하인 경우
② 등분포하중이 작용하는 경우
③ 활하중이 고정하중의 3배를 초과하는 경우
④ 부재의 단면크기가 일정(균일)한 경우

> **해설** 근사적인 모멘트계수를 사용하는 조건은 활하중이 고정하중의 3배를 넘지 않아야 한다.

13. 1방향 슬래브에서 두께 180mm, 단위폭(1m)당의 소요철근량이 1,550mm^{2}일 때 D22(단면적 387mm^2) 철근을 사용한다. 최대휨모멘트가 일어나는 단면에서 철근의 중심간격은 얼마로 하면 좋은가? [기사 04]

① 250mm
② 280mm
③ 300mm
④ 330mm

> **해설** 최대휨모멘트가 일어나는 단면의 주철근간격은 슬래브두께의 2배 이하, 300mm 이하여야 한다. 따라서 소요철근량이 1,550mm^{2}이고, D22(단면적 387mm^2)를 사용하면 단위폭 1m당 4개의 철근이 필요하다. 따라서 철근의 중심간격은 250mm이다.

14. 2방향 슬래브설계 시 직접설계법을 적용할 수 있는 제한사항을 설명한 것으로 잘못된 것은?

[기사 02, 04, 09, 산업 10, 13, 16]

① 각 방향으로 3경간 이상이 연속되어야 한다.
② 슬래브 판들은 단변경간에 대한 장변경간의 비가 2 이하인 직사각형이어야 한다.
③ 연속한 기둥 중심선으로부터 기둥의 이탈은 이탈 방향 경간의 최대 10%까지 허용할 수 있다.
④ 활하중은 고정하중의 4배 이하이어야 한다.

> **해설** 활하중은 고정하중의 2배 이하이어야 한다.

15. 2방향 슬래브설계 시 직접설계법을 적용할 수 있는 제한사항에 대한 설명 중 틀린 것은?

[기사 02, 05, 07, 09, 16, 19, 20]

① 각 방향으로 3경간 이상이 연속되어야 한다.
② 연속된 받침부 중심 간 경간길이의 차는 긴 경간의 1/3 이하이어야 한다.
③ 연속한 기둥 중심선으로부터 기둥의 이탈은 이탈 방향 경간의 최대 10%까지 허용할 수 있다.
④ 모든 하중은 슬래브판 전체에 연직으로 작용하며, 활하중의 크기는 고정하중의 2배 이하이어야 한다.

> **해설** 모든 하중은 연직하중으로서 슬래브판 전체에 등분포되어야 한다.

16. 2방향 슬래브의 설계에서 직접설계법을 적용할 수 있는 제한조건으로 틀린 것은?

[기사 10, 11, 21, 산업 12]

① 슬래브 판들은 단변경간에 대한 장변경간의 비가 2 이하인 직사각형이어야 한다.
② 각 방향으로 3경간 이상이 연속되어야 한다.
③ 각 방향으로 연속한 받침부 중심 간 경간길이의 차는 긴 경간의 1/3 이하이어야 한다.
④ 모든 하중은 연직하중으로 슬래브판 전체에 등분포이고, 활하중은 고정하중의 2배 이상이어야 한다.

> **해설** 모든 하중은 연직하중으로 슬래브판 전체에 등분포이어야 하고, 활하중은 고정하중의 2배 이하이어야 한다.

17. 2방향 슬래브의 직접설계법을 적용하기 위한 제한사항으로 틀린 것은? [기사 10, 15, 19, 21, 22]

① 각 방향으로 3경간 이상이 연속되어야 한다.

② 슬래브 판들은 단변경간에 대한 장변경간의 비가 2 이하인 직사각형이어야 한다.

③ 모든 하중은 연직하중으로서 슬래브판 전체에 등분포되어야 한다.

④ 연속한 기둥 중심선으로부터 기둥의 이탈은 이탈방향 경간의 최대 20%까지 허용할 수 있다.

▶**해설** 연속한 기둥 중심선으로부터 기둥의 이탈은 이탈방향 경간의 최대 10%까지 허용할 수 있다.

[참고] 2방향 슬래브의 직접설계법의 제한사항

㉮ 각 방향으로 3경간 이상이 연속되어야 한다.

㉯ 슬래브 판들은 단변경간에 대한 장변경간의 비가 2 이하인 직사각형이어야 한다.

㉰ 각 방향으로 연속된 받침부 중심 간 경간길이의 차는 긴 경간의 1/3 이하이어야 한다.

㉱ 연속한 기둥 중심선으로부터 기둥의 이탈은 이탈방향 경간의 최대 10%까지 허용한다.

㉲ 모든 하중은 연직하중으로서 슬래브판 전체에 등분포되는 것으로 간주한다. 활하중은 고정하중의 2배 이하이어야 한다.

18. 근사해법에 의해 휨모멘트를 계산한 경우를 제외하고, 어떠한 가정의 하중을 적용하여 탄성이론에 의하여 산정한 연속 휨부재 받침부의 부모멘트 재분배에 대한 설명으로 옳은 것은? [단, 최외단 인장철근의 순인장변형률(ε_t)이 0.0075 이상인 경우] [기사 10]

① 20% 이내에서 $100\varepsilon_t$[%]만큼 증가 또는 감소시킬 수 있다.

② 20% 이내에서 $500\varepsilon_t$[%]만큼 증가 또는 감소시킬 수 있다.

③ 20% 이내에서 $750\varepsilon_t$[%]만큼 증가 또는 감소시킬 수 있다.

④ 20% 이내에서 $1,000\varepsilon_t$[%]만큼 증가 또는 감소시킬 수 있다.

▶**해설** 부모멘트는 20% 이내에서 $1,000\varepsilon_t$[%]만큼 증가 또는 감소시킬 수 있다.

19. 연속 휨부재에 대한 해석 중에서 현행 콘크리트구조설계기준에 따라 부모멘트를 증가 또는 감소시키면서 재분배를 할 수 있는 경우는? [기사 10, 13]

① 근사해법에 의해 휨모멘트를 계산한 경우

② 하중을 적용하여 탄성이론에 의하여 산정한 경우

③ 2방향 슬래브시스템의 직접설계법을 적용하여 계산한 경우

④ 2방향 슬래브시스템을 등가골조법으로 해석한 경우

▶**해설** 연속 휨부재의 부모멘트 재분배(구조기준 3.4.2)

㉮ 근사해법에 의해 휨모멘트를 계산한 경우를 제외하고, 어떠한 가정의 하중을 적용하여 탄성이론에 의하여 산정한 연속 휨부재 받침부의 부모멘트는 20% 이내에서 $1,000\varepsilon_t$[%]만큼 증가 또는 감소시킬 수 있다.

㉯ 경간 내의 단면에 대한 휨모멘트의 계산은 수정된 부모멘트를 사용하여야 한다.

㉰ 부모멘트의 재분배는 휨모멘트를 감소시킬 단면에서 최외단 인장철근의 순인장변형률 ε_t가 0.0075 이상인 경우에만 가능하다.

20. 철근콘크리트구조물에서 연속 휨부재의 부모멘트 재분배를 하는 방법에 대한 다음 설명 중 틀린 것은? [기사 12, 17, 20]

① 근사해법에 의하여 휨모멘트를 계산한 경우에는 연속 휨부재의 부모멘트 재분배를 할 수 없다.

② 휨모멘트를 감소시킬 단면에서 최외단 인장철근의 순인장변형률 ε_t가 0.0075 이상인 경우에만 가능하다.

③ 경간 내의 단면에 대한 휨모멘트의 계산은 수정된 부모멘트를 사용하여야 한다.

④ 재분배량은 산정된 부모멘트의 $20\left(1 - \dfrac{\rho - \rho'}{\rho_b}\right)$[%]이다.

▶**해설** 부모멘트는 20% 이내에서 $1,000\varepsilon_t$[%]만큼 증가 또는 감소시킬 수 있다.

21. 2방향 슬래브에서 사인장균열이 집중하중 또는 집중반력 주위에서 펀칭전단(원뿔대 혹은 각뿔대 모양)이 일어나는 것으로 판단될 때의 위험 단면은 어느 것인가? [기사 07]

① 집중하중이나 집중반력을 받는 면의 주변에서 $d/4$만큼 떨어진 주변 단면

② 집중하중이나 집중반력을 받는 면의 주변에서 $d/2$만큼 떨어진 주변 단면

③ 집중하중이나 집중반력을 받는 면의 주변에서 d만큼 떨어진 주변 단면

④ 집중하중이나 집중반력을 받는 면의 주변 단면

> **해설** 위험 단면은 집중하중 또는 집중반력을 받는 면의 주변에서 $d/2$만큼 떨어진 단면이다.

22. 2방향 슬래브에 관한 설명 중 틀린 것은? [기사 92]

① 단경간과 장경간의 비가 $0.5 < \dfrac{S}{L} \leq 1$일 때 2방향 슬래브로 설계한다.

② 슬래브철근의 간격은 위험 단면에서 슬래브두께의 2배 이하이다.

③ 짧은 경간방향의 철근을 긴 경간방향 철근보다 슬래브 바닥에 가깝게 배근한다.

④ 2방향 슬래브의 최소철근량은 보의 경우에 준하며 $\dfrac{14}{f_y bd}$이다.

> **해설** 1방향 슬래브는 보의 경우와 같으므로 최소철근량규정이 있지만, 2방향 슬래브는 최소철근량규정이 없다.

23. 슬래브의 단경간 $S=3$m, 장경간 $L=5$m에 집중하중 $P=120$kN이 슬래브의 중앙에 작용할 경우 장경간 L이 부담하는 하중은 얼마인가? [기사 99]

① 21.3kN
② 31.3kN
③ 58.2kN
④ 98.7kN

> **해설** $P_L = \left(\dfrac{S^3}{L^3+S^3}\right) P$
> $= \dfrac{3^3}{5^3+3^3} \times 120 = 21.3$kN

24. 다음 그림과 같은 단순 지지된 2방향 슬래브에 작용하는 등분포하중 W가 ab와 cd방향에 분배되는 W_{ab}와 W_{cd}의 양은 얼마인가? [기사 05]

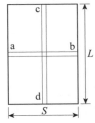

① $W_{ab} = \dfrac{WL^4}{L^4+S^4}$, $W_{cd} = \dfrac{WS^4}{L^4+S^4}$

② $W_{ab} = \dfrac{WL^3}{L^3+S^3}$, $W_{cd} = \dfrac{WS^3}{L^3+S^3}$

③ $W_{ab} = \dfrac{WS^4}{L^4+S^4}$, $W_{cd} = \dfrac{WL^4}{L^4+S^4}$

④ $W_{ab} = \dfrac{WS^3}{L^3+S^3}$, $W_{cd} = \dfrac{WL^3}{L^3+S^3}$

> **해설** $W_{ab} = \dfrac{WL^4}{L^4+S^4}$, $W_{cd} = \dfrac{WS^4}{L^4+S^4}$

25. 다음 그림과 같이 단순 지지된 2방향 슬래브에 등분포하중 w가 작용할 때 ab방향에 분배되는 하중은 얼마인가? [기사 08, 14, 산업 19]

① $0.941w$
② $0.059w$
③ $0.889w$
④ $0.111w$

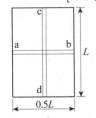

> **해설** $W_{ab} = \dfrac{WL^4}{L^4+S^4} = \left(\dfrac{L^4}{L^4+(0.5L)^4}\right)w$
> $= 0.941w$

옹벽

26. 옹벽의 안정조건 중 전도에 대한 저항모멘트는 횡토압에 의한 전도모멘트의 최소 몇 배 이상이어야 하는가? [기사 09, 22]

① 1.5배
② 2.0배
③ 2.5배
④ 3.0배

해설 옹벽의 3대 안정조건의 안전율
㉮ 전도에 대한 안정 : 2.0
㉯ 활동에 대한 안정 : 1.5
㉰ 침하에 대한 안정 : 3.0

27. 철근콘크리트 옹벽에서 전도(overturning)에 대하여 부족할 때 다음과 같이 한다. 해당되지 않는 것은 어느 것인가? [기사 96, 99]
① 뒷굽 슬래브를 길게 한다.
② 앞굽 슬래브를 앞으로 연장한다.
③ 수동토압이 작용하도록 활동방지벽을 설치한다.
④ earth anchor공법을 쓴다.

해설 전도에 대한 안전율
$$F_s = \frac{M_r(\text{저항모멘트})}{M_a(\text{활동모멘트})} \geq 2.0$$
여기서 전도는 앞굽이 회전을 시작하면 발생하므로, 앞굽 슬래브길이가 길면 수직힘과 거리가 커져 저항모멘트 증가에 유리하다. 또한 뒷굽이 길면 수직토압을 많이 받게 되어 저항모멘트가 커진다. 활동 방지벽은 옹벽의 활동에 대한 저항력을 크게 해 주는 역할을 한다.

28. 다음과 같은 옹벽의 각 부분 중 T형보로 설계해야 할 부분은? [기사 04, 07, 09, 15, 18, 21]
① 앞부벽식 옹벽의 저판
② 뒷부벽식 옹벽의 저판
③ 앞부벽
④ 뒷부벽

해설 ㉮ 뒷부벽 : T형보로 설계(인장철근)
㉯ 앞부벽 : 직사각형 보로 설계(압축철근)
[암기] 앞 · 직, 뒷 · 티

29. 뒷부벽식 옹벽은 부벽이 어떤 보로 설계되어야 하는가? [기사 02, 05, 11, 22, 산업 10, 12, 16]
① 직사각형 보
② T형보
③ 단순보
④ 연속보

30. 앞부벽식 옹벽의 앞부벽은 어떤 보로 설계하여야 하는가? [기사 16, 산업 11, 18]
① T형보
② 연속보
③ 단순보
④ 직사각형 보

31. 옹벽의 토압 및 설계 일반에 대한 설명 중 옳지 않은 것은? [기사 07, 09, 19]
① 활동에 대한 저항력은 옹벽에 작용하는 수평력의 1.5배 이상이어야 한다.
② 뒷부벽식 옹벽의 저판은 정밀한 해석이 사용되지 않는 한 3변 지지된 2방향 슬래브로 설계하여야 한다.
③ 뒷부벽은 T형보로 설계하여야 하며, 앞부벽은 직사각형 보로 설계하여야 한다.
④ 지반에 유발되는 최대지반반력이 지반의 허용지지력을 초과하지 않아야 한다.

해설 3변 지지된 2방향 슬래브로 설계되어야 하는 것은 옹벽의 저판이 아니라 옹벽의 전면벽이다.

32. 옹벽의 활동에 대한 저항력은 옹벽에 작용하는 수평력의 몇 배 이상이어야 하는가? [기사 03, 21]
① 1.5배
② 2.0배
③ 2.5배
④ 3.0배

33. 다음은 옹벽의 안정에 대한 규정이다. 옳지 않은 것은? [기사 07, 산업 16]
① 옹벽의 활동에 대한 저항력은 옹벽에 작용하는 수평력의 1.5배 이상이어야 한다.
② 전도 및 지반지지력에 대한 안정조건을 만족하며, 활동에 대한 안정조건만을 만족하지 못할 경우 활동 방지벽을 설치하여 활동저항력을 증대시킬 수 있다.
③ 전도에 대한 저항모멘트는 횡토압에 의한 전도모멘트의 1.5배 이상이어야 한다.
④ 지지 지반에 작용되는 최대압력이 지반의 허용지지력을 초과하지 않아야 한다.

해설 전도에 대한 안전율은 2.0배 이상이어야 한다.

34. 옹벽 각부 설계에 대한 설명 중 옳지 않은 것은 어느 것인가? [기사 98, 99, 06, 16, 17]
① 캔틸레버옹벽의 저판은 수직벽에 의해 지지된 캔틸레버로 설계되어야 한다.
② 뒷부벽식 옹벽 및 앞부벽식 옹벽의 저판은 뒷부벽 또는 앞부벽 간의 거리를 경간으로 보고 고정보 또는 연속보로 설계되어야 한다.
③ 전면벽의 하부는 연속 슬래브로서 작용한다고 보아 설계하지만 동시에 벽체 또는 캔틸레버로서도 작용하므로 상당한 양의 가외철근을 넣어야 한다.
④ 뒷부벽은 직사각형 보로 앞부벽은 T형으로 설계되어야 한다.

해설 뒷부벽은 T형보의 복부로 보고, 앞부벽은 직사각형 보로 보고 설계한다.

35. 옹벽의 구조 해석에 대한 설명으로 잘못된 것은 어느 것인가? [기사 08, 16, 21]
① 부벽식 옹벽 저판은 정밀한 해석이 사용되지 않는 한 부벽 간의 거리를 경간으로 가정한 고정보 또는 연속보로 설계할 수 있다.
② 저판의 뒷굽판은 정확한 방법이 사용되지 않는 한 뒷굽판 상부에 재하되는 모든 하중을 지지하도록 설계하여야 한다.
③ 캔틸레버식 옹벽의 추가 철근은 저판에 지지된 캔틸레버로 설계할 수 있다.
④ 뒷부벽식 옹벽의 뒷부벽은 직사각형 보로 설계하여야 한다.

해설 뒷부벽식 옹벽의 뒷부벽은 T형보의 복부로 보고 설계한다.

36. 옹벽의 설계 및 구조 해석에 대한 설명으로 틀린 것은? [기사 10, 18]
① 활동에 대한 저항력은 옹벽에 작용하는 수평력의 1.5배 이상이어야 한다.
② 부벽식 옹벽의 추가 철근은 저판에 지지된 캔틸레버로 설계하여야 한다.

③ 저판의 뒷굽판은 정확한 방법이 사용되지 않는 한 뒷굽판 상부에 재하되는 모든 하중을 지지하도록 설계하여야 한다.
④ 캔틸레버식 옹벽의 저판은 추가 철근과의 접합부를 고정단으로 간주한 캔틸레버로 가정하여 단면을 설계할 수 있다.

해설 부벽식 옹벽의 추가 철근은 전면벽에 지지된 캔틸레버로 설계해야 한다.

37. 다음 중 옹벽의 구조 해석에 대한 사항 중 틀린 것은? [기사 11, 19]
① 부벽식 옹벽의 저판은 정밀한 해석이 사용되지 않는 한 부벽의 높이를 경간으로 가정한 고정보 또는 연속보로 설계할 수 있다.
② 캔틸레버식 옹벽의 추가 철근은 저판에 지지된 캔틸레버로 설계할 수 있다.
③ 부벽식 옹벽의 추가 철근은 3변 지지된 2방향 슬래브로 설계할 수 있다.
④ 뒷부벽은 T형보로 설계하여야 하며, 앞부벽은 직사각형 보로 설계하여야 한다.

해설 앞부벽 또는 뒷부벽 간의 거리를 경간으로 간주하고 고정보 또는 연속보로 설계할 수 있다.

38. 옹벽의 구조 해석 및 설계에 관한 설명 중 틀린 것은? [기사 12, 산업 11]
① 부벽식 옹벽의 추가 철근은 3변 지지된 2방향 슬래브로 설계할 수 있다.
② 부벽식 옹벽의 저판은 부벽 간의 거리를 경간으로 가정한 고정보 또는 연속보로 설계할 수 있다.
③ 뒷부벽과 앞부벽은 T형보로 설계하여야 한다.
④ 캔틸레버식 옹벽의 저판은 추가 철근과의 접합부를 고정단으로 간주한 캔틸레버로 가정하여 단면을 설계할 수 있다.

해설 부벽식 옹벽의 부벽설계
㉮ 뒷부벽식 : T형보
㉯ 앞부벽식 : 직사각형 보

39. 옹벽의 구조 해석에 대한 설명으로 틀린 것은?
[기사 12, 19]

① 저판의 뒷굽판은 정확한 방법이 사용되지 않는 한 뒷굽판 상부에 재하되는 모든 하중을 지지하도록 설계하여야 한다.

② 부벽식 옹벽의 추가 철근은 2변 지지된 1방향 슬래브로 설계하여야 한다.

③ 캔틸레버식 옹벽의 저판은 추가 철근과의 접합부를 고정단으로 간주한 캔틸레버로 가정하여 단면을 설계할 수 있다.

④ 뒷부벽은 T형보로 설계하여야 하며, 앞부벽은 직사각형 보로 설계하여야 한다.

해설 부벽식 옹벽의 전면벽은 3변 지지된 2방향 슬래브로 설계할 수 있다.

40. 다음 그림과 같은 옹벽의 주철근배치도로 가장 적당한 것은?
[기사 02, 산업 10]

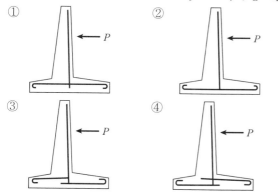

해설 토압에 의한 옹벽의 구조적 거동에서 인장구역에 철근이 배치되도록 한다.

41. 다음의 뒷부벽식 옹벽에 표시된 철근은?
[기사 98, 08]

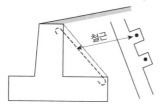

① 인장철근
② 배력근
③ 보조철근
④ 복철근

해설 뒷부벽은 T형보의 복부로 보기 때문에 부벽에 배근되는 철근은 인장철근이다.

42. 철근콘크리트 벽체의 철근 배근에 대한 다음 설명 중 잘못된 것은?
[기사 05, 08]

① 동일 조건에서 최소수직철근비가 최소수평철근비보다 크다.

② 지하실을 제외한 두께 250mm 이상의 벽체에 대해서는 수직 및 수평철근을 벽면에 평행하게 양면으로 배치하여야 한다.

③ 수직철근이 집중배치된 벽체 부분의 수직철근비가 0.01배 미만인 경우에는 횡방향 띠철근을 설치하지 않을 수 있다.

④ 수직철근이 집중배치된 벽체 부분에서 수직철근이 압축력을 받는 철근이 아닌 경우에는 횡방향 띠철근을 설치할 필요가 없다.

해설 동일 조건에서 최소수직철근비는 최소수평철근비보다 작다.

확대기초

43. 확대기초에 대한 설명 중 옳지 않은 것은?
[기사 94]

① 벽, 기둥, 교각 등의 하중을 안전하게 지반에 전달하기 위하여 저면을 확대하여 만든 기초를 말한다.

② 확대기초라 함은 독립 확대기초, 벽의 확대기초, 연결 확대기초, 전면기초를 말한다.

③ 확대기초는 단순보, 연속보, 캔틸레버 및 라멘 또는 이들이 결합된 구조로 보고 설계해야 한다.

④ 기초저면에 일어나는 최대압력이 지반의 허용지지력을 넘지 않도록 기초저면을 확대하여 만든 기초를 말한다.

해설 ㉮ 확대기초의 저면을 설계할 때 캔틸레버로 본다.
㉯ 연결 확대기초는 기둥과 기둥 사이를 단순보나 연속보로 보고 설계한다.
㉰ 확대기초는 단순보, 연속보, 캔틸레버 및 라멘 또는 이들이 결합된 구조로 설계하지 않는다.

44. 확대기초에 대한 설명 중 틀린 것은? [기사 95]

① 독립 확대기초는 기둥이나 받침 1개를 지지하도록 단독으로 만든 기초를 말한다.

② 벽 확대기초란 벽으로부터 가해지는 하중을 확대 보호시키기 위하여 만든 확대기초를 말한다.

③ 연결 확대기초란 2개 이상의 기둥 또는 받침을 2개 이상의 확대기초로 지지하도록 만든 기둥을 말한다.

④ 전면기초란 기초지반이 비교적 약하여 어느 범위의 전면적을 두꺼운 슬래브를 기초판으로 하여 모든 기둥을 지지하도록 한 연속보와 같은 기초이다.

> **해설** 연결 확대기초란 2개 이상의 기둥 또는 받침을 하나의 확대기초로 지지하도록 만든 확대기초를 말한다.

45. 연결 확대기초의 설계 시 기둥으로부터 전달된 하중들의 합력이 저판의 도심과 일치하도록 설계하는 이유는? [기사 93]

① 지반반력이 삼각형이 되도록

② 지반반력이 사다리꼴이 되도록

③ 지반반력이 생기지 않도록

④ 지반반력이 직사각형이 되도록

> **해설** 합력의 작용점이 저판의 도심과 일치하면 응력분포는 직사각형 분포가 되어 순수한 압축응력만 작용한다. 합력이 저판의 핵에 작용하면 사다리꼴 응력분포를 보이고, 핵을 벗어나면 하중작용면의 반대편에 인장응력이 발생되어 문제가 된다.

46. 1방향 배근을 한 벽 확대기초에서 전단력에 대한 위험 단면으로 옳은 것은? [산업 10]

① 벽의 전면

② 벽의 전면으로부터 $d/2$만큼 떨어진 위치

③ 벽의 전면으로부터 유효깊이 d만큼 떨어진 위치

④ 벽의 중심선

> **해설** 전단에 대한 위험 단면
> ㉮ 보, 1방향 슬래브 : 지점에서 d만큼 떨어진 곳
> ㉯ 2방향 슬래브 : 지점에서 $d/2$만큼 떨어진 곳

47. 강도설계법에 의한 확대기초설계방법의 설명 중 틀린 것은? [기사 92]

① 확대기초에서 휨에 대한 위험 단면은 기둥 또는 받침대의 전면으로 본다.

② 확대기초의 단면적은 하중계수를 곱한 기둥의 계수하중을 기초지반허용지지력으로 나누어 계산한다.

③ 확대기초의 전단거동은 1방향 작용전단과 2방향 작용전단을 고려하며 이들 두 가지 영향 중 큰 것을 고려한다.

④ 1방향 작용전단 시 위험 단면은 기둥 전면에 확대기초의 유효깊이 d만큼 떨어진 거리에 위치한 단면이다.

> **해설** 확대기초의 저면적을 계산할 때 기둥하중으로 실제 하중(사용하중, 실하중)을 사용한다.

48. 다음 그림의 철근콘크리트 사각형 확대기초에 생기는 지반반력의 크기는? (단, 폭은 1m이다.) [기사 98, 99, 03]

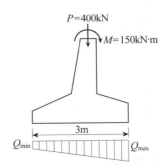

① Q_{min} : 63kN/m^2, Q_{max} : 233kN/m^2

② Q_{min} : 33kN/m^2, Q_{max} : 273kN/m^2

③ Q_{min} : 63kN/m^2, Q_{max} : 273kN/m^2

④ Q_{min} : 33kN/m^2, Q_{max} : 233kN/m^2

> **해설** $q = \dfrac{P}{A} \pm \dfrac{M}{I} y$
> $$= \frac{400}{3 \times 1} \pm \frac{150}{1 \times 3^2/12} \times 1.5$$
> $$= 133.3 \pm 100\text{kN/m}^2$$
> $$\therefore Q_{max} = 233.3\text{kN/m}^2, \ Q_{min} = 33.3\text{kN/m}^2$$

49. 다음 그림과 같은 캔틸레버옹벽의 최대지반반력은 어느 것인가?　　　　[기사 94, 19]

① 0.102MPa
② 0.205MPa
③ 0.067MPa
④ 0.033MPa

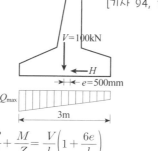

$$Q_{max} = \frac{P}{A} + \frac{M}{Z} = \frac{V}{l}\left(1 + \frac{6e}{l}\right)$$
$$= \frac{100}{3} \times \left(1 + \frac{6 \times 0.5}{3}\right)$$
$$= 66.67 \text{kN/m}^2 = 0.067 \text{MPa}$$

50. 다음 그림과 같은 독립 확대기초에서 전단에 대한 위험 단면의 주변 길이는 얼마인가? (단, 2방향 작용에 의해 펀칭전단이 일어난다고 가정하고 확대기초의 유효깊이는 60cm이다.)　　　　[기사 92, 산업 15]

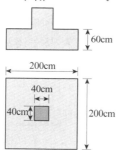

① 200cm
② 280cm
③ 400cm
④ 800cm

$$b' = 4B = 4(t+d) = 4 \times (40+60) = 400 \text{cm}$$

51. 독립 확대기초가 기둥의 연직하중 1,250kN을 받을 때 정사각형 기초판으로 설계하고자 한다. 경제적인 단면은 다음 중 어느 것인가? (단, 지반의 허용지지력 $q_a = 200 \text{kN/m}^2$로 하고, 기초판의 무게는 무시함)　　　　[기사 95, 03]

① 2m×2m
② 2.5m×2.5m
③ 3m×3m
④ 3.5m×3.5m

$$A = \frac{P}{q_a} = \frac{1,250}{200}$$
$$= 6.25 \text{m}^2 = 2.5 \text{m} \times 2.5 \text{m}$$

52. 2방향 확대기초에서 하중계수가 고려된 계수하중 P_u(자중 포함)가 다음 그림과 같이 작용할 때 위험 단면의 계수전단력(V_u)은 얼마인가?

[기사 06, 09, 12, 15]

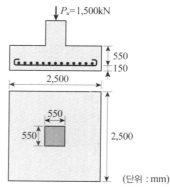

① 1111.24kN
② 1163.4kN
③ 1209.6kN
④ 1372.9kN

$$q_u = \frac{P}{A} = \frac{1,500}{2.5 \times 2.5} = 240 \text{kN/m}^2$$
$$B = t + d = 0.55 + 0.55 = 1.1 \text{m}$$
$$\therefore V_u = q_u(SL - B^2)$$
$$= 240 \times (2.5 \times 2.5 - 1.1^2) = 1209.6 \text{kN}$$

53. 다음 그림과 같은 정사각형 확대기초에서 2방향 작용의 전단을 고려할 때 위험 단면에서의 최대전단력은? (단, 지반의 허용지지력은 171kN/m², 기초판의 유효높이 $d = 520$mm, 그림에서 치수의 단위는 mm이고, 기초의 자중은 무시한다.)　　　　[기사 12]

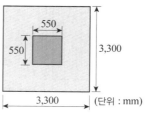

① 482.5kN
② 775.9kN
③ 1666kN
④ 1862.2kN

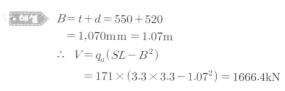

$$B = t + d = 550 + 520$$
$$= 1,070 \text{mm} = 1.07 \text{m}$$
$$\therefore V = q_a(SL - B^2)$$
$$= 171 \times (3.3 \times 3.3 - 1.07^2) = 1666.4 \text{kN}$$

54. 두께 0.6m의 균일한 정방향 확대기초에 300kN의 축방향력이 작용할 때 확대기초판의 한 변의 길이 l로서 적당한 것은 다음 중 어느 것인가? (단, 허용지내력 q_a=120kN/m², 콘크리트 단위중량=24kN/m³)

[기사 92, 97]

① 1.3m ② 1.5m
③ 1.7m ④ 2.1m

> **해설** $P = q_a A$ (P는 자중 포함값)
> $$300 + l^2 tw = q_a l^2$$
> $$300 + 0.6 \times 24 l^2 = 120 l^2$$
> $$l^2 = \frac{300}{120 - 14.4} = 2.84$$
> $$\therefore \ l = 1.685 ≒ 1.7\text{m}$$

55. 허용지내력 q_a=200kN/m²의 지반에 80kN의 자중을 포함한 하중을 받는 벽의 확대기초의 최소폭 (l)은? [기사 96, 98, 산업 19]

① 0.4m ② 0.8m
③ 1.2m ④ 1.6m

> **해설** 벽길이 1m에 대해 계산하면
> $$l \times 1 = \frac{W}{q_a} = \frac{80}{200} = 0.4\text{m}$$

56. 다음 그림과 같은 정사각형 독립 확대기초저면에 작용하는 지압력이 q=100kPa일 때 휨에 대한 위험 단면의 휨모멘트강도는 얼마인가? [기사 99, 05, 08, 14]

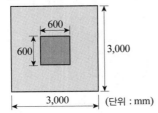

(단위 : mm)

① 216kN · m ② 360kN · m
③ 260kN · m ④ 316kN · m

> **해설** $M = \dfrac{1}{8} q s (L - a)^2$
> $$= \frac{1}{8} \times 100 \times 3 \times (3 - 0.6)^2 = 216\text{kN · m}$$

57. 다음 그림과 같은 정사각형 확대기초의 기둥에 고정하중 1,000kN, 활하중 700kN이 작용할 때 확대기초의 한 변의 길이는 얼마인가? (단, q_a=200kN/m², 콘크리트의 단위중량 w_c=24kN/m³이다.) [기사 94, 97]

① 2m
② 3m
③ 4m
④ 5m

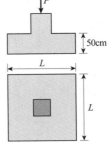

> **해설** $P = 1,000 + 700 = 1,700\text{kN}$
> $q = q_a - q'$ (콘크리트 자중)
> $$= 200 - (0.5 \times 24) = 188\text{kN/m}^2$$
> $$A = \frac{P}{q} = \frac{1,700}{188} = 9.043 = l^2$$
> $$\therefore \ l = 3.007 ≒ 3\text{m}$$

58. 다음 그림과 같이 450kN의 계수하중(P_u)을 원형 기둥(직경 300mm)으로 지지하는 정사각형 확대기초판이 있다. 위험 단면에서의 휨모멘트는? [기사 13]

① 135.7kN · m
② 140.2kN · m
③ 145.4kN · m
④ 150.3kN · m

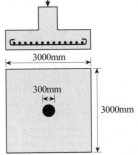

> **해설** 직사각형 단면과 등가인 원형 기둥면적
> $$b^2 = \frac{\pi d^2}{4}$$
> $$b = \sqrt{\frac{\pi d^2}{4}} = 265.9\text{mm}$$
> $$q_u = \frac{P_u}{A} = \frac{450}{3 \times 3} = 50\text{kN/m}^2$$
> $$\therefore \ M_u = \frac{1}{8} q_u s (L - t)^2$$
> $$= \frac{1}{8} \times 50 \times 3 \times (3 - 0.266)^2$$
> $$= 140.15\text{kN·m}$$

chapter 9

프리스트레스트 콘크리트(PSC)

출제경향 분석 📝

본 단원에서는 프리스트레스트 콘크리트에 관한 기초개념을 측정하는 간단한 문제가 주로 출제된다. 출제비중이 매우 높은 단원으로 ① PSC의 3대 기본개념, ② 긴장재의 포물선배치 시 상향력(u), ③ 프리텐션 및 포스트텐션공법 개념 파악, ④ 프리스트레스 손실원인 6가지, ⑤ 정착장치 및 탄성변형에 의한 손실응력 구하기, ⑥ PS강선 편심배치 시 상·하연의 응력, ⑦ PS강선 도심배치 시 하연응력이 0인 조건에서 초기 프리스트레스(P_i) 및 휨모멘트(M) 구하는 문제 등이 집중 출제된다.

16.5%
토목기사 출제빈도

12.6%
토목산업기사 출제빈도

9 프리스트레스트 콘크리트 (PSC : Pre-Stressed Concrete)

01 개요

① PSC의 정의

외력에 의하여 발생되는 인장응력을 상쇄시키기 위하여 미리 인위적으로 압축응력을 도입한 콘크리트 부재를 프리스트레스트 콘크리트(PSC : Pre-Stressed Concrete)라고 한다. PSC는 철근콘크리트(RC)의 결함인 인장응력에 의한 **균열을 방지**할 수 있으며, **전단면을 유효하게 이용**할 수 있어 자중을 감소시킬 수 있는 장점이 있다.

② PSC의 장단점

(1) 장점

① 고강도 콘크리트를 사용하므로 **내구성이 좋다.**
② RC구조에 비해 복부를 얇게 할 수 있어 **자중이 감소한다**(동일 설계하중에서 RC보다 경간을 길게 할 수 있고 구조물이 날렵하므로 미관 우수).
③ 탄성 및 복원성이 좋아 **균열이 감소한다.**
④ **전단면을 유효하게 이용**한다(RC보의 경우 : 인장측 콘크리트 무시).
⑤ 부재에 확실한 강도와 안전율을 갖게 한다.

(2) 단점

① RC구조에 비해 단면이 작기 때문에 변형이 크고 **진동하기 쉽다.**
② 고온에서는 고강도 강재의 강도가 저하되므로 **내화성이 떨어진다**(400℃ 이상 온도).
③ 시공이 어려워 고도의 기술이 요구된다.
④ RC에 비하여 단가가 비싸고 그라우팅 등 보조재료가 많이 사용되므로 공사비가 증가된다.

알 • 아 • 두 • 기 •

[출제] PSC의 이점
08(5) ㉑

▷ PSC는 전단면을 유효하게 이용할 수 있으며 균열 방지가 가장 큰 장점이다.

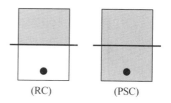

(RC)　　　(PSC)

[출제] PSC의 장점
11(10) ㉑

[출제] PSC의 단점
08(3,9), 16(10), 21(8) ㉑

❸ PSC의 기본개념

(1) 응력개념(균등질 보의 개념) : 탄성이론에 의한 해석

프리스트레스가 도입되면 콘크리트가 탄성체로 전환되어 탄성이론에 의한 해석이 가능하다는 개념이다.

① 긴장재 도심배치한 경우

$$f_c = \frac{P}{A} \pm \frac{M}{I} y \quad (+ : 압축, \ - : 인장) \cdots\cdots\cdots (9.1)$$

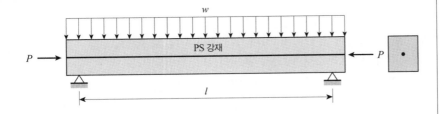

② 긴장재 직선 편심배치한 경우

$$f_c = \frac{P}{A} \mp \frac{Pe}{I} y \pm \frac{M}{I} y \quad \cdots\cdots\cdots\cdots\cdots\cdots (9.2)$$

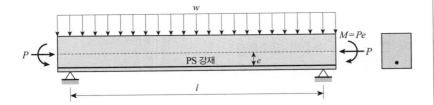

(2) 강도개념(내력모멘트개념) : RC구조와 동일한 개념

RC와 같이 압축력은 콘크리트가 받고 인장력은 PS강재가 받는 것으로 하여 두 힘에 의한 내력모멘트가 외력모멘트에 저항한다는 개념이다.

$$M = Cz = Tz$$

강재에 작용하는 인장력을 P라고 하면

$$f_c = \frac{C}{A} \pm \frac{Ce'}{A} y = \frac{P}{A} \pm \frac{Pe'}{A} y \quad \cdots\cdots\cdots\cdots (9.3)$$

[출제] PSC의 3대 기본개념
07(3), 10(9), 11(3) ㉮
08(5), 13(6), 19(9) ㉯

▶ PSC의 3대 개념
① 응력개념(탄성이론)
② 강도개념(RC와 동일)
③ 하중평형개념

[출제] 응력개념
10(9) ㉮

[출제] 강도개념
08(3), 11(6), 12(5) ㉮
18(4) ㉯

▶ 강도개념=RC와 동일
• 압축력 → 콘크리트
• 인장력 → 긴장재

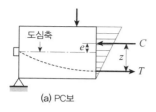

(a) PC보

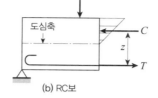

(b) RC보

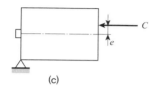

(c)

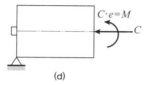

(d)

(3) 하중평형개념(등가하중개념)

프리스트레싱에 의해 부재에 작용하는 힘과 부재에 작용하는 외력이 평형이 되게 한다는 개념이다.

① 긴장재를 포물선 배치한 경우 : $M = Ps = \dfrac{ul^2}{8}$

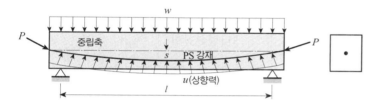

㉠ 상향력$(u) = \dfrac{8Ps}{l^2}$ ㉡ 순하향력$= w - u$

㉢ $M = \dfrac{(w-u)l^2}{8}$ ㉣ $f_c = \dfrac{P}{A} \pm \dfrac{M}{I}y$

② 긴장재를 절곡 배치한 경우

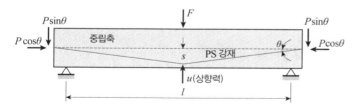

㉠ 상향력$(u) = 2P\sin\theta$ ㉡ 순하향력$= F - u$

㉢ $M = \dfrac{(F-u)l}{4}$ ㉣ $f_c = \dfrac{P}{A} \pm \dfrac{M}{I}y$

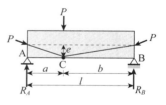

02 재료

① 콘크리트

① 강재가 고강도이므로 고강도의 콘크리트가 요구된다.
   ㉠ 프리텐션공법 : $f_{ck} \geq 35\text{MPa}$
   ㉡ 포스트텐션공법 : $f_{ck} \geq 30\text{MPa}$
② 물−시멘트비는 45% 이하로 한다.
③ 콘크리트의 탄성계수는 철근콘크리트와 같다.
④ PS강재와 직접 부착되는 콘크리트나 그라우트에는 PS강재를 부식시킬 염려가 있으므로 염화칼슘을 사용해서는 안 된다.

▶ 콘크리트강도
① 프리텐션공법 : $f_{ck} \geq 35\text{MPa}$
② 포스트텐션공법 : $f_{ck} \geq 30\text{MPa}$

② PS강재

(1) 종류

① 강선(wire) : 지름 2.9~9mm 정도의 강재로 주로 프리텐션공법에 많이 사용된다.
② 강연선(strand) : 강선을 꼬아서 만든 것으로 2연선, 7연선이 많이 사용되고, 19연선, 37연선도 사용된다. 프리텐션 및 포스트텐션공법에 모두 사용된다.
③ 강봉(bar) : 지름 9.2~32mm 정도의 강재로 주로 포스트텐션공법에 사용된다. 릴랙세이션이 작은 장점이 있다.

> ⚠ Reference
>
> 인장강도의 크기 : PS강연선 > PS강선 > PS강봉

(2) 강재의 품질요구사항

① 인장강도가 클 것 : 고강도일수록 긴장력의 손실률이 적다.
② 항복비(항복강도/인장강도)가 클 것
③ 릴랙세이션이 적을 것
④ 부착강도가 클 것 : PS스트랜드나 이형 PS강재가 부착력이 우수하다.

[출제] PS강재의 품질
12(5) ㉮
09(5,8), 20(6) ㉒

▶ PS강재의 요구사항
① 인장강도 大
② 항복비 大
③ 릴랙세이션 小
④ 부착강도 大
⑤ 부식저항성 大
⑥ 피로저항성 大

알·아·두·기·

⑤ **직선성을 유지할 것** : 코일로 감아서 공장에서 출하하는 PS강선이나 PS스트랜드를 풀었을 때 곧게 잘 펴져야 한다.

⑥ **응력부식에 대한 저항성이 클 것**

> **! Reference**
>
> PS강재에 과도한 녹이나 흠이 있으면 응력집중으로 인해 부식이 촉진되는데, 이를 응력부식이라 한다.

⑦ **적당한 늘음과 인성이 있을 것**

⑧ **피로에 대한 저항성이 클 것**

(3) PS강재의 탄성계수

시험에 의해 결정하는 것이 원칙이나, 시험하지 않았을 경우 다음 값을 이용한다.

$$E_p = 2.0 \times 10^5 \, \text{MPa} \, (\text{철근의 탄성계수와 동일})$$

▣ **PS강재의 탄성계수**
$$E_p = 2.0 \times 10^5 \, \text{MPa}$$

❸ 기타 재료

(1) 시스(sheath)

강재를 삽입할 수 있도록 콘크리트에 미리 뚫어두는 구멍을 덕트(duct)라고 하며, 덕트 내부에 설치한 파상 모양의 관을 시스라고 한다. **포스트텐션공법에 사용**된다.

▣ **포스트텐션공법 적용 재료**
① 시스
② 그라우트

(2) 그라우트(grout)

강재의 부식을 방지하고 동시에 콘크리트와 부착시키기 위해서 시스 안에 시멘트풀 또는 모르타르를 주입하는데, 이 주입과정을 그라우팅(grouting)이라고 한다. 그라우트의 품질조건은 다음과 같다.

① **팽창률** : 10% 이하

② **블리딩(bleeding)** : 3% 이하

③ f_{ck} : 20MPa 이상

④ **W/C비** : 45% 이하

03　프리스트레싱방법 및 공법

① 프리스트레싱의 도입 정도

(1) 풀 프리스트레싱(full pre-stressing)
　콘크리트의 전단면에서 인장응력이 발생하지 않도록 프리스트레스를 가하는 방법

(2) 파셜 프리스트레싱(partial pre-stressing)
　콘크리트 단면의 일부에 어느 정도의 인장응력이 발생하는 것을 허용하는 방법

[출제] 파셜 프리스트레싱 개념
10(3), 12(3), 19(8) ㉑

▣ 파셜 프리스트레싱
　(partial pre-stressing)
콘크리트 단면 일부에 어느 정도 인장응력 발생을 허용

② 프리스트레싱방법

(1) 프리텐션(pre-tension)공법 : 콘크리트 타설 전에 긴장재 긴장
① 콘크리트설계기준강도 : $f_{ck} \geq 35\mathrm{MPa}$
② 장점
　㉠ 동일 형상과 치수의 부재를 대량으로 제조(공장에서 생산 가능)
　㉡ 시스(sheath), 정착장치 등이 필요하지 않음
③ 단점
　㉠ 긴장재를 곡선으로 배치하기 어렵다.
　㉡ 부재의 단부(정착구역)에는 프리스트레스가 도입되지 않음
④ 작업순서

　지주 설치 → 강재배치와 긴장 → 거푸집 설치 → 콘크리트 타설 → 콘크리트 양생 → 콘크리트 경화 후 강재 절단

[출제] 프리텐션공법 장점
08(3) ㉔

(2) 포스트텐션(post-tension)공법 : 콘크리트 타설 및 경화 후 긴장재 긴장
① 콘크리트설계기준강도 : $f_{ck} \geq 30\mathrm{MPa}$
② 장점
　㉠ PS강재를 곡선으로 배치할 수 있어 대형 구조물에 적합하다.
　㉡ 인장재를 필요로 하지 않는다.

알·아·두·기·

ⓒ 공사현장에서 긴장작업이 가능하다.

ⓡ PS강재의 재긴장이 가능하다.

③ 단점

　㉠ 특수한 긴장방법과 정착장치가 필요하다.

　㉡ 부착되지 않은 PSC부재는 파괴강도가 낮고 균열폭이 커진다.

④ 작업순서

> 철근 배근, 시스 설치 및 거푸집 제작 → 콘크리트 타설 및 양생 → 콘크리트 경화 후 시스 속에 PS강재 삽입 → PS강재 긴장 및 정착 → 시스 내부에 그라우팅 충전

⑤ 부속장치 등 : 덕트(duct), 시스관(sheath), 그라우팅(grouting)

[출제] grouting 목적
09(3) ㊛

▶ 그라우팅
① 포스트텐션공법에만 사용
② PS강재의 부식 방지

❸ 프리스트레스 도입 시 강도

프리스트레스를 도입하고자 할 때 부재의 콘크리트압축강도(f_{ci})는 다음 조건을 만족시켜야 한다.

① 프리텐션, 포스트텐션공법 모두 : $f_{ci} \geq 1.7 f_{ci}{}'$

② 프리텐션공법 : $f_{ci} \geq 30 \mathrm{MPa}$

③ 포스트텐션공법 : $f_{ci} \geq 25 \mathrm{MPa}$

　여기서, f_{ci} : 프리스트레스 도입할 때의 콘크리트압축강도

　　　　　$f_{ci}{}'$: 프리스트레스 도입 후 콘크리트의 최대압축응력

04 프리스트레스 도입과 손실

❶ 프리스트레스 손실의 종류(긴장력 감소)

(1) 도입 시 손실=즉시 손실(loss)=즉시 감소(reduction)

① 콘크리트의 탄성수축(변형)

② 강재와 시스(덕트) 사이의 마찰 : 포스트텐션방식에만 해당

③ 정착장치의 활동(sliding)

[출제] 프리스트레스 손실원인
6가지
08(9), 10(9), 11(6), 12(3), 13(3),
17(9), 18(3), 19(5), 22(3) ㉑
08(3,5), 09(5), 10(5,9), 11(3),
13(9), 18(4), 19(8) ㊛

▶ 프리스트레스 손실의 종류
① 프리스트레스 도입 시 손실 3가지
② 프리스트레스 도입 후 손실 3가지
③ PS강재와 시스 사이 마찰손실 : 포스트텐션방식에서 발생

(2) 도입 후 손실=시간적 손실=시간적 감소

① 콘크리트의 크리프

② 콘크리트의 건조수축(프리텐션방식 > 포스트텐션방식)

③ PS강재의 릴랙세이션

❷ 유효율

(1) 유효율

$$R = \frac{P_e}{P_i}$$

(프리텐션공법 : $R=0.80$, 포스트텐션공법 : $R=0.85$)

(2) 감소율$= 1 - R = \dfrac{P_i - P_e}{P_i}$

(3) 유효프리스트레스

$$P_e = R P_i, \ P_e = \alpha P_j$$

여기서, α : 재킹(jacking)력에 대한 유효율

(pre-tension : 0.65, post-tension : 0.80)

P_j : 재킹에 의한 힘

P_i : 초기 프리스트레스힘

P_e : 유효프리스트레스힘

❸ 프리스트레스 손실응력 계산

(1) 프리스트레스 도입 시 손실(즉시 손실)

① 정착장치의 활동

㉠ 1단 정착 : $\Delta f_{pa} = E_p \varepsilon = \boxed{E_p \dfrac{\Delta l}{l}}$ ················· (9.4)

㉡ 2단 정착 : $\Delta f_{pa} = E_p \varepsilon = \boxed{E_p \dfrac{2\Delta l}{l}}$ ················· (9.5)

② PS강재와 시스 사이의 마찰(곡률, 파상) : 포스트텐션공법만 해당

㉠ 근사식 적용 조건 : $l < 40\text{m}$, $\alpha < 30$, $u\alpha + kl \leq 0.3$

㉡ 마찰 손실 근사식 : $P_x = \dfrac{P_o}{1 + u\alpha + kl}$

여기서, u : 곡률마찰계수

α : 각변화(radian)

[출제] 유효프리스트레스(P_e)

09(5) ㉑

▶ 유효프리스트레스

$P_e = R P_i$

여기서, R : 유효율

P_i : 초기 프리스트레스

▶ 초기 프리스트레스

$P_i = \dfrac{P_e}{R}$

여기서, $P_e = fA = E\varepsilon A$

[출제] 정착장치 활동 손실(1단)

12(9), 22(3) ㉑

08(5), 09(3), 10(5,10), 11(6,10),

13(6) ㉚

▶ 정착장치 활동 손실응력

$\Delta f_{pa} = E_P \varepsilon = E_P \dfrac{\Delta l}{l}$

▶ 손실된 힘

$\Delta P = \Delta f_{pa} A_P$

여기서, A_P : 강재 단면적

[출제] 마찰 손실률(근사식)

09(3) ㉑

▶ 마찰 손실률

$= (kl + u\alpha) \times 100 [\%]$

k : 파상마찰계수

l : 긴장재 길이

P_x : 임의점 x 거리 긴장력

P_o : 긴장단 초기 긴장력

ⓒ 긴장력의 손실량 : $\Delta P = P_o - P_x$ ································ (9.6)

ⓔ 감소율(손실률) $= \dfrac{\Delta P}{P_o} = kl + u\alpha$ ···················· (9.7)

③ 콘크리트의 탄성변형(탄성수축)

㉠ 프리텐션공법 : $\Delta f_{pe} = nf_{ci} = \boxed{n\dfrac{P}{A_c}}$ ················· (9.8)

㉡ 포스트텐션공법 : $\Delta f_{pe} = \dfrac{1}{2}nf_{ci}\left(\dfrac{N-1}{N}\right)$

$= \boxed{\dfrac{1}{2}n\dfrac{P}{A_c}\left(\dfrac{N-1}{N}\right)}$ ·············· (9.9)

여기서, N : 긴장횟수

(2) 프리스트레스 도입 후 손실(시간적 손실)

① 콘크리트의 크리프

$\Delta f_{pc} = \phi nf_{ci} = \boxed{\phi\left(\dfrac{E_p}{E_c}\right)\left(\dfrac{P}{A_c}\right)}$ ················ (9.10)

② 콘크리트의 건조수축(프리텐션공법 > 포스트텐션공법)

$\Delta f_{ps} = \boxed{E_p \varepsilon_{sh}}$ ·································· (9.11)

③ PS강재의 릴랙세이션

$\Delta f_{pr} = \boxed{rf_{pi}}$ ································ (9.12)

여기서, PS강선의 r : 5%, PS강봉의 r : 3%

05 PSC보의 해석과 설계

① 콘크리트의 허용응력

(1) 프리스트레스 손실이 **발생하기 전의 응력**은 다음 값을 초과해서
는 안 된다.

① 허용휨압축응력 : $f_{ca} = 0.60f_{ci}$

② 허용휨인장응력 : $f_{ta} = 0.25\sqrt{f_{ci}}$

③ 단순 지지부재 인장응력 : $f_t = 0.50\sqrt{f_{ci}}$

여기서, f_{ci} : 프리스트레스 도입 시 콘크리트압축강도

(2) 프리스트레스 손실이 **발생한 후의 콘크리트 휨응력**은 다음 값을 초과해서는 안 된다.

① 허용압축연단응력(유효프리스트레스+지속하중) : $f_{ca} = 0.45f_{ck}$

② 허용압축연단응력(유효프리스트레스+전체 하중) : $f_{ca} = 0.60f_{ck}$

❷ PS강재의 허용응력

(1) 긴장할 때 긴장재의 허용인장응력

$$[0.8f_{pu},\ 0.94f_{py}]_{\min}$$

여기서, f_{pu} : PS강재의 구조기준인장강도(극한응력)
f_{py} : PS강재의 구조기준항복강도

(2) 프리스트레스 도입 직후의 허용인장응력

① 프리텐셔닝 : $[0.74f_{pu},\ 0.82f_{py}]_{\min}$

② 포스트텐셔닝 : $0.70f_{pu}$

❸ 보의 휨 해석과 설계

(1) 콘크리트 단면 상·하연의 응력

① 상연응력 : $f_{ci} = \dfrac{P_i}{A_g} - \dfrac{P_i e}{I}y + \dfrac{M}{I}y$ ·········· (9.13)

② 하연응력 : $f_{ti} = \dfrac{P_i}{A_g} + \dfrac{P_i e}{I}y - \dfrac{M}{I}y$ ·········· (9.14)

여기서, P_i : 초기 프리스트레스, e : 편심거리
y : 연단까지의 거리, M : 자중 또는 하중에 의한 모멘트
A_g : 총단면적($= A_c + A_p$)

(2) 균열모멘트(M_{cr})

인장측 콘크리트에 휨균열을 발생시키는 모멘트

$$M_{cr} = Pe + \left(\dfrac{P}{A}\right)\dfrac{I}{y} + f_r\dfrac{I}{y}$$ ·········· (9.15)

여기서, f_r : 휨파괴계수($= 0.63\lambda\sqrt{f_{ck}}$)
Pe : 프리스트레스의 편심모멘트

[출제] 프리스트레스 도입 후 허용인장응력
08(5), 11(3) ㉑
09(3) ㉒

[출제] PS강재 긴장 시 허용인장응력
11(6), 13(3) ㉒

[출제] (PS강선 편심배치) 상·하연응력
09(5), 22(3) ㉑
09(8), 10(5) ㉒

➡ 상·하연응력
$$f_{ci}_{ti} = \dfrac{P_i}{A_g} \mp \dfrac{P_i e}{I}y \pm \dfrac{M}{I}y$$
여기서, $M = \dfrac{wl^2}{8}$

[출제] (PS강선 도심배치) 하연응력=0
09(3), 10(3,5), 11(3,10), 13(3), 18(4), 20(6), 21(3,8), 22(4) ㉑
08(9), 11(10), 12(9) ㉒

➡ 상·하연응력
$$f_{ci}_{ti} = \dfrac{P_i}{A_g} \pm \dfrac{M}{I}y$$
➡ $f_{ti} = 0$; $f_{ti} = \dfrac{P_i}{A_g} - \dfrac{M}{I}y = 0$
∴ $P_i = \dfrac{6M}{h}\ \left(M = \dfrac{wl^2}{8}\right)$
∴ $M = \dfrac{P_i h}{6}\ (P_e = P_i R)$
여기서, 손실률이 발생하면 P_e 사용

[출제] 균열모멘트(M_{cr})
08(5) ㉑

➡ 균열모멘트(M_{cr})
$$M_{cr} = Pe + \left(\dfrac{P}{A}\right)\dfrac{I}{y} + f_r\dfrac{I}{y}$$
여기서, $f_r = 0.63\lambda\sqrt{f_{ck}}$

(3) 부착 긴장재의 인장응력(f_{ps})

$$f_{ps} = f_{pu}\left[1 - \frac{\gamma_p}{\beta_1}\left\{\rho_p \frac{f_{pu}}{f_{ck}} + \frac{d}{d_p}(w - w')\right\}\right] \quad \cdots\cdots\cdots\cdots (9.16)$$

여기서, γ_p : 긴장재의 종류에 따른 계수
- 강봉 : 0.55
- 중이완 긴장재 : 0.40
- 저이완 긴장재 : 0.28

w : 인장철근의 강재지수$\left(= \rho\dfrac{f_y}{f_{ck}}\right)$

w' : 압축철근의 강재지수$\left(= \rho'\dfrac{f_y}{f_{ck}}\right)$

ρ_p : 긴장재비$\left(= \dfrac{A_{ps}}{bd_p}\right)$

[출제] 부착 긴장재의 인장응력
11(6) ㉮

❹ 보의 전단 해석

(1) 콘크리트의 전단강도

휨철근 인장강도의 40% 이상의 유효프리스트레스힘이 작용하는 부재의 경우

(실용식) $V_c = \left(0.05\lambda\sqrt{f_{ck}} + 4.9\dfrac{V_u d}{M_u}\right)b_w d$ $\quad\cdots\cdots\cdots\cdots\cdots$ (9.17)

여기서, $\dfrac{V_u d}{M_u} \leq 1.0$, V_c : 콘크리트의 공칭전단강도

[출제] 콘크리트 전단강도(실용식)
09(8), 12(5), 16(10) ㉮
07(9) ㉯

(2) 전단철근에 의한 전단강도

$$V_s = \frac{d}{s}A_v f_y \leq \frac{2}{3}\lambda\sqrt{f_{ck}}\,b_w d \quad\cdots\cdots\cdots\cdots\cdots\cdots (9.18)$$

여기서, A_v : s 거리 내의 전단철근의 총단면적

예상 및 기출문제

1. 프리스트레스트 콘크리트에 대한 다음 설명 중 틀린 것은? [기사 98, 02]

① 프리텐션방식에서 프리스트레스의 도입은 콘크리트의 압축강도가 30MPa 이상이어야 한다.

② 프리스트레스의 손실은 여러 원인에 의하여 일어나지만, 그 중 콘크리트의 크리프와 건조수축에 의한 영향이 제일 크다.

③ PS 콘크리트에서 고강도 강재를 사용하는 이유는 높은 인장응력에 견디며 손실 발생 후 프리스트레싱효율이 좋기 때문이다.

④ PS강재의 부식을 방지하기 위하여 프리텐션부재에서는 방청제를 도포한 PS강재를 사용해야 한다.

> **해설** PS강재의 부식 방지방법
> ㉮ 프리텐션부재 : 콘크리트에 방청제를 혼합시켜 사용할 수 있으나 PS강재에 직접 도포하지는 않는다.
> ㉯ 포스트텐션부재
> ㉠ 부착시키는 경우 : 그라우팅(grouting)한다.
> ㉡ 부착시키지 않는 경우 : 아스팔트, 그리스 등 도포제를 사용한다.

2. 프리스트레스트 콘크리트구조물의 특징에 대한 설명으로 틀린 것은? [기사 08, 16]

① 철근콘크리트의 구조물에 비해 진동에 대한 저항성이 우수하다.

② 설계하중하에서 균열이 생기지 않으므로 내구성이 크다.

③ 철근콘크리트구조물에 비하여 복원성이 우수하다.

④ 공사가 복잡하여 고도의 기술을 요한다.

> **해설** 프리스트레스트 콘크리트는 철근콘크리트에 비하여 단면이 작기 때문에 변형이 크게 일어나고 진동하기가 쉽다.

3. 다음은 프리스트레스트 콘크리트에 관한 설명이다. 옳지 않은 것은? [기사 08, 16]

① 탄력성과 복원성이 강한 구조부재이다.

② RC부재보다 경간을 길게 할 수 있고 단면을 작게 할 수 있어 구조물이 날렵하다.

③ RC에 비해 강성이 작아서 변형이 크고 진동하기 쉽다.

④ RC보다 내화성에 있어서 유리하다.

> **해설** RC부재보다 내화성이 불리하다.

4. 프리스트레스트 콘크리트 설계원칙 중 틀린 것은? [기사 06]

① 설계 단면의 산정은 강도설계법을 따르는 것을 원칙으로 하되, 탄성이론에 의해 내하력을 검토하여야 한다.

② 구조물의 수명기간 동안 발생하는 모든 재하단계에 따라 작용하는 하중에 대한 구조부재의 강도와 구조거동을 기초로 이루어져야 한다.

③ 프리스트레싱에 의한 응력집중은 설계를 할 때 검토되어야 한다.

④ 프리스트레싱에 의해 발생되는 부재의 탄 · 소성 변형, 처짐, 길이변화 및 비틀림 등에 의해 인접한 구조물에 미치는 영향을 고려하여야 한다.

> **해설** 설계 단면 산정 시 사용하중에 의한 허용응력설계법으로 검토하며, 응력 계산은 콘크리트 전단면이 유효한 탄성이론으로 계산한다.

5. 프리스트레스트 콘크리트를 사용하는 가장 큰 이점은 다음 중 무엇인가? [기사 98, 08]

① 고강도 콘크리트의 이용

② 고강도 강재의 이용

③ 콘크리트의 균열 감소

④ 변형의 감소

◆해설 ㉮ 고강도 콘크리트의 이용으로 재료는 절약되지만, 단가가 비싸고 보조재료가 많이 소요되므로 RC에 비하여 일반적으로 공사비가 많이 든다.
㉯ 고강도 강재는 고온에 접하면 갑자기 강도가 감소하므로, PSC는 RC보다 내화성에 있어서는 불리하다.
㉰ PSC부재는 가볍고 복원성이 풍부하지만 RC에 비하여 단면이 작기 때문에 변형이 크게 일어나고 진동하기가 쉽다.

6. PS강재에 요구되는 일반적 성질 중 옳지 않은 것은 어느 것인가? [기사 99]
① 콘크리트와의 부착력이 클 것
② 직선성을 유지할 것
③ 릴랙세이션(relaxation)이 적을 것
④ 인장강도가 적을 것

◆해설 인장강도가 커야 한다.

7. PS강선이 갖추어야 할 일반적인 성질 중 옳지 않은 것은? [기사 95]
① 인장강도가 높아야 하고 항복비가 커야 한다.
② 릴랙세이션이 커야 한다.
③ 파단 시의 늘음이 커야 한다.
④ 직선성이 좋아야 한다.

◆해설 강재의 릴랙세이션은 작아야 한다(릴랙세이션이 크면 긴장력 손실이 크게 된다).

8. 경간 25m인 PS 콘크리트보에 계수하중 40kN/m가 작용하고 $P=2,500$kN의 프리스트레스가 주어질 때 등분포 상향력 u를 하중평형(balanced load)개념에 의해 계산하여 이 보에 작용하는 순수 하향 분포하중을 구하면? [기사 02, 11, 16]

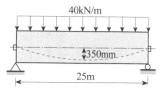

① 26.5kN/m   ② 27.3kN/m
③ 28.8kN/m   ④ 29.6kN/m

◆해설 $u = \dfrac{8Ps}{l^2}$

$$= \dfrac{8 \times 2,500 \times 0.35}{25^2}$$

$$= 11.2\text{kN/m}$$

∴ 순하향 하중 $= w - u$
$$= 40 - 11.2$$
$$= 28.8\text{kN/m}$$

9. 직사각형 단면의 콘크리트 단순보에 단면 도심으로부터 e만큼 상향으로 편심된 위치를 작용점으로 포물선형 강선을 배치하여 프리스트레스력 P로 인장하였다. P의 작용점에서의 기울기가 수평면과 θ이었을 때, 이 힘이 콘크리트보에 작용하는 등가하중이 아닌 것은? [기사 04]
① 지점의 수직방향 힘 : $P\sin\theta$
② 도심축방향의 압축력 : $P\cos\theta$
③ 양단 휨모멘트 : $M=Pe$
④ 보 중앙의 상방향 집중하중 : $2P\sin\theta$

◆해설 ④의 경우 강선을 절곡배치했을 때 중앙부의 집중하중이다.

10. 다음 그림의 PSC보에서 PS강재를 포물선으로 배치하여 긴장할 때 하중평형개념으로 계산된 프리스트레스에 의한 상향 등분포하중 u의 크기는? (단 $P=1,400$kN, $s=0.4$m이다.)

[기사 03, 05, 06, 07, 09, 14, 18, 20, 산업 11, 17, 19]

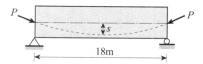

① 31kN/m   ② 24kN/m
③ 19kN/m   ④ 14kN/m

◆해설 $u = \dfrac{8Ps}{l^2}$

$$= \dfrac{8 \times 1,400 \times 0.4}{18^2}$$

$$= 13.83\text{kN/m}$$

11. 다음 그림과 같은 단순 PSC보에 등분포하중(자중 포함) $w=40$kN/m가 작용하고 있다. 프리스트레스에 의한 상향력과 이 등분포하중이 비기기 위한 프리스트레스 힘 P는 얼마인가? [기사 04, 05, 08, 09, 12, 15, 21]

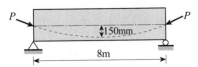

① 2133.3kN
② 2400.5kN
③ 2842.6kN
④ 3204.7kN

해설 $M=Ps=\dfrac{ul^2}{8}$

$$\therefore P=\dfrac{ul^2}{8s}=\dfrac{40\times 8^2}{8\times 0.15}=2133.33\text{kN}$$

12. 다음 그림과 같은 경간 중앙점에서 강선(tendon)을 꺾었을 때 이 꺾은 점에서 상향력 U의 값은? [기사 91, 99, 산업 18]

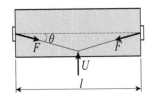

① $U=F\sin\theta$
② $U=F\tan\theta$
③ $U=2F\sin\theta$
④ $U=2F\tan\theta$

해설 힘의 평형조건식 $\sum V=0$일 때
$$U-2F\sin\theta=0$$
$$\therefore U=2F\sin\theta$$

13. 다음 그림과 같은 단순 PSC보에서 지간 중앙의 절곡점에서 상향력(U)과 외력(P)이 비기기 위한 PS 강선 프리스트레스힘(F)의 크기는 얼마인가? (단, 손실은 무시한다.) [산업 10, 12, 15]

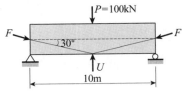

① 100kN
② 50kN
③ 70kN
④ 30kN

해설 $U=2F\sin\theta=P$
$$\therefore F=\dfrac{P}{2\sin\theta}=P=100\text{kN}$$

14. 다음 그림과 같이 경간 20m인 PSC보가 프리스트레스힘(P) 1,000kN을 받고 있을 때 중앙 단면에서의 상향력(U)을 구하면? [산업 11, 15]

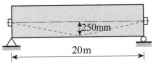

① 20kN
② 30kN
③ 40kN
④ 50kN

해설

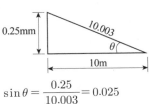

$$\sin\theta=\dfrac{0.25}{10.003}=0.025$$
$$\therefore U=2P\sin\theta$$
$$=2\times 1,000\times 0.025$$
$$=50\text{kN}$$

15. 프리텐션부재에서 부재단으로부터 소정의 프리스트레스가 도입된 단면까지의 거리를 무엇이라고 하는가? [기사 97]

① 부착길이
② 정착길이
③ 전달길이
④ 유효길이

해설 전달길이 : 부재의 끝단~프리스트레스가 도입된 단면까지의 거리

16. 정착구와 커플러의 위치에서 프리스트레싱 도입 직후 포스트텐션 긴장재의 허용응력은 최대 얼마인가? (단, f_{pu} : 긴장재의 설계기준인장강도) [기사 08, 11, 13, 17, 산업 09]

① $0.6f_{pu}$
② $0.7f_{pu}$
③ $0.8f_{pu}$
④ $0.9f_{pu}$

해설 프리스트레스 도입 직후의 허용인장응력
㉮ 프리텐셔닝 : $0.74f_{pu}$와 $0.84f_{py}$ 중 작은 값
㉯ 포스트텐셔닝 : $0.7f_{pu}$

17. PSC 슬래브의 강재배치에 대한 기술 중 잘못된 것은? [기사 07]

① 1방향으로 배치된 프리스트레싱 긴장재의 간격은 슬래브두께의 8배 이하이어야 하고, 또한 1.5m 이하로 하여야 한다.

② 2개 이상의 프리스트레싱 긴장재를 기둥의 전단에 대한 위험 단면구간에 각 방향으로 배치하여야 한다.

③ 유효프리스트레스힘에 의한 콘크리트의 평균압축응력이 0.7MPa 이상 되도록 프리스트레싱 긴장재의 간격을 정하여야 한다.

④ 집중하중을 받는 경우 프리스트레싱 긴장재의 간격에 특별한 고려를 해야 한다.

■해설▶ 유효프리스트레스힘에 의한 콘크리트의 평균압축응력이 0.9MPa 이상 되도록 프리스트레싱 긴장재의 간격을 정해야 한다.

18. PS 콘크리트에서 강선에 긴장을 할 때 긴장재의 허용응력은 얼마인가? [단, 긴장재의 설계기준인장강도(f_{pu})=1,900PMa, 긴장재의 설계기준항복강도(f_{py})=1,600MPa] [산업 11, 19]

① 1,440MPa
② 1,504MPa
③ 1,520MPa
④ 1,580MPa

■해설▶ 긴장할 때 긴장재의 인장응력
$(0.8f_{pu}, 0.94f_{py})_{min}$
㉮ $0.8 \times 1,900 = 1,520$MPa
㉯ $0.94 \times 1,600 = 1,504$MPa
∴ 1,504MPa(작은 값)

19. PS강재를 긴장할 때 강재의 인장응력은 다음 어느 값을 초과하면 안 되는가? (단, f_{pu} : 긴장재의 설계기준인장강도, f_{py} : 긴장재의 설계기준항복강도) [산업 11, 13, 16]

① $0.80f_{pu}$ 또는 $0.82f_{py}$ 중 작은 값
② $0.80f_{pu}$ 또는 $0.94f_{py}$ 중 작은 값
③ $0.74f_{pu}$ 또는 $0.82f_{py}$ 중 작은 값
④ $0.74f_{pu}$ 또는 $0.94f_{py}$ 중 작은 값

■해설▶ PS강재의 허용응력
㉮ 긴장할 때 긴장재의 인장응력
$(0.80f_{pu}, 0.94f_{py})_{min}$ 이하
㉯ 프리스트레스 도입 직후
㉠ 프리텐셔닝 : $(0.74f_{pu}, 0.82f_{py})_{min}$
㉡ 포스트텐셔닝 : $0.70f_{pu}$

20. 포스트텐션공법에 대한 기술 중 틀린 것은? [기사 93]

① 콘크리트가 경화된 후에 PS강재에 인장력을 준다.

② PS강재를 먼저 긴장한 후에 콘크리트를 타설한다.

③ 그라우트를 주입시켜 PS강재와 콘크리트를 부착시킨다.

④ PS강재 긴장이 완료됨과 동시에 프리스트레스 도입이 완료된다.

■해설▶ 포스트텐션공법은 콘크리트를 타설하고 경화된 뒤에 PS강재를 긴장한다.

21. 프리스트레스트 콘크리트에 대한 설명으로 틀린 것은? [기사 06]

① PSC 그라우트의 물-시멘트비는 45% 이하로 해야 한다.

② 팽창성 그라우트의 팽창률은 0~10%를 표준으로 한다.

③ 프리스트레싱할 때의 콘크리트압축강도는 프리텐션방식에 있어서는 24MPa 이상이어야 한다.

④ 프리스트레싱을 할 때의 콘크리트의 압축강도는 프리스트레스를 준 직후 콘크리트에 일어나는 최대압축응력의 1.7배 이상이어야 한다.

■해설▶

구분	f_{pu}	도입 시 Con'c강도	유효율(R)
프리텐션	35MPa	30MPa	80%
포스트텐션	30MPa	25MPa	85%

22. PSC보를 RC보처럼 생각하여 콘크리트는 압축력을 받고, 긴장재는 인장력을 받게 하여 두 힘의 우력모멘트로 외력에 의한 휨모멘트에 저항시킨다는 생각은 다음 중 어느 개념과 같은가? [기사 04, 12, 13, 15, 20]

① 응력개념(stress concept)
② 강도개념(strength concept)
③ 하중평형개념(load balancing concept)
④ 균등질 보의 개념(homogeneous beam concept)

■해설▶ 강도개념(내력모멘트개념) : PSC보를 RC보와 동일한 개념으로 설계, 즉 콘크리트는 압축력을 받고, 긴장재는 인장력을 받는다는 개념

23. PSC의 설계개념 중에서 포물선으로 배치된 PS 강재에 의해 생긴 상향력이 보에 상향으로 작용하는 하중과 같다고 간주하는 설계개념을 무엇이라고 하는가?

[산업 11]

① 응력개념
② 강도개념
③ RC개념
④ 하중평형개념

해설 하중평형개념=등가하중개념

24. 다음 중 PSC구조물의 해석개념과 직접적인 관련이 없는 것은? [기사 07, 11, 15, 산업 06]

① 균등질 보의 개념(homogeneous beam concept)
② 공액보의 개념(conjugate beam concept)
③ 내력모멘트의 개념(internal force concept)
④ 하중평형의 개념(load balancing concept)

해설 공액보의 개념은 구조물의 처짐을 구할 때 사용하는 개념이다.

25. PS 콘크리트의 강도개념(strength concept)을 설명한 것으로 가장 적당한 것은? [기사 08, 15, 21]

① 콘크리트에 프리스트레스가 가해지면 PSC부재는 탄성재료로 전환되고, 이의 해석은 탄성이론으로 가능하다는 개념
② PSC보를 RC보처럼 생각하여 콘크리트는 압축력을 받고, 긴장재는 인장력을 받게 하여 두 힘의 우력모멘트로 외력에 의한 휨모멘트에 저항시킨다는 개념
③ PS 콘크리트는 결국 부재에 작용하는 하중의 일부 또는 전부를 미리 가해진 프리스트레스와 평형이 되도록 하는 개념
④ PS 콘크리트는 강도가 크기 때문에 보의 단면을 강재의 단면으로 가정하여 압축 및 인장을 단면 전체가 부담할 수 있다는 개념

해설 PSC보의 3대 개념
㉮ 응력개념(균등질 보의 개념)
㉯ 강도개념(내력모멘트의 개념)
㉰ 하중평형개념(등가하중의 개념)

26. PSC보의 휨강도 계산 시 긴장재의 응력 f_{ps}의 계산은 강재 및 콘크리트의 응력-변형률관계로부터 정확히 계산할 수도 있으나, 콘크리트구조설계기준에서는 f_{ps}를 계산하기 위한 근사적 방법을 제시하고 있다. 그 이유는 무엇인가? [기사 04, 06]

① PSC구조물은 강재가 항복한 이후 파괴까지 도달함에 있어 강도의 증가량이 거의 없기 때문이다.
② PS강재의 응력은 항복응력 도달 이후에도 파괴 시까지 점진적으로 증가하기 때문이다.
③ PSC보를 과보강 PSC보로부터 저보강 PSC보의 파괴상태로 유도하기 위함이다.
④ PSC구조물은 균열에 취약하므로 균열을 방지하기 위함이다.

해설 PS강재는 항복응력(f_{py})에 도달한 후에도 파괴될 때까지 응력이 점진적으로 증가한다.

27. 부분적 프리스트레싱(partial prestressing)에 대한 설명으로 옳은 것은? [기사 03, 06, 10, 19, 20]

① 구조물에 부분적으로 PSC부재를 사용하는 것
② 부재 단면의 일부에만 프리스트레스를 도입하는 것
③ 설계하중의 일부만 프리스트레스에 부담시키고, 나머지는 긴장재에 부담시키는 것
④ 설계하중이 작용할 때 PSC부재 단면의 일부에 인장응력이 생기는 것

해설 ㉮ 완전 프리스트레싱(full prestressing) : 콘크리트의 전단면에 인장응력이 발생하지 않도록 프리스트레스를 가하는 방법
㉯ 부분 프리스트레싱(partial prestressing) : 콘크리트 단면의 일부에 어느 정도의 인장응력이 발생하는 것을 허용하는 방법

28. PSC부재에서 프리스트레스의 감소원인 중 도입 후에 발생하는 시간적 손실의 원인에 해당하는 것은? [기사 02, 06, 08, 12, 17, 18, 산업 11, 20]

① 콘크리트의 크리프
② 정착장치의 활동
③ 콘크리트의 탄성수축
④ PS강재와 시스의 마찰

해설 ㉮ 도입 시 손실(즉시 손실) : 탄성변형, 마찰
(포스트텐션), 활동
㉯ 도입 후 손실(시간적 손실) : 건조수축, 크
리프, 릴랙세이션

29. 프리스트레스의 손실을 초래하는 요인 중 포스
트텐션방식에서만 두드러지게 나타나는 것은?

[기사 03, 11, 13, 17]

① 마찰
② 콘크리트의 탄성수축
③ 콘크리트의 크리프
④ 콘크리트의 건조수축

30. 단면이 300mm×400mm이고 150mm²의 PS강
선 4개를 단면 도심축에 배치한 프리텐션 PS 콘크리트
부재가 있다. 초기 프리스트레스 1,000MPa일 때 콘크
리트의 탄성수축에 의한 프리스트레스의 손실량은?
(단, $n=6.0$)

[기사 02, 03, 07, 10, 14, 18, 21, 산업 11, 14, 15, 17]

① 25MPa ② 30MPa
③ 34MPa ④ 42MPa

해설 $\Delta f_p = nf_{ci} = n\dfrac{P_i}{A_c}$

$= 6 \times \dfrac{150 \times 4 \times 1,000}{300 \times 400}$

$= 30\text{MPa}$

31. 프리스트레스 감소원인 중 프리스트레스 도입
후 시간의 경과에 따라 생기는 것이 아닌 것은?

[기사 02, 04, 21, 산업 11, 19]

① PS강재의 릴랙세이션
② 콘크리트의 건조수축
③ 콘크리트의 크리프
④ 정착장치의 활동

해설 ㉮ 도입 시 손실(즉시 손실) : 탄성변형, 마찰,
활동
㉯ 도입 후 손실(시간적 손실) : 건조수축, 크
리프, 릴랙세이션

32. 프리스트레스 손실원인 중 프리스트레스 도입 직
후에 일어나지 않는 것은? [기사 05, 산업 13, 15, 19]

① PS강재의 릴랙세이션
② 긴장재의 곡률과 긴장재의 길이에 따른 파상에 의
한 마찰
③ 콘크리트의 탄성수축
④ 정착장치에서 긴장재의 활동

33. 프리텐션방식으로 제작한 부재에서 프리스트
레스에 의한 콘크리트의 압축응력이 7MPa이고 $n=6$
일 때 콘크리트의 탄성변형에 의한 PS강재의 프리스
트레스의 감소량은 얼마인가? [산업 10]

① 24MPa ② 42MPa
③ 48MPa ④ 52MPa

해설 $\triangle f_p = nf_c = 6 \times 7 = 42\text{MPa}$

34. 다음과 같은 단면을 갖는 프리텐션보에 초기 긴
장력 $P_i = 450\text{kN}$이 작용할 때 콘크리트 탄성변형에
의한 프리스트레스 감소량은 얼마인가? (단, $n=8$)

[기사 99, 04, 10, 11, 15, 19, 산업 12, 16]

① 40.94MPa
② 44.72MPa
③ 49.92MPa
④ 54.07MPa

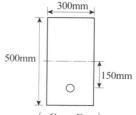

해설 $\triangle f_p = nf_c = n\left(\dfrac{P}{A_c} + \dfrac{Pe}{I}e\right)$

$= 8 \times \left(\dfrac{450,000}{300 \times 500} + \dfrac{450,000 \times 150}{\dfrac{300 \times 500^3}{12}} \times 150\right)$

$= 49.92\text{MPa}$

35. 300mm×500mm의 콘크리트의 단면 도심과
PS강선군의 도심이 일치하도록 단면적 100mm²의 PS
강선 4개를 배치한 포스트텐션부재에 있어서 PS강선
을 차례로 긴장하는 경우 콘크리트의 탄성수축에 의한
프리스트레스의 평균손실량은? (단, 초기 프리스트레
스는 1kN/mm², $n=6.0$) [기사 94, 97]

① 680N/cm² ② 300N/cm²
③ 600N/cm² ④ 400N/cm²

해설 $100mm^2$ 단면의 강선 4개를 사용하고 첫 번째 긴장을 제외한 3개의 긴장에서 탄성 수축이 생기므로
$$P = 1kN/mm^2 \times 3 \times 100mm^2 = 300kN$$
$$f_{ci} = \frac{P}{A} = \frac{300 \times 10^3}{300 \times 500} = 2N/mm^2$$
$$\Delta f_p = nf_c = 6 \times 2 = 12N/mm^2 = 12MPa$$
$$\therefore \Delta f = \frac{1}{2}\Delta f_p = 6N/mm^2 = 600N/cm^2$$

36. PS강재의 탄성계수 $E_p = 200,000MPa$, 콘크리트 탄성계수 $E_c = 30,000MPa$, 콘크리트 건조수축률 $\varepsilon_{cs} = 18 \times 10^{-5}$일 때 PS강재의 프리스트레스 감소율은 얼마인가? (단, 초기 프리스트레스는 1,200MPa이다.) [기사 98, 05, 10]

① 0.45%   ② 2%
③ 3%   ④ 4.5%

해설 $\Delta f_p = E_p \varepsilon_{sh} = 200,000 \times 18 \times 10^{-5} = 36MPa$
$$\therefore 감소율 = \frac{36}{1,200} \times 100 = 3\%$$

37. 포스트텐션부재에 강선을 단면(200mm×300mm)의 중심에 배치하여 1,500MPa로 긴장하였다. 콘크리트의 크리프로 인한 강선의 프리스트레스 손실률은 약 얼마인가? (단, 강선의 단면적 $A_{ps} = 800mm^2$, $n=6$, 크리프계수는 2.0) [기사 98, 99, 02, 04, 08]

① 9%   ② 16%
③ 22%   ④ 27%

해설 $\Delta f_{pc} = nf_c C$
$$= 6 \times \frac{1,500 \times 800}{20 \times 30} \times 2 = 240MPa$$
$$\therefore 손실률 = \frac{240}{1,500} \times 100 = 16\%$$

38. PS강재의 인장응력 $f_p = 1,100MPa$, 콘크리트의 압축응력 $f_c = 8MPa$, 콘크리트의 크리프계수 $\phi_t = 2.0$, $n=6$일 때 크리프에 의한 PS강재의 인장응력 감소율은 얼마인가? [기사 03, 19]

① 7.6%   ② 8.7%
③ 9.6%   ④ 10.7%

해설 $\Delta f_{pc} = nf_c\phi_t = 6 \times 8 \times 2.0 = 96MPa$
$$\therefore 감소율 = \frac{\Delta f_{pc}}{f_{pi}} = \frac{96}{1,100} \times 100 = 8.7\%$$

39. 보의 길이 $l = 20m$, 활동량 $\Delta l = 4mm$, $E_p = 200,000MPa$일 때 프리스트레스 감소량 Δf_p는? (단, 일단 정착임) [기사 07, 12, 15, 22, 산업 10, 11, 16, 20]

① 40MPa   ② 30MPa
③ 20MPa   ④ 15MPa

해설 $\Delta f_p = E_p \varepsilon_p = E_p \frac{\Delta l}{l}$
$$= 200,000 \times \frac{0.4}{2,000} = 40MPa$$

40. 길이 10m인 포스트텐션 PSC보의 강선에 1,000MPa의 인장력을 가하였더니 정착장치에서 강선이 0.2cm 활동했다. 이때 프리스트레스의 감소율을 구하면? (단, $E_p = 2.0 \times 10^5 MPa$) [기사 95, 98, 99, 산업 10]

① 4.0%   ② 3.5%
③ 3.2%   ④ 3.0%

해설 $\Delta f_a = E_p \frac{\Delta l}{l}$
$$= 2.0 \times 10^5 \times \frac{0.2}{1,000} = 40MPa$$
$$\therefore 감소율 = \frac{40}{1,000} \times 100 = 4\%$$

41. 양단 정착하는 포스트텐션부재에서 PS강재의 길이가 50m이고 초기 프리스트레스가 1,000MPa일 때 감소율이 3%가 되기 위해서 필요한 1단의 활동량은 얼마인가? (단, $E_p = 2.0 \times 10^5 MPa$) [기사 97]

① 3.24mm   ② 3.75mm
③ 4.08mm   ④ 4.26mm

해설 감소율이 3%이므로 $\Delta f_p = 1,000 \times 0.03 = 30MPa$, 양단 정착에서는 $\Delta f_p = E_p \frac{2\Delta l}{l}$ 이므로
$$\therefore \Delta l = \frac{\Delta f_p l}{2E_p}$$
$$= \frac{30 \times 50,000}{2 \times 2 \times 10^5} = 3.75mm$$

42. 30cm×50cm의 단면을 가진 PSC부재에 5cm²의 단면적을 가진 PS강선 5본을 f_p=1,100MPa로 긴장하였다. 콘크리트 압축응력 f_c=7MPa이고 E_p=2.0×10⁵MPa일 때 PS강재의 릴랙세이션에 의한 프리스트레스의 감소량은 얼마인가? [기사 99]

① 120.5kN   ② 137.5kN

③ 192.3kN   ④ 275.0kN

해설 $\Delta f_{pr} = \gamma f_{pi} = 0.05 \times 1,100 = 55$MPa

$\therefore \Delta P_{pr} = \Delta f_{pr} A_p$

$= 55 \times 5 \times 500$

$= 137,500N = 137.5kN$

43. 마찰에 의한 손실을 무시할 때의 프리스트레스에 의한 PS강재의 늘음량 $\triangle l$을 구하는 식은? (단, l : PS강재의 길이, P_0 : 초기 프리스트레스, f_p : PS강재의 전장에 대한 등분포 인장응력) [기사 98]

① $\dfrac{1}{E_p A_p}\left(\dfrac{P_0 + P}{2}\right)$ ② $\dfrac{Pl}{E_p A_p}$

③ $E_p A_p \left(\dfrac{P_0 + P}{2}\right)$ ④ $\dfrac{E_p A_p}{Pl}$

해설 $f_p = \dfrac{P}{A_p} = E_p \varepsilon = E_p \dfrac{\Delta l}{l}$

$\therefore \Delta l = \dfrac{Pl}{E_p A_p}$

44. 그림과 같은 2경간 연속보의 양단에서 PS강재를 긴장할 때 단(端) A에서 중간 B까지의 마찰에 의한 프리스트레스의(근사적인) 감소율은? (단, 곡률마찰계수 μ=0.4, 파상마찰계수 k=0.0027) [기사 99, 02, 09]

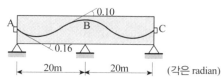

(각은 radian)

① 12.6%   ② 18.2%

③ 10.4%   ④ 15.8%

해설 $a = (\theta_1 + \theta_2) = 0.16 + 0.1 = 0.26$

$0.26 \times \dfrac{180°}{\pi} = 14.9° \leq 30°$이므로 근사식 사용

$\therefore$ 감소율$= (kl + \mu a) \times 100$

$= (0.0027 \times 20 + 0.4 \times 0.26) \times 100$

$= 15.8\%$

45. 다음 그림의 PSC부재에서 A단에서 강재를 긴장할 경우 B단까지의 마찰에 의한 감소율(%)은 얼마인가? (단, θ_1=0.10, θ_2=0.08, θ_3=0.10(radian), μ(곡률마찰계수)=0.20, λ(파상마찰계수)=0.001이며 근사법으로 구할 것) [기사 06]

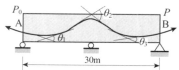

① 4.3%   ② 6.4%

③ 8.6%   ④ 17.2%

해설 감소율$= \mu a + kl$

$= 0.2 \times (0.1rad + 0.08rad + 0.1rad)$

$+ 0.001 \times 30$

$= 0.086 = 8.6\%$

46. 포스트텐션된 보에는 포물선 긴장재가 배치되었다. A단에서 재킹(jacking)할 때의 인장력은 900kN이었다. 강재와 시스의 마찰손실을 고려할 때 상대편 지지점 B단에서의 긴장력 P_x는 얼마인가? (단, 파상마찰계수 k=0.0066/m, 곡률마찰계수 μ=0.30/rad이고, $\theta = 0.3 \times \dfrac{2}{9} = \dfrac{1}{15}$rad이며, 근사식을 사용하여 계산한다.) [기사 05, 10, 12]

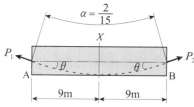

① 757kN   ② 829kN

③ 900kN   ④ 1,043kN

해설 $P_x = P_o(1 - kl_x - \mu a)$

$= 900 \times \left(1 - 0.0066 \times 18 - 0.3 \times \dfrac{2}{15}\right)$

$= 757kN$

47. 포스트텐션 긴장재의 마찰손실을 구하기 위해 다음의 표와 같은 근사식을 사용하고자 한다. 이때 근사식을 사용할 수 있는 조건으로 옳은 것은?

[기사 15, 21]

$$P_x = \frac{P_o}{1 + Kl + \mu\alpha}$$

① P_o의 값이 5,000kN 이하인 경우
② P_o의 값이 5,000kN을 초과하는 경우
③ $(Kl + \mu\alpha)$의 값이 0.3 이하인 경우
④ $(Kl + \mu\alpha)$의 값이 0.3을 초과하는 경우

해설 $Kl + \mu\alpha \leq 0.3$일 때 근사식을 사용할 수 있다.

48. 다음 그림과 같은 포스트텐션보에서 마찰에 의한 B점의 프리스트레스 감소량(ΔP)의 크기는? [단, 긴장단에서 긴장재의 긴장력(P_{pj})=1,000kN, 근사식을 사용하며 곡률마찰계수(μ_P)=0.3/rad, 파상마찰계수(K)=0.004/m]

[기사 17]

① 54.68kN
② 81.23kN
③ 118.17kN
④ 141.74kN

해설

$$\mu\alpha + Kl = 0.3 \times 17.2 \times \frac{\pi}{180} + 0.004 \times 11$$
$$= 0.1341$$

(근사식 사용) $P_x = \dfrac{P_o}{1 + u\alpha + Kl}$

$$= \frac{P_o}{1 + 0.1341} = 0.8818 P_o$$

$$\therefore \Delta P = P_o - P_x = 0.1182 P_o$$
$$= 0.1182 \times 1,000 = 118.2\text{kN}$$

49. 다음 그림과 같은 단면을 갖는 지간 20m의 PSC 보에 PS강재가 200mm의 편심거리를 가지고 직선배치되어 있다. 자중을 포함한 등분포하중 16kN/m가 보에 작용할 때 보 중앙 단면 콘크리트 상연응력은 얼마인가? (단, 유효프리스트레스힘 P_e=2,400kN)

[기사 09, 14, 16, 17]

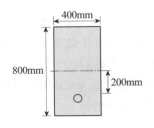

① 12MPa
② 13MPa
③ 14MPa
④ 15MPa

해설 $M = \dfrac{wl^2}{8} = \dfrac{16 \times 20^2}{8} = 800\text{kN} \cdot \text{m}$

$$\therefore f_c = \frac{P}{A} - \frac{Pe}{I}y + \frac{M}{I}y$$

$$= \frac{2,400}{0.4 \times 0.8} - \frac{12 \times 2,400 \times 0.2}{0.4 \times 0.8^3} \times 0.4$$

$$+ \frac{12 \times 800}{0.4 \times 0.8^3} \times 0.4$$

$$= 15,000\text{kN/m}^2 = 15\text{N/mm}^2$$

$$= 15\text{MPa}$$

50. 다음 그림과 같은 직사각형 단면의 단순보에 PS강재가 포물선으로 배치되어 있다. 보의 중앙 단면에서 일어나는 상·하연의 콘크리트 응력은 얼마인가? (단, PS강재의 긴장력은 3,300kN이고 자중을 포함한 작용하중은 27kN/m이다.)

[기사 03, 19, 22]

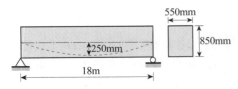

① 상 $f_t = 21.214\text{N/mm}^2(\text{MPa})$
   하 $f_b = 1.8\text{N/mm}^2(\text{MPa})$
② 상 $f_t = 12.073\text{N/mm}^2(\text{MPa})$
   하 $f_b = 0\text{N/mm}^2(\text{MPa})$
③ 상 $f_t = 8.6\text{N/mm}^2(\text{MPa})$
   하 $f_b = 2.448\text{N/mm}^2(\text{MPa})$
④ 상 $f_t = 11.113\text{N/mm}^2(\text{MPa})$
   하 $f_b = 3.005\text{N/mm}^2(\text{MPa})$

해설 ㉮ $M = \dfrac{wl^2}{8} = \dfrac{27 \times 18^2}{8} = 1093.5 \text{kN} \cdot \text{m}$

㉯ $Z = \dfrac{I}{y} = \dfrac{bh^2}{6} = \dfrac{0.55 \times 0.85^2}{6} = 0.0662 \text{m}^3$

㉰ $f = \dfrac{P}{A} \mp \dfrac{Pe}{I} y \pm \dfrac{M}{I} y$ 일 때

㉠ $f_{상} = \dfrac{P}{A} - \dfrac{Pe}{Z} + \dfrac{M}{Z}$

$\quad = \dfrac{3,300}{0.55 \times 0.85} - \dfrac{3,300 \times 250}{0.0662}$

$\quad\quad + \dfrac{1093.5}{0.0662}$

$\quad = 11114.7 \text{kPa} \fallingdotseq 11.11 \text{MPa}$

㉡ $f_{하} = \dfrac{P}{A} + \dfrac{Pe}{Z} - \dfrac{M}{Z}$

$\quad = \dfrac{3,300}{0.55 \times 0.85} + \dfrac{3,300 \times 250}{0.0662}$

$\quad\quad - \dfrac{1093.5}{0.0662}$

$\quad = 3010.48 \text{kPa} \fallingdotseq 3 \text{MPa}$

51. 다음 그림과 같이 등분포하중을 받는 단순보에 PS강재를 $e = 50\text{mm}$만큼 편심시켜서 직선으로 작용시킬 때 보 중앙 단면의 하연응력은 얼마인가? (단, 자중은 무시한다.) [기사 22, 산업 10, 16]

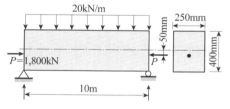

① 69MPa(압축) ② 42MPa(압축)
③ 33MPa(인장) ④ 6MPa(인장)

해설 $M = \dfrac{wl^2}{8} = \dfrac{20 \times 10^2}{8} = 250 \text{kN} \cdot \text{m}$

$\therefore f_b = \dfrac{P}{A} + \dfrac{Pe}{I} y - \dfrac{M}{I} y$

$\quad = \dfrac{1,800,000}{250 \times 400} + \dfrac{12 \times 1,800,000 \times 50}{250 \times 400^3}$

$\quad\quad \times 200 - \dfrac{12 \times 250,000,000}{250 \times 400^3} \times 200$

$\quad = -6 \text{MPa}(인장)$

52. T형 PSC보에 설계하중을 작용시킨 결과 보의 처짐은 0이었으며, 프리스트레스 도입단계부터 부착된 계측장치로부터 상부 탄성변형률 $\varepsilon = 3.5 \times 10^{-4}$을 얻었다. 콘크리트 탄성계수 $E_c = 26,000\text{MPa}$, T형보의 단면적 $A_g = 150,000\text{mm}^2$, 유효율 $R = 0.85$일 때 강재의 초기 긴장력 P_i를 구하면? [기사 04, 09, 14, 17]

① 1,606kN
② 1,365kN
③ 1,160kN
④ 2,269kN

해설 $P_e = fA = E\varepsilon A$

$\quad = 26,000 \times 3.5 \times 10^{-4} \times 150,000$

$\quad = 1,365,000 \text{N} = 1,365 \text{kN}$

$P_e = 0.85 P_i$

$\therefore P_i = \dfrac{P_e}{0.85} = \dfrac{1,365}{0.85} = 1605.88 \text{kN}$

53. 다음 그림의 단순 지지보에서 긴장재는 C점에서 150mm의 편차에 직선으로 배치되고 1,000kN으로 긴장되었다. 보의 고정하중은 무시할 때 C점에서의 휨모멘트는 약 얼마인가? (단, 긴장재의 경사가 수평압축력에 미치는 영향 및 자중은 무시한다.) [기사 07, 12, 15, 21]

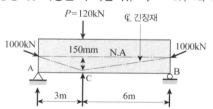

① $M_c = 90 \text{kN} \cdot \text{m}$
② $M_c = -150 \text{kN} \cdot \text{m}$
③ $M_c = 240 \text{kN} \cdot \text{m}$
④ $M_c = 390 \text{kN} \cdot \text{m}$

해설 ㉮ 집중하중 120kN에 의한

$\quad M_{c1} = R_A \times 3 = 80 \times 3 = 240 \text{kN} \cdot \text{m}$

여기서, $R_A = \dfrac{120 \times 6}{9} = 80 \text{kN}$

㉯ 긴장력에 의한 상향력모멘트

$\quad M_{c2} = -1,000 \text{kN} \times 0.15 = -150 \text{kN} \cdot \text{m}$

$\therefore M_c = 240 - 150 = 90 \text{kN} \cdot \text{m}$

54. 다음 그림의 단순 지지보에서 긴장재는 C점에서 100mm의 편차에 직선으로 배치되고 1,100kN으로 긴장되었다. 보에는 120kN의 집중하중이 C점에 작용한다. 보의 고정하중은 무시할 때 AC구간에서의 전단력은 얼마인가? [기사 03, 10]

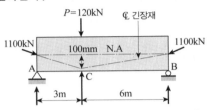

① $V=36.7$kN($\downarrow$)   ② $V=120$kN($\downarrow$)

③ $V=80$kN($\uparrow$)   ④ $V=43.36$kN($\uparrow$)

• 해설 ㉮ $\sum M_B=0$

$\quad R_A \times 9 - 120 \times 6 = 0$

$\quad \therefore R_A = 80$kN

$\quad \therefore V_A = 80$kN

㉯ 편심에 의한 AC구간의 전단력 감소량은 1,100kN의 수직분력이므로

$\quad \triangle V_{AC} = 1,100 \times \sin\theta$

$\qquad = 1,100 \times \dfrac{0.1}{\sqrt{3^2 + 0.1^2}}$

$\qquad = 36.64$kN

㉰ $V_{AC} = V_A - \triangle V_{AC}$

$\qquad = 80 - 36.64 = 43.36$kN

55. 다음 그림과 같은 포스트텐션보에 1,200kN의 초기 프리스트레스를 도입했다. $w=20$kN/m의 하중이 작용할 때 경간 중앙 단면에 생기는 콘크리트의 응력은 얼마인가? (단, 손실은 15%로 가정하고, 자중은 무시한다.) [기사 03]

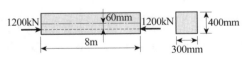

① 상연 20.85MPa, 하연 -3.85MPa

② 상연 25.0MPa, 하연 0

③ 상연 27.84MPa, 하연 2.67MPa

④ 상연 18.66MPa, 하연 -1.65MPa

• 해설 $P=0.85P_i$

$\quad = 0.85 \times 1,200$kN

$\quad = 1,020$kN

$\therefore f = \dfrac{P}{A} \mp \dfrac{Pe}{I}y \pm \dfrac{M}{I}y$

$\quad = \dfrac{1,020,000}{0.3 \times 0.4} \mp \dfrac{1,020,000 \times 0.06}{0.3 \times 0.4^3/12}$

$\qquad \times 0.2 \pm \dfrac{20,000 \times 8^2/8}{0.3 \times 0.4^3/12} \times 0.2$

$\quad = 8,500,000 \mp 7,650,000 \pm 20,000,000$

$\quad = (8.5 \mp 7.65 \pm 20) \times 10^6 \text{N/m}^2 (= \text{Pa})$

$\quad = (8.5 \mp 7.65 \pm 20)\text{MPa}$

$\quad = +20.85\text{MPa}(상연), -3.85\text{MPa}(하연)$

56. 경간이 8m인 직사각형 PSC보($b=300$mm, $h=500$mm)에 계수하중 $w=40$kN/m가 작용할 때 인장측의 콘크리트 응력이 0이 되려면 얼마의 긴장력으로 PS강재를 긴장해야 하는가? (단, PS강재는 콘크리트 단면 도심에 배치되어 있음)

[기사 10, 11, 13, 14, 15, 17, 18, 21, 22, 산업 12, 15, 20]

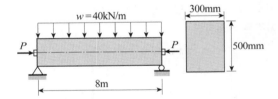

① $P=1,250$kN

② $P=1,880$kN

③ $P=2,650$kN

④ $P=3,840$kN

• 해설 $M = \dfrac{wl^2}{8} = \dfrac{40 \times 8^2}{8} = 320$kN $\cdot$ m

$f = \dfrac{P}{A} - \dfrac{M}{I}y = \dfrac{P}{bh} - \dfrac{6M}{bh^2} = 0$

$\therefore P = \dfrac{6M}{h} = \dfrac{6 \times 320}{0.5} = 3,840$kN

57. 다음 그림과 같은 단면의 중간높이에 초기 프리스트레스 900kN을 작용시킨다. 20%의 손실을 가정하여 하단 또는 상단의 응력이 영(零)이 되도록 이 단면에 가할 수 있는 모멘트의 크기는?

[기사 09, 14, 16, 산업 14]

① 90kN · m
② 84kN · m
③ 72kN · m
④ 65kN · m

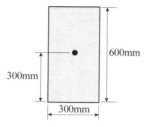

 $P_e = 900 - 900 \times 0.2 = 720$kN

$$f_c = \frac{P_e}{A} \pm \frac{M}{I}y = 0$$

$$\therefore M = \frac{P_e h}{6} = \frac{720 \times 0.6}{6} = 72\text{kN} \cdot \text{m}$$

58. 지간 6m인 다음 그림과 같은 단순보에 $w = 30$kN/m(자중 포함)가 작용하고 있다. PS강재를 단면 도심에 배치할 때 보의 하면에서 0.5MPa의 압축응력을 받을 수 있도록 한다면 PS강재에 얼마의 긴장력이 작용되어야 하는가?

[산업 10, 12]

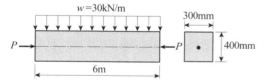

① 1,875kN
② 2,085kN
③ 2,325kN
④ 2,883kN

$$M = \frac{wl^2}{8} = \frac{30 \times 6^2}{8} = 135\text{kN} \cdot \text{m}$$

$$f_t = \frac{P}{A} - \frac{M}{I}y$$

$$\therefore P = \left(f_t + \frac{M}{I}y\right)A$$

$$= \left(0.5 + \frac{12 \times 135 \times 10^6}{300 \times 400^3} \times 200\right)$$

$$\times 300 \times 400$$

$$= 2.085 \times 10^6 \text{N} = 2,085\text{kN}$$

59. 주어진 T형 단면에서 부착된 프리스트레스트 보강재의 인장응력 f_{ps}는 얼마인가? (단, 긴장재의 단면적은 $A_{ps} = 1,290$mm²이고 프리스트레싱 긴장재의 종류에 따른 계수(γ_p)=0.4, $f_{pu} = 1,900$MPa, $f_{ck} = 35$MPa이다.)

[기사 06, 18]

① $f_{ps} = 1,900$MPa
② $f_{ps} = 1,761$MPa
③ $f_{ps} = 1,752$MPa
④ $f_{ps} = 1,651$MPa

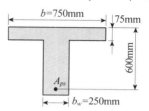

$$\delta_p = \frac{A_p}{bd_p} = \frac{1,290}{750 \times 600} = 0.00287$$

$$\therefore f_{ps} = f_{pu}\left(1 - \frac{r_p}{\beta_1}\delta_p\frac{f_{pu}}{f_{ck}}\right)$$

$$= 1,900 \times \left(1 - \frac{0.4}{0.8} \times 0.00287 \times \frac{1,900}{35}\right)$$

$$= 1,752\text{MPa}$$

60. 직사각형 단면(300mm²×400mm²)인 프리텐션부재에 550mm²의 단면적을 가진 PS강선을 콘크리트 단면 도심에 일치하도록 배치하였다. 이때 1,350MPa의 인장응력이 되도록 긴장한 후 콘크리트에 프리스트레스를 도입한 경우 도입직후 생기는 PS강선의 응력은? (단, $n = 6$, 단면적은 총단면적 사용)

[기사 05, 13, 산업 10, 19]

① 371MPa
② 398MPa
③ 1,313MPa
④ 1,321MPa

$$\Delta f_p = n f_{ci}$$

$$= 6 \times \frac{550 \times 1,350}{300 \times 400} = 37.125\text{MPa}$$

$$\therefore f_p = f_i - \Delta f_p$$

$$= 1,350 - 37.13$$

$$= 1312.9\text{MPa}$$

61. 다음 그림과 같은 도심에 PC강재가 배치되어 있다. 초기 프리스트레스힘을 1,800kN 작용시켰다. 30%의 손실을 가정하여 콘크리트의 하연응력이 0이 되도록 하려면 이때의 휨모멘트값은 얼마인가? (단, 자중은 무시함) [기사 06, 10, 19, 21]

① 120kN · m

② 126kN · m

③ 130kN · m

④ 150kN · m

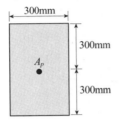

해설 $P_e = 1,800 \times 0.7 = 1,260$kN

$$\therefore M = \frac{P_e h}{6} = \frac{1,260 \times 0.6}{6} = 126 \text{kN} \cdot \text{m}$$

62. 다음 그림과 같은 프리스트레스트 콘크리트 단면의 공칭휨강도를 구하면? (단, $f_{ck} = 35$MPa, $f_{pa} = 1,700$MPa이고 과소보강되었다고 가정한다.) [기사 05, 13, 16]

① 403kN · m

② 419kN · m

③ 425kN · m

④ 437kN · m

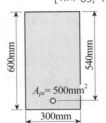

해설 $C = T$

$$a = \frac{f_{pa} A_{ps}}{0.85 f_{ck} b}$$

$$= \frac{1,700 \times 500}{0.85 \times 35 \times 300} = 95.2 \text{mm}$$

$$\therefore M_n = f_{pa} A_s \left(d - \frac{a}{2} \right)$$

$$= 1,700 \times 500 \times \left(540 - \frac{95.2}{2} \right)$$

$$= 418,540,000 \text{N} \cdot \text{mm} = 419 \text{kN} \cdot \text{m}$$

63. 다음 그림과 같은 프리스트레스트 콘크리트에서 직선으로 배치된 긴장재는 유효프리스트레스힘 1,050kN으로 긴장되었다. $f_{ck} = 30$MPa일 때 보의 균열모멘트(M_{cr})는 약 얼마인가? [기사 08]

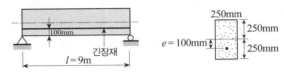

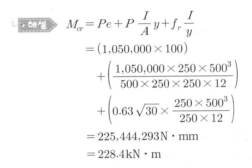

① 327kN · m

② 228kN · m

③ 147kN · m

④ 97kN · m

해설 $M_{cr} = Pe + P \dfrac{I}{A} y + f_r \dfrac{I}{y}$

$$= (1,050,000 \times 100)$$

$$+ \left(\frac{1,050,000 \times 250 \times 500^3}{500 \times 250 \times 250 \times 12} \right)$$

$$+ \left(0.63 \sqrt{30} \times \frac{250 \times 500^3}{250 \times 12} \right)$$

$$= 225,444,293 \text{N} \cdot \text{mm}$$

$$= 228.4 \text{kN} \cdot \text{m}$$

64. 주어진 T형 단면에서 전단에 대해 위험 단면에서 $V_u d / M_u = 0.28$이었다. 휨철근 인장강도의 40% 이상의 유효프리스트레스트힘이 작용할 때 콘크리트의 공칭전단강도(V_c)는 얼마인가? (단, $f_{ck} = 45$MPa, V_u : 계수전단력, M_u : 계수휨모멘트, d : 압축측 표면 ~긴장재 도심까지의 거리) [기사 12, 16]

① 185.7kN

② 230.5kN

③ 321.7kN

④ 462.7kN

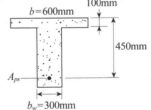

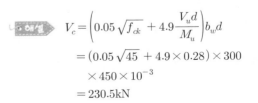

해설 $V_c = \left(0.05 \sqrt{f_{ck}} + 4.9 \dfrac{V_u d}{M_u} \right) b_w d$

$$= (0.05 \sqrt{45} + 4.9 \times 0.28) \times 300$$

$$\times 450 \times 10^{-3}$$

$$= 230.5 \text{kN}$$

65. 다음 그림과 같은 PSC보에 활하중(w_l) 18kN/m가 작용하고 있을 때 보의 중앙 단면 상연에서 콘크리트 응력은? [단, 프리스트레스트힘(P)은 3,375kN이고, 콘크리트의 단위중량은 25kN/m³를 적용하여 자중을 선정하며, 하중계수와 하중조합은 고려하지 않는다.] [기사 16]

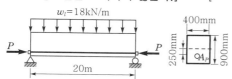

① 18.75MPa
② 23.63MPa
③ 27.25MPa
④ 32.42MPa

•해설 $w = w_d + w_l$
$$= (25 \times 0.4 \times 0.9) + 18 = 27\text{kN/m}$$
$$M = \frac{wl^2}{8} = \frac{27 \times 20^2}{8} = 1,350\text{kN·m}$$
$$\therefore f_c = \frac{P}{A} - \frac{Pe}{I}y + \frac{M}{I}y$$
$$= \frac{3,375}{0.4 \times 0.9} - \frac{12 \times 3,375 \times 0.25}{0.4 \times 0.9^3}$$
$$\times 0.45 + \frac{12 \times 1,350}{0.4 \times 0.9^3} \times 0.45$$
$$= 18,750\text{kN/m}^2 = 18.75\text{MPa}$$

MEMO

chapter 10

강구조 및 교량

출제경향 분석

본 단원에서는 ① **리벳의 전단강도(단전단, 복전단, 지압전단)**, ② **순폭(b_n)** 및 **순단면적(A_n) 계산**, ③ **필릿용접의 목두께(a)**, ④ **충격계수** 등에서 출제된다. 특히 ⑤ **용접부의 응력(f_a)**을 구하는 문제가 가장 많이 출제되었다.

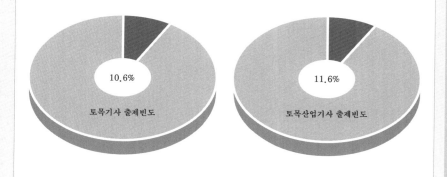

10.6%

토목기사 출제빈도

11.6%

토목산업기사 출제빈도

10 강구조 및 교량

01 개론

❶ 형강

(1) 형강의 종류 : H형강, I형강, T형강, ㄷ형강(channel), L형강

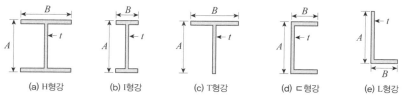

(a) H형강　(b) I형강　(c) T형강　(d) ㄷ형강　(e) L형강

【그림 10-1】형강의 종류

(2) 표시 : A[mm]$\times B$[mm]$\times t$[mm]$\times l$[mm]

❷ 강재의 이음

(1) 이음의 종류
① 기계적 방법 : 리벳이음, 고장력 볼트이음, 핀이음
② 용접이음 : 홈용접(맞대기 용접), 필릿용접(겹치기 용접), 플러그용접

(2) 이음의 일반사항
① 부재의 이음은 이음부에서 계산된 응력보다 큰 응력에 저항하도록 설계하는 것이 원칙이며, 또한 이음부의 강도가 모재 전체 강도의 75% 이상을 갖도록 설계하여야 한다.
② 부재 사이 응력의 전달이 확실해야 한다.
③ 가급적 편심이 발생하지 않도록 연결한다.
④ 이음부에서 응력집중이 없어야 한다.

알·아·두·기·

[출제] 강재이음 일반사항
13(6) ㉑

• 강재이음 시 부재의 변형에 대한 영향을 고려해야 한다.

⑤ 부재의 변형에 따른 영향을 고려하여야 한다.

⑥ 잔류응력이나 2차 응력을 일으키지 않아야 한다.

(3) 이음의 방법을 병용할 경우

① 한 이음부에 용접과 리벳을 병용하는 경우에는 용접이 모든 응력을 부담하는 것으로 본다.

② 홈용접을 사용한 맞대기 이음+고장력 볼트 마찰이음과 응력방향과 나란한 필릿용접+고장력 볼트 마찰이음을 병용하는 경우 각 이음이 응력을 부담하는 것으로 본다.

③ **응력과 직각을 이루는 필릿용접+고장력 볼트 마찰이음을 병용해서는 안 된다.**

④ **용접과 고장력 볼트 지압이음을 병용해서는 안 된다.**

02 리벳이음

① 리벳이음의 종류

① 겹치기 이음 : 모재 강판을 겹쳐서 접합하는 방법

② 맞대기 이음 : 모재 강판의 끝을 서로 맞대고 한쪽 또는 양쪽에 이음판을 붙여 접합하는 방법

② 리벳응력과 강도

(1) 리벳응력(전단응력) 및 리벳강도(전단강도)

① 1면 전단(단전단)

㉠ 전단응력 : $v_a = \dfrac{P}{A} = \dfrac{4P}{\pi d^2}$

㉡ 전단강도 : $P_s = v_a A = v_a \left(\dfrac{\pi d^2}{4} \right)$ .... (10.1)

[출제] 리벳강도(전단강도)
08(3), 09(3), 10(3), 12(3),
20(6) ⚙

▶ 1면 전단

① $P_s = v_a \left(\dfrac{\pi d^2}{4} \right)$

② $P_b = f_{ba}(dt)$

①과 ② 중 작은 값이 리벳강도

② 2면 전단(복전단)

㉠ 전단응력 : $v_a = \dfrac{P}{2A} = \dfrac{2P}{\pi d^2}$

㉡ 전단강도 : $P_s = 2Av_a = \left(\dfrac{\pi d^2}{2}\right)v_a$ .... (10.2)

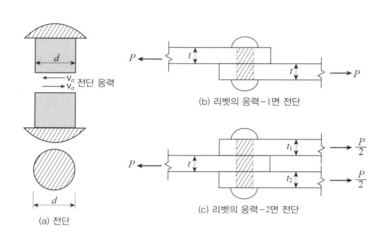

(a) 전단

(b) 리벳의 응력−1면 전단

(c) 리벳의 응력−2면 전단

(2) 지압응력 및 지압강도

① 지압응력 : $f_{ba} = \dfrac{P}{A} = \dfrac{P}{dt}$

② 지압강도 : $P_b = f_{ba}dt$ .... (10.3)

여기서, t : 판두께

d : 리벳지름

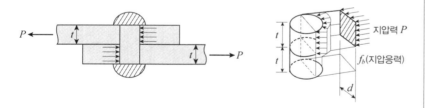

(3) 리벳값(ρ)

전단강도(P_s)와 지압강도(P_b) 중 작은 값

(4) 리벳개수(n) = $\dfrac{P}{\text{리벳값}} = \dfrac{P}{\rho}$ .... (10.4)

여기서, P : 부재의 강도

[출제] 리벳개수(n)
09(8), 19(8) ㉠
11(3) ㉠

◘ 리벳개수(n) = $\dfrac{\text{부재강도}}{\text{리벳강도}}$

❸ 판의 강도

(1) (압축부재) 축방향 압축강도 : $P_c = f_{ca} A_g$

여기서, A_g : 부재 총단면적

(2) (인장부재) 축방향 인장강도 : $P_t = f_{ta} A_n$

여기서, A_n : 부재 순단면적

(3) 순단면적 : $A_n = b_n t$

여기서, b_n : 순폭

(4) 순폭(b_n) 결정

① 일렬배열된 강판 : $b_n = b_g - nd$

여기서, d : **리벳구멍의 지름**

  • $d = \phi + 1.0\,(\phi < 20)$
  • $d = \phi + 1.5\,(\phi \geq 20)$

ϕ : 리벳(볼트)의 지름

b_g : 부재 총폭

n : 부재의 폭방향 동일 선상의 리벳(볼트)구멍 수

② 지그재그배열된 강판

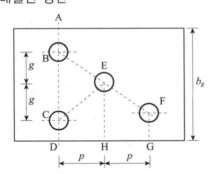

㉠ ABCD 단면 : $b_{n1} = b_g - 2d$

㉡ ABEH 단면 : $b_{n2} = b_g - d - w$

㉢ ABECD 단면 : $b_{n3} = b_g - d - 2w$

㉣ ABEFG 단면 : $b_{n3} = b_g - d - 2w$

여기서, $w = d - \dfrac{p^2}{4g}$

p : 피치

g : 리벳응력의 직각방향인 리벳 선간 길이

[출제] 순단면적(A_n)

08(9), 09(5), 11(3,10), 12(5),
18(4) ㉠

▣ 순단면적(A_n)

$A_n = b_n t$

[출제] 순폭(b_n)

08(3), 10(3), 12(3,9), 16(10),
17(9), 18(3), 22(4) ㉠
12(5) ㉯

[참고]

강구조 연결설계기준(허용응력설계법)

리벳지름(mm)	리벳구멍지름(mm)
$\phi < 20$	$d = \phi + 1.0$
$\phi \geq 20$	$d = \phi + 1.5$

[출제] $w = d - \dfrac{p^2}{4g}$

11(6), 17(3), 22(3) ㉠
11(10), 13(9), 19(9) ㉯

$w = d - \dfrac{p^2}{4g}$

여기서, p : 피치(수평거리)

g : 직각방향 리벳선 간 길이

$\therefore p = \sqrt{4gd}$

(5) L형강

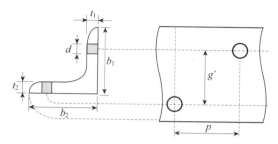

① 총폭 : $\boxed{b_g = b_1 + b_2 - t}\left(\text{여기서, } t = \frac{1}{2}(t_1 + t_2)\right)$

② 순폭

    ㉠ $\dfrac{p^2}{4g} < d$: $b_n = b_g - d - w\,(\text{여기서, } g = g_1 - t)$

    ㉡ $\dfrac{p^2}{4g} \geq d$: $b_n = b_g - d$

[출제] L형강 총폭(b_g)

10(5), 11(10), 22(3) ㉠
11(3) ㉺

▶ L형강 총폭(b_g)

    $b_g = b_1 + b_2 - t$

여기서, $t = \dfrac{1}{2}(t_1 + t_2)$

03   용접이음

① 용접이음의 종류

(1) 홈용접

양쪽 강판 사이에 홈을 두어 맞대거나 T형 이음에서는 양쪽 모재 사이의 홈에 용접금속을 넣는 용접이다.

▶ 용접이음의 종류

① 홈용접
② 필릿용접
③ 플러그용접

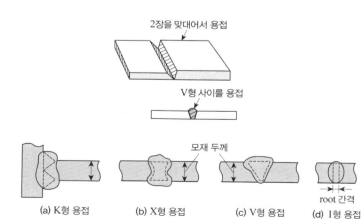

(a) K형 용접   (b) X형 용접   (c) V형 용접   (d) I형 용접

① I형 용접 : 강판이 얇은 경우
② V형 용접 : 가장 일반적으로 사용
③ X형 용접 : 강판이 두꺼운 경우(19mm 이상)

(2) 필릿용접

목두께의 방향이 모재의 면과 45°가 되게 하는 용접

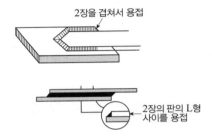

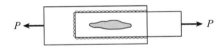

(3) 플러그용접

모재를 겹친 후 구멍을 뚫고 용접으로 메우는 것

🌀 용접결함의 종류

① over lap(그림 a)
② under cut(그림 b)
③ 다리길이 부족(그림 c)
④ 용접두께 부족(그림 d)
⑤ 보강 덧붙이 과다(그림 e)

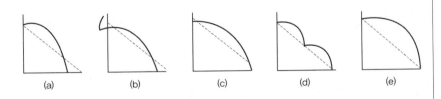

(a)　　　　(b)　　　　(c)　　　　(d)　　　　(e)

[출제] 용접결함의 종류
08(9), 11(6), 18(4) ㉑
09(5), 19(8) ㉑

▶ 용접결함의 종류
① 오버랩(over lap)
② 언더컷(under cut)
③ 크랙(crack)
④ 다리길이 부족
⑤ 용접두께 부족

③ 용접부 강도

(1) 목두께(a)

응력을 전달하는 용접부의 유효두께

① 홈용접 : $a = $ 모재의 두께(t) (두께가 다를 경우는 얇은 부재 사용)

② 필릿용접 : $a = 0.70s$ $\left(\sin 45° = \dfrac{a}{s},\ a = \sin 45° s \right)$

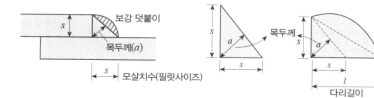

[출제] 필릿용접 목두께(a)

10(9), 18(4), 21(8) ㉑
10(5), 11(6), 18(3) ㉚

▶ **필릿용접 목두께**

$$a = \frac{1}{\sqrt{2}}s = \frac{\sqrt{2}}{2}s = 0.70s$$

여기서, s : 모살치수(필릿사이즈)

(2) 유효길이

용접선이 응력방향에 직각이 아닌 경우에 응력에 직각방향에 투영시킨 길이를 유효길이로 한다.

$$l_e = l \sin\theta$$

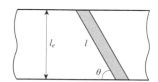

[출제] 용접부 유효길이(l_e)

09(5), 13(9) ㉚

▶ **유효길이**

$$l_e = l \sin\theta$$

여기서, l : 용접 사선길이

(3) 용접부 강도 = 용접부 면적(= 목두께×유효길이)×허용응력

$$\therefore\ P = a l_e f_a \qquad\qquad\qquad (10.5)$$

④ 용접부 응력

(1) 인장력, 압축력, 전단력을 받는 이음부 응력

$$f_a = \frac{P}{\sum a l_e},\quad v = \frac{P}{\sum a l_e} \qquad\qquad (10.6)$$

[출제] 용접부 응력(f_a)

08(3,5,9), 10(3,5), 11(10), 12(3), 13(3,9), 15(5,9), 16(10), 17(3), 18(3), 20(6), 21(3,8), 22(3) ㉑
08(3,5,9), 09(8), 10(5), 12(3,5,9), 13(3,6), 18(4), 20(6) ㉚

▶ **용접부 응력**

$$f_a = \frac{P}{\sum a l_e}$$

여기서, $\sum a l_e$: 용접부 유효 단면적의 합
P : 이음부에 작용하는 힘

(2) 휨모멘트를 받는 이음부 응력

$$f = \frac{M}{I}y \quad\text{(10.7)}$$

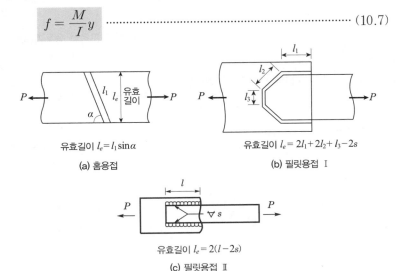

유효길이 $l_e = l_1 \sin\alpha$

(a) 홈용접

유효길이 $l_e = 2l_1 + 2l_2 + l_3 - 2s$

(b) 필릿용접 Ⅰ

유효길이 $l_e = 2(l - 2s)$

(c) 필릿용접 Ⅱ

■ 유효길이(l_e)

① 홈용접 : 용접선이 응력방향에 경사진 경우 투영시킨 걸이를 사용 ($l_e = l_1 \sin\alpha$)

② 필릿용접 : 총길이에서 2배의 모살치수(s)를 공제한 길이 사용 (용접의 시작점과 끝점 공제)

04 볼트이음(고장력 볼트)

① 일반사항

① 고장력 볼트이음은 항복점 응력이 6,400kgf/cm² 이상 되는 고강도 강재로 만든 볼트를 강제로 회전시켜 볼트에 인장력이 발생하게 하고, 이 인장력으로 부재 간에 일정한 압축력이 발생되도록 하는 이음방법이다.

② 고장력 볼트이음은 마찰이음, 지압이음, 인장이음이 있고, 마찰이음을 기본으로 한다.

③ 볼트의 최소중심간격, 최대중심간격 및 연단거리는 리벳의 경우와 같다.

④ 한 이음에서 2개 이상의 고장력 볼트를 사용해야 된다.

⑤ 부재의 순단면을 계산할 때 볼트구멍의 공칭지름에 3mm를 더한 값으로 한다.

[출제] 고장력 볼트이음

18(4) ⑳

■ 고장력 볼트이음

① 마찰이음(기본)
② 지압이음
③ 인장이음

■ 볼트연결부 설계 시 고려항목 [08 ㉑]

① 지압응력
② 볼트의 전단응력
③ 부재의 항복응력

■ 두 강판을 볼트 연결 시 파괴 모드[08 ㉑]

① 볼트의 전단파괴
② 볼트의 지압파괴
③ 강판의 지압파괴

[출제] 복전단 고장력 볼트개수(n)

08(3,5), 12(9), 20(6) ㉠
11(3) ㉑

■ 볼트개수

$$n = \frac{P}{2P_a}$$

여기서, P_a : 마찰이음허용력(kN)
P : 부재인장력(kN)

❷ 이음의 종류

① 마찰이음(그림 a)

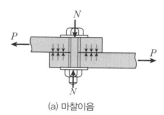

(a) 마찰이음

② 지압이음(그림 b)

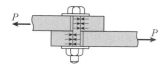

(b) 지압이음

③ 인장이음(그림 c)

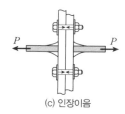

(c) 인장이음

❸ 고장력 볼트의 장점

① 내화력이 리벳이나 용접이음보다 크다.
② 소음이 적다.
③ 불량한 부분의 교체가 쉽다.
④ 이음 부분의 강도가 크다.
⑤ 현장 시공설비가 간편하다.
⑥ 노동력의 절약과 공사기간을 단축할 수 있으므로 경제적이다.

〔참고〕
$P_a = \tau_a A \, (=$응력$\times$볼트면적$)$

$\therefore \ n = \dfrac{P}{2\tau_a A}$

여기서, τ_a : 마찰이음허용응력(MPa)

A : 볼트 단면적$\left(= \dfrac{\pi d^2}{4}\right)$

알·아·두·기·

05 교량

① 표준 트럭하중과 차선하중

도로교시방서에서 활하중으로 표준 트럭하중(DB하중)과 차선하중 (DL하중)을 주고 있으며, DB하중에 사용된 표준 트럭 및 교량등급별 하중 제원은 다음과 같다. 또한 DL하중은 대응하는 표준 트럭하중보다 더 큰 응력을 일어나게 할 때 사용한다. 차선하중은 연행하는 트럭하중 과 등가가 되도록 한 활하중으로서 일반적으로 장경간 교량의 설계를 지배한다.

【표 10-1】 DB하중(표준 트럭하중)의 등급별 하중

교량등급	하중	총중량 W[kN]	전륜하중 $0.1W$[kN]	후륜하중 1 $0.4W$[kN]	후륜하중 2 $0.4W$[kN]
1등교	DB−24	4.32	24	96	96
2등교	DB−18	3.24	18	72	72
3등교	DB−13.5	2.43	13.5	54	54

▶ DB하중
① 1등급교 : DB−24
② 2등급교 : DB−18
③ 3등급교 : DB−13.5

• DB−24의 총중량 : 4.32kN

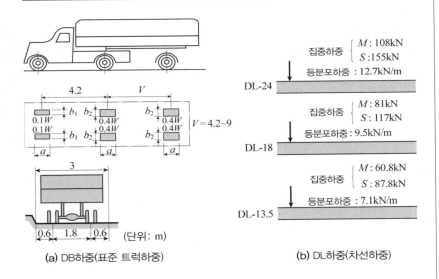

(a) DB하중(표준 트럭하중)

(b) DL하중(차선하중)

② 충격계수

$$I = \frac{15}{40 + L} \le 0.3 \qquad (10.8)$$

여기서, L : 교량의 경간길이(m)

[출제] 충격계수(I)
09(3), 11(3) ㉔
08(9), 09(3), 10(3), 11(6) ㉕

❸ 설계휨모멘트

주철근을 차량 진행방향에서 직각으로 배치할 때 단순 바닥판의 단위폭당 활하중모멘트는 다음 식으로 구한다(충격은 미포함).

① DB−24 : $M_L = \dfrac{L+0.6}{9.6} P_{24}$ [kgf · m/m]

② DB−18 : $M_L = \dfrac{L+0.6}{9.6} P_{18}$ [kgf · m/m]

③ DB−13.5 : $M_L = \dfrac{L+0.6}{9.6} P_{13.5}$ [kgf · m/m]

여기서, P : 트럭 1개의 후륜하중

$(P_{24} = 9,600\text{kgf}, \ P_{18} = 7,200\text{kgf}, \ P_{13.5} = 5,400\text{kgf})$

L : 계산경간(m)

❹ 플레이트거더교(판형교)

(1) 판형교(plate girder bridge)의 구조

강판을 용접이음하여 대형 판부재를 제작하며, 판을 이어 사용한 교량을 말한다.

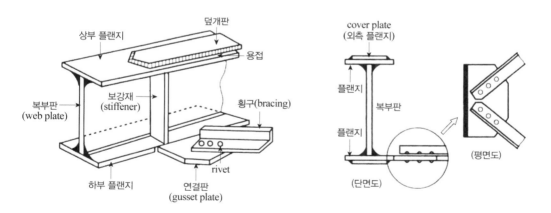

(2) 판형의 휨응력

$$f = \frac{M}{I} y \qquad\qquad\qquad (10.9)$$

[출제] 보강재(stiffener) 사용목적

10(5), 11(3,6), 20(6) ㉑

▶ 보강재(stiffener)

좌굴 방지역할

[출제] 복부판 명칭

08(3), 10(3), 11(10) ㉑

▶ 복부판(web plate)

상 · 하부 플랜지를 연결하는 수직판

(3) 복부판의 전단응력

$$v = \frac{V}{A_w}$$ ···································· (10.10)

여기서, V : 하중에 따른 전단력

A_w : 복부판의 총단면적(순단면적 A_n을 사용하지 않음)

(4) 경제적인 주형의 높이

이론적으로 강의 무게를 최소로 하는 높이

$$h = 1.1\sqrt{\frac{M}{f_a t_f}}$$ ···························· (10.11)

여기서, f_a : 허용휨응력

t_f : 복부판 두께

(5) 플랜지의 단면적

$$A_f = \frac{M}{fh} - \frac{A_w}{6}$$ ···························· (10.12)

여기서, A_w : 복부판 총단면적

(6) 보강재(stiffener)

복부판의 좌굴을 방지하기 위한 보강재

[출제] 판형교 주형의 경제적인
높이(h)
10(5), 17(3) ㉑

[출제] 전단 연결재
10(9), 21(5) ㉑
18(3) ㉚

▶ 전단 연결재

강합성 교량에서 콘크리트 슬래브와
강주형 상부 플랜지를 구조적으로
일체가 되도록 결합시킴

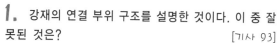

예상 및 기출문제

1. 강재의 연결 부위 구조를 설명한 것이다. 이 중 잘 못된 것은? [기사 93]

① 구성하는 각 재편에 가급적 편심이 생기도록 구성하는 것이 좋다.

② 응력의 전달이 확실해야 한다.

③ 부재에 해로운 응력집중이 없어야 한다.

④ 잔류응력이나 2차 응력을 일으키지 않아야 한다.

> **해설** 각 재편은 편심이 생기지 않도록 하고 재편의 중심이 일치하도록 하는 것이 좋다.

2. 이음 시 플랜지와 복부를 결합하는 리벳은 주로 다음 중 어느 것에 의해 결정하는가? [기사 96]

① 휨모멘트   ② 전단력

③ 복부의 좌굴   ④ 보의 처짐

> **해설** 플랜지와 복부(web)를 L형강으로 결합할 때 사용되는 전단력에 의한 이음부의 전단파괴가 중요하다.

3. 부재의 순단면적을 계산할 경우 지름 22mm의 리벳을 사용하였을 때 리벳구멍의 지름은 얼마인가? [단, 강구조 연결설계기준(허용응력설계법) 적용]

[기사 96, 02, 03, 20]

① 22.5mm   ② 25mm

③ 24mm   ④ 23.5mm

> **해설** 강구조 연결설계기준(허용응력설계법)
>
> | 리벳의 지름(mm) | 리벳구멍의 지름(mm) |
> |---|---|
> | $\phi < 20$ | $d = \phi + 1.0$ |
> | $\phi \geq 20$ | $d = \phi + 1.5$ |
>
> ∴ 리벳구멍의 지름(d) $= 22 + 1.5 = 23.5\text{mm}$

4. 인장응력 검토를 위한 $L-150 \times 90 \times 12$인 형강(angle)의 전개 총폭 b_g는 얼마인가? [기사 02, 04, 11]

① 228mm   ② 232mm

③ 240mm   ④ 252mm

> **해설** $b_g = b_1 + b_2 - t = 150 + 90 - 12 = 228\text{mm}$

5. 리벳으로 연결된 부재에서 리벳이 상·하 두 부분으로 절단되었다면 그 원인은? [기사 94]

① 연결부의 인장파괴

② 리벳의 압축파괴

③ 연결부의 지압파괴

④ 리벳의 전단파괴

> **해설** 리벳의 파괴 종류
>
> ㉮ 전단파괴 : 리벳이 절단되는 파괴
>
> ㉯ 지압파괴 : 리벳이 강재편에 의해 먹히는 파괴, 눌러 찌그러지는 파괴

6. 강판을 리벳이음할 때 지그재그(zigzag)형으로 리벳을 배치하면 재편의 순폭은 생각하고 있는 최초의 리벳구멍에 대하여는 그 지름을 빼고 이하 순차적으로 다음의 값을 빼는데 이때의 식은? (단, g : 리벳 선간거리, p : 리벳피치) [기사 02, 22, 산업 11, 13, 16, 19]

① $d - \dfrac{g^2}{4p}$ ② $d - \dfrac{4p^2}{g}$

③ $d - \dfrac{p^2}{4g}$ ④ $d - \dfrac{4g^2}{4}$

7. 다음 그림은 지그재그로 구멍이 있는 판에서 순폭을 구하면? (단, 리벳구멍의 지름=25mm)

[기사 05, 06, 07, 08, 10, 12, 15, 16, 18, 22]

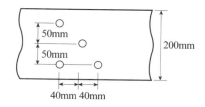

① $b_n = 187\text{mm}$ ② $b_n = 150\text{mm}$

③ $b_n = 141\text{mm}$ ④ $b_n = 125\text{mm}$

해설 ㉮ $b_n = b_g - 2d = 200 - 2 \times 25 = 150$mm

㉯ $b_n = b_g - d - \left(d - \dfrac{p^2}{4g}\right)$

$\quad = 200 - 25 - \left(25 - \dfrac{40^2}{4 \times 50}\right) = 158$mm

㉰ $b_n = b_g - d - 2\left(d - \dfrac{p^2}{4g}\right)$

$\quad = 200 - 25 - 2 \times \left(25 - \dfrac{40^2}{4 \times 50}\right) = 141$mm

$\therefore b_n = 141$mm(최소값)

8. 다음은 L형강에서 인장응력 검토를 위한 순폭 계산에 대한 설명이다. 틀린 것은? [기사 12, 17, 22]

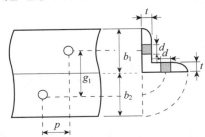

① 전체 총폭$(b) = b_1 + b_2 - t$이다.

② $\dfrac{P^2}{4g} \geq d$인 경우 순폭$(b_n) = b - d$이다.

③ 리벳 선간 거리$(g) = g_1 - t$이다.

④ $\dfrac{P^2}{4g} < d$인 경우 순폭$(b_n) = b - d - \dfrac{P^2}{4g}$이다.

해설 $\dfrac{P^2}{4g} < d$인 경우

$b_n = b_g - d - w = b_g - d - \left(d - \dfrac{P^2}{4g}\right)$

9. 다음 그림과 같은 두께 13mm의 플레이트에 4개의 볼트구멍이 배치되어 있을 때 부재의 순단면적을 구하면? (단, 볼트구멍의 직경은 24mm이다.)

[기사 12, 15, 18]

① 4,056mm^2
② 3,916mm^2
③ 3,775mm^2
④ 3,524mm^2

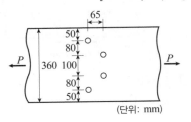

(단위: mm)

해설 $w = d - \dfrac{p^2}{4g} = 24 - \dfrac{65^2}{4 \times 80} = 10.8$mm

㉮ $b_n = 360 - 2 \times 24 = 312$mm

㉯ $b_n = 360 - 24 - 10.8 - 24 = 301.2$mm

㉰ $b_n = 360 - 2 \times 24 - 2 \times 10.8 = 290.4$mm

$\therefore b_n = 290.4$mm(최소값)

$\therefore A_n = b_n t = 290.4 \times 13 = 3775.2$mm^2

10. 다음 그림과 같은 강판에서 순폭은? [단, 볼트구멍의 지름(d)은 25mm이다.] [산업 12, 15, 17, 20]

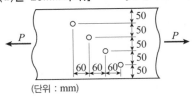

(단위 : mm)

① 150mm
② 175mm
③ 204mm
④ 225mm

해설 $w = d - \dfrac{p^2}{4g} = 25 - \dfrac{60^2}{4 \times 50} = 7$mm

㉮ $b_n = b_g - d = 50 \times 5 - 25 = 225$mm

㉯ $b_n = b_g - d - 3w$

$\quad = 50 \times 5 - 25 - 3 \times 7 = 204$mm

$\therefore b_n = 204$mm(최소값)

11. 다음 그림과 같은 1-PL 180×10(mm)의 강판에 ϕ 25mm 볼트로 이을 때 강판의 최대허용인장력(kN)은? (단, $f_{ta} = 130$MPa) [기사 96, 98, 99, 03]

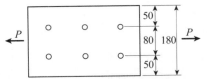

① 160.2kN
② 162.2kN
③ 163.2kN
④ 161.2kN

해설 $b_n = 180 - 2 \times (25 + 3) = 124$mm

$A_n = b_n t$

$\quad = 124 \times 10 = 1,240$mm^2

$\therefore P_a = f_{ta} A_n$

$\quad = 130 \times 1,240$

$\quad = 161,200$N$= 161.2$kN

12. 다음 그림과 같이 리벳팅한 강판의 전강 P는 얼마인가? (단, 리벳구멍지름=25mm, t=12mm, f_{ba}=150MPa =1,500kgf/cm²) [기사 95, 99]

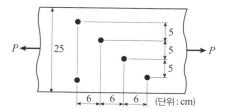

① 457kN

② 450kN

③ 360kN

④ 367kN

> **해설** case별 순단면
>
> ㉮ $b_n = b - 2d = 25 - 2 \times 2.5 = 20$cm
>
> ㉯ $b_n = b - d - 3\left(d - \dfrac{p^2}{4g}\right)$
>
> $\quad = 25 - 2.5 - 3\left(2.5 - \dfrac{6^2}{4 \times 5}\right) = 20.4$cm
>
> ∴ $b_n = 20$cm$=200$mm(최소값)
>
> ∴ $P = b_n t f_{ba}$
>
> $\quad = 200 \times 1.2 \times 150 = 360,000N=360$kN

13. 순단면이 볼트의 구멍 하나를 제외한 단면(즉, A–B–C 단면)과 같도록 피치(s)의 값을 결정하면? (단, 볼트구멍의 지름은 22mm이다.)

[기사 05, 07, 09, 11, 14, 17, 19, 20]

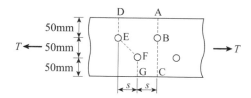

① $s = 114.9$mm

② $s = 90.6$mm

③ $s = 66.3$mm

④ $s = 50$mm

> **해설** ㉮ $b_n = b_g - d$
>
> ㉯ $b_n = b_g - d - \left(d - \dfrac{p^2}{4g}\right)$
>
> ∴ $p = 2\sqrt{gd}$
>
> $\quad = 2 \times \sqrt{50 \times 22} = 66.33$mm

14. 다음 그림과 같은 두께 12mm 평판의 순단면적을 구하면? (단, 구멍의 지름은 23mm이다.)

[기사 09, 11, 16, 19]

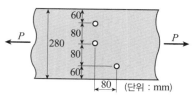

① 2,310mm²

② 2,340mm²

③ 2,772mm²

④ 2,928mm²

> **해설** ㉮ $b_n = b_g - 2d = 280 - 2 \times 23 = 234$mm
>
> ㉯ $b_n = b_g - 2d - \left(d - \dfrac{P^2}{4g}\right)$
>
> $\quad = 280 - 2 \times 23 - \left(23 - \dfrac{80^2}{4 \times 80}\right)$
>
> $\quad = 231$mm
>
> ∴ $b_n = 231$mm(최소값)
>
> ∴ $A_n = b_n t = 231 \times 12 = 2,772$mm²

15. 다음 그림과 같은 두께 19mm 평판의 순단면적을 구하면? (단, 볼트구멍의 지름 25mm를 사용한다.)

[기사 04, 06, 08, 11, 14]

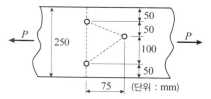

① 32.7cm²

② 38.0cm²

③ 39.2cm²

④ 45.3cm²

> **해설** ㉮ $b_n = b_g - 2d = 250 - 2 \times 25 = 200$mm
>
> ㉯ $b_n = b_g - d - \left(d - \dfrac{p^2}{4g}\right)$
>
> $\quad = 250 - 25 - \left(25 - \dfrac{75^2}{4 \times 50}\right)$
>
> $\quad = 250 - 25 + 3,125 = 228.125$mm
>
> ㉰ $b_n = b_g - d - 2\left(d - \dfrac{p^2}{4g}\right)$
>
> $\quad = 250 - 25 + 6.25 = 231.25$mm
>
> ∴ $b_n = 200$mm(최소값)
>
> ∴ $A_n = b_n t = 200 \times 19 = 3,800$mm²$=38$cm²

16. 다음의 L형강에서 단면의 순단면을 구하기 위하여 전개한 총폭(b_g)은 얼마인가?

[기사 18, 22, 산업 11, 19]

① 250mm
② 264mm
③ 288mm
④ 300mm

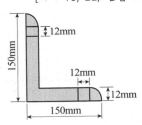

●해설 $b_g = b_1 + b_2 - t = 150 + 150 - 12 = 288\text{mm}$

17. 다음 그림의 고장력 볼트 마찰이음에서 필요한 볼트 수는 최소 몇 개인가? [단, 볼트는 M22($=\phi22\text{mm}$), F10T를 사용하며, 마찰이음의 허용력은 48kN이다.]

[기사 06, 08, 19, 산업 11, 14, 19]

① 3개
② 5개
③ 6개
④ 8개

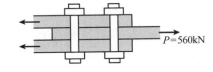

●해설 $\rho = v_a \times 2\,(\text{복전단}) = 48 \times 2 = 96\text{kN} = 96,000\text{N}$

$\therefore n = \dfrac{P}{\rho} = \dfrac{560,000}{96,000} = 5.83 ≒ 6$개

18. 리벳의 값을 결정하는 방법 중 옳은 것은?

[기사 95]

① 허용전단력과 허용압축력으로 결정한다.
② 허용전단력과 허용지압력 중 큰 것으로 한다.
③ 허용전단력과 허용압축력의 평균값으로 결정한다.
④ 허용전단력과 허용지압력 중 작은 것으로 결정한다.

●해설 리벳의 파괴강도는 전단강도와 지압강도 중에서 작은 값으로 결정한다.

19. $P=300\text{kN}$의 인장응력이 작용하는 판두께 10mm인 철판에 $\phi19\text{mm}$인 리벳을 사용하여 접합할 때의 소요리벳수는? (단, 허용전단응력=110MPa, 허용지압응력=220MPa)

[기사 07, 09, 19, 산업 20]

① 8개
② 10개
③ 12개
④ 14개

●해설 $P_s = v_a \dfrac{\pi d^2}{4} = 110 \times \dfrac{\pi \times 19^2}{4} = 31,188\text{N}$

$P_b = f_{ba}\,dt = 220 \times 19 \times 10 = 41,800\text{N}$

$\therefore$ 리벳값 $= 31.19\text{kN}\,(\text{최소값})$

$\therefore n = \dfrac{300}{31.19} = 9.62 ≒ 10$개

20. 복전단 고장력 볼트(bolt)의 마찰이음에서 강판에 $P=350\text{kN}$이 작용할 때 볼트의 수는 최소 몇 개가 필요한가? (단, 볼트의 지름 $d=20\text{mm}$이고 허용전단응력 $\tau_B=120\text{MPa}$)

[기사 07, 08, 12, 20]

① 3개
② 5개
③ 8개
④ 10개

●해설 $\rho = \tau_B A$

$= 120 \times \dfrac{3.14 \times 20^2}{4} \times 2$

$= 75,398\text{N}$

$\therefore n = \dfrac{P}{\rho} = \dfrac{350,000}{75,398}$

$= 4.64 ≒ 5$개

21. 다음 그림과 같은 리벳이음에서 리벳지름 $d=22\text{mm}$, 철판두께 $t=12\text{mm}$, 허용전단응력 $v_a=80\text{MPa}$, 허용지압응력 $f_{ba}=160\text{MPa}$일 때 이 리벳의 강도는?

[기사 92, 98, 산업 10, 17]

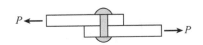

① 30,400N
② 42,240N
③ 60,800N
④ 13,000N

●해설 리벳의 강도(1개의 리벳이 받을 수 있는 강도)

㉮ 전단강도

$\rho_s = v_a \dfrac{\pi d^2}{4} = 80 \times \dfrac{3.14 \times 22^2}{4}$

$= 30,400\text{N}\,(\text{단전단})$

㉯ 지압강도

$\rho_b = f_{ba}\,dt = 160 \times 22 \times 12 = 42,240\text{N}$

$\therefore$ 둘 중에서 작은 값이 리벳의 강도이므로

$\rho = \rho_s = 30,400\text{N}$이다.

22. 다음 그림의 리벳이음에서 리벳값은 어느 것인가? (단, ϕ22mm 공장리벳, v_a=110MPa, f_{ba}=240MPa) [기사 99]

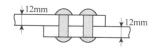

① 39,250N ② 41,810N
③ 43,260N ④ 63,360N

해설 ㉮ 전단강도

$$\rho_s = v_a \frac{\pi d^2}{4} = 110 \times \frac{\pi \times 22^2}{4} = 41,810N$$

㉯ 지압강도

$$\rho_b = f_{ba} dt = 240 \times 22 \times 12 = 63,360N$$

∴ 둘 중 작은 값이 리벳값이므로 $\rho = \rho_s =$ 41,810N이다.

23. 다음 그림과 같은 연결에서 리벳의 강도는? (단, 허용전단응력은 130MPa, 허용지압응력은 300MPa) [기사 97, 13, 15, 산업 12]

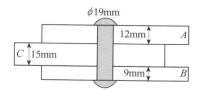

① 73,680N ② 85,500N
③ 73,500N ④ 85,680N

해설 ㉮ 전단강도(복전단)

$$\rho_s = 2v_a \frac{\pi d^2}{4}$$

$$= 2 \times 130 \times \frac{3.14 \times 19^2}{4}$$

$$= 73,680N$$

㉯ 지압강도

$$\rho_b = f_{ba} dt$$
$$= 300 \times 19 \times 15$$
$$= 85,500N$$

∴ $\rho = \rho_s = 73,680N$(작은 값)

※ 두께 t는 15mm와 (12+9)mm 중 작은 값을 사용한다.

24. 용접작업 중 일반적인 주의사항을 열거한 것이다. 잘못 설명된 내용은? [기사 15, 18, 19]
① 용접의 열은 가능한 주변으로 집중시켜 분포시킨다.
② 앞의 용접에서 생긴 변형을 다음 용접에서 제거할 수 있도록 진행시킨다.
③ 특히 비뚤어지지 않게 평행한 용접은 같은 방향으로 할 수 있으면 동시에 용접을 한다.
④ 용접은 중심에서 대칭으로 주변으로 향해서 하는 것이 변형을 적게 한다.

해설 용접부의 열은 되도록 균등하게 분포시킨다.

25. 다음 그림은 어떤 용접을 나타낸 것인가? [기사 94]

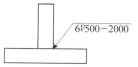

① 필릿용접, 연속, 다리길이 6mm, 용접길이 500mm
② 필릿용접, 단속, 다리길이 6mm, 용접길이 500mm
③ 맞대기 용접, T형 치수 6mm, 용접길이 500mm
④ 맞대기 용접, T형 다리길이 6mm, 용접길이 500mm

해설 6▽500−2000은 다리길이(용접두께) 6mm에 용접길이가 500mm이고 용접부 중심간격이 2,000mm로 단속(연속이 아님)인 필릿용접을 의미한다.
[참고] 6▽500이면 연속임

26. 다음 중 용접부의 결함이 아닌 것은? [기사 08, 18, 20]
① 오버랩(overlap) ② 언더컷(undercut)
③ 스터드(stud) ④ 균열(crack)

해설 스터드는 전단연결재 중 하나이다.

27. 다음 필릿용접의 전단응력은 얼마인가? [기사 04, 10, 18, 산업 12, 15, 18]
① 67.23MPa
② 70.72MPa
③ 72.72MPa
④ 79.01MPa

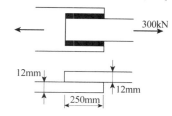

• 해설 $a = 0.70s = 0.70 \times 12 = 8.4\text{mm}$

$l_e = 2(l - 2s) = 2 \times (250 - 2 \times 12) = 452\text{mm}$

$\therefore f = \dfrac{P}{\sum a l_e} = \dfrac{300,000}{8.4 \times 452}$

$= 79.01\text{MPa}$

28. 다음 그림과 같은 필릿용접에서 일어나는 응력이 옳게 된 것은? [기사 02, 06, 19, 21]

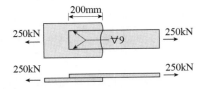

① 97.3MPa
② 98.2MPa
③ 99.2MPa
④ 109.0MPa

• 해설 $a = 0.70s = 0.70 \times 9 = 6.3\text{mm}$

$l_e = 2(l - 2s) = 2 \times (200 - 2 \times 9) = 364\text{mm}$

$\therefore f = \dfrac{P}{\sum a l_e} = \dfrac{250,000}{6.3 \times 364} = 109.02\text{MPa}$

29. 필릿용접한 이음부에 외력 P(인장력, 압축력 또는 전단력)가 작용할 때 용접부의 응력 검토를 위한 응력 계산식은? (단, a : 용접의 목두께, l : 용접의 유효길이) [기사 02, 03]

① $lP/\sum a$
② $l/\sum Pa$
③ $P/\sum al$
④ $l/\sum P$

30. 다음 그림과 맞대기 이음부에 발생하는 응력의 크기는? (단, P=360kN, 강판두께 12mm)

[기사 02, 03, 05, 08, 16, 19, 21, 22, 산업 10]

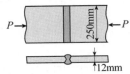

① 압축응력 $f_c = 14.4\text{MPa}$
② 인장응력 $f_t = 3,000\text{MPa}$
③ 전단응력 $\tau = 150\text{MPa}$
④ 압축응력 $f_c = 120\text{MPa}$

• 해설 $f_c = \dfrac{P}{\sum a l_e} = \dfrac{360,000}{12 \times 250} = 120\text{MPa}$

31. 다음 그림과 같은 용접부의 응력은?

[기사 05, 07, 08, 09, 10, 11, 12, 13, 14, 15, 16, 17, 18, 20, 산업 12, 13, 14, 15, 18, 19, 20]

① 115MPa
② 110MPa
③ 100MPa
④ 94MPa

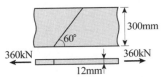

• 해설 $f = \dfrac{P}{\sum a l_e} = \dfrac{360,000}{300 \times 12} = 100\text{MPa}$

32. 다음 그림과 같은 필릿용접의 형상에서 s=9mm일 때 목두께 a의 값으로 적당한 것은?

[기사 02, 10, 14, 18]

① 5.4mm
② 6.3mm
③ 7.2mm
④ 8.1mm

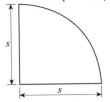

• 해설 $a = 0.70s = 0.7 \times 9 = 6.3\text{mm}$

33. 다음 그림은 필릿(fillet)용접한 것이다. 목두께 a를 표시한 것으로 옳은 것은? [산업 06, 11, 14, 18]

① $a = S_2 \times 0.70$
② $a = S_1 \times 0.70$
③ $a = S_2 \times 0.60$
④ $a = S_1 \times 0.60$

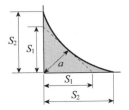

• 해설 $\sin 45° = \dfrac{a}{S_1}$

$\therefore a = \sin 45° \, S_1 = 0.70 S_1$

34. 그림과 같은 필릿용접에서 목두께가 옳게 표시된 것은? [기사 06, 15, 19, 21]

① S
② $\dfrac{1}{2}S$
③ $\dfrac{\sqrt{2}}{2}S$
④ $\dfrac{1}{2}l$

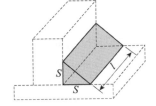

해설 $\sin 45° = \dfrac{a}{S}$

$\therefore a = \sin 45° \, S$

$\qquad = \dfrac{1}{\sqrt{2}} S = \dfrac{\sqrt{2}}{2} S$

35. 고장력 볼트를 사용한 이음의 종류가 아닌 것은?

[기사 02, 03]

① 마찰이음　　　　② 지압이음

③ 압축이음　　　　④ 인장이음

36. 강도로교설계 시 1방향판에서 주철근의 방향이 차량 진행방향에 직각일 때($S=0.6\sim7.3$m) 단순보의 폭 1m에 대한 활하중 휨모멘트의 계산식은? (단, P는 후륜하중, S는 경간이다.)

[기사 97]

① $\dfrac{S+0.6}{9.6} P$　　　　② $\dfrac{S+0.6}{9.8} P$

③ $\dfrac{S+9.2}{0.8} P$　　　　④ $\dfrac{S+0.5}{9.3} P$

37. 도로교의 충격계수(I)식으로 옳은 것은? (단, L은 지간[m])

[기사 04, 09]

① $I=\dfrac{15}{40+L} \le 0.3$　　　② $I=\dfrac{7}{20+L} \le 0.2$

③ $I=\dfrac{10}{25+L} \le 0.2$　　　④ $I=\dfrac{8}{30+L} \le 0.3$

38. 강교의 경간이 15m일 때의 충격계수는 얼마인가?

[기사 05]

① 0.23　　　　② 0.27

③ 0.30　　　　④ 0.36

해설 $I=\dfrac{15}{40+L} = \dfrac{15}{40+15} = 0.27$

39. 강합성 교량에서 콘크리트 슬래브와 강(鋼)주형 상부 플랜지를 구조적으로 일체가 되도록 결합시키는 요소는?

[기사 05, 산업 18]

① 볼트　　　　② 전단연결재

③ 합성철근　　　④ 접착제

40. 강판형(plate girder) 복부(web)두께의 제한이 규정되어 있는 가장 큰 이유는?[기사 04, 13, 18, 21]

① 좌굴의 방지　　　② 공비의 절약

③ 자중의 경감　　　④ 시공상의 난이

해설 판형의 복부는 압축을 받으므로 복부판의 두께에 따라 좌굴이 좌우된다.

41. 강판형(plate girder)의 경제적인 높이는 다음 중 어느 것에 의해 구해지는가?　　[기사 07, 13, 17]

① 전단력　　　　② 휨모멘트

③ 비틀림모멘트　　④ 지압력

해설 ㉮ I형교의 높이 : $h = 1.1\sqrt{\dfrac{M}{ft}}$

㉯ 판형교의 경제적 높이 : $h = \sqrt{\dfrac{3}{2}\left(\dfrac{M}{f_{ba} t_w}\right)}$

㉰ 도로교의 높이 : 경간의 $\dfrac{1}{10} \sim \dfrac{1}{15}$이 경제적

$\therefore$ 강판형교의 높이는 휨모멘트 M에 좌우된다.

42. 판형교 단면의 경제적인 높이를 구하는 식은?
[단, f_t : 총단면에 대한 연응력도(kgf/cm^2), t : 판의 두께(cm), M : 휨모멘트(kgf · cm)]

[기사 97]

① $1.8\sqrt{\dfrac{M}{f_1 t}}$　　　　② $1.1\sqrt{\dfrac{M}{f_t t}}$

③ $2.2\sqrt{\dfrac{f_t t}{M}}$　　　　④ $2.5\sqrt{\dfrac{M}{f_t t}}$

43. 리벳이음판형에서 플랜지의 단면적(A_f)을 계산하는 식은?

[기사 95]

① $\dfrac{M}{fh} + \dfrac{A_w}{8}$

② $\dfrac{Mf}{h} + \dfrac{A_w}{8}$

③ $\dfrac{Mf}{h} + \dfrac{A_w}{6}$

④ $\dfrac{M}{fh} - \dfrac{A_w}{6}$

해설

$$f = \frac{M}{I}y = \frac{M}{Z}$$

$$Z = \frac{I}{h/2}$$

$$= \frac{\frac{h^2}{2}\left(A_f + \frac{A_w}{6}\right)}{h/2} = h\left(A_f + \frac{A_w}{6}\right)$$

$$A_f + \frac{A_w}{6} = \frac{Z}{h} = \frac{M/f}{h} = \frac{M}{fh}$$

$$\therefore\ A_f = \frac{M}{fh} - \frac{A_w}{6}$$

44. 다음 그림과 같은 판형(plate girder)의 각부 명칭으로 틀린 것은?　[산업 10, 11, 14, 17, 19]

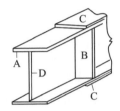

① A : 상부판(flange)
② B : 보강재(stiffener)
③ C : 덮개판(cover plate)
④ D : 횡구(bracing)

해설 D : 복부(Web)

45. 다음 그림과 같은 판형에서 stiffener(보강재)의 사용목적은?　[산업 10, 11, 14, 17, 19, 20]

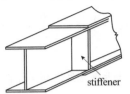

① web plate의 좌굴을 방지하기 위하여
② flange angle의 간격을 넓게 하기 위하여
③ flange의 강성을 보강하기 위하여
④ 보 전체의 비틀림에 대한 강도를 크게 하기 위하여

해설 stiffener는 web의 전단좌굴 방지용 보강재이다.

46. 강교량에 주로 사용되는 판형(plate girder)의 보강재에 대한 설명 중 옳지 않은 것은?　[산업 10]

① 보강재는 복부판의 전단력에 따른 좌굴을 방지하는 역할을 한다.
② 보강재는 단 보강재, 중간 보강재, 수평보강재가 있다.
③ 수평보강재는 복부판이 두꺼운 경우에 주로 사용된다.
④ 보강재는 지점 등의 이음 부분에 주로 설치한다.

해설 수평보강재는 복부의 전단좌굴 방지용 보강재이다. 복부판이 얇은 경우에 보강한다.

부록 I

과년도 출제문제

※ KDS 2021 국가건설기준 반영하여 문제 수정함

1. 강도설계법에서 사용하는 강도감소계수(ϕ)의 값으로 틀린 것은?

① 무근콘크리트의 휨모멘트 : $\phi = 0.55$
② 전단력과 비틀림모멘트 : $\phi = 0.75$
③ 콘크리트의 지압력 : $\phi = 0.70$
④ 인장지배 단면 : $\phi = 0.85$

◆해설 콘크리트의 지압력 : $\phi = 0.65$

2. 철근콘크리트보에 배치되는 철근의 순간격에 대한 설명으로 틀린 것은?

① 동일 평면에서 평행한 철근 사이의 수평순간격은 25mm 이상이어야 한다.
② 상단과 하단에 2단 이상으로 배치된 경우 상하철근의 순간격은 25mm 이상으로 하여야 한다.
③ 철근의 순간격에 대한 규정은 서로 접촉된 겹침이음철근과 인접된 이음철근 또는 연속 철근 사이의 순간격에도 적용하여야 한다.
④ 벽체 또는 슬래브에서 휨 주철근의 간격은 벽체나 슬래브두께의 2배 이하로 하여야 한다.

◆해설 벽체 또는 슬래브에서 휨 주철근간격
㉮ 최대휨모멘트 발생 단면 : 슬래브두께 2배 이하, 300mm 이하
㉯ 기타 단면 : 슬래브두께 3배 이하, 450mm 이하

3. 다음 그림과 같은 단철근 직사각형 보가 공칭휨강도(M_n)에 도달할 때 인장철근의 변형률은 얼마인가? (단, 철근 D22 4개의 단면적 1,548mm², $f_{ck} = 35$MPa, $f_y = 400$MPa)

① 0.0102
② 0.0138
③ 0.0186
④ 0.0198

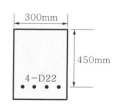

◆해설 $f_{ck} \leq 40$MPa이면 $\beta_1 = 0.80$

$$c = \frac{a}{\beta_1} = \frac{1}{\beta_1}\left(\frac{f_y A_s}{\eta(0.85 f_{ck})b}\right)$$

$$= \frac{1}{0.80} \times \frac{400 \times 1,548}{1.0 \times 0.85 \times 35 \times 300} = 86.7\text{mm}$$

$$\therefore \varepsilon_t = \varepsilon_{cu}\left(\frac{d-c}{c}\right)$$

$$= 0.0033 \times \left(\frac{450-86.7}{86.7}\right)$$

$$\fallingdotseq 0.0138$$

4. 다음 그림의 PSC 콘크리트보에서 PS강재를 포물선으로 배치하여 프리스트레스 $P = 1,000$kN이 작용할 때 프리스트레스의 상향력은? (단, 보 단면은 $b = 300$mm, $h = 600$mm이고 $S = 250$mm이다.)

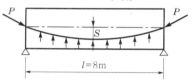

① 51.65kN/m
② 41.76kN/m
③ 31.25kN/m
④ 21.38kN/m

◆해설 $u = \dfrac{8Ps}{l^2}$

$$= \frac{8 \times 1,000 \times 0.25}{8^2} = 31.25\text{kN/m}$$

5. 다음 그림의 T형보에서 $f_{ck} = 28$MPa, $f_y = 400$MPa일 때 공칭모멘트강도(M_n)를 구하면? (단, $A_s = 5,000$mm²)

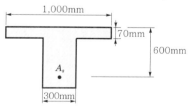

① 1110.5kN·m
② 1251.0kN·m
③ 1372.5kN·m
④ 1434.0kN·m

해설 ㉮ T형보 판별

$$a = \frac{f_y A_s}{\eta(0.85 f_{ck})\,b}$$

$$= \frac{400 \times 5,000}{1.0 \times 0.85 \times 28 \times 1,000}$$

$$= 84.0\,mm$$

$$\therefore a > t \text{이므로 T형보로 해석}$$

㉯ a 계산

$$A_{sf} = \frac{\eta(0.85 f_{ck})\,t(b - b_w)}{f_y}$$

$$= \frac{1.0 \times 0.85 \times 28 \times 70 \times (1,000 - 300)}{400}$$

$$= 2915.5\,mm^2$$

$$\therefore a = \frac{f_y(A_s - A_{sf})}{\eta(0.85 f_{ck})\,b_w}$$

$$= \frac{400 \times (5,000 - 2915.5)}{1.0 \times 0.85 \times 28 \times 300}$$

$$= 116.8\,mm$$

㉰ M_n 계산

$$M_n = f_y A_{sf}\left(d - \frac{t}{2}\right)$$

$$\quad + f_y(A_s - A_{sf})\left(d - \frac{a}{2}\right)$$

$$= 400 \times 2915.5 \times \left(600 - \frac{70}{2}\right)$$

$$\quad + 400 \times (5,000 - 2915.5)$$

$$\quad \times \left(600 - \frac{116.8}{2}\right)$$

$$= 1,110,489,080\,N \cdot mm$$

$$= 1110.5\,kN \cdot m$$

6. 다음 중 적합비틀림에 대한 설명으로 옳은 것은?

① 균열의 발생 후 비틀림모멘트의 재분배가 일어날 수 없는 비틀림

② 균열의 발생 후 비틀림모멘트의 재분배가 일어날 수 있는 비틀림

③ 균열의 발생 전 비틀림모멘트의 재분배가 일어날 수 없는 비틀림

④ 균열의 발생 전 비틀림모멘트의 재분배가 일어날 수 있는 비틀림

해설 적합비틀림은 균열 발생 후 비틀림모멘트의 재분배가 일어날 수 있는 비틀림이다.

7. 용접 시의 주의사항에 관한 설명 중 틀린 것은?

① 용접의 열을 될 수 있는 대로 균등하게 분포시킨다.

② 용접부의 구속을 될 수 있는 대로 적게 하여 수축변형을 일으키더라도 해로운 변형이 남지 않도록 한다.

③ 평행한 용접은 같은 방향으로 동시에 용접하는 것이 좋다.

④ 주변에서 중심으로 향하여 대칭으로 용접해 나간다.

해설 용접은 중심에서 주변을 향해 대칭으로 용접하여 변형을 적게 한다.

8. 콘크리트의 강도설계에서 등가직사각형 응력블록의 깊이 $a = \beta_1 c$로 표현할 수 있다. f_{ck}가 60MPa인 경우 β_1의 값은 얼마인가?

① 0.85   ② 0.760

③ 0.65   ④ 0.626

해설

f_{ck}[MPa]	≤40	50	60
β_1	0.80	0.80	0.76

$$\therefore f_{ck} \leq 60\text{MPa}이면 \beta_1 = 0.76이다.$$

9. $A_s = 4,000\,mm^2$, $A_s' = 1,500\,mm^2$로 배근된 다음 그림과 같은 복철근보의 탄성처짐이 15mm이다. 5년 이상의 지속하중에 의해 유발되는 장기처짐은 얼마인가?

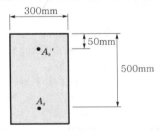

① 15mm   ② 20mm

③ 25mm   ④ 30mm

해설

$$\rho' = \frac{1,500}{300 \times 500} = 0.01$$

$$\lambda_\triangle = \frac{\xi}{1 + 50\rho'}$$

$$= \frac{2.0}{1 + 50 \times 0.01} = 1.33$$

$$\therefore \delta_l = \delta_e \lambda_\triangle = 15 \times 1.33 = 19.95 \fallingdotseq 20\,mm$$

10. $M_u = 200$kN·m의 계수모멘트가 작용하는 단철근 직사각형 보에서 필요한 철근량(A_s)은 약 얼마인가? (단, $b = 300$mm, $d = 500$mm, $f_{ck} = 28$MPa, $f_y = 400$MPa, $\phi = 0.85$이다.)

① 1072.7mm^2 ② 1266.3mm^2
③ 1524.6mm^2 ④ 1785.4mm^2

해설 $M_u = \phi M_n = \phi \left[\eta(0.85 f_{ck}) ab \left(d - \dfrac{a}{2} \right) \right]$

$= 0.85 \times 1.0 \times 0.85 \times 28 \times a \times 300 \left(500 - \dfrac{a}{2} \right)$

$= 3,034,500a - 3034.5a^2 = 200 \times 10^6$

$3034.5a^2 - 3,034,500a + 200 \times 10^6 = 0$

근의 공식을 적용하면

$\therefore a = 71$mm

$\therefore A_s = \dfrac{M_u}{\phi f_y \left(d - \dfrac{a}{2} \right)}$

$= \dfrac{200 \times 10^6}{0.85 \times 400 \times \left(500 - \dfrac{71}{2} \right)}$

$= 1266.38 \text{mm}^2$

11. 다음 그림과 같은 보통중량콘크리트 직사각형 단면의 보에서 균열모멘트(M_{cr})는? (단, $f_{ck} = 24$MPa 이다.)

① 46.7kN·m
② 52.3kN·m
③ 56.4kN·m
④ 62.1kN·m

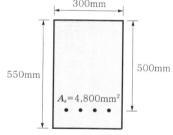

해설 $f_r = 0.63 \lambda \sqrt{f_{ck}} = 0.63 \times 1.0 \sqrt{24}$

$= 3.086$MPa

$\therefore M_{cr} = \dfrac{I_g}{y_t} f_r$

$= \dfrac{\dfrac{1}{12} \times 300 \times 550^3}{275} \times 3.086$

$= 46,675,750$N·mm

$= 46.7$kN·m

12. 프리스트레스 감소원인 중 프리스트레스 도입 후 시간의 경과에 따라 생기는 것이 아닌 것은?

① PC강재의 릴랙세이션
② 콘크리트의 건조수축
③ 콘크리트의 크리프
④ 정착장치의 활동

해설 정착장치의 활동은 프리스트레스 도입 시의 손실이다.

13. 서로 다른 크기의 철근을 압축부에서 겹침이음 하는 경우 이음길이에 대한 설명으로 옳은 것은?

① 이음길이는 크기가 큰 철근의 정착길이와 크기가 작은 철근의 겹침이음길이 중 큰 값 이상이어야 한다.
② 이음길이는 크기가 작은 철근의 정착길이와 크기가 큰 철근의 겹침이음길이 중 작은 값 이상이어야 한다.
③ 이음길이는 크기가 작은 철근의 정착길이와 크기가 큰 철근의 겹침이음길이의 평균값 이상이어야 한다.
④ 이음길이는 크기가 큰 철근의 정착길이와 크기가 작은 철근의 겹침이음길이를 합한 값 이상이어야 한다.

해설 겹침이음길이는 큰 값을 사용하여야 안전측이다.

14. 주어진 T형 단면에서 부착된 프리스트레스트 보강재의 인장응력(f_{ps})은 얼마인가? (단, 긴장재의 단면적 $A_{ps} = 1,290$mm^{2}이고, 프리스트레싱 긴장재의 종류에 따른 계수 $\gamma_p = 0.4$, 긴장재의 설계기준인장강도 $f_{pu} = 1,900$MPa, $f_{ck} = 35$MPa)

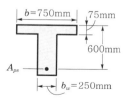

① 1,900MPa ② 1,861MPa
③ 1,804MPa ④ 1,752MPa

PS강재비 $\delta_p = \dfrac{A_p}{bd_p}$

$$= \frac{1,290}{750 \times 600} = 0.00287$$

$f_{ck} \leq 40\text{MPa}$이면 $\beta_1 = 0.80$

$$\therefore f_{ps} = f_{pu}\left(1 - \frac{\gamma_p}{\beta_1}\,\delta_p\,\frac{f_{pu}}{f_{ck}}\right)$$

$$= 1,900 \times \left(1 - \frac{0.4}{0.8} \times 0.00287 \times \frac{1,900}{35}\right)$$

$$= 1,752\text{MPa}$$

15.
다음 그림과 같은 복철근보의 유효깊이(d)는?
(단, 철근 1개의 단면적은 250mm²이다.)

① 810mm
② 780mm
③ 770mm
④ 730mm

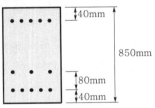

해설 바리뇽의 정리 적용

$$f_y(8A_s)\,d = f_y \times 5A_s \times 810$$
$$\qquad\qquad + f_y \times 3A_s \times 730$$

$$\therefore d = \frac{(5 \times 810) + (3 \times 730)}{8} = 780\text{mm}$$

16.
철근의 부착응력에 영향을 주는 요소에 대한 설명으로 틀린 것은?

① 경사인장균열이 발생하게 되면 철근이 균열에 저항하게 되고, 따라서 균열면 양쪽의 부착응력을 증가시키기 때문에 결국 인장철근의 응력을 감소시킨다.
② 거푸집 내에 타설된 콘크리트의 상부로 상승하는 물과 공기는 수평으로 놓인 철근에 의해 가로막히게 되며, 이로 인해 철근과 철근 하단에 형성될 수 있는 수막 등에 의해 부착력이 감소될 수 있다.
③ 전단에 의한 인장철근의 장부력(dowel force)은 부착에 의한 쪼갬응력을 증가시킨다.
④ 인장부철근이 필요에 의해 절단되는 불연속지점에서는 철근의 인장력변화 정도가 매우 크며 부착응력 역시 증가한다.

해설 경사인장균열이 발생하면 균열면을 따라 부착응력이 증가하여 인장철근의 응력은 증가한다.

17.
계수전단력(V_u)이 262.5kN일 때 다음 그림과 같은 보에서 가장 적당한 수직스터럽의 간격은? (단, 사용된 스터럽은 D13을 사용하였으며, D13 철근의 단면적은 127mm², f_{ck}=28MPa, f_y=400MPa이다.)

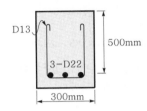

① 195mm
② 201mm
③ 233mm
④ 265mm

해설 ㉮ $V_c = \dfrac{1}{6}\lambda\sqrt{f_{ck}}\,b_w d$

$$= \frac{1}{6} \times 1.0\sqrt{28} \times 300 \times 500$$

$$= 132287.6\text{N}$$

$$= 132\text{kN}$$

㉯ $V_u = \phi(V_c + V_s)$

$$\therefore V_s = \frac{V_u}{\phi} - V_c$$

$$= \frac{262.5}{0.75} - 132$$

$$= 218\text{kN}$$

㉰ $\dfrac{1}{3}\sqrt{f_{ck}}\,b_w d = \dfrac{1}{3}\sqrt{28} \times 300 \times 500$

$$= 264.6\text{kN}$$

㉱ $V_s \leq \dfrac{1}{3}\sqrt{f_{ck}}\,b_w d$이므로 스터럽간격은 다음 세 값 중 최소값이다.

$$\left[\frac{d}{2}\ \text{이하},\ 600\text{mm 이하},\ s = \frac{A_v f_y d}{V_s}\right]_{\min}$$

$$= \left[\frac{500}{2},\ 600,\ \frac{127 \times 2 \times 400 \times 500}{218 \times 10^3}\right]_{\min}$$

$$= [250,\ 600,\ 233]_{\min}$$

$$\therefore 233\text{mm}$$

18. 다음 그림과 같은 용접부의 응력은?

① 115MPa

② 110MPa

③ 100MPa

④ 94MPa

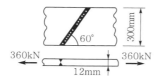

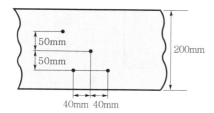 $f = \dfrac{P}{\sum al_e} = \dfrac{360 \times 10^3}{12 \times 300} = 100\text{MPa}$

19. 다음 그림의 지그재그로 구멍이 있는 판에서 순 폭을 구하면? (단, 구멍직경은 25mm)

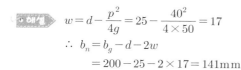

① 187mm   ② 141mm

③ 137mm   ④ 125mm

$w = d - \dfrac{p^2}{4g} = 25 - \dfrac{40^2}{4 \times 50} = 17$

$\therefore\ b_n = b_g - d - 2w$

$\qquad = 200 - 25 - 2 \times 17 = 141\text{mm}$

20. 다음의 표와 같은 조건의 경량콘크리트를 사용하고 설계기준항복강도가 400MPa인 D25(공칭직경 : 25.4mm) 철근을 인장철근으로 사용하는 경우 기본정착길이(l_{db})는?

[조건]
• 콘크리트설계기준압축강도(f_{ck}) : 24MPa
• 콘크리트 인장강도(f_{sp}) : 2.17MPa

① 1,430mm   ② 1,515mm

③ 1,535mm   ④ 1,575mm

인장이형철근의 기본정착길이

$\lambda = \dfrac{f_{sp}}{0.56\sqrt{f_{ck}}} = \dfrac{2.17}{0.56\sqrt{24}} = 0.79$

$\therefore\ l_{db} = \dfrac{0.6 d_b f_y}{\lambda \sqrt{f_{ck}}}$

$\qquad = \dfrac{0.6 \times 25.4 \times 400}{0.79\sqrt{24}} = 1,575\text{mm}$

1. 단철근 직사각형 보를 강도설계법으로 설계할 때 과소철근보로 설계하는 이유로 옳은 것은?
① 처짐을 감소시키기 위해서
② 철근이 먼저 파괴되는 것을 방지하기 위해서
③ 철근을 절약해서 경제적인 설계가 되도록 하기 위해서
④ 압축력의 부족으로 인한 콘크리트의 취성파괴를 방지하기 위해서

해설 과소철근보 : 철근이 먼저 항복하여 연성파괴 유도(콘크리트의 취성파괴 방지)

2. 강도설계법에서 휨부재의 등가사각형 압축응력분포의 깊이(a)는 다음의 표와 같은 식으로 구할 수 있다. 콘크리트의 설계기준압축강도(f_{ck})가 40MPa인 경우 β_1의 값은?

$a = \beta_1 c$

① 0.683
② 0.712
③ 0.766
④ 0.800

해설 $f_{ck} \leq 40$MPa이면 $\beta_1 = 0.80$이다.

3. 인장부재의 볼트연결부를 설계할 때 고려되지 않는 항목은?
① 지압응력
② 볼트의 전단응력
③ 부재의 항복응력
④ 부재의 좌굴응력

해설 볼트연결부의 설계 시 고려항목
㉮ 지압응력
㉯ 볼트의 전단응력
㉰ 부재의 항복응력

4. 다음 그림과 같은 복철근 직사각형 보에서 $A_s' = 1,916$mm², $A_s = 4,790$mm²이다. 등가직사각형의 응력의 깊이 a는? (단, $f_{ck} = 28$MPa, $f_y = 400$MPa이다.)

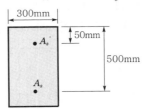

① 157mm
② 161mm
③ 173mm
④ 185mm

해설
$$a = \frac{f_y(A_s - A_s')}{\eta(0.85 f_{ck})b}$$
$$= \frac{400 \times (4,790 - 1,916)}{1.0 \times 0.85 \times 28 \times 300}$$
$$= 161\text{mm}$$

5. 다음 그림과 같은 단철근 직사각형 보의 균형철근비 ρ_b의 값은? (단, $f_{ck} = 21$MPa, $f_y = 280$MPa이다.)

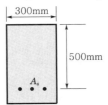

① 0.0358
② 0.0437
③ 0.0524
④ 0.0614

해설 $f_{ck} \leq 40$MPa이면 $\beta_1 = 0.80$
$$\therefore \rho_b = \eta(0.85\beta_1)\left(\frac{f_{ck}}{f_y}\right)\left(\frac{660}{660 + f_y}\right)$$
$$= 1.0 \times 0.85 \times 0.80 \times \frac{21}{280} \times \left(\frac{660}{660 + 280}\right)$$
$$= 0.0358$$

6. 다음 그림과 같은 프리스트레스트 콘크리트의 경간 중앙점에서 강선을 꺾었을 때 이 꺾은 점에서의 상향력(上向力) U의 값은?

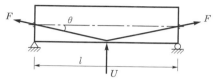

① $U = 2F \tan\theta$ 　　② $U = F \tan\theta$

③ $U = 2F \sin\theta$ 　　④ $U = F \sin\theta$

> **해설** 긴장재 절곡배치 시 상향력
> $$U = 2F \sin\theta$$

7. 다음 중 집중하중을 분포시키거나 균열을 제어할 목적으로 주철근과 직각에 가까운 방향으로 배치한 보조철근은?

① 사인장철근 　　② 비틀림철근

③ 배력철근 　　④ 조립용 철근

> **해설** 배력철근의 역할
> ㉮ 응력 분배
> ㉯ 주철근간격 유지
> ㉰ 수축·크리프제어

8. 앞부벽식 옹벽의 앞부벽에 대한 설명으로 옳은 것은?

① T형보로 설계하여야 한다.

② 전면벽에 지지된 캔틸레버로 설계하여야 한다.

③ 연속보로 설계하여야 한다.

④ 직사각형 보로 설계하여야 한다.

> **해설** 옹벽의 설계
> ㉮ 앞부벽 : 직사각형 보로 설계
> ㉯ 뒷부벽 : T형보로 설계

9. 강도설계법에서 D25(공칭직경 25.4mm)인 인장철근의 기본정착길이는 얼마인가? (단, $f_{ck} = 21$MPa, $f_y = 300$MPa이고 보통중량콘크리트를 사용한다.)

① 800mm 　　② 917mm

③ 998mm 　　④ 1,038mm

> **해설** $l_{db} = \dfrac{0.6 d_b f_y}{\lambda \sqrt{f_{ck}}} = \dfrac{0.6 \times 25.4 \times 300}{1.0 \sqrt{21}} = 998\text{mm}$

10. 프리텐션 PSC부재의 단면이 300mm×500mm 이고 120mm²의 PS강선 5개가 단면의 도심에 배치되어 있다. 초기 프리스트레스가 1,000MPa이고 $n = 6$일 때 콘크리트의 탄성수축에 의한 프리스트레스 감소량은?

① 24MPa 　　② 27MPa

③ 32MPa 　　④ 35MPa

> **해설** $\Delta f_p = n f_{ci} = n \dfrac{P_i}{A_c}$
> $$= 6 \times \dfrac{120 \times 5 \times 1,000}{300 \times 500} = 24\text{MPa}$$

11. 슬래브와 보를 일체로 친 대칭 T형보의 유효폭을 결정할 때 고려해야 할 사항으로 틀린 것은? (단, $b_w = $ 플랜지가 있는 부재의 복부폭)

① 양쪽으로 각각 내민 플랜지두께의 8배씩+b_w

② 양쪽의 슬래브의 중심 간 거리

③ 보의 경간의 1/4

④ 인접 보와의 내측 거리의 $1/2 + b_w$

> **해설** 대칭 T형보의 유효폭(b_e)
> ㉮ $16 t_f + b_w$
> ㉯ b_c(슬래브 중심 간 거리)
> ㉰ $\dfrac{l}{4}$ (여기서, l : 경간길이)
> ∴ b_e는 이 중 가장 작은 값

12. 철근콘크리트 깊은 보 및 깊은 보의 전단설계에 관한 설명으로 잘못된 것은?

① 순경간(l_n)이 부재깊이의 4배 이하이거나 하중이 받침부로부터 부재깊이의 2배 거리 이내에 작용하는 보를 깊은 보라 한다.

② 수직전단철근의 간격은 $d/5$ 이하 또한 300mm 이하로 하여야 한다.

③ 수평전단철근의 간격은 $d/5$ 이하 또한 300mm 이하로 하여야 한다.

④ 깊은 보에서는 수평전단철근이 수직전단철근보다 전단보강효과가 더 크다.

> **해설** 깊은 보에서 수직전단철근이 수평전단철근보다 전단보강효과가 더 크다.

13. 프리스트레스트 콘크리트에서 포스트텐션 긴장재의 마찰 손실을 구할 때 사용하는 근사식은 다음의 표와 같다. 이러한 근사식을 사용할 수 있는 조건에 대한 설명으로 옳은 것은?

$$P_{px} = P_{pj}/(1 + Kl_{px} + \mu_p\alpha_{px})$$

여기서,

P_{px} : 임의의 점 x에서 긴장재의 긴장력

P_{pj} : 긴장단에서 긴장재의 긴장력

K : 긴장재의 단위길이 1m당 파상마찰계수

l_{px} : 정착단부터 임의의 지점 x까지 긴장재의 길이

μ_p : 곡선부의 곡률마찰계수

α_{px} : 긴장단부터 임의의 점 x까지 긴장재의 전체
회전각변화량(라디안)

① $Kl_{px} + \mu_p\alpha_{px}$ 값이 0.3 이상인 경우

② $Kl_{px} + \mu_p\alpha_{px}$ 값이 0.3 이하인 경우

③ $Kl_{px} + \mu_p\alpha_{px}$ 값이 0.5 이상인 경우

④ $Kl_{px} + \mu_p\alpha_{px}$ 값이 0.5 이하인 경우

● 해설 PS강재와 시스 사이 마찰(파상, 곡률) 근사식
적용 조건
㉮ $l < 40\text{m}$
㉯ $\alpha < 30\text{rad}$
㉰ $Kl_{px} + \mu_p\alpha_{px} \leq 0.3$

14. 폭(b)은 300mm, 유효깊이(d)는 550mm인 직사각형 철근콘크리트보에 전단력과 휨만이 작용할 때 콘크리트가 받을 수 있는 설계전단강도(ϕV_c)는 약 얼마인가? (단, f_{ck}=27MPa)

① 101kN

② 107kN

③ 114kN

④ 122kN

● 해설 $\phi V_c = \phi\left(\dfrac{1}{6}\lambda\sqrt{f_{ck}}b_w d\right)$

$\qquad = 0.75 \times \dfrac{1}{6} \times 1.0\sqrt{27} \times 300 \times 550$

$\qquad = 107170.6\text{N}$

$\qquad \fallingdotseq 107\text{kN}$

15. 일반 콘크리트부재의 해당 지속하중에 대한 탄성처짐이 30mm이었다면 크리프 및 건조수축에 따른 추가적인 장기처짐을 고려한 최종 총처짐량은? (단, 하중재하기간은 5년이고, 압축철근비 ρ'은 0.002이다.)

① 80.8mm

② 84.6mm

③ 89.4mm

④ 95.2mm

● 해설 $\lambda_\triangle = \dfrac{\xi}{1 + 50\rho'} = \dfrac{2.0}{1 + 50 \times 0.002} = 1.82$

장기처짐(δ_l) $= \delta_e\lambda_\triangle$

$\qquad = 30 \times 1.82 = 54.6\text{mm}$

$\therefore$ 총처짐(δ_t) $=$ 탄성처짐(δ_e) $+$ 장기처짐(δ_l)

$\qquad = 30 + 54.6 = 84.6\text{mm}$

16. 나선철근 또는 띠철근이 배근된 압축부재에서 축방향 철근의 순간격에 대한 설명으로 옳은 것은?

① 40mm 이상, 또한 철근공칭지름의 1.5배 이상으로 하여야 한다.

② 50mm 이상, 또한 철근공칭지름 이상으로 하여야 한다.

③ 50mm 이하, 또한 철근공칭지름의 1.5배 이상으로 하여야 한다.

④ 40mm 이하, 또한 철근공칭지름 이하로 하여야 한다.

● 해설 나선철근 또는 띠철근이 배근된 압축부재(기둥)의 철근의 순간격 : 40mm 이상, $1.5d_b$ 이상

여기서, d_b : 철근 공칭지름

17. 강도설계법에서 사용하는 강도감소계수의 사용 목적으로 거리가 먼 것은?

① 재료강도와 치수가 변동할 수 있으므로 부재의 강도 저하확률에 대비한 여유를 두기 위해서

② 부정확한 설계방정식에 대비한 여유를 반영하기 위해서

③ 구조물에서 차지하는 부재의 중요도 등을 반영하기 위해서

④ 구조 해석할 때의 가정 및 계산의 실수로 인해 야기될지 모르는 초과하중의 영향에 대비하기 위해서

● 해설 초과하중의 영향을 고려하는 것은 하중계수(α)이다.

18. 다음 그림과 같은 필릿용접에서 용접부의 목두께로 가장 적합한 것은?

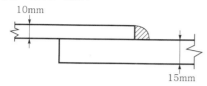

① 7mm ② 10mm

③ 12mm ④ 15mm

해설 $a = 0.7s = 0.7 \times 10 = 7\text{mm}$

19. 합성형 교량에서 콘크리트 슬래브와 강재보의 상부 플랜지를 일체화시키기 위해 사용하는 것은?

① 브레이싱 ② 스티프너

③ 전단연결재 ④ 리벳

해설 전단연결재는 강합성 교량에서 콘크리트 슬래브와 강주형 상부 플랜지를 구조적으로 일체화되도록 결합시킨다.

20. 강도설계법에 대한 기본가정 중 옳지 않은 것은?

① 평면인 단면은 변형 후에도 평면을 유지한다.

② 철근과 콘크리트의 응력과 변형률은 중립축으로부터 거리에 비례한다.

③ 압축측 연단에서 콘크리트의 최대변형률은 0.0033으로 가정한다.

④ 콘크리트의 인장강도는 휨 계산에서 무시한다.

해설 철근과 콘크리트의 응력은 중립축거리에 따라 일정한 크기를 갖고, 변형률은 중립축거리에 비례하여 증가한다.

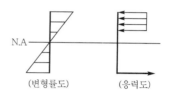

1. 다음 중 콘크리트구조물을 설계할 때 사용하는 하중인 "활하중(live load)"에 속하지 않는 것은?

① 건물이나 다른 구조물의 사용 및 점용에 의해 발생되는 하중으로서 사람, 가구, 이동칸막이 등의 하중

② 적설하중

③ 교량 등에서 차량에 의한 하중

④ 풍하중

> **해설** 활하중(live load)을 구조물의 사용 및 점용에 의해 발생하는 하중으로서 가구, 창고의 저장물, 차량, 군중에 의한 하중 등이 포함된다. 풍하중, 지진하중과 같은 환경하중이나 고정하중은 포함되지 않는다.

2. 철근콘크리트보를 설계할 때 변화구간에서 강도감소계수(ϕ)를 구하는 식으로 옳은 것은? (단, 나선철근으로 보강되지 않은 부재이며, ε_t는 최외단 인장철근의 순인장변형률이다.)

① $\phi = 0.65 + (\varepsilon_t - 0.002) \times \dfrac{200}{3}$

② $\phi = 0.7 + (\varepsilon_t - 0.002) \times \dfrac{200}{3}$

③ $\phi = 0.65 + (\varepsilon_t - 0.002) \times 50$

④ $\phi = 0.7 + (\varepsilon_t - 0.002) \times 50$

> **해설** 강도감소계수(ϕ)
> SD400 철근($f_y = 400\text{MPa}$)이면 $\varepsilon_y = 0.002$이므로
> $$\phi = 0.65 + \left(\frac{\varepsilon_t - \varepsilon_y}{0.005 - \varepsilon_y}\right) \times 0.2$$
> $$= 0.65 + \left(\frac{\varepsilon_t - 0.002}{0.005 - 0.002}\right) \times 0.2$$
> $$= 0.65 + (\varepsilon_t - 0.002) \times \frac{200}{3}$$

3. 철근콘크리트부재의 전단철근에 관한 다음 설명 중 옳지 않은 것은?

① 주인장철근에 30° 이상의 각도로 구부린 굽힘철근도 전단철근으로 사용할 수 있다.

② 부재축에 직각으로 배치된 전단철근의 간격은 $d/2$ 이하, 600mm 이하로 하여야 한다.

③ 최소전단철근량은 $0.35\dfrac{b_w s}{f_{yt}}$보다 작지 않아야 한다.

④ 전단철근의 설계기준항복강도는 300MPa을 초과할수 없다.

> **해설** 철근의 항복응력 최대값
> ㉮ 휨설계 : $f_y \leq 600\text{MPa}$
> ㉯ 전단설계 : $f_y \leq 500\text{MPa}$

4. 복철근보에서 압축철근에 대한 효과를 설명한 것으로 적절하지 못한 것은?

① 단면저항모멘트를 크게 증대시킨다.

② 지속하중에 의한 처짐을 감소시킨다.

③ 파괴 시 압축응력의 깊이를 감소시켜 연성을 증대시킨다.

④ 철근의 조립을 쉽게 한다.

> **해설** 복철근으로 설계하는 경우
> ㉮ 연성을 극대화시킨다.
> ㉯ 스터럽철근의 조립을 쉽게 한다.
> ㉰ 장기처짐을 최소화시킨다.
> ㉱ 정(+), 부(−)모멘트를 반복해서 받는 구간에 배치한다.

5. 다음 중 반T형보의 유효폭(b)을 구할 때 고려하여야 할 사항이 아닌 것은? (단, b_w는 플랜지가 있는 부재의 복부폭)

① 양쪽 슬래브의 중심 간 거리

② 한쪽으로 내민 플랜지두께의 6배+b_w

③ 보의 경간의 1/12+b_w

④ 인접 보와의 내측거리의 1/2+b_w

해설 반T형보의 유효폭(b_e) 계산

㉮ $6t + b_w$

㉯ $\dfrac{l}{12} + b_w$

㉰ $\dfrac{1}{2}b_n + b_w$

∴ 가장 작은 값 $= b_e$

여기서, t : 플랜지두께

b_w : 웨브폭

l : 보 경간

b_n : 인접 보의 내측거리

6. 단순 지지된 2방향 슬래브의 중앙점에 집중하중 P가 작용할 때 경간비가 1 : 2라면 단변과 장변이 부담하는 하중비($P_S : P_L$)는? (단, P_S : 단변이 부담하는 하중, P_L : 장변이 부담하는 하중)

① 1 : 8

② 8 : 1

③ 1 : 16

④ 16 : 1

해설 집중하중 P작용 시

㉮ 단변부담하중

$$P_S = \left(\frac{L^3}{L^3 + S^3}\right)P$$

$$= \left(\frac{2^3}{2^3 + 1^3}\right)P = \frac{8}{9}P$$

㉯ 장변부담하중

$$P_L = \left(\frac{S^3}{L^3 + S^3}\right)P$$

$$= \left(\frac{1^3}{2^3 + 1^3}\right)P = \frac{1}{9}P$$

∴ $P_S : P_L = 8 : 1$

7. 옹벽에서 T형보로 설계하여야 하는 부분은?

① 뒷부벽식 옹벽의 뒷부벽

② 뒷부벽식 옹벽의 전면벽

③ 앞부벽식 옹벽의 저판

④ 앞부벽식 옹벽의 앞부벽

해설 옹벽의 설계

㉮ 뒷부벽식 옹벽 뒷부벽 : T형보

㉯ 앞부벽식 옹벽 앞부벽 : 직사각형 보

8. 다음 그림과 같은 두께 13mm의 플레이트에 4개의 볼트구멍이 배치되어 있을 때 부재의 순단면적은? (단, 구멍의 직경은 24mm이다.)

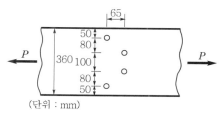

(단위 : mm)

① 4,056mm^2

② 3,916mm^2

③ 3,775mm^2

④ 3,524mm^2

해설

$$w = d - \frac{p^2}{4g}$$

$$= 24 - \frac{65^2}{4 \times 80} = 10.8\,\text{mm}$$

$$b_n = b_g - d - w - d - w = b_g - 2d - 2w$$

$$= 360 - (2 \times 24) - (2 \times 10.8)$$

$$= 290.4\,\text{mm}$$

$$\therefore A_n = b_n t = 290.4 \times 13 = 3775.2\,\text{mm}^2$$

9. 다음 그림과 같은 복철근 직사각형 보에서 압축연단에서 중립축까지의 거리(c)는? (단, $A_s = 4,764\,\text{mm}^2$, $A_s{}' = 1,284\,\text{mm}^2$, $f_{ck} = 38\text{MPa}$, $f_y = 400\text{MPa}$)

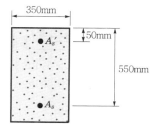

① 143.74mm

② 153.88mm

③ 168.62mm

④ 178.41mm

해설 $a = \dfrac{f_y(A_s - A_s{}')}{\eta(0.85f_{ck})b}$

$$= \frac{400 \times (4,764 - 1,284)}{1.0 \times 0.85 \times 38 \times 350} = 123.1\,\text{mm}$$

$f_{ck} \leq 40\text{MPa}$이면 $\beta_1 = 0.80$

$$\therefore c = \frac{a}{\beta_1} = \frac{123.1}{0.80} = 153.88\,\text{mm}$$

10. 경간 6m인 단순 직사각형 단면($b=300$mm, $h=$ 400mm)보에 계수하중 30kN/m가 작용할 때 PS강재가 단면 도심에서 긴장되며 경간 중앙에서 콘크리트 단면의 하연응력이 0이 되려면 PS강재에 얼마의 긴장력이 작용되어야 하는가?

① 1,805kN
② 2,025kN
③ 3,054kN
④ 3,557kN

해설 PS강선 도심배치

하연응력 $f_t = \dfrac{P}{A_g} - \dfrac{M}{I}y = 0$

$M = \dfrac{wl^2}{8} = \dfrac{30 \times 6^2}{8} = 135$kN·m

$\therefore P = \dfrac{6M}{h}$

$= \dfrac{6 \times 135}{0.4} = 2,025$kN

11. 다음 그림과 같은 띠철근기둥에서 띠철근의 최대간격은? (단, D10의 공칭직경은 9.5mm, D32의 공칭직경은 31.8mm)

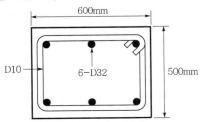

① 400mm
② 456mm
③ 500mm
④ 509mm

해설 띠철근간격

㉮ $16d_b = 16 \times 31.8 = 508.8$mm

㉯ $48 \times$ 띠철근지름 $= 48 \times 9.5 = 456$mm

㉰ 500mm(단면 최소치수)

$\therefore 456$mm(최소값)

12. 휨부재설계 시 처짐 계산을 하지 않아도 되는 보의 최소두께를 콘크리트구조기준에 따라 설명한 것으로 틀린 것은? [단, 보통중량콘크리트($m_c=2,300$kg/m³)와 f_y는 400MPa인 철근을 사용한 부재이며, l은 부재의 길이이다.]

① 단순 지지된 보 : $l/16$
② 1단 연속보 : $l/18.5$
③ 양단 연속보 : $l/21$
④ 캔틸레버보 : $l/12$

해설 (처짐을 계산하지 않는 경우) 보의 최소두께기준

캔틸레버지지	단순 지지	일단 연속	양단 연속
$\dfrac{l}{8}$	$\dfrac{l}{16}$	$\dfrac{l}{18.5}$	$\dfrac{l}{21}$

여기서, l : 경간길이(cm)

$f_y = 400$MPa 철근 사용

13. 다음 T형보에서 공칭모멘트강도(M_n)는? (단, $f_{ck}=24$MPa, $f_y=400$MPa, $A_s=4,764$mm²)

① 812.7kN·m
② 871.6kN·m
③ 912.4kN·m
④ 934.5kN·m

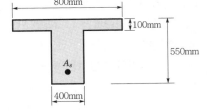

해설 ㉮ T형보 판별

$a = \dfrac{f_y A_s}{\eta(0.85 f_{ck})b}$

$= \dfrac{400 \times 4,764}{1.0 \times 0.85 \times 24 \times 800} = 116.76$mm

$\therefore a > t_f$이므로 T형보 계산

㉯ A_{sf} 결정

$A_{sf} = \dfrac{\eta(0.85 f_{ck}) t_f (b-b_w)}{f_y}$

$= \dfrac{1.0 \times 0.85 \times 24 \times 100 \times (800-400)}{400}$

$= 2,040$mm²

$a = \dfrac{f_y(A_s - A_{sf})}{\eta(0.85 f_{ck})b_w}$

$= \dfrac{400 \times (4,764-2,040)}{1.0 \times 0.85 \times 24 \times 400}$

$= 133.53$mm

㉰ 공칭휨강도(M_n)

$= f_y A_{sf}\left(d - \dfrac{t_f}{2}\right) + f_y(A_s - A_{sf})\left(d - \dfrac{a}{2}\right)$

$= 400 \times 2,040 \times \left(550 - \dfrac{100}{2}\right) + 400$

$\times (4,764-2,040) \times \left(550 - \dfrac{133.53}{2}\right)$

$= 934,532,856$N·mm $= 934.5$kN·m

14. 다음 중 용접부의 결함이 아닌 것은?

① 오버랩(overlap)

② 언더컷(undercut)

③ 스터드(stud)

④ 균열(crack)

해설 용접결함의 종류

㉮ 오버랩(overlap)

㉯ 언더컷(undercut)

㉰ 크랙(crack)

㉱ 다리길이 부족

㉲ 용접두께 부족

15. 철근콘크리트가 성립하는 이유에 대한 설명으로 잘못된 것은?

① 철근과 콘크리트와의 부착력이 크다.

② 콘크리트 속에 묻힌 철근은 녹슬지 않고 내구성을 갖는다.

③ 철근과 콘크리트의 무게가 거의 같고 내구성이 같다.

④ 철근과 콘크리트는 열에 대한 팽창계수가 거의 같다.

해설 철근과 콘크리트의 단위중량이 다르며 내구성도 차이가 있다.

16. 다음 그림과 같은 필릿용접의 형상에서 $S=$ 9mm일 때 목두께 a의 값으로 적당한 것은?

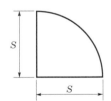

① 5.4mm

② 6.3mm

③ 7.2mm

④ 8.1mm

해설 $a=0.7S=0.7\times 9=6.3\mathrm{mm}$

17. 철근의 겹침이음등급에서 A급 이음의 조건은 다음 중 어느 것인가?

① 배치된 철근량이 이음부 전체 구간에서 해석결과 요구되는 소요철근량의 3배 이상이고 소요겹침이음길이 내 겹침이음된 철근량이 전체 철근량의 1/3 이상인 경우

② 배치된 철근량이 이음부 전체 구간에서 해석결과 요구되는 소요철근량의 3배 이상이고 소요겹침이음길이 내 겹침이음된 철근량이 전체 철근량의 1/2 이하인 경우

③ 배치된 철근량이 이음부 전체 구간에서 해석결과 요구되는 소요철근량의 2배 이상이고 소요겹침이음길이 내 겹침이음된 철근량이 전체 철근량의 1/3 이상인 경우

④ 배치된 철근량이 이음부 전체 구간에서 해석결과 요구되는 소요철근량의 2배 이상이고 소요겹침이음길이 내 겹침이음된 철근량이 전체 철근량의 1/2 이하인 경우

해설 A급 이음($1.0l_d$ 이상)

㉮ 겹침이음철근량≤총철근량$\times\dfrac{1}{2}$

㉯ 배근철근량≥소요철근량$\times 2$

∴ 위 2개의 조건을 충족하는 이음

18. PSC부재에서 프리스트레스의 감소원인 중 도입 후에 발생하는 시간적 손실의 원인에 해당하는 것은?

① 콘크리트의 크리프

② 정착장치의 활동

③ 콘크리트의 탄성수축

④ PS강재와 시스의 마찰

해설 ㉮ 도입 시 손실 3가지

• 정착장치활동

• 콘크리트의 탄성수축

• PS강재와 시스의 마찰

㉯ 도입 후 손실 3가지

• 콘크리트의 크리프

• 콘크리트의 건조수축

• PS강재의 릴랙세이션

19. PSC보의 휨강도 계산 시 긴장재의 응력 f_{ps}의 계산은 강재 및 콘크리트의 응력-변형률관계로부터 정확히 계산할 수도 있으나 콘크리트구조기준에서는 f_{ps}를 계산하기 위한 근사적 방법을 제시하고 있다. 그 이유는 무엇인가?

① PSC구조물은 강재가 항복한 이후 파괴까지 도달함에 있어 강도의 증가량이 거의 없기 때문이다.
② PS강재의 응력은 항복응력 도달 이후에도 파괴 시까지 점진적으로 증가하기 때문이다.
③ PSC보를 과보강 PSC보로부터 저보강 PSC보의 파괴상태로 유도하기 위함이다.
④ PSC구조물은 균열에 취약하므로 균열을 방지하기 위함이다.

> **해설** 콘크리트의 구조설계기준에서는 PS강재의 응력이 항복응력 도달 이후에도 파괴 시까지 점진적으로 응력 증가가 있으므로 긴장재의 응력(f_{ps}) 산출 시 근사적인 방법을 제시하고 있다.

20. 직사각형 보에서 계수전단력 $V_u = 70$kN을 전단철근 없이 지지하고자 할 경우 필요한 최소유효깊이 d는 약 얼마인가? (단, $b = 400$mm, $f_{ck} = 21$MPa, $f_y = 350$MPa)

① $d = 426$mm ② $d = 556$mm
③ $d = 611$mm ④ $d = 751$mm

> **해설** 전단철근 불필요 시 유효깊이(d)
> $$V_u = \frac{1}{2}\phi\left(\frac{1}{6}\lambda\sqrt{f_{ck}}\,b_w d\right)$$
> $$\therefore\ d = \frac{12\,V_u}{\phi\lambda\sqrt{f_{ck}}\,b_w}$$
> $$= \frac{12 \times 70 \times 10^3}{0.75 \times 1.0\sqrt{21} \times 400}$$
> $$= 611\text{mm}$$

1. 보통콘크리트부재의 해당 지속하중에 대한 탄성처짐이 30mm이었다면 크리프 및 건조수축에 따른 추가적인 장기처짐을 고려한 최종 총처짐량은 얼마인가? (단, 하중재하기간은 10년이고, 압축철근비 ρ'은 0.005 이다.)

① 78mm ② 68mm

③ 58mm ④ 48mm

해설 $\lambda_\triangle = \dfrac{\xi}{1+50\rho'} = \dfrac{2.0}{1+50\times0.005} = 1.6$

장기처짐(δ_t)＝탄성처짐$(\delta_e)\times\lambda_\triangle$

$\qquad = 30\times1.6 = 48\text{mm}$

∴ 총처짐(δ_t)＝탄성처짐(δ_e)＋장기처짐(δ_ℓ)

$\qquad = 30+48 = 78\text{mm}$

2. 다음 그림은 필릿(fillet)용접한 것이다. 목두께 a를 표시한 것으로 옳은 것은?

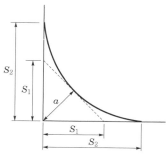

① $a = S_2 \times 0.7$ ② $a = S_1 \times 0.7$

③ $a = S_2 \times 0.6$ ④ $a = S_1 \times 0.6$

해설 필릿용접 목두께$(a) = S_1\sin45°$

∴ $a = S_1\times\dfrac{1}{\sqrt{2}} = S_1\times\dfrac{\sqrt{2}}{2} = S_1\times0.7$

3. 강도설계법에서 단철근 직사각형 보가 $f_{ck}=24\text{MPa}$, $f_y=400\text{MPa}$일 때 균형철근비는?

① 0.01658 ② 0.01842

③ 0.02124 ④ 0.02540

해설 $f_{ck} \leq 40\text{MPa}$이면 $\beta_1 = 0.80$

∴ $\rho_b = \eta(0.85\beta_1)\left(\dfrac{f_{ck}}{f_y}\right)\left(\dfrac{660}{660+f_y}\right)$

$\qquad = 1.0\times0.85\times0.80\times\dfrac{24}{400}\times\dfrac{660}{660+400}$

$\qquad = 0.02540$

4. 복철근 단면의 보에 대한 설명으로 틀린 것은?

① 보의 단면이 제한될 때, 특히 유효깊이에 제한이 있을 때 사용한다.

② 복철근보의 압축철근은 보의 강성을 증가시키며 급속파괴의 가능성을 감소시킨다.

③ 복철근보의 압축철근은 콘크리트의 크리프와 건조수축에 의한 보의 처짐을 감소시킨다.

④ 정(＋), 부(－)의 휨모멘트를 겸해서 받는 경우에는 복철근보의 효과가 없다.

해설 정(＋), 부(－)의 휨모멘트를 교대로 받는 경우 복철근보로 설계한다.

5. 강도설계법의 가정으로 틀린 것은?

① 철근과 콘크리트의 변형률은 중립축으로부터의 거리에 비례한다.

② 압축측 연단에서 콘크리트의 극한변형률은 0.0033으로 가정한다.

③ 휨응력 계산에서 콘크리트의 인장강도는 무시한다.

④ 극한강도상태에서 콘크리트의 응력은 그 변형률에 비례한다.

해설 극한강도상태에서 콘크리트의 응력은 중립축거리와 관계없이 일정한 크기를 갖고, 변형률은 중립축 거리에 비례한다.

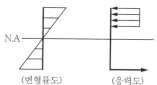

6. 원형 띠철근으로 둘러싸인 압축부재의 축방향 주철근의 최소개수는?

① 3개   ② 4개

③ 5개   ④ 6개

해설 축방향 주철근개수
- ㉮ 원형, 사각형 단면 : 16mm, 4개 이상
- ㉯ 삼각형 단면 : 16mm, 3개 이상

7. 철근콘크리트보에 발생하는 장기처짐에 대한 설명으로 틀린 것은?

① 장기처짐은 지속하중에 의한 건조수축이나 크리프에 의해 일어난다.

② 장기처짐은 시간의 경과와 더불어 진행되는 처짐이다.

③ 장기처짐은 그 요인이 복잡하므로 실험에 의해 추정하게 된다.

④ 장기처짐은 부재가 탄성거동을 한다고 가정하고 역학적으로 계산하여 구한다.

해설 탄성처짐은 부재가 탄성거동을 한다고 가정하고 계산한다.

8. 강도설계법에서 1방향 슬래브(slab)의 구조 상세에 관한 사항 중 틀린 것은?

① 1방향 슬래브의 두께는 최소 100mm 이상이어야 한다.

② 슬래브의 정모멘트철근 및 부모멘트철근의 중심간격은 위험 단면에서는 슬래브두께의 2배 이하이어야 하고, 또한 300mm 이하로 하여야 한다.

③ 슬래브의 정모멘트 철근 및 부모멘트 철근의 중심간격은 위험 단면 이외의 단면에서는 슬래브두께의 4배 이하이어야 하고, 또한 600mm 이하로 하여야 한다.

④ 1방향 슬래브에서는 정모멘트 철근 및 부모멘트 철근에 직각방향으로 수축·온도철근을 배치하여야 한다.

해설 1방향 슬래브의 정철근 및 부철근 중심간격
- ㉮ 최대휨모멘트 발생 단면 : 슬래브두께 2배 이하, 300mm 이하
- ㉯ 기타 단면 : 슬래브두께 3배 이하, 450mm 이하

9. 다음 그림과 같은 맞대기 용접이음에서 이음의 응력을 구한 값은?

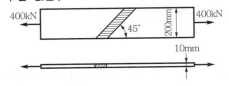

① 141MPa   ② 183MPa

③ 200MPa   ④ 283MPa

해설 $f = \dfrac{P}{\sum al_e} = \dfrac{400 \times 10^3}{200 \times 10} = 200\text{MPa}$

10. 고장력 볼트를 사용한 이음의 종류가 아닌 것은?

① 압축이음

② 마찰이음

③ 지압이음

④ 인장이음

해설 고장력 볼트이음
- ㉮ 마찰이음(기본)
- ㉯ 지압이음
- ㉰ 인장이음

11. 프리스트레스의 손실원인 중 프리스트레스를 도입할 때 즉시 손실의 원인이 되는 것은?

① 콘크리트의 크리프

② PS강재와 시스 사이의 마찰

③ PS강재의 릴랙세이션

④ 콘크리트의 건조수축

해설 도입 시 손실
- ㉮ 콘크리트의 탄성수축(변형)
- ㉯ 강재와 시스 사이의 마찰
- ㉰ 정착장치의 활동

12. 인장을 받는 이형철근의 기본정착길이(l_{db})를 계산하기 위해 필요한 요소가 아닌 것은?

① 철근의 공칭지름

② 철근의 설계기준항복강도

③ 전단철근의 간격

④ 콘크리트의 설계기준압축강도

해설 인장이형철근의 기본정착길이

$$l_{db} = \frac{0.6\,d_b f_y}{\lambda \sqrt{f_{ck}}}$$

여기서, λ : 경량콘크리트계수

d_b : 철근의 공칭지름

f_y : 철근의 항복응력(강도)

f_{ck} : 콘크리트의 설계기준강도

13. 프리스트레스트 콘크리트의 강도개념을 설명한 것으로 옳은 것은?

① PSC보를 RC보처럼 생각하여 콘크리트는 압축력을 받고 긴장재는 인장력을 받게 하여 두 힘의 우력 모멘트로 외력에 의한 휨모멘트에 저항시킨다는 개념

② 프리스트레스가 도입되면 콘크리트부재에 대한 해석이 탄성이론으로 가능하다는 개념

③ 프리스트레싱에 의한 작용과 부재에 작용하는 하중을 평형이 되도록 하자는 개념

④ 선형탄성이론에 의한 개념이며 콘크리트와 긴장재의 계산된 응력이 허용응력 이하로 되도록 설계하는 개념

해설 ㉮ 강도개념(내력모멘트개념) : RC구조와 동일한 개념

㉯ 응력개념(균등질 보개념) : 탄성이론에 의한 해석

㉰ 하중평형개념(등가하중개념)

14. 강도설계법에서 등가직사각형 응력블록의 깊이 (a)는 다음 표와 같은 식으로 구할 수 있다. 여기서 f_{ck} 가 38MPa인 경우 β_1의 값은?

$a = \beta_1 c$

① 0.74
② 0.76
③ 0.78
④ 0.80

해설 $f_{ck} \leq 40\text{MPa}$이면 $\beta_1 = 0.80$이다.

15. 파셜프리스트레스보(partially prestressed beam) 란 어떤 보인가?

① 사용하중하에서 인장응력이 일어나지 않도록 설계된 보

② 사용하중하에서 얼마간의 인장응력이 일어나도록 설계된 보

③ 계수하중하에서 인장응력이 일어나지 않도록 설계된 보

④ 부분적으로 철근보강된 보

해설 파셜프리스트레싱(partial pre-stressing) : 콘크리트 단면 일부에 어느 정도 인장응력 발생을 허용

16. 다음 그림과 같은 단철근 직사각형 단면보의 설계휨강도 ϕM_n을 구하면? (단, $A_s = 2,000\text{mm}^2$, $f_{ck} = 24\text{MPa}$, $f_y = 400\text{MPa}$, 이 단면은 인장지배 단면이다.)

① 243.8kN·m
② 274.1kN·m
③ 295.6kN·m
④ 324.7kN·m

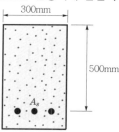

해설

$$a = \frac{f_y A_s}{\eta(0.85 f_{ck})\,b}$$

$$= \frac{400 \times 2,000}{1.0 \times 0.85 \times 24 \times 300} = 130.7\text{mm}$$

$$M_d = \phi M_n$$

$$\therefore\ \phi M_n = \phi\,f_y A_s\!\left(d - \frac{a}{2}\right)$$

$$= 0.85 \times 400 \times 2,000 \times \left(500 - \frac{130.7}{2}\right)$$

$$= 295.6\text{kN}\cdot\text{m}$$

17. 구조물의 부재, 부재 간의 연결부 및 각 부재 단면의 휨모멘트, 축력, 전단력, 비틀림모멘트에 대한 설계강도는 공칭강도에 강도감소계수 ϕ를 곱한 값으로 한다. 무근콘크리트의 휨모멘트, 압축력, 전단력, 지압력에 대한 강도감소계수는?

① 0.55
② 0.65
③ 0.7
④ 0.75

해설 무근콘크리트 : $\phi = 0.55$

18. 부벽식 옹벽에서 뒷부벽의 설계에 대한 설명으로 옳은 것은?

① 직사각형 보로 설계한다.
② T형보로 설계하여야 한다.
③ 저판에 지지된 캔틸레버로 설계할 수 있다.
④ 3변 지지된 2방향 슬래브로 설계할 수 있다.

해설 옹벽의 설계
㉮ 뒷부벽 : T형보로 설계
㉯ 앞부벽 : 직사각형 보로 설계

19. 철근콘크리트보에 전단력과 휨만 작용할 때 콘크리트가 받을 수 있는 설계전단강도(ϕV_c)는 약 얼마인가? (단, b_w =350mm, d =600mm, f_{ck} =28MPa, f_y = 400MPa)

① 87.6kN ② 129.6kN
③ 138.9kN ④ 148.2kN

해설 $\phi V_c = \phi\left(\frac{1}{6}\lambda\sqrt{f_{ck}}\,b_w d\right)$

$= 0.75 \times \frac{1}{6} \times 1.0\sqrt{28} \times 350 \times 600$

$= 138.9\text{kN}$

20. 전단철근으로 사용될 수 있는 것이 아닌 것은?

① 스터럽과 굽힘철근의 조합
② 부재축에 직각인 스터럽
③ 부재축에 직각으로 배치된 용접철망
④ 주인장철근에 15°의 각도로 구부린 굽힘철근

해설 스터럽(전단철근)의 종류
㉮ 90° 수직스터럽
㉯ 45° 이상의 경사스터럽
㉰ 30° 이상의 굽힘철근
㉱ 스터럽과 굽힘철근 병용

 정답 18. ② 19. ③ 20. ④

1. 다음 그림과 같은 나선철근단주의 설계축강도(P_n)을 구하면? (단, D32 1개의 단면적=794mm², f_{ck}=24MPa, f_y=420MPa)

① 2,648kN
② 3,254kN
③ 3,797kN
④ 3,972kN

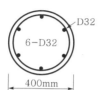

해설

$$P_n = \alpha\left[0.85f_{ck}(A_g - A_{st}) + f_y A_{st}\right]$$

$$= 0.85 \times \left[0.85 \times 24 \times \left(\pi \times \frac{400^2}{4} - 794 \times 6\right) + 420 \times 794 \times 6\right]$$

$$= 3,797,148.905\text{N} \fallingdotseq 3,797\text{kN}$$

2. 다음 그림에 나타난 직사각형 단철근보의 설계휨강도(ϕM_n)를 구하기 위한 강도감소계수(ϕ)는 얼마인가? (단, f_{ck}=28MPa, f_y=400MPa)

① 0.85
② 0.82
③ 0.79
④ 0.76

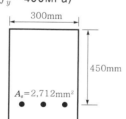

해설 $f_{ck} \leq 40\text{MPa}$이면 $\beta_1 = 0.80$

$$c = \frac{a}{\beta_1} = \frac{1}{0.80} \times \frac{400 \times 2,712}{1.0 \times 0.85 \times 28 \times 300}$$

$$= 189.9\text{mm}$$

$$\varepsilon_t = \varepsilon_{cu}\left(\frac{d_t - c}{c}\right) = 0.0033 \times \left(\frac{450 - 189.9}{189.9}\right)$$

$$= 0.0045$$

$$\varepsilon_y = \frac{f_y}{E_s} = \frac{400}{2 \times 10^5} = 0.002$$

$$\therefore \ \phi = 0.65 + 0.2\left(\frac{\varepsilon_t - \varepsilon_y}{0.005 - \varepsilon_y}\right)$$

$$= 0.65 + 0.2 \times \left(\frac{0.0045 - 0.002}{0.005 - 0.002}\right) = 0.817$$

3. 옹벽의 구조 해석에 대한 설명으로 틀린 것은?

① 저판의 뒷굽판은 정확한 방법이 사용되지 않는 한 뒷굽판 상부에 재하되는 모든 하중을 지지하도록 설계하여야 한다.
② 부벽식 옹벽의 전면벽은 저판에 지지된 캔틸레버로 설계하여야 한다.
③ 부벽식 옹벽의 저판은 정밀한 해석이 사용되지 않는 한 부벽 사이의 거리를 경간으로 가정한 고정보 또는 연속보로 설계할 수 있다.
④ 뒷부벽은 T형보로 설계하여야 하며, 앞부벽은 직사각형 보로 설계하여야 한다.

해설 부벽식 옹벽의 전면벽은 3변 지지된 2방향 슬래브로 설계한다.

4. 강도설계법의 기본가정을 설명한 것으로 틀린 것은?

① 철근과 콘크리트의 변형률은 중립축에서의 거리에 비례한다고 가정한다.
② 콘크리트 압축연단의 극한변형률은 0.0033으로 가정한다.
③ 철근의 응력이 설계기준항복강도(f_y) 이상일 때 철근의 응력은 그 변형률에 E_s를 곱한 값으로 한다.
④ 콘크리트의 인장강도는 철근콘크리트의 휨 계산에서 무시한다.

해설 철근의 응력이 항복강도(f_y) 이하일 때 철근의 응력은 그 변형률의 E_s배로 취한다($f_s = E_s \varepsilon_s$).

5. 길이가 7m인 양단 연속보에서 처짐을 계산하지 않는 경우 보의 최소두께로 옳은 것은? (단, f_{ck}=28MPa, f_y=400MPa)

① 275mm
② 334mm
③ 379mm
④ 438mm

해설 $h = \dfrac{l}{21} = \dfrac{7,000}{21} = 333.3\text{mm}$

여기서, l : 경간길이

6. 계수전단강도 $V_u = 60\text{kN}$을 받을 수 있는 직사각형 단면이 최소전단철근 없이 견딜 수 있는 콘크리트의 유효깊이 d는 최소 얼마 이상이어야 하는가? (단, $f_{ck} = 28\text{MPa}$, 단면의 폭(b)=350mm)

① 560mm

② 525mm

③ 434mm

④ 328mm

해설

$$V_u = \frac{1}{2}\phi\left(\frac{1}{6}\lambda\sqrt{f_{ck}}\,b_w d\right)$$

$$\therefore\ d = \frac{2 \times 6\,V_u}{\phi\lambda\sqrt{f_{ck}}\,b_w}$$

$$= \frac{12 \times 60 \times 10^3}{0.75 \times 1.0\sqrt{24} \times 350}$$

$$= 559.9 \fallingdotseq 560\text{mm}$$

7. 전단철근에 대한 설명으로 틀린 것은?

① 철근콘크리트부재의 경우 주인장철근에 45° 이상의 각도로 설치되는 스터럽을 전단철근으로 사용할 수 있다.

② 철근콘크리트부재의 경우 주인장철근에 30° 이상의 각도로 구부린 굽힘철근을 전단철근으로 사용할 수 있다.

③ 전단철근으로 사용하는 스터럽과 기타 철근 또는 철선은 콘크리트 압축연단부터 거리 d만큼 연장하여야 한다.

④ 용접이형철망을 사용할 경우 전단철근의 설계기준 항복강도는 500MPa을 초과할 수 없다.

해설 용접이형철망을 제외한 일반적인 전단철근의 설계기준항복강도는 500MPa을 초과할 수 없다.

8. 비틀림철근에 대한 설명으로 틀린 것은? (단, A_{oh}는 가장 바깥의 비틀림보강철근의 중심으로 닫힌 단면적이고, P_h는 가장 바깥의 횡방향 폐쇄스터럽 중심선의 둘레이다.)

① 횡방향 비틀림철근은 종방향 철근 주위로 135° 표준 갈고리에 의해 정착하여야 한다.

② 비틀림모멘트를 받는 속 빈 단면에서 횡방향 비틀림철근의 중심선으로부터 내부벽면까지의 거리는 $0.5A_{oh}/P_h$ 이상이 되도록 설계하여야 한다.

③ 횡방향 비틀림철근의 간격은 $P_h/6$ 및 400mm보다 작아야 한다.

④ 종방향 비틀림철근은 양단에 정착하여야 한다.

해설 횡방향 비틀림철근의 간격은 $P_h/8$ 및 300mm보다 작아야 한다.

9. 휨부재에서 철근의 정착에 대한 안전을 검토하여야 하는 곳으로 거리가 먼 것은?

① 최대응력점

② 경간 내에서 인장철근이 끝나는 곳

③ 경간 내에서 인장철근이 굽혀진 곳

④ 집중하중이 재하되는 점

해설 휨부재의 철근정착에 대한 안전 검토

㉮ 최대응력이 발생한 지점

㉯ 인장철근이 끝나는 지점

㉰ 인장철근이 구부러진 지점

10. 다음 필릿용접의 전단응력은 얼마인가?

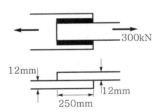

① 67.72MPa

② 79.01MPa

③ 72.72MPa

④ 75.72MPa

해설 $a = 0.70s = 0.70 \times 12 = 8.4\text{mm}$

$l_e = 2(l - 2s) = 2 \times (250 - 2 \times 12) = 452\text{mm}$

$$\therefore\ v = \frac{P}{\sum a l_e}$$

$$= \frac{300 \times 10^3}{8.4 \times 452}$$

$$= 79.01\text{N/mm}^2$$

$$= 79.01\text{MPa}$$

11. 단면이 400×500mm이고 150mm²의 PSC강선 4개를 단면 도심축에 배치한 프리텐션 PSC부재가 있다. 초기 프리스트레스가 1,000MPa일 때 콘크리트의 탄성변형에 의한 프리스트레스 감소량의 값은? (단, $n=6$)

① 22MPa   ② 20MPa
③ 18MPa   ④ 16MPa

 해설
$$\Delta f_p = n f_{ci} = n \frac{P_i}{A_c}$$
$$= 6 \times \frac{150 \times 4 \times 1,000}{400 \times 500} = 18\text{MPa}$$

12. 다음 그림과 같이 $w=40$kN/m일 때 PS강재가 단면 중심에서 긴장되며 인장측의 콘크리트응력이 "0"이 되려면 PS강재에 얼마의 긴장력이 작용하여야 하는가?

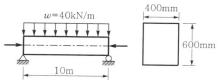

① 4,605kN   ② 5,000kN
③ 5,200kN   ④ 5,625kN

 해설
$$M = \frac{wl^2}{8} = \frac{40 \times 10^2}{8} = 500\text{kN} \cdot \text{m}$$
$$f = \frac{P}{A} - \frac{M}{I} y = 0$$
$$\therefore P = \frac{6M}{h} = \frac{6 \times 500}{0.6} = 5,000\text{kN}$$

13. 다음 그림과 같은 직사각형 단면의 보에서 인장철근은 D22 철근 3개가 윗부분에, D29 철근 3개가 아랫부분에 2열로 배치되었다. 이 보의 공칭휨강도(M_n)는? (단, 철근 D22 3본의 단면적은 1,161mm², 철근 D29 3본의 단면적은 1,927mm², $f_{ck}=24$MPa, $f_y=350$MPa)

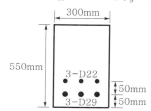

① 396.2kN · m   ② 424.6kN · m
③ 467.3kN · m   ④ 512.4kN · m

해설 바리뇽의 정리에 의해
$$d = \frac{(3 \times 1,161 \times 450) + (3 \times 1,927 \times 500)}{(3 \times 1,161) + (3 \times 1,927)}$$
$$= 481.2\text{mm}$$
$$a = \frac{f_y A_s}{\eta(0.85 f_{ck}) b}$$
$$= \frac{350 \times (1,161 + 1,927)}{1.0 \times 0.85 \times 24 \times 300} = 176.6\text{mm}$$
$$\therefore M_n = f_y A_s \left(d - \frac{a}{2}\right)$$
$$= 350 \times (1,161 + 1,927)$$
$$\times \left(481.2 - \frac{176.6}{2}\right)$$
$$= 424,646,320\text{N} \cdot \text{mm}$$
$$= 424.6\text{kN} \cdot \text{m}$$

14. 프리스트레스트 콘크리트의 원리를 설명할 수 있는 기본개념으로 옳지 않은 것은?

① 균등질 보의 개념
② 내력모멘트의 개념
③ 하중평형의 개념
④ 변형도의 개념

해설 PSC의 3대 개념
㉮ 응력개념(균등질 보의 개념)
㉯ 강도개념(내력모멘트의 개념)
㉰ 하중평형개념(등가하중의 개념)

15. 콘크리트의 강도설계법에서 $f_{ck}=38$MPa일 때 직사각형 응력분포의 깊이를 나타내는 β_1의 값은 얼마인가?

① 0.78   ② 0.92
③ 0.80   ④ 0.75

해설 $f_{ck} \leq 40$MPa이면 $\beta_1 = 0.80$이다.

16. 4변에 의해 지지되는 2방향 슬래브 중에서 1방향 슬래브로 보고 해석할 수 있는 경우에 대한 기준으로 옳은 것은? (단, L : 2방향 슬래브의 장경간, S : 2방향 슬래브의 단경간)

① $\frac{L}{S}$가 2보다 클 때   ② $\frac{L}{S}$가 1일 때
③ $\frac{L}{S}$가 $\frac{3}{2}$ 이상일 때   ④ $\frac{L}{S}$가 3보다 작을 때

해설 ㉮ 1방향 슬래브 : $\dfrac{L}{S} \geq 2.0$

㉯ 2방향 슬래브 : $1.0 \leq \dfrac{L}{S} < 2.0$

17. 폭 400mm, 유효깊이 600mm인 단철근 직사각형 보의 단면에서 콘크리트구조기준에 의한 최대인장철근량은? (단, $f_{ck} = 28$MPa, $f_y = 400$MPa)

① 4,552mm^2

② 4,877mm^2

③ 5,160mm^2

④ 5,526mm^2

해설 $f_{ck} \leq 40$MPa이면 $\beta_1 = 0.80$

$$\rho_{max} = \eta(0.85\beta_1)\left(\frac{f_{ck}}{f_y}\right)\left(\frac{\varepsilon_{cu}}{\varepsilon_{cu} + \varepsilon_{t,min}}\right)$$

$$= 1.0 \times 0.85 \times 0.80 \times \frac{28}{400}$$

$$\times \left(\frac{0.0033}{0.0033 + 0.004}\right)$$

$$= 0.0215$$

$$\therefore A_{s,max} = \rho_{max}\, b\, d$$

$$= 0.0215 \times 400 \times 600$$

$$= 5,160\text{mm}^2$$

18. 강판형(plate girder) 복부(web)두께의 제한이 규정되어 있는 가장 큰 이유는?

① 시공상의 난이   ② 공비의 절약

③ 자중의 경감   ④ 좌굴의 방지

해설 판형의 복부(web)는 압축을 받으므로 복부판의 두께에 따라 좌굴이 좌우된다.

19. 인장응력 검토를 위한 L-150×90×12인 형강(angle)의 전개총폭(b_g)은 얼마인가?

① 228mm   ② 232mm

③ 240mm   ④ 252mm

해설 L형강 총폭$(b_g) = b_1 + b_2 - t$

$$= 150 + 90 - 12 = 228\text{mm}$$

20. 깊은 보(deep beam)의 강도는 다음 중 무엇에 의해 지배되는가?

① 압축   ② 인장

③ 휨   ④ 전단

해설 깊은 보는 전단이 지배한다$\left(\dfrac{l_n}{d} \leq 4\right)$.

1. 건조수축 또는 온도변화에 의하여 콘크리트에 발생하는 균열을 방지하기 위한 목적으로 배치되는 철근을 무엇이라고 하는가?

① 수축 · 온도철근
② 비틀림철근
③ 복부보강근
④ 배력철근

해설 수축 · 온도철근은 건조수축 또는 온도변화에 의해 콘크리트에 발생하는 균열을 억제하기 위한 목적으로 배치하는 철근이다.

2. 다음 그림과 같은 띠철근기둥이 받을 수 있는 설계축강도(ϕP_n)는? (단, f_{ck}=20MPa, f_y=300MPa, A_{st}=4,000mm²이며 압축지배 단면이다.)

① 2,655kN
② 2,406kN
③ 2,157kN
④ 2,003kN

해설
$$\phi P_n = \phi\alpha\left(0.85f_{ck}(A_g - A_{st}) + f_y A_{st}\right)$$
$$= 0.65 \times 0.8 \times (0.85 \times 20$$
$$\times (400 \times 400 - 4,000) + 300 \times 4,000)$$
$$= 2,003,040N = 2,003kN$$

3. 강재의 연결 시 주의사항에 대한 설명으로 틀린 것은?

① 잔류응력이나 2차 응력을 일으키지 않아야 한다.
② 각 재편에 가급적 편심이 없어야 한다.
③ 여러 가지의 연결방법을 병용하도록 한다.
④ 응력집중이 없어야 한다.

해설 강재이음의 일반사항
㉮ 부재 사이의 응력전달이 확실해야 한다.
㉯ 가급적 편심이 발생하지 않아야 한다.
㉰ 이음부에 응력집중이 없어야 한다.
㉱ 부재의 변형에 따른 영향을 고려해야 한다.
㉲ 잔류응력이나 2차 응력을 일으키지 않아야 한다.

4. 직사각형 단면의 철근콘크리트보에 전단력과 휨만이 작용할 때 콘크리트가 받을 수 있는 설계전단강도(ϕV_c)는 약 얼마인가? (단, b=300mm, d=500mm, f_{ck}=28MPa)

① 99.2kN
② 124.1kN
③ 132.3kN
④ 143.5kN

해설
$$\phi V_c = \phi\left(\frac{1}{6}\lambda\sqrt{f_{ck}}\, b_w d\right)$$
$$= 0.75 \times \frac{1}{6} \times 1.0\sqrt{28} \times 300 \times 500$$
$$= 99,215,674N = 99.2kN$$

5. 다음의 표에서 설명하는 것은?

철근콘크리트부재가 사용성과 안전성을 만족할 수 있도록 요구되는 단면의 단면력

① 설계기준강도
② 배합강도
③ 공칭강도
④ 소요강도

해설 소요강도란 계수하중에 의한 위험 단면의 극한강도로 실제 작용하중으로 검토하는 사용성과 계수하중으로 검토하는 안정성을 만족하는 강도이다.

6. 콘크리트에 초기 프리스트레스(P_i)=600kN을 도입한 후 여러 가지 원인에 의하여 100kN의 프리스트레스가 손실되었을 때의 유효율은?

① 80%
② 83%
③ 86%
④ 89%

해설
$$R = \frac{P_e}{P_i} \times 100$$
$$= \frac{P_i - \Delta P}{P_i} \times 100$$
$$= \frac{600 - 100}{600} \times 100$$
$$= 83.3\%$$

7. 다음 중 풀프리스트레싱(Full pre-stressing)에 대한 설명으로 옳은 것은?

① 설계하중작용 시 단면의 일부에 인장응력이 발생하도록 한 방법
② 설계하중작용 시 단면의 어느 부위에도 인장응력이 발생하지 않도록 한 방법
③ 외적으로 반력을 조절해서 프리스트레스를 도입하는 방법
④ 콘크리트가 경화한 뒤에 PS강재를 긴장하는 방법

해설 ㉮ 풀프리스트레싱(full pre-stressing) : 콘크리트 전 단면에서 인장응력이 발생하지 않도록 프리스트레스를 가하는 방법
㉯ 파셜프리스트레싱(partial pre-stressing) : 콘크리트 단면의 일부에 어느 정도의 인장응력이 발생하는 것을 허용하는 방법

8. 옹벽의 안정조건에 대한 설명으로 틀린 것은?

① 활동에 대한 저항력은 옹벽에 작용하는 수평력의 1.5배 이상이어야 한다.
② 전도에 대한 저항휨모멘트는 횡토압에 의한 전도모멘트의 20배 이상이어야 한다.
③ 전도 및 활동에 대한 안정조건은 만족하지만 지반지지력에 대한 안정조건만을 만족하지 못할 경우에는 횡방향 앵커를 설치하여 지반지지력을 증대시킬 수 있다.
④ 지반에 유발되는 최대지반반력은 지반의 허용지지력을 초과할 수 없다.

해설 옹벽의 안정조건
㉮ 전도 : 안전율 2.0
㉯ 활동 : 안전율 1.5
㉰ 침하 : 안전율 3.0(지반반력≤허용지지력)

9. 다음 그림과 같이 400mm×12mm의 강판을 홈용접 하려 한다. 500kN의 인장력이 작용하면 용접부에 일어나는 응력은 얼마인가? (단, 전단면을 유효길이로 한다.)

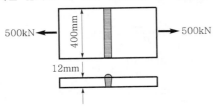

① 92.2MPa
② 98.2MPa
③ 101.2MPa
④ 104.2MPa

해설
$$f = \frac{P}{\sum al_e} = \frac{500 \times 10^3}{12 \times 400}$$
$$= 104.2 \text{N/mm}^2 = 104.2 \text{MPa}$$

10. 강도감소계수(ϕ)의 사용목적에 대한 설명으로 틀린 것은?

① 재료강도와 치수가 변동할 수 있으므로 부재의 강도 저하확률에 대비한 여유를 반영하기 위해서
② 초과하중 및 구조물의 용도변경에 따른 여유를 반영하기 위해서
③ 구조물에서 차지하는 부재의 중요도 등을 반영하기 위해서
④ 부정확한 설계방정식에 대비한 여유를 반영하기 위해서

해설 초과하중의 영향을 고려하기 위해 하중(증가)계수(α)를 사용한다.

11. 단철근 직사각형 보에 하중이 작용하여 10mm의 탄성처짐이 발생하였다. 모든 하중이 5년 이상의 장기하중으로 작용한다면 총처짐량은 얼마인가?

① 20mm
② 30mm
③ 35mm
④ 45mm

해설
$$\lambda_\Delta = \frac{\xi}{1+50\rho'} = \frac{2.0}{1+50\times0} = 2.0$$
장기처짐=탄성처짐$\times \lambda_\Delta = 10 \times 2 = 20\text{mm}$
∴ 총처짐=탄성처짐+장기처짐
$= 10 + 20 = 30\text{mm}$

12. 철근콘크리트구조물의 전단철근에 대한 설명 중 틀린 것은?

① 주인장철근에 30° 이상의 각도로 구부린 굽힘철근은 전단철근으로 사용할 수 있다.
② 스터럽과 굽힘철근을 조합하여 전단철근으로 사용할 수 있다.
③ 주인장철근에 45° 이상의 각도로 설치되는 스터럽은 전단철근으로 사용할 수 있다.
④ 용접이형철망을 제외한 일반적인 전단철근의 설계기준항복강도는 600MPa을 초과할 수 없다.

해설 전단철근의 종류
- ㉮ 30° 이상 굽힘철근
- ㉯ 45° 이상의 경사스터럽
- ㉰ 수직스터럽
- ㉱ 굽힘철근+스터럽 병용

13. 다음 그림과 같은 T형보가 있다. 이 보의 등가직사각형 응력블록의 깊이(a)는? (단, f_{ck}=24MPa, f_y=400MPa, A_s=3,970mm^2)

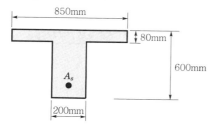

① 76.52mm
② 102.83mm
③ 129.22mm
④ 143.37mm

해설 ㉮ T형보 판별

$$a = \frac{f_y A_s}{\eta(0.85 f_{ck}) b}$$

$$= \frac{400 \times 3,970}{1.0 \times 0.85 \times 24 \times 850} = 91.58\text{mm}$$

∴ $a > t_f$이므로 T형보로 계산

㉯ $A_{sf} = \dfrac{\eta(0.85 f_{ck}) t_f (b - b_w)}{f_y}$

$$= \frac{1.0 \times 0.85 \times 24 \times 80 \times (850 - 200)}{400}$$

$$= 2,652\text{mm}^2$$

㉰ $a = \dfrac{f_y(A_s - A_{sf})}{\eta(0.85 f_{ck}) b_w}$

$$= \frac{400 \times (3,970 - 2,652)}{1.0 \times 0.85 \times 24 \times 200}$$

$$= 129.22\text{mm}$$

14. 인장이형철근의 정착길이에 대한 설명으로 틀린 것은?

① 인장이형철근의 정착길이(l_d)는 기본정착길이(l_{db})에 보정계수를 고려하여 구할 수 있다.

② 인장이형철근의 정착길이는 철근의 항복강도(f_y)에 비례한다.

③ 인장이형철근의 정착길이는 콘크리트의 설계기준압축강도(f_{ck})의 제곱근에 반비례한다.

④ 인장이형철근의 정착길이(l_d)는 항상 500mm 이상이어야 한다.

해설 인장이형철근의 정착길이(l_d)는 항상 300mm 이상이어야 한다.

15. 다음 중 강도설계법에서 적용되는 부재별 강도감소계수가 잘못된 것은?

① 인장지배 단면 : 0.85

② 압축지배 단면 중 나선철근으로 보강된 철근콘크리트부재 : 0.70

③ 무근콘크리트의 휨모멘트, 압축력, 전단력, 지압력을 받는 부재 : 0.55

④ 콘크리트의 지압력을 받는 부재 : 0.80

해설 콘크리트의 지압력을 받는 부재 : 0.65

16. 지름 30mm인 고력볼트를 사용하여 강판을 연결하고자 할 때 강판에 뚫어야 할 구멍의 지름은? (단, 표준적인 경우)

① 27mm
② 30mm
③ 33mm
④ 35mm

해설 구멍의 지름=볼트의 지름+3
=30+3=33mm

17. 다음 그림과 같은 단철근 직사각형 보에서 인장철근비(ρ)는? (단, A_s=2,382mm^2, f_{ck}=28MPa, f_y=400MPa)

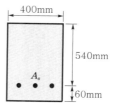

① 0.01103
② 0.00993
③ 0.00821
④ 0.00627

해설 $\rho = \dfrac{A_s}{b\,d} = \dfrac{2,382}{400 \times 540} = 0.01103$

18. 다음 그림과 같은 PSC보의 지간 중앙점에서 강선을 꺾었을 때 이 중앙점에서 상향력 U의 값은?

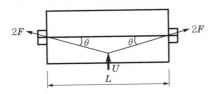

① $2F\sin\theta$
② $4F\sin\theta$
③ $2F\tan\theta$
④ $4F\tan\theta$

> **해설** $\sum V = 0$
> $U = 2F\sin\theta + 2F\sin\theta = 4F\sin\theta$

19. 강도설계법을 적용하기 위한 기본가정에서 압축측 연단에서 콘크리트의 극한변형률은 얼마로 가정하는가?

① 0.0033
② 0.0043
③ 0.0052
④ 0.0062

> **해설** 강도설계법에서 콘크리트의 극한변형률(ε_c)은 0.0033으로 가정한다.

20. 강도설계법에서 보에 대한 등가직사각형 응력블록의 깊이(a)는 다음 표와 같은 공식에 의해 구할 수 있다. 이때 $f_{ck} = 60$MPa인 경우 β_1의 값은?

$a = \beta_1 c$

① 0.51
② 0.57
③ 0.65
④ 0.76

> **해설**
>
> | f_{ck}[MPa] | ≤40 | 50 | 60 | 70 | 80 | 90 |
> | --- | --- | --- | --- | --- | --- | --- |
> | β_1 | 0.80 | 0.80 | 0.76 | 0.74 | 0.72 | 0.70 |
>
> $\therefore \ \beta_1 = 0.76$

1. 다음 중 철근콘크리트보에서 사인장철근이 부담하는 주된 응력은?

① 부착응력   ② 전단응력

③ 지압응력   ④ 휨인장응력

 사인장철근(복부철근)은 전단응력을 부담하고, 휨철근은 휨인장응력에 대응한다.

2. 단철근 직사각형 보에서 폭 300mm, 유효깊이 500mm, 인장철근 단면적 1,700mm²일 때 강도 해석에 의한 직사각형 압축응력분포도의 깊이(a)는? (단, f_{ck}=20MPa, f_y=300MPa이다.)

① 50mm   ② 100mm

③ 200mm   ④ 400mm

● 해설
$$a = \frac{f_y A_s}{\eta(0.85 f_{ck})b}$$
$$= \frac{300 \times 1,700}{1.0 \times 0.85 \times 20 \times 300} = 100\text{mm}$$

3. 강도설계법에 의한 휨부재의 등가사각형 압축응력분포에서 f_{ck}=40MPa일 때 β_1의 값은?

① 0.766   ② 0.800

③ 0.833   ④ 0.850

● 해설 $f_{ck} \leq 40$MPa이면 $\beta_1 = 0.80$이다.

4. 표준 갈고리를 갖는 인장이형철근의 정착에 대한 설명으로 옳지 않은 것은? (단, d_b는 철근의 공칭지름이다.)

① 갈고리는 압축을 받는 경우 철근정착에 유효하지 않은 것으로 본다.

② 정착길이는 위험 단면부터 갈고리의 외측단까지 길이로 나타낸다.

③ f_{sp}값이 규정되어 있지 않은 경우 모래경량콘크리트의 경량콘크리트계수 λ는 0.7이다.

④ 기본정착길이에 보정계수를 곱하여 정착길이를 계산하는데, 이렇게 구한 정착길이는 항상 $8d_b$ 이상, 또한 150mm 이상이어야 한다.

● 해설 쪼갬인장강도가 주어지지 않은 경우 경량콘크리트의 보정계수

㉮ 전경량콘크리트 : 0.75

㉯ 부분경량콘크리트 : 0.85

5. 길이 6m의 단순 지지 보통 중량 철근콘크리트보의 처짐을 계산하지 않아도 되는 보의 최소두께는? (단, f_{ck}=21MPa, f_y=350MPa이다.)

① 349mm   ② 356mm

③ 375mm   ④ 403mm

● 해설 ㉮ 단순 지지보의 최소두께

$$h = \frac{l}{16} = \frac{600}{16} = 37.5\text{cm}$$

㉯ $f_y \neq 400$MPa이므로

$$보정계수(\alpha) = 0.43 + \frac{f_y}{700}$$
$$= 0.43 + \frac{300}{700}$$
$$= 0.93$$
$$\therefore h = 0.93 \times 37.5 = 34.87\text{cm} = 349\text{mm}$$

6. 강도설계법에서 강도감소계수(ϕ)를 규정하는 목적이 아닌 것은?

① 부정확한 설계방정식에 대비한 여유를 반영하기 위해

② 구조물에서 차지하는 부재의 중요도 등을 반영하기 위해

③ 재료강도와 치수가 변동할 수 있으므로 부재의 강도 저하확률에 대비한 여유를 반영하기 위해

④ 하중의 변경, 구조 해석할 때의 가정 및 계산의 단순화로 인해 야기될지 모르는 초과하중에 대비한 여유를 반영하기 위해

해설 초과하중의 영향을 고려하기 위해 하중(증가)계수를 사용한다.

7. 다음 그림과 같은 캔틸레버옹벽의 최대지반반력은?

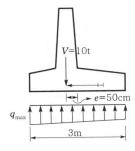

① $10.2t/m^2$

② $20.5t/m^2$

③ $6.67t/m^2$

④ $3.33t/m^2$

해설

$$Q_{max} = \frac{P}{A} + \frac{M}{Z}$$
$$= \frac{V}{l}\left(1 + \frac{6e}{l}\right)$$
$$= \frac{10}{3} \times \left(1 + \frac{6 \times 0.5}{3}\right)$$
$$= 6.67t/m^2$$

8. 철근콘크리트에서 콘크리트의 탄성계수로 쓰이며 철근콘크리트 단면의 결정이나 응력을 계산할 때 쓰이는 것은?

① 전단탄성계수

② 할선탄성계수

③ 접선탄성계수

④ 초기 접선탄성계수

해설 설계에 적용하는 콘크리트의 탄성계수(E_c)는 할선(시컨트)탄성계수이다.

9. 다음 그림과 같은 직사각형 단면의 단순보에 PS강재가 포물선으로 배치되어 있다. 보의 중앙 단면에서 일어나는 상연응력(㉠) 및 하연응력(㉡)은? (단, PS강재의 긴장력은 3,300kN이고, 자중을 포함한 작용하중은 27kN/m이다.)

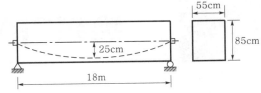

① ㉠ 21.21MPa, ㉡ 1.8MPa

② ㉠ 12.07MPa, ㉡ 0MPa

③ ㉠ 8.6MPa, ㉡ 2.45MPa

④ ㉠ 11.11MPa, ㉡ 3.00MPa

해설 ㉮ $M = \dfrac{wl^2}{8} = \dfrac{27 \times 18^2}{8} = 1093.5kN \cdot m$

㉯ $Z = \dfrac{I}{y} = \dfrac{bh^2}{6} = \dfrac{0.55 \times 0.85^2}{6} = 0.0662m^3$

㉰ $f = \dfrac{P}{A} \mp \dfrac{Pe}{I}y \pm \dfrac{M}{I}y$일 때

㉠ $f_{상} = \dfrac{P}{A} - \dfrac{Pe}{Z} + \dfrac{M}{Z}$
$$= \dfrac{3,300}{0.55 \times 0.85} - \dfrac{3,300 \times 250}{0.0662}$$
$$+ \dfrac{1093.5}{0.0662}$$
$$= 11114.7kPa = 11.11MPa$$

㉡ $f_{하} = \dfrac{P}{A} + \dfrac{Pe}{Z} - \dfrac{M}{Z}$
$$= \dfrac{3,300}{0.55 \times 0.85} + \dfrac{3,300 \times 250}{0.0662}$$
$$- \dfrac{1093.5}{0.0662}$$
$$= 3010.48kPa = 3MPa$$

10. 철근콘크리트구조물의 균열에 관한 설명으로 옳지 않은 것은?

① 하중으로 인한 균열의 최대폭은 철근응력에 비례한다.

② 인장측에 철근을 잘 분배하면 균열폭을 최소로 할 수 있다.

③ 콘크리트표면의 균열폭은 철근에 대한 피복두께에 반비례한다.

④ 많은 수의 미세한 균열보다는 폭이 큰 몇 개의 균열이 내구성에 불리하다.

해설 콘크리트표면의 균열폭은 피복두께에 비례한다.

11. 옹벽의 구조 해석에 대한 내용으로 틀린 것은?

① 부벽식 옹벽의 전면벽은 3변 지지된 2방향 슬래브로 설계할 수 있다.

② 캔틸레버식 옹벽의 전면벽은 저판에 지지된 캔틸레버로 설계할 수 있다.

③ 뒷부벽은 T형보로 설계하여야 하며, 앞부벽은 직사각형 보로 설계하여야 한다.

④ 부벽식 옹벽의 저판은 정밀한 해석이 사용되지 않는 한 부벽의 높이를 경간으로 가정한 고정보 또는 연속보로 설계할 수 있다.

> **해설** 앞부벽 또는 뒷부벽 간의 거리를 경간으로 간주하고 고정보 또는 연속보로 설계할 수 있다.

12. 캔틸래버식 옹벽(역T형 옹벽)에서 뒷굽판의 길이를 결정할 때 가장 주가 되는 것은?

① 전도에 대한 안정

② 침하에 대한 안정

③ 활동에 대한 안정

④ 지반지지력에 대한 안정

> **해설** 뒷굽판의 길이를 크게 하여 저판의 미끄럼저항(활동저항)을 확보한다.

13. 단철근 직사각형 보의 설계휨강도를 구하는 식으로 옳은 것은? (단, $q = \dfrac{\rho f_y}{f_{ck}}$ 이다.)

① $\phi M_n = \phi\left[f_{ck}bd^2q(1 - 0.59q)\right]$

② $\phi M_n = \phi\left[f_{ck}bd^2(1 - 0.59q)\right]$

③ $\phi M_n = \phi\left[f_{ck}bd^2(1 + 0.59q)\right]$

④ $\phi M_n = \phi\left[f_{ck}bd^2(1 + 0.59q)\right]$

> **해설**
> $$M_n = f_y A_s\left(d - \frac{a}{2}\right)$$
> $$= f_y \rho bd\left(d - \frac{1}{2} \times \frac{f_y \rho bd}{\eta(0.85f_{ck})b}\right)$$
> $$= f_y \rho bd^2\left(1 - \frac{f_y \rho}{1.7f_{ck}}\right)$$
> $$= f_y q bd^2(1 - 0.59q)$$
> 여기서, $q = \dfrac{\rho f_y}{f_{ck}}$

14. 다음 그림과 같은 인장철근을 갖는 보의 유효깊이는? (단, D19 철근의 공칭 단면적은 287mm²이다.)

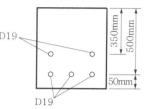

① 350mm

② 410mm

③ 440mm

④ 500mm

> **해설** 바리뇽의 정리를 이용하여 보의 상단에서 모멘트를 취하면
> $$f_y \times 5A_s d = f_y \times 3A_s \times 500 + f_y \times 2A_s \times 350$$
> $$\therefore d = \frac{(3 \times 500) + (2 \times 350)}{5} = 440\text{mm}$$

15. 다음 그림과 같은 필릿용접에서 일어나는 응력으로 옳은 것은?

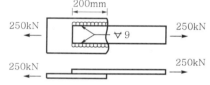

① 97.3MPa

② 109.02MPa

③ 99.2MPa

④ 100.00MPa

> **해설**
> $$a = 0.70s = 0.70 \times 9 = 6.3\text{mm}$$
> $$l_e = 2(l - 2s) = 2 \times (200 - 2 \times 9) = 364\text{mm}$$
> $$\therefore f = \frac{P}{\sum al_e} = \frac{250 \times 10^3}{6.3 \times 364} = 109.02\text{MPa}$$

16. 철근콘크리트부재의 비틀림철근 상세에 대한 설명으로 틀린 것은? (단, P_h : 가장 바깥의 횡방향 폐쇄 스터럽 중심선의 둘레(mm)이다.)

① 종방향 비틀림철근은 양단에 정착하여야 한다.

② 횡방향 비틀림철근의 간격은 $P_h/4$보다 작아야 하고, 또한 200mm보다 작아야 한다.

③ 종방향 철근의 지름은 스터럽간격의 1/24 이상 이어야 하며, 또한 D10 이상의 철근이어야 한다.

④ 비틀림에 요구되는 종방향 철근은 폐쇄스터럽의 둘레를 따라 300mm 이하의 간격으로 분포시켜야 한다.

해설 횡방향 비틀림철근의 간격은 $P_h/8$보다 작아야 하고, 또한 300mm보다 작아야 한다.

17. 콘크리트 슬래브설계 시 직접설계법을 적용할 수 있는 제한사항에 대한 설명 중 틀린 것은?

① 각 방향으로 3경간 이상 연속되어야 한다.

② 각 방향으로 연속한 받침부 중심 간 경간차이는 긴 경간의 1/3 이하이어야 한다.

③ 슬래브 판들은 단변경간에 대한 장변경간의 비가 2 이하인 직사각형이어야 한다.

④ 연속한 기둥 중심선을 기준으로 기둥의 어긋남은 그 방향 경간의 15% 이하이어야 한다.

해설 연속한 기둥의 중심선으로부터 기둥의 이탈은 이탈방향 경간의 최대 10%까지 허용할 수 있다.

18. 다음과 같은 맞대기 이음부에 발생하는 응력의 크기는? (단, P=360kN, 강판두께=12mm)

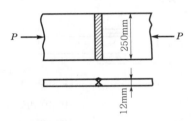

① 압축응력 f_c=14.4MPa

② 인장응력 f_t=3,000MPa

③ 전단응력 τ=150MPa

④ 압축응력 f_c=120MPa

해설 $f_c = \dfrac{P}{\sum al_e} = \dfrac{360,000}{12 \times 250} = 120\text{MPa}$

19. 용접작업 중 일반적인 주의사항에 대한 내용으로 옳지 않은 것은?

① 구조상 중요한 부분을 지정하여 집중용접한다.

② 용접은 수축이 큰 이음을 먼저 용접하고, 수축이 작은 이음은 나중에 한다.

③ 앞의 용접에서 생긴 변형을 다음 용접에서 제거할 수 있도록 진행시킨다.

④ 특히 비틀어지지 않게 평행한 용접은 같은 방향으로 할 수 있으며 동시에 용접을 한다.

해설 용접부의 열이 집중되지 않도록 균등하게 분포시킨다.

20. 다음 그림과 같은 직사각형 단면의 프리텐션부재에 편심배치한 직선PS강재를 760kN 긴장했을 때 탄성수축으로 인한 프리스트레스의 감소량은? (단, I=2.5×10^9mm⁴, n=6이다.)

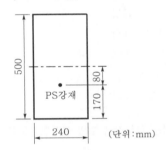

① 43.67MPa ② 45.67MPa

③ 47.67MPa ④ 49.67MPa

해설 $\Delta f_p = nf_c$

$= n\left(\dfrac{P}{A_c} + \dfrac{Pe}{I}e\right)$

$= 6 \times \left(\dfrac{760 \times 10^3}{240 \times 500} + \dfrac{760 \times 10^3 \times 80}{2.5 \times 10^9} \times 80\right)$

$= 49.67\text{MPa}$

1. 판형에서 보강재(stiffener)의 사용목적은?

① 보 전체의 비틀림에 대한 강도를 크게 하기 위함이다.
② 복부판의 전단에 대한 강도를 높이기 위함이다.
③ flange angle의 간격을 넓게 하기 위함이다.
④ 복부판의 좌굴을 방지하기 위함이다.

> **해설** stiffener는 web의 전단좌굴 방지용 보강재이다.

2. 철근콘크리트의 특징에 대한 설명으로 옳지 않은 것은?

① 콘크리트는 납품 시 습식재료인 상태이므로 완성된 상태의 품질확인이 쉽지 않다.
② 숙련공에 의해 콘크리트의 배합이나 타설이 이루어지지 않으면 요구되는 품질의 콘크리트를 얻기 어렵다.
③ 보통 재령 28일의 강도로 품질을 확보하므로 28일 후에 소정의 강도가 나타나지 않을 때 경제적, 시간적 손실을 입기 쉽다.
④ 복잡한 여러 구조를 일체적인 하나의 구조로 만드는 것이 거의 불가능하다.

> **해설** 철근콘크리트는 일체식 구조로 만들 수 있다.

3. 강도설계법에 의한 휨부재설계의 기본가정으로 옳지 않은 것은?

① 콘크리트의 압축연단에서 최대변형률은 0.0033으로 가정한다.
② 철근의 응력이 설계기준항복강도 f_y 이하일 때 철근의 응력은 그 변형률에 철근의 탄성계수(E_s)를 곱한 값으로 한다.
③ 콘크리트의 압축응력분포는 일반적으로 삼각형으로 가정한다.
④ 철근과 콘크리트의 변형률은 중립축에서의 거리에 직선비례한다.

> **해설** 콘크리트의 압축응력분포는 직사각형, 사다리꼴, 포물선형 등 어떤 형상으로도 가정할 수 있다.

4. 기초 위에 돌출된 압축부재로서 단면의 평균 최소치수에 대한 높이의 비율이 3 이하인 부재를 무엇이라 하는가?

① 단주　　　　　　② 주각
③ 장주　　　　　　④ 기둥

> **해설** 단면의 최소치수에 대한 높이의 비율이 3 이상인 부재를 기둥이라 한다.

5. 프리스트레스트 콘크리트(PSC)에 의한 교량가설공법 중 교대 후방의 작업장에서 교량 상부 구조를 10~30m의 블록(block)으로 제작한 후 미리 가설된 교각의 교축방향으로 밀어내고 다음 블록을 다시 제작하고 연결하여 연속적으로 밀어내며 시공하는 공법은?

① 이동식 지보공법(MSS)
② 캔틸레버공법(FCM)
③ 동바리공법(FSM)
④ 압축공법(ILM)

> **해설** ILM(Incremental Launching Method)은 압출공법 또는 밀어내기 공법으로 연속적으로 밀어내며 시공하는 공법이다.

6. 표준 갈고리를 갖는 인장이형철근의 정착길이를 구하기 위하여 기본정착길이에 곱하는 것은?

① 갈고리철근의 단면적
② 갈고리철근의 간격
③ 보정계수
④ 형상계수

> **해설** 정착길이＝기본정착길이×보정계수

7. 철근콘크리트부재의 장기처짐 계산 시 지속하중의 재하기간 12개월에 적용되는 시간경과계수(ξ)는?

① 1.0   ② 1.2

③ 1.4   ④ 2.0

> **해설** 시간경과계수(ξ)
> ㉮ 3개월 : 1.0
> ㉯ 6개월 : 1.2
> ㉰ 1년 : 1.4
> ㉱ 5년 이상 : 2.0

8. 다음 그림과 같이 PS강선을 포물선으로 배치했을 때 PS강선의 편심은 중앙점에서 100mm이고 양 지점에서는 0이었다. PS강선을 3,000kN으로 인장할 때 생기는 등분포 상향력은?

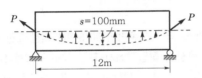

① 1.13kN/m   ② 1.67kN/m

③ 13.3kN/m   ④ 16.7kN/m

> **해설** $u = \dfrac{8Ps}{l^2} = \dfrac{8 \times 3,000 \times 0.1}{12^2} = 16.7 \text{kN/m}$

9. 전단철근으로 보강된 보에 사인장균열이 발생한 후 전단철근이 항복에 이르는 동안에 단면의 내부에서 발생하는 내력의 종류가 아닌 것은?

① 사인장균열이 발생한 부분의 콘크리트가 부담하는 전단력
② 균열면과 교차된 면의 전단철근이 부담하는 전단력
③ 인장휨철근의 다월작용(dowel action)에 의한 수직내력
④ 거친 균열면의 상호 맞물림(interlocking)에 의한 내력의 수직분력

> **해설** 콘크리트가 부담하는 전단력은 사인장균열 발생 전에 발생한다.

10. 강도설계법에서 단철근 직사각형 보의 균형 단면 중립축위치(c)를 구하는 식으로 옳은 것은? (단, f_y : 철근의 설계기준항복강도, f_s : 철근의 응력, d : 보의 유효깊이)

① $c = \left(\dfrac{660}{660+f_y}\right)d$ ② $c = \left(\dfrac{660}{660-f_y}\right)d$

③ $c = \left(\dfrac{660}{660+f_s}\right)d$ ④ $c = \left(\dfrac{660}{660-f_s}\right)d$

> **해설**
>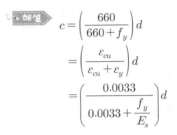
> $$c = \left(\frac{660}{660+f_y}\right)d$$
> $$= \left(\frac{\varepsilon_{cu}}{\varepsilon_{cu}+\varepsilon_y}\right)d$$
> $$= \left(\frac{0.0033}{0.0033+\dfrac{f_y}{E_s}}\right)d$$

11. 강도설계법에 의해 휨설계를 할 경우 $f_{ck} = $ 40MPa인 경우 β_1의 값은?

① 0.85   ② 0.800

③ 0.766   ④ 0.65

> **해설** $f_{ck} \leq$ 40MPa이면 $\beta_1 = 0.80$이다.

12. 단철근 직사각형 단면의 균형철근비(ρ_b)를 이용하여 균형철근량(A_s)을 구하는 식은? (단, b=폭, d=유효깊이)

① $A_s = \rho_b b d$

② $A_s = \dfrac{\rho_b}{b d}$

③ $A_s = \dfrac{\rho_b}{b-d}$

④ $A_s = \dfrac{\rho_b - b}{d}$

> **해설**
> ㉮ 철근비 : $\rho = \dfrac{A_s}{b d}$
> ㉯ 균형철근비 : $\rho_b = \dfrac{A_{s,b}}{b d}$
> ㉰ 균형철근량 : $A_{s,b} = \rho_b b d$

13. 다음 그림과 같은 T형 단면의 보에서 등가직사 각형 응력블록의 깊이(a)는? (단, f_{ck}=28MPa, f_y= 400MPa, A_s=3,855mm²)

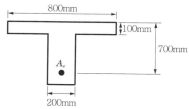

① 81mm
② 98mm
③ 108mm
④ 116mm

$$a = \frac{f_y A_s}{\eta(0.85 f_{ck})b} = \frac{400 \times 3,855}{1.0 \times 0.85 \times 28 \times 800}$$
$$= 81\text{mm}$$

14. 다음 그림과 같이 용접이음을 했을 경우 전단응 력은?

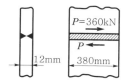

① 78.9MPa
② 67.5MPa
③ 57.5MPa
④ 45.9MPa

$$f = \frac{P}{\sum al_e} = \frac{360 \times 10^3}{12 \times 380} = 78.9\text{MPa}$$

15. 콘크리트구조 철근 상세설계기준에 따르면 압축 부재의 축방향 철근이 D32일 때 사용할 수 있는 띠철 근에 대한 설명으로 옳은 것은?

① D6 이상의 띠철근으로 둘러싸야 한다.
② D10 이상의 띠철근으로 둘러싸야 한다.
③ D13 이상의 띠철근으로 둘러싸야 한다.
④ D16 이상의 띠철근으로 둘러싸야 한다.

 띠철근기둥에서 D32 이하, 축방향 철근은 D10 이상의 띠철근을 사용한다.

16. 단면계수가 1,200cm³인 I형강에 102kN·m의 휨모멘트가 작용할 때 하연에 작용하는 휨응력은?

① 85MPa
② 92MPa
③ 102MPa
④ 120MPa

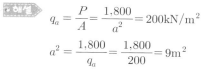
$$f = \frac{M}{Z} = \frac{102 \times 10^3 \times 10^3}{1,200 \times 10^3} = 85\text{MPa}$$

17. 연직하중 1,800kN을 받는 독립확대기초를 정사각 형으로 설계하고자 한다. 지반의 허용지지력이 200kN/m² 라면 독립확대기초 1변의 길이는?

① 2m
② 2.5m
③ 3m
④ 3.5m

$$q_a = \frac{P}{A} = \frac{1,800}{a^2} = 200\text{kN/m}^2$$
$$a^2 = \frac{1,800}{q_a} = \frac{1,800}{200} = 9\text{m}^2$$
$$\therefore a = 3\text{m}$$

18. 프리스트레싱 긴장재 한 가닥만을 배치하여 1회 의 긴장작업으로 프리스트레스의 도입이 끝나는 포스 트텐션방식의 프리스트레스트 콘크리트부재에 발생하 지 않는 손실은?

① 긴장재의 마찰
② 정착장치의 활동
③ 콘크리트의 탄성수축
④ 긴장재 응력의 릴랙세이션

 포스트텐션방식은 콘크리트의 탄성수축이 끝 나고 긴장재를 긴장하므로 탄성수축 손실은 발생하지 않는다.

19. 다음 그림과 같은 단철근보의 공칭전단강도(V_n) 는? (단, 철근 D13을 수직스터럽으로 사용하며, 스터럽 간격은 300mm, 철근 D13 1본의 단면적은 127mm², f_{ck}=24MPa, f_y=400MPa이다.)

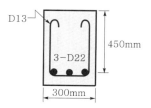

① 232.3kN
② 262.6kN
③ 284.7kN
④ 302.5kN

·해설 ⑦ 콘크리트가 부담하는 전단강도

$$V_c = \frac{1}{6} \lambda \sqrt{f_{ck}} \, b_w d$$

$$= \frac{1}{6} \times 1.0 \sqrt{24} \times 300 \times 450$$

$$= 110,227\text{N}$$

$$= 110.23\text{kN}$$

④ 전단철근이 부담하는 전단강도

$$V_s = \frac{d}{s} A_v f_y$$

$$= \frac{450}{300} \times 2 \times 127 \times 400$$

$$= 152,400\text{N}$$

$$= 152.4\text{kN}$$

$$\therefore \ V_n = V_c + V_s$$

$$= 110.23 + 152.4$$

$$= 262.63\text{kN}$$

20. 철근콘크리트 1방향 슬래브에 대한 설명으로 틀린 것은?

① 1방향 슬래브에서는 정모멘트 철근 및 부모멘트 철근에 직각방향으로 수축·온도철근을 배치하여야 한다.

② 4변에 의해 지지되는 2방향 슬래브 중에서 단변에 대한 장변의 비가 2배를 넘으면 1방향 슬래브로 해석하며, 이 경우 일반적으로 슬래브의 장변방향을 경간으로 사용한다.

③ 슬래브의 두께는 최소 100mm 이상으로 하여야 한다.

④ 슬래브의 정모멘트 철근 및 부모멘트 철근의 중심 간격은 위험 단면에서 슬래브두께의 2배 이하이어야 하고, 또한 300mm 이하로 하여야 한다.

·해설 ②의 경우 1방향 슬래브는 단변을 경간으로 하고 폭이 1m인 보로 보고 설계한다.

1. 경간 l=10m인 대칭 T형보에서 양쪽 슬래브의 중심 간 거리 2,100mm, 슬래브의 두께(t) 100mm, 복부의 폭(b_w) 400mm일 때 플랜지의 유효폭은 얼마인가?

① 2,000mm
② 2,100mm
③ 2,300mm
④ 2,500mm

해설 ㉮ $16t + b_w = 16 \times 100 + 400 = 2,000$mm

㉯ 슬래브 중심 간 거리(b_c) $= 2,100$mm

㉰ $\frac{1}{4}l = \frac{1}{4} \times 10,000 = 2,500$mm

∴ 플랜지의 유효폭(b_e) $= 2,000$mm(최소값)

2. 다음 그림의 고장력 볼트 마찰이음에서 필요한 볼트수는 최소 몇 개인가? (단, 볼트는 M22($=\phi22$mm), F10T를 사용하며, 마찰이음의 허용력은 48kN이다.)

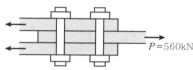

① 3개
② 5개
③ 6개
④ 8개

해설 $\rho = v_a \times 2$(복전단) $= 48 \times 2 = 96$kN

∴ $n = \frac{P}{\rho} = \frac{560 \times 10^3}{96 \times 10^3} = 5.83 ≒ 6$개

3. 철근콘크리트보에 스터럽을 배근하는 가장 중요한 이유로 옳은 것은?

① 주철근 상호 간의 위치를 바르게 하기 위하여
② 보에 작용하는 사인장응력에 의한 균열을 제어하기 위하여
③ 콘크리트와 철근과의 부착강도를 높이기 위하여
④ 압축측 콘크리트의 좌굴을 방지하기 위하여

해설 스터럽은 사인장균열을 억제하기 위해서 배치하는 전단보강철근이다.

4. 다음 그림과 같은 두께 12mm 평판의 순단면적은? (단, 구멍의 지름은 23mm이다.)

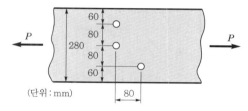

(단위: mm)

① 2,310mm^2
② 2,440mm^2
③ 2,772mm^2
④ 2,928mm^2

해설 ㉮ $b_n = b_g - 2d = 280 - 2 \times 23 = 234$mm

㉯ $b_n = b_g - 2d - \left(d - \frac{p^2}{4g}\right)$

$= 280 - 2 \times 23 - \left(23 - \frac{80^2}{4 \times 80}\right)$

$= 231$mm

∴ $b_n = 231$mm (최소값)

∴ $A_n = b_n t = 231 \times 12 = 2,772$mm^2

5. 다음 그림과 같은 필릿용접의 유효목두께로 옳게 표시된 것은? (단, 강구조 연결설계기준에 따름)

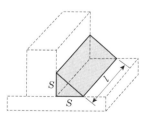

① S
② $0.9S$
③ $0.7S$
④ $0.5l$

해설 $\sin 45° = \frac{a}{S}$

∴ $a = \sin 45° S = \frac{1}{\sqrt{2}} S$

$= 0.7S$

6. $b = 300\text{mm}$, $d = 600\text{mm}$, $A_s = 3-\text{D}35 = 2{,}870\text{mm}^2$ 인 직사각형 단면보의 파괴양상은? (단, 강도설계법에 의한 $f_y = 300\text{MPa}$, $f_{ck} = 21\text{MPa}$이다.)

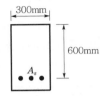

① 취성파괴   ② 연성파괴

③ 균형파괴   ④ 파괴되지 않는다.

㉮ $f_{ck} \leq 40\text{MPa}$이면 $\beta_1 = 0.80$

㉯ 균형철근비

$$\rho_b = \eta(0.85\beta_1)\frac{f_{ck}}{f_y}\left(\frac{660}{660+f_y}\right)$$
$$= 1.0 \times 0.85 \times 0.80 \times \frac{21}{300} \times \frac{660}{660+300}$$
$$= 0.0327$$

㉰ 최대철근비

$$\rho_{\max} = \eta(0.85\beta_1)\left(\frac{f_{ck}}{f_y}\right)\left(\frac{\varepsilon_{cu}}{\varepsilon_{cu}+\varepsilon_{t,\min}}\right)$$
$$= 1.0 \times 0.85 \times 0.80 \times \frac{21}{300} \times \frac{0.0033}{0.0033+0.004}$$
$$= 0.0215$$

㉱ 최소철근비

$$\rho_{\min} = 0.178\frac{\lambda\sqrt{f_{ck}}}{\phi f_y}$$
$$= 0.178 \times \frac{1.0\sqrt{21}}{0.85 \times 300}$$
$$= 0.0032$$

따라서 $\rho_{\min} < \rho_{\max} < \rho_b$이므로 연성파괴가 발생한다.

7. 철근콘크리트부재에서 처짐을 방지하기 위해서는 부재의 두께를 크게 하는 것이 효과적인데 구조상 가장 두꺼워야 될 순서대로 나열된 것은? (단, 동일한 부재 길이(l)를 갖는다고 가정)

① 캔틸레버>단순 지지>일단 연속>양단 연속

② 단순 지지>캔틸레버>일단 연속>양단 연속

③ 일단 연속>양단 연속>단순 지지>캔틸레버

④ 양단 연속>일단 연속>단순 지지>캔틸레버

● 해설   보 또는 1방향 슬래브의 최소두께

부재	캔틸레버 지지	단순 지지	일단 연속	양단 연속
1방향 슬래브	$\dfrac{l}{10}$	$\dfrac{l}{20}$	$\dfrac{l}{24}$	$\dfrac{l}{28}$
보	$\dfrac{l}{8}$	$\dfrac{l}{16}$	$\dfrac{l}{18.5}$	$\dfrac{l}{21}$

여기서, l : 경간길이(cm)

∴ 두께순서 : 캔틸레버지지>단순 지지>일단 연속 >양단 연속

8. 1방향 철근콘크리트 슬래브에서 설계기준항복강도(f_y)가 450MPa인 이형철근을 사용한 경우 수축·온도 철근비는?

① 0.0016

② 0.0018

③ 0.0020

④ 0.0022

● 해설   1방향 슬래브의 수축·온도철근비

㉮ $f_y \leq 400\text{MPa}$: $\rho = 0.0020$

㉯ $f_y > 400\text{MPa}$: $\rho = 0.0020\left(\dfrac{400}{f_y}\right)$

∴ $\rho = 0.0020 \times \dfrac{400}{450} = 0.0018$

9. 프리스트레스의 도입 후에 일어나는 손실의 원인이 아닌 것은?

① 콘크리트의 크리프

② PS강재와 시스 사이의 마찰

③ 콘크리트의 건조수축

④ PS강재의 릴랙세이션

● 해설   프리스트레스 손실원인

㉮ 도입 시 손실

• 콘크리트의 탄성변형

• PS강선과 시스의 마찰

• 정착장치의 활동

㉯ 도입 후 손실

• 콘크리트의 건조수축

• 콘크리트의 크리프

• PS강선의 릴랙세이션

16. 폭이 400mm, 유효깊이가 500mm인 단철근 직사각형보 단면에서 강도설계법에 의한 균형철근량은 약 얼마인가? (단, f_{ck}=35MPa, f_y=400MPa)

① 6,135mm² ② 6,623mm²
③ 7,358mm² ④ 7,841mm²

 $f_{ck} \leq 40MPa$이면 $\beta_1 = 0.80$

$$\rho_b = \eta(0.85\beta_1)\frac{f_{ck}}{f_y}\left(\frac{660}{660+f_y}\right)$$

$$= 1.0 \times 0.85 \times 0.80 \times \frac{35}{300} \times \frac{660}{660+300}$$

$$= 0.0545$$

$$\therefore A_s = \rho_b bd$$

$$= 0.0545 \times 300 \times 450 = 7357.5mm^2$$

11. 복철근콘크리트 단면에 인장철근비는 0.02, 압축철근비는 0.01이 배근된 경우 순간처짐이 20mm일 때 6개월이 지난 후 총처짐량은? (단, 작용하는 하중은 지속하중이며, 6개월 재하기간에 따르는 계수 ξ는 1.20이다.)

① 56mm ② 46mm
③ 36mm ④ 26mm

 $$\lambda_\Delta = \frac{\xi}{1+50\rho'} = \frac{1.2}{1+50 \times 0.01} = 0.8$$

$$\therefore \delta_t = \delta_i + \delta_l = \delta_i + \delta_i\lambda_\Delta = \delta_i(1+\lambda_\Delta)$$

$$= 20 \times (1+0.8) = 36mm$$

12. 다음 그림과 같은 철근콘크리트보 단면이 파괴 시 인장철근의 변형률은? (단, f_{ck}=28MPa, f_y=350MPa, A_s=1,520mm²)

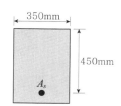

① 0.004 ② 0.008
③ 0.011 ④ 0.015

 ㉮ $a = \dfrac{f_y A_s}{\eta(0.85f_{ck})b}$

$$= \frac{350 \times 1,520}{1.0 \times 0.85 \times 28 \times 350} = 63.86mm$$

㉯ $f_{ck} \leq 40MPa$이면 $\beta_1 = 0.80$

㉰ $c = \dfrac{a}{\beta_1} = \dfrac{63.86}{0.80} = 79.83mm$

$$\therefore \varepsilon_t = \varepsilon_{cu}\left(\frac{d_t - c}{c}\right)$$

$$= 0.0033 \times \frac{450 - 79.83}{79.83} = 0.0153$$

13. 다음은 프리스트레스트 콘크리트에 관한 설명이다. 옳지 않은 것은?

① 프리캐스트를 사용할 경우 거푸집 및 동바리공이 불필요하다.

② 콘크리트 전단면을 유효하게 이용하여 RC부재보다 경간을 길게 할 수 있다.

③ RC에 비해 단면이 작아서 변형이 크고 진동하기 쉽다.

④ RC보다 내화성에 있어서 유리하다.

 PS콘크리트의 장단점
　㉮ 장점
　　• 내구성이 좋다.
　　• 자중이 감소한다.
　　• 균열이 감소한다.
　　• 전단면을 유효하게 이용한다.
　㉯ 단점
　　• 진동하기 쉽다.
　　• 내화성이 떨어진다.
　　• 고도의 기술을 요한다.
　　• 공사비가 증가된다.

14. 다음 그림과 같은 단면의 중간 높이에 초기 프리스트레스 900kN을 작용시켰다. 20%의 손실을 가정하여 하단 또는 상단의 응력이 영(零)이 되도록 이 단면에 가할 수 있는 모멘트의 크기는?

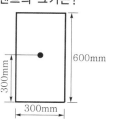

① 90kN·m ② 84kN·m
③ 72kN·m ④ 65kN·m

해설 $P_e = 900 \times 0.8 = 720\text{kN}\,(20\%\ \text{손실일 때})$

$$\therefore\ M = \frac{P_e h}{6} = \frac{720 \times 0.6}{6} = 72\text{kN}$$

15. 철근콘크리트부재의 피복두께에 관한 설명으로 틀린 것은?

① 최소피복두께를 제한하는 이유는 철근의 부식 방지, 부착력의 증대, 내화성을 갖도록 하기 위해서이다.

② 현장치기 콘크리트로서 흙에 접하거나 옥외의 공기에 직접 노출되는 콘크리트의 최소피복두께는 D25 이하의 철근의 경우 40mm이다.

③ 현장치기 콘크리트로서 흙에 접하여 콘크리트를 친 후 영구히 흙에 묻혀 있는 콘크리트의 최소피복두께는 80mm이다.

④ 콘크리트표면과 그와 가장 가까이 배치된 철근표면 사이의 콘크리트두께를 피복두께라 한다.

해설 흙에 접하거나 외기에 노출되는 콘크리트의 피복두께

㉮ D29 이상의 철근 : 60mm

㉯ D25 이하 : 50mm

㉰ D16 이하 : 40mm

16. 옹벽의 토압 및 설계 일반에 대한 설명 중 옳지 않은 것은?

① 활동에 대한 저항력은 옹벽에 작용하는 수평력의 1.5배 이상이어야 한다.

② 뒷부벽식 옹벽의 저판은 정밀한 해석이 사용되지 않는 한 3변 지지된 2방향 슬래브로 설계하여야 한다.

③ 뒷부벽은 T형보로 설계하여야 하며, 앞부벽은 직사각형 보로 설계하여야 한다.

④ 지반에 유발되는 최대지반반력이 지반의 허용지지력을 초과하지 않아야 한다.

해설 3변 지지된 2방향 슬래브로 설계되어야 하는 것은 옹벽의 전면벽이다.

17. 폭 350mm, 유효깊이 500mm인 보에 설계기준 항복강도가 400MPa인 D13 철근을 인장주철근에 대한 경사각(α)이 60°인 U형 경사스터럽으로 설치했을 때 전단보강철근의 공칭강도(V_s)는? (단, 스터럽간격 s = 250mm, D13 철근 1본의 단면적은 127mm²이다.)

① 201.4kN ② 212.7kN
③ 243.2kN ④ 277.6kN

해설
$$V_s = \frac{d}{s} A_v f_y (\sin\alpha + \cos\alpha)$$
$$= \frac{500}{250} \times 127 \times 2 \times 400 \times (\sin 60° + \cos 60°)$$
$$= 277576.3\text{N}$$
$$= 277.6\text{kN}$$

18. 보통중량콘크리트의 설계기준강도가 35MPa, 철근의 항복강도가 400MPa로 설계된 부재에서 공칭지름이 25mm인 압축이형철근의 기본정착길이는?

① 425mm ② 430mm
③ 1,010mm ④ 1,015mm

해설
$$l_{db} = \frac{0.25 d_b f_y}{\lambda \sqrt{f_{ck}}}$$
$$= \frac{0.25 \times 25 \times 400}{1.0\sqrt{35}} = 422.57\text{mm}$$
$$l_{db} = 0.043 d_b f_y = 0.043 \times 25 \times 400 = 430\text{mm}$$
$$\therefore\ l_{db} = [422.57,\ 430]_{\max}$$
$$= 430\text{mm}$$

19. 계수하중에 의한 단면의 계수휨모멘트(M_u)가 350kN·m인 단철근 직사각형 보의 유효깊이(d)의 최소값은? (단, ρ=0.0135, b=300mm, f_{ck}=24MPa, f_y=300MPa, 인장지배 단면이다.)

① 245mm ② 368mm
③ 490mm ④ 613mm

해설
$$q = \frac{\rho f_y}{f_{ck}} = \frac{0.0135 \times 300}{24} = 0.169$$
$$M_u = M_d = \phi M_n = \phi f_{ck} q b d^2 (1 - 0.59q)$$
$$d^2 = \frac{M_u}{\phi f_{ck} q b (1 - 0.59q)}$$
$$= \frac{350 \times 10^6}{0.85 \times 24 \times 0.169 \times 300 \times (1 - 0.59 \times 0.169)}$$
$$= 375.879\text{mm}^2$$
$$\therefore\ d = 613.13\text{mm}$$

20. 다음 그림과 같은 나선철근기둥에서 나선철근의 간격(pitch)으로 적당한 것은? (단, 소요나선철근비 (ρ_s)는 0.018, 나선철근의 지름은 12mm, D_c는 나선철근의 바깥지름)

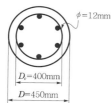

① 61mm
② 85mm
③ 93mm
④ 105mm

해설

$$s = \frac{4A_s}{D_c \rho_s} = \frac{4 \times \dfrac{\pi \times 12^2}{4}}{400 \times 0.018} = 62.8\,\text{mm}$$

1. 보 또는 1방향 슬래브는 휨균열을 제어하기 위하여 콘크리트인장연단에 가장 가까이 배치되는 철근의 중심간격 s 를 제한하고 있다. 철근의 응력(f_s)이 210MPa 이며, 휨철근의 표면과 콘크리트표면 사이의 최소두께 (C_c)가 40mm로 설계된 휨철근의 중심간격 s 는 얼마 이하하여야 하는가? (단, 건조환경에 노출되는 경우는 제외한다.)

① 275mm

② 300mm

③ 325mm

④ 350mm

> **해설** 휨철근 중심간격
> ㉮ $s = 375\left(\dfrac{210}{f_s}\right) - 2.5\,C_c$
> $= 375 \times \dfrac{210}{210} - 2.5 \times 40$
> $= 275\text{mm}$
> ㉯ $s = 300\left(\dfrac{210}{f_s}\right)$
> $= 300 \times \dfrac{210}{210} = 300\text{mm}$
> $\therefore s = [275,\ 300]_{\min} = 275\text{mm}$

2. f_y=350MPa, d=500mm인 단철근 직사각형 균형보가 있다. 강도설계법에 의해 보의 압축연단에서 중립축까지의 거리는?

① 258mm

② 291mm

③ 327mm

④ 332mm

> **해설** $C_b = \left(\dfrac{660}{660+f_y}\right) d$
> $= \dfrac{660}{660+350} \times 500$
> $= 326.7\text{mm}$

3. 다음 그림과 같이 단순 지지된 2방향 슬래브에 집중하중 P가 작용할 때 ab방향에 분배되는 하중은 얼마인가?

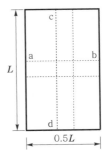

① 0.059P

② 0.111P

③ 0.667P

④ 0.889P

> **해설**
> $P_s = \left(\dfrac{L^3}{L^3+S^3}\right) P$
> $= \left(\dfrac{L^3}{L^3+(0.5L)^3}\right) P$
> $= \left(\dfrac{L^3}{1.125L^3}\right) P$
> $= 0.889P$

4. 폭이 400mm, 유효깊이가 600mm인 직사각형 보에서 콘크리트가 부담할 수 있는 전단강도 V_c는 얼마인가? (단, 보통중량콘크리트이며 f_{ck}는 24MPa임)

① 196kN

② 248kN

③ 326kN

④ 392kN

> **해설** $V_c = \dfrac{1}{6} \lambda \sqrt{f_{ck}}\, b_w d$
> $= \dfrac{1}{6} \times 1.0 \sqrt{24} \times 400 \times 600$
> $= 195959.2\text{N}$
> $= 195.96\text{kN}$

5. 다음 그림과 같은 판형(Plate Girder)의 각부 명칭으로 틀린 것은?

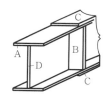

① A : 상부판(Flange)
② B : 보강재(Stiffener)
③ C : 덮개판(Cover plate)
④ D : 횡구(Bracing)

> **해설** D : 복부(web)

6. 강도설계법에 의해 콘크리트구조물을 설계할 때 안전을 위해 사용하는 강도감소계수 ϕ의 값으로 옳지 않은 것은?

① 인장지배 단면 : 0.85
② 포스트텐션 정착구역 : 0.85
③ 압축지배 단면으로서 나선철근으로 보강된 철근콘크리트부재 : 0.65
④ 전단력과 비틀림모멘트를 받는 부재 : 0.75

> **해설**
> ㉮ 나선철근 : $\phi = 0.70$
> ㉯ 띠철근 : $\phi = 0.65$
> ㉰ 전단력과 비틀림모멘트 : $\phi = 0.75$
> ㉱ 포스트텐션 정착구역 : $\phi = 0.85$
> ㉲ 인장지배 단면 : $\phi = 0.85$

7. 다음 그림과 같은 띠철근기둥의 공칭축강도(P_n)는 얼마인가? (단, $f_{ck} = 24$MPa, $f_y = 300$MPa, 종방향 철근의 전체 단면적 $A_{st} = 2,027$mm²이다.)

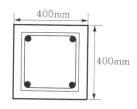

① 2145.7kN
② 2279.2kN
③ 3064.6kN
④ 3492.2kN

> **해설**
> $$P_n = \alpha[0.85f_{ck}(A_g - A_{st}) + f_y A_{st}]$$
> $$= 0.80 \times [0.85 \times 24 \times (400 \times 400 - 2,027) + 300 \times 2,027]$$
> $$= 3,064,599\text{N} = 3064.6\text{kN}$$

8. 콘크리트의 크리프에 영향을 미치는 요인들에 대한 설명으로 틀린 것은?

① 물-시멘트비가 클수록 크리프가 크게 일어난다.
② 단위시멘트량이 많을수록 크리프가 증가한다.
③ 습도가 높을수록 크리프가 증가한다.
④ 온도가 높을수록 크리프가 증가한다.

> **해설** 습도가 높을수록 크리프는 감소한다.

9. 다음 그림과 같은 L형강에서 단면의 순단면을 구하기 위하여 전개한 총폭(b_g)은 얼마인가?

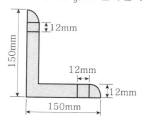

① 250mm
② 264mm
③ 288mm
④ 300mm

> **해설** $b_g = b_1 + b_2 - t = 150 + 150 - 12 = 288$mm

10. 강도설계법에서 다음 그림과 같은 T형보의 사선친 플랜지 단면에 작용하는 압축력과 균형을 이루는 가상압축철근의 단면적은 얼마인가? (단, $f_{ck} = 21$MPa, $f_y = 380$MPa임)

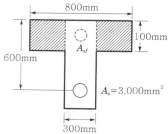

① 2,011mm²
② 2,349mm²
③ 3,525mm²
④ 4,021mm²

해설 ㉮ $C = \eta(0.85f_{ck})(b-b_w)t$
$= 1.0 \times 0.85 \times 21 \times (800-300) \times 100$
$= 892,500$

㉯ $T_f = f_y A_{sf} = 380 A_{sf}$

㉰ $C = T_f$
$892,500 = 380 A_{sf}$
$\therefore A_{sf} = 2,349\text{mm}^2$

11. 흙에 접하거나 옥외의 공기에 직접 노출되는 현장치기 콘크리트로 D25 이하 철근을 사용하는 경우 최소피복두께는 얼마인가?

① 20mm
② 40mm
③ 50mm
④ 60mm

해설 흙에 접하거나 외기에 노출되는 콘크리트의 피복두께
㉮ D29 이상의 철근 : 60mm
㉯ D25 이하 : 50mm
㉰ D16 이하 : 40mm

12. PSC 해석의 기본개념 중 다음에서 설명하는 개념은?

프리스트레싱의 작용과 부재에 작용하는 하중을 비기도록 하자는데 목적을 둔 개념으로 등가하중의 개념이라고도 한다.

① 균등질 보의 개념
② 내력모멘트의 개념
③ 하중평형의 개념
④ 변형률의 개념

해설 하중평형개념(등가하중개념)은 PS강재에 의해 생긴 상향력이 보에 상향으로 작용하는 하중과 같다고 간주하는 개념이다.

13. PS콘크리트에서 강선에 긴장을 할 때 긴장재의 허용응력은 얼마 이하여야 하는가? (단, 긴장재의 설계기준인장강도(f_{pu})=1,900MPa, 긴장재의 설계기준항복강도(f_{py})=1,600MPa)

① 1,440MPa
② 1,504MPa
③ 1,520MPa
④ 1,580MPa

해설 긴장할 때 긴장재의 인장응력
$= [0.8f_{pu}, 0.94f_{py}]_{\min}$
$= [0.8 \times 1,900, 0.94 \times 1,600]_{\min}$
$= [1,520, 1,504]_{\min}$
$= 1,504\text{MPa}$

14. 철근콘크리트의 특징에 대한 설명으로 옳지 않은 것은?

① 내구성, 내화성이 크다.
② 형상이나 치수에 제한을 받지 않는다.
③ 보수나 개조가 용이하다.
④ 유지관리비가 적게 든다.

해설 철근콘크리트는 중량이 무겁고 검사, 개조·보강이 어려우며 균열이 발생하는 단점을 가지고 있다.

15. 강도설계법에서 보에 대한 등가깊이 a에 대하여 $a = \beta_1 c$인데 f_{ck}가 40MPa일 경우 β_1의 값은?

① 0.800
② 0.731
③ 0.653
④ 0.631

해설 $f_{ck} \leq 40\text{MPa}$이면 $\beta_1 = 0.80$이다.

16. b_w=300mm, d=400mm, A_s=2,400mm^2, $A_s{}'$=1,200mm^{2}인 복철근 직사각형 단면의 보에서 하중이 작용할 경우 탄성처짐량이 1.5mm이었다. 5년 후 총처짐량은 얼마인가?

① 2.0mm
② 2.5mm
③ 3.0mm
④ 3.5mm

해설 $\rho' = \dfrac{A_s{}'}{bd} = \dfrac{1,200}{300 \times 400} = 0.01$

$\lambda_\Delta = \dfrac{\xi}{1+50\rho'} = \dfrac{2}{1+50 \times 0.01} = 1.333$

$\therefore \delta_t = \delta_i + \delta_l$
$= \delta_i + \delta_i \lambda_\Delta$
$= \delta_i(1 + \lambda_\Delta)$
$= 1.5 \times (1 + 1.333)$
$= 3.5\text{mm}$

17. 프리스트레스 손실원인 중 프리스트레스를 도입할 때 즉시 손실의 원인이 되는 것은?

① 콘크리트 건조수축　　② PS강재의 릴랙세이션

③ 콘크리트 크리프　　　④ 정착장치의 활동

> **◆해설** ㉮ 도입 시 손실
> - 콘크리트의 탄성변형
> - PS강선과 시스의 마찰
> - 정착장치의 활동
> ㉯ 도입 후 손실
> - 콘크리트의 건조수축
> - 콘크리트의 크리프
> - PS강선의 릴랙세이션

18. 다음 그림에서 인장력 $P=400kN$이 작용할 때 용접이음부의 응력은 얼마인가?

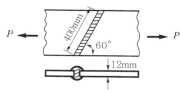

① 96.2MPa

② 101.2MPa

③ 105.3MPa

④ 108.6MPa

> **◆해설** $l_e = \sin 60° \, l$
>
> $\therefore f = \dfrac{P}{\sum a l_e}$
>
> $= \dfrac{400 \times 10^3}{12 \times \sin 60° \times 400} = 96.2MPa$

19. 휨부재 단면에서 인장철근에 대한 최소철근량을 규정한 이유로 가장 옳은 것은?

① 부재의 취성파괴를 유도하기 위하여

② 사용철근량을 줄이기 위하여

③ 콘크리트 단면을 최소화하기 위하여

④ 부재의 급작스러운 파괴를 방지하기 위하여

> **◆해설** 부재의 갑작스런 파괴(취성파괴)를 방지하기 위해 철근의 하한값을 규정하고 있다.

20. 철근콘크리트구조물의 전단철근 상세에 대한 설명으로 틀린 것은?

① 스터럽의 간격은 어떠한 경우이든 400mm 이하로 하여야 한다.

② 주인장철근에 45도 이상의 각도로 설치되는 스터럽은 전단철근으로 사용할 수 있다.

③ 전단철근의 설계기준항복강도는 500MPa을 초과할 수 없다.

④ 전단철근으로 사용하는 스터럽과 기타 철근 또는 철선은 콘크리트압축연단부터 거리 d만큼 연장하여야 한다.

> **◆해설** 스터럽간격(수직스터럽)은 600mm 이하로 한다.

1. 다음 그림과 같은 임의 단면에서 등가직사각형 응력분포가 빗금 친 부분으로 나타났다면 철근량(A_s)은? (단, $f_{ck}=21$MPa, $f_y=400$MPa)

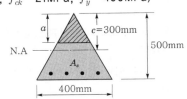

① 874mm^2
② 1,028mm^2
③ 1,543mm^2
④ 2,109mm^2

 ㉮ $a = \beta_1 c = 0.8 \times 300 = 240$mm
　　여기서, $f_{ck} \leq 40$MPa이면 $\beta_1 = 0.80$
㉯ $b : h = b' : a$
　　$\therefore b' = \dfrac{b}{h}a = \dfrac{400}{500} \times 240 = 192$mm
㉰ $C = T$
　　$\eta(0.85f_{ck})\left(\dfrac{1}{2}ab'\right) = f_y A_s$
　　$1.0 \times 0.85 \times 21 \times \left(\dfrac{1}{2} \times 240 \times 192\right)$
　　$= 400 \times A_s$
　　$\therefore A_s = 1,028$mm^2

2. 다음 설명 중 옳지 않은 것은?
① 과소철근 단면에서는 파괴 시 중립축은 위로 조금 올라간다.
② 과다철근 단면인 경우 강도설계에서 철근의 응력은 철근의 변형률에 비례한다.
③ 과소철근 단면인 보는 철근량이 적어 변형이 갑자기 증가하면서 취성파괴를 일으킨다.
④ 과소철근 단면에서는 계수하중에 의해 철근의 인장응력이 먼저 항복강도에 도달된 후 파괴된다.

 과소철근보(저보강보)는 연성파괴를 일으킨다.

3. T형보에서 주철근이 보의 방향과 같은 방향일 때 하중이 직접적으로 플랜지에 작용하게 되면 플랜지가 아래로 휘면서 파괴될 수 있다. 이 휨파괴를 방지하기 위해서 배치하는 철근은?
① 연결철근
② 표피철근
③ 종방향 철근
④ 횡방향 철근

 ㉮ 횡방향 철근 : 플랜지의 휨인장파괴에 저항
　　㉯ 종방향 철근 : 웨브의 휨인장파괴에 저항

4. 다음 그림과 같이 $P=300$kN의 인장응력이 작용하는 판두께 10mm인 철판에 ϕ19mm인 리벳을 사용하여 접합할 때 소요리벳수는? (단, 허용전단응력=110MPa, 허용지압응력=220MPa이다.)

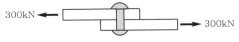

① 8개
② 10개
③ 12개
④ 14개

 ㉮ $P_s = \nu_a \dfrac{\pi d^2}{4} = 110 \times \dfrac{\pi \times 19^2}{4} = 31,188$N
　　$P_b = f_{ba}dt = 220 \times 19 \times 10 = 41,800$N
　　$\therefore$ 리벳값 $= 31.19$kN(최소값)
㉯ $n = \dfrac{300}{31.19} = 9.62 ≒ 10$개

5. PS강재응력 $f_{ps}=1,200$MPa, PS강재 도심위치에서 콘크리트의 압축응력 $f_c=7$MPa일 때 크리프에 의한 PS강재의 인장응력 감소율은? (단, 크리프계수는 2이고, 탄성계수비는 6이다.)
① 7%
② 8%
③ 9%
④ 10%

해설
$$\Delta f_{pc} = nf_c\phi_t = 6 \times 7 \times 2 = 84\text{MPa}$$

$$\therefore \text{감소율} = \frac{\Delta f_{pc}}{f_{ps}} = \frac{84}{1,200} \times 100\% = 7\%$$

6. 다음 중 최소전단철근을 배치하지 않아도 되는 경우가 아닌 것은? (단, $\frac{1}{2}\phi V_c < V_u$인 경우이며 콘크리트구조 전단 및 비틀림설계기준에 따른다.)

① 슬래브와 기초판

② 전체 깊이가 450mm 이하인 보

③ 교대벽체 및 날개벽, 옹벽의 벽체, 암거 등과 같이 휨이 주거동인 판부재

④ 전단철근이 없어도 계수휨모멘트와 계수전단력에 저항할 수 있다는 것을 실험에 의해 확인할 수 있는 경우

해설 보의 높이(h)≤250mm이어야 한다.

7. 옹벽의 구조 해석에 대한 설명으로 틀린 것은? (단, 기타 콘크리트구조설계기준에 따른다.)

① 부벽식 옹벽의 전면벽은 2변 지지된 1방향 슬래브로 설계하여야 한다.

② 뒷부벽은 T형보로 설계하여야 하며, 앞부벽은 직사각형 보로 설계하여야 한다.

③ 저판의 뒷굽판은 정확한 방법이 사용되지 않는 한 뒷굽판 상부에 재하되는 모든 하중을 지지하도록 설계하여야 한다.

④ 캔틸레버식 옹벽의 저판은 전면벽과의 접합부를 고정단으로 간주한 캔틸레버로 가정하여 단면을 설계할 수 있다.

해설 부벽식 옹벽의 전면벽은 3변 지지된 2방향 슬래브로 설계한다.

8. 부분프리스트레싱(partial prestressing)에 대한 설명으로 옳은 것은?

① 부재 단면의 일부에만 프리스트레스를 도입하는 방법

② 구조물에 부분적으로 프리스트레스트 콘크리트부재를 사용하는 방법

③ 사용하중작용 시 프리스트레스트 콘크리트부재 단면의 일부에 인장응력이 생기는 것을 허용하는 방법

④ 프리스트레스트 콘크리트부재설계 시 부재 하단에만 프리스트레스를 주고, 부재 상단에는 프리스트레스하지 않는 방법

해설 ㉮ 완전프리스트레싱(full prestressing) : 콘크리트의 전단면에 인장응력이 발생하지 않도록 프리스트레스를 가하는 방법
㉯ 부분프리스트레싱(partial prestressing) : 콘크리트 단면의 일부에 어느 정도의 인장응력이 발생하는 것을 허용하는 방법

9. 다음 그림과 같은 T형 단면을 강도설계법으로 해석할 경우 플랜지 내민 부분의 압축력과 균형을 이루기 위한 철근 단면적(A_{sf})은? (단, A_s =3,852mm², f_{ck} = 21MPa, f_y =400MPa이다.)

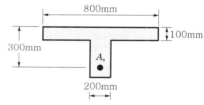

① 1175.2mm² ② 1275.0mm²

③ 1375.8mm² ④ 2677.5mm²

해설
$$A_{sf} = \frac{\eta(0.85f_{ck})\,t_f(b-b_w)}{f_y}$$

$$= \frac{1.0 \times 0.85 \times 21 \times 100 \times (800-200)}{400}$$

$$= 2677.5\text{mm}^2$$

10. 설계기준압축강도(f_{ck})가 24MPa이고, 쪼갬인장강도(f_{sp})가 2.4MPa인 경량골재콘크리트에 적용하는 경량콘크리트계수(λ)는?

① 0.75 ② 0.81

③ 0.87 ④ 0.93

해설 ㉮ f_{sp}가 주어진 경량콘크리트

$$\lambda = \frac{f_{sp}}{0.56\sqrt{f_{ck}}} = \frac{2.4}{0.56\sqrt{24}} = 0.87 \le 1.0$$

㉯ 일반 콘크리트 : $\lambda = 1.0$
㉰ f_{sp}가 주어지지 않은 경량콘크리트
 • 전경량콘크리트 : 0.75
 • 부분경량콘크리트 : 0.85

11. 단면이 300mm×300mm인 철근콘크리트보의 인장부에 균열이 발생할 때의 모멘트(M_{cr})가 13.9kN · m이다. 이 콘크리트의 설계기준압축강도(f_{ck})는? (단, 보통중량콘크리트이다.)

① 18MPa ② 21MPa
③ 24MPa ④ 27MPa

해설

$$I_g = \frac{bh^3}{12} = \frac{300 \times 300^3}{12} = 675 \times 10^6 \text{mm}^4$$

$$M_{cr} = 0.63\lambda\sqrt{f_{ck}}\,\frac{I_g}{y_t}$$

$$\therefore f_{ck} = \left(M_{cr}\frac{y_t}{0.63\lambda I_g} \right)^2$$

$$= \left[(13.9 \times 10^6) \times \frac{150}{0.63 \times 1.0 \times 675 \times 10^6} \right]^2$$

$$= 24\text{N/mm}^2 = 24\text{MPa}$$

12. 휨을 받는 인장이형철근으로 4－D25 철근이 배치되어 있을 경우 다음 그림과 같은 직사각형 단면보의 기본정착길이(l_{db})는? (단, 철근의 공칭지름＝25.4mm, D25 철근 1개의 단면적＝507mm², f_{ck}＝24MPa, f_y＝400MPa, 보통중량콘크리트이다.)

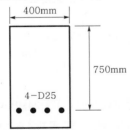

① 519mm ② 1,150mm
③ 1,245mm ④ 1,400mm

해설

$$l_{db} = \frac{0.6d_b f_y}{\lambda\sqrt{f_{ck}}} = \frac{0.6 \times 25.4 \times 400}{1.0\sqrt{24}}$$

$$= 1244.3\text{mm}$$

13. 2방향 슬래브설계에 사용되는 직접설계법의 제한사항으로 틀린 것은?

① 각 방향으로 2경간 이상 연속되어야 한다.
② 각 방향으로 연속한 받침부 중심 간 경간차이는 긴 경간의 1/3 이하이어야 한다.
③ 연속한 기둥 중심선을 기준으로 기둥의 어긋남은 그 방향 경간의 10% 이하이어야 한다.
④ 모든 하중은 슬래브판 전체에 걸쳐 등분포된 연직하중이어야 하며, 활하중은 고정하중의 2배 이하이어야 한다.

해설 직접설계법의 제한사항 중 각 방향으로 3경간 이상이 연속되어야 한다.

14. 철근콘크리트보에서 스터럽을 배근하는 주목적으로 옳은 것은?

① 철근의 인장강도가 부족하기 때문에
② 콘크리트의 탄성이 부족하기 때문에
③ 콘크리트의 사인장강도가 부족하기 때문에
④ 철근과 콘크리트의 부착강도가 부족하기 때문에

해설 스터럽은 사인장보강철근의 한 종류로 사인장강도(전단강도)를 보강하기 위해 배치한다.

15. 다음 그림과 같이 긴장재를 포물선으로 배치하고 P＝2,500kN으로 긴장했을 때 발생하는 등분포 상향력을 등가하중의 개념으로 구한 값은?

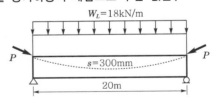

① 10kN/m
② 15kN/m
③ 20kN/m
④ 25kN/m

해설

$$u = \frac{8Ps}{l^2} = \frac{8 \times 2,500 \times 0.3}{20^2} = 15\text{kN/m}$$

16. 순단면이 볼트의 구멍 하나를 제외한 단면(즉, A-B-C 단면)과 같도록 피치(s)를 결정하면? (단, 구멍의 지름은 18mm이다.)

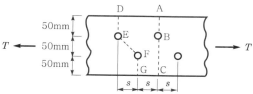

① 50mm
② 55mm
③ 60mm
④ 65mm

> **해설** ⑦ $b_n = b_g - d$
>
> ⑭ $b_n = b_g - d - \left(d - \dfrac{s^2}{4g}\right)$
>
> ⑮ ⑦=⑭이므로
>
> $$d - \frac{s^2}{4g} = 0$$
>
> $$\therefore s = 2\sqrt{gd} = 2\sqrt{50 \times 18} = 60\text{mm}$$

17. 단철근 직사각형 보가 균형 단면이 되기 위한 압축연단에서 중립축까지 거리는? (단, $f_y = 300$MPa, $d = 600$mm이며 강도설계법에 의한다.)

① 494mm
② 413mm
③ 390mm
④ 293mm

> **해설**
> $$c = \left(\frac{\varepsilon_{cu}}{\varepsilon_{cu} + \varepsilon_y}\right)d = \left(\frac{0.0033}{0.0033 + \dfrac{f_y}{E_s}}\right)d$$
> $$= \left(\frac{660}{660 + f_y}\right)d = \left(\frac{660}{660 + 300}\right) \times 600$$
> $$= 412.5\text{mm}$$

18. 철골압축재의 좌굴 안정성에 대한 설명 중 틀린 것은?

① 좌굴길이가 길수록 유리하다.
② 단면 2차 반지름이 클수록 유리하다.
③ 힌지지지보다 고정지지가 유리하다.
④ 단면 2차 모멘트값이 클수록 유리하다.

> **해설** ⑦ 세장비가 작을수록(단주) 좌굴 안정성이 높다.
> ⑭ 좌굴길이가 길면 세장비가 크고 좌굴 안정성이 낮다.

19. 다음 중 공칭축강도에서 최외단 인장철근의 순인장변형률 ε_t를 계산하는 경우에 제외되는 것은? (단, 콘크리트구조 해석과 설계원칙에 따른다.)

① 활하중에 의한 변형률
② 고정하중에 의한 변형률
③ 지붕활하중에 의한 변형률
④ 유효프리스트레스힘에 의한 변형률

> **해설** ④의 경우 프리스트레스 콘크리트에 관한 변형률로 철근콘크리트의 순인장변형률(ε_t)과는 관계가 없다.

20. 단철근 직사각형 보에서 $f_{ck} = 32$MPa이라면 등가직사각형 응력블록과 관계된 계수 β_1은?

① 0.850
② 0.836
③ 0.822
④ 0.800

> **해설** $f_{ck} \le 40$MPa이면 $\beta_1 = 0.80$이다.

1. 직사각형 단면 300mm×400mm인 프리텐션부재에 550mm²의 단면적을 가진 PS강선을 단면 도심에 배치하고 1,350MPa의 인장응력을 가하였다. 콘크리트의 탄성변형에 따라 실제로 부재에 작용하는 유효프리스트레스는 약 얼마인가? (단, 탄성계수비 $n = 6$이다.)

① 1,313MPa ② 1,432MPa
③ 1,512MPa ④ 1,618MPa

해설
$$\Delta f_p = n f_{ci}$$
$$= 6 \times \frac{550 \times 1,350}{300 \times 400} \fallingdotseq 37.13 \text{MPa}$$
$$\therefore f_p = f_i - \Delta f_p$$
$$= 1,350 - 37.13 \fallingdotseq 1,313 \text{MPa}$$

2. 1방향 슬래브의 구조에 대한 설명으로 틀린 것은?
① 슬래브의 정모멘트 철근 및 부모멘트 철근의 중심 간격은 위험 단면에서는 슬래브두께의 2배 이하이어야 하고, 또한 300mm 이하로 하여야 한다.
② 1방향 슬래브에서는 정모멘트 철근 및 부모멘트 철근에 직각방향으로 수축·온도철근을 배치하여야 한다.
③ 슬래브 끝의 단순 받침부에서도 내민 슬래브에 의하여 부모멘트가 일어나는 경우에는 이에 상응하는 철근을 배치하여야 한다.
④ 1방향 슬래브의 두께는 최소 150mm 이상으로 하여야 한다.

해설 1방향 슬래브의 두께는 최소 100mm 이상으로 하여야 한다.

3. 다음 중 용접이음을 한 경우 용접부의 결함을 나타내는 용어가 아닌 것은?
① 필릿(fillet)
② 크랙(crack)
③ 언더컷(under cut)
④ 오버랩(over lap)

해설 용접결함의 종류
㉮ 오버랩(over lap)
㉯ 언더컷(under cut)
㉰ 크랙(crack)
㉱ 다리길이 부족
㉲ 용접두께 부족

4. 콘크리트의 설계기준강도가 25MPa, 철근의 항복강도가 300MPa로 설계된 부재에서 공칭지름이 25mm인 인장이형철근의 기본정착길이는? (단, 경량콘크리트계수 $\lambda = 1$)

① 300mm ② 600mm
③ 900mm ④ 1,200mm

해설
$$l_{db} = \frac{0.6 d_b f_y}{\lambda \sqrt{f_{ck}}} = \frac{0.6 \times 25 \times 300}{1.0 \sqrt{25}} = 900 \text{mm}$$

5. 경간 10m인 대칭 T형보에서 양쪽 슬래브의 중심 간 거리가 2,100mm, 플랜지두께는 100mm, 복부의 폭(b_w)은 400mm일 때 플랜지의 유효폭은?

① 2,500mm ② 2,250mm
③ 2,100mm ④ 2,000mm

해설
㉮ $16t + b_w = 16 \times 100 + 400 = 2,000 \text{mm}$
㉯ 슬래브 중심 간 거리(b_c) = 2,100mm
㉰ $\frac{1}{4} l = \frac{1}{4} \times 10,000 = 2,500 \text{mm}$
$$\therefore b_e = 2,000 \text{mm (최소값)}$$

6. 철근과 콘크리트가 구조체로서 일체 거동을 하기 위한 조건으로 틀린 것은?
① 철근과 콘크리트와의 부착력이 크다.
② 철근과 콘크리트의 탄성계수가 거의 같다.
③ 철근과 콘크리트의 열팽창계수가 거의 같다.
④ 철근은 콘크리트 속에서 녹이 슬지 않는다.

해설 철근의 탄성계수가 콘크리트의 탄성계수보다 약 7배 더 크다.

정답 1. ① 2. ④ 3. ① 4. ③ 5. ④ 6. ②

7. 강판을 리벳이음할 때 불규칙배치(엇모배치)할 경우 재편의 순폭은 최초의 리벳구멍에 대하여 그 지름(d)을 빼고 다음 것에 대하여는 다음 중 어느 식을 사용하여 빼주는가? (단, g : 리벳선간거리, p : 리벳의 피치)

① $d - \dfrac{g^2}{4p}$　　　　② $d - \dfrac{4p^2}{g}$

③ $d - \dfrac{p^2}{4g}$　　　　④ $d - \dfrac{4g}{p^2}$

 해설
$$w = d - \frac{p^2}{4g}$$

8. 다음의 표와 같은 조건에서 하중재하기간이 5년이 넘은 경우 추가 장기처짐량은?

- 해당 지속하중에 의해 생긴 순간처짐량 : 30mm
- 단순보로서 중앙 단면의 압축철근비 : 0.02

① 20mm　　　　② 30mm

③ 40mm　　　　④ 50mm

해설
$$\lambda_\Delta = \frac{\xi}{1+50\rho'} = \frac{2.0}{1+50\times0.02} = 1.0$$
$$\therefore \delta_l = 탄성처짐 \times \lambda_\Delta = 30 \times 1.0 = 30\text{mm}$$

9. 다음 그림과 같은 직사각형 단면의 보에서 등가직사각형 응력블록의 깊이(a)는? (단, $A_s = 2,382\text{mm}^2$, $f_y = 400\text{MPa}$, $f_{ck} = 28\text{MPa}$)

① 58.4mm
② 62.3mm
③ 66.7mm
④ 72.8mm

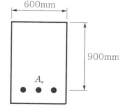

600mm

900mm

A_s

해설
$$a = \frac{f_y A_s}{\eta(0.85f_{ck})b} = \frac{400 \times 2,382}{1.0 \times 0.85 \times 28 \times 600}$$
$$= 66.72\text{mm}$$

10. 보통중량콘크리트($m_c = 2,300\text{kg/m}^3$)와 설계기준 항복강도 400MPa인 철근을 사용한 길이 10m의 단순 지지보에서 처짐을 계산하지 않는 경우의 최소두께는?

① 545mm　　　　② 560mm

③ 625mm　　　　④ 750mm

해설
$$h = \frac{l}{16} = \frac{10,000}{16} = 625\text{mm}$$

11. 프리스트레스 도입 시의 프리스트레스 손실원인이 아닌 것은?

① 정착장치의 활동
② 콘크리트의 탄성수축
③ 긴장재와 덕트 사이의 마찰
④ 콘크리트의 크리프와 건조수축

해설　㉮ 도입 시 손실 : 탄성변형, 마찰, 활동
　　㉯ 도입 후 손실 : 건조수축, 크리프, 릴랙세이션

12. 단철근 직사각형 보에서 인장철근량이 증가하고 다른 조건은 동일할 경우 중립축의 위치는 어떻게 변하는가?

① 인장철근 쪽으로 중립축이 내려간다.
② 중립축의 위치는 철근량과는 무관하다.
③ 압축부 콘크리트 쪽으로 중립축이 올라간다.
④ 증가된 철근량에 따라 중립축이 위 또는 아래로 움직인다.

해설　㉮ 저보강보 : 중립축 상승
　　㉯ 과보강보 : 중립축 하강

13. 폭 250mm, 유효깊이 500mm, 압축연단에서 중립축까지의 거리(c)가 200mm, 콘크리트의 설계기준 압축강도(f_{ck})가 24MPa인 단철근 직사각형 균형보에서 공칭휨강도(M_n)는?

① 305.8kN·m
② 364.1kN·m
③ 364.3kN·m
④ 423.3kN·m

해설　$f_{ck} \leq 40\text{MPa}$이면 $\beta_1 = 0.80$
$$a = \beta_1 c = 0.80 \times 200 = 160\text{mm}$$
$$\therefore M_n = CZ = TZ$$
$$= \eta(0.85f_{ck})ab\left(d - \frac{a}{2}\right)$$
$$= 1.0 \times 0.85 \times 24 \times 170 \times 250$$
$$\times \left(500 - \frac{160}{2}\right) \times 10^{-6}$$
$$= 364.14\text{kN} \cdot \text{m}$$

14. 다음의 표에서 설명하고 있는 철근은?

> 전체 깊이가 900mm를 초과하는 휨부재 복부의
> 양 측면에 부재축방향으로 배치하는 철근

① 표피철근
② 전단철근
③ 휨철근
④ 배력철근

해설 표피철근배치

보 깊이가 900mm 초과 시 $h/2$까지 배치한다
(2021년 표피철근개념 변경, 본문 142쪽 참조).

15. 다음 그림과 같은 보에서 전단력과 휨모멘트만을 받는 경우 보통중량콘크리트가 받을 수 있는 전단강도 V_c는 얼마인가? (단, $f_{ck}=28$MPa, $f_y=400$MPa)

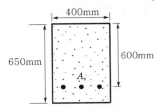

① 211.7kN
② 229.3kN
③ 248.3kN
④ 265.1kN

해설
$$V_c = \frac{1}{6}\lambda\sqrt{f_{ck}}\,b_w d$$
$$= \frac{1}{6}\times 1.0\sqrt{28}\times 400\times 600$$
$$= 211.7\text{kN}$$

16. 다음 그림과 같은 단순보에서 자중을 포함하여 계수하중이 20kN/m 작용하고 있다. 이 보의 전단위험 단면에서의 전단력은?

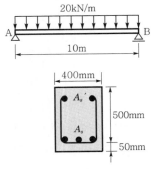

① 100kN
② 90kN
③ 80kN
④ 70kN

해설
$$s = \frac{wl}{2} - wd$$
$$= \frac{20\times 10}{2} - 20\times 0.5 = 90\text{kN}$$

17. $f_{ck}=28$MPa, $f_y=400$MPa인 단철근 직사각형 보의 균형철근비는?

① 0.02148
② 0.02516
③ 0.02964
④ 0.03035

해설 $f_{ck}\leq 40$MPa이면 $\beta_1=0.80$

$$\therefore \rho_b = \eta(0.85\beta_1)\frac{f_{ck}}{f_y}\left(\frac{660}{660+f_y}\right)$$
$$= 1.0\times 0.85\times 0.80\times\frac{28}{400}\times\frac{660}{660+400}$$
$$= 0.02964$$

18. 프리스트레스 콘크리트의 원리를 설명할 수 있는 기본개념으로 옳지 않은 것은?

① 응력개념
② 변형도개념
③ 강도개념
④ 하중평형개념

해설 PSC의 3대 개념
㉮ 응력개념(탄성이론)
㉯ 강도개념(RC와 동일)
㉰ 하중평형개념

19. 다음 그림과 같은 고장력 볼트 마찰이음에서 필요한 볼트수는 몇 개인가? (단, 볼트는 M24(=ϕ24mm), F10T를 사용하며, 마찰이음의 허용력은 56kN이다.)

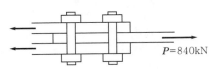

① 5개
② 6개
③ 7개
④ 8개

해설 $\rho = v_a\times 2$(복전단)$= 56\times 2 = 112$kN
$$\therefore n = \frac{P}{\rho} = \frac{840\times 10^3}{112\times 10^3} = 7.5 \fallingdotseq 8\text{개}$$

20. 옹벽에 대한 설명으로 틀린 것은?

① 옹벽의 앞부벽은 직사각형 보로 설계하여야 한다.

② 옹벽의 뒷부벽은 T형보로 설계하여야 한다.

③ 옹벽의 안정조건으로서 활동에 대한 저항력은 옹벽에 작용하는 수평력의 3배 이상이어야 한다.

④ 전도 및 지반지지력에 대한 안정조건은 만족하지만, 활동에 대한 안정조건만을 만족하지 못할 경우에는 활동 방지벽 등을 설치하여 활동저항력을 증대시킬 수 있다.

> **◆ 해설** 옹벽의 3대 안정조건
> ㉮ 전도 : 안전율 2.0
> ㉯ 활동 : 안전율 1.5
> ㉰ 침하 : 안전율 3.0
> 따라서 ③의 경우 수평력의 1.5배 이상이어야 한다.

1. 콘크리트의 설계기준압축강도(f_{ck})가 50MPa인 경우 콘크리트탄성계수 및 크리프 계산에 적용되는 콘크리트의 평균압축강도(f_{cu})는?

① 54MPa

② 55MPa

③ 56MPa

④ 57MPa

> **• 해설** ㉮ $f_{cu} = f_{ck} + 4$[MPa]$(f_{ck} \leq 40)$
> ㉯ $f_{cu} = 1.1 f_{ck}$[MPa]$(40 < f_{ck} < 60)$
> ㉰ $f_{cu} = f_{ck} + 6$[MPa]$(f_{ck} \geq 60)$
> $\therefore f_{ck} = 50$MPa이므로
> $f_{cu} = 1.1 f_{ck} = 1.1 \times 50 = 55$MPa

2. 프리스트레스트 콘크리트의 경우 흙에 접하여 콘크리트를 친 후 영구히 흙에 묻혀 있는 콘크리트의 최소피복두께는?

① 40mm ② 60mm

③ 75mm ④ 100mm

> **• 해설** 영구히 흙에 묻혀 있는 콘크리트의 최소피복두께는 75mm이다.

3. 2방향 슬래브의 직접설계법을 적용하기 위한 제한사항으로 틀린 것은?

① 각 방향으로 3경간 이상이 연속되어야 한다.

② 슬래브 판들은 단변경간에 대한 장변경간의 비가 2 이하인 직사각형이어야 한다.

③ 모든 하중은 슬래브판 전체에 걸쳐 등분포된 연직하중이어야 한다.

④ 연속한 기둥 중심선을 기준으로 기둥의 어긋남은 그 방향 경간의 최대 20%까지 허용할 수 있다.

> **• 해설** 2방향 슬래브의 직접설계법 제한사항 중 연속한 기둥의 중심선으로부터 기둥의 이탈은 이탈방향 경간의 최대 10%까지 허용한다.

4. 경간이 8m인 PSC보에 계수등분포하중(w)이 20kN/m 작용할 때 중앙 단면 콘크리트 하연에서의 응력이 0이 되려면 강재에 줄 프리스트레스힘(P)은? (단, PS강재는 콘크리트 도심에 배치되어 있다.)

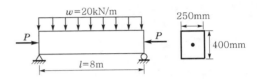

① $P = 2,000$kN

② $P = 2,200$kN

③ $P = 2,400$kN

④ $P = 2,600$kN

> **• 해설** $M = \dfrac{wl^2}{8} = \dfrac{20 \times 8^2}{8} = 160$kN · m
> $\therefore P = \dfrac{6M}{h} = \dfrac{6 \times 160}{0.4} = 2,400$kN

5. 복전단 고장력 볼트(bolt)의 마찰이음에서 강판에 $P = 350$kN이 작용할 때 볼트의 수는 최소 몇 개가 필요한가? (단, 볼트의 지름(d)은 20mm이고, 허용전단응력(τ_a)은 120MPa이다.)

① 3개 ② 5개

③ 8개 ④ 10개

> **• 해설** $\rho = \tau_a A = 120 \times \dfrac{3.14 \times 20^2}{4} = 75,360$N
> $\therefore n = \dfrac{P}{\rho} = \dfrac{350,000}{75,360} = 4.64 ≒ 5$개

6. 부재의 순단면적을 계산할 경우 지름 22mm의 리벳을 사용하였을 때 리벳구멍의 지름은 얼마인가? (단, 강구조 연결설계기준(허용응력설계법)을 적용한다.)

① 21.5mm ② 22.5mm

③ 23.5mm ④ 24.5mm

해설 강구조 연결설계기준(허용응력설계법)

리벳의 지름(mm)	리벳구멍의 지름(mm)
$\phi < 20$	$d = \phi + 1.0$
$\phi \geq 20$	$d = \phi + 1.5$

∴ 리벳구멍의 지름$(d) = 22 + 1.5 = 23.5\text{mm}$

7. 철근콘크리트구조물에서 연속 휨부재의 모멘트 재분배를 하는 방법에 대한 설명으로 틀린 것은?

① 근사해법에 의하여 휨모멘트를 계산한 경우에는 연속 휨부재의 모멘트 재분배를 할 수 없다.

② 어떠한 가정의 하중을 작용하여 탄성이론에 의하여 산정한 연속 휨부재받침부의 부모멘트는 10% 이내에서 $800\varepsilon_t[\%]$만큼 증가 또는 감소시킬 수 있다.

③ 경간 내의 단면에 대한 휨모멘트의 계산은 수정된 부모멘트를 사용하여야 한다.

④ 휨모멘트를 감소시킬 단면에서 최외단 인장철근의 순인장변형률 ε_t가 0.0075 이상인 경우에만 가능하다.

해설 연속 휨부재받침부의 부모멘트는 20% 이내에서 $1,000\varepsilon_t[\%]$만큼 증가 또는 감소시킬 수 있다.

8. 단철근 직사각형 보에서 설계기준압축강도 $f_{ck} = 60\text{MPa}$일 때 계수 β_1은? (단, 등가직사각응력블록의 깊이 $a = \beta_1 c$이다.)

① 0.78
② 0.76
③ 0.65
④ 0.64

해설

$f_{ck}[\text{MPa}]$	≤40	50	60
β_1	0.80	0.80	0.76

∴ $\beta_1 = 0.76$

9. 인장철근의 겹침이음에 대한 설명으로 틀린 것은?

① 다발철근의 겹침이음은 다발 내의 개개 철근에 대한 겹침이음길이를 기본으로 결정되어야 한다.

② 어떤 경우이든 300mm 이상 겹침이음한다.

③ 겹침이음에는 A급, B급 이음이 있다.

④ 겹침이음된 철근량이 전체 철근량의 1/2 이하인 경우는 B급 이음이다.

해설 A급 이음

㉮ 겹이음철근량 ≤ 총철근량 × $\dfrac{1}{2}$

㉯ 배근철근량 ≥ 소요철근량 × 2

10. 다음 그림과 같은 보의 단면에서 표피철근의 간격 s는 약 얼마인가? (단, 습윤환경에 노출되는 경우로서 표피철근의 표면에서 부재 측면까지 최단거리(c_c)는 50mm, $f_{ck} = 28\text{MPa}$, $f_y = 400\text{MPa}$이다.)

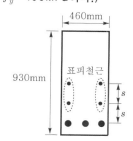

① 170mm
② 200mm
③ 230mm
④ 260mm

해설 표피철근간격

㉮ $s = 375\dfrac{k_{cr}}{f_s} - 2.5c_c$

$= 375 \times \dfrac{210}{267} - 2.5 \times 50 = 170\text{mm}$

㉯ $s = 300\dfrac{k_{cr}}{f_s} = 300 \times \dfrac{210}{267} = 236\text{mm}$

여기서, $f_s = \dfrac{2}{3}f_y = \dfrac{2}{3} \times 400 = 267\text{MPa}$

$k_{cr} = 210$(습윤환경)

∴ $s = 170\text{mm}$ (최소값)

11. 강판을 다음 그림과 같이 용접이음할 때 용접부의 응력은?

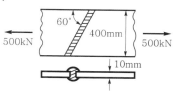

① 110MPa
② 125MPa
③ 250MPa
④ 722MPa

해설 $f = \dfrac{P}{\sum al_e} = \dfrac{500 \times 10^3}{400 \times 10} = 125\text{MPa}$

12. 유효깊이(d)가 910mm인 다음 그림과 같은 단철근 T형보의 설계휨강도(ϕM_n)를 구하면? (단, 인장철근량(A_s)은 7,652mm², f_{ck}=21MPa, f_y=350MPa, 인장지배 단면으로 ϕ=0.85, 경간은 3,040mm이다.)

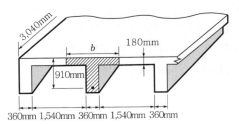

① 1,845kN·m ② 1,863kN·m
③ 1,883kN·m ④ 1,901kN·m

해설 ㉮ 유효폭(b) 결정

㉠ $16t_f + b_w = 16 \times 180 + 360$
$= 3,240$mm

㉡ $b_c = 1,900$mm

㉢ $\dfrac{l}{4} = \dfrac{1}{4} \times 3,040 = 760$mm

∴ $b = 760$mm (최소값)

㉯ $A_{sf} = \dfrac{\eta(0.85f_{ck})t_f(b-b_w)}{f_y}$

$= \dfrac{1.0 \times 0.85 \times 21 \times 180 \times (760-360)}{350}$

$= 3,672$mm²

㉰ $a = \dfrac{f_y(A_s - A_{sf})}{\eta(0.85f_{ck})b_w}$

$= \dfrac{350 \times (7,652 - 3,672)}{1.0 \times 0.85 \times 21 \times 360} = 216.8$mm

㉱ $M_d = \phi M_n$

$= \phi\left\{f_y A_{sf}\left(d - \dfrac{t_f}{2}\right)\right.$

$\left. + f_y(A_s - A_{sf})\left(d - \dfrac{a}{2}\right)\right\}$

$= 0.85 \times \left\{350 \times 3,672 \times \left(910 - \dfrac{180}{2}\right)\right.$

$+ 350 \times (7,652 - 3,672)$

$\left. \times \left(910 - \dfrac{216.8}{2}\right)\right\}$

$= 1,844,918,880 \times 10^{-6}$kN·m

$\fallingdotseq 1,845$kN·m

13. 다음에서 설명하는 부재형태의 최대허용처짐은? (단, l은 부재길이이다.)

> 과도한 처짐에 의해 손상되기 쉬운 비구조요소를 지지 또는 부착한 지붕 또는 바닥구조

① $\dfrac{l}{180}$ ② $\dfrac{l}{240}$

③ $\dfrac{l}{360}$ ④ $\dfrac{l}{480}$

해설 최대허용처짐

부재형태	처짐한계
과도한 처짐에 의해 손상되기 쉬운 비구조요소를 지지 또는 부착한 지붕 또는 바닥구조	$\dfrac{l}{480}$
과도한 처짐에 의해 손상될 염려가 없는 비구조요소를 지지 또는 부착한 지붕 또는 바닥구조	$\dfrac{l}{240}$

14. 다음 그림과 같은 직사각형 보를 강도설계이론으로 해석할 때 콘크리트의 등가사각형 깊이 a는? (단, f_{ck}=21MPa, f_y=300MPa이다.)

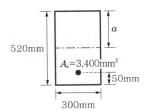

① 109.9mm ② 121.6mm
③ 129.9mm ④ 190.5mm

해설 $a = \dfrac{f_y A_s}{\eta(0.85f_{ck})b}$

$= \dfrac{300 \times 3,400}{1.0 \times 0.85 \times 21 \times 300} = 190.5$mm

15. 옹벽의 안정조건 중 전도에 대한 저항휨모멘트는 횡토압에 의한 전도모멘트의 최소 몇 배 이상이어야 하는가?

① 1.5배 ② 2.0배
③ 2.5배 ④ 3.0배

해설 옹벽의 3대 안정조건
  ㉮ 전도 : 안전율 2.0
  ㉯ 활동 : 안전율 1.5
  ㉰ 침하 : 안전율 3.0

16. 콘크리트구조물에서 비틀림에 대한 설계를 하려고 할 때 계수비틀림모멘트(T_u)를 계산하는 방법에 대한 설명으로 틀린 것은?

① 균열에 의하여 내력의 재분배가 발생하여 비틀림모멘트가 감소할 수 있는 부정정구조물의 경우 최대 계수비틀림모멘트를 감소시킬 수 있다.

② 철근콘크리트부재에서, 받침부에서 d 이내에 위치한 단면은 d에서 계산된 T_u보다 작지 않은 비틀림모멘트에 대하여 설계하여야 한다.

③ 프리스트레스 콘크리트부재에서, 받침부에서 d 이내에 위치한 단면을 설계할 때 d에서 계산된 T_u보다 작지 않은 비틀림모멘트에 대하여 설계하여야 한다.

④ 정밀한 해석을 수행하지 않은 경우 슬래브에 의해 전달되는 비틀림하중은 전체 부재에 걸쳐 균등하게 분포하는 것으로 가정할 수 있다.

해설 프리스트레스 콘크리트부재에서, 받침부(지점면)에서 $h/2$(h는 부재높이) 이내에 위치한 단면은 $h/2$의 단면에서 계산된 비틀림모멘트 T_u를 사용하여 계산한다.

17. 다음 그림과 같은 띠철근기둥에서 띠철근의 최대수직간격으로 적당한 것은? (단, D10의 공칭직경은 9.5mm, D32의 공칭직경은 31.8mm이다.)

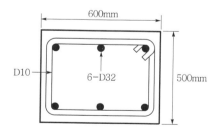

① 456mm　　② 472mm
③ 500mm　　④ 509mm

해설 띠철근간격
  ㉮ $16d_b = 16 \times 31.8 = 508.8mm$
  ㉯ $48 \times$ 띠철근지름$= 48 \times 9.5 = 456mm$
  ㉰ 500mm(단면 최소치수)
  ∴ 456mm(최소값)

18. b_w=350mm, d=600mm인 단철근 직사각형 보에서 보통중량콘크리트가 부담할 수 있는 공칭전단강도(V_c)를 정밀식으로 구하면 약 얼마인가? (단, 전단력과 휨모멘트를 받는 부재이며 V_u=100kN, M_u=300kN·m, ρ_w=0.016, f_{ck}=24MPa이다.)

① 164.2kN
② 171.5kN
③ 176.4kN
④ 182.7kN

해설
$$\frac{V_u d}{M_u} = \frac{100 \times 0.6}{300} = 0.2 \leq 1 (O.K)$$
㉮ $0.29\sqrt{f_{ck}}\, b_w d$
$= 0.29\sqrt{24} \times 350 \times 600 \times 10^{-3}$
$= 298.35kN$
㉯ $V_c = \left(0.16\lambda\sqrt{f_{ck}} + 17.6\rho_w \frac{V_u d}{M_u}\right) b_w d$
$= (0.16 \times 1.0\sqrt{24} + 17.6 \times 0.016 \times 0.2$
$\times 350 \times 600 \times 103$
$= 176.43kN < 298.35kN (O.K)$

19. A_s=3,600mm², A_s'=1,200mm²로 배근된 다음 그림과 같은 복철근보의 탄성처짐이 12mm라 할 때 5년 후 지속하중에 의해 유발되는 추가 장기처짐은 얼마인가?

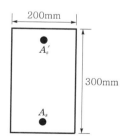

① 6mm　　② 12mm
③ 18mm　　④ 36mm

해설 $\rho' = \dfrac{A_s'}{bd} = \dfrac{1,200}{200 \times 300} = 0.02$

$\lambda_\Delta = \dfrac{\xi}{1 + 50\rho'}$

$\quad\quad = \dfrac{2.0}{1 + 50 \times 0.02} = 1$

$\therefore$ 장기처짐(δ_l)=탄성처짐$(\delta_e)\times$보정계수(λ_Δ)

$\quad\quad\quad\quad = 12 \times 1$

$\quad\quad\quad\quad = 12\text{mm}$

26. 다음 그림과 같은 2경간 연속보의 양단에서 PS 강재를 긴장할 때 단 A에서 중간 B까지의 근사법으로 구한 마찰에 의한 프리스트레스의 감소율은? (단, 각은 radian이며, 곡률마찰계수(μ)는 0.4, 파상마찰계수(k)는 0.0027이다.)

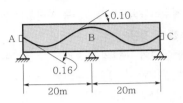

① 12.6% ② 18.2%

③ 10.4% ④ 15.8%

해설 $a = \theta_1 + \theta_2 = 0.16 + 0.1 = 0.26$

$0.26 \times \dfrac{180°}{\pi} = 14.9° \leq 30°$이므로 근사식 사용

$\therefore$ 감소율$= (kl + \mu a) \times 100$

$\quad\quad\quad = (0.0027 \times 20 + 0.4 \times 0.26) \times 100$

$\quad\quad\quad = 15.8\%$

1. $b=300$mm, $d=500$mm인 단철근 직사각형 보에서 균형철근비(ρ_b)가 0.0285일 때 이 보를 균형철근비로 설계한다면 철근량(A_s)은?

① 2,820mm^2 　　　② 3,210mm^2

③ 4,225mm^2 　　　④ 4,275mm^2

◆해설 $A_s = \rho_b b d$
$$= 0.0285 \times 300 \times 500 = 4,275\,\mathrm{mm}^2$$

2. 깊은 보(Deep beam)에 대한 설명으로 옳은 것은?

① 순경간(l_n)이 부재깊이의 3배 이하이거나 하중이 받침부로부터 부재깊이의 3배 거리 이내에 작용하는 보

② 순경간(l_n)이 부재깊이의 4배 이하이거나 하중이 받침부로부터 부재깊이의 2배 거리 이내에 작용하는 보

③ 순경간(l_n)이 부재깊이의 5배 이하이거나 하중이 받침부로부터 부재깊이의 4배 거리 이내에 작용하는 보

④ 순경간(l_n)이 부재깊이의 6배 이하이거나 하중이 받침부로부터 부재깊이의 3배 거리 이내에 작용하는 보

◆해설 깊은 보의 조건 : $\dfrac{l_n}{d} \leq 4$, 즉 $l_n \leq 4d$인 보

3. 다음 그림과 같은 리벳이음에서 허용전단응력이 70MPa이고, 허용지압응력이 150MPa일 때 이 리벳의 강도는? (단, 리벳지름(d)은 22mm, 철판두께(t)는 12mm이다.)

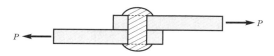

① 26.6kN 　　　② 30.4kN

③ 39.6kN 　　　④ 42.2kN

◆해설 ㉮ 전단강도
$$P_s = v_a\left(\frac{\pi d^2}{4}\right) = 70 \times \frac{\pi \times 22^2}{4} = 26.61\,\mathrm{kN}$$
㉯ 지압강도
$$P_b = f_{ba}\,dt = 150 \times 22 \times 12 = 39.6\,\mathrm{kN}$$
∴ 리벳강도 = $[26.6,\ 39.6]_{min} = 26.6\,\mathrm{kN}$

4. PS강재에 요구되는 일반적인 성질로 틀린 것은?

① 인장강도가 클 것

② 릴랙세이션이 작을 것

③ 늘음과 인성이 없을 것

④ 응력부식에 대한 저항성이 클 것

◆해설 적당한 늘음과 인성이 있을 것

5. 다음 그림과 같은 판형에서 스티프너(stiffener)의 주된 사용목적은?

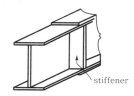

① web plate의 좌굴을 방지하기 위하여

② flange angle의 간격을 넓게 하기 위하여

③ flange의 강성을 보강하기 위하여

④ 보 전체의 비틀림에 대한 강도를 크게 하기 위하여

◆해설 stiffener는 web의 전단좌굴 방지용 보강재이다.

6. 처짐을 계산하지 않는 경우 단순 지지로 길이 l인 1방향 슬래브의 최소두께(h)로 옳은 것은? (단, 보통콘크리트($m_c=2,300$kg/m^3)와 설계기준항복강도 400MPa의 철근을 사용한 부재이다.)

① $\dfrac{l}{20}$ 　　　　　　② $\dfrac{l}{24}$

③ $\dfrac{l}{28}$ 　　　　　　④ $\dfrac{l}{34}$

해설 처짐을 계산하지 않는 경우 슬래브 최소두께
(단, $f_y = 400$MPa인 경우)

부재	최소두께(h)	
	캔틸레버 지지	단순 지지
• 1방향 슬래브	$l/10$	$l/20$
• 보 • 리브가 있는 1방향 슬래브	$l/8$	$l/16$

7. 상부 철근(정착길이 아래 300mm를 초과되게 굳지 않은 콘크리트를 친 수평철근)으로 사용되는 인장이형철근의 정착길이를 구하려고 한다. $f_{ck} = 21$MPa, $f_y = 300$MPa을 사용한다면 상부 철근으로서의 보정계수만을 사용할 때 정착길이는 얼마 이상이어야 하는가? (단, D29 철근으로 공칭지름은 28.6mm, 공칭 단면적은 642mm^{2}이고 보통중량콘크리트이다.)

① 1,461mm
② 1,123mm
③ 987mm
④ 865mm

해설 인장이형철근의 정착길이
㉮ 기본정착길이
$$l_{db} = \frac{0.6 d_b f_y}{\lambda \sqrt{f_{ck}}}$$
$$= \frac{0.6 \times 28.6 \times 300}{1.0 \sqrt{21}} = 1123.4 \text{mm}$$
㉯ 정착길이(l_d) = l_{db} × 보정계수
$$= 1123.4 \times 1.3 = 1460.4 \text{mm}$$
여기서, 보정계수 $\alpha = 1.3$ (철근배근위치계수)

8. 전단철근에 대한 설명으로 틀린 것은?
① 철근콘크리트부재의 경우 주인장철근에 45° 이상의 각도로 설치되는 스터럽을 전단철근으로 사용할 수 있다.
② 철근콘크리트부재의 경우 주인장철근에 30° 이상의 각도로 구부린 굽힘철근을 전단철근으로 사용할 수 있다.
③ 전단철근의 설계기준항복강도는 500MPa를 초과할 수 없다.
④ 전단철근으로 사용하는 스터럽과 기타 철근 또는 철선은 콘크리트압축연단부터 거리 $d/2$만큼 연장하여야 한다.

해설 전단철근으로 사용하는 스터럽과 기타 철근 또는 철선은 콘크리트압축연단부터 거리 d만큼 연장하여야 한다.

9. 강도설계법에서 콘크리트가 부담하는 공칭전단강도를 구하는 식은? (단, 전단력과 휨모멘트만을 받는 부재이다.)
① $V_c = \frac{1}{6} \lambda \sqrt{f_{ck}} b_w d$
② $V_c = \frac{1}{2} \lambda \sqrt{f_{ck}} b_w d$
③ $V_c = \frac{2}{3} \lambda \sqrt{f_{ck}} b_w d$
④ $V_c = 3.5 \lambda \sqrt{f_{ck}} b_w d$

해설 $V_c = \frac{1}{6} \lambda \sqrt{f_{ck}} b_w d$

10. 프리스트레스트 콘크리트부재의 제작과정 중 프리텐션공법에서 필요하지 않은 것은?
① 콘크리트치기 작업
② PS강재에 인장력을 주는 작업
③ PS강재에 준 인장력을 콘크리트부재에 전달시키는 작업
④ PS강재와 콘크리트를 부착시키는 그라우팅작업

해설 PS강재와 콘크리트를 부착시키는 그라우팅작업 등은 포스트텐션공법에 적용된다.

11. 강도설계법에서 설계기준압축강도(f_{ck})가 35MPa인 경우 계수 β_1의 값은? (단, 등가직사각형 응력블록의 깊이 $a = \beta_1 c$이다.)
① 0.795
② 0.800
③ 0.823
④ 0.850

해설 $f_{ck} \leq 40$MPa이면 $\beta_1 = 0.80$이다.

12. 프리스트레스트 콘크리트에서 콘크리트의 건조수축변형률이 19×10^{-5}일 때 긴장재 인장응력의 감소량은? (단, 긴장재의 탄성계수는 2.0×10^5MPa이다.)
① 38MPa
② 41MPa
③ 42MPa
④ 45MPa

해설 $\Delta f_p = E_p \varepsilon_{sh}$

$= 2.0 \times 10^5 \times 19 \times 10^{-5} = 38\text{MPa}$

13. 다음 그림과 같은 강도설계법에 의해 설계된 복철근보에서 콘크리트의 최대변형률이 0.003에 도달했을 때 압축철근이 항복하는 경우의 변형률(ε_s')은?

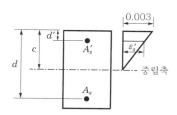

① 0.85×0.0033

② $\dfrac{1}{3} \times 0.0033$

③ $0.0033\left(\dfrac{c+d}{c}\right)$

④ $0.0033\left(\dfrac{c-d'}{c}\right)$

해설

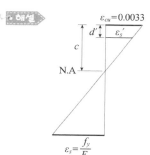

$c : \varepsilon_{cu} = (c - d') : \varepsilon_s'$

㉮ $c = \left(\dfrac{\varepsilon_{cu}}{\varepsilon_{cu} - \varepsilon_s'}\right)d' = \left(\dfrac{660}{660 - f_y}\right)d'$

㉯ $\varepsilon_s' = \varepsilon_c\left(\dfrac{c-d'}{c}\right) = 0.0033\left(\dfrac{c-d'}{c}\right)$

14. 최소철근량보다 많고 균형철근량보다 적은 인장철근량을 가진 철근콘크리트보가 휨에 의해 파괴되는 경우에 대한 설명으로 옳은 것은?

① 연성파괴를 한다.

② 취성파괴를 한다.

③ 사용철근량이 균형철근량보다 적은 경우는 보로서 의미가 없다.

④ 중립축이 인장측으로 내려오면서 철근이 먼저 항복한다.

해설 연성파괴 : $\rho_{\min} < \rho < \rho_b$

여기서, $\rho_{\min}$: 최소철근비

ρ_b : 균형철근비

15. 철근콘크리트가 하나의 구조체로서 성립하는 이유로서 틀린 것은?

① 콘크리트 속에 묻힌 철근은 녹슬지 않는다.

② 철근과 콘크리트 사이의 부착강도가 크다.

③ 철근과 콘크리트의 열에 대한 팽창계수는 거의 비슷하다.

④ 철근과 콘크리트의 탄성계수는 거의 비슷하다.

해설 철근의 탄성계수 $=n \times$ 콘크리트탄성계수

즉, $E_s = nE_c$(n값 : 6~8)는 철근탄성계수가 콘크리트 탄성계수의 약 7배 크다.

16. 옹벽의 안정조건에 대한 설명으로 틀린 것은?

① 활동에 대한 저항력은 옹벽에 작용하는 수평력의 1.5배 이상이어야 한다.

② 지반에 유발되는 최대지반반력이 지반의 허용지지력의 1.5배 이상이어야 한다.

③ 전도에 대한 저항휨모멘트는 횡토압에 의한 전도휨모멘트의 2.0배 이상이어야 한다.

④ 전도 및 지반지지력에 대한 안정조건은 만족하지만, 활동에 대한 안정조건만을 만족하지 못할 경우에는 활동 방지벽 혹은 횡방향 앵커 등을 설치하여 활동저항력을 증대시킬 수 있다.

해설 지반에 유발되는 최대지반반력이 지반의 허용 지지력을 초과하지 않아야 한다.

17. 강도설계법에서 사용되는 강도감소계수에 대한 설명으로 틀린 것은?

① 인장지배 단면에 대한 강도감소계수는 0.85이다.

② 전단력에 대한 강도감소계수는 0.75이다.

③ 무근콘크리트의 휨모멘트에 대한 강도감소계수는 0.55이다.

④ 압축지배 단면 중 나선철근으로 보강된 철근콘크리트부재의 강도감소계수는 0.65이다.

해설 압축지배 단면 나선철근의 강도감소계수 $\phi = 0.70$이다.

18. 다음 그림과 같은 맞대기 용접의 용접부에 생기는 인장응력은?

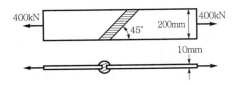

① 141MPa

② 180MPa

③ 200MPa

④ 223MPa

해설 $f = \dfrac{P}{\sum a l_e} = \dfrac{400 \times 10^3}{200 \times 10} = 200\text{MPa}$

19. 보통 중량 골재를 사용한 콘크리트의 단위질량을 2,300kg/m³로 할 때 콘크리트의 탄성계수를 구하는 식은? (단, f_{cm} : 재령 28일에서 콘크리트의 평균압축강도이다.)

① $E_c = 8,500\sqrt[3]{f_{cm}}$

② $E_c = 8,500\sqrt{f_{cm}}$

③ $E_c = 10,000\sqrt[3]{f_{cm}}$

④ $E_c = 10,000\sqrt{f_{cm}}$

해설 $E_c = 0.077 m_c^{1.5}\sqrt[3]{f_{cm}}$

$= 0.077 \times 2,300^{1.5} \times \sqrt[3]{f_{cm}}$

$\fallingdotseq 8,500\sqrt[3]{f_{cm}}\,(\text{MPa})$

20. M_u=170kN·m의 계수모멘트를 받는 단철근 직사각형 보에서 필요한 철근량(A_s)은 약 얼마인가? (단, 보의 폭은 300mm, 유효깊이는 450mm, f_{ck}=28MPa, f_y=400MPa이고 ϕ=0.85를 적용한다.)

① 1,100mm²

② 1,200mm²

③ 1,300mm²

④ 1,400mm²

해설 $M_u = \phi M_n = \phi\left\{\eta(0.85 f_{ck}) ab\left(d - \dfrac{a}{2}\right)\right\}$

170×10^6

$= 0.85 \times 1.0 \times 0.85 \times 28 \times a \times 300 \times \left(450 - \dfrac{a}{2}\right)$

$170 \times 10^6 = 2,731,050a - 3,034.5a^2$

$3,034.5a^2 - 2,731,050a + 170 \times 10^6 = 0$

따라서 근의 공식을 적용하면

$\therefore a = 67.3\text{mm}$

$\therefore A_s = \dfrac{M_u}{\phi f_y\left(d - \dfrac{a}{2}\right)}$

$= \dfrac{170 \times 10^6}{0.85 \times 400 \times \left(450 - \dfrac{67.3}{2}\right)}$

$\fallingdotseq 1,200\text{mm}^2$

토목기사 (2020년 8월 22일 시행)

1. 보의 경간이 10m이고 양쪽 슬래브의 중심 간 거리가 2.0m인 대칭형 T형보에 있어서 플랜지 유효폭은? (단, 부재의 복부폭(b_w)은 500mm, 플랜지의 두께(t_f)는 100mm이다.)

① 2,000mm
② 2,100mm
③ 2,500mm
④ 3,000mm

 ㉮ $16t_f + b_w = 16 \times 100 + 500 = 2,100$mm
　　㉯ 슬래브 중심 간 거리(b_c) = 2,000mm
　　㉰ $\dfrac{1}{4}l = \dfrac{1}{4} \times 10,000 = 2,500$mm
　　∴ 플랜지 유효폭(b_e) = 2,000mm(최소값)

2. 철근의 겹침이음에서 A급 이음의 조건에 대한 설명으로 옳은 것은?

① 배근된 철근량이 이음부 전체 구간에서 해석결과 요구되는 소요철근량의 2배 이상이고 소요겹침이음길이 내 겹침이음된 철근량이 전체 철근량의 1/2 이하인 경우

② 배근된 철근량이 이음부 전체 구간에서 해석결과 요구되는 소요철근량의 1.5배 이상이고 소요겹침이음길이 내 겹침이음된 철근량이 전체 철근량의 1/2 이상인 경우

③ 배근된 철근량이 이음부 전체 구간에서 해석결과 요구되는 소요철근량의 2배 이상이고 소요겹침이음길이 내 겹침이음된 철근량이 전체 철근량의 1/3 이하인 경우

④ 배근된 철근량이 이음부 전체 구간에서 해석결과 요구되는 소요철근량의 1.5배 이상이고 소요겹침이음길이 내 겹침이음된 철근량이 전체 철근량의 1/3 이상인 경우

해설 A급 이음조건
㉮ $\dfrac{\text{배근}A_s}{\text{소요}A_s} \geq 2.0$
㉯ 겹침이음철근량 ≤ $\dfrac{1}{2} \times$ 전체 철근량

3. 옹벽의 구조 해석에 대한 설명으로 틀린 것은?

① 뒷부벽은 직사각형 보로 설계하여야 하며, 앞부벽은 T형보로 설계하여야 한다.

② 저판의 뒷굽판은 정확한 방법이 사용되지 않는 한 뒷굽판 상부에 재하되는 모든 하중을 지지하도록 설계하여야 한다.

③ 캔틸레버식 옹벽의 저판은 전면벽과의 접합부를 고정단으로 간주한 캔틸레버로 가정하여 단면을 설계할 수 있다.

④ 부벽식 옹벽의 전면벽은 3변 지지된 2방향 슬래브로 설계할 수 있다.

해설 뒷부벽은 T형보로, 앞부벽은 직사각형 보로 설계한다.

4. 다음 그림과 같은 단면의 균열모멘트 M_{cr}은? (단, f_{ck} = 24MPa, f_y = 400MPa, 보통중량콘크리트이다.)

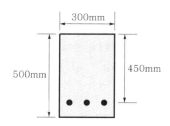

① 22.46kN·m
② 28.24kN·m
③ 30.81kN·m
④ 38.58kN·m

해설 $M_{cr} = f_r \dfrac{I_g}{y_t}$

$= 0.63\lambda \sqrt{f_{ck}} \dfrac{I_g}{y_t}$

$= 0.63 \times 1.0 \times \sqrt{24} \times \dfrac{\dfrac{1}{12} \times 300 \times 500^3}{250}$

$= 38.58$kN·m

5. 깊은 보의 전단설계에 대한 구조 세목의 설명으로 틀린 것은?

① 휨인장철근과 직각인 수직전단철근의 단면적 A_v를 $0.0025b_w s$ 이상으로 하여야 한다.

② 휨인장철근과 직각인 수직전단철근의 간격 s를 $d/5$ 이하, 또한 300mm 이하로 하여야 한다.

③ 휨인장철근과 평행한 수평전단철근의 단면적 A_{vh}를 $0.0015b_w s_h$ 이상으로 하여야 한다.

④ 휨인장철근과 평행한 수평전단철근의 간격 s_h를 $d/4$ 이하, 또한 350mm 이하로 하여야 한다.

해설 휨인장철근과 평행한 수평전단철근간격 s_h를 $d/5$ 이하, 또한 300mm 이하로 하여야 한다.

6. 균형철근량보다 적고 최소철근량보다 많은 인장철근을 가진 과소철근보가 휨에 의해 파괴될 때의 설명으로 옳은 것은?

① 인장측 철근이 먼저 항복한다.

② 압축측 콘크리트가 먼저 파괴된다.

③ 압축측 콘크리트와 인장측 철근이 동시에 항복한다.

④ 중립축이 인장측으로 내려오면서 철근이 먼저 파괴된다.

해설 보의 파괴형태

㉮ 저보강보($\rho < \rho_b$) : 과소철근보, 연성파괴(인장철근이 먼저 항복)

㉯ 과보강보($\rho > \rho_b$) : 과다철근보, 취성파괴(콘크리트가 먼저 항복)

7. 다음 그림과 같은 맞대기 용접의 용접부에 발생하는 인장응력은?

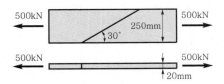

① 100MPa
② 150MPa
③ 200MPa
④ 220MPa

해설 $f = \dfrac{P}{\sum a l_e} = \dfrac{500,000}{20 \times 250} = 100 \text{MPa}$

8. 다음 그림의 보에서 계수전단력 $V_u = 262.5$kN에 대한 가장 적당한 스터럽간격은? (단, 사용된 스터럽은 D13 철근이다. 철근 D13의 단면적은 127mm^2, $f_{ck} = 24$MPa, $f_{yt} = 350$MPa이다.)

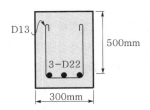

① 125mm
② 195mm
③ 210mm
④ 250mm

해설 ㉮ $V_c = \dfrac{1}{6} \lambda \sqrt{f_{ck}} b_w d$

$= \dfrac{1}{6} \times 1.0 \times \sqrt{24} \times 300 \times 500$

$= 122 \text{kN}$

㉯ $V_u = \phi(V_c + V_s)$

$\therefore V_s = \dfrac{V_u}{\phi} - V_c = \dfrac{262.5}{0.75} - 122 = 228 \text{kN}$

㉰ $\dfrac{1}{3} \lambda \sqrt{f_{ck}} b_w d$

$= \dfrac{1}{3} \times 1.0 \times \sqrt{24} \times 300 \times 500 = 245 \text{kN}$

$V_s \le \dfrac{1}{3} \lambda \sqrt{f_{ck}} b_w d$이므로 스터럽간격은 다음 3가지 값 중 최소값이다.

$\therefore \left[\dfrac{d}{2} \text{ 이하, } 600 \text{mm 이하, } \dfrac{d A_v f_y}{V_s} \right]_{\min}$

$= \left[\dfrac{500}{2},\ 600,\ \dfrac{500 \times 127 \times 2 \times 350}{228} \right]_{\min}$

$= 195 \text{mm}$

9. 콘크리트 속에 묻혀 있는 철근이 콘크리트와 일체가 되어 외력에 저항할 수 있는 이유로 틀린 것은?

① 철근과 콘크리트 사이의 부착강도가 크다.

② 철근과 콘크리트의 탄성계수가 거의 같다.

③ 콘크리트 속에 묻힌 철근은 부식하지 않는다.

④ 철근과 콘크리트의 열팽창계수가 거의 같다.

해설 철근의 탄성계수는 콘크리트탄성계수보다 약 7배 크다.

10. $A_s' = 1,500\text{mm}^2$, $A_s = 1,800\text{mm}^2$로 배근된 다음 그림과 같은 복철근보의 순간처짐이 10mm일 때 5년 후 지속하중에 의해 유발되는 장기처짐은?

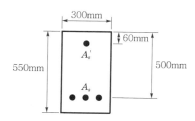

① 14.1mm ② 13.3mm
③ 12.7mm ④ 11.5mm

$$\rho' = \frac{A_s'}{bd} = \frac{1,500}{300 \times 500} = 0.01$$
$$\lambda_\Delta = \frac{\xi}{1 + 50\rho'} = \frac{2.0}{1 + 50 \times 0.01} = 1.333$$
∴ 장기처짐(δ_l)=탄성처짐×보정계수
$$= \delta_e \lambda_\Delta$$
$$= 10 \times 1.333 = 13.3\text{mm}$$

11. 다음 중 용접부의 결함이 아닌 것은?

① 오버랩(Overlap)
② 언더컷(Undercut)
③ 스터드(Stud)
④ 균열(Crack)

 스터드는 전단연결재 중 하나이다.

12. 부분적 프리스트레싱(Partial Prestressing)에 대한 설명으로 옳은 것은?

① 구조물에 부분적으로 PSC부재를 사용하는 것
② 부재 단면의 일부에만 프리스트레스를 도입하는 것
③ 설계하중의 일부만 프리스트레스에 부담시키고, 나머지는 긴장재에 부담시키는 것
④ 설계하중이 작용할 때 PSC부재 단면의 일부에 인장응력이 생기는 것

 ㉮ 완전프리스트레싱(full prestressing) : 전단면에 인장응력 발생 억제
㉯ 부분프리스트레싱(partial prestressing) : 단면 일부에 어느 정도 인장응력 발생 허용

13. 다음 그림과 같은 단면을 가지는 직사각형 단철근보의 설계휨강도를 구할 때 사용되는 강도감소계수(ϕ)값은 약 얼마인가? (단, $A_s = 3,176\text{mm}^2$, $f_{ck} = 38\text{MPa}$, $f_y = 400\text{MPa}$)

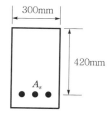

① 0.731 ② 0.764
③ 0.817 ④ 0.850

$$a = \frac{f_y A_s}{\eta(0.85 f_{ck})b}$$
$$= \frac{400 \times 3,176}{1.0 \times 0.85 \times 38 \times 300}$$
$$= 131.1\text{mm}$$
$f_{ck} \le 40\text{MPa}$이면 $\beta_1 = 0.80$
$$c = \frac{a}{\beta_1} = \frac{131.1}{0.80} = 163.88\text{mm}$$
$$\varepsilon_t = \varepsilon_{cu}\left(\frac{d_t - c}{c}\right)$$
$$= 0.0033 \times \left(\frac{420 - 163.88}{163.88}\right)$$
$$= 0.0052 > 0.005$$
∴ $\phi = 0.85$(인장지배 단면)

14. 프리스트레스트 콘크리트의 원리를 설명하는 개념 중 다음에서 설명하는 개념은?

> PSC보를 RC보처럼 생각하여 콘크리트는 압축력을 받고, 긴장재는 인장력을 받게 하여 두 힘의 우력모멘트로 외력에 의한 휨모멘트에 저항시킨다는 개념

① 균등질 보의 개념
② 하중평형의 개념
③ 내력모멘트의 개념
④ 허용응력의 개념

 강도개념=내력모멘트개념
∴ PSC보를 RC보와 동일 개념으로 설계한다.

15. 강도설계법에서 $f_{ck}=30$MPa, $f_y=350$MPa일 때 단철근 직사각형 보의 균형철근비(ρ_b)는?

① 0.0351

② 0.0369

③ 0.0380

④ 0.0391

해설 $f_{ck} \leq 40$MPa이면 $\beta_1 = 0.80$

$$\therefore \rho_b = \eta(0.85\beta_1)\frac{f_{ck}}{f_y}\left(\frac{660}{660+f_y}\right)$$

$$= 1.0 \times 0.85 \times 0.80 \times \frac{30}{350} \times \frac{660}{660+350}$$

$$= 0.0380$$

16. 2방향 슬래브 직접설계법의 제한사항으로 틀린 것은?

① 각 방향으로 3경간 이상 연속되어야 한다.

② 슬래브 판들은 단변경간에 대한 장변경간의 비가 2 이하인 직사각형이어야 한다.

③ 각 방향으로 연속한 받침부 중심 간 경간차이는 긴 경간의 1/3 이하이어야 한다.

④ 연속한 기둥 중심선을 기준으로 기둥의 어긋남은 그 방향 경간의 20% 이하이어야 한다.

해설 기둥 중심선으로부터 기둥의 이탈은 이탈방향 경간의 최대 10%까지 허용할 수 있다.

17. 강도설계법의 설계가정으로 틀린 것은?

① 콘크리트의 인장강도는 철근콘크리트부재 단면의 휨강도 계산에서 무시할 수 있다.

② 콘크리트의 변형률은 중립축부터 거리에 비례한다.

③ 콘크리트의 압축응력의 크기는 $0.80f_{ck}$로 균등하고, 이 응력은 최대압축변형률이 발생하는 단면에서 $a = \beta_1 c$ 까지의 부분에 등분포한다.

④ 사용철근의 응력이 설계기준항복강도 f_y 이하일 때 철근의 응력은 그 변형률에 E_s를 곱한 값으로 취한다.

해설 콘크리트압축응력의 크기는 $\eta(0.85f_{ck})$로 가정한다.

18. 다음 그림과 같은 독립확대기초에서 1방향 전단에 대해 고려할 경우 위험 단면의 계수전단력(V_u)는? (단, 계수하중 $P_u=1,500$kN이다.)

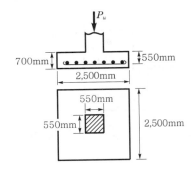

① 255kN

② 387kN

③ 897kN

④ 1,210kN

해설 $q_u = \dfrac{P_u}{A} = \dfrac{1,500}{2.5 \times 2.5} = 240$kN/m^2

$$\therefore V_u = q_u s\left(\frac{L-t}{2} - d\right)$$

$$= 240 \times 2.5 \times \left(\frac{2.5 - 0.55}{2} - 0.55\right)$$

$$= 255\text{kN}$$

19. 순단면이 볼트의 구멍 하나를 제외한 단면(즉, A-B-C 단면)과 같도록 피치(s)를 결정하면? (단, 구멍의 지름은 22mm이다.)

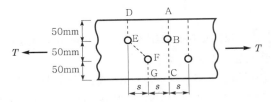

① 114.9mm

② 90.6mm

③ 66.3mm

④ 50mm

해설 ㉮ $b_n = b_g - d$

㉯ $b_n = b_g - d - \left(d - \dfrac{P^2}{4g}\right)$

㉰ ㉮=㉯이면

$$\therefore P(s) = 2\sqrt{gd}$$

$$= 2 \times \sqrt{50 \times 22} = 66.33\text{mm}$$

26. PS강재를 포물선으로 배치한 PSC보에서 상향의 등분포력(u)의 크기는 얼마인가? (단, P=2,600kN, 단면의 폭(b)은 50cm, 높이(h)는 80cm, 지간 중앙에서 PS강재의 편심(s)은 20cm이다.)

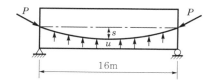

① 8.50kN/m

② 16.25kN/m

③ 19.65kN/m

④ 35.60kN/m

해설 $u = \dfrac{8Ps}{l^2} = \dfrac{8 \times 2,600 \times 0.2}{16^2} = 16.25\text{kN/m}$

1. 다음 그림에 나타난 단철근 직사각형 보가 공칭휨강도(M_n)에 도달할 때 압축측 콘크리트가 부담하는 압축력은 약 얼마인가? (단, 철근 D22 4본의 단면적은 1,548mm^2, f_{ck}=28MPa, f_y=350MPa이다.)

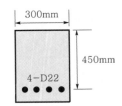

① 542kN
② 637kN
③ 724kN
④ 833kN

■해설▶ $M_n = CZ = TZ$
$C = T$
$\therefore\ T = f_y A_s$
$= 350 \times 1,548$
$= 541,800\text{N} ≒ 542\text{kN}$

2. 일단 정착의 포스트텐션부재에서 정착부활동량이 3mm 생겼다. PS강재의 길이가 40m, 초기 인장응력이 1,000MPa일 때 PS강재의 프리스트레스의 감소량(Δf_p)은? (단, PS강재의 탄성계수 E_p=2.0×10^{5}MPa이다.)

① 15MPa
② 30MPa
③ 45MPa
④ 60MPa

■해설▶ $\Delta f_p = E_p \varepsilon_p$
$= E_p \dfrac{\Delta l}{l}$
$= 2 \times 10^5 \times \dfrac{0.3}{4,000} = 15\text{MPa}$

3. 강도설계법으로 부재를 설계할 때 사용하중에 하중계수를 곱한 하중을 무엇이라 하는가?

① 작용하중
② 기준하중
③ 지속하중
④ 계수하중

■해설▶ 설계하중
⑦ 허용응력설계법 : 사용하중 = 실제 하중
⑭ 강도설계법 : 사용하중×하중계수 = 계수하중

4. 다음 그림과 같은 단철근 직사각형 단면보에서 등가 직사각형 응력블록의 깊이(a)는? (단, f_{ck}=28MPa, f_y=350MPa이다.)

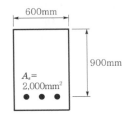

① 42mm
② 49mm
③ 52mm
④ 59mm

■해설▶ $a = \dfrac{f_y A_s}{\eta(0.85 f_{ck})b}$
$= \dfrac{350 \times 2,000}{1.0 \times 0.85 \times 28 \times 600} = 49\text{mm}$

5. 철근콘크리트 1방향 슬래브에 대한 설명으로 틀린 것은?

① 슬래브의 두께는 최소 50mm 이상으로 하여야 한다.
② 슬래브의 정모멘트 철근 및 부모멘트 철근의 중심간격은 위험 단면에서는 슬래브두께의 2배 이하여야 하고, 또한 300mm 이하로 하여야 한다.
③ 4변에 의해 지지되는 2방향 슬래브 중에서 단변에 대한 장변의 비가 2배를 넘으면 1방향 슬래브로서 해석한다.
④ 1방향 슬래브에서는 정모멘트 철근 및 부모멘트 철근에 직각방향으로 수축·온도철근을 배치하여야 한다.

■해설▶ 1방향 슬래브 최소두께는 100mm 이상으로 한다.

6. $P=400$kN의 인장력이 작용하는 판두께 10mm인 철판에 $\phi19$mm인 리벳을 사용하여 접합할 때 소요리벳수는? (단, 허용전단응력(τ_a)은 75MPa, 허용지압응력(σ_b)은 150MPa이다.)

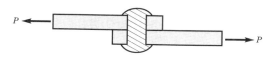

① 15개   ② 17개
③ 19개   ④ 21개

>**·해설**
>
>㉮ $P_s = \tau_a \dfrac{\pi d^2}{4} = 75 \times \dfrac{\pi \times 19^2}{4} = 21,254$N
>
>$P_b = \sigma_b dt = 150 \times 19 \times 10 = 28,500$N
>
>∴ 리벳값 $= 21,254$N(최소값)
>
>㉯ $n = \dfrac{400}{21.25} = 18.8 ≒ 19$개

7. 프리스트레스의 손실 중 시간의 경과에 의해 발생하는 것은?

① 정착장치의 활동
② 콘크리트의 탄성수축
③ 긴장재 응력의 릴랙세이션
④ 포스트텐션 긴장재와 덕트 사이의 마찰

>**·해설**
>
>㉮ 도입 시 손실(즉시 손실) : 탄성변형, 마찰, 활동
>
>㉯ 도입 후 손실(시간적 손실) : 건조수축, 크리프, 릴랙세이션

8. 강도설계법에 의한 나선철근압축부재의 공칭축강도(P_n)의 값은? (단, $A_g=160,000$mm^2, $A_{st}=6-$D32$=4,765$mm^2, $f_{ck}=22$MPa, $f_y=350$MPa이다.)

① 3,567kN   ② 3,885kN
③ 4,428kN   ④ 4,967kN

>**·해설**
>
>$P_n = \alpha P_n{}'$
>
>$= 0.85\{0.85 f_{ck}(A_g - A_{st}) + f_y A_{st}\}$
>
>$= 0.85 \times \{0.85 \times 22 \times (160,000 - 4,765)$
>
>$+ 350 \times 4,765\}$
>
>$= 3,885,047$N
>
>$= 3,885$kN

9. 콘크리트구조 강도설계법에서 콘크리트의 설계기준압축강도(f_{ck})가 40MPa일 때 β_1의 값은? (단, β_1은 $a=\beta_1 c$에서 사용되는 계수이다.)

① 0.714
② 0.731
③ 0.747
④ 0.800

>**·해설** $f_{ck} \leq 40$MPa이면 $\beta_1 = 0.80$이다.

10. 리벳의 허용강도를 결정하는 방법으로 옳은 것은?

① 전단강도와 압축강도로 각각 결정한다.
② 전단강도와 압축강도의 평균값으로 결정한다.
③ 전단강도와 지압강도 중 큰 값으로 한다.
④ 전단강도와 지압강도 중 작은 값으로 한다.

>**·해설** 리벳의 허용강도는 리벳값(ρ)과 같고, 전단강도(P_s)와 지압강도(P_b) 중 작은 값으로 결정한다.

11. 전단철근이 부담하는 전단력(V_s)이 200kN일 때 D13 철근을 사용하여 수직스터럽으로 전단보강하는 경우 배치간격은 최대 얼마 이하로 하여야 하는가? (단, D13의 단면적은 127mm^2, $f_{ck}=28$MPa, $f_y=400$MPa, $b_w=400$mm, $d=600$mm, 보통중량콘크리트이다.)

① 600mm
② 300mm
③ 255mm
④ 175mm

>**·해설**
>
>㉮ $V_s \leq \dfrac{1}{3}\sqrt{f_{ck}}\, b_w d$일 때 수직스터럽간격
>
>$= \left[\dfrac{d}{2} \text{ 이하}, 600\text{mm 이하}\right]_{min}$
>
>㉯ $V_s > \dfrac{1}{3}\sqrt{f_{ck}}\, b_w d$일 때 수직스터럽간격
>
>$= \left[\dfrac{d}{4} \text{ 이하}, 300\text{mm 이하}\right]_{min}$
>
>$\dfrac{1}{3}\sqrt{f_{ck}}\, b_w d = \dfrac{1}{3} \times \sqrt{28} \times 400 \times 600 = 423$kN
>
>이므로 ㉮의 경우이다.
>
>∴ $\dfrac{d}{2} = \dfrac{600}{2} = 300$mm 이하

12. 다음 그림과 같은 경간 8m인 직사각형 단순보에 등분포하중(자중 포함) $w=30$kN/m가 작용하며 PS강재는 단면 도심에 배치되어 있다. 부재의 연단에 인장응력이 발생하지 않게 하려 할 때 PS강재에 도입되어야 할 최소한의 긴장력(P)은?

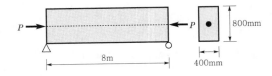

① 1,800kN
② 2,400kN
③ 2,600kN
④ 3,100kN

해설
$$M = \frac{wl^2}{8} = \frac{30 \times 8^2}{8} = 240\text{kN} \cdot \text{m}$$
$$f = \frac{P}{A} - \frac{M}{I}y = \frac{P}{bh} - \frac{6M}{bh^2} = 0$$
$$\therefore P = \frac{6M}{h} = \frac{6 \times 240}{0.8} = 1,800\text{kN}$$

13. 옹벽의 설계에 대한 일반적인 설명으로 틀린 것은?

① 활동에 대한 저항력은 옹벽에 작용하는 수평력의 1.5배 이상이어야 한다.
② 전도에 대한 저항휨모멘트는 횡토압에 의한 전도모멘트의 2.0배 이상이어야 한다.
③ 캔틸레버식 옹벽의 전면벽은 저판에 지지된 캔틸레버로 설계할 수 있다.
④ 뒷벽은 직사각형 보로 설계하여야 한다.

해설 뒷벽식 옹벽의 뒷벽은 T형보로 설계한다.

14. 프리스트레스하지 않는 현장치기 콘크리트에서 옥외의 공기나 흙에 직접 접하지 않는 콘크리트벽체에서 D35 초과하는 철근의 최소피복두께는 얼마인가?

① 20mm
② 40mm
③ 50mm
④ 60mm

해설 슬래브, 벽체, 장선구조(흙에 접하지 않는 콘크리트)
㉮ D35 초과 철근 : 40mm
㉯ D35 이하 철근 : 20mm

15. 콘크리트구조설계기준에 따른 '단면의 유효깊이'를 설명하는 것은?

① 콘크리트의 압축연단에서부터 최외단 인장철근의 도심까지의 거리
② 콘크리트의 압축연단에서부터 다단 배근된 인장철근 중 최외단 철근도심까지의 거리
③ 콘크리트의 압축연단에서부터 모든 인장철근군의 도심까지의 거리
④ 콘크리트의 압축연단에서부터 모든 철근군의 도심까지의 거리

해설 인장측 철근이 다단인 경우 압축측 연단에서 철근군(다단)의 도심까지의 거리가 유효깊이이다.

16. 다음 그림과 같은 강판에서 순폭은? (단, 강판에서의 구멍지름(d)은 25mm이다.)

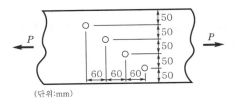

(단위:mm)

① 150mm
② 175mm
③ 204mm
④ 225mm

해설
$$w = d - \frac{P^2}{4g} = 25 - \frac{60^2}{4 \times 50} = 7\text{mm}$$
㉮ $b_n = b_g - nd = 50 \times 5 - 25 = 225\text{mm}$
㉯ $b_n = b_g - d - 3w$
$$= 50 \times 5 - 25 - 3 \times 7 = 204\text{mm}$$
$$\therefore b_n = 204\text{mm}(최소값)$$

17. 강도감소계수(ϕ)에 대한 설명으로 틀린 것은?

① 설계 및 시공상의 오차를 고려한 값이다.
② 하중의 종류와 조합에 따라 값이 달라진다.
③ 인장지배 단면에 대한 강도감소계수는 0.85이다.
④ 전단력과 비틀림모멘트에 대한 강도감소계수는 0.75이다.

해설 하중의 종류와 조합에 따라 하중계수를 사용하여 하중특성을 반영한다.

18. 상하기둥연결부에서 단면치수가 변하는 경우에 배치되는 구부린 주철근을 무엇이라 하는가?

① 옵셋굽힘철근 ② 종방향 철근
③ 횡방향 철근 ④ 연결철근

해설 옵셋굽힘철근 : 단면치수가 변하는 경우 구부려서 배치하는 주철근

19. 강도설계법에서 단철근 직사각형 보의 균형철근비(ρ_b)는? (단, f_{ck}=25MPa, f_y=400MPa이다.)

① 0.026 ② 0.030
③ 0.033 ④ 0.036

해설 $f_{ck} \le 40$MPa이면 $\beta_1 = 0.80$

$$\therefore \rho_b = \eta(0.85\beta_1)\frac{f_{ck}}{f_y}\left(\frac{660}{660+f_y}\right)$$

$$= 1.0 \times 0.85 \times 0.80 \times \frac{25}{400} \times \frac{660}{660+400}$$

$$= 0.026$$

20. 철근콘크리트부재에서 전단철근으로 사용할 수 없는 것은?

① 주인장철근에 45°의 각도로 구부린 굽힘철근
② 주인장철근에 45°의 각도로 설치되는 스터럽
③ 주인장철근에 30°의 각도로 구부린 굽힘철근
④ 주인장철근에 30°의 각도로 설치되는 스터럽

해설 전단철근의 종류
㉮ 주철근에 직각배치 수직스터럽
㉯ 주철근에 45° 이상 경사스터럽
㉰ 주철근에 30° 이상 굽힘철근
㉱ 스터럽과 굽힘철근의 병용

정답 18. ① 19. ① 20. ④

1. 복철근콘크리트 단면에 인장철근비는 0.02, 압축철근비는 0.01이 배근된 경우 순간처짐이 20mm일 때 6개월이 지난 후 총처짐량은? (단, 작용하는 하중은 지속하중이다.)

① 26mm
② 36mm
③ 48mm
④ 68mm

해설
$$\lambda_\Delta = \frac{\xi}{1+50\rho'} = \frac{1.2}{1+50\times0.01} = 0.8$$
$$\therefore \delta_t = \delta_i + \delta_l = \delta_i + \delta_i \lambda_\Delta$$
$$= 20 + 20 \times 0.8 = 36\text{mm}$$

2. PSC보를 RC보처럼 생각하여 콘크리트는 압축력을 받고, 긴장재는 인장력을 받게 하여 두 힘의 우력모멘트로 외력에 의한 휨모멘트에 저항시킨다는 개념은?

① 응력개념
② 강도개념
③ 하중평형개념
④ 균등질 보의 개념

해설 강도개념(내력모멘트개념)
PSC보를 RC보와 동일 개념으로 보아 콘크리트는 압축력을 받고, 긴장재는 인장력을 받는다는 개념

3. 다음 그림과 같이 단순 지지된 2방향 슬래브에 등분포하중 w가 작용할 때 ab방향에 분배되는 하중은 얼마인가?

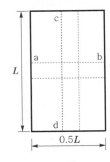

① 0.059w
② 0.111w
③ 0.889w
④ 0.941w

해설
$$w_{ab} = \frac{wL^4}{L^4+S^4} = \frac{L^4}{L^4+(0.5L)^4} w = 0.941w$$

4. 다음 그림과 같은 직사각형 단면을 가진 프리텐션 단순보에 편심배치한 긴장재를 820kN으로 긴장하였을 때 콘크리트탄성변형으로 인한 프리스트레스의 감소량은? (단, 탄성계수비 $n=6$이고 자중에 의한 영향은 무시한다.)

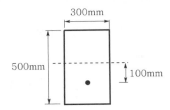

① 44.5MPa
② 46.5MPa
③ 48.5MPa
④ 50.5MPa

해설
$$\Delta f_p = n f_c$$
$$= n\left(\frac{P}{A_c} + \frac{Pe}{I}e\right)$$
$$= 6\times\left(\frac{820,000}{300\times500} + \frac{820,000\times100}{\frac{300\times500^3}{12}}\times100\right)$$
$$= 48.54\text{MPa}$$

5. 다음 그림과 같은 용접이음에서 이음부의 응력은?

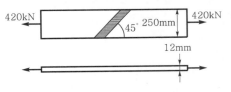

① 140MPa
② 152MPa
③ 168MPa
④ 180MPa

해설
$$f = \frac{P}{\sum a l_e} = \frac{420,000}{12\times250} = 140\text{MPa}$$

6. 다음 중 전단철근으로 사용할 수 없는 것은?

① 스터럽과 굽힘철근의 조합
② 부재축에 직각으로 배치한 용접철망
③ 나선철근, 원형 띠철근 또는 후프철근
④ 주인장철근에 30°의 각도로 설치되는 스터럽

해설 전단철근의 종류
　⑦ 주철근에 직각배치 스터럽(수직스터럽)
　⑭ 주철근에 45° 또는 그 이상 경사스터럽
　⑮ 주철근에 30° 또는 그 이상 굽힘철근
　⑯ 스터럽과 굽힘철근의 병용
　⑰ 부재축에 직각배치 용접철망

7. 슬래브의 구조 상세에 대한 설명으로 틀린 것은?

① 1방향 슬래브의 두께는 최소 100mm 이상으로 하여야 한다.

② 1방향 슬래브의 정모멘트 철근 및 부모멘트 철근의 중심간격은 위험 단면에서는 슬래브두께의 2배 이하이어야 하고, 또한 300mm 이하로 하여야 한다.

③ 1방향 슬래브의 수축·온도철근의 간격은 슬래브두께의 3배 이하, 또한 400mm 이하로 하여야 한다.

④ 2방향 슬래브의 위험 단면에서 철근간격은 슬래브두께의 2배 이하, 또한 300mm 이하로 하여야 한다.

해설 1방향 슬래브의 수축·온도철근의 간격은 슬래브두께의 5배 이하 또는 450mm 이하로 하여야 한다.

8. $b = 300mm$, $d = 500mm$, $A_s = 3-D25 = 1,520mm^2$가 1열로 배치된 단철근 직사각형 보의 설계휨강도(ϕM_n)는? (단, $f_{ck} = 28MPa$, $f_y = 400MPa$이고 과소철근보이다.)

① 132.5kN·m
② 183.3kN·m
③ 236.4kN·m
④ 307.7kN·m

해설
$$a = \frac{f_y A_s}{\eta(0.85 f_{ck}) b} = \frac{400 \times 1,520}{1.0 \times 0.85 \times 28 \times 300}$$
$$= 85.1mm$$
$$\therefore \phi M_n = \phi \left[\eta(0.85 f_{ck}) ab \left(d - \frac{a}{2}\right) \right]$$
$$= 0.85 \times 1.0 \times 0.85 \times 28 \times 85.1 \times 300$$
$$\times \left(500 - \frac{85.1}{2}\right)$$
$$= 236.4kN \cdot m$$

9. 다음 중 반T형보의 유효폭을 구할 때 고려하여야 할 사항이 아닌 것은? (단, b_w는 플랜지가 있는 부재의 복부폭이다.)

① 양쪽 슬래브의 중심 간 거리
② 한쪽으로 내민 플랜지두께의 6배+b_w

③ 보의 경간의 $\frac{1}{12} + b_w$

④ 인접 보와의 내측거리의 $\frac{1}{2} + b_w$

해설 반T형보의 유효폭(b_e)
　⑦ $6t + b_w$
　⑭ $\frac{l}{12} + b_w$
　⑮ $\frac{b_n}{2} + b_w$
　여기서, b_n : 보의 내측거리
　　　　 l : 경간
　　　　 b_w : 웨브폭
　　　　 t : 플랜지두께

10. 강도설계법에서 보의 휨파괴에 대한 설명으로 틀린 것은?

① 보는 취성파괴보다는 연성파괴가 일어나도록 설계되어야 한다.

② 과소철근보는 인장철근이 항복하기 전에 압축연단콘크리트의 변형률이 극한변형률에 먼저 도달하는 보이다.

③ 균형철근보는 인장철근이 설계기준항복강도에 도달함과 동시에 압축연단콘크리트의 변형률이 극한변형률에 도달하는 보이다.

④ 과다철근보는 인장철근량이 많아서 갑작스런 압축파괴가 발생하는 보이다.

해설 과소철근보는 압축연단콘크리트의 변형률이 극한변형률($\varepsilon_t = 0.003$)에 도달하기 전에 인장철근이 먼저 항복한다.

11. 압축이형철근의 정착에 대한 설명으로 틀린 것은?

① 정착길이는 항상 200mm 이상이어야 한다.

② 정착길이는 기본정착길이에 적용 가능한 모든 보정계수를 곱하여 구하여야 한다.

③ 해석결과 요구되는 철근량을 초과하여 배치한 경우의 보정계수는 $\frac{소요 A_s}{배근 A_s}$ 이다.

④ 지름이 6mm 이상이고 나선간격이 100mm 이하인 나선철근으로 둘러싸인 압축이형철근의 보정계수는 0.8이다.

> **해설** 압축을 받는 구역에서는 갈고리가 정착에 유효
하지 않으므로 압축철근에는 갈고리를 둘 필요가 없
다(인장철근은 반드시 갈고리를 둔다).

12. 처짐을 계산하지 않는 경우 단순 지지된 보의 최소
두께(h)는? (단, 보통중량콘크리트(m_c=2,300kg/m³)
및 f_y=300MPa인 철근을 사용한 부재이며 길이가 10m
인 보이다.)

① 429mm   ② 500mm

③ 537mm   ④ 625mm

> **해설** ㉮ 단순 지지보의 최소두께
> $$h = \frac{l}{16} = \frac{1,000}{16} = 62.5\text{cm}$$
> ㉯ $f_y \neq 400\text{MPa}$인 경우 보정계수
> $$\alpha = 0.43 + \frac{f_y}{700} = 0.43 + \frac{300}{700} = 0.86$$
> $$\therefore h = 62.5 \times 0.86 ≒ 538\text{mm}$$

13. 표피철근의 정의로서 옳은 것은?

① 전체 깊이가 900mm를 초과하는 휨부재 복부의 양
측면에 부재축방향으로 배치하는 철근
② 전체 깊이가 1,200mm를 초과하는 휨부재 복부의 양
측면에 부재축방향으로 배치하는 철근
③ 유효깊이가 900mm를 초과하는 휨부재 복부의 양
측면에 부재축방향으로 배치하는 철근
④ 유효깊이가 1,200mm를 초과하는 휨부재 복부의 양
측면에 부재축방향으로 배치하는 철근

> **해설** 표피철근
> 전체 깊이(h)가 900mm를 초과하는 휨부재의 양 측면에
> 서 부재축방향으로 $h/2$까지 배치하는 철근

14. 다음 그림과 같은 두께 13mm의 플레이트에 4개의
볼트구멍이 배치되어 있을 때 부재의 순단면적은? (단,
구멍의 지름은 24mm이다.)

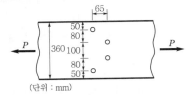

(단위 : mm)

① 4,056mm²   ② 3,916mm²

③ 3,775mm²   ④ 3,524mm²

> **해설**
> $$w = d - \frac{p^2}{4g} = 24 - \frac{65^2}{4 \times 80} = 10.8\text{mm}$$
> ㉮ $b_n = 360 - 2 \times 24 = 312\text{mm}$
> ㉯ $b_n = 360 - 24 - 10.8 - 24 = 301.2\text{mm}$
> ㉰ $b_n = 360 - 2 \times 24 - 2 \times 10.8 = 290.4\text{mm}$
> $$\therefore b_n = 290.4\text{mm} \,(최소값)$$
> $$\therefore A_n = b_n t = 290.4 \times 13 = 3775.2\text{mm}^2$$

15. 강도설계법에서 다음 그림과 같은 단철근 T형보의
공칭휨강도(M_n)는? (단, A_s=5,000mm², f_{ck}=21MPa,
f_y=300MPa, 그림의 단위는 mm이다.)

① 711.3kN · m

② 836.8kN · m

③ 947.5kN · m

④ 1084.6kN · m

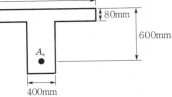

> **해설** ㉮ T형보 판별
> $$a = \frac{f_y A_s}{\eta(0.85f_{ck})b}$$
> $$= \frac{300 \times 5,000}{1.0 \times 0.85 \times 21 \times 1,000} = 84\text{mm}$$
> $$\therefore a > t_f \text{이므로 } c = \frac{a}{\beta_1} = \frac{84}{0.80} = 105\text{mm}$$
> 여기서, $f_{ck} \leq 40\text{MPa}$이면 $\beta_1 = 0.80$
> ㉯ 강도감소계수(ϕ) 결정
> $$\varepsilon_t = \varepsilon_{cu}\left(\frac{d_t - c}{c}\right) = 0.0033 \times \left(\frac{600 - 105}{105}\right)$$
> $$= 0.016 > 0.005$$
> $$\therefore \phi = 0.85 \,(인장지배 단면)$$
> ㉰ A_{sf}, a 결정
> $$A_{sf} = \frac{\eta(0.85f_{ck})t_f(b - b_w)}{f_y}$$
> $$= \frac{1.0 \times 0.85 \times 21 \times 80 \times (1,000 - 400)}{300}$$
> $$= 2,856\text{mm}^2$$
> $$\therefore a = \frac{f_y(A_s - A_{sf})}{\eta(0.85f_{ck})b_w}$$
> $$= \frac{300 \times (5,000 - 2,856)}{1.0 \times 0.85 \times 21 \times 400} = 90.1\text{mm}$$
> ㉱ 공칭휨감도(M_n)
> $$= 300 \times 2,856 \times \left(600 - \frac{80}{2}\right)$$
> $$+ 300 \times (5,000 - 2,856) \times \left(600 - \frac{90.1}{2}\right)$$
> $$≒ 836.8\text{kN} \cdot \text{N}$$

16. 옹벽설계에서 안정조건에 대한 설명으로 틀린 것은?

① 전도에 대한 저항휨모멘트는 횡토압에 의한 전도모멘트의 1.5배 이상이어야 한다.

② 옹벽의 활동에 대한 저항력은 옹벽에 작용하는 수평력의 1.5배 이상이어야 한다.

③ 지반에 유발되는 최대지반반력은 지반의 허용지지력을 초과하지 않아야 한다.

④ 전도 및 지반지지력에 대한 안정조건은 만족하지만, 활동에 대한 안정조건만을 만족하지 못할 경우 활동방지벽 혹은 횡방향 앵커 등을 설치하여 활동저항력을 증대시킬 수 있다.

> **해설** 옹벽의 3대 안정조건
> ㉮ 전도 : 안전율 2.0
> ㉯ 활동 : 안전율 1.5
> ㉰ 침하(지지력) : 안전율 3.0

17. 프리스트레스의 손실원인은 그 시기에 따라 즉시 손실과 도입 후에 시간적인 경과 후에 일어나는 손실로 나눌 수 있다. 다음 중 손실원인의 시기가 나머지와 다른 하나는?

① 콘크리트의 크리프

② 콘크리트의 건조수축

③ 긴장재 응력의 릴랙세이션

④ 포스트텐션 긴장재와 덕트 사이의 마찰

> **해설** ㉮ 프리스트레스 도입 시 손실(즉시 손실) : 탄성변형, 마찰, 활동
> ㉯ 프리스트레스 도입 후 손실(시간적 손실) : 건조수축, 크리프, 릴랙세이션

18. b_w=250mm, d=500mm인 직사각형 보에서 콘크리트가 부담하는 설계전단강도(ϕV_c)는? (단, f_{ck}=21MPa, f_y=400MPa, 보통중량콘크리트이다.)

① 91.5kN

② 82.2kN

③ 76.4kN

④ 71.6kN

> **해설**
> $$\phi V_c = \phi\left(\frac{1}{6}\lambda\sqrt{f_{ck}}\,b_w d\right)$$
> $$= 0.75 \times \frac{1}{6} \times 1.0 \times \sqrt{21} \times 250 \times 500$$
> $$= 71.6\text{kN}$$

19. 강도설계법에서 다음 그림과 같은 띠철근기둥의 최대설계축강도($\phi P_{n(\max)}$)는? (단, 축방향 철근의 단면적 A_{st}=1,865mm², f_{ck}=28MPa, f_y=300MPa이고, 기둥은 중심축하중을 받는 단주이다.)

① 1,998kN

② 2,490kN

③ 2,774kN

④ 3,075kN

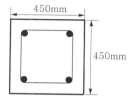

> **해설**
> $$P_d = \phi P_n$$
> $$= \phi \alpha P_n'$$
> $$= 0.80 \times 0.65 \times [0.85 \times 28 \times (450 \times 450$$
> $$- 1,865) + 300 \times 1,865]$$
> $$= 2,773,998\text{N} = 2,774\text{kN}$$

20. 다음 그림과 같은 강재의 이음에서 P=600kN이 작용할 때 필요한 리벳의 수는? (단, 리벳의 지름은 19mm, 허용전단응력은 110MPa, 허용지압응력은 240MPa이다.)

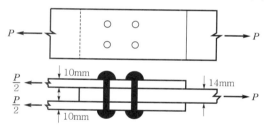

① 6개

② 8개

③ 10개

④ 12개

> **해설** ㉮ 전단강도(복전단)
> $$\rho_s = \nu_a \times 2 \times \frac{\pi d^2}{4}$$
> $$= 110 \times 2 \times \frac{\pi \times 19^2}{4} = 62,376\text{N}$$
> ㉯ 지압강도
> $$\rho_b = f_{ba}dt = 240 \times 19 \times 14 = 63,840\text{N}$$
> ∴ 리벳강도 : $\rho = \rho_s = 62,376$N (가장 작은 값)
> $$\therefore n = \frac{\text{부재강도}}{\text{리벳강도}} = \frac{60,000}{62,376} = 10\text{개}$$

1. 다음 그림과 같은 인장재의 순단면적은 약 얼마인가? (단, 구멍의 지름은 25mm이고, 강판두께는 10mm이다.)

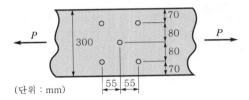

(단위 : mm)

① 2,323mm^2 ② 2,439mm^2

③ 2,500mm^2 ④ 2,595mm^2

 해설

㉮ $w = d - \dfrac{p^2}{4g} = 25 - \dfrac{55^2}{4 \times 80} = 15.6\text{mm}$

㉯ ㉠ $b_n = 300 - 2 \times 25 = 250\text{mm}$

    ㉡ $b_n = 300 - 25 - 2 \times 15.6 = 243.8\text{mm}$

    ㉢ $b_n = 300 - 25 - 15.6 = 259.4\text{mm}$

    ∴ $b_n = 243.8\text{mm}$ (최소값)

㉰ $A_n = b_n t = 2,438\text{mm}^2$

2. 다음 그림과 같은 단면의 도심에 PS강재가 배치되어 있다. 초기 프리스트레스 1,800kN을 작용시켰다. 30%의 손실을 가정하여 콘크리트의 하연응력이 0이 되기 위한 휨모멘트값은? (단, 자중은 무시한다.)

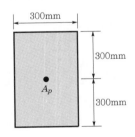

① 120kN · m

② 126kN · m

③ 130kN · m

④ 150kN · m

해설 $P_e = 1,800 \times 0.7 = 1,260\text{kN}$

∴ $M = \dfrac{P_e h}{6} = \dfrac{1,260 \times 0.6}{6} = 126\text{kN} \cdot \text{m}$

3. 철근의 정착에 대한 설명으로 틀린 것은?

① 인장이형철근 및 이형철선의 정착길이(l_d)는 항상 300mm 이상이어야 한다.

② 압축이형철근의 정착길이(l_d)는 항상 400mm 이상 이어야 한다.

③ 갈고리는 압축을 받는 경우 철근정착에 유효하지 않은 것으로 보아야 한다.

④ 단부에 표준 갈고리가 있는 인장이형철근의 정착길이(l_{dh})는 항상 철근의 공칭지름(d_b)의 8배 이상, 또한 150mm 이상이어야 한다.

해설 압축이형철근의 정착길이(l_d)는 항상 200mm 이상이어야 한다.

4. 다음 그림과 같은 철근콘크리트보–슬래브구조에서 대칭 T형보의 유효폭(b)은?

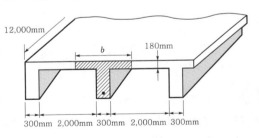

① 2,000mm   ② 2,300mm

③ 3,000mm   ④ 3,180mm

해설 ㉮ $16t + b_w = 16 \times 180 + 300 = 3,180\text{mm}$

㉯ $b_c = 1,000 + 300 + 1,000 = 2,300\text{mm}$

㉰ $\dfrac{1}{4}l = \dfrac{1}{4} \times 12,000 = 3,000\text{mm}$

∴ $b = 2,300\text{mm}$ (최소값)

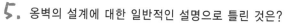

5. 옹벽의 설계에 대한 일반적인 설명으로 틀린 것은?

① 뒷부벽은 캔틸레버로 설계하여야 하며, 앞부벽은 T형보로 설계하여야 한다.

② 활동에 대한 저항력은 옹벽에 작용하는 수평력의 1.5배 이상이어야 한다.

③ 전도에 대한 저항휨모멘트는 횡토압에 의한 전도 모멘트의 2.0배 이상이어야 한다.

④ 저판의 뒷굽판은 정확한 방법이 사용되지 않는 한 뒷굽판 상부에 재하되는 모든 하중을 지지하도록 설계하여야 한다.

 뒷부벽은 T형보로, 앞부벽은 직사각형 보로 설계한다.

6. 나선철근압축부재 단면의 심부지름이 300mm, 기둥 단면의 지름이 400mm인 나선철근기둥의 나선철근비는 최소 얼마 이상이어야 하는가? (단, 나선철근의 설계기준항복강도(f_{yt})는 400MPa, 콘크리트의 설계기준압축강도(f_{ck})는 28MPa이다.)

① 0.0184   ② 0.0201

③ 0.0225   ④ 0.0245

$$\rho_s = 0.45\left(\frac{D^2}{D_c^2} - 1\right)\frac{f_{ck}}{f_{yt}}$$
$$= 0.45 \times \left(\frac{400^2}{300^2} - 1\right) \times \frac{28}{400}$$
$$= 0.0245$$

7. 단면이 300mm×400mm이고 150mm²의 PS강선 4개를 단면 도심축에 배치한 프리텐션 PS콘크리트부재가 있다. 초기 프리스트레스 1,000MPa일 때 콘크리트의 탄성수축에 의한 프리스트레스의 손실량은? (단, 탄성계수비(n)는 6.0이다.)

① 30MPa   ② 34MPa

③ 42MPa   ④ 52MPa

$$\Delta f_p = n f_{ci} = n \frac{P_i}{A_c}$$
$$= 6 \times \frac{150 \times 4 \times 1,000}{300 \times 400}$$
$$= 30\text{MPa}$$

8. 다음 그림과 같은 맞대기 용접의 용접부에 생기는 인장응력은?

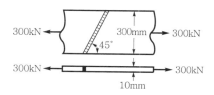

① 50MPa   ② 70.7MPa

③ 100MPa   ④ 141.4MPa

$$f = \frac{P}{\sum a l_e} = \frac{300,000}{300 \times 10} = 100\text{MPa}$$

9. 계수하중에 의한 전단력 V_u =75kN을 받을 수 있는 직사각형 단면을 설계하려고 한다. 기준에 의한 최소전단철근을 사용할 경우 필요한 보통중량콘크리트의 최소단면적($b_w d$)은? (단, f_{ck} =28MPa, f_y =300MPa이다.)

① 101,090mm²   ② 103,073mm²

③ 106,303mm²   ④ 113,390mm²

$$V_u \leq \phi V_c = \phi\left(\frac{1}{6}\lambda\sqrt{f_{ck}}\,b_w d\right)$$
$$\therefore\ b_w d = \frac{6 V_u}{\phi\lambda\sqrt{f_{ck}}} = \frac{6 \times 75,000}{0.75 \times 1.0 \times \sqrt{28}}$$
$$\doteqdot 113,390\text{mm}^2$$

10. 다음은 슬래브의 직접설계법에서 모멘트분배에 대한 내용이다. 다음의 ( ) 안에 들어갈 ㉠, ㉡으로 옳은 것은?

> 내부경간에서는 전체 정적계수휨모멘트 M_o를 다음과 같은 비율로 분배하여야 한다.
> • 부계수 휨모멘트 ········ (㉠)
> • 정계수 휨모멘트 ········ (㉡)

① ㉠ 0.65, ㉡ 0.35   ② ㉠ 0.55, ㉡ 0.45

③ ㉠ 0.45, ㉡ 0.55   ④ ㉠ 0.35, ㉡ 0.65

 계수휨모멘트 M_o의 분배(직접설계법)
㉮ 부계수 휨모멘트 : 0.65
㉯ 정계수 휨모멘트 : 0.35

11. 깊은 보는 한쪽 면이 하중을 받고, 반대쪽 면이 지지되어 하중과 받침부 사이에 압축대가 형성되는 구조 요소로서 다음의 (가) 또는 (나)에 해당하는 부재이다. 다음의 (   ) 안에 들어갈 ㉠, ㉡으로 옳은 것은?

> (가) 순경간 l_n이 부재깊이의 (㉠)배 이하인 부재
> (나) 받침부 내면에서 부재깊이의 (㉡)배 이하인 위치에 집중하중이 작용하는 경우는 집중하중과 받침부 사이의 구간

① ㉠ 4, ㉡ 2
② ㉠ 3, ㉡ 2
③ ㉠ 2, ㉡ 4
④ ㉠ 2, ㉡ 3

▶ 해설　깊은 보의 정의
　㉮ 순경간(l_n)이 부재깊이의 4배 이하인 부재
　㉯ 하중이 받침부로부터 부재깊이의 2배 이하인 거리

12. 복철근콘크리트보 단면에 압축철근비 $\rho'=0.01$이 배근되어 있다. 이 보의 순간처짐이 20mm일 때 1년 간 지속하중에 의해 유발되는 전체 처짐량은?

① 38.7mm
② 40.3mm
③ 42.4mm
④ 45.6mm

▶ 해설
$$\lambda_\Delta = \frac{\xi}{1+50\rho'} = \frac{1.4}{1+50\times0.01} = 0.93$$
$$\therefore \delta_t = \delta_i + \delta_l = \delta_i + \delta_i\lambda_\Delta = \delta_i(1+\lambda_\Delta)$$
$$= 20\times(1+0.93) = 38.6\text{mm}$$

13. 2방향 슬래브의 설계에서 직접설계법을 적용할 수 있는 제한사항으로 틀린 것은?

① 각 방향으로 3경간 이상 연속되어야 한다.
② 슬래브 판들은 단변경간에 대한 장변경간의 비가 2 이하인 직사각형이어야 한다.
③ 각 방향으로 연속한 받침부 중심 간 경간차이는 긴 경간의 1/3 이하이어야 한다.
④ 연속한 기둥 중심선을 기준으로 기둥의 어긋남은 그 방향 경간의 20% 이하이어야 한다.

▶ 해설　연속한 기둥 중심선으로부터 기둥의 이탈은 이탈방향 경간의 최대 10%까지 허용할 수 있다.

14. 다음에서 (   ) 안에 들어갈 수치로 옳은 것은?

> 보나 장선의 깊이 h가 (   )mm를 초과하면 종방향 표피철근을 인장연단부터 $h/2$지점까지 부재 양쪽 측면을 따라 균일하게 배치하여야 한다.

① 700
② 800
③ 900
④ 1,000

▶ 해설　표피철근배치
　보 깊이가 900mm 초과 시 $h/2$까지 배치한다.

15 단철근 직사각형 보의 폭이 300mm, 유효깊이가 500mm, 높이가 600mm일 때 외력에 의해 단면에서 휨균열을 일으키는 휨모멘트(M_{cr})는? (단, $f_{ck}=28$MPa, 보통중량콘크리트이다.)

① 58kN·m
② 60kN·m
③ 62kN·m
④ 64kN·m

▶ 해설
$$M_{cr} = \frac{I_g}{y_t}f_r = \frac{I_g}{y_t}\left(0.63\lambda\sqrt{f_{ck}}\right)$$
$$= \frac{\frac{1}{12}\times300\times600^3}{300}\times0.63\times1.0\times\sqrt{28}$$
$$= 60005639.8\text{N·mm} = 60\text{kN·m}$$

16. 콘크리트의 설계기준압축강도가 28MPa, 철근의 설계기준항복강도가 350MPa로 설계된 길이가 4m인 캔틸레버보가 있다. 처짐을 계산하지 않는 경우의 최소두께는? (단, 보통중량콘크리트($m_c=2,300$kg/m³)이다.)

① 340mm
② 465mm
③ 512mm
④ 600mm

▶ 해설　㉮ 캔틸레버지지보의 최소두께
$$h = \frac{l}{8} = \frac{400}{8} = 50\text{cm}$$
㉯ $f_y \neq 400$MPa인 경우 보정계수 적용
$$\text{보정계수}(\alpha) = 0.43 + \frac{f_y}{700}$$
$$= 0.43 + \frac{350}{700} = 0.93$$
$$\therefore h = 50\times0.93$$
$$= 46.5\text{cm} = 465\text{mm}$$

17. 강도감소계수(ϕ)를 규정하는 목적으로 옳지 않은 것은?

① 부정확한 설계방정식에 대비한 여유
② 구조물에서 차지하는 부재의 중요도를 반영
③ 재료강도와 치수가 변동할 수 있으므로 부재의 강도 저하확률에 대비한 여유
④ 하중의 공칭값과 실제 하중 간의 불가피한 차이 및 예기치 않은 초과하중에 대비한 여유

해설 하중의 공칭값과 실제 하중의 차이 및 초과하중의 영향을 고려하기 위해 하중(증가)계수를 사용한다.

18. 철근콘크리트부재에서 V_s가 $\frac{1}{3}\lambda\sqrt{f_{ck}}\,b_w d$를 초과하는 경우 부재축에 직각으로 배치된 전단철근의 간격 제한으로 옳은 것은? (단, b_w : 복부의 폭, d : 유효깊이, λ : 경량콘크리트계수, V_s : 전단철근에 의한 단면의 공칭전단강도)

① $\frac{d}{2}$ 이하, 또 어느 경우이든 600mm 이하
② $\frac{d}{2}$ 이하, 또 어느 경우이든 300mm 이하
③ $\frac{d}{4}$ 이하, 또 어느 경우이든 600mm 이하
④ $\frac{d}{4}$ 이하, 또 어느 경우이든 300mm 이하

해설 ㉮ $V_s \leq \frac{1}{3}\lambda\sqrt{f_{ck}}\,b_w d$인 경우

　　㉠ $s = \frac{d}{2}$ 이하
　　㉡ $s = 600\text{mm}$ 이하
　　㉢ $s = \frac{d}{V_s}A_v f_y$

　　위 3개의 값 중 최소값이 전단철근간격(s)이다.

㉯ $V_s > \frac{1}{3}\lambda\sqrt{f_{ck}}\,b_w d$인 경우

　　㉠ $s = \frac{d}{4}$ 이하
　　㉡ $s = 300\text{mm}$ 이하
　　㉢ $s = \frac{d}{V_s}A_v f_y$

위 3개의 값 중 최소값이 전단철근간격(s)이다.

19. 용접이음에 관한 설명으로 틀린 것은?

① 내부검사(X선검사)가 간단하지 않다.
② 작업의 소음이 적고 경비와 시간이 절약된다.
③ 리벳구멍으로 인한 단면 감소가 없어서 강도 저하가 없다.
④ 리벳이음에 비해 약하므로 응력집중현상이 일어나지 않는다.

해설 용접이음은 리벳이음보다 강하며 응력집중이 없어야 한다.

20. 포스트텐션 긴장재의 마찰손실을 구하기 위해 다음과 같은 근사식을 사용하고자 할 때 근사식을 사용할 수 있는 조건으로 옳은 것은?

$$P_{px} = \frac{P_{pj}}{1 + Kl_{px} + \mu_p \alpha_{px}}$$

- P_{px} : 임의점 x에서 긴장재의 긴장력(N)
- P_{pj} : 긴장단에서 긴장재의 긴장력(N)
- K : 긴장재의 단위길이 1m당 파상마찰계수
- l_{px} : 정착단부터 임의의 지점 x까지 긴장재의 길이(m)
- μ_p : 곡선부의 곡률마찰계수
- α_{px} : 긴장단부터 임의점 x까지 긴장재의 전체 회전각변화량(라디안)

① P_{pj}의 값이 5,000kN 이하인 경우
② P_{pj}의 값이 5,000kN 초과하는 경우
③ $Kl_{px} + \mu_p \alpha_{px}$값이 0.3 이하인 경우
④ $Kl_{px} + \mu_p \alpha_{px}$값이 0.3 초과인 경우

해설 $Kl_{px} + \mu_p \alpha_{px} \leq 0.3$일 때 근사식을 사용할 수 있다.

1. 옹벽의 구조 해석에 대한 설명으로 틀린 것은?

① 뒷부벽식 옹벽의 뒷부벽은 직사각형 보로 설계하여야 한다.

② 캔틸레버식 옹벽의 전면벽은 저판에 지지된 캔틸레버로 설계할 수 있다.

③ 저판의 뒷굽판은 정확한 방법이 사용되지 않는 한 뒷굽판 상부에 재하되는 모든 하중을 지지하도록 설계하여야 한다.

④ 부벽식 옹벽 저판은 정밀한 해석이 사용되지 않는 한 부벽 사이의 거리를 경간으로 가정한 고정보 또는 연속보로 설계할 수 있다.

> **해설** ㉮ 앞부벽 : 직사각형 보
> ㉯ 뒷부벽 : T형보

2. 철근콘크리트가 성립되는 조건으로 틀린 것은?

① 철근과 콘크리트 사이의 부착강도가 크다.

② 철근과 콘크리트의 탄성계수가 거의 같다.

③ 철근은 콘크리트 속에서 녹이 슬지 않는다.

④ 철근과 콘크리트의 열팽창계수가 거의 같다.

> **해설** $E_s = nE_c$(이때 $n = 6 \sim 8$)
> 철근의 탄성계수가 콘크리트탄성계수보다 약 7배 크다.

3. 경간이 12m인 대칭 T형보에서 양쪽의 슬래브 중심 간 거리가 2.0m, 플랜지의 두께가 300mm, 복부의 폭이 400mm일 때 플랜지의 유효폭은?

① 2,000mm
② 2,500mm
③ 3,000mm
④ 5,200mm

> **해설** ㉮ $16t + b_w = 16 \times 300 + 400 = 5,200\text{mm}$
> ㉯ 슬래브 중심 간 거리(b_c) = $2,000\text{mm}$
> ㉰ $\frac{1}{4}l = \frac{1}{4} \times 12,000 = 3,000\text{mm}$
> ∴ 플랜지의 유효폭(b_e) = $2,000\text{mm}$ (최소값)

4. 콘크리트의 크리프에 대한 설명으로 틀린 것은?

① 고강도 콘크리트는 저강도 콘크리트보다 크리프가 크게 일어난다.

② 콘크리트가 놓이는 주위의 온도가 높을수록 크리프 변형은 크게 일어난다.

③ 물-시멘트비가 큰 콘크리트는 물-시멘트비가 작은 콘크리트보다 크리프가 크게 일어난다.

④ 일정한 응력이 장시간 계속하여 작용하고 있을 때 변형이 계속 진행되는 현상을 말한다.

> **해설** 콘크리트강도가 클수록 크리프는 작다.

5. 다음 그림과 같은 단순 지지보에서 긴장재는 C점에 150mm의 편차에 직선으로 배치되고 1,000kN으로 긴장되었다. 보에는 120kN의 집중하중이 C점에 작용한다. 보의 고정하중을 무시할 때 C점에서의 휨모멘트는 얼마인가? (단, 긴장재의 경사가 수평압축력에 미치는 영향 및 자중은 무시한다.)

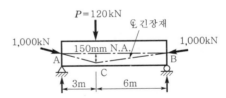

① $-150\text{kN} \cdot \text{m}$
② $90\text{kN} \cdot \text{m}$
③ $240\text{kN} \cdot \text{m}$
④ $390\text{kN} \cdot \text{m}$

> **해설** ㉮ 집중하중 120kN에 의한
> $M_{c1} = 3R_A = 3 \times 80 = 240\text{kN} \cdot \text{m}$
> 여기서, $R_A = \frac{120 \times 6}{9} = 80\text{kN}$
> ㉯ 긴장력에 의한 상향력모멘트
> $M_{c2} = -1,000\text{kN} \times 0.15 = -150\text{kN} \cdot \text{m}$
> ∴ $M_c = 240 - 150 = 90\text{kN} \cdot \text{m}$

6. 지름 450mm인 원형 단면을 갖는 중심축하중을 받는 나선철근기둥에서 강도설계법에 의한 축방향 설계축강도(ϕP_n)는 얼마인가? (단, 이 기둥은 단주이고 $f_{ck}=27$MPa, $f_y=350$MPa, $A_{st}=8-D22=3,096$mm^2, 압축지배 단면이다.)

① 1,166kN
② 1,299kN
③ 2,425kN
④ 2,774kN

해설

$$P_d = \phi P_n = \phi \alpha P_n{}'$$
$$= 0.70 \times 0.85(0.85 f_{ck} A_c + f_y A_{st})$$
$$= 0.70 \times 0.85 \times [0.85 \times 27$$
$$\times \left(\frac{\pi \times 450^2}{4} - 3,096\right) + 350 \times 3,096]$$
$$= 2,773,183 \text{MPa} \cdot \text{mm}^2$$
$$= 2,773 \text{kN}$$

7. 옹벽의 활동에 대한 저항력은 옹벽에 작용하는 수평력의 최소 몇 배 이상이어야 하는가?

① 1.5배
② 2배
③ 2.5배
④ 3배

해설 옹벽의 3대 안정조건
㉮ 전도 : 안전율 2.0
㉯ 활동 : 안전율 1.5
㉰ 침하 : 안전율 3.0

8. 폭(b)이 250mm이고 전체 높이(h)가 500mm인 직사각형 철근콘크리트보의 단면에 균열을 일으키는 비틀림모멘트(T_{cr})는 약 얼마인가? (단, 보통중량콘크리트이며 $f_{ck}=28$MPa이다.)

① 9.8kN · m
② 11.3kN · m
③ 12.5kN · m
④ 18.4kN · m

해설

$$T_{cr} = 0.33\lambda \sqrt{f_{ck}} \left(\frac{A_{cp}{}^2}{p_{cp}}\right)$$
$$= 0.33 \times 1.0 \sqrt{28} \times \frac{(250 \times 500)^2}{2 \times (500 + 250)}$$
$$= 18,189,540 \text{N} \cdot \text{mm}$$
$$= 18.2 \text{kN} \cdot \text{m}$$

9. 프리스트레스트 콘크리트(PSC)의 균등질 보의 개념(homogeneous beam concept)을 설명한 것으로 옳은 것은?

① PSC는 결국 부재에 작용하는 하중의 일부 또는 전부를 미리 가해진 프리스트레스와 평행이 되도록 하는 개념

② PSC보를 RC보처럼 생각하여 콘크리트는 압축력을 받고, 긴장재는 인장력을 받게 하여 두 힘의 우력모멘트로 외력에 의한 휨모멘트에 저항시킨다는 개념

③ 콘크리트에 프리스트레스가 가해지면 PSC부재는 탄성재료로 전환되고, 이의 해석은 탄성이론으로 가능하다는 개념

④ PSC는 강도가 크기 때문에 보의 단면을 강재의 단면으로 가정하여 압축 및 인장을 단면 전체가 부담할 수 있다는 개념

해설 PSC보의 3대 개념
㉮ 응력개념(균등질 보의 개념) : 탄성이론에 의한 해석
㉯ 강도개념(내력모멘트개념) : RC구조와 동일한 개념
㉰ 하중평형개념(등가하중개념)

10. 철근콘크리트구조물설계 시 철근간격에 대한 설명으로 틀린 것은? (단, 굵은 골재의 최대치수에 관련된 규정은 만족하는 것으로 가정한다.)

① 동일 평면에서 평행한 철근 사이의 수평순간격은 25mm 이상, 또한 철근의 공칭지름 이상으로 하여야 한다.

② 벽체 또는 슬래브에서 휨 주철근의 간격은 벽체나 슬래브두께의 3배 이하로 하여야 하고, 또한 450mm 이하로 하여야 한다.

③ 나선철근 또는 띠철근이 배근된 압축부재에서 축방향 철근의 순간격은 40mm 이상, 또한 철근공칭지름의 1.5배 이상으로 하여야 한다.

④ 상단과 하단에 2단 이상으로 배치된 경우 상하철근은 동일 연직면 내에 배치되어야 하고, 이때 상하철근의 순간격은 40mm 이상으로 하여야 한다.

해설 상하철근의 순간격은 25mm 이상으로 하여야
한다.

11. 철근콘크리트 휨부재에서 최소철근비를 규정한
이유로 가장 적당한 것은?
① 부재의 시공 편의를 위해서
② 부재의 사용성을 증진시키기 위해서
③ 부재의 경제적인 단면설계를 위해서
④ 부재의 급작스런 파괴를 방지하기 위해서

해설 철근이 먼저 항복하여 부재의 연성파괴를 유도
하기 위해 철근비의 상한치를 제한하고 있으나, 반대로
최소철근비를 규정하여 시공과 동시에 갑작스럽게 부
재가 파괴되는 것을 방지하여야 한다.

12. 전단철근이 부담하는 전단력 V_s=150kN일 때
수직스터럽으로 전단보강을 하는 경우 최대배치간격은
얼마 이하인가? (단, 전단철근 1개 단면적=125mm², 횡방향 철근의 설계기준항복강도(f_{yt})=400MPa, f_{ck}=
28MPa, b_w=300mm, d=500mm, 보통중량콘크리트
이다.)
① 167mm   ② 250mm
③ 333mm   ④ 600mm

해설
$\dfrac{1}{3}\sqrt{f_{ck}}\,b_w d = \dfrac{1}{3}\times\sqrt{28}\times300\times500$
$\qquad = 264.6\text{kN}$

$V_s < \dfrac{1}{3}\sqrt{f_{ck}}\,b_w d$이므로

㉮ $\dfrac{d}{2}=\dfrac{500}{2}=250\text{mm}$

㉯ 600mm

㉰ $s=\dfrac{d}{V_s}A_v f_y$
$\qquad =\dfrac{500}{150\times10^3}\times(125\times2)\times400$
$\qquad =333\text{mm}$
$\therefore s=250\text{mm}\,(\text{최소값})$

13. 압축이형철근의 겹침이음길이에 대한 설명으로
옳은 것은? (단, d_b는 철근의 공칭직경)

① 어느 경우에나 압축이형철근의 겹침이음길이는 200mm
이상이어야 한다.
② 콘크리트의 설계기준압축강도가 28MPa 미만인 경
우는 규정된 겹침이음길이를 1/5 증가시켜야 한다.
③ f_y가 500MPa 이하인 경우는 $0.72f_y d_b$ 이상, f_y가
500MPa을 초과할 경우는 $(1.3f_y-24)d_b$ 이상이어
야 한다.
④ 서로 다른 크기의 철근을 압축부에서 겹침이음하는
경우 이음길이는 크기가 큰 철근의 정착길이와 크기
가 작은 철근의 겹침이음길이 중 큰 값 이상이어야
한다.

해설 ① 압축이형철근의 겹침이음길이는 300mm 이상
② 설계기준압축강도(f_{ck}) < 21MPa일 때 '계
산값$\times\dfrac{1}{3}$'만큼 겹침이음길이 증가
③ $f_y \le 400\text{MPa}$기준에 따라 적용

14. 2방향 슬래브의 설계에서 직접설계법을 적용할
수 있는 제한조건으로 틀린 것은?
① 각 방향으로 3경간 이상이 연속되어야 한다.
② 슬래브 판들은 단변경간에 대한 장변경간의 비가 2
이하인 직사각형이어야 한다.
③ 각 방향으로 연속한 받침부 중심 간 경간차이는 긴
경간의 1/3 이하이어야 한다.
④ 모든 하중은 연직하중으로 슬래브판 전체에 등분포
이고, 활하중은 고정하중의 3배 이상이어야 한다.

해설 모든 하중은 연직하중으로 슬래브판 전체에 등
분포이어야 하고, 활하중은 고정하중의 2배 이하이어
야 한다.

15. 강합성 교량에서 콘크리트 슬래브와 강(鋼)주형
상부 플랜지를 구조적으로 일체가 되도록 결합시키는
요소는?
① 볼트   ② 접착제
③ 전단연결재   ④ 합성철근

해설 강합성 교량에서 콘크리트 슬래브와 강주형 상부
플랜지를 구조적으로 일체가 되도록 결합시키는 것은
전단연결재이다.

16. 강판형(Plate girder) 복부(web)두께의 제한이 규정되어 있는 가장 큰 이유는?

① 시공상의 난이　　　　② 좌굴의 방지
③ 공비의 절약　　　　　④ 자중의 경감

🔹**해설** 판형의 복부는 압축을 받으므로 복부판의 두께에 따라 좌굴이 좌우된다.

17. 다음 그림과 같은 보의 단면에서 표피철근의 간격 s는 최대 얼마 이하로 하여야 하는가? (단, 건조환경에 노출되는 경우로서 표피철근의 표면에서 부재 측면까지 최단거리(c_c)는 40mm, $f_{ck}=24$MPa, $f_y=350$MPa이다.)

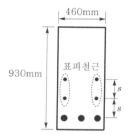

① 330mm　　　　　　② 340mm
③ 350mm　　　　　　④ 360mm

🔹**해설** 표피철근간격

㉮ $s = 375\dfrac{k_{cr}}{f_s} - 2.5c_c$

$\quad = 375 \times \dfrac{280}{233} - 2.5 \times 40 = 350\text{mm}$

㉯ $s = 300\dfrac{k_{cr}}{f_s} = 300 \times \dfrac{280}{233} = 361\text{mm}$

∴ $s = 300\text{mm}$ (최소값)

여기서, $f_s = \dfrac{2}{3}f_y = \dfrac{2}{3} \times 350 = 233\text{MPa}$

$\qquad k_{cr} = 280$ (건조환경)

18. 프리스트레스 손실원인 중 프리스트레스 도입 후 시간의 경과에 따라 생기는 것이 아닌 것은?

① 콘크리트의 크리프
② 콘크리트의 건조수축
③ 정착장치의 활동
④ 긴장재 응력의 릴랙세이션

🔹**해설** ㉮ 도입 시 손실(즉시 손실) : 탄성변형, 마찰, 활동
　　　　㉯ 도입 후 손실(시간적 손실) : 건조수축, 크리프, 릴랙세이션

19. 리벳으로 연결된 부재에서 리벳이 상·하 두 부분으로 절단되었다면 그 원인은?

① 리벳의 압축파괴　　　② 리벳의 전단파괴
③ 연결부의 인장파괴　　④ 연결부의 지압파괴

20. 강도설계에 있어서 강도감소계수(ϕ)의 값으로 틀린 것은?

① 전단력 : 0.75
② 비틀림모멘트 : 0.75
③ 인장지배 단면 : 0.85
④ 포스트텐션 정착구역 : 0.75

🔹**해설** 포스트텐션 정착구역 : 0.85

1. 다음 그림과 같은 나선철근단주의 강도설계법에 의한 공칭축강도(P_n)는? (단, D32 1개의 단면적=794mm², f_{ck}=24MPa, f_y=400MPa)

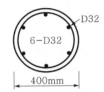

① 2,648kN

② 3,254kN

③ 3,716kN

④ 3,972kN

해설 $P_n = \alpha[0.8f_{ck}(A_g - A_{st}) + f_y A_{st}]$

$$= 0.85 \times \left[0.8 \times 24 \times \left(\frac{\pi \times 400^2}{4} - 794 \times 6\right)\right.$$

$$\left. + 400 \times 794 \times 6\right] \times 10^{-3}$$

$$= 3,716\text{kN}$$

2. 균형철근량보다 적고 최소철근량보다 많은 인장철근을 가진 과소철근보가 휨에 의해 파괴될 때의 설명으로 옳은 것은?

① 인장측 철근이 먼저 항복한다.

② 압축측 콘크리트가 먼저 파괴된다.

③ 압축측 콘크리트와 인장측 철근이 동시에 항복한다.

④ 중립축이 인장측으로 내려오면서 철근이 먼저 파괴된다.

해설 ㉮ 과소철근보 : 인장측 철근 먼저 항복
㉯ 과다철근보 : 압축측 콘크리트 먼저 항복
㉰ 균형철근보 : 압축측 콘크리트와 인장측 철근 동시 항복

3. 직접설계법에 의한 2방향 슬래브설계에서 전체 정적계수 휨모멘트(M_o)가 340kN·m로 계산되었을 때 내부 경간의 부계수 휨모멘트는?

① 102kN·m

② 119kN·m

③ 204kN·m

④ 221kN·m

해설 직접설계법 : 정·부계수 휨모멘트
내부 경간에서 전체 정적계수 휨모멘트 M_o의 분배

㉮ 부계수 휨모멘트 : $0.65M_o$

㉯ 정계수 휨모멘트 : $0.35M_o$

∴ 부계수 휨모멘트 = 340 × 0.65

= 221kN·m

4. 부재의 설계 시 적용되는 강도감소계수(ϕ)에 대한 설명으로 틀린 것은?

① 인장지배 단면에서의 강도감소계수는 0.85이다.

② 포스트텐션 정착구역에서 강도감소계수는 0.80이다.

③ 압축지배 단면에서 나선철근으로 보강된 철근콘크리트부재의 강도감소계수는 0.70이다.

④ 공칭강도에서 최외단 인장철근의 순인장변형률(ε_t)이 압축지배와 인장지배 단면 사이일 경우에는 ε_t가 압축지배변형률한계에서 인장지배변형률한계로 증가함에 따라 ϕ값을 압축지배 단면에 대한 값에서 0.85까지 증가시킨다.

해설 포스트텐션 정착구역 : $\phi = 0.85$

5. b_w=400mm, d=700mm인 보에 f_y=400MPa인 D16 철근을 인장주철근에 대한 경사각 α=60°인 U형 경사스터럽으로 설치했을 때 전단철근에 의한 전단강도(V_s)는? (단, 스터럽간격 s=300mm, D16 철근 1본의 단면적은 199mm²이다.)

① 253.7kN

② 321.7kN

③ 371.5kN

④ 507.4kN

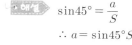

$$V_s = \frac{d}{s} A_v f_y (\sin\alpha + \cos\alpha)$$
$$= \frac{700}{300} \times (2 \times 199) \times 400$$
$$\times (\sin 60° + \cos 60°)$$
$$= 507,433\text{N} = 507.4\text{kN}$$

6. 다음 그림과 같은 필릿용접의 유효목두께로 옳게 표시된 것은? (단, KDS 14 30 25 강구조 연결설계기준(허용응력설계법)에 따른다.)

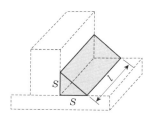

① S ② $0.9S$

③ $0.7S$ ④ $0.5l$

$$\sin 45° = \frac{a}{S}$$
$$\therefore a = \sin 45° S$$
$$= \frac{1}{\sqrt{2}} S = 0.70S$$

7. 강도설계법에 의한 콘크리트구조설계에서 변형률 및 지배 단면에 대한 설명으로 틀린 것은?

① 인장철근이 설계기준항복강도 f_y에 대응하는 변형률에 도달하고 동시에 압축콘크리트가 가정된 극한변형률에 도달할 때 그 단면이 균형변형률상태에 있다고 본다.
② 압축연단콘크리트가 가정된 극한변형률에 도달할 때 최외단 인장철근의 순인장변형률 ε_t가 0.0025의 인장지배변형률한계 이상인 단면을 인장지배 단면이라고 한다.
③ 압축연단콘크리트가 가정된 극한변형률에 도달할 때 최외단 인장철근의 순인장변형률 ε_t가 압축지배변형률한계 이하인 단면을 압축지배 단면이라고 한다.
④ 순인장변형률 ε_t가 압축지배변형률한계와 인장지배변형률한계 사이인 단면은 변화구간 단면이라고 한다.

해설 압축연단콘크리트가 가정된 극한변형률에 도달할 때 최외단 인장철근의 순인장변형률 ε_t가 0.005 이상인 단면이다.
[참고] 인장지배 단면조건
　　㉮ $f_y \leq 400\text{MPa}$: $\varepsilon_t \geq 0.005$
　　㉯ $f_y > 400\text{MPa}$: $\varepsilon_t \geq 2.5\varepsilon_y$

8. 경간이 8m인 단순 프리스트레스트 콘크리트보에 등분포하중(고정하중과 활하중의 합)이 $w = 30\text{kN/m}$ 작용할 때 중앙 단면 콘크리트 하연에서의 응력이 0이 되려면 PS강재에 작용되어야 할 프리스트레스힘(P)은? (단, PS강재는 단면 중심에 배치되어 있다.)

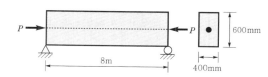

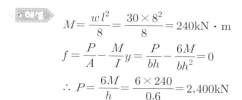

① 2,400kN   ② 3,500kN

③ 4,000kN   ④ 4,920kN

해설
$$M = \frac{wl^2}{8} = \frac{30 \times 8^2}{8} = 240\text{kN} \cdot \text{m}$$
$$f = \frac{P}{A} - \frac{M}{I}y = \frac{P}{bh} - \frac{6M}{bh^2} = 0$$
$$\therefore P = \frac{6M}{h} = \frac{6 \times 240}{0.6} = 2,400\text{kN}$$

9. 표피철근(skin reinforcement)에 대한 설명으로 옳은 것은?

① 상하기둥연결부에서 단면치수가 변하는 경우에 구부린 주철근이다.
② 비틀림모멘트가 크게 일어나는 부재에서 이에 저항하도록 배치되는 철근이다.
③ 건조수축 또는 온도변화에 의하여 콘크리트에 발생하는 균열을 방지하기 위한 목적으로 배치되는 철근이다.
④ 주철근이 단면의 일부에 집중배치된 경우일 때 부재의 측면에 발생 가능한 균열을 제어하기 위한 목적으로 주철근위치에서부터 중립축까지의 표면 근처에 배치하는 철근이다.

해설 표피철근 : 부재 측면 균열제어의 목적으로 주철근위치부터 중립축까지 표면 근처에 배치하는 철근

10. 옹벽의 설계에 대한 설명으로 틀린 것은?

① 무근콘크리트옹벽은 부벽식 옹벽의 형태로 설계하여야 한다.

② 활동에 대한 저항력은 옹벽에 작용하는 수평력의 1.5배 이상이어야 한다.

③ 저판의 뒷굽판은 정확한 방법이 사용되지 않는 한 뒷굽판 상부에 재하되는 모든 하중을 지지하도록 설계하여야 한다.

④ 부벽식 옹벽의 저판은 정밀한 해석이 사용되지 않는 한 부벽 사이의 거리를 경간으로 가정한 고정보 또는 연속보로 설계할 수 있다.

• 해설 저판, 전면벽, 앞부벽 및 뒷부벽 등 옹벽구조별 설계법이 다르다.

11. 압축철근비가 0.01이고, 인장철근비가 0.003인 철근콘크리트보에서 장기 추가처짐에 대한 계수(λ_Δ)의 값은? (단, 하중재하기간은 5년 6개월이다.)

① 0.66 ② 0.80

③ 0.93 ④ 1.33

• 해설

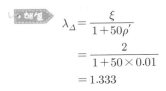

$$\lambda_\Delta = \frac{\xi}{1+50\rho'}$$
$$= \frac{2}{1+50\times0.01}$$
$$= 1.333$$

12. 다음 그림과 같은 맞대기 용접의 인장응력은?

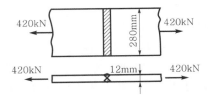

① 25MPa ② 125MPa

③ 250MPa ④ 1,250MPa

• 해설

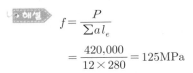

$$f = \frac{P}{\sum a l_e}$$
$$= \frac{420,000}{12\times280} = 125\text{MPa}$$

13. 다음 그림과 같은 단순 프리스트레스트 콘크리트 보에서 등분포하중(자중 포함) $w=30$kN/m가 작용하고 있다. 프리스트레스에 의한 상향력과 이 등분포하중이 평형을 이루기 위해서는 프리스트레스힘(P)을 얼마로 도입해야 하는가?

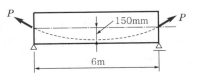

① 900kN ② 1,200kN

③ 1,500kN ④ 1,800kN

• 해설

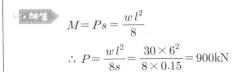

$$M = Ps = \frac{wl^2}{8}$$
$$\therefore P = \frac{wl^2}{8s} = \frac{30\times6^2}{8\times0.15} = 900\text{kN}$$

14. 철근의 이음방법에 대한 설명으로 틀린 것은? (단, l_d는 정착길이)

① 인장을 받는 이형철근의 겹침이음길이는 A급 이음과 B급 이음으로 분류하며, A급 이음은 $1.0l_d$ 이상, B급 이음은 $1.3l_d$ 이상이며, 두 가지 경우 모두 300mm 이상이어야 한다.

② 인장이형철근의 겹침이음에서 A급 이음은 배치된 철근량이 이음부 전체 구간에서 해석결과 요구되는 소요철근량의 2배 이상이고, 소요겹침이음길이 내 겹침이음된 철근량이 전체 철근량의 1/2 이하인 경우이다.

③ 서로 다른 크기의 철근을 압축부에서 겹침이음하는 경우 D41과 D51 철근은 D35 이하 철근과의 겹침이음은 허용할 수 있다.

④ 휨부재에서 서로 직접 접촉되지 않게 겹침이음된 철근은 횡방향으로 소요겹침이음길이의 1/3 또는 200mm 중 작은 값 이상 떨어지지 않아야 한다.

• 해설 휨부재에서 서로 직접 접촉되지 않게 겹침이음된 철근은 횡방향으로 소요겹침이음길이의 1/5 또는 150mm 중 작은 값 이상 떨어지지 않아야 한다.

15. 옹벽에서 T형보로 설계하여야 하는 부분은?

① 뒷부벽식 옹벽의 전면벽

② 뒷부벽식 옹벽의 뒷부벽

③ 앞부벽식 옹벽의 저판

④ 앞부벽식 옹벽의 앞부벽

해설 ㉮ 뒷부벽 : T형보로 설계(인장철근)

㉯ 앞부벽 : 직사각형 보로 설계(압축철근)

16. 다음 그림과 같은 필릿용접에서 일어나는 응력으로 옳은 것은? (단, KDS 14 30 25 강구조 연결설계기준(허용응력설계법)에 따른다.)

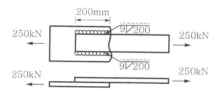

① 82.3MPa

② 95.05MPa

③ 109.02MPa

④ 130.25MPa

해설
$$a = 0.7s = 0.7 \times 9 = 6.3\text{mm}$$
$$l_e = 2(l - 2s) = 2 \times (200 - 2 \times 9) = 364\text{mm}$$
$$\therefore f = \frac{P}{\sum a l_e} = \frac{250 \times 10^3}{6.3 \times 364} ≒ 109.02\text{MPa}$$

17. 강도설계법에 대한 기본가정으로 틀린 것은?

① 철근과 콘크리트의 변형률은 중립축부터 거리에 비례한다.

② 콘크리트의 인장강도는 철근콘크리트부재 단면의 축강도와 휨강도 계산에서 무시한다.

③ 철근의 응력이 설계기준항복강도 f_y 이하일 때 철근의 응력은 그 변형률에 관계없이 f_y와 같다고 가정한다.

④ 휨모멘트 또는 휨모멘트와 축력을 동시에 받는 부재의 콘크리트압축연단의 극한변형률은 콘크리트의 설계기준압축강도가 40MPa 이하인 경우에는 0.0033으로 가정한다.

해설 항복강도 f_y 이하에서의 철근응력은 변형률에 E_s 배로 취한다. 즉 $f_s = E_s \varepsilon_s$이다.

18. 철근콘크리트구조물의 전단철근에 대한 설명으로 틀린 것은?

① 전단철근의 설계기준항복강도는 450MPa을 초과할 수 없다.

② 전단철근으로서 스터럽과 굽힘철근을 조합하여 사용할 수 있다.

③ 주인장철근에 45° 이상의 각도로 설치되는 스터럽은 전단철근으로 사용할 수 있다.

④ 경사스터럽과 굽힘철근은 부재 중간 높이인 $0.5d$에서 반력점방향으로 주인장철근까지 연장된 45°선과 한번 이상 교차되도록 배치하여야 한다.

해설 철근의 설계기준항복강도

㉮ 휨철근 : $f_y \leq 600\text{MPa}$

㉯ 전단철근 : $f_y \leq 500\text{MPa}$

19. 프리스트레스트 콘크리트(PSC)에 대한 설명으로 틀린 것은?

① 프리캐스트를 사용할 경우 거푸집 및 동바리공이 불필요하다.

② 콘크리트 전 단면을 유효하게 이용하여 철근콘크리트(RC)부재보다 경간을 길게 할 수 있다.

③ 철근콘크리트(RC)에 비해 단면이 작아서 변형이 크고 진동하기 쉽다.

④ 철근콘크리트(RC)보다 내화성에 있어서 유리하다.

해설 고온(400℃ 이상)에서는 고강도 강재의 강도가 저하되므로 내화성이 떨어진다.

20. 나선철근기둥의 설계에 있어서 나선철근비(ρ_s)를 구하는 식으로 옳은 것은? (단, A_g : 기둥의 총 단면적, A_{ch} : 나선철근기둥의 심부 단면적, f_{yt} : 나선철근의 설계기준항복강도, f_{ck} : 콘크리트의 설계기준압축강도)

① $0.45\left(\dfrac{A_g}{A_{ch}} - 1\right)\dfrac{f_{yt}}{f_{ck}}$

② $0.45\left(\dfrac{A_g}{A_{ch}} - 1\right)\dfrac{f_{ck}}{f_{yt}}$

③ $0.45\left(1 - \dfrac{A_g}{A_{ch}}\right)\dfrac{f_{ck}}{f_{yt}}$

④ $0.85\left(\dfrac{A_{ch}}{A_g} - 1\right)\dfrac{f_{ck}}{f_{yt}}$

해설
$$\rho_s = 0.45\left(\frac{A_g}{A_{ch}} - 1\right)\frac{f_{ck}}{f_{yt}} = 0.45\left(\frac{D^2}{D_c^2} - 1\right)\frac{f_{ck}}{f_{yt}}$$

1. 단철근 직사각형 보에서 f_{ck} =38MPa인 경우 콘크리트 등가직사각형 압축응력블록의 깊이를 나타내는 계수 β_1은?

① 0.74   ② 0.76

③ 0.80   ④ 0.85

해설 $f_{ck} \leq 40$MPa일 때 β_1 =0.80이다.

2. 표준 갈고리를 갖는 인장이형철근의 정착에 대한 설명으로 틀린 것은? (단, d_b는 철근의 공칭지름이다.)

① 갈고리는 압축을 받는 경우 철근의 정착에 유효하지 않은 것으로 보아야 한다.

② 정착길이는 위험 단면부터 갈고리의 외측 단부까지 거리로 나타낸다.

③ D35 이하 180° 갈고리 철근에서 정착길이구간을 $3d_b$ 이하 간격으로 띠철근 또는 스터럽이 정착되는 철근을 수직으로 둘러싼 경우에 보정계수는 0.7이다.

④ 기본정착길이에 보정계수를 곱하여 정착길이를 계산하는데, 이렇게 구한 정착길이는 항상 $8d_b$ 이상, 또한 150mm 이상이어야 한다.

해설 표준 갈고리를 갖는 인장이형철근의 정착보정계수
  ㉮ 콘크리트 피복두께 : 0.7
  ㉯ 띠철근 또는 스터럽 : 0.8
  ㉰ 휨철근이 소요철근량 이상 배치된 경우 : $\dfrac{\text{소요} A_s}{\text{배근} A_s}$

3. 프리스트레스를 도입할 때 일어나는 손실(즉시손실)의 원인은?

① 콘크리트의 크리프

② 콘크리트의 건조수축

③ 긴장재 응력의 릴랙세이션

④ 포스트텐션 긴장재와 덕트 사이의 마찰

해설 ㉮ 도입 시 손실(즉시손실) : 콘크리트의 탄성변형, PS강재와 시스의 마찰, 정착장치의 활동
  ㉯ 도입 후 손실(시간적 손실) : 콘크리트의 건조수축, 콘크리트의 크리프, 긴장재의 릴랙세이션

4. 콘크리트설계기준압축강도가 28MPa, 철근의 설계기준항복강도가 400MPa로 설계된 길이가 7m인 양단 연속보에서 처짐을 계산하지 않는 경우 보의 최소두께는? (단, 보통중량콘크리트(m_c =2,300kg/m³)이다.)

① 275mm

② 334mm

③ 379mm

④ 438mm

해설 f_y =400MPa일 때 양단 연속보이므로 $\dfrac{l}{21}$

∴ $h = \dfrac{7,000}{21} = 334\text{mm}$

5. 철근콘크리트의 강도설계법을 적용하기 위한 설계 가정으로 틀린 것은?

① 철근과 콘크리트의 변형률은 중립축부터 거리에 비례한다.

② 인장측 연단에서 철근의 극한변형률은 0.003으로 가정한다.

③ 콘크리트압축연단의 극한변형률은 콘크리트의 설계기준압축강도가 40MPa 이하인 경우에는 0.0033으로 가정한다.

④ 철근의 응력이 설계기준항복강도(f_y) 이하일 때 철근의 응력은 그 변형률에 철근의 탄성계수(E_s)를 곱한 값으로 한다.

해설 인장측 연단에서 철근의 항복변형률은 ε_y이다.

6. 강도설계법에서 구조의 안전을 확보하기 위해 사용되는 강도감소계수(ϕ)값으로 틀린 것은?

① 인장지배 단면 : 0.85

② 포스트텐션 정착구역 : 0.70

③ 전단력과 비틀림모멘트를 받는 부재 : 0.75

④ 압축지배 단면 중 띠철근으로 보강된 철근콘크리트부재 : 0.65

해설 강도감소계수(ϕ)
- ㉮ 압축지배 단면 : 나선철근 0.70, 띠철근 0.65
- ㉯ 전단력과 비틀림모멘트 : 0.75
- ㉰ 포스트텐션 정착구역 : 0.85
- ㉱ 무근콘크리트 : 0.55

7. 연속보 또는 1방향 슬래브의 휨모멘트와 전단력을 구하기 위해 근사해법을 적용할 수 있다. 근사해법을 적용하기 위해 만족하여야 하는 조건으로 틀린 것은?

① 등분포하중이 작용하는 경우

② 부재의 단면크기가 일정한 경우

③ 활하중이 고정하중의 3배를 초과하는 경우

④ 인접 2경간의 차이가 짧은 경간의 20% 이하인 경우

해설 연속보, 1방향 슬래브의 근사해법 적용조건
- ㉮ 2경간 이상인 경우
- ㉯ 인접 2경간의 차이가 짧은 경간의 20% 이하인 경우
- ㉰ 등분포하중이 작용하는 경우
- ㉱ 활하중이 고정하중의 3배를 초과하지 않는 경우
- ㉲ 부재의 단면크기가 일정한 경우

8. 순간처짐이 20mm 발생한 캔틸레버보에서 5년 이상의 지속하중에 의한 총처짐은? (단, 보의 인장철근비는 0.02, 받침부의 압축철근비는 0.01이다.)

① 26.7mm

② 36.7mm

③ 46.7mm

④ 56.7mm

해설 $\rho' = 0.01$

$$\lambda_\Delta = \frac{\xi}{1+50\rho'} = \frac{2.0}{1+50\times0.01} = 1.333$$

$$\delta_l = \delta_e \lambda_\Delta = 20 \times 1.333 = 26.7\text{mm}$$

$$\therefore \delta_t = \delta_e + \delta_l = 20 + 26.7 = 46.7\text{mm}$$

9. 다음 그림과 같은 단면을 갖는 지간 20m의 PSC보에 PS강재가 200mm의 편심거리를 가지고 직선배치되어 있다. 자중을 포함한 계수등분포하중 16kN/m가 보에 작용할 때 보 중앙 단면의 콘크리트 상연응력은? (단, 유효프리스트레스힘(P_e)은 2,400kN이다.)

① 6MPa

② 9MPa

③ 12MPa

④ 15MPa

해설 $M = \dfrac{wl^2}{8} = \dfrac{16\times20^2}{8} = 800\text{kN}\cdot\text{m}$

$$\therefore f_t = \frac{P}{A} - \frac{Pe}{I}y + \frac{M}{I}y$$

$$= \frac{2,400\times10^3}{400\times800} - \frac{2,400\times10^3\times200}{\frac{400\times800^3}{12}}\times400$$

$$+ \frac{800\times10^6}{\frac{400\times800^3}{12}}\times400$$

$$= 15\text{MPa}$$

10. 다음 그림과 같은 맞대기용접의 이음부에 발생하는 응력의 크기는? (단, $P=360$kN, 강판두께=12mm)

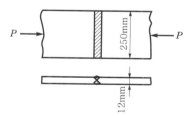

① 압축응력 $f_c = 144$MPa

② 인장응력 $f_t = 3,000$MPa

③ 전단응력 $\tau = 150$MPa

④ 압축응력 $f_c = 120$MPa

해설 $f_c = \dfrac{P}{\sum a l_e} = \dfrac{360,000}{12\times250} = 120\text{MPa}$

11. 유효깊이가 600mm인 단철근 직사각형 보에서 균형 단면이 되기 위한 압축연단에서 중립축까지의 거리는? (단, f_{ck}=28MPa, f_y=300MPa, 강도설계법에 의한다.)

① 494.5mm   ② 412.5mm
③ 390.5mm   ④ 293.5mm

해설
$$C_b = \left(\frac{\varepsilon_{cu}}{\varepsilon_{cu} + \varepsilon_y}\right)d$$
$$= \frac{0.0033}{0.0033 + 0.0015} \times 600 = 412.5\text{mm}$$
여기서, $\varepsilon_y = \dfrac{f_y}{E_s} = \dfrac{300}{2 \times 10^5} = 0.0015$

12. 보의 길이가 20m, 활동량이 4mm, 긴장재의 탄성계수(E_p)가 200,000MPa일 때 프리스트레스의 감소량(Δf_{an})은? (단, 일단 정착이다.)

① 40MPa   ② 30MPa
③ 20MPa   ④ 15MPa

해설
$$\Delta f_p = E_p \varepsilon_p = E_p \frac{\Delta l}{l}$$
$$= 200,000 \times \frac{0.4}{2,000} = 40\text{MPa}$$

13. 다음 그림과 같은 띠철근기둥에서 띠철근의 최대수직간격은? (단, D10의 공칭직경은 9.5mm, D32의 공칭직경은 31.8mm이다.)

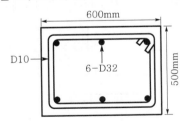

① 400mm   ② 456mm
③ 500mm   ④ 509mm

해설
㉮ $16d_b = 16 \times 31.8 = 508.8\text{mm}$
㉯ $48 \times$ 띠철근지름$= 48 \times 9.5 = 456\text{mm}$
㉰ 기둥 단면의 최소치수$= 500\text{mm}$
∴ $s = 456\text{mm}$ (최소값)

14. 강판을 리벳(Rivet)이음할 때 지그재그로 리벳을 체결한 모재의 순폭은 총폭으로부터 고려하는 단면의 최초의 리벳구멍에 대하여 그 지름을 공제하고 이하 순차적으로 다음 식을 각 리벳구멍으로 공제하는데, 이때의 식은? (단, g : 리벳선간의 거리, d : 리벳구멍의 지름, p : 리벳피치)

① $d - \dfrac{p^2}{4g}$ ② $d - \dfrac{g^2}{4p}$
③ $d - \dfrac{4p^2}{g}$ ④ $d - \dfrac{4g^2}{p}$

해설 $w = d - \dfrac{p^2}{4g}$

15. 비틀림철근에 대한 설명으로 틀린 것은? (단, A_{oh}는 가장 바깥의 비틀림보강철근의 중심으로 닫혀진 단면적(mm²)이고, p_h는 가장 바깥의 횡방향 폐쇄스터럽 중심선의 둘레(mm)이다.)

① 횡방향 비틀림철근은 종방향 철근 주위로 135° 표준 갈고리에 의해 정착하여야 한다.
② 비틀림모멘트를 받는 속 빈 단면에서 횡방향 비틀림철근의 중심선부터 내부벽면까지의 거리는 0.5 A_{oh}/p_h 이상이 되도록 설계하여야 한다.
③ 횡방향 비틀림철근의 간격은 p_h/6보다 작아야 하고, 또한 400mm보다 작아야 한다.
④ 종방향 비틀림철근은 양단에 정착하여야 한다.

해설 횡방향 비틀림철근의 간격은 p_h/8보다 작아야 하고, 또한 300mm보다 작아야 한다.

16. 뒷부벽식 옹벽에서 뒷부벽을 어떤 보로 설계하여야 하는가?

① T형보
② 단순보
③ 연속보
④ 직사각형 보

해설 ㉮ 뒷부벽 : T형보로 설계
㉯ 앞부벽 : 직사각형 보로 설계

17. 직사각형 단면의 보에서 계수전단력 $V_u = 40\text{kN}$을 콘크리트만으로 지지하고자 할 때 필요한 최소유효깊이(d)는? (단, 보통중량콘크리트이며 $f_{ck} = 25\text{MPa}$, $b_w = 300\text{mm}$이다.)

① 320mm   ② 348mm

③ 384mm   ④ 427mm

> **해설**
> $$V_u \le \frac{1}{2}\phi V_c = \frac{1}{2}\phi\left(\frac{1}{6}\lambda\sqrt{f_{ck}}\,b_w d\right)$$
> $$\therefore d = \frac{12V_u}{\phi\lambda\sqrt{f_{ck}}\,b_w} = \frac{12 \times 40 \times 10^3}{0.75 \times 1.0\sqrt{25} \times 300}$$
> $$= 427\text{mm}$$

18. 슬래브와 보가 일체로 타설된 비대칭 T형보(반T형보)의 유효폭은? (단, 플랜지두께=100mm, 복부폭=300mm, 인접 보와의 내측거리=1,600mm, 보의 경간=6.0m)

① 800mm   ② 900mm

③ 1,000mm   ④ 1,100mm

> **해설** 반T형보의 유효폭(b_e)
> ㉮ $6t + b_w = 6 \times 100 + 300 = 900\text{mm}$
> ㉯ $\frac{1}{12}l + b_w = \frac{1}{12} \times 6,000 + 300 = 800\text{mm}$
> ㉰ $\frac{1}{2}b_n + b_w = \frac{1}{2} \times 1,600 + 300 = 1,100\text{mm}$
> $\therefore b_e = 800\text{mm}$ (최소값)

19. 다음 그림과 같은 인장철근을 갖는 보의 유효깊이는? (단, D19 철근의 공칭 단면적은 287mm²이다.)

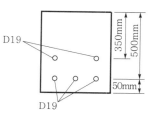

① 350mm   ② 410mm

③ 440mm   ④ 500mm

> **해설** 바리뇽의 정리를 적용하여 보 상단에서 모멘트를 취하면
> $$f_y \times 5A_s d = f_y \times 3A_s \times 500 + f_y \times 2A_s \times 350$$
> $$\therefore d = \frac{(3 \times 500) + (2 \times 350)}{5} = 440\text{mm}$$

20. 인장응력 검토를 위한 L$-$150$\times$90$\times$12인 형강(angle)의 전개한 총폭(b_g)은?

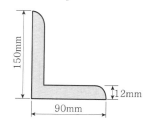

① 228mm   ② 232mm

③ 240mm   ④ 252mm

> **해설** $b_g = b_1 + b_2 - t = 150 + 90 - 12 = 228\text{mm}$

1. 프리텐션 PSC부재의 단면적이 200,000mm²인 콘크리트도심에 PS강선을 배치하여 초기의 긴장력(P_i)을 800kN 가하였다. 콘크리트의 탄성변형에 의한 프리스트레스의 감소량은? (단, 탄성계수비(n)는 6이다.)

① 12MPa

② 18MPa

③ 20MPa

④ 24MPa

해설 $\Delta f_p = n f_{ci} = n \dfrac{P_i}{A_c} = 6 \times \dfrac{800 \times 10^3}{200,000} = 24\text{MPa}$

2. 다음 그림과 같은 직사각형 단면의 단순보에 PS강재가 포물선으로 배치되어 있다. 보의 중앙 단면에서 일어나는 상연응력(㉠) 및 하연응력(㉡)은? (단, PS강재의 긴장력은 3,300kN이고, 자중을 포함한 작용하중은 27kN/m이다.)

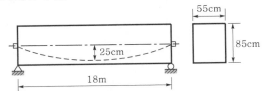

① ㉠ : 21.21MPa, ㉡ : 1.8MPa

② ㉠ : 12.07MPa, ㉡ : 0MPa

③ ㉠ : 11.11MPa, ㉡ : 3.0MPa

④ ㉠ : 8.6MPa, ㉡ : 2.45MPa

해설

㉮ $M = \dfrac{wl^2}{8} = \dfrac{27 \times 18^2}{8} = 1093.5\text{kN} \cdot \text{m}$

㉯ $Z = \dfrac{I}{y} = \dfrac{bh^2}{6} = \dfrac{0.55 \times 0.85^2}{6} = 0.0662\text{m}^3$

㉰ $f = \dfrac{P}{A} \mp \dfrac{Pe}{I}y \pm \dfrac{M}{I}y$ 일 때

㉠ $f_{상} = \dfrac{P}{A} - \dfrac{Pe}{Z} + \dfrac{M}{Z}$

$= \dfrac{3,300}{0.55 \times 0.85} - \dfrac{3,300 \times 250}{0.0662}$

$+ \dfrac{1093.5}{0.0662}$

$= 11114.7\text{kPa} \fallingdotseq 11.11\text{MPa}$

㉡ $f_{하} = \dfrac{P}{A} + \dfrac{Pe}{Z} - \dfrac{M}{Z}$

$= \dfrac{3,300}{0.55 \times 0.85} + \dfrac{3,300 \times 250}{0.0662}$

$- \dfrac{1093.5}{0.0662}$

$= 3010.48\text{kPa} \fallingdotseq 3\text{MPa}$

3. 2방향 슬래브 설계 시 직접설계법을 적용하기 위해 만족하여야 하는 사항으로 틀린 것은?

① 각 방향으로 3경간 이상이 연속되어야 한다.

② 슬래브 판들은 단변경간에 대한 장변경간의 비가 2 이하인 직사각형이어야 한다.

③ 각 방향으로 연속한 받침부 중심 간 경간차이는 긴 경간의 1/3 이하이어야 한다.

④ 연속한 기둥 중심선을 기준으로 기둥의 어긋남은 그 방향 경간의 20% 이하이어야 한다.

해설 연속한 기둥 중심선으로부터 기둥의 이탈은 이탈방향 경간의 최대 10%까지 허용할 수 있다.

[참고] 2방향 슬래브의 직접설계법 제한사항

㉮ 각 방향으로 3경간 이상이 연속되어야 한다.

㉯ 슬래브 판들은 단변경간에 대한 장변경간의 비가 2 이하인 직사각형이어야 한다.

㉰ 각 방향으로 연속된 받침부 중심 간 경간길이의 차는 긴 경간의 1/3 이하이어야 한다.

㉱ 연속한 기둥 중심선으로부터 기둥의 이탈은 이탈방향 경간의 최대 10%까지 허용한다.

㉲ 모든 하중은 연직하중으로서 슬래브 판 전체에 등분포되는 것으로 간주한다. 활하중은 고정하중의 2배 이하이어야 한다.

4. 경간이 8m인 단순 지지된 프리스트레스트 콘크리트보에서 등분포하중(고정하중과 활하중의 합)이 $w = 40\text{kN/m}$ 작용할 때 중앙 단면 콘크리트 하연에서의 응력이 0이 되려면 PS강재에 작용되어야 할 프리스트레스힘(P)은? (단, PS강재는 단면 중심에 배치되어 있다.)

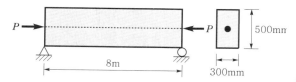

① 1,250kN
② 1,880kN
③ 2,650kN
④ 3,840kN

> **해설**
> ㉮ $M = \dfrac{wl^2}{8} = \dfrac{40 \times 8^2}{8} = 320\text{kN} \cdot \text{m}$
>
> ㉯ $f = \dfrac{P}{A} - \dfrac{M}{I}y = \dfrac{P}{bh} - \dfrac{6M}{bh^2} = 0$
>
> ∴ $P = \dfrac{6M}{h} = \dfrac{6 \times 320}{0.5} = 3,840\text{kN}$

5. 옹벽의 설계 및 구조해석에 대한 설명으로 틀린 것은?

① 지반에 유발되는 최대지반반력은 지반의 허용지지력을 초과할 수 없다.

② 전도에 대한 저항휨모멘트는 횡토압에 의한 전도모멘트의 1.5배 이상이어야 한다.

③ 저판의 뒷굽판은 정확한 방법이 사용되지 않는 한, 뒷굽판 상부에 재하되는 모든 하중을 지지하도록 설계하여야 한다.

④ 캔틸레버식 옹벽의 저판은 전면벽과의 접합부를 고정단으로 간주한 캔틸레버로 가정하여 단면을 설계할 수 있다.

> **해설** 옹벽의 3대 안정조건의 안전율
> ㉮ 전도에 대한 안정 : 2.0
> ㉯ 활동에 대한 안정 : 1.5
> ㉰ 침하에 대한 안정 : 3.0

6. 강구조의 특징에 대한 설명으로 틀린 것은?

① 소성변형능력이 우수하다.

② 재료가 균질하여 좌굴의 영향이 낮다.

③ 인성이 커서 연성파괴를 유도할 수 있다.

④ 단위면적당 강도가 커서 자중을 줄일 수 있다.

> **해설** 강구조의 특징
>
> | 장점 | 단점 |
> |------|------|
> | 단위면적당 강도 우수 | 공사비 고가 |
> | 소성변형능력 우수 | 부식에 약함 |
> | 재료 균질 | 진동 및 처짐 고려 |
> | 공기 빠름 | 좌굴 고려 |
> | 자중 감소 | 접합부 설계, 시공 유의 |
> | 인성 우수, 연성파괴 유도 | 화재에 취약 |

7. 콘크리트와 철근이 일체가 되어 외력에 저항하는 철근콘크리트구조에 대한 설명으로 틀린 것은?

① 콘크리트와 철근의 부착강도가 크다.

② 콘크리트와 철근의 탄성계수는 거의 같다.

③ 콘크리트 속에 묻힌 철근은 거의 부식하지 않는다.

④ 콘크리트와 철근의 열에 대한 팽창계수는 거의 같다.

> **해설** 철근의 탄성계수가 콘크리트의 탄성계수보다 약 7배 크다

8. 폭이 300mm, 유효깊이가 500mm인 단철근 직사각형 보에서 인장철근 단면적이 1,700mm²일 때 강도설계법에 의한 등가직사각형 압축응력블록의 깊이(a)는? (단, $f_{ck} = 20\text{MPa}$, $f_y = 300\text{MPa}$이다.)

① 50mm
② 100mm
③ 200mm
④ 400mm

> **해설**
> $a = \dfrac{f_y A_s}{\eta(0.85 f_{ck})b} = \dfrac{300 \times 1,700}{1.0 \times 0.85 \times 20 \times 300}$
> $= 100\text{mm}$

9. 다음 그림과 같은 띠철근기둥에서 띠철근의 최대 수직간격은? (단, D10의 공칭직경은 9.5mm, D32의 공칭직경은 31.8mm이다.)

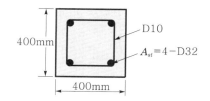

① 400mm
② 456mm
③ 500mm
④ 509mm

해설 ㉮ $16d_b = 16 \times 31.8 = 508.8\text{mm}$
㉯ $48 \times$ 띠철근지름 $= 48 \times 9.5 = 456\text{mm}$
㉰ 기둥 단면의 최소치수 $= 400\text{mm}$
∴ $s = 400\text{mm}$ (최소값)

10. 다음에서 설명하는 용어는?

> 보나 지판이 없이 기둥으로 하중을 전달하는 2방향으로 철근이 배치된 콘크리트 슬래브

① 플랫플레이트
② 플랫슬래브
③ 리브셸
④ 주열대

해설 ㉮ 플랫슬래브(flat slab) : 보 없이 지판에 의해 하중이 기둥으로 전달되며 2방향으로 철근이 배치된 콘크리트 슬래브
㉯ 플랫플레이트(flat plate) : 보나 지판이 없이 기둥으로 하중을 전달하는 2방향으로 철근이 배치된 콘크리트 슬래브

11. 다음 그림과 같은 L형강에서 인장응력 검토를 위한 순폭 계산에 대한 설명으로 틀린 것은?

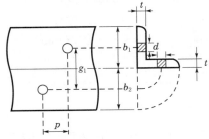

① 전개된 총폭$(b) = b_1 + b_2 - t$이다.
② 리벳선간거리$(g) = g_1 - t$이다.
③ $\dfrac{p^2}{4g} \geq d$인 경우 순폭$(b_n) = b - d$이다.
④ $\dfrac{p^2}{4g} < d$인 경우 순폭$(b_n) = b - d - \dfrac{p^2}{4g}$이다.

해설 $\dfrac{p^2}{4g} < d$인 경우
$$b_n = b - d - w = b - d - \left(d - \dfrac{p^2}{4g}\right)$$

12. 단변 : 장변 경간의 비가 1 : 2인 단순 지지된 2방향 슬래브의 중앙점에 집중하중 P가 작용할 때 단변과 장변이 부담하는 하중비$(P_S : P_L)$는? (단, P_S : 단변이 부담하는 하중, P_L : 장변이 부담하는 하중)

① 1 : 8
② 8 : 1
③ 1 : 16
④ 16 : 1

해설
$$P_S = \left(\dfrac{L^3}{L^3 + S^3}\right)P = \left(\dfrac{2^3}{2^3 + 1^3}\right)P = \dfrac{8}{9}P$$
$$P_L = \left(\dfrac{S^3}{L^3 + S^3}\right)P = \left(\dfrac{1^3}{2^3 + 1^3}\right)P = \dfrac{1}{9}P$$
$$\therefore P_S : P_L = 8 : 1$$

13. 보통중량콘크리트에서 압축을 받는 이형철근 D29(공칭지름 28.6mm)를 정착시키기 위해 소요되는 기본정착길이(l_{db})는? (단, $f_{ck} = 35\text{MPa}$, $f_y = 400\text{MPa}$이다.)

① 491.92mm
② 483.43mm
③ 464.09mm
④ 450.38mm

해설
$$l_{db} = \dfrac{0.25 d_b f_y}{\lambda \sqrt{f_{ck}}} = \dfrac{0.25 \times 28.6 \times 400}{1.0 \sqrt{35}}$$
$$= 483.43\text{mm}$$
$$l_{db} = 0.043 d_b f_y = 0.043 \times 28.6 \times 400$$
$$= 491.92\text{mm}$$
$$\therefore l_{db} = 491.92\text{mm} \,(최대값)$$

14. 철근콘크리트부재의 전단철근에 대한 설명으로 틀린 것은?

① 전단철근의 설계기준항복강도는 300MPa을 초과할 수 없다.
② 주인장철근에 30° 이상의 각도로 구부린 굽힘철근은 전단철근으로 사용할 수 있다.
③ 최소전단철근량은 $\dfrac{0.35 b_w s}{f_{yt}}$ 보다 작지 않아야 한다.
④ 부재축에 직각으로 배치된 전단철근의 간격은 $d/2$ 이하, 또한 600mm 이하로 하여야 한다.

해설 철근의 설계기준항복강도 상한값
㉮ 휨철근 : 600MPa
㉯ 전단철근 : 500MPa

15. 폭 350mm, 유효깊이 500mm인 보에 설계기준 항복강도가 400MPa인 D13 철근을 인장주철근에 대한 경사각(α)이 60°인 U형 경사스터럽으로 설치했을 때 전단보강철근의 공칭강도(V_s)는? (단, 스터럽간격 $s = 250$mm, D13 철근 1본의 단면적은 127mm²이다.)

① 201.4kN

② 212.7kN

③ 243.2kN

④ 277.6kN

해설
$$V_s = \frac{d}{s} A_v f_y (\sin\alpha + \cos\alpha)$$
$$= \frac{500}{250} \times (2 \times 127) \times 400 \times (\sin 60° + \cos 60°)$$
$$= 277.576\text{N} = 277.6\text{kN}$$

16. 철근콘크리트보를 설계할 때 변화구간 단면에서 강도감소계수(ϕ)를 구하는 식은? (단, $f_{ck} = 40$MPa, $f_y = 400$MPa, 띠철근으로 보강된 부재이며, ε_t는 최외단 인장철근의 순인장변형률이다.)

① $\phi = 0.65 + \dfrac{200}{3}(\varepsilon_t - 0.002)$

② $\phi = 0.70 + \dfrac{200}{3}(\varepsilon_t - 0.002)$

③ $\phi = 0.65 + 50(\varepsilon_t - 0.002)$

④ $\phi = 0.70 + 50(\varepsilon_t - 0.002)$

해설
$$\phi = 0.65 + 0.2 \left(\frac{\varepsilon_t - \varepsilon_y}{0.005 - \varepsilon_y} \right)$$
$$= 0.65 + 0.2 \times \left(\frac{\varepsilon_t - 0.002}{0.005 - 0.002} \right)$$
$$= 0.65 + \frac{200}{3}(\varepsilon_t - 0.002)$$
여기서, $\varepsilon_y = \dfrac{f_y}{E_s} = \dfrac{400}{2 \times 10^5} = 0.002$

17. 폭이 350mm, 유효깊이가 550mm인 직사각형 단면의 보에서 지속하중에 의한 순간처짐이 16mm일 때 1년 후 총처짐량은? (단, 배근된 인장철근량(A_s)은 2,246mm², 압축철근량($A_s{}'$)은 1,284mm²이다.)

① 20.5mm

② 26.5mm

③ 32.8mm

④ 42.1mm

해설
$$\rho' = \frac{A_s{}'}{bd} = \frac{1,284}{350 \times 550} = 0.00667$$
$$\lambda_\Delta = \frac{\xi}{1 + 50\rho'}$$
$$= \frac{1.4}{1 + 50 \times 0.00667} = 1.0487$$
∴ 총처짐(δ_t) = 탄성처짐(δ_e) + 장기처짐(δ_l)
$$= \delta_e + \delta_e \lambda_\Delta$$
$$= 16 + (16 \times 1.0487)$$
$$= 32.8\text{mm}$$

18. 다음 그림과 같이 지름 25mm의 구멍이 있는 판(plate)에서 인장응력 검토를 위한 순폭은?

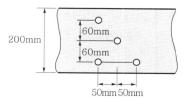

① 160.4mm

② 150mm

③ 145.8mm

④ 130mm

해설
㉮ $b_n = b_g - 2d = 200 - 2 \times 25$
$$= 150\text{mm}$$
㉯ $b_n = b_g - d - \left(d - \dfrac{p^2}{4g} \right)$
$$= 200 - 25 - \left(25 - \frac{50^2}{4 \times 60} \right)$$
$$= 160.4\text{mm}$$
㉰ $b_n = b_g - d - 2 \left(d - \dfrac{p^2}{4g} \right)$
$$= 200 - 25 - 2 \times \left(25 - \frac{50^2}{4 \times 60} \right)$$
$$= 145.8\text{mm}$$
∴ $b_n = 145.8$mm (최소값)

19. 단철근 직사각형 보에서 $f_{ck} = 32$MPa인 경우 콘크리트 등가직사각형 압축응력블록의 깊이를 나타내는 계수 β_1은?

① 0.74

② 0.76

③ 0.80

④ 0.85

해설 $f_{ck} \le 40$MPa일 때 $\eta = 1.0$, $\beta_1 = 0.80$이다.

20. 폭이 300mm, 유효깊이가 500mm인 단철근 직사각형 보에서 강도설계법으로 구한 균형철근량은? (단, 등가직사각형 압축응력블록을 사용하며 f_{ck} =35MPa, f_y =350MPa이다.)

① 5,285mm^2　② 5,890mm^2
③ 6,665mm^2　④ 7,235mm^2

해설 $f_{ck} \leq 40$MPa일 때 $\beta_1 = 0.80$

$$\rho_b = \eta(0.85\beta_1)\left(\frac{f_{ck}}{f_y}\right)\left(\frac{660}{660+f_y}\right)$$

$$= 1.0 \times 0.85 \times 0.80 \times \frac{35}{350} \times \left(\frac{660}{660+350}\right)$$

$$= 0.0444$$

$$\therefore A_{sb} = \rho_b bd = 0.0444 \times 300 \times 500$$

$$= 6,665\text{mm}^2$$

정답 20. ③

부록 II

CBT 대비 실전 모의고사

토목기사 실전 모의고사 1회

▶ 정답 및 해설 : p.143

1. 강도설계법의 기본가정을 설명한 것으로 틀린 것은?

① 철근과 콘크리트의 변형률은 중립축에서의 거리에 비례한다고 가정한다.

② 콘크리트 압축연단의 극한변형률은 0.0033으로 가정한다.

③ 철근의 응력이 설계기준항복강도(f_y) 이상일 때 철근의 응력은 그 변형률에 E_s를 곱한 값으로 한다.

④ 콘크리트의 인장강도는 철근콘크리트의 휨 계산에서 무시한다.

2. 보의 활하중은 1.7kN/m, 자중은 1.1kN/m인 등분포하중을 받는 경간 12m인 단순 지지보의 계수휨모멘트(M_u)는?

① 68.4kN·m ② 72.7kN·m
③ 74.9kN·m ④ 75.4kN·m

3. 다음 그림과 같은 철근콘크리트보 – 슬래브구조에서 대칭 T형보의 유효폭(b)은?

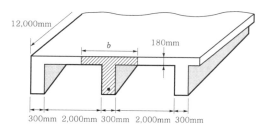

① 2,000mm ② 2,300mm
③ 3,000mm ④ 3,180mm

4. 폭이 400mm, 유효깊이가 500mm인 단철근 직사각형 보 단면에서 강도설계법에 의한 균형철근량은 약 얼마인가? (단, f_{ck}=35MPa, f_y=400MPa)

① 6,135mm² ② 6,623mm²
③ 7,358mm² ④ 7,841mm²

5. 다음 그림에 나타난 직사각형 단철근보의 설계휨강도(ϕM_n)를 구하기 위한 강도감소계수(ϕ)는 얼마인가? (단, f_{ck}=28MPa, f_y=400MPa)

① 0.85
② 0.82
③ 0.79
④ 0.76

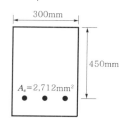

6. 다음 그림과 같은 단철근 직사각형 보에서 최외단 인장철근의 순인장변형률(ε_t)은? (단, A_s=2,028mm², f_{ck}=35MPa, f_y=400MPa)

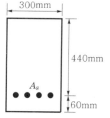

① 0.00432 ② 0.00648
③ 0.00863 ④ 0.00948

7. 철근콘크리트구조물의 전단철근에 대한 설명으로 틀린 것은?

① 이형철근을 전단철근으로 사용하는 경우 설계기준항복강도 f_y는 550MPa을 초과하여 취할 수 없다.

② 전단철근으로서 스터럽과 굽힘철근을 조합하여 사용할 수 있다.

③ 주인장철근에 45° 이상의 각도로 설치되는 스터럽은 전단철근으로 사용할 수 있다.

④ 경사스터럽과 굽힘철근은 부재 중간 높이인 0.5d에서 반력점방향으로 주인장철근까지 연장된 45°선과 한 번 이상 교차되도록 배치하여야 한다.

8. 직사각형 보에서 계수전단력 V_u =70kN을 전단철근 없이 지지하고자 할 경우 필요한 최소유효깊이 d는 약 얼마인가? (단, b=400mm, f_{ck}=21MPa, f_y=350MPa)

① d=426mm   ② d=556mm

③ d=611mm   ④ d=751mm

9. 다음 그림과 같은 보에서 계수전단력 V_u =225kN에 대한 가장 적당한 스터럽간격은? (단, 사용된 스터럽은 철근 D13이며, 철근 D13의 단면적은 127mm², f_{ck}= 24MPa, f_y=350MPa이다.)

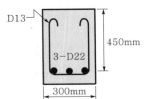

① 110mm   ② 150mm

③ 210mm   ④ 225mm

10. 보통중량콘크리트의 설계기준강도가 35MPa, 철근의 항복강도가 400MPa로 설계된 부재에서 공칭 지름이 25mm인 압축이형철근의 기본정착길이는?

① 425mm   ② 430mm

③ 1,010mm   ④ 1,015mm

11. 복철근콘크리트 단면에 인장철근비는 0.02, 압축철근비는 0.01이 배근된 경우 순간처짐이 20mm일 때 6개월이 지난 후 총처짐량은? (단, 작용하는 하중은 지속하중이다.)

① 26mm   ② 36mm

③ 48mm   ④ 68mm

12. 다음 그림과 같은 나선철근단주의 설계축강도(P_n)을 구하면? (단, D32 1개의 단면적=794mm², f_{ck}= 24MPa, f_y=420MPa)

① 2,648kN

② 3,254kN

③ 3,797kN

④ 3,972kN

13. 강도설계법에서 다음 그림과 같은 띠철근기둥의 최대설계축강도($\phi P_{n(\max)}$)는? (단, 축방향 철근의 단면적 A_{st}=1,865mm², f_{ck}=28MPa, f_y=300MPa이고, 기둥은 중심축하중을 받는 단주이다.)

① 1,998kN

② 2,490kN

③ 2,774kN

④ 3,075kN

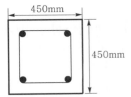

14. 다음 그림과 같은 나선철근기둥에서 나선철근의 간격(pitch)으로 적당한 것은? (단, 소요나선철근비 ρ_s=0.018, 나선철근의 지름은 12mm이다.)

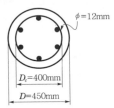

① 61mm   ② 85mm

③ 93mm   ④ 105mm

15. 경간이 8m인 PSC보에 계수등분포하중 w = 20kN/m가 작용할 때 중앙 단면 콘크리트 하연에서의 응력이 0이 되려면 강재에 줄 프리스트레스힘 P는 얼마인가? (단, PS강재는 콘크리트 도심에 배치되어 있음)

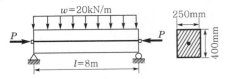

① P=2,000kN   ② P=2,200kN

③ P=2,400kN   ④ P=2,600kN

16. 처짐을 계산하지 않는 경우 단순 지지된 보의 최소두께(h)는? (단, 보통중량콘크리트(m_c=2,300kg/m³) 및 f_y=300MPa인 철근을 사용한 부재이며 길이가 10m인 보이다.)

① 429mm   ② 500mm

③ 537mm   ④ 625mm

17. 다음 그림과 같은 단순 PSC보에서 계수등분포하중 $w=30kN/m$가 작용하고 있다. 프리스트레스에 의한 상향력과 이 등분포하중이 비기기 위해서는 프리스트레스힘 P를 얼마로 도입해야 하는가?

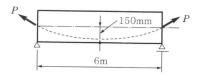

① 900kN

② 1,200kN

③ 1,500kN

④ 1,800kN

18. 프리스트레스의 손실원인 중 프리스트레스 도입 후 시간이 경과함에 따라서 생기는 것은 어느 것인가?

① 콘크리트의 탄성수축

② 콘크리트의 크리프

③ PS강재와 시스의 마찰

④ 정착단의 활동

19. 다음 그림과 같은 맞대기용접이음에서 이음의 응력을 구하면?

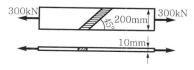

① 150.0MPa

② 106.1MPa

③ 200.0MPa

④ 212.1MPa

20. 다음 그림과 같은 두께 13mm의 플레이트에 4개의 볼트구멍이 배치되어 있을 때 부재의 순단면적을 구하면? (단, 볼트구멍의 직경은 24mm이다.)

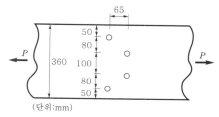

① 4,056mm^2

② 3,916mm^2

③ 3,775mm^2

④ 3,524mm^2

토목기사 실전 모의고사 2회

▶ 정답 및 해설 : p.145

1. 다음 중 콘크리트구조물을 설계할 때 사용하는 하중인 "활하중(live load)"에 속하지 않는 것은?

① 건물이나 다른 구조물의 사용 및 점용에 의해 발생되는 하중으로서 사람, 가구, 이동칸막이 등의 하중
② 적설하중
③ 교량 등에서 차량에 의한 하중
④ 풍하중

2. 활하중 20kN/m, 고정하중 30kN/m를 지지하는 지간 8m의 단순보에서 계수모멘트(M_u)는? (단, 하중계수와 하중조합을 고려할 것)

① 512kN·m
② 544kN·m
③ 576kN·m
④ 605kN·m

3. 다음 그림에 나타난 직사각형 단철근보의 설계휨강도(ϕM_n)를 구하기 위한 강도감소계수(ϕ)는 얼마인가? (단, f_{ck}=28MPa, f_y=400MPa)

① 0.85
② 0.82
③ 0.79
④ 0.76

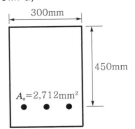

4. 다음 그림과 같은 복철근보의 유효깊이(d)는? (단, 철근 1개의 단면적은 250mm²이다.)

① 730mm
② 740mm
③ 760mm
④ 780mm

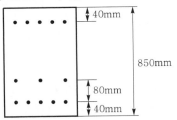

5. 다음 그림에서 빗금 친 대칭 T형보의 공칭모멘트강도(M_n)는? (단, 경간은 3,200mm, A_s=7,094mm², f_{ck}=28MPa, f_y=400MPa)

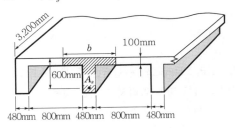

① 1475.9kN·m
② 1583.2kN·m
③ 1648.4kN·m
④ 1721.6kN·m

6. 전단철근이 부담하는 전단력 V_s=150kN일 때 수직스터럽으로 전단보강을 하는 경우 최대배치간격은 얼마 이하인가? (단, 전단철근 1개 단면적=125mm², 횡방향철근의 설계기준항복강도(f_{yt})=400MPa, f_{ck}=28MPa, b_w=300mm, d=500mm, 보통중량콘크리트이다.)

① 167mm
② 250mm
③ 333mm
④ 600mm

7. 다음 그림과 같은 보에서 계수전단력 V_u=225kN에 대한 가장 적당한 스터럽간격은? (단, 사용된 스터럽은 철근 D13이며, 철근 D13의 단면적은 127mm², f_{ck}=24MPa, f_y=350MPa이다.)

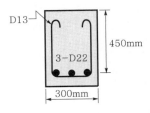

① 110mm
② 150mm
③ 210mm
④ 225mm

8. 폭(b)이 250mm이고 전체 높이(h)가 500mm인 직사각형 철근콘크리트보의 단면에 균열을 일으키는 비틀림모멘트 T_{cr}는 약 얼마인가? (단, f_{ck}=28MPa)

① 9.8kN·m ② 11.3kN·m
③ 12.5kN·m ④ 18.4kN·m

9. 설계기준압축강도(f_{ck})가 35MPa인 보통중량콘크리트로 제작된 구조물에서 압축이형철근으로 D29(공칭지름 28.6mm)를 사용한다면 기본정착길이는? (단, f_y=400MPa)

① 483mm ② 492mm
③ 503mm ④ 512mm

10. A_s=3,600mm², $A_s{'}$=1,200mm²로 배근된 다음 그림과 같은 복철근보의 탄성처짐이 12mm라 할 때 5년 후 지속하중에 의해 유발되는 추가 장기처짐은 얼마인가?

① 6mm
② 12mm
③ 18mm
④ 36mm

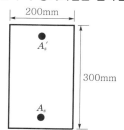

11. 길이가 7m인 양단 연속보에서 처짐을 계산하지 않는 경우 보의 최소두께로 옳은 것은? (단, f_{ck}=28MPa, f_y=400MPa)

① 275mm ② 334mm
③ 379mm ④ 438mm

12. 다음 그림과 같은 나선철근단주의 강도설계법에 의한 공칭축강도(P_n)는? (단, D32 1개의 단면적=794mm², f_{ck}=24MPa, f_y=400MPa)

① 2,648kN
② 3,254kN
③ 3,716kN
④ 3,972kN

13. 지름 450mm인 원형 단면을 갖는 중심축하중을 받는 나선철근기둥에서 강도설계법에 의한 축방향 설계축강도(ϕP_n)는 얼마인가? (단, 이 기둥은 단주이고 f_{ck}=27MPa, f_y=350MPa, A_{st}=8-D22=3,096mm², 압축지배 단면이다.)

① 1,166kN ② 1,299kN
③ 2,425kN ④ 2,774kN

14. 단순 지지된 2방향 슬래브의 중앙점에 집중하중 P가 작용할 때 경간비가 1 : 2라면 단변과 장변이 부담하는 하중비(P_S : P_L)는? (단, P_S : 단변이 부담하는 하중, P_L : 장변이 부담하는 하중)

① 1 : 8 ② 8 : 1
③ 1 : 16 ④ 16 : 1

15. 경간이 8m인 단순 프리스트레스트 콘크리트보에 등분포하중(고정하중과 활하중의 합)이 w=30kN/m 작용할 때 중앙 단면 콘크리트 하연에서의 응력이 0이 되려면 PS강재에 작용되어야 할 프리스트레스힘(P)은? (단, PS강재는 단면 중심에 배치되어 있다.)

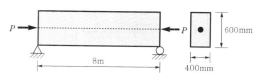

① 2,400kN ② 3,500kN
③ 4,000kN ④ 4,920kN

16. 주어진 T형 단면에서 부착된 프리스트레스트 보강재의 인장응력(f_{ps})은 얼마인가? (단, 긴장재의 단면적 A_{ps}=1,290mm²이고, 프리스트레싱 긴장재의 종류에 따른 계수 γ_p=0.4, 긴장재의 설계기준인장강도 f_{pu}=1,900MPa, f_{ck}=35MPa)

① 1,900MPa
② 1,861MPa
③ 1,804MPa
④ 1,752MPa

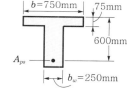

17. 프리스트레스트 콘크리트(PSC)의 균등질 보의 개념(homogeneous beam concept)을 설명한 것으로 옳은 것은?

① PSC는 결국 부재에 작용하는 하중의 일부 또는 전부를 미리 가해진 프리스트레스와 평행이 되도록 하는 개념

② PSC보를 RC보처럼 생각하여 콘크리트는 압축력을 받고, 긴장재는 인장력을 받게 하여 두 힘의 우력 모멘트로 외력에 의한 휨모멘트에 저항시킨다는 개념

③ 콘크리트에 프리스트레스가 가해지면 PSC부재는 탄성재료로 전환되고, 이의 해석은 탄성이론으로 가능하다는 개념

④ PSC는 강도가 크기 때문에 보의 단면을 강재의 단면으로 가정하여 압축 및 인장을 단면 전체가 부담할 수 있다는 개념

18. 다음 그림과 같은 필릿용접에서 일어나는 응력으로 옳은 것은? (단, KDS 14 30 25 강구조 연결설계 기준(허용응력설계법)에 따른다.)

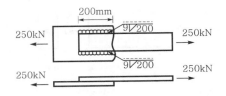

① 82.3MPa
② 95.05MPa
③ 109.02MPa
④ 130.25MPa

19. 보의 길이 $l=20$m, 활동량 $\Delta l=4$mm, $E_p=200{,}000$MPa일 때 프리스트레스 감소량 Δf_p는? (단, 일단 정착임)

① 40MPa
② 30MPa
③ 20MPa
④ 15MPa

20. 다음 그림과 같은 두께 12mm 평판의 순단면적은? (단, 구멍의 지름은 23mm이다.)

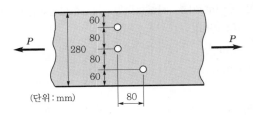

(단위 : mm)

① 2,310mm^2
② 2,440mm^2
③ 2,772mm^2
④ 2,928mm^2

토목기사 실전 모의고사 3회

▶ 정답 및 해설 : p.147

1. 철근콘크리트의 강도설계법을 적용하기 위한 기본 가정으로 틀린 것은?

① 철근의 변형률은 중립축으로부터의 거리에 비례한다.
② 콘크리트의 변형률은 중립축으로부터의 거리에 비례한다.
③ 인장측 연단에서 철근의 극한변형률은 0.0033으로 가정한다.
④ 항복강도 f_y 이하에서 철근의 응력은 그 변형률의 E_s배로 본다.

2. 강도설계법에서 다음 그림과 같은 T형보에서 공칭모멘트강도(M_n)는? (단, $A_s = 14-D25 = 7,094mm^2$, $f_{ck} = 28MPa$, $f_y = 400MPa$)

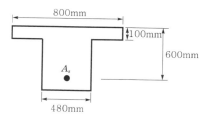

① 1648.3kN·m
② 1597.2kN·m
③ 1534.5kN·m
④ 1475.9kN·m

3. 복철근 직사각형 보의 $A_s' = 1,916mm^2$, $A_s = 4,790mm^2$이다. 등가직사각형 블록의 응력깊이(a)는? (단, $f_{ck} = 21MPa$, $f_y = 300MPa$)

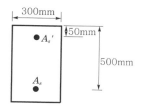

① 153mm
② 161mm
③ 176mm
④ 185mm

4. 콘크리트의 강도설계에서 등가직사각형 응력블록의 깊이 $a = \beta_1 c$로 표현할 수 있다. f_{ck}가 60MPa인 경우 β_1의 값은 얼마인가?

① 0.85
② 0.760
③ 0.65
④ 0.626

5. 다음 그림의 빗금 친 부분과 같은 단철근 T형보의 등가 응력의 깊이(a)는? (단, $A_s = 6,354mm^2$, $f_{ck} = 24MPa$, $f_y = 400MPa$)

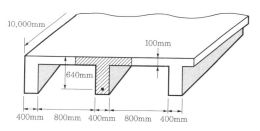

① 96.7mm
② 111.5mm
③ 121.3mm
④ 128.6mm

6. 다음 그림과 같이 활하중(w_L)은 30kN/m, 고정하중(w_D)은 콘크리트의 자중(단위무게 23kN/m³)만 작용하고 있는 캔틸레버보가 있다. 이 보의 위험 단면에서 전단철근이 부담해야 할 전단력은? (단, 하중은 하중조합을 고려한 소요강도(U)를 적용하고 $f_{ck} = 24MPa$, $f_y = 300MPa$이다.)

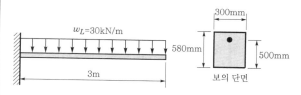

① 88.7kN
② 53.5kN
③ 21.3kN
④ 9.5kN

7. 강도설계에서 $f_{ck}=29$MPa, $f_y=300$MPa일 때 단철근 직사각형 보의 균형철근비(ρ_b)는?

① 0.034　　　　　② 0.045

③ 0.051　　　　　④ 0.067

8. 강도설계법에 의해서 전단철근을 사용하지 않고 계수하중에 의한 전단력 $V_u=50$kN을 지지하려면 직사각형 단면보의 최소면적($b_w d$)은 약 얼마인가? (단, $f_{ck}=28$MPa, 최소전단철근도 사용하지 않는 경우)

① 151,190mm^2

② 123,530mm^2

③ 97,840mm^2

④ 49,320mm^2

9. $b_w=250$mm, $d=500$mm, $f_{ck}=21$MPa, $f_y=400$MPa인 직사각형 보에서 콘크리트가 부담하는 설계전단강도(ϕV_c)는?

① 71.6kN　　　　② 76.4kN

③ 82.2kN　　　　④ 91.5kN

10. 다음 표의 조건에서 표준 갈고리가 있는 인장이형철근의 기본정착길이(l_{hb})는 약 얼마인가?

- 보통중량골재를 사용한 콘크리트구조물
- 도막되지 않은 D35(공칭직경 34.9mm)철근으로 단부에 90° 표준 갈고리가 있음
- $f_{ck}=28$MPa, $f_y=400$MPa

① 635mm　　　　② 660mm

③ 1,130mm　　　④ 1,585mm

11. 철근콘크리트부재에서 처짐을 방지하기 위해서는 부재의 두께를 크게 하는 것이 효과적인데 구조상 가장 두꺼워야 될 순서대로 나열된 것은?

① 단순 지지>캔틸레버>일단 연속>양단 연속

② 캔틸레버>단순 지지>일단 연속>양단 연속

③ 일단 연속>양단 연속>단순 지지>캔틸레버

④ 양단 연속>일단 연속>단순 지지>캔틸레버

12. 다음 그림과 같은 띠철근기둥에서 띠철근의 최대간격은? (단, D10의 공칭직경은 9.5mm, D32의 공칭직경은 31.8mm)

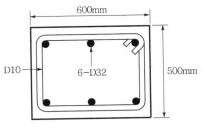

① 400mm　　　　② 456mm

③ 500mm　　　　④ 509mm

13. 2방향 확대기초에서 하중계수가 고려된 계수하중 P_u(자중 포함)가 다음 그림과 같이 작용할 때 위험단면의 계수전단력(V_u)은 얼마인가?

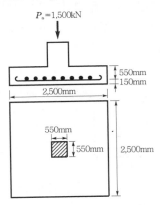

① 1151.4kN　　　② 1209.6kN

③ 1263.4kN　　　④ 1316.9kN

14. 다음 그림과 같은 단면의 중간 높이에 초기 프리스트레스 900kN을 작용시켰다. 20%의 손실을 가정하여 하단 또는 상단의 응력이 영(零)이 되도록 이 단면에 가할 수 있는 모멘트의 크기는?

① 90kN·m

② 84kN·m

③ 72kN·m

④ 65kN·m

15. 옹벽의 구조 해석에서 T형보로 설계하여야 하는 부분은?

① 뒷부벽

② 앞부벽

③ 부벽식 옹벽의 전면벽

④ 캔틸레버식 옹벽의 저판

16. 경간이 8m인 PSC보에 계수등분포하중 $w = 20kN/m$가 작용할 때 중앙 단면 콘크리트 하연에서의 응력이 0이 되려면 강재에 줄 프리스트레스힘 P는 얼마인가? (단, PS강재는 콘크리트 도심에 배치되어 있음)

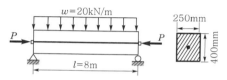

① 2,000kN

② 2,200kN

③ 2,400kN

④ 2,600kN

17. 포스트텐션 긴장재의 마찰손실을 구하기 위해 다음의 표와 같은 근사식을 사용하고자 한다. 이때 근사식을 사용할 수 있는 조건으로 옳은 것은?

$$P_x = \frac{P_o}{1 + Kl + \mu\alpha}$$

① P_o의 값이 5,000kN 이하인 경우

② P_o의 값이 5,000kN을 초과하는 경우

③ $(Kl + \mu\alpha)$의 값이 0.3 이하인 경우

④ $(Kl + \mu\alpha)$의 값이 0.3을 초과하는 경우

18. 프리스트레스의 손실원인은 그 시기에 따라 즉시 손실과 도입 후에 시간적인 경과 후에 일어나는 손실로 나눌 수 있다. 다음 중 손실원인의 시기가 나머지와 다른 하나는?

① 콘크리트 creep

② 포스트텐션 긴장재와 시스 사이의 마찰

③ 콘크리트 건조수축

④ PS강재의 relaxation

19. 다음 그림과 같은 두께 19mm 평판의 순단면적을 구하면? (단, 볼트 체결을 위한 강판구멍의 직경은 25mm이다.)

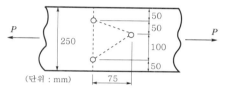

① 3,270mm²

② 3,800mm²

③ 3,920mm²

④ 4,530mm²

20. 순단면이 볼트의 구멍 하나를 제외한 단면(즉, A−B−C 단면)과 같도록 피치(s)의 값을 결정하면? (단, 볼트구멍의 지름은 22mm이다.)

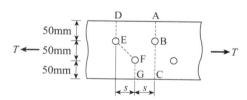

① 114.9mm

② 90.6mm

③ 66.3mm

④ 50mm

토목기사 실전 모의고사 4회

▶ 정답 및 해설 : p.149

1. 다음 그림과 같은 단순 PSC보에 등분포하중(자중 포함) $w=40$kN/m가 작용하고 있다. 프리스트레스에 의한 상향력과 이 등분포하중이 비기기 위한 프리스트레스 힘 P는 얼마인가?

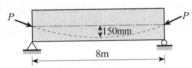

① 2133.3kN   ② 2400.5kN

③ 2842.6kN   ④ 3204.7kN

2. 지름 450mm인 원형 단면을 갖는 중심축하중을 받는 나선철근기둥에 있어서 강도설계법에 의한 축방향 설계강도(ϕP_n)는 얼마인가? (단, 이 기둥은 단주이고 $f_{ck}=27$MPa, $f_y=350$MPa, $A_{st}=8-$D22$=3,096$mm^{2}이다.)

① 1,166kN   ② 1,299kN

③ 2,424kN   ④ 2,773kN

3. $b_w=350$mm, $d=600$mm인 단철근 직사각형 보에서 콘크리트가 부담할 수 있는 공칭전단강도를 정밀식으로 구하면 약 얼마인가? (단, $V_u=100$kN, $M_u=300$kN·m, $\rho_w=0.016$, $f_{ck}=24$MPa)

① 164.2kN   ② 171.5kN

③ 176.4kN   ④ 182.7kN

4. 철근콘크리트보를 설계할 때 변화구간에서 강도감소계수(ϕ)를 구하는 식으로 옳은 것은? (단, 나선철근으로 보강되지 않은 부재이며, ε_t는 최외단 인장철근의 순인장변형률이다.)

① $\phi=0.65+(\varepsilon_t-0.002)\times\dfrac{200}{3}$

② $\phi=0.7+(\varepsilon_t-0.002)\times\dfrac{200}{3}$

③ $\phi=0.65+(\varepsilon_t-0.002)\times50$

④ $\phi=0.7+(\varepsilon_t-0.002)\times50$

5. 계수하중에 의한 전단력 $V_u=75$kN을 받을 수 있는 직사각형 단면을 설계하려고 한다. 규정에 의한 최소전단철근을 사용할 경우 필요한 콘크리트의 최소단면적 $b_w d$는 얼마인가? (단, $f_{ck}=28$MPa, $f_y=300$MPa)

① 101,090mm^2

② 103,073mm^2

③ 106,303mm^2

④ 113,390mm^2

6. 강도설계에서 $f_{ck}=35$MPa, $f_y=350$MPa을 사용하는 단철근보에 사용할 수 있는 최대인장철근비(ρ_{max})는?

① 0.020   ② 0.024

③ 0.030   ④ 0.032

7. 강도설계법의 가정으로 틀린 것은?

① 철근과 콘크리트의 변형률은 중립축으로부터의 거리에 비례한다.

② 압축측 연단에서 콘크리트의 극한변형률은 0.0033으로 가정한다.

③ 휨응력 계산에서 콘크리트의 인장강도는 무시한다.

④ 극한강도상태에서 콘크리트의 응력은 그 변형률에 비례한다.

8. 다음 그림과 맞대기 이음부에 발생하는 응력의 크기는? (단, $P=360$kN, 강판두께 12mm)

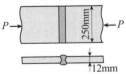

① 압축응력 $f_c=14.4$MPa

② 인장응력 $f_t=3,000$MPa

③ 전단응력 $\tau=150$MPa

④ 압축응력 $f_c=120$MPa

9. $f_{ck}=21$MPa, $f_y=350$MPa로 만들어지는 보에서 인장이형철근으로 D29(공칭지름 28.6mm)를 사용한다면 기본정착길이는?

① 892mm   ② 1,054mm

③ 1,167mm   ④ 1,311mm

10. 강도설계법에서 다음 그림과 같은 T형보의 응력사각형 깊이 a는 얼마인가? (단, $A_s=14-$D25$=7,094$mm^2, $f_{ck}=21$MPa, $f_y=300$MPa)

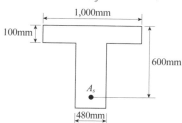

① 120mm   ② 130mm

③ 140mm   ④ 150mm

11. 순단면이 볼트의 구멍 하나를 제외한 단면(즉, A-B-C 단면)과 같도록 피치(s)의 값을 결정하면? (단, 볼트구멍의 지름은 22mm이다.)

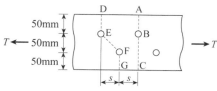

① $s=114.9$mm   ② $s=90.6$mm

③ $s=66.3$mm   ④ $s=50$mm

12. 경간이 8m인 직사각형 PSC보($b=300$mm, $h=500$mm)에 계수하중 $w=40$kN/m가 작용할 때 인장측의 콘크리트 응력이 0이 되려면 얼마의 긴장력으로 PS강재를 긴장해야 하는가? (단, PS강재는 콘크리트 단면 도심에 배치되어 있음)

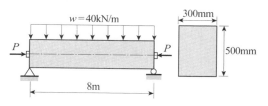

① $P=1,250$kN

② $P=1,880$kN

③ $P=2,650$kN

④ $P=3,840$kN

13. 다음 그림에 나타난 직사각형 단철근보의 설계휨강도(ϕM_n)를 구하기 위한 강도감소계수(ϕ)는 얼마인가? (단, $f_{ck}=28$MPa, $f_y=400$MPa)

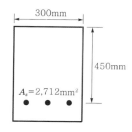

① 0.85   ② 0.82

③ 0.79   ④ 0.76

14. 다음 그림과 같은 나선철근 단주의 설계축강도 ϕP_n을 구하면? (단, D32의 단면적 $A_s=794$mm^2, $f_{ck}=24$MPa, $f_y=400$MPa)

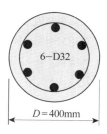

① 2,648kN   ② 2,748kN

③ 2,601kN   ④ 2,948kN

15. 콘크리트 속에 묻혀 있는 철근이 콘크리트와 일체가 되어 외력에 저항할 수 있는 이유로 적합하지 않은 것은?

① 철근과 콘크리트 사이의 부착강도가 크다.

② 철근과 콘크리트의 열팽창계수가 거의 같다.

③ 콘크리트 속에 묻힌 철근은 부식하지 않는다.

④ 철근과 콘크리트의 탄성계수는 거의 같다.

16. 다음과 같은 옹벽의 각 부분 중 T형보로 설계해야 할 부분은?

① 앞부벽식 옹벽의 저판

② 뒷부벽식 옹벽의 저판

③ 앞부벽

④ 뒷부벽

17. 철근콘크리트구조물에서 연속 휨부재의 부모멘트 재분배를 하는 방법에 대한 다음 설명 중 틀린 것은?

① 근사해법에 의하여 휨모멘트를 계산한 경우에는 연속 휨부재의 부모멘트 재분배를 할 수 없다.

② 휨모멘트를 감소시킬 단면에서 최외단 인장철근의 순 인장변형률 ε_t가 0.0075 이상인 경우에만 가능하다.

③ 경간 내의 단면에 대한 휨모멘트의 계산은 수정된 부모멘트를 사용하여야 한다.

④ 재분배량은 산정된 부모멘트의 $20\left(1-\dfrac{\rho-\rho'}{\rho_b}\right)$[%] 이다.

18. 강도설계법에서 사용하는 강도감소계수(ϕ)의 값으로 틀린 것은?

① 무근콘크리트의 휨모멘트 : $\phi=0.55$

② 전단력과 비틀림모멘트 : $\phi=0.75$

③ 콘크리트의 지압력 : $\phi=0.70$

④ 인장지배 단면 : $\phi=0.85$

19. 압축철근비가 0.01이고, 인장철근비가 0.003인 철근콘크리트보에서 장기 추가 처짐에 대한 계수(λ)의 값은? (단, 하중재하기간은 5년 6개월이다.)

① 0.80

② 0.933

③ 2.80

④ 1.333

20. 주어진 T형 단면에서 부착된 프리스트레스트 보강재의 인장응력 f_{ps}는 얼마인가? (단, 긴장재의 단면적은 $A_{ps}=1,290mm^2$이고 프리스트레싱 긴장재의 종류에 따른 계수(γ_p)=0.4, $f_{pu}=1,900MPa$, $f_{ck}=35MPa$이다.)

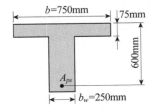

① $f_{ps}=1,900MPa$

② $f_{ps}=1,761MPa$

③ $f_{ps}=1,752MPa$

④ $f_{ps}=1,651MPa$

토목기사 실전 모의고사 5회

▶ 정답 및 해설 : p.150

1. 강도설계법에 의해서 전단철근을 사용하지 않고 계수하중에 의한 전단력 $V_u = 50$kN을 지지하려면 직사각형 단면보의 최소면적($b_w d$)은 약 얼마인가? (단, $f_{ck} = 28$MPa, 최소전단철근도 사용하지 않는 경우이며, 전단에 대한 $\phi = 0.75$이다.)

① 151,190mm²
② 123,530mm²
③ 97,840mm²
④ 49,320mm²

2. 다음 그림과 같은 단순 지지보에서 긴장재는 C점에 150mm의 편차에 직선으로 배치되고 1,000kN으로 긴장되었다. 보에는 120kN의 집중하중이 C점에 작용한다. 보의 고정하중은 무시할 때 C점에서의 휨모멘트는 얼마인가? (단, 긴장재의 경사가 수평압축력에 미치는 영향 및 자중은 무시한다.)

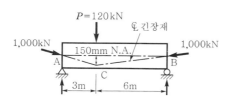

① -150kN · m
② 90kN · m
③ 240kN · m
④ 390kN · m

3. 다음 그림과 같은 보의 단면에서 표피철근의 간격 s는 약 얼마인가? [단, 습윤환경에 노출되는 경우로서 표피철근의 표면에서 부재 측면까지 최단거리(c_c)는 50mm, $f_{ck} = 28$MPa, $f_y = 400$MPa이다.]

① 170mm
② 190mm
③ 220mm
④ 240mm

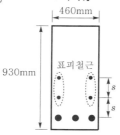

4. 현장치기 콘크리트에서 콘크리트치기로부터 흙에 접하여 콘크리트를 친 후 영구히 흙에 묻혀 있는 콘크리트의 피복두께는 최소 얼마 이상이어야 하는가?

① 120mm
② 100mm
③ 75mm
④ 60mm

5. $b_w = 250$mm, $h = 500$mm인 직사각형 철근콘크리트보의 단면에 균열을 일으키는 비틀림모멘트 T_{cr}은 얼마인가? (단, $f_{ck} = 28$MPa)

① 9.8kN · m
② 11.3kN · m
③ 12.5kN · m
④ 18.2kN · m

6. PS강재를 포물선으로 배치한 PSC보에서 상향의 등분포력(u)의 크기는 얼마인가? (단, $P = 2,600$kN, 단면의 폭(b)은 50cm, 높이(h)는 80cm, 지간 중앙에서 PS강재의 편심(s)은 20cm이다.)

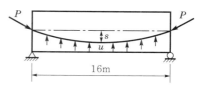

① 8.50kN/m
② 16.25kN/m
③ 19.65kN/m
④ 35.60kN/m

7. 인장응력 검토를 위한 L−150×90×12인 형강(angle)의 전개한 총폭(b_g)은?

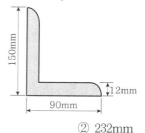

① 228mm
② 232mm
③ 240mm
④ 252mm

8. 다음 주어진 단철근 직사각형 단면의 보에서 설계 휨강도를 구하기 위한 강도감소계수(ϕ)는? (단, $f_{ck} =$ 28MPa, $f_y =$ 400MPa)

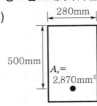

① 0.85
② 0.83
③ 0.81
④ 0.79

9. 다음 단면의 균열모멘트(M_{cr})의 값은? (단, $f_{ck} =$ 21MPa, 휨인장강도 $f_r =$ 0.63$\sqrt{f_{ck}}$)

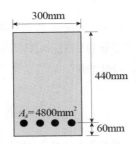

① 78.4kN · m
② 41.2kN · m
③ 36.2kN · m
④ 26.3kN · m

10. 포스트텐션 긴장재의 마찰손실을 구하기 위해 다음과 같은 근사식을 사용하고자 할 때 근사식을 사용할 수 있는 조건으로 옳은 것은?

$$P_{px} = \frac{P_{pj}}{1 + K l_{px} + \mu_p \alpha_{px}}$$

- P_{px} : 임의점 x에서 긴장재의 긴장력(N)
- P_{pj} : 긴장단에서 긴장재의 긴장력(N)
- K : 긴장재의 단위길이 1m당 파상마찰계수
- l_{px} : 정착단부터 임의의 지점 x까지 긴장재의 길이(m)
- μ_p : 곡선부의 곡률마찰계수
- α_{px} : 긴장단부터 임의점 x까지 긴장재의 전체 회전각변화량(라디안)

① P_{pj}의 값이 5,000kN 이하인 경우
② P_{pj}의 값이 5,000kN 초과하는 경우
③ $K l_{px} + \mu_p \alpha_{px}$값이 0.3 이하인 경우
④ $K l_{px} + \mu_p \alpha_{px}$값이 0.3 초과인 경우

11. 다음 그림과 같은 철근콘크리트보 단면이 파괴 시 인장철근의 변형률은? (단, $f_{ck} =$ 28MPa, $f_y =$ 350MPa, $A_s =$ 1,520mm^2)

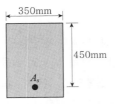

① 0.004
② 0.008
③ 0.011
④ 0.015

12. 강도설계법에서 휨부재의 등가사각형 압축응력 분포의 깊이 $a = \beta_1 c$인데, 이 중 f_{ck}가 40MPa일 때 β_1의 값은?

① 0.76
② 0.80
③ 0.72
④ 0.70

13. 다음 그림과 같은 띠철근기둥에서 띠철근의 최대간격은? (단, D10의 공칭직경은 9.5mm, D32의 공칭직경은 31.8mm)

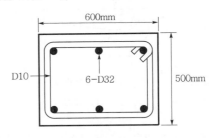

① 400mm
② 456mm
③ 500mm
④ 509mm

14. $f_{ck} =$ 28MPa, $f_y =$ 350MPa로 만들어지는 보에서 압축이형철근으로 D29(공칭지름 28.6mm)를 사용한다면 기본정착길이는?

① 412mm
② 446mm
③ 473mm
④ 522mm

15. 다음 그림과 같은 맞대기 용접의 용접부에 발생하는 인장응력은?

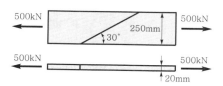

① 100MPa
② 150MPa
③ 200MPa
④ 220MPa

16. 강도설계법에서 다음 그림과 같은 단철근 T형보의 공칭휨강도(M_n)는? (단, A_s=5,000mm^2, f_{ck}=21MPa, f_y=300MPa)

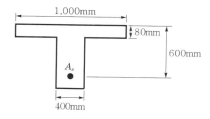

① 711.3kN · m
② 836.8kN · m
③ 947.5kN · m
④ 1084.6kN · m

17. b=300mm, d=600mm, A_s=3−D35=2,870mm^{2}인 직사각형 단면보의 파괴양상은? (단, 강도설계법에 의한 f_y=300MPa, f_{ck}=21MPa이다.)

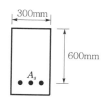

① 취성파괴
② 연성파괴
③ 균형파괴
④ 파괴되지 않는다.

18. 다음 그림과 같은 독립확대기초에서 1방향 전단에 대해 고려할 경우 위험 단면의 계수전단력(V_u)는? (단, 계수하중 P_u=1,500kN이다.)

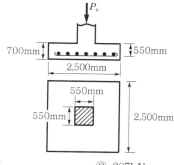

① 255kN
② 387kN
③ 897kN
④ 1,210kN

19. 다음 그림과 같은 T형 단면을 강도설계법으로 해석할 경우 플랜지 내민 부분의 압축력과 균형을 이루기 위한 철근 단면적(a_{sf})은? (단, A_s=3,852mm^2, f_{ck}=21MPa, f_y=400MPa이다.)

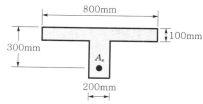

① 1175.2mm^2
② 1275.0mm^2
③ 1375.8mm^2
④ 2677.5mm^2

20. 다음 그림과 같은 나선철근기둥에서 나선철근의 간격(pitch)으로 적당한 것은? (단, 소요나선철근비(ρ_s)는 0.018, 나선철근의 지름은 12mm, D_c는 나선철근의 바깥지름)

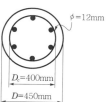

① 62mm
② 85mm
③ 93mm
④ 105mm

토목기사 실전 모의고사 6회

▶ 정답 및 해설 : p.152

1. 철근콘크리트 단면의 결정이나 응력을 계산할 때 콘크리트의 탄성계수(elastic modulus, E_c)는 다음의 어느 값으로 취하는가?

① 초기 계수(initial modulus)

② 탄젠트계수(tangent modulus)

③ 할선(시컨트)계수(secant modulus)

④ 영계수(Young's modulus)

2. 다음 설명 중 옳지 않은 것은?

① 과소철근 단면에서는 파괴 시 중립축은 위로 조금 올라간다.

② 과다철근 단면인 경우 강도설계에서 철근의 응력은 철근의 변형률에 비례한다.

③ 과소철근 단면인 보는 철근량이 적어 변형이 갑자기 증가하면서 취성파괴를 일으킨다.

④ 과소철근 단면에서는 계수하중에 의해 철근의 인장응력이 먼저 항복강도에 도달된 후 파괴된다.

3. 다음 중 용접부의 결함이 아닌 것은?

① 오버랩(overlap) ② 언더컷(undercut)

③ 스터드(stud) ④ 균열(crack)

4. 다음 그림과 같은 2경간 연속보의 양단에서 PS강재를 긴장할 때 단 A에서 중간 B까지의 근사법으로 구한 마찰에 의한 프리스트레스의 감소율은? (단, 각은 radian이며, 곡률마찰계수(μ)는 0.4, 파상마찰계수(k)는 0.0027이다.)

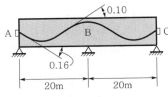

① 12.6% ② 18.2%

③ 10.4% ④ 15.8%

5. 다음 그림과 같은 나선철근 단주의 공칭중심축하중(P_n)은? [단, f_{ck}=28MPa, f_y=350MPa, 축방향 철근은 8-D25(A_s=4,050mm²)를 사용]

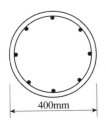

① 1,786kN ② 2,551kN

③ 3,450kN ④ 3,665kN

6. 폭이 300mm, 유효깊이가 500mm인 단철근 직사각형 보에서 강도설계법으로 구한 균형철근량은? (단, 등가직사각형 압축응력블록을 사용하며 f_{ck}=35MPa, f_y=350MPa이다.)

① 5,285mm²

② 5,890mm²

③ 6,665mm²

④ 7,235mm²

7. 다음 그림과 같은 나선철근기둥에서 나선철근의 간격(pitch)으로 적당한 것은? (단, 소요나선철근비 ρ_s=0.018, 나선철근의 지름은 12mm이다.)

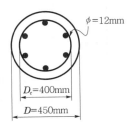

① 62mm ② 85mm

③ 93mm ④ 105mm

8. 다음 그림과 같은 단면의 균열모멘트 M_{cr}은? (단, $f_{ck}=$ 24MPa, $f_y=$400MPa, 보통중량콘크리트이다.)

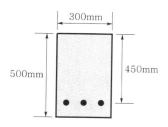

① 22.46kN · m   ② 28.24kN · m
③ 30.81kN · m   ④ 38.58kN · m

9. 경간 6m인 단순 직사각형 단면(b=300mm, $h=$ 400mm)보에 계수하중 30kN/m가 작용할 때 PS강재가 단면 도심에서 긴장되며 경간 중앙에서 콘크리트 단면의 하연응력이 0이 되려면 PS강재에 얼마의 긴장력이 작용되어야 하는가?

① 1,805kN   ② 2,025kN
③ 3,054kN   ④ 3,557kN

10. 다음 그림과 같은 철근콘크리트보 – 슬래브구조에서 대칭 T형보의 유효폭(b)은?

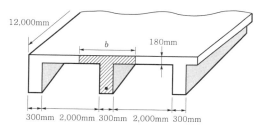

① 2,000mm   ② 2,300mm
③ 3,000mm   ④ 3,180mm

11. 다음 필릿용접의 전단응력은 얼마인가?

① 67.23MPa
② 70.72MPa
③ 72.72MPa
④ 79.01MPa

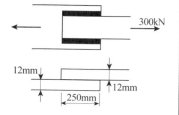

12. 슬래브와 일체로 시공된 다음 그림의 직사각형 단면 테두리보에서 비틀림에 대해서 설계에서 고려하지 않아도 되는 계수비틀림모멘트 T_u의 최대크기는 얼마인가? (단, $f_{ck}=$24MPa, $f_y=$400MPa, 비틀림에 대한 $\phi=$0.75)

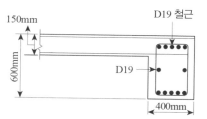

① 29.5kN · m   ② 17.5kN · m
③ 8.8kN · m   ④ 3kN · m

13. 복철근콘크리트 단면에 인장철근비는 0.02, 압축철근비는 0.01이 배근된 경우 순간처짐이 20mm일 때 6개월이 지난 후 총처짐량은? (단, 작용하는 하중은 지속하중이다.)

① 26mm   ② 36mm
③ 48mm   ④ 68mm

14. 폭 350mm, 유효깊이 500mm인 보에 설계기준 항복강도가 400MPa인 D13 철근을 인장주철근에 대한 경사각(α)이 60°인 U형 경사스터럽으로 설치했을 때 전단보강철근의 공칭강도(V_s)는? (단, 스터럽간격 $s=$ 250mm, D13 철근 1본의 단면적은 127mm^{2}이다.)

① 201.4kN   ② 212.7kN
③ 243.2kN   ④ 277.6kN

15. 2방향 슬래브설계 시 직접설계법을 적용할 수 있는 제한사항에 대한 설명 중 틀린 것은?
① 각 방향으로 3경간 이상이 연속되어야 한다.
② 연속된 받침부 중심 간 경간길이의 차는 긴 경간의 1/3 이하이어야 한다.
③ 연속한 기둥 중심선으로부터 기둥의 이탈은 이탈 방향 경간의 최대 10%까지 허용할 수 있다.
④ 모든 하중은 슬래브판 전체에 연직으로 작용하며, 활하중의 크기는 고정하중의 2배 이하이어야 한다.

16. 단철근 직사각형 보가 균형 단면이 되기 위한 압축연단에서 중립축까지 거리는? (단, f_y=300MPa, d=600mm이며 강도설계법에 의한다.)

① 494mm
② 413mm
③ 390mm
④ 293mm

17. PSC부재에서 프리스트레스의 감소원인 중 도입 후에 발생하는 시간적 손실의 원인에 해당하는 것은?

① 콘크리트의 크리프
② 정착장치의 활동
③ 콘크리트의 탄성수축
④ PS강재와 시스의 마찰

18. 다음 그림과 같은 두께 13mm의 플레이트에 4개의 볼트구멍이 배치되어 있을 때 부재의 순단면적을 구하면? (단, 볼트구멍의 직경은 24mm이다.)

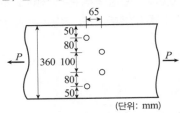

(단위: mm)

① 4,056mm^2
② 3,916mm^2
③ 3,775mm^2
④ 3,524mm^2

19. 길이 6m의 단순 철근콘크리트보의 처짐을 계산하지 않아도 되는 보의 최소두께는 얼마인가? (단, f_{ck}=21MPa, f_y=350MPa)

① 356mm
② 403mm
③ 375mm
④ 349mm

20. 다음 그림과 같은 인장철근을 갖는 보의 유효깊이는? (단, D19 철근의 공칭 단면적은 287mm^{2}이다.)

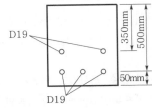

① 350mm
② 410mm
③ 440mm
④ 500mm

▶ 정답 및 해설 : p.154

1. 현장치기 콘크리트에서 콘크리트치기로부터 흙에 접하여 콘크리트를 친 후 영구히 흙에 묻혀 있는 콘크리트의 피복두께는 최소 얼마 이상이어야 하는가?

① 120mm

② 100mm

③ 75mm

④ 60mm

2. 강도설계법의 설계 기본가정 중에서 옳지 않은 것은?

① 철근 및 콘크리트의 변형률은 중립축으로부터의 거리에 비례한다.

② 인장측 연단에서 콘크리트의 극한변형률은 0.0033으로 가정한다.

③ 콘크리트의 인장강도는 철근콘크리트의 휨 계산에서 무시한다.

④ 철근의 변형률이 f_y에 대응하는 변형률보다 큰 경우 철근의 응력은 변형률에 관계없이 f_y로 본다.

3. 보의 자중에 의한 휨모멘트가 200kN · m이고, 활하중에 의한 휨모멘트가 400kN · m일 때 강도설계법에서의 소요휨강도는 얼마인가? (단, 하중계수 및 하중조합을 고려할 것)

① 840kN · m

② 880kN · m

③ 1,020kN · m

④ 1,120kN · m

4. 강도설계에서 $f_{ck}=29$MPa, $f_y=300$MPa일 때 단철근 직사각형 보의 균형철근비(ρ_b)는?

① 0.034

② 0.045

③ 0.051

④ 0.067

5. 다음 그림에서 나타난 직사각형 단철근보가 공칭휨강도 M_n에 도달할 때 인장철근의 변형률은 얼마인가? (단, 철근 D22 4개의 단면적 1,548mm², $f_{ck}=28$MPa, $f_y=350$MPa)

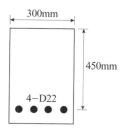

① 0.003

② 0.005

③ 0.010

④ 0.012

6. 다음 그림과 같은 T형 단면을 강도설계법으로 해석할 경우 내민 플랜지 단면적을 압축철근 단면적(A_{sf})으로 환산하면 얼마인가? (단, $f_{ck}=21$MPa, $f_y=400$MPa)

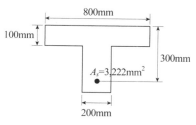

$A_s=3,222$mm²

① 1375.8mm²

② 1275.0mm²

③ 1175.2mm²

④ 2677.5mm²

7. 계수전단력 $V_u=108$kN이 작용하는 직사각형 보에서 콘크리트의 설계기준강도 $f_{ck}=24$MPa인 경우 전단철근을 사용하지 않아도 되는 최소유효깊이는 약 얼마인가? (단, $b_w=400$mm)

① 489mm

② 552mm

③ 693mm

④ 882mm

8. 강도설계법에 의해서 전단철근을 사용하지 않고 계수하중에 의한 전단력 V_u=50kN을 지지하려면 직사각형 단면보의 최소면적($b_w d$)은 약 얼마인가? (단, f_{ck}=28MPa, 최소전단철근도 사용하지 않는 경우이며, 전단에 대한 ϕ=0.75이다.)

① 151,190mm^2 ② 123,530mm^2
③ 97.840mm^2 ④ 49,320mm^2

9. b_w=250mm, h=500mm인 직사각형 철근콘크리트보의 단면에 균열을 일으키는 비틀림모멘트 T_{cr}은 얼마인가? (단, f_{ck}=28MPa)

① 9.8kN · m ② 11.3kN · m
③ 12.5kN · m ④ 18.2kN · m

10. f_{ck}=28MPa, f_y=350MPa로 만들어지는 보에서 압축이형철근으로 D29(공칭지름 28.6mm)를 사용한다면 기본정착길이는?

① 412mm ② 446mm
③ 473mm ④ 522mm

11. 압축철근비가 0.01이고, 인장철근비가 0.003인 철근콘크리트보에서 장기 추가 처짐에 대한 계수(λ)의 값은? (단, 하중재하기간은 5년 6개월이다.)

① 0.80 ② 0.933
③ 2.80 ④ 1.333

12. 다음 그림과 같은 띠철근기둥에서 띠철근의 최대 간격으로 적당한 것은? (단, D10의 공칭직경은 9.5mm, D32의 공칭직경은 31.8mm)

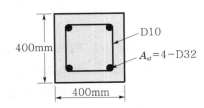

① 400mm ② 450mm
③ 500mm ④ 550mm

13. 2방향 슬래브설계 시 직접설계법을 적용할 수 있는 제한사항에 대한 설명 중 틀린 것은?

① 각 방향으로 3경간 이상이 연속되어야 한다.
② 연속된 받침부 중심 간 경간길이의 차는 긴 경간의 1/3 이하이어야 한다.
③ 연속한 기둥 중심선으로부터 기둥의 이탈은 이탈 방향 경간의 최대 10%까지 허용할 수 있다.
④ 모든 하중은 슬래브판 전체에 연직으로 작용하며, 활하중의 크기는 고정하중의 2배 이하이어야 한다.

14. 옹벽의 구조 해석에 대한 설명으로 잘못된 것은 어느 것인가?

① 부벽식 옹벽 저판은 정밀한 해석이 사용되지 않는 한 부벽 간의 거리를 경간으로 가정한 고정보 또는 연속보로 설계할 수 있다.
② 저판의 뒷굽판은 정확한 방법이 사용되지 않는 한 뒷굽판 상부에 재하되는 모든 하중을 지지하도록 설계하여야 한다.
③ 캔틸레버식 옹벽의 추가 철근은 저판에 지지된 캔틸레버로 설계할 수 있다.
④ 뒷부벽식 옹벽의 뒷부벽은 직사각형 보로 설계하여야 한다.

15. 다음 그림의 PSC보에서 PS강재를 포물선으로 배치하여 긴장할 때 하중평형개념으로 계산된 프리스트레스에 의한 상향 등분포하중 u의 크기는? (단 P=1,400kN, s=0.4m이다.)

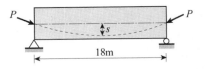

① 31kN/m ② 24kN/m
③ 19kN/m ④ 14kN/m

16. 보의 길이 l=20m, 활동량 Δl=4mm, E_p=200,000MPa일 때 프리스트레스 감소량 Δf_p는? (단, 일단 정착임)

① 40MPa ② 30MPa
③ 20MPa ④ 15MPa

17. 다음 그림과 같은 직사각형 단면의 단순보에 PS강재가 포물선으로 배치되어 있다. 보의 중앙 단면에서 일어나는 상·하연의 콘크리트 응력은 얼마인가? (단, PS강재의 긴장력은 3,300kN이고 자중을 포함한 작용하중은 27kN/m이다.)

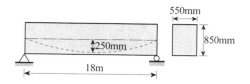

① 상 f_t =21.21MPa, 하 f_b =1.8MPa
② 상 f_t =12.07MPa, 하 f_b =0MPa
③ 상 f_t =8.6MPa, 하 f_b =2.45MPa
④ 상 f_t =11.11MPa, 하 f_b =3.0MPa

18. 경간이 8m인 직사각형 PSC보(b =300mm, h = 500mm)에 계수하중 w =40kN/m가 작용할 때 인장측의 콘크리트 응력이 0이 되려면 얼마의 긴장력으로 PS강재를 긴장해야 하는가? (단, PS강재는 콘크리트 단면 도심에 배치되어 있음)

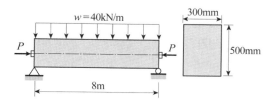

① P =1,250kN
③ P =2,650kN
② P =1,880kN
④ P =3,840kN

19. 부재의 순단면적을 계산할 경우 지름 22mm의 리벳을 사용하였을 때 리벳구멍의 지름은 얼마인가? [단, 강구조 연결설계기준(허용응력설계법) 적용]

① 22.5mm
② 25mm
③ 24mm
④ 23.5mm

20. 다음 그림과 같은 두께 13mm의 플레이트에 4개의 볼트구멍이 배치되어 있을 때 부재의 순단면적을 구하면? (단, 볼트구멍의 직경은 24mm이다.)

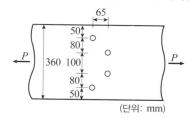

① 4,056mm^2
② 3,916mm^2
③ 3,775mm^2
④ 3,524mm^2

1. 콘크리트 속에 묻혀 있는 철근이 콘크리트와 일체가 되어 외력에 저항할 수 있는 이유로 적합하지 않은 것은?

① 철근과 콘크리트 사이의 부착강도가 크다.
② 철근과 콘크리트의 열팽창계수가 거의 같다.
③ 콘크리트 속에 묻힌 철근은 부식하지 않는다.
④ 철근과 콘크리트의 탄성계수는 거의 같다.

2. 강도감소계수(ϕ)에 대한 설명 중 틀린 것은?

① 설계 및 시공상의 오차를 고려한 값이다.
② 하중의 종류와 조합에 따라 값이 달라진다.
③ 휨부재로 인장지배 단면의 강도감소계수는 0.85이다.
④ 전단과 비틀림에 대한 강도감소계수는 0.75이다.

3. 보의 자중은 10kN · m, 활하중은 15kN · m인 등분포하중을 받는 경간 10m인 단순 지지보의 극한설계모멘트는? (단, 감소율은 고려하지 않음)

① 450kN · m
② 505kN · m
③ 515kN · m
④ 535kN · m

4. 폭 b_w=300mm, 유효깊이 d=450mm인 단철근 직사각형 보의 균형철근량은 약 얼마인가? (단, f_{ck}=35MPa, f_y=300MPa이다.)

① 7,590mm^2
② 7,358mm^2
③ 7,150mm^2
④ 7,010mm^2

5. 경간 10m인 대칭 T형보에서 양쪽 슬래브의 중심 간 거리가 2,100mm, 플랜지두께는 100mm, 복부의 폭(b_w)은 400mm일 때 플랜지의 유효폭은?

① 2,500mm
② 2,250mm
③ 2,100mm
④ 2,000mm

6. b_w=300mm, d=550mm, d'=50mm, A_s=4,500mm^2, A_s'=2,200mm^{2}인 복철근 직사각형 보가 연성파괴를 한다면 설계휨모멘트강도(ϕM_n)는 얼마인가? (단, f_{ck}=21MPa, f_y=300MPa)

① 516.3kN · m
② 565.3kN · m
③ 599.3kN · m
④ 612.9kN · m

7. b_w=350mm, d=600mm인 단철근 직사각형 보에서 콘크리트가 부담할 수 있는 공칭전단강도를 정밀식으로 구하면 약 얼마인가? (단, V_u=100kN, M_u=300kN · m, ρ_w=0.016, f_{ck}=24MPa)

① 164.2kN
② 171.5kN
③ 176.4kN
④ 182.7kN

8. 계수하중에 의한 전단력 V_u=75kN을 받을 수 있는 직사각형 단면을 설계하려고 한다. 규정에 의한 최소전단철근을 사용할 경우 필요한 콘크리트의 최소단면적 $b_w d$는 얼마인가? (단, f_{ck}=28MPa, f_y=300MPa)

① 101,090mm^2
② 103,073mm^2
③ 106,303mm^2
④ 113,390mm^2

9. 철근콘크리트부재에서 전단철근이 부담해야 할 전단력이 400kN일 때 부재축에 직각으로 배치된 전단철근의 최대간격은? (단, A_v=700mm^2, f_y=350MPa, f_{ck}=21MPa, b_w=400mm, d=560mm)

① 140mm
② 200mm
③ 300mm
④ 343mm

10. f_{ck}=21MPa, f_y=350MPa로 만들어지는 보에서 인장이형철근으로 D29(공칭지름 28.6mm)를 사용한다면 기본정착길이는?

① 892mm
② 1,054mm
③ 1,167mm
④ 1,311mm

11. 복철근콘크리트 단면에 인장철근비는 0.02, 압축철근비는 0.01이 배근된 경우 순간처짐이 20mm일 때 6개월이 지난 후 총처짐량은? (단, 작용하는 하중은 지속하중이며, 지속하중의 6개월 재하기간에 따르는 계수 ξ는 1.2이다.)

① 26mm
② 36mm
③ 48mm
④ 68mm

12. 지름 450mm인 원형 단면을 갖는 중심축하중을 받는 나선철근기둥에 있어서 강도설계법에 의한 축방향 설계강도(ϕP_n)는 얼마인가? (단, 이 기둥은 단주이고 $f_{ck}=27$MPa, $f_y=350$MPa, $A_{st}=8-$D22$=3,096$mm^2 이다.)

① 1,166kN
② 1,299kN
③ 2,424kN
④ 2,773kN

13. 2방향 슬래브의 직접설계법을 적용하기 위한 제한사항으로 틀린 것은?

① 각 방향으로 3경간 이상이 연속되어야 한다.
② 슬래브 판들은 단변경간에 대한 장변경간의 비가 2 이하인 직사각형이어야 한다.
③ 모든 하중은 연직하중으로서 슬래브판 전체에 등분포되어야 한다.
④ 연속한 기둥 중심선으로부터 기둥의 이탈은 이탈 방향 경간의 최대 20%까지 허용할 수 있다.

14. 옹벽의 설계 및 구조 해석에 대한 설명으로 틀린 것은?

① 활동에 대한 저항력은 옹벽에 작용하는 수평력의 1.5배 이상이어야 한다.
② 부벽식 옹벽의 추가 철근은 저판에 지지된 캔틸레버로 설계하여야 한다.
③ 저판의 뒷굽판은 정확한 방법이 사용되지 않는 한 뒷굽판 상부에 재하되는 모든 하중을 지지하도록 설계하여야 한다.
④ 캔틸레버식 옹벽의 저판은 추가 철근과의 접합부를 고정단으로 간주한 캔틸레버로 가정하여 단면을 설계할 수 있다.

15. 다음 그림과 같은 도심에 PC강재가 배치되어 있다. 초기 프리스트레스힘을 1,800kN 작용시켰다. 30%의 손실을 가정하여 콘크리트의 하연응력이 0이 되도록 하려면 이때의 휨모멘트값은 얼마인가? (단, 자중은 무시함)

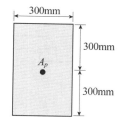

① 120kN · m
② 126kN · m
③ 130kN · m
④ 150kN · m

16. 단면이 300mm×400mm이고 150mm^{2}의 PS강선 4개를 단면 도심축에 배치한 프리텐션 PS 콘크리트 부재가 있다. 초기 프리스트레스 1,000MPa일 때 콘크리트의 탄성수축에 의한 프리스트레스의 손실량은? (단, $n=6.0$)

① 25MPa
② 30MPa
③ 34MPa
④ 42MPa

17. 경간 25m인 PS 콘크리트보에 계수하중 40kN/m가 작용하고 $P=2,500$kN의 프리스트레스가 주어질 때 등분포 상향력 u를 하중평형(balanced load)개념에 의해 계산하여 이 보에 작용하는 순수 하향 분포하중을 구하면?

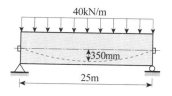

① 26.5kN/m
② 27.3kN/m
③ 28.8kN/m
④ 29.6kN/m

18. 다음 그림의 단순 지지보에서 긴장재는 C점에서 150mm의 편차에 직선으로 배치되고 1,000kN으로 긴장되었다. 보의 고정하중은 무시할 때 C점에서의 휨모멘트는 약 얼마인가? (단, 긴장재의 경사가 수평압축력에 미치는 영향 및 자중은 무시한다.)

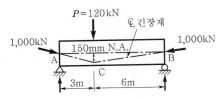

① $M_c = 90\text{kN} \cdot \text{m}$

② $M_c = -150\text{kN} \cdot \text{m}$

③ $M_c = 240\text{kN} \cdot \text{m}$

④ $M_c = 390\text{kN} \cdot \text{m}$

19. 다음 필릿용접의 전단응력은 얼마인가?

① 67.23MPa

② 70.72MPa

③ 72.72MPa

④ 79.01MPa

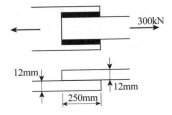

20. 다음 그림과 같은 강판에서 순폭은? [단, 볼트 구멍의 지름(d)은 25mm이다.]

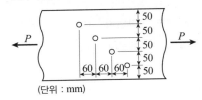

① 150mm

② 175mm

③ 204mm

④ 225mm

토목기사 실전 모의고사 9회

▶ 정답 및 해설 : p.157

1. 흙에 접하거나 옥외의 공기에 직접 노출되는 현장 치기 콘크리트로 D19 이상 철근을 사용하는 경우 최소 피복두께는 얼마인가?

① 20mm
② 40mm
③ 50mm
④ 60mm

2. 강도설계법에서 강도감소계수 ϕ값 규정에 어긋나는 것은?

① 휨부재(인장지배 단면) : $\phi=0.85$
② 무근콘크리트 휨부재 : $\phi=0.55$
③ 나선철근부재(압축지배 단면) : $\phi=0.70$
④ 띠철근부재(압축지배 단면) : $\phi=0.60$

3. 유효깊이(d)가 450mm인 직사각형 단면보에 $f_y=$ 400MPa인 인장철근이 1열로 배치되어 있다. 중립축 (c)의 위치가 압축연단에서 180mm인 경우 강도감소계수(ϕ)는?

① 0.817
② 0.824
③ 0.835
④ 0.847

4. 다음 그림과 같은 단철근 직사각형 보를 강도설계법으로 해석할 때 콘크리트의 등가직사각형의 깊이 a는? (단, $f_{ck}=21$MPa, $f_y=300$MPa)

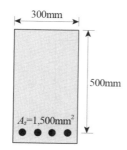

① 104mm
② 94mm
③ 84mm
④ 74mm

5. 다음 그림과 같은 복철근 직사각형 단면에서 응력 사각형의 깊이 a의 값은? (단, $f_{ck}=24$MPa, $f_y=300$MPa, $A_s=5-D35=4,790$mm^2, $A_s{'}=2-D35=1,916$mm^2)

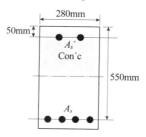

① 107mm
② 147mm
③ 151mm
④ 268mm

6. 다음 그림과 같은 복철근 직사각형 보에서 공칭모멘트강도(M_n)는? (단, $f_{ck}=24$MPa, $f_y=350$MPa, $A_s=$ 5,730mm^2, $A_s{'}=1,980$mm^2)

① 947.7kN · m
② 886.5kN · m
③ 805.6kN · m
④ 725.3kN · m

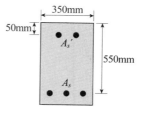

7. 철근콘크리트구조물의 전단철근 상세기준에 대한 설명 중 잘못된 것은?

① 이형철근을 전단철근으로 사용하는 경우 설계기준항복강도 f_y는 600MPa을 초과하여 취할 수 없다.
② 전단철근으로서 스터럽과 굽힘철근을 조합하여 사용할 수 있다.
③ 주철근에 45° 이상의 각도로 설치되는 스터럽은 전단철근으로 사용할 수 있다.
④ 경사스터럽과 굽힘철근은 부재 중간 높이인 0.5d에서 반력점방향으로 주인장철근까지 연장된 45°선과 한 번 이상 교차되도록 배치하여야 한다.

8. 철근콘크리트부재의 비틀림철근 상세에 대한 설명으로 틀린 것은? [단, p_h : 가장 바깥의 횡방향 폐쇄스터럽 중심선의 둘레(mm)]

① 종방향 비틀림철근은 양단에 정착하여야 한다.

② 횡방향 비틀림철근의 간격은 $\dfrac{p_h}{4}$ 보다 작아야 하고, 200mm보다 작아야 한다.

③ 비틀림에 요구되는 종방향 철근은 폐쇄스터럽의 둘레를 따라 300mm 이하의 간격으로 분포시켜야 한다.

④ 종방향 철근의 지름은 스터럽간격의 1/24 이상이어야 하며, D10 이상의 철근이어야 한다.

9. 계수전단력 V_u=200kN에 대한 수직스터럽간격의 최대값은? (단, 스터럽철근 D13 1본의 단면적은 126.7mm², f_{ck}=24MPa, f_y=350MPa)

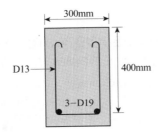

① 100mm
② 150mm
③ 200mm
④ 250mm

10. 인장철근의 겹침이음에 대한 설명 중 틀린 것은 어느 것인가?

① 다발철근의 겹침이음은 다발 내의 개개 철근에 대한 겹침이음길이를 기본으로 결정되어야 한다.

② 겹침이음에는 A급, B급 이음이 있다.

③ 겹침이음된 철근량이 총철근량의 1/2 이하인 경우는 B급 이음이다.

④ 어떤 경우이든 300mm 이상 겹침이음한다.

11. 다음 단면의 균열모멘트(M_{cr})의 값은? (단, f_{ck}=21MPa, 휨인장강도 f_r=0.63$\sqrt{f_{ck}}$)

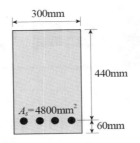

① 78.4kN·m
② 41.2kN·m
③ 36.2kN·m
④ 26.3kN·m

12. 다음 그림과 같은 원형 철근기둥에서 콘크리트구조설계기준에서 요구하는 최소나선철근의 간격은? (단, f_{ck}=24MPa, f_y=400MPa, D10 철근의 공칭 단면적은 71.3mm²이다.)

① 35mm
② 40mm
③ 45mm
④ 70mm

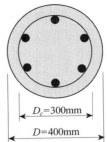

13. 2방향 확대기초에서 하중계수가 고려된 계수하중 P_u(자중 포함)가 다음 그림과 같이 작용할 때 위험단면의 계수전단력(V_u)은 얼마인가?

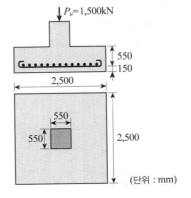

① 1111.24kN
② 1163.4kN
③ 1209.6kN
④ 1372.9kN

14. 뒷부벽식 옹벽은 부벽이 어떤 보로 설계되어야 하는가?

① 직사각형 보   ② T형보
③ 단순보   ④ 연속보

15. T형 PSC보에 설계하중을 작용시킨 결과 보의 처짐은 0이었으며, 프리스트레스 도입단계부터 부착된 계측장치로부터 상부 탄성변형률 $\varepsilon = 3.5 \times 10^{-4}$을 얻었다. 콘크리트 탄성계수 $E_c = 26{,}000\text{MPa}$, T형보의 단면적 $A_g = 150{,}000\text{mm}^2$, 유효율 $R = 0.85$일 때 강재의 초기 긴장력 P_i를 구하면?

① 1,606kN   ② 1,365kN
③ 1,160kN   ④ 2,269kN

16. 다음 그림과 같은 PSC보에 활하중(w_l) 18kN/m 가 작용하고 있을 때 보의 중앙 단면 상연에서 콘크리트 응력은? [단, 프리스트레스트힘(P)은 3,375kN이고, 콘크리트의 단위중량은 25kN/m³를 적용하여 자중을 선정하며, 하중계수와 하중조합은 고려하지 않는다.]

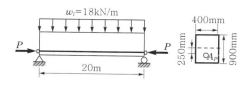

① 18.75MPa   ② 23.63MPa
③ 27.25MPa   ④ 32.42MPa

17. PSC부재에서 프리스트레스의 감소원인 중 도입 후에 발생하는 시간적 손실의 원인에 해당하는 것은?

① 콘크리트의 크리프   ② 정착장치의 활동
③ 콘크리트의 탄성수축   ④ PS강재와 시스의 마찰

18. 다음 그림과 같은 단순 PSC보에 등분포하중(자중 포함) $w = 40\text{kN/m}$가 작용하고 있다. 프리스트레스에 의한 상향력과 이 등분포하중이 비기기 위한 프리스트레스 힘 P는 얼마인가?

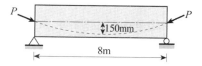

① 2133.3kN   ② 2400.5kN
③ 2842.6kN   ④ 3204.7kN

19. 다음 그림은 지그재그로 구멍이 있는 판에서 순폭을 구하면? (단, 리벳구멍의 지름=25mm)

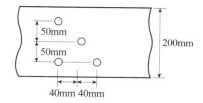

① $b_n = 187\text{mm}$ ② $b_n = 150\text{mm}$
③ $b_n = 141\text{mm}$ ④ $b_n = 125\text{mm}$

20. 다음 그림과 같은 필릿용접에서 일어나는 응력이 옳게 된 것은?

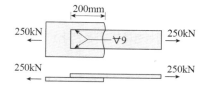

① 97.3MPa   ② 98.2MPa
③ 99.2MPa   ④ 109.0MPa

1. 철근콘크리트부재에 고정하중 30kN/m, 활하중 50kN/m가 작용한다면 소요강도(U)는?

① 73kN/m
② 116kN/m
③ 127kN/m
④ 155kN/m

2. 다음 그림과 같은 단철근 직사각형 단면보에서 등가 직사각형 응력블록의 깊이(a)는? (단, f_y=350MPa, f_{ck}=28MPa)

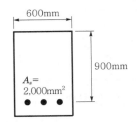

① 42mm
② 49mm
③ 52mm
④ 59mm

3. 다음 그림과 같은 복철근 직사각형 단면의 보에서 등가 직사각형 응력블록의 깊이(a)는? (단, A_s=4,765mm², A_s'=1,927mm², f_{ck}=28MPa, f_y=350MPa이고 파괴 시 압축철근이 항복한다고 가정한다.)

① 127.4mm
② 139.1mm
③ 145.7mm
④ 152.5mm

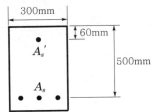

4. 보에 작용하는 계수전단력 V_u=50kN을 콘크리트만으로 지지할 경우 필요한 유효깊이 d의 최소값은 약 얼마인가? (단, b_w=350mm, f_{ck}=22MPa, f_y=400MPa)

① 326mm
② 488mm
③ 532mm
④ 550mm

5. P=400kN의 인장력이 작용하는 판두께 10mm인 철판에 ϕ19mm인 리벳을 사용하여 접합할 때 소요리벳 수는? (단, 허용전단응력(τ_a)은 75MPa, 허용지압응력(σ_b)은 150MPa이다.)

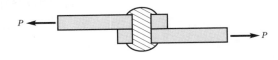

① 15개
② 17개
③ 19개
④ 21개

6. 다음 그림과 같은 띠철근기둥의 공칭축강도(P_n)는 얼마인가? (단, f_{ck}=24MPa, f_y=300MPa, 종방향 철근의 전체 단면적 A_{st}=2,027mm²이다.)

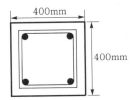

① 2145.7kN
② 2279.2kN
③ 3064.6kN
④ 3492.2kN

7. 다음 그림과 같이 PS강선을 포물선으로 배치했을 때 PS강선의 편심은 중앙점에서 100mm이고 양 지점에서는 0이었다. PS강선을 3,000kN으로 인장할 때 생기는 등분포 상향력은?

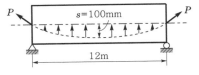

① 1.13kN/m
② 1.67kN/m
③ 13.3kN/m
④ 16.7kN/m

8. 옹벽의 설계에 대한 일반적인 설명으로 틀린 것은?

① 활동에 대한 저항력은 옹벽에 작용하는 수평력의 1.5배 이상이어야 한다.

② 전도에 대한 저항휨모멘트는 횡토압에 의한 전도 모멘트의 2.0배 이상이어야 한다.

③ 캔틸레버식 옹벽의 전면벽은 저판에 지지된 캔틸레버로 설계할 수 있다.

④ 뒷부벽은 직사각형 보로 설계하여야 한다.

9. 프리스트레스 도입 시의 프리스트레스 손실원인이 아닌 것은?

① 정착장치의 활동

② 콘크리트의 탄성수축

③ 긴장재와 덕트 사이의 마찰

④ 콘크리트의 크리프와 건조수축

10. 다음 그림은 필릿(fillet)용접한 것이다. 목두께 a를 표시한 것으로 옳은 것은?

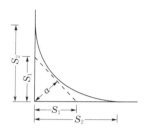

① $a = S_2 \times 0.7$

② $a = S_1 \times 0.7$

③ $a = S_2 \times 0.6$

④ $a = S_1 \times 0.6$

토목산업기사 실전 모의고사 2회

▶ 정답 및 해설 : p.159

1. 강도설계법에서 휨모멘트 또는 휨모멘트와 축력을 동시에 받는 부재의 콘크리트압축연단의 극한변형률은 얼마로 가정하는가?

① 0.0015 　　　　② 0.0023
③ 0.0033 　　　　④ 0.0040

2. 단철근 직사각형 보에서 f_y=400MPa, f_{ck}=28MPa 일 때 강도설계법에 의한 균형철근비(ρ_b)는?

① 0.0432 　　　　② 0.0384
③ 0.0296 　　　　④ 0.0242

3. 다음 단면의 균열모멘트 M_{cr}의 값은? (단, f_{ck}= 24MPa, 콘크리트파괴계수 f_r=3.09MPa)

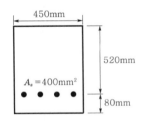

① 16.8kN·m
② 41.58kN·m
③ 83.43kN·m
④ 110.88kN·m

4. 경간이 6m, 폭 300mm, 유효깊이 500mm인 단철근 직사각형 단순보가 전단철근 없이 지지할 수 있는 최대 전단강도 V_u는? (단, 자중의 영향은 무시하며 f_{ck}= 21MPa)

① 35.0kN 　　　　② 43.0kN
③ 55.0kN 　　　　④ 65.0kN

5. 이형철근이 인장을 받을 때 기본정착길이(l_{db})를 구하는 식으로 옳은 것은? (단, 보통중량콘크리트이고 d_b는 철근의 공칭지름)

① $\dfrac{0.6d_b f_y}{\lambda \sqrt{f_{ck}}}$ 　　② $\dfrac{0.24\beta d_b f_y}{\lambda \sqrt{f_{ck}}}$
③ $\dfrac{0.25d_b f_y}{\lambda \sqrt{f_{ck}}}$ 　　④ $0.043d_b f_y$

6. 다음 그림과 같은 맞대기용접의 용접부에 생기는 인장응력은?

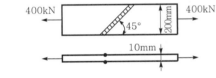

① 180MPa 　　　　② 141MPa
③ 200MPa 　　　　④ 223MPa

7. 슬래브의 설계에서 직접설계법을 사용하고자 할 때 제한사항으로 틀린 것은?

① 각 방향으로 3경간 이상 연속되어야 한다.
② 슬래브판들은 단변경간에 대한 장변경간의 비가 2 이하인 직사각형이어야 한다.
③ 연속한 기둥 중심선을 기준으로 기둥의 어긋남은 그 방향 경간의 10% 이하이어야 한다.
④ 모든 하중은 모멘트하중으로서 슬래브판 전체에 등분포되어야 하며, 활하중은 고정하중의 1/2 이상이어야 한다.

8. 프리스트레스의 감소원인이 아닌 것은?
① 콘크리트의 건조수축과 크리프
② PS강재의 항복강도
③ 콘크리트의 탄성변형
④ PS강재의 미끄러짐과 마찰

9. 경간이 8m인 직사각형 PSC보($b=300$mm, $h=500$mm)에 계수하중 $w=40$kN/m가 작용할 때 인장측의 콘크리트 응력이 0이 되려면 얼마의 긴장력으로 PS강재를 긴장해야 하는가? (단, PS강재는 콘크리트 단면 도심에 배치되어 있음)

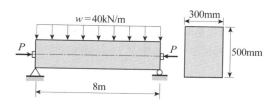

① $P=1,250$kN

② $P=1,880$kN

③ $P=2,650$kN

④ $P=3,840$kN

10. 다음 그림의 고장력 볼트 마찰이음에서 필요한 볼트수는 몇 개인가? (단, 볼트는 M24($=\phi24$mm), F10T를 사용하며, 마찰이음의 허용력은 56kN이다.)

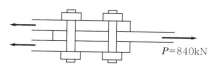

① 5개

② 6개

③ 7개

④ 8개

1. 강도설계법에서 강도감소계수(ϕ)를 사용하는 목적으로 틀린 것은?

① 구조해석할 때의 가정 및 계산의 단순화로 인해 야기될지 모르는 초과하중의 영향에 대비하기 위해서

② 재료강도와 치수가 변동할 수 있으므로 부재의 강도 저하확률에 대비한 여유를 위해서

③ 부정확한 설계방정식에 대비한 여유를 위해서

④ 주어진 하중조건에 대한 부재의 연성도와 소요신뢰도를 반영하기 위해서

2. 대칭 T형보에서 플랜지두께(t)는 100mm, 복부폭(b_w)은 400mm, 보의 경간이 6m이고 슬래브의 중심 간 거리가 3m일 때 플랜지 유효폭은 얼마인가?

① 1,000mm
② 1,500mm
③ 2,000mm
④ 3,000mm

3. $b_w = 300mm$, $d = 700mm$인 단철근 직사각형 보에서 균형철근량을 구하면? (단, $f_{ck} = 21MPa$, $f_y = 240MPa$)

① 11,219mm^2
② 10,219mm^2
③ 9,156mm^2
④ 9,134mm^2

4. 다음 그림과 같은 단면의 보에서 콘크리트가 부담하는 공칭전단강도(V_c)는? (단, $f_{ck} = 28MPa$, $f_y = 400MPa$, $A_s = 1,540mm^2$)

① 103.78kN
② 119.06kN
③ 132.29kN
④ 156.62kN

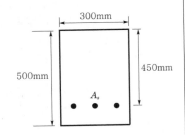

5. 경간이 8m인 캔틸레버보에서 처짐을 계산하지 않는 경우 보의 최소두께로서 옳은 것은? (단, 보통중량콘크리트를 사용한 경우로서, $f_{ck} = 28MPa$, $f_y = 400MPa$이다.)

① 1,000mm
② 800mm
③ 600mm
④ 500mm

6. 옹벽의 구조 해석에서 앞부벽의 설계에 대한 설명으로 옳은 것은?

① 3변 지지된 2방향 슬래브로 설계하여야 한다.

② 저판에 지지된 캔틸레버보로 설계하여야 한다.

③ T형보로 설계하여야 한다.

④ 직사각형 보로 설계하여야 한다.

7. 프리스트레스트 콘크리트에서 강재의 프리스트레스 도입 시 발생되는 즉시 손실에 해당되지 않는 것은?

① 정착장치의 활동에 의한 손실

② PS강재와 긴장덕트의 마찰에 의한 손실

③ PS강재의 릴랙세이션 손실

④ 콘크리트의 탄성수축에 의한 손실

8. 다음과 같은 단면을 갖는 프리텐션보에 초기 긴장력 $P_i = 250kN$이 작용할 때, 콘크리트탄성변형에 의한 프리스트레스 감소량은? (단, $n = 7$이고, 보의 자중은 무시한다.)

① 24.3MPa
② 29.5MPa
③ 34.3MPa
④ 38.1MPa

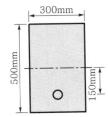

9. 다음 그림과 같은 강판에서 순폭은? (단, 볼트구멍의 지름(d)은 25mm이다.)

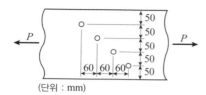

(단위 : mm)

① 150mm

② 175mm

③ 204mm

④ 225mm

10. 다음 그림과 같은 맞대기용접이음의 유효길이는 얼마인가?

① 150mm

② 300mm

③ 400mm

④ 600mm

토목산업기사 실전 모의고사 4회

▶ 정답 및 해설 : p.160

1. 강도설계법에 의한 나선철근압축부재의 공칭축강도(P_n)의 값은? (단, A_g=160,000mm², A_{st}=6−D32=4,765mm², f_{ck}=22MPa, f_y=350MPa이다.)

① 3,567kN
② 3,885kN
③ 4,428kN
④ 4,967kN

2. 다음 그림과 같은 맞대기 용접이음에서 이음의 응력을 구한 값은?

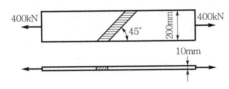

① 141MPa
② 183MPa
③ 200MPa
④ 283MPa

3. 콘크리트의 강도설계에서 등가직사각형 응력블록의 깊이 $a = \beta_1 c$로 표현할 수 있다. f_{ck}=60MPa인 경우 β_1의 값은 얼마인가? (단, 1MPa=10kg/cm²)

① 0.85
② 0.76
③ 0.70
④ 0.65

4. 전단철근에 대한 설명으로 틀린 것은?

① 철근콘크리트부재의 경우 주인장철근에 45° 이상의 각도로 설치되는 스터럽을 전단철근으로 사용할 수 있다.
② 철근콘크리트부재의 경우 주인장철근에 30° 이상의 각도로 구부린 굽힘철근을 전단철근으로 사용할 수 있다.
③ 전단철근의 설계기준항복강도는 500MPa를 초과할 수 없다.
④ 전단철근으로 사용하는 스터럽과 기타 철근 또는 철선은 콘크리트압축연단부터 거리 $d/2$만큼 연장하여야 한다.

5. 프리스트레스트 콘크리트에서 포스트텐션 긴장재의 마찰손실을 구할 때 사용하는 근사식은 다음의 표와 같다. 이러한 근사식을 사용할 수 있는 조건에 대한 설명으로 옳은 것은?

$$P_{px} = \frac{P_{pj}}{1 + Kl_{px} + \mu_p \alpha_{px}}$$

여기서,
P_{px} : 임의의 점 x에서 긴장재의 긴장력
P_{pj} : 긴장단에서 긴장재의 긴장력
K : 긴장재의 단위길이 1m당 파상마찰계수
l_{px} : 정착단부터 임의의 지점 x까지 긴장재의 길이
μ_p : 곡선부의 곡률마찰계수
α_{px} : 긴장단부터 임의의 점 x까지 긴장재의 전체 회전각변화량(라디안)

① $Kl_{px} + \mu_p \alpha_{px}$값이 0.3 이상인 경우
② $Kl_{px} + \mu_p \alpha_{px}$값이 0.3 이하인 경우
③ $Kl_{px} + \mu_p \alpha_{px}$값이 0.5 이상인 경우
④ $Kl_{px} + \mu_p \alpha_{px}$값이 0.5 이하인 경우

6. 연성파괴를 일으키는 직사각형 단면에서 중립축거리(c)는 얼마인가? (단, A_s=3−D25=1,520mm², f_{ck}=30MPa, f_y=500MPa)

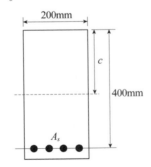

① 175.3mm
② 178.3mm
③ 182.7mm
④ 186.3mm

7. 단철근 직사각형 보에서 $f_{ck}=21\text{MPa}$, $f_y=300\text{MPa}$ 일 때 균형철근비 ρ_b를 구한 값은?

① 0.025

② 0.033

③ 0.043

④ 0.052

8. 앞부벽식 옹벽의 앞부벽은 어떤 보로 설계하여야 하는가?

① T형보

② 연속보

③ 단순보

④ 직사각형 보

9. 처짐을 계산하지 않는 경우 단순 지지로 길이 l인 1방향 슬래브의 최소두께(h)로 옳은 것은? (단, 보통콘크리트($m_c=2,300\text{kg/m}^3$)와 설계기준항복강도 400MPa의 철근을 사용한 부재이다.)

① $\dfrac{l}{20}$

② $\dfrac{l}{24}$

③ $\dfrac{l}{28}$

④ $\dfrac{l}{34}$

10. 프리스트레스의 손실원인 중 프리스트레스를 도입할 때 즉시 손실의 원인이 되는 것은?

① 콘크리트의 크리프

② PS강재와 시스 사이의 마찰

③ PS강재의 릴랙세이션

④ 콘크리트의 건조수축

1. 다음 그림의 고장력 볼트 마찰이음에서 필요한 볼트 수는 최소 몇 개인가? [단, 볼트는 M22(=ϕ22mm), F10T를 사용하며, 마찰이음의 허용력은 48kN이다.]

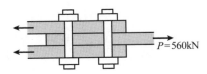

① 3개
② 5개
③ 6개
④ 8개

2. A_g=180,000mm², f_{ck}=24MPa, f_y=350MPa이고 종방향 철근의 전체 단면적(A_{st})=4,500mm²인 나선철근기둥(단주)의 공칭축강도(P_n)는?

① 2987.7kN

② 3067.4kN

③ 3873.2kN

④ 4381.9kN

3. 철근콘크리트 1방향 슬래브에 대한 설명으로 틀린 것은?

① 1방향 슬래브에서는 정모멘트 철근 및 부모멘트 철근에 직각방향으로 수축 · 온도철근을 배치하여야 한다.

② 4변에 의해 지지되는 2방향 슬래브 중에서 단변에 대한 장변의 비가 2배를 넘으면 1방향 슬래브로 해석하며, 이 경우 일반적으로 슬래브의 장변방향을 경간으로 사용한다.

③ 슬래브의 두께는 최소 100mm 이상으로 하여야 한다.

④ 슬래브의 정모멘트 철근 및 부모멘트 철근의 중심간격은 위험 단면에서 슬래브두께의 2배 이하이어야 하고, 또한 300mm 이하로 하여야 한다.

4. 보통콘크리트부재의 해당 지속하중에 대한 탄성처짐이 30mm이었다면 크리프 및 건조수축에 따른 추가적인 장기처짐을 고려한 최종 총처짐량은 얼마인가? (단, 하중 재하기간은 10년이고, 압축철근비 ρ'은 0.005이다.)

① 78mm
② 68mm
③ 58mm
④ 48mm

5. 프리텐션방식으로 제작한 부재에서 프리스트레스에 의한 콘크리트의 압축응력이 7MPa이고 n=6일 때 콘크리트의 탄성변형에 의한 PS강재의 프리스트레스의 감소량은 얼마인가?

① 24MPa
② 42MPa
③ 48MPa
④ 52MPa

6. 다음 그림과 같은 단철근 직사각형 단면보에서 등가직사각형 응력블록의 깊이(a)는? (단, f_{ck}=28MPa, f_y=350MPa이다.)

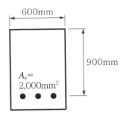

① 42mm
② 49mm
③ 52mm
④ 59mm

7. 강도설계법에서 휨부재의 등가사각형 압축응력분포의 깊이(a)는 다음의 표와 같은 식으로 구할 수 있다. 콘크리트의 설계기준압축강도(f_{ck})가 40MPa인 경우 β_1의 값은?

$a = \beta_1 c$

① 0.683
② 0.712
③ 0.766
④ 0.800

8. 전단철근이 부담하는 전단력(V_s)이 200kN일 때 D13 철근을 사용하여 수직스터럽으로 전단보강하는 경우 배치간격은 최대 얼마 이하로 하여야 하는가? (단, D13의 단면적은 127mm², f_{ck}=28MPa, f_y=400MPa, b_w=400mm, d=600mm, 보통중량콘크리트이다.)

① 600mm

② 300mm

③ 255mm

④ 175mm

9. 강도설계법에서 단철근 직사각형 보의 균형 단면 중립축위치(c)를 구하는 식으로 옳은 것은? (단, f_y : 철근의 설계기준항복강도, f_s : 철근의 응력, d : 보의 유효깊이)

① $c = \left(\dfrac{660}{660 + f_y} \right) d$

② $c = \left(\dfrac{660}{660 - f_y} \right) d$

③ $c = \left(\dfrac{660}{660 + f_s} \right) d$

④ $c = \left(\dfrac{660}{660 - f_s} \right) d$

10. 다음 그림은 필릿(fillet)용접한 것이다. 목두께 a를 표시한 것으로 옳은 것은?

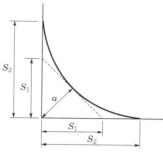

① $a = S_2 \times 0.7$

② $a = S_1 \times 0.7$

③ $a = S_2 \times 0.6$

④ $a = S_1 \times 0.6$

1. 보통중량골재를 사용한 콘크리트의 단위질량을 2,300kg/m³로 할 때 콘크리트의 탄성계수를 구하는 식은? (단, f_{cm} : 재령 28일에서 콘크리트의 평균압축강도이다.)

① $E_c = 8,500 \sqrt[3]{f_{cm}}$

② $E_c = 8,500 \sqrt{f_{cm}}$

③ $E_c = 10,000 \sqrt[3]{f_{cm}}$

④ $E_c = 10,000 \sqrt{f_{cm}}$

2. 강도설계법에서 콘크리트가 부담하는 공칭전단강도를 구하는 식은? (단, 전단력과 휨모멘트만을 받는 부재이다.)

① $V_c = \dfrac{1}{6}\lambda \sqrt{f_{ck}}\, b_w d$

② $V_c = \dfrac{1}{2}\lambda \sqrt{f_{ck}}\, b_w d$

③ $V_c = \dfrac{2}{3}\lambda \sqrt{f_{ck}}\, b_w d$

④ $V_c = 3.5\lambda \sqrt{f_{ck}}\, b_w d$

3. 뒷부벽식 옹벽은 부벽이 어떤 보로 설계되어야 하는가?

① 직사각형 보

② T형보

③ 단순보

④ 연속보

4. 다음 그림과 같은 판형(Plate Girder)의 각부 명칭으로 틀린 것은?

① A : 상부판(Flange)

② B : 보강재(Stiffener)

③ C : 덮개판(Cover plate)

④ D : 횡구(Bracing)

5. 프리스트레스 콘크리트의 원리를 설명할 수 있는 기본개념으로 옳지 않은 것은?

① 응력개념

② 변형도개념

③ 강도개념

④ 하중평형개념

6. 강판을 리벳이음할 때 불규칙배치(엇모배치)할 경우 재편의 순폭은 최초의 리벳구멍에 대하여 그 지름(d)을 빼고 다음 것에 대하여는 다음 중 어느 식을 사용하여 빼주는가? (단, g : 리벳선간거리, p : 리벳의 피치)

① $d - \dfrac{g^2}{4p}$

② $d - \dfrac{4p^2}{g}$

③ $d - \dfrac{p^2}{4g}$

④ $d - \dfrac{4g}{p^2}$

7. $b = 300$mm, $d = 500$mm인 단철근 직사각형 보에서 균형철근비(ρ_b)가 0.0285일 때 이 보를 균형철근비로 설계한다면 철근량(A_s)은?

① 2,820mm²

② 3,210mm²

③ 4,225mm²

④ 4,275mm²

8. 강도설계법에서 사용되는 강도감소계수에 대한 설명으로 틀린 것은?

① 인장지배 단면에 대한 강도감소계수는 0.85이다.

② 전단력에 대한 강도감소계수는 0.75이다.

③ 무근콘크리트의 휨모멘트에 대한 강도감소계수는 0.55이다.

④ 압축지배 단면 중 나선철근으로 보강된 철근콘크리트부재의 강도감소계수는 0.65이다.

9. 부재 측면에 발생하는 균열을 제어하기 위해 주철근부터 중립축까지 표면 근처에 배치하는 철근은?

① 배력철근

② 표피철근

③ 피복철근

④ 연결철근

16. 2방향 슬래브설계 시 직접설계법을 적용할 수 있는 제한사항을 설명한 것으로 잘못된 것은?

① 각 방향으로 3경간 이상이 연속되어야 한다.

② 슬래브 판들은 단변경간에 대한 장변경간의 비가 2 이하인 직사각형이어야 한다.

③ 연속한 기둥 중심선으로부터 기둥의 이탈은 이탈 방향 경간의 최대 10%까지 허용할 수 있다.

④ 활하중은 고정하중의 4배 이하이어야 한다.

1. 강도설계법에 의해 휨설계를 할 경우 $f_{ck}=40$MPa인 경우 β_1의 값은?

① 0.850　　　　　　② 0.800

③ 0.766　　　　　　④ 0.650

2. 강도설계에서 $f_{ck}=24$MPa, $f_y=280$MPa을 사용하는 직사각형 단철근보의 균형철근비는?

① 0.028　　　　　　② 0.034

③ 0.041　　　　　　④ 0.056

3. 다음 그림과 같은 보에서 전단력과 휨모멘트만을 받는 경우 보통중량콘크리트가 받을 수 있는 전단강도 V_c는 얼마인가? (단, $f_{ck}=28$MPa, $f_y=400$MPa)

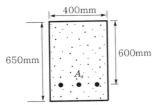

① 211.7kN　　　　　② 229.3kN

③ 248.3kN　　　　　④ 265.1kN

4. $b=300$mm, $d=500$mm인 단철근 직사각형 보에서 균형철근비(ρ_b)가 0.0285일 때 이 보를 균형철근비로 설계한다면 철근량(A_s)은?

① 2,820mm^2　　　② 3,210mm^2

③ 4,225mm^2　　　④ 4,275mm^2

5. 보통 콘크리트부재의 해당 지속하중에 대한 탄성처짐이 30mm이었다면 크리프 및 건조수축에 따른 추가적인 장기처짐을 고려한 최종 총처짐량은 얼마인가? (단, 하중재하기간은 10년이고, 압축철근비 ρ'은 0.005이다.)

① 78mm　　　　　　② 68mm

③ 58mm　　　　　　④ 48mm

6. 휨부재에서 $f_{ck}=28$MPa, $f_y=400$MPa일 때 인장철근 D29(공칭지름 28.6mm, 공칭 단면적 642mm^2)의 기본정착길이(l_{db})는 약 얼마인가?

① 1,200mm　　　　② 1,250mm

③ 1,300mm　　　　④ 1,350mm

7. 보통중량콘크리트($m_c=2,300$kg/m^3)와 설계기준 항복강도 400MPa인 철근을 사용한 길이 10m의 단순지지보에서 처짐을 계산하지 않는 경우의 최소두께는?

① 545mm　　　　　② 560mm

③ 625mm　　　　　④ 750mm

8. 다음 중 철근콘크리트보에 스터럽을 배근하는 가장 주된 이유는?

① 보에 작용하는 전단응력에 의한 균열을 막기 위하여

② 콘크리트와 철근의 부착을 잘 되게 하기 위하여

③ 압축측의 좌굴을 방지하기 위하여

④ 인장철근의 응력을 분포시키기 위하여

9. 보의 길이 $l=20$m, 활동량 $\Delta l=4$mm, $E_p=200,000$MPa일 때 프리스트레스 감소량 Δf_p는? (단, 일단 정착임)

① 40MPa　　　　　② 30MPa

③ 20MPa　　　　　④ 15MPa

10. 다음 그림과 같은 필릿용접에서 용접부의 목두께로 가장 적합한 것은?

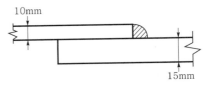

① 7mm　　　　　　② 10mm

③ 12mm　　　　　　④ 15mm

토목산업기사 실전 모의고사 8회

▶ 정답 및 해설 : p.163

1. 강도설계법으로 부재를 설계할 때 사용하중에 하중계수를 곱한 하중을 무엇이라고 하는가?

① 하중조합   ② 고정하중
③ 활하중   ④ 계수하중

2. 단철근 직사각형보에서 f_y=300MPa, d=600mm 일 때 중립축거리 c는? (단, 강도설계법에 의한 균형보임)

① 412.5mm   ② 447.5mm
③ 483.5mm   ④ 537.5mm

3. 다음 그림과 같은 T형 단면의 보에서 등가직사각형 응력블록의 깊이(a)는? (단, f_{ck}=28MPa, f_y=400MPa, A_s=3,855mm²)

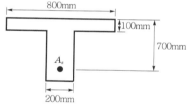

① 81mm   ② 98mm
③ 108mm   ④ 116mm

4. D13 철근을 U형 스터럽으로 가공하여 300mm 간격으로 부재축에 직각이 되게 설치한 전단철근의 강도 V_s는? [단, 스터럽의 설계기준항복강도(f_{yt})=400MPa, d=600mm, D13 철근의 단면적은 127mm²로 계산하며 강도설계임]

① 101.6kN   ② 203.2kN
③ 406.4kN   ④ 812.8kN

5. 다음 중 철근콘크리트부재의 전단철근으로 사용할 수 없는 것은?

① 주인장철근에 45°의 각도로 설치되는 스터럽
② 주인장철근에 30°의 각도로 설치되는 스터럽
③ 주인장철근에 30°의 각도로 구부린 굽힘철근
④ 주인장철근에 45°의 각도로 구부린 굽힘철근

6. 처짐을 계산하지 않는 경우의 길이 l인 1방향 슬래브의 최소두께(h)로 옳은 것은? (단, 보통 콘크리트로 m_c=2,300kg/m³, 철근의 설계기준항복강도 400MPa 이다.)

① $\dfrac{l}{20}$ ② $\dfrac{l}{24}$
③ $\dfrac{l}{28}$ ④ $\dfrac{l}{34}$

7. 다음 그림과 같이 경간 L=9m인 연속 슬래브에서 빗금 친 반T형보의 유효폭(b)은?

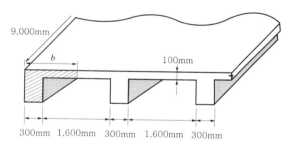

① 900mm   ② 1,050mm
③ 1,100mm   ④ 1,200mm

8. 다음 그림과 같은 띠철근기둥에서 띠철근으로 D10 (공칭지름 9.5mm) 및 축방향 철근으로 D32(공칭지름 31.8mm)의 철근을 사용할 때 띠철근의 최대수직간격은?

① 450mm
② 456mm
③ 500mm
④ 509mm

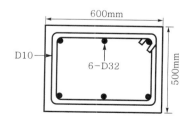

9. 다음 그림과 같은 PSC보의 지간 중앙점에서 강선을 꺾었을 때 이 중앙점에서 상향력 U의 값은?

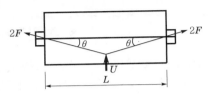

① $2F\sin\theta$
② $4F\sin\theta$
③ $2F\tan\theta$
④ $4F\tan\theta$

10. 다음의 L형강에서 단면의 순단면을 구하기 위하여 전개한 총폭(b_g)은 얼마인가?

① 250mm
② 264mm
③ 288mm
④ 300mm

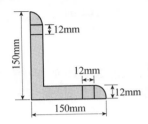

토목산업기사 실전 모의고사 9회

▶ 정답 및 해설 : p.164

1. 강도설계법에서 콘크리트의 설계기준압축강도(f_{ck})가 40MPa일 때 β_1의 값은? (단, β_1은 $a = \beta_1 c$에서 사용되는 계수이다.)

① 0.714
② 0.731
③ 0.761
④ 0.800

2. 다음 주어진 단철근 직사각형 단면이 연성파괴를 한다면 이 단면의 공칭휨강도는 얼마인가? (단, f_{ck} = 21MPa, f_y =300MPa)

① 252.4kN · m
② 296.9kN · m
③ 356.3kN · m
④ 396.9kN · m

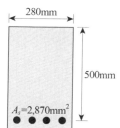

3. 다음 그림에 나타난 단철근 직사각형 보가 공칭휨강도(M_n)에 도달할 때 압축측 콘크리트가 부담하는 압축력은 약 얼마인가? (단, 철근 D22 4본의 단면적은 1,548mm², f_{ck}=28MPa, f_y=350MPa이다.)

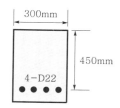

① 542kN
② 637kN
③ 724kN
④ 833kN

4. 깊은 보는 주로 어느 작용에 의하여 전단력에 저항하는가?
① 장부작용(dowel action)
② 골재 맞물림(aggregate interaction)
③ 전단마찰(shear friction)
④ 아치작용(arch action)

5. 정착길이가 아래 300mm를 초과되게 굳지 않은 콘크리트를 친 상부 인장이형철근의 정착길이를 구하려고 한다. f_{ck}=21MPa, f_y=300MPa을 사용한다면 상부 철근으로서의 보정계수를 사용할 때 정착길이는 얼마 이상이어야 하는가? (단, D29 철근으로 공칭지름은 28.6mm, 공칭 단면적은 642mm²이고, 기타의 보정계수는 적용하지 않는다.)

① 1,461mm
② 1,123mm
③ 987mm
④ 865mm

6. 강도설계법에 의해 전단부재를 설계할 때 보의 폭이 300mm이고, 유효깊이가 500mm라면 이때 수직스터럽의 최대간격은 얼마인가? (단, $V_s \leq \frac{1}{3}\sqrt{f_{ck}}b_w d$)

① 250mm
② 300mm
③ 400mm
④ 600mm

7. 강도설계법에서 단철근 직사각형 보의 균형 단면 중립축위치(c)를 구하는 식으로 옳은 것은? (단, f_y : 철근의 설계기준항복강도, f_s : 철근의 응력, d : 보의 유효깊이)

① $c = \left(\dfrac{660}{660+f_y}\right)d$
② $c = \left(\dfrac{660}{660-f_y}\right)d$
③ $c = \left(\dfrac{660}{660+f_s}\right)d$
④ $c = \left(\dfrac{660}{660-f_s}\right)d$

8. PS 콘크리트에서 강선에 긴장을 할 때 긴장재의 허용응력은 얼마인가? [단, 긴장재의 설계기준인장강도(f_{pu})=1,900PMa, 긴장재의 설계기준항복강도(f_{py})=1,600MPa]

① 1,440MPa
② 1,504MPa
③ 1,520MPa
④ 1,580MPa

9. 다음 그림과 같은 경간 8m인 직사각형 단순보에 등분포하중(자중 포함) $w=30$kN/m가 작용하며 PS강재는 단면 도심에 배치되어 있다. 부재의 연단에 인장 응력이 발생하지 않게 하려 할 때 PS강재에 도입되어야 할 최소한의 긴장력(P)은?

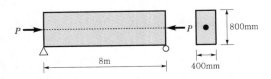

① 1,800kN   ② 2,400kN

③ 2,600kN   ④ 3,100kN

10. 다음 그림과 같은 맞대기 용접이음에서 이음의 응력을 구한 값은?

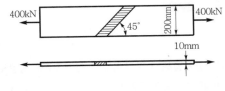

① 141MPa   ② 183MPa

③ 200MPa   ④ 283MPa

토목기사 실전 모의고사 제1회 정답 및 해설

01	02	03	04	05	06	07	08	09	10
③	②	②	③	②	④	①	③	③	②
11	12	13	14	15	16	17	18	19	20
②	③	③	①	③	③	①	②	①	③

1 철근의 응력이 항복강도(f_y) 이하일 때 철근의 응력은 그 변형률의 E_s 배로 취한다($f_s = E_s \varepsilon_s$).

2 $w_u = 1.2 w_D + 1.6 w_L = 1.2 \times 1.1 + 1.6 \times 1.7 = 4.04 \text{kN/m}$

$\therefore M_u = \dfrac{w_u l^2}{8} = \dfrac{4.04 \times 12^2}{8} = 72.72 \text{kN·m}$

3 ㉮ $16t + b_w = 16 \times 180 + 300 = 3{,}180 \text{mm}$

㉯ $b_c = 1{,}000 + 300 + 1{,}000 = 2{,}300 \text{mm}$

㉰ $\dfrac{1}{4}l = \dfrac{1}{4} \times 12{,}000 = 3{,}000 \text{mm}$

$\therefore b = 2{,}300 \text{mm}(\text{최소값})$

4 $f_{ck} \le 40 \text{MPa}$이면 $\beta_1 = 0.80$

$\rho_b = \eta(0.85\beta_1)\dfrac{f_{ck}}{f_y}\left(\dfrac{660}{660 + f_y}\right)$

$\quad = 1.0 \times 0.85 \times 0.80 \times \dfrac{35}{300} \times \dfrac{660}{660 + 300} = 0.0545$

$\therefore A_s = \rho_b bd = 0.0545 \times 300 \times 450 = 7357.5 \text{mm}^2$

5 $f_{ck} \le 40 \text{MPa}$이면 $\beta_1 = 0.80$

$c = \dfrac{a}{\beta_1} = \dfrac{1}{0.80} \times \dfrac{400 \times 2{,}712}{1.0 \times 0.85 \times 28 \times 300} = 189.9 \text{mm}$

$\varepsilon_t = \varepsilon_{cu}\left(\dfrac{d_t - c}{c}\right) = 0.0033 \times \left(\dfrac{450 - 189.9}{189.9}\right) = 0.0045$

$\varepsilon_y = \dfrac{f_y}{E_s} = \dfrac{400}{2 \times 10^5} = 0.002$

$\therefore \phi = 0.65 + 0.2\left(\dfrac{\varepsilon_t - \varepsilon_y}{0.005 - \varepsilon_y}\right)$

$\quad = 0.65 + 0.2 \times \left(\dfrac{0.0045 - 0.002}{0.005 - 0.002}\right) = 0.817$

6 $a = \dfrac{f_y A_s}{\eta(0.85 f_{ck})b} = \dfrac{400 \times 2{,}028}{1.0 \times 0.85 \times 35 \times 300} = 90.89 \text{mm}$

$f_{ck} \le 40 \text{MPa}$이면 $\beta_1 = 0.80$

$c = \dfrac{a}{\beta_1} = \dfrac{90.89}{0.80} = 113.61 \text{mm}$

$\therefore \varepsilon_t = \left(\dfrac{d_t - c}{c}\right)\varepsilon_{cu} = \left(\dfrac{440 - 113.61}{113.61}\right) \times 0.0033$

$\quad = 9.48 \times 10^{-3} = 0.00948$

7 전단설계 시 철근의 항복강도 $f_y \le 500 \text{MPa}$, 휨설계 $f_y \le 600 \text{MPa}$

8 $V_u = \dfrac{1}{2}\phi\left(\dfrac{1}{6}\lambda\sqrt{f_{ck}}\, b_w d\right)$

$\therefore d = \dfrac{12 V_u}{\phi\lambda\sqrt{f_{ck}}\, b_w} = \dfrac{12 \times 70 \times 10^3}{0.75 \times 1.0\sqrt{21} \times 400} = 611 \text{mm}$

9 $V_u = \phi(V_c + V_s)$에서 $V_s = \dfrac{V_u}{\phi} - V_c$이다.

여기서, $V_c = \dfrac{1}{6}\lambda\sqrt{f_{ck}}\, b_w d = \dfrac{1}{6} \times 1.0 \times \sqrt{24} \times 300 \times 450$

$\quad = 110227.04 \text{N} = 110 \text{kN}$

㉮ $V_s = \dfrac{225}{0.75} - 110 = 190 \text{kN}$

㉯ $\dfrac{1}{3}\sqrt{f_{ck}}\, b_w d = \dfrac{1}{3}\sqrt{24} \times 300 \times 450 = 220 \text{kN}$

$V_s \le \dfrac{1}{3}\sqrt{f_{ck}}\, b_w d$이므로 스터럽간격은 다음 3가지 값 중에서 최소값이다.

$\left[\dfrac{d}{2} \text{ 이하}, \ 600 \text{mm 이하}, \ s = \dfrac{A_v f_y d}{V_s}\right]_{\min}$

$= \left[\dfrac{450}{2}, \ 600 \text{mm}, \ \dfrac{127 \times 2 \times 350 \times 450}{190 \times 10^3}\right]_{\min}$

$\therefore 210 \text{mm}$

10 $l_{db} = \dfrac{0.25 d_b f_y}{\lambda \sqrt{f_{ck}}} = \dfrac{0.25 \times 25 \times 400}{1.0 \sqrt{35}} = 422.57 \text{mm}$

$l_{db} = 0.043 d_b f_y = 0.043 \times 25 \times 400 = 430 \text{mm}$

$\therefore \ l_{db} = [422.57, \ 430]_{\max} = 430 \text{mm}$

11 $\lambda_\Delta = \dfrac{\xi}{1 + 50\rho'} = \dfrac{1.2}{1 + 50 \times 0.01} = 0.8$

$\therefore \ \delta_t = \delta_i + \delta_l = \delta_i + \delta_i \lambda_\Delta = 20 + 20 \times 0.8 = 36 \text{mm}$

12 $P_n = \alpha[0.85 f_{ck}(A_g - A_{st}) + f_y A_{st}]$

$= 0.85 \times \left[0.85 \times 24 \times \left(\pi \times \dfrac{400^2}{4} - 794 \times 6 \right) \right.$

$\left. + 420 \times 794 \times 6 \right]$

$= 3,797,148.905 \text{N} \fallingdotseq 3,797 \text{kN}$

13 $P_d = \phi P_n = \phi \alpha P_n'$

$= 0.80 \times 0.65 \times [0.85 \times 28 \times (450 \times 450 - 1,865)$

$+ 300 \times 1,865]$

$= 2,773,998 \text{N} = 2,774 \text{kN}$

14 $\rho_s = \dfrac{\text{나선근의 체적}}{\text{심부의 체적}}$

$0.018 = \dfrac{\dfrac{\pi \times 12^2}{4} \times \pi \times 400}{\dfrac{\pi \times 400^2}{4} \times s}$

$\therefore \ s = 62.8 \text{mm}$

15 $w = 20 \text{kN/m} = 20 \text{N/mm}$

$f = \dfrac{P}{A} - \dfrac{M}{I} y = 0$

$\therefore \ P = \dfrac{6}{h} M = \dfrac{6}{400} \times \dfrac{20}{8} \times 8,000^2$

$= 2,400 \times 10^3 \text{N} = 2,400 \text{kN}$

16 ㉮ 단순 지지보의 최소두께

$h = \dfrac{l}{16} = \dfrac{1,000}{16} = 62.5 \text{cm}$

㉯ $f_y \neq 400 \text{MPa}$인 경우 보정계수

$\alpha = 0.43 + \dfrac{f_y}{700} = 0.43 + \dfrac{300}{700} = 0.86$

$\therefore \ h = 62.5 \times 0.86 \fallingdotseq 538 \text{mm}$

17 $M = Ps = \dfrac{wl^2}{8}$

$\therefore \ P = \dfrac{wl^2}{8s} = \dfrac{30 \times 6^2}{8 \times 0.15} = 900 \text{kN}$

18 프리스트레스 손실원인

㉮ 도입 시 손실

- 콘크리트의 탄성변형
- PS강선과 시스의 마찰
- 정착장치의 활동

㉯ 도입 후 손실

- 콘크리트의 건조수축
- 콘크리트의 크리프
- PS강선의 릴랙세이션

19 $f = \dfrac{P}{\sum a l_e} = \dfrac{300 \times 10^3}{10 \times 200} = 150 \text{N/mm}^2 = 150 \text{MPa}$

20 $w = d - \dfrac{p^2}{4g} = 24 - \dfrac{65^2}{4 \times 80} = 10.8 \text{m}$

㉮ $b_n = 360 - 2 \times 24 = 312 \text{mm}$

㉯ $b_n = 360 - 24 - 10.8 - 24 = 301.2 \text{mm}$

㉰ $b_n = 360 - 2 \times 24 - 2 \times 10.8 = 290.4 \text{mm}$

$\therefore \ b_n = 290.4 \text{mm}(\text{최소값})$

$\therefore \ A_n = b_n t = 290.4 \times 13 = 3775.2 \text{mm}^2$

토목기사 실전 모의고사 제2회 정답 및 해설

01	02	03	04	05	06	07	08	09	10
④	②	②	④	①	②	③	④	②	②
11	12	13	14	15	16	17	18	19	20
②	③	④	②	①	④	③	③	①	③

1 활하중(live load)은 구조물의 사용 및 점용에 의해 발생하는 하중으로서 가구, 창고의 저장물, 차량, 군중에 의한 하중 등이 포함된다. 풍하중, 지진하중과 같은 환경하중이나 고정하중은 포함되지 않는다.

2 $w_u = 1.2w_D + 1.6w_L = 1.2 \times 30 + 1.6 \times 20 = 68\text{kN/m}$

$\therefore M_u = \dfrac{w_u l^2}{8} = \dfrac{68 \times 8^2}{8} = 544\text{kN/m}$

3 $f_{ck} \leq 40\text{MPa}$이면 $\beta_1 = 0.80$

$c = \dfrac{a}{\beta_1} = \dfrac{1}{0.80} \times \dfrac{400 \times 2,712}{1.0 \times 0.85 \times 28 \times 300} = 189.9\text{mm}$

$\varepsilon_t = \varepsilon_{cu}\left(\dfrac{d_t - c}{c}\right) = 0.0033 \times \left(\dfrac{450 - 189.9}{189.9}\right) = 0.0045$

$\varepsilon_y = \dfrac{f_y}{E_s} = \dfrac{400}{2 \times 10^5} = 0.002$

$\therefore \phi = 0.65 + 0.2\left(\dfrac{\varepsilon_t - \varepsilon_y}{0.005 - \varepsilon_y}\right)$

$\qquad = 0.65 + 0.2 \times \left(\dfrac{0.0045 - 0.002}{0.005 - 0.002}\right) = 0.817$

4 바리뇽의 정리

$f_y(8A_s)d = (f_y \times 5A_s \times 810) + (f_y \times 3A_s + 730)$

$\therefore d = \dfrac{(5 \times 810) + (3 \times 730)}{8} = 780\text{mm}$

5 ㉮ 플랜지 유효폭(b) 결정
- $16t + b_w = 16 \times 100 + 480 = 2,080\text{mm}$
- $400 + 480 + 400 = 1,280\text{mm}$
- $\dfrac{1}{4}l = \dfrac{1}{4} \times 3,200 = 800\text{mm}$

$\therefore b = 800\text{mm}(최소값)$

㉯ $A_{sf} = \dfrac{\eta(0.85f_{ck})(b - b_w)t}{f_y}$

$\qquad = \dfrac{1.0 \times 0.85 \times 28 \times (800 - 480) \times 100}{400}$

$\qquad = 1,904\text{mm}^2$

$\therefore a = \dfrac{f_y(A_s - A_{sf})}{\eta(0.85f_{ck})b_w} = 181.7\text{mm}$

㉰ $M_n = f_y A_{sf}\left(d - \dfrac{t}{2}\right) + f_y(A_s - A_{sf})\left(d - \dfrac{a}{2}\right)$

$\qquad = 400 \times 1,904 \times \left(600 - \dfrac{100}{2}\right)$

$\qquad\quad + 400 \times (7,094 - 1,904) \times \left(600 - \dfrac{181.7}{2}\right)$

$\qquad = 1,475,875,400 \times 10^{-6}\text{kN} \cdot \text{m} = 1,475\text{kN} \cdot \text{m}$

6 $\dfrac{1}{3}\sqrt{f_{ck}}\, b_w d = \dfrac{1}{3} \times \sqrt{28} \times 300 \times 500 = 264.6\text{kN}$

$V_s < \dfrac{1}{3}\sqrt{f_{ck}}\, b_w d$이므로

㉮ $\dfrac{d}{2} = \dfrac{500}{2} = 250\text{mm}$

㉯ 600mm

㉰ $s = \dfrac{d}{V_s} A_v f_y = \dfrac{500}{150 \times 10^3} \times (125 \times 2) \times 400 = 333\text{mm}$

$\therefore s = 250\text{mm}(최소값)$

7 $V_u = \phi(V_c + V_s)$에서 $V_s = \dfrac{V_u}{\phi} - V_c$이다.

여기서, $V_c = \dfrac{1}{6}\lambda\sqrt{f_{ck}}\, b_w d = \dfrac{1}{6} \times 1.0 \times \sqrt{24} \times 300 \times 450$

$\qquad = 110227.04\text{N} = 110\text{kN}$

㉮ $V_s = \dfrac{225}{0.75} - 110 = 190\text{kN}$

㉯ $\dfrac{1}{3}\sqrt{f_{ck}}\, b_w d = \dfrac{1}{3}\sqrt{24} \times 300 \times 450 = 220\text{kN}$

$V_s \leq \dfrac{1}{3}\sqrt{f_{ck}}\, b_w d$이므로 스터럽간격은 다음 3가지 값 중에서 최소값이다.

$\left[\dfrac{d}{2} \text{ 이하, } 600\text{mm 이하, } s = \dfrac{A_v f_y d}{V_s}\right]_{\min}$

$= \left[\dfrac{450}{2}, 600\text{mm}, \dfrac{127 \times 2 \times 350 \times 450}{190 \times 10^3}\right]_{\min}$

$\therefore 210\text{mm}$

8 $T_{cr} = 0.33\sqrt{f_{ck}}\,\dfrac{A_{cp}^{\;2}}{p_{cp}} = 0.33\sqrt{28} \times \dfrac{(250\times500)^2}{2\times(500+250)}$

$\qquad = 18,189,540\text{N}\cdot\text{mm} = 18.2\text{kN}\cdot\text{m}$

9 $l_{db} = \dfrac{0.25d_b f_y}{\lambda\sqrt{f_{ck}}} = \dfrac{0.25\times28.6\times400}{1.0\sqrt{28}} = 540.49\text{mm}$

$\qquad l_{ab} = 0.043d_b f_y = 0.043\times28.6\times400 = 491.92\text{mm}$

$\qquad \therefore\ l_{db} = 540\text{mm(최대값)}$

10 $\rho' = \dfrac{A_s{}'}{bd} = \dfrac{1,200}{200\times300} = 0.02$

$\qquad \lambda_\Delta = \dfrac{\xi}{1+50\rho'} = \dfrac{2.0}{1+50\times0.02} = 1$

$\qquad \therefore\ $장기처짐$(\delta_l) = $탄성처짐$(\delta_e)\times$보정계수$(\lambda_\Delta)$

$\qquad\qquad\qquad\qquad\qquad\qquad = 12\times1 = 12\text{mm}$

11 $h = \dfrac{l}{21} = \dfrac{7,000}{21} = 333.3\text{mm}$

12 $P_n = \alpha[0.8f_{ck}(A_g - A_{st}) + f_y A_{st}]$

$\qquad = 0.85\times\left[0.8\times24\times\left(\dfrac{\pi\times400^2}{4} - 794\times6\right)\right.$

$\qquad\qquad \left. + 400\times794\times6\right]\times10^{-3}$

$\qquad = 3,716\text{kN}$

13 $P_d = \phi P_n = \phi\alpha P_n{}' = 0.70\times0.85(0.85f_{ck}A_c + f_y A_{st})$

$\qquad = 0.70\times0.85\times\left[0.85\times27\times\left(\dfrac{\pi\times450^2}{4} - 3,096\right)\right.$

$\qquad\qquad \left. + 350\times3,096\right]$

$\qquad = 2,773,183\text{MPa}\cdot\text{mm}^2 = 2,773\text{kN}$

14 집중하중 P 작용 시

$\quad$㉮ 단변부담하중

$\qquad P_S = \left(\dfrac{L^3}{L^3+S^3}\right)P = \left(\dfrac{2^3}{2^3+1^3}\right)P = \dfrac{8}{9}P$

$\quad$㉯ 장변부담하중

$\qquad P_L = \left(\dfrac{S^3}{L^3+S^3}\right)P = \left(\dfrac{1^3}{2^3+1^3}\right)P = \dfrac{1}{9}P$

$\qquad \therefore\ P_S : P_L = 8 : 1$

15 $M = \dfrac{wl^2}{8} = \dfrac{30\times8^2}{8} = 240\text{kN}\cdot\text{m}$

$\qquad f = \dfrac{P}{A} - \dfrac{M}{I}y = \dfrac{P}{bh} - \dfrac{6M}{bh^2} = 0$

$\qquad \therefore\ P = \dfrac{6M}{h} = \dfrac{6\times240}{0.6} = 2,400\text{kN}$

16 PS강재비 $\delta_p = \dfrac{A_p}{bd_p} = \dfrac{1,290}{750\times600} = 0.00287$

$\qquad \beta_1 = 0.80\,(f_{ck} \le 40\text{MPa}$일 때$)$

$\qquad \therefore\ f_{ps} = f_{pu}\left(1 - \dfrac{\gamma_p}{\beta_1}\delta_p\dfrac{f_{pu}}{f_{ck}}\right)$

$\qquad = 1,900\times\left(1 - \dfrac{0.4}{0.8}\times0.00287\times\dfrac{1,900}{35}\right)$

$\qquad = 1,752\text{MPa}$

17 PSC보의 3대 개념

$\quad$㉮ 응력개념(균등질 보의 개념) : 탄성이론에 의한 해석

$\quad$㉯ 강도개념(내력모멘트개념) : RC구조와 동일한 개념

$\quad$㉰ 하중평형개념(등가하중개념)

18 $a = 0.7s = 0.7\times9 = 6.3$

$\qquad l_e = 2(l - 2s) = 2\times(200 - 2\times9) = 364\text{mm}$

$\qquad \therefore\ f = \dfrac{P}{\sum a l_e} = \dfrac{250\times10^3}{6.3\times364} ≒ 109.02\text{MPa}$

19 $\Delta f_p = E_p\varepsilon_p = E_p\dfrac{\Delta l}{l} = 200,000\times\dfrac{0.4}{2,000} = 40\text{MPa}$

20 ㉮ $b_n = b_g - 2d = 280 - 2\times23 = 234\text{mm}$

$\quad$㉯ $b_n = b_g - 2d - \left(d - \dfrac{p^2}{4g}\right)$

$\qquad = 280 - 2\times23 - \left(23 - \dfrac{80^2}{4\times80}\right) = 231\text{mm}$

$\qquad \therefore\ b_n = 231\text{mm(최소값)}$

$\qquad \therefore\ A_n = b_n t = 231\times12 = 2,772\text{mm}^2$

토목기사 실전 모의고사 제3회 정답 및 해설

01	02	03	04	05	06	07	08	09	10
③	④	②	②	②	②	②	①	①	①
11	12	13	14	15	16	17	18	19	20
②	②	②	③	①	③	③	③	②	③

1 압축측 연단에서 콘크리트의 극한변형률은 0.0033 이고, 인장측 연단에서 철근의 극한변형률 $\varepsilon_y = \dfrac{f_y}{E_s}$ 로 구한다.

2 ㉮ T형보의 판별

$$a = \frac{f_y A_s}{\eta(0.85 f_{ck})b} = \frac{400 \times 7,094}{1.0 \times 0.85 \times 28 \times 800}$$
$$= 149\text{mm} > t_f (=100)$$

∴ T형보로 해석

㉯ 등가깊이 산정

$$A_{sf} = \frac{\eta(0.85 f_{ck})t(b - b_w)}{f_y}$$
$$= \frac{1.0 \times 0.85 \times 28 \times 100 \times (800 - 480)}{400} = 1,904\text{mm}^2$$

$$\therefore \ a = \frac{f_y(A_s - A_{sf})}{\eta(0.85 f_{ck})b_w} = \frac{400 \times (7,094 - 1,904)}{1.0 \times 0.85 \times 28 \times 480}$$
$$= 181.72\text{mm}$$

㉰ 공칭강도 산정

$$M_n = f_y A_{sf}\left(d - \frac{t}{2}\right) + f_y(A_s - A_{sf})\left(d - \frac{a}{2}\right)$$
$$= 400 \times 1,904 \times \left(600 - \frac{100}{2}\right)$$
$$\quad + 400 \times (7,094 - 1,904) \times \left(600 - \frac{181.72}{2}\right)$$
$$= 1475.85 \times 10^3 \text{N} \cdot \text{mm} = 1475.9\text{kN} \cdot \text{m}$$

3 $a = \dfrac{f_y(A_s - A_s{}')}{\eta(0.85 f_{ck})b} = \dfrac{300 \times (4,790 - 1,916)}{1.0 \times 0.85 \times 21 \times 300} = 161\text{mm}$

4

f_{ck}[MPa]	≤40	50	60
β_1	0.80	0.80	0.76

∴ $f_{ck} \leq 60$MPa이면 $\beta_1 = 0.76$이다.

5 ㉮ T형보의 유효폭(b_e) 결정

- $16t + b_w = 16 \times 100 + 400 = 2,000\text{mm}$
- $b_c = 400 + 400 + 400 = 1,200\text{mm}$

- $\dfrac{1}{4}l = \dfrac{1}{4} \times 10,000 = 2,500\text{mm}$

∴ $b_e = 1,200\text{mm}$(최소값)

㉯ T형보 판별

$$a = \frac{f_y A_s}{\eta(0.85 f_{ck})b} = \frac{400 \times 6,354}{1.0 \times 0.85 \times 24 \times 1,200}$$
$$= 103.8\text{mm} > t_f(=100)$$

∴ T형보로 해석

㉰ $A_{sf} = \dfrac{\eta(0.85 f_{ck})t(b - b_w)}{f_y}$

$$= \frac{1.0 \times 0.85 \times 24 \times 100 \times (1,200 - 400)}{400}$$
$$= 4,080\text{mm}^2$$

$$\therefore \ a = \frac{f_y(A_s - A_{sf})}{\eta(0.85 f_{ck})b_w} = \frac{400 \times (6,354 - 4,080)}{1.0 \times 0.85 \times 24 \times 400}$$
$$= 111.47\text{mm}$$

6 ㉮ 계수하중

$$U = 1.2 w_D + 1.6 w_L$$
$$= (0.3 \times 0.58) \times 23 + (1.6 \times 30)$$
$$= 52.8\text{kN/m}$$

㉯ 계수전단력

$$V_u = R_A - Ud = Ul - Ud$$
$$= 52.8 \times 3 - 52.8 \times 0.5 = 132\text{kN}$$

㉰ $V_u = \phi V_n = \phi(V_c + V_s)$

$$\therefore \ V_s = \frac{V_u}{\phi} - V_c$$
$$= \frac{132 \times 10^3}{0.75} - \frac{1}{6} \times \sqrt{24} \times 300 \times 500$$
$$= 53525.5\text{N} \fallingdotseq 53.5\text{kN}$$

7 $\rho_b = \eta(0.85\beta_1)\left(\dfrac{f_{ck}}{f_y}\right)\left(\dfrac{660}{660 + f_y}\right)$

$$= 1.0 \times 0.85 \times 0.80 \times \frac{29}{300} \times \frac{660}{660 + 300} = 0.045$$

8 $V_u = \dfrac{1}{2}\phi V_c = \dfrac{1}{2}\phi\left(\dfrac{1}{6}\sqrt{f_{ck}}\,b_w d\right)$

$$\therefore \ b_w d = \frac{2 \times 6 V_u}{\phi\sqrt{f_{ck}}} = \frac{2 \times 6 \times 50,000}{0.75\sqrt{28}} = 151,186\text{mm}^2$$

9 $\phi V_c = \phi \left(\dfrac{1}{6} \lambda \sqrt{f_{ck}} \, b_w \, d \right)$

$= 0.75 \times \dfrac{1}{6} \times 1.0 \sqrt{21} \times 250 \times 500$

$= 71,602 \text{N} = 71.6 \text{kN}$

10 $l_{hb} = \dfrac{0.24 \beta d_b f_y}{\lambda \sqrt{f_{ck}}} = \dfrac{0.24 \times 1.0 \times 34.9 \times 400}{1.0 \sqrt{28}} = 633.17 \text{mm}$

11 처짐을 검토하지 않아도 되는 최소두께규정

부재	캔틸레버	단순 지지	일단 연속	양단 연속
보	$\dfrac{l}{8}$	$\dfrac{l}{16}$	$\dfrac{l}{18.5}$	$\dfrac{l}{21}$
1방향 슬래브	$\dfrac{l}{10}$	$\dfrac{l}{20}$	$\dfrac{l}{24}$	$\dfrac{l}{28}$

※ $f_y = 400 \text{MPa}$ 기준, l : cm,

보정계수 : $0.43 + \dfrac{f_y}{700}$

12 띠철근간격

㉮ $16 d_b = 16 \times 31.8 = 508.8 \text{mm}$

㉯ $48 \times$ 띠철근지름 $= 48 \times 9.5 = 456 \text{mm}$

㉰ 500mm(단면 최소치수)

∴ $s = 456 \text{mm}$(최소값)

13 $q_u = \dfrac{1,500}{2.5 \times 2.5} = 240 \text{kN/m}^2$

$B = t + d = 550 + 550 = 1,100 \text{mm}$

∴ $V_u = (SL - B^2) q_u$

$= (2.5 \times 2.5 - 1.1^2) \times 240 = 1209.6 \text{kN}$

14 $f = \dfrac{P_e}{A} \pm \dfrac{M}{I} y = 0$

∴ $M = \dfrac{P_e h}{6} = \dfrac{720 \times 10^3 \times 600}{6}$

$= 72 \times 10^6 \text{N} \cdot \text{mm} = 72 \text{kN} \cdot \text{m}$

여기서, $P_e = P_i \times 0.8 = 900 \times 10^3 \times 0.8$

$= 720 \times 10^3 \text{N}$

15 ㉮ 뒷부벽 : T형보로 설계

㉯ 앞부벽 : 직사각형 보로 설계

16 $f = \dfrac{P}{A} - \dfrac{M}{I} y = 0$, $w = 20 \text{kN/m} = 20 \text{N/mm}$

$P = \dfrac{6}{h} M = \dfrac{6}{400} \times \dfrac{20}{8} \times 8,000^2$

$= 2,400 \times 10^3 \text{N} = 2,400 \text{kN}$

17 $Kl + \mu\alpha \leq 0.3$ 일 때 근사식을 사용할 수 있다.

18 프리스트레스 손실원인

㉮ 도입 시 손실
- 콘크리트의 탄성변형
- PS강선과 시스의 마찰
- 정착장치의 활동

㉯ 도입 후 손실
- 콘크리트의 건조수축
- 콘크리트의 크리프
- PS강선의 릴랙세이션

19 ㉮ 순폭 산정
- $b_n = b_g - d - w_1 - w_2$

$= 250 - 25 - \left(25 - \dfrac{75^2}{4 \times 50} \right) - \left(25 - \dfrac{75^2}{4 \times 100} \right)$

$= 217 \text{mm}$

- $b_n = b_g - nd = 250 - 2 \times 25 = 200 \text{mm}$

∴ $b_n = 200 \text{mm}$(최대값)

㉯ 순단면적 산정

$A_n = b_n t = 200 \times 19 = 3,800 \text{mm}^2$

20 ㉮ $b_n = b_g - d$

㉯ $b_n = b_g - d - \left(d - \dfrac{p^2}{4g} \right)$

∴ $p = 2\sqrt{gd} = 2 \times \sqrt{50 \times 22} = 66.33 \text{mm}$

토목기사 실전 모의고사 제4회 정답 및 해설

01	02	03	04	05	06	07	08	09	10
①	④	③	①	④	③	④	④	④	③
11	12	13	14	15	16	17	18	19	20
③	④	②	③	④	④	④	③	④	③

1 $M = Ps = \dfrac{ul^2}{8}$

$\therefore P = \dfrac{ul^2}{8s} = \dfrac{40 \times 8^2}{8 \times 0.15} = 2133.33 \text{kN}$

2 $P_d = \phi P_n = \phi \alpha P_n{}'$

$= 0.70 \times 0.85(0.85 f_{ck} A_c + f_y A_{st})$

$= 0.70 \times 0.85 \times \left[0.85 \times 27 \times \left(\dfrac{\pi \times 450^2}{4} - 3,096 \right) \right.$

$\left. + 350 \times 3,096 \right]$

$= 2,773,183 \text{MPa} \cdot \text{mm}^2$

$= 2,773 \text{kN}$

3 $\dfrac{V_u d}{M_u} = \dfrac{100 \times 0.6}{300} = 0.2 \le 1(\text{O.K})$

㉮ $0.29 \sqrt{f_{ck}} b_w d = 0.29 \sqrt{24} \times 350 \times 600 \times 10^{-3}$

$= 298.35 \text{kN}$

㉯ $V_c = \left(0.16 \lambda \sqrt{f_{ck}} + 17.6 \rho_w \dfrac{V_u d}{M_u} \right) b_w d$

$= (0.16 \times \sqrt{24} + 17.6 \times 0.016 \times 0.2) \times 350 \times 600 \times 10^{-3}$

$= 176.43 \text{kN} < 298.35 \text{kN}(\text{O.K})$

4 강도감소계수(ϕ)

SD400 철근($f_y = 400 \text{MPa}$)이면 $\varepsilon_y = 0.002$이므로

$\phi = 0.65 + \left(\dfrac{\varepsilon_t - \varepsilon_y}{0.005 - \varepsilon_y} \right) \times 0.2$

$= 0.65 + \left(\dfrac{\varepsilon_t - 0.002}{0.005 - 0.002} \right) \times 0.2$

$= 0.65 + (\varepsilon_t - 0.002) \times \dfrac{200}{3}$

5 $V_u \le \phi V_c = \phi \left(\dfrac{1}{6} \lambda \sqrt{f_{ck}} b_w d \right)$

$\therefore b_w d = \dfrac{6 V_u}{\phi \lambda \sqrt{f_{ck}}} = \dfrac{6 \times 75,000}{0.75 \times 1.0 \sqrt{28}} = 113389.3 \text{mm}^2$

6 $\rho_{\max} = \eta(0.85 \beta_1) \left(\dfrac{f_{ck}}{f_y} \right) \left(\dfrac{\varepsilon_{cu}}{\varepsilon_{cu} + \varepsilon_{t.\min}} \right)$

$= 1.0 \times 0.85 \times 0.80 \times \dfrac{35}{350} \times \left(\dfrac{0.0033}{0.0033 + 0.004} \right)$

$= 0.030$

여기서, $\beta_1 = 0.80(f_{ck} \le 40 \text{MPa}$일 때)

$f_y = 350 \text{MPa}$일 때 최소인장변형률

$\varepsilon_{t.\min} = 0.004$

7 콘크리트의 응력은 그 변형률에 비례하지 않는다.

8 $f_c = \dfrac{P}{\sum a l_e} = \dfrac{360,000}{12 \times 250} = 120 \text{MPa}$

9 $l_{db} = \dfrac{0.6 d_b f_y}{\lambda \sqrt{f_{ck}}} = \dfrac{0.6 \times 28.6 \times 350}{1.0 \sqrt{21}} = 1310.62 \text{mm}$

10 ㉮ $a = \dfrac{f_y A_s}{\eta(0.85 f_{ck})b} = \dfrac{300 \times 7,094}{1.0 \times 0.85 \times 21 \times 1,000}$

$= 119.2 \text{mm}$

따라서 $a > t_f$이므로 T형보로 계산한다.

㉯ $A_{sf} = \dfrac{0.85 f_{ck} t_f (b - b_w)}{f_y}$

$= \dfrac{0.85 \times 21 \times 100 \times (1,000 - 480)}{300}$

$= 3,094 \text{mm}^2$

㉰ $a = \dfrac{f_y(A_s - A_{sf})}{\eta(0.85 f_{ck})b_w}$

$= \dfrac{300 \times (7,094 - 3,094)}{1.0 \times 0.85 \times 21 \times 480}$

$= 140.06 \text{mm}$

11 ㉮ $b_n = b_g - d$

㉯ $b_n = b_g - d - \left(d - \dfrac{p^2}{4g} \right)$

$\therefore p = 2 \sqrt{gd} = 2 \times \sqrt{50 \times 22} = 66.33 \text{mm}$

12 $M = \dfrac{wl^2}{8} = \dfrac{40 \times 8^2}{8} = 320 \text{kN} \cdot \text{m}$

$f = \dfrac{P}{A} - \dfrac{M}{I}y = \dfrac{P}{bh} - \dfrac{6M}{bh^2} = 0$

$\therefore P = \dfrac{6M}{h} = \dfrac{6 \times 320}{0.5} = 3,840 \text{kN}$

13 $f_{ck} \leq 40 \text{MPa}$이면 $\beta_1 = 0.80$

$c = \dfrac{a}{\beta_1} = \dfrac{1}{0.80} \times \dfrac{400 \times 2,712}{1.0 \times 0.85 \times 28 \times 300} = 189.9 \text{mm}$

$\varepsilon_t = \varepsilon_{cu}\left(\dfrac{d_t - c}{c}\right) = 0.0033 \times \left(\dfrac{450 - 189.9}{189.9}\right) = 0.0045$

$\varepsilon_y = \dfrac{f_y}{E_s} = \dfrac{400}{2 \times 10^5} = 0.002$

$\therefore \phi = 0.65 + 0.2\left(\dfrac{\varepsilon_t - \varepsilon_y}{0.005 - \varepsilon_y}\right)$

$= 0.65 + 0.2 \times \left(\dfrac{0.0045 - 0.002}{0.005 - 0.002}\right) = 0.817$

14 $\phi P_n = \phi 0.85[0.85 f_{ck}(A_g - A_{st}) + f_y A_{st}]$

$= 0.70 \times 0.85 \times [0.85 \times 24 \times \left(\dfrac{\pi \times 400^2}{4} - 794 \times 6\right)$

$+ 400 \times 794 \times 6]$

$= 2,601 \text{kN}$

15 철근의 탄성계수$=n\times$콘크리트 탄성계수

즉, $E_s = nE_c(n$값 : $6\sim8)$, 철근탄성계수가 콘크리트 탄성계수의 약 7배 크다.

16 ㉮ 뒷부벽 : T형보로 설계(인장철근)

㉯ 앞부벽 : 직사각형 보로 설계(압축철근)

[암기] 앞 · 직, 뒷 · 티

17 부모멘트는 20% 이내에서 $1,000\varepsilon_t$[%]만큼 증가 또는 감소시킬 수 있다.

18 콘크리트의 지압력 : $\phi = 0.65$

19 $\lambda_\triangle = \dfrac{\xi}{1 + 50\rho'} = \dfrac{2.0}{1 + 50 \times 0.01} = 1.3333$

20 $\delta_p = \dfrac{A_p}{bd_p} = \dfrac{1,290}{750 \times 600} = 0.00287$

$\therefore f_{ps} = f_{pu}\left(1 - \dfrac{\gamma_p}{\beta_1}\delta_p\dfrac{f_{pu}}{f_{ck}}\right)$

$= 1,900 \times \left(1 - \dfrac{0.4}{0.8} \times 0.00287 \times \dfrac{1,900}{35}\right)$

$= 1,752 \text{MPa}$

토목기사 실전 모의고사 제5회 정답 및 해설

01	02	03	04	05	06	07	08	09	10
①	②	①	③	④	②	①	③	③	③

11	12	13	14	15	16	17	18	19	20
④	②	②	③	①	②	②	①	④	①

1 $V_u \leq \dfrac{1}{2}\phi V_c = \dfrac{1}{2}\phi\left(\dfrac{1}{6}\lambda\sqrt{f_{ck}}\,b_w d\right)$

$\therefore b_w d = \dfrac{2 \times 6 V_u}{\phi\lambda\sqrt{f_{ck}}} = \dfrac{2 \times 6 \times 50,000}{0.75 \times 1.0\sqrt{28}} = 151,186 \text{mm}^2$

2 ㉮ 집중하중 120kN에 의한

$M_{c1} = 3R_A = 3 \times 80 = 240 \text{kN} \cdot \text{m}$

여기서, $R_A = \dfrac{120 \times 6}{9} = 80 \text{kN}$

㉯ 긴장력에 의한 상향력모멘트

$M_{c2} = -1,000 \text{kN} \times 0.15 = -150 \text{kN} \cdot \text{m}$

$\therefore M_c = 240 - 150 = 90 \text{kN} \cdot \text{m}$

3 표피철근간격 s(작은 값)

㉮ $s = 375\dfrac{k_{cr}}{f_s} - 2.5c_c = 375 \times \dfrac{210}{267} - 2.5 \times 50 = 170 \text{mm}$

㉯ $s = 300\dfrac{k_{cr}}{f_s} = 300 \times \dfrac{210}{267} = 236 \text{mm}$

$\therefore s = 170 \text{mm}$

여기서, $f_s = \dfrac{2}{3}f_y = \dfrac{2}{3} \times 400 = 267 \text{MPa}$

$k_{cr} = 210$(습윤환경)

4 흙에 접하여 콘크리트를 친 후 영구적으로 흙에 묻혀 있는 콘크리트 : 75mm

5

$$T_{cr} = 0.33\sqrt{f_{ck}}\left(\frac{A_{cp}^2}{p_{cp}}\right)$$

$$= 0.33 \times \sqrt{28} \times \frac{(250 \times 500)^2}{2 \times (500 + 250)}$$

$$= 18,189,540 \text{N} \cdot \text{mm} = 18.2 \text{kN} \cdot \text{m}$$

6

$$u = \frac{8Ps}{l^2} = \frac{8 \times 2,600 \times 0.2}{16^2} = 16.25 \text{kN/m}$$

7 $b_g = b_1 + b_2 - t = 150 + 90 - 12 = 228 \text{mm}$

8 ㉮ 순인장변형률

$$a = \frac{f_y A_s}{\eta(0.85 f_{ck})b}$$

$$= \frac{400 \times 2,870}{1.0 \times 0.85 \times 28 \times 280} = 172.27 \text{mm}$$

$$c = \frac{a}{\beta_1} = \frac{172.27}{0.80} = 215.33 \text{mm}$$

$$\varepsilon_t = \varepsilon_{cu}\left(\frac{d_t - c}{c}\right) = 0.0033 \times \left(\frac{500 - 215.33}{215.33}\right)$$

$$= 0.0044 < 0.005$$

∴ 변화구간 단면

㉯ 강도감소계수

$$\phi = 0.65 + 0.2\left(\frac{\varepsilon_t - \varepsilon_y}{0.005 - \varepsilon_y}\right)$$

$$= 0.65 + 0.2 \times \left(\frac{0.0044 - 0.002}{0.005 - 0.002}\right)$$

$$= 0.81$$

9

$$M_{cr} = \frac{I_g}{y_t}f_r = \frac{I_g}{y_t}\left(0.63\lambda\sqrt{f_{ck}}\right)$$

$$= \frac{\frac{1}{12} \times 300 \times 500^3}{250} \times 0.63 \times 1.0\sqrt{21}$$

$$= 36,087,784 \text{N} \cdot \text{mm} = 36.1 \text{kN} \cdot \text{m}$$

10 $Kl_{px} + \mu_p \alpha_{px} \leq 0.3$일 때 근사식을 사용할 수 있다.

11 ㉮ $a = \dfrac{f_y A_s}{\eta(0.85 f_{ck})b}$

$$= \frac{350 \times 1,520}{1.0 \times 0.85 \times 28 \times 350} = 63.86 \text{mm}$$

㉯ $f_{ck} \leq 40 \text{MPa}$이면 $\beta_1 = 0.80$

㉰ $c = \dfrac{a}{\beta_1} = \dfrac{63.86}{0.80} = 79.83 \text{mm}$

$$\therefore \varepsilon_t = \varepsilon_{cu}\left(\frac{d_t - c}{c}\right) = 0.0033 \times \frac{450 - 79.83}{79.83} = 0.0153$$

12 $f_{ck} \leq 40 \text{MPa}$일 때 $\beta_1 = 0.80$이다.

13 띠철근간격

㉮ $16d_b = 16 \times 31.8 = 508.8 \text{mm}$

㉯ $48 \times$ 띠철근지름 $= 48 \times 9.5 = 456 \text{mm}$

㉰ 500mm(단면 최소치수)

∴ 456mm(최소값)

14

$$l_{db} = \frac{0.25 d_b f_y}{\lambda\sqrt{f_{ck}}}$$

$$= \frac{0.25 \times 28.6 \times 350}{1.0\sqrt{28}}$$

$$= 472.93 \text{mm} \geq 0.043 d_b f_y$$

$$\therefore l_{db} \fallingdotseq 473 \text{mm}(큰 값)$$

여기서, $0.043 d_b f_y = 0.043 \times 28.6 \times 350$

$$= 430.43 \text{mm}$$

15 $f = \dfrac{P}{\sum a l_e} = \dfrac{500,000}{20 \times 250} = 100 \text{MPa}$

16 ㉮ T형보 판별

$$a = \frac{f_y A_s}{\eta(0.85 f_{ck})b}$$

$$= \frac{300 \times 5,000}{1.0 \times 0.85 \times 21 \times 1,000}$$

$$= 84 \text{mm}$$

$$\therefore a > t_f \text{이므로 } c = \frac{a}{\beta_1} = \frac{84}{0.80} = 105 \text{mm}$$

여기서, $f_{ck} \leq 40 \text{MPa}$이면 $\beta_1 = 0.80$

㉯ 강도감소계수(ϕ) 결정

$$\varepsilon_t = \varepsilon_{cu}\left(\frac{d_t - c}{c}\right) = 0.0033 \times \left(\frac{600 - 105}{105}\right)$$

$$= 0.016 > 0.005$$

$$\therefore \phi = 0.85(\text{인장지배 단면})$$

㉰ A_{sf}, a 결정

$$A_{sf} = \frac{\eta(0.85 f_{ck})t_f(b - b_w)}{f_y}$$

$$= \frac{1.0 \times 0.85 \times 21 \times 80 \times (1,000 - 400)}{300}$$

$$= 2,856 \text{mm}^2$$

$$\therefore a = \frac{f_y(A_s - A_{sf})}{\eta(0.85 f_{ck})b_w}$$

$$= \frac{300 \times (5,000 - 2,856)}{1.0 \times 0.85 \times 21 \times 400} = 90.1 \text{mm}$$

㉱ 공칭휨강도(M_n)

$$= 300 \times 2,856 \times \left(600 - \frac{80}{2}\right)$$

$$+ 300 \times (5,000 - 2,856) \times \left(600 - \frac{90.1}{2}\right)$$

$$\fallingdotseq 836.8 \text{kN} \cdot \text{m}$$

17 ㉮ $f_{ck} \leq 40\text{MPa}$이면 $\beta_1 = 0.80$

㉯ 균형철근비

$$\rho_b = \eta(0.85\beta_1)\frac{f_{ck}}{f_y}\left(\frac{660}{660+f_y}\right)$$

$$= 1.0 \times 0.85 \times 0.80 \times \frac{21}{300} \times \frac{660}{660+300}$$

$$= 0.0327$$

㉰ 최대철근비

$$\rho_{max} = \eta(0.85\beta_1)\left(\frac{f_{ck}}{f_y}\right)\left(\frac{\varepsilon_{cu}}{\varepsilon_{cu}+\varepsilon_{t,min}}\right)$$

$$= 1.0 \times 0.85 \times 0.80 \times \frac{21}{300} \times \frac{0.0033}{0.0033+0.004}$$

$$= 0.0215$$

㉱ 최소철근비

$$\rho_{min} = 0.178\frac{\lambda\sqrt{f_{ck}}}{\phi f_y} = 0.178 \times \frac{1.0\sqrt{21}}{0.85 \times 300} = 0.0032$$

따라서 $\rho_{min} < \rho_{max} < \rho_b$이므로 연성파괴가 발생한다.

18 $q_u = \dfrac{P_u}{A} = \dfrac{1,500}{2.5 \times 2.5} = 240\text{kN/m}^2$

$$\therefore V_u = q_u s\left(\frac{L-t}{2}-d\right)$$

$$= 240 \times 2.5 \times \left(\frac{2.5-0.55}{2}-0.55\right)$$

$$= 255\text{kN}$$

19 $A_{sf} = \dfrac{\eta(0.85f_{ck})t_f(b-b_w)}{f_y}$

$$= \frac{1.0 \times 0.85 \times 21 \times 100 \times (800-200)}{400}$$

$$= 2677.5\text{mm}^2$$

20 $s = \dfrac{4A_s}{D_c\rho_s} = \dfrac{4 \times \frac{\pi \times 12^2}{4}}{400 \times 0.018} = 62.8\text{mm}$

토목기사 실전 모의고사 제6회 정답 및 해설

01	02	03	04	05	06	07	08	09	10
③	③	③	④	④	③	①	④	②	②

11	12	13	14	15	16	17	18	19	20
④	③	②	④	④	②	①	③	④	③

1 설계에 적용하는 콘크리트의 탄성계수(E_c)는 할선(시컨트)탄성계수이다.

2 과소철근보(저보강보)는 연성파괴를 일으킨다.

3 스터드는 전단연결재 중 하나이다.

4 $a = \theta_1 + \theta_2 = 0.16 + 0.1 = 0.26\text{rad}$

$0.26 \times \dfrac{180°}{\pi} = 14.9° \leq 30°$이므로 근사식 사용

$\therefore$ 감소율 $= (kl + \mu a) \times 100$

$$= (0.0027 \times 20 + 0.4 \times 0.26) \times 100$$

$$= 15.8\%$$

5 $P_n = \alpha[0.85f_{ck}(A_g - A_{st}) + f_y A_{st}]$

$$= 0.85 \times \left[0.85 \times 28 \times \left(\frac{\pi \times 400^2}{4} - 4,050\right) + 350 \times 4,050\right]$$

$$\times 10^{-3}$$

$$= 3665.12\text{kN}$$

6 $f_{ck} \leq 40\text{MPa}$일 때 $\beta_1 = 0.80$

$$\rho_b = \eta(0.85\beta_1)\left(\frac{f_{ck}}{f_y}\right)\left(\frac{660}{660+f_y}\right)$$

$$= 1.0 \times 0.85 \times 0.80 \times \frac{35}{350} \times \left(\frac{660}{660+350}\right) = 0.0444$$

$$\therefore A_{sb} = \rho_b bd = 0.0444 \times 300 \times 500 = 6,665\text{mm}^2$$

7 $\rho_s = \dfrac{\text{나선근의 체적}}{\text{심부의 체적}}$

$$0.018 = \frac{\frac{\pi \times 12^2}{4} \times \pi \times 400}{\frac{\pi \times 400^2}{4} \times s}$$

$$\therefore s = 62.8\text{mm}$$

[별해] $s = \dfrac{4A_s}{D_c\rho_s} = \dfrac{4 \times \frac{\pi \times 12^2}{4}}{400 \times 0.018} = 62.8\text{mm}$

8 $M_{cr} = f_r \dfrac{I_g}{y_t} = 0.63\lambda \sqrt{f_{ck}} \dfrac{I_g}{y_t}$

$\quad = 0.63 \times 1.0 \times \sqrt{24} \times \dfrac{\frac{1}{12} \times 300 \times 500^3}{250}$

$\quad = 38.58 \text{kN} \cdot \text{m}$

9 PS강선 도심배치

하연응력 $f_t = \dfrac{P}{A_g} - \dfrac{M}{I} y = 0$

$M = \dfrac{wl^2}{8} = \dfrac{30 \times 6^2}{8} = 135 \text{kN} \cdot \text{m}$

$\therefore P = \dfrac{6M}{h} = \dfrac{6 \times 135}{0.4} = 2{,}025 \text{kN}$

10 ㉮ $16t + b_w = 16 \times 180 + 300 = 3{,}180 \text{mm}$

$\quad$ ㉯ $b_c = 1{,}000 + 300 + 1{,}000 = 2{,}300 \text{mm}$

$\quad$ ㉰ $\dfrac{1}{4} l = \dfrac{1}{4} \times 12{,}000 = 3{,}000 \text{mm}$

$\quad \therefore b = 2{,}300 \text{mm} (\text{최소값})$

11 $a = 0.70s = 0.70 \times 12 = 8.4 \text{mm}$

$\quad l_e = 2(l - 2s) = 2 \times (250 - 2 \times 12) = 452 \text{mm}$

$\quad \therefore f = \dfrac{P}{\sum a l_e} = \dfrac{300{,}000}{8.4 \times 452} = 79.01 \text{MPa}$

12 $T_u < \phi\left(\dfrac{1}{12}\sqrt{f_{ck}}\right)\dfrac{A_{cp}^{\ 2}}{P_{cp}}$ 인 경우 비틀림영향을 무시해

도 좋다.

$\quad \therefore$ 최대값 $= \phi\left(\dfrac{1}{12}\sqrt{f_{ck}}\right)\dfrac{A_{cp}^{\ 2}}{P_{cp}}$

$\quad\quad = 0.75 \times \dfrac{\sqrt{24}}{12} \times \dfrac{(600 \times 400)^2}{2 \times (600 + 400)}$

$\quad\quad = 8{,}818{,}163 \text{N} \cdot \text{mm} = 8.82 \text{kN} \cdot \text{mm}$

13 $\lambda_\Delta = \dfrac{\xi}{1 + 50\rho'} = \dfrac{1.2}{1 + 50 \times 0.01} = 0.8$

$\quad \therefore \delta_t = \delta_i + \delta_l = \delta_i + \delta_i \lambda_\Delta$

$\quad\quad = 20 + 20 \times 0.8 = 36 \text{mm}$

14 $V_s = \dfrac{d}{s} A_v f_y (\sin\alpha + \cos\alpha)$

$\quad = \dfrac{500}{250} \times 127 \times 2 \times 400 \times (\sin 60° + \cos 60°)$

$\quad = 277576.3 \text{N} = 277.6 \text{kN}$

15 모든 하중은 연직하중으로서 슬래브판 전체에 등분
포되어야 한다.

16 $c = \left(\dfrac{\varepsilon_{cu}}{\varepsilon_{cu} + \varepsilon_y}\right) d = \left(\dfrac{0.0033}{0.0033 + \frac{f_y}{E_s}}\right) d = \left(\dfrac{660}{660 + f_y}\right) d$

$\quad = \left(\dfrac{660}{660 + 300}\right) \times 600 = 412.5 \text{mm}$

17 ㉮ 도입 시 손실
- 정착장치활동
- 콘크리트의 탄성수축
- PS강재와 시스의 마찰

$\quad$ ㉯ 도입 후 손실
- 콘크리트의 크리프
- 콘크리트의 건조수축
- PS강재의 릴랙세이션

18 $w = d - \dfrac{p^2}{4g} = 24 - \dfrac{65^2}{4 \times 80} = 10.8 \text{mm}$

$\quad$ ㉮ $b_n = 360 - 2 \times 24 = 312 \text{mm}$

$\quad$ ㉯ $b_n = 360 - 24 - 10.8 - 24 = 301.2 \text{mm}$

$\quad$ ㉰ $b_n = 360 - 2 \times 24 - 2 \times 10.8 = 290.4 \text{mm}$

$\quad \therefore b_n = 290.4 \text{mm} (\text{최소값})$

$\quad \therefore A_n = b_n t = 290.4 \times 13 = 3775.2 \text{mm}^2$

19 ㉮ 단순 지지보의 최소두께

$\quad\quad h = \dfrac{l}{16} = \dfrac{6{,}000}{16} = 375 \text{mm}$

$\quad$ ㉯ $f_y \neq 400 \text{MPa}$ 인 경우 보정계수 적용

$\quad\quad$ 보정계수$(\alpha) = 0.43 + \dfrac{f_y}{700} = 0.43 + \dfrac{350}{700} = 0.93$

$\quad\quad \therefore h = 0.93 \times 375 = 348.75 \text{mm}$

20 바리뇽의 정리를 적용하여 보 상단에서 모멘트를 취
하면

$\quad f_y \times 5 A_s d = f_y \times 3 A_s \times 500 + f_y \times 2 A_s \times 350$

$\quad \therefore d = \dfrac{(3 \times 500) + (2 \times 350)}{5} = 440 \text{mm}$

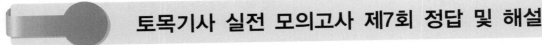

토목기사 실전 모의고사 제7회 정답 및 해설

01	02	03	04	05	06	07	08	09	10
③	②	②	②	④	④	④	①	④	③
11	12	13	14	15	16	17	18	19	20
④	①	④	④	④	①	④	④	④	③

1 흙에 접하여 콘크리트를 친 후 영구적으로 흙에 묻혀 있는 콘크리트 : 75mm

2 압축측 연단에서 콘크리트의 극한변형률은 0.0033 으로 가정한다.

3 $M_u = 1.4 M_D = 1.4 \times 200 = 280 \text{kN} \cdot \text{m}$
$M_u = 1.2 M_D + 1.6 M_L = 1.2 \times 200 + 1.6 \times 400 = 880 \text{kN} \cdot \text{m}$
$\therefore M_u = 880 \text{kN} \cdot \text{m}$ (큰 값)

4 $\rho_b = \eta(0.85\beta_1)\left(\dfrac{f_{ck}}{f_y}\right)\left(\dfrac{660}{660+f_y}\right)$
$= 1.0 \times 0.85 \times 0.80 \times \dfrac{29}{300} \times \left(\dfrac{660}{660+300}\right) = 0.045$

5 $a = \dfrac{f_y A_s}{\eta(0.85 f_{ck})b} = \dfrac{350 \times 1,548}{1.0 \times 0.85 \times 28 \times 300} = 75.88 \text{mm}$
$c = \dfrac{a}{\beta_1} = \dfrac{75.88}{0.80} = 94.85 \text{mm}$
$\therefore \varepsilon_t = \left(\dfrac{d_t - c}{c}\right)\varepsilon_{cu} = \left(\dfrac{450 - 94.85}{94.85}\right) \times 0.0033 = 0.012$

6 $A_{sf} = \dfrac{\eta(0.85 f_{ck})t_f(b-b_w)}{f_y}$
$= \dfrac{1.0 \times 0.85 \times 21 \times 100 \times (800-200)}{400} = 2677.5 \text{mm}^2$

7 $V_u \le \dfrac{1}{2}\phi V_c = \dfrac{1}{2}\phi\left(\dfrac{1}{6}\lambda\sqrt{f_{ck}}\,b_w d\right)$
$\therefore d = \dfrac{12 V_u}{\phi\lambda\sqrt{f_{ck}}\,b_w}$
$= \dfrac{12 \times 108,000}{0.75 \times 1.0\sqrt{24} \times 400} = 881.82 \text{mm}$

8 $V_u \le \dfrac{1}{2}\phi V_c = \dfrac{1}{2}\phi\left(\dfrac{1}{6}\lambda\sqrt{f_{ck}}\,b_w d\right)$
$\therefore b_w d = \dfrac{12 V_u}{\phi\lambda\sqrt{f_{ck}}}$
$= \dfrac{12 \times 50,000}{0.75 \times 1.0\sqrt{28}} = 151,186 \text{mm}^2$

9 $T_{cr} = 0.33\sqrt{f_{ck}}\left(\dfrac{A_{cp}^{\,2}}{p_{cp}}\right)$
$= 0.33 \times \sqrt{28} \times \dfrac{(250 \times 500)^2}{2 \times (500+250)}$
$= 18,189,540 \text{N} \cdot \text{mm} = 18.2 \text{kN} \cdot \text{m}$

10 $l_{db} = \dfrac{0.25 d_b f_y}{\lambda\sqrt{f_{ck}}}$
$= \dfrac{0.25 \times 28.6 \times 350}{1.0\sqrt{28}}$
$= 472.93 \text{mm} \ge 0.043 d_b f_y$
$\therefore l_{db} \fallingdotseq 473 \text{mm}$ (큰 값)
여기서, $0.043 d_b f_y = 0.043 \times 28.6 \times 350 = 430.43 \text{mm}$

11 $\lambda_\Delta = \dfrac{\xi}{1+50\rho'} = \dfrac{2.0}{1+50 \times 0.01} = 1.3333$

12 ㉮ $16 d_b = 16 \times 31.8 = 508.8 \text{mm}$
㉯ $48 \times$ 띠철근지름 $= 48 \times 9.5 = 456 \text{mm}$
㉰ 400mm
$\therefore 400 \text{mm}$ (최소값)

13 모든 하중은 연직하중으로서 슬래브판 전체에 등분 포되어야 한다.

14 뒷부벽식 옹벽의 뒷부벽은 T형보의 복부로 보고 설계한다.

15 $u = \dfrac{8Ps}{l^2} = \dfrac{8 \times 1,400 \times 0.4}{18^2} = 13.83 \text{kN/m}$

16 $\Delta f_p = E_p \varepsilon_p = E_p \dfrac{\Delta l}{l}$
$= 200,000 \times \dfrac{0.4}{2,000} = 40 \text{MPa}$

17 ㉮ $M = \dfrac{wl^2}{8} = \dfrac{27 \times 18^2}{8} = 1093.5 \text{kN} \cdot \text{m}$
㉯ $Z = \dfrac{I}{y} = \dfrac{bh^2}{6} = \dfrac{0.55 \times 0.85^2}{6} = 0.0662 \text{m}^3$

㉲ $f = \dfrac{P}{A} \mp \dfrac{Pe}{I} y \pm \dfrac{M}{I} y$ 일 때

㉠ $f_{\text{상}} = \dfrac{P}{A} - \dfrac{Pe}{Z} + \dfrac{M}{Z}$

$= \dfrac{3,300}{0.55 \times 0.85} - \dfrac{3,300 \times 250}{0.0662} + \dfrac{1093.5}{0.0662}$

$= 11114.7\text{kPa} \fallingdotseq 11.11\text{MPa}$

㉡ $f_{\text{하}} = \dfrac{P}{A} + \dfrac{Pe}{Z} - \dfrac{M}{Z}$

$= \dfrac{3,300}{0.55 \times 0.85} + \dfrac{3,300 \times 250}{0.0662} - \dfrac{1093.5}{0.0662}$

$= 3010.48\text{kPa} \fallingdotseq 3\text{MPa}$

18 $M = \dfrac{wl^2}{8} = \dfrac{40 \times 8^2}{8} = 320\text{kN} \cdot \text{m}$

$f = \dfrac{P}{A} - \dfrac{M}{I} y = \dfrac{P}{bh} - \dfrac{6M}{bh^2} = 0$

$\therefore P = \dfrac{6M}{h} = \dfrac{6 \times 320}{0.5} = 3,840\text{kN}$

19 강구조 연결설계기준(허용응력설계법)

리벳의 지름(mm)	리벳구멍의 지름(mm)
$\phi < 20$	$d = \phi + 1.0$
$\phi \geq 20$	$d = \phi + 1.5$

∴ 리벳구멍의 지름(d) $= \phi + 1.5 = 22 + 1.5 = 23.5\text{mm}$

20 $w = d - \dfrac{p^2}{4g} = 24 - \dfrac{65^2}{4 \times 80} = 10.8\text{mm}$

㉮ $b_n = 360 - 2 \times 24 = 312\text{mm}$

㉯ $b_n = 360 - 24 - 10.8 - 24 = 301.2\text{mm}$

㉰ $b_n = 360 - 2 \times 24 - 2 \times 10.8 = 290.4\text{mm}$

∴ $b_n = 290.4\text{mm}$(최소값)

∴ $A_n = b_n t = 290.4 \times 13 = 3775.2\text{mm}^2$

토목기사 실전 모의고사 제8회 정답 및 해설

01	02	03	04	05	06	07	08	09	10
④	②	①	②	④	②	③	④	①	④
11	12	13	14	15	16	17	18	19	20
②	④	④	②	②	②	③	①	④	③

1 철근의 탄성계수 $= n \times$ 콘크리트 탄성계수
즉, $E_s = nE_c$(n값 : 6~8), 철근탄성계수가 콘크리트 탄성계수의 약 7배 크다.

2 부재가 받는 하중의 종류에 따라 강도감소계수를 달리 적용하며, 하중조합에 따라 하중계수를 달리 적용하여 하중특성을 반영한다.

3 $w_u = 1.4 w_D = 1.4 \times 10 = 14\text{kN/m}$

$w_u = 1.2 w_D + 1.6 w_L = 1.2 \times 10 + 1.6 \times 15 = 36\text{kN/m}$

$\therefore w_u = 36\text{kN/m}$(큰 값)

$\therefore M_u = \dfrac{w_u l^2}{8} = \dfrac{36 \times 10^2}{8} = 450\text{kN} \cdot \text{m}$

4 $\beta_1 = 0.80 (f_{ck} \leq 40\text{MPa}$일 때)

$\rho_b = \eta(0.85\beta_1)\left(\dfrac{f_{ck}}{f_y}\right)\left(\dfrac{660}{660 + f_y}\right)$

$= 1.0 \times 0.85 \times 0.80 \times \dfrac{35}{300} \times \left(\dfrac{660}{660 + 300}\right) = 0.0545$

$\therefore A_s = \rho_b b d$

$= 0.0545 \times 300 \times 450 = 7357.5\text{mm}^2$

5 ㉮ $16t + b_w = 16 \times 100 + 400 = 2,000\text{mm}$

㉯ 슬래브 중심 간 거리(b_c) $= 2,100$

㉰ $\dfrac{1}{4} l = \dfrac{10,000}{4} = 2,500\text{mm}$

∴ 플랜지의 유효폭(b_e) $= 2,000\text{mm}$(가장 작은 값)

6 $a = \dfrac{(A_s - A_s{}')f_y}{\eta(0.85f_{ck})b} = \dfrac{(4,500 - 2,200) \times 300}{1.0 \times 0.85 \times 21 \times 300} = 129\text{mm}$

$c = \dfrac{a}{\beta_1} = \dfrac{129}{0.80} = 161.3\text{mm}$

$\varepsilon_t = \varepsilon_{cu}\left(\dfrac{d_t - c}{c}\right) = 0.0033 \times \left(\dfrac{550 - 161.3}{161.3}\right) = 0.008$

따라서 $f_y \leq 400\text{MPa}$, $\varepsilon_t > 0.005$이므로

$\phi = 0.85$(인장지배 단면)

$$\therefore\ M_d = \phi M_n$$
$$= \phi\left[f_y(A_s - A_s')\left(d - \frac{a}{2}\right) + f_y A_s'(d - d')\right]$$
$$= 0.85 \times \left[300 \times (4,500 - 2,200) \times \left(550 - \frac{129}{2}\right)\right.$$
$$\left. + 300 \times 2,200 \times (550 - 50)\right] \times 10^{-6}$$
$$= 565.3\,\mathrm{kN \cdot m}$$

7 $\dfrac{V_u d}{M_u} = \dfrac{100 \times 0.6}{300} = 0.2 \le 1\,(\mathrm{O.K})$

㉮ $0.29\sqrt{f_{ck}}\,b_w d = 0.29\sqrt{24} \times 350 \times 600 \times 10^{-3}$
$$= 298.35\,\mathrm{kN}$$

㉯ $V_c = \left(0.16\lambda\sqrt{f_{ck}} + 17.6\rho_w \dfrac{V_u d}{M_u}\right) b_w d$
$$= (0.16 \times 1.0\sqrt{24} + 17.6 \times 0.016 \times 0.2)$$
$$\times 350 \times 600 \times 10^{-3}$$
$$= 176.43\,\mathrm{kN} < 298.35\,\mathrm{kN}\,(\mathrm{O.K})$$

8 $V_u \le \phi V_c = \phi\left(\dfrac{1}{6}\lambda\sqrt{f_{ck}}\,b_w d\right)$

$\therefore\ b_w d = \dfrac{6V_u}{\phi\lambda\sqrt{f_{ck}}} = \dfrac{6 \times 75,000}{0.75 \times 1.0\sqrt{28}} = 113389.3\,\mathrm{mm}^2$

9 $\dfrac{1}{3}\sqrt{f_{ck}}\,b_w d = \dfrac{1}{3} \times \sqrt{21} \times 400 \times 560 = 342.2\,\mathrm{kN}$

㉮ $\dfrac{d}{4} = 140\,\mathrm{mm}$

㉯ $300\,\mathrm{mm}$

㉰ $s = \dfrac{d}{V_s} A_v f_y = \dfrac{560}{400 \times 10^3} \times 700 \times 350 = 343\,\mathrm{mm}$

따라서 $V_s > \dfrac{1}{3}\sqrt{f_{ck}}\,b_w d$ 이므로 수직스터럽간격은 이 중 작은 값인 140mm를 사용한다.

10 $l_{db} = \dfrac{0.6 d_b f_y}{\lambda\sqrt{f_{ck}}} = \dfrac{0.6 \times 28.6 \times 350}{1.0\sqrt{21}} = 1310.62\,\mathrm{mm}$

11 $\lambda_\Delta = \dfrac{\xi}{1 + 50\rho'} = \dfrac{1.2}{1 + 50 \times 0.01} = 0.8$

$\therefore\ \delta_t = \delta_i + \delta_l = \delta_i + \delta_i\lambda_\Delta = \delta_i(1 + \lambda_\Delta)$
$$= 20 \times (1 + 0.8) = 36\,\mathrm{mm}$$

12 $P_d = \phi P_n = \phi\alpha P_n'$
$$= 0.70 \times 0.85(0.85 f_{ck} A_c + f_y A_{st})$$
$$= 0.70 \times 0.85 \times \left[0.85 \times 27 \times \left(\dfrac{\pi \times 450^2}{4} - 3,096\right)\right.$$
$$\left. + 350 \times 3,096\right]$$
$$= 2,773,183\,\mathrm{MPa \cdot mm}^2 = 2,773\,\mathrm{kN}$$

13 연속한 기둥 중심선으로부터 기둥의 이탈은 이탈방향 경간의 최대 10%까지 허용할 수 있다.

[참고] 2방향 슬래브의 직접설계법의 제한사항

㉮ 각 방향으로 3경간 이상이 연속되어야 한다.

㉯ 슬래브 판들은 단변경간에 대한 장변경간의 비가 2 이하인 직사각형이어야 한다.

㉰ 각 방향으로 연속된 받침부 중심 간 경간길이의 차는 긴 경간의 1/3 이하이어야 한다.

㉱ 연속한 기둥 중심선으로부터 기둥의 이탈은 이탈방향 경간의 최대 10%까지 허용한다.

㉲ 모든 하중은 연직하중으로서 슬래브판 전체에 등분포되는 것으로 간주한다. 활하중은 고정하중의 2배 이하이어야 한다.

14 부벽식 옹벽의 추가 철근은 전면벽에 지지된 캔틸레버로 설계해야 한다.

15 $P_e = 1,800 \times 0.7 = 1,260\,\mathrm{kN}$

$\therefore\ M = \dfrac{P_e h}{6} = \dfrac{1,260 \times 0.6}{6} = 126\,\mathrm{kN \cdot m}$

16 $\Delta f_p = n f_{ci} = n\dfrac{P_i}{A_c}$
$$= 6 \times \dfrac{150 \times 4 \times 1,000}{300 \times 400} = 30\,\mathrm{MPa}$$

17 $u = \dfrac{8Ps}{l^2} = \dfrac{8 \times 2,500 \times 0.35}{25^2} = 11.2\,\mathrm{kN/m}$

$\therefore$ 순하향 하중 $= w - u = 40 - 11.2 = 28.8\,\mathrm{kN/m}$

18 ㉮ 집중하중 120kN에 의한
$$M_{c1} = R_A \times 3 = 80 \times 3 = 240\,\mathrm{kN \cdot m}$$

여기서, $R_A = \dfrac{120 \times 6}{9} = 80\,\mathrm{kN}$

㉯ 긴장력에 의한 상향력모멘트
$$M_{c2} = -1,000\,\mathrm{kN} \times 0.15 = -150\,\mathrm{kN \cdot m}$$

$\therefore\ M_c = 240 - 150 = 90\,\mathrm{kN \cdot m}$

19 $a = 0.70s = 0.70 \times 12 = 8.4\,\mathrm{mm}$
$$l_e = 2(l - 2s) = 2 \times (250 - 2 \times 12) = 452\,\mathrm{mm}$$

$\therefore\ f = \dfrac{P}{\sum a l_e} = \dfrac{300,000}{8.4 \times 452} = 79.01\,\mathrm{MPa}$

20 $w = d - \dfrac{p^2}{4g} = 25 - \dfrac{60^2}{4 \times 50} = 7\,\mathrm{mm}$

㉮ $b_n = b_g - d = 50 \times 5 - 25 = 225\,\mathrm{mm}$

㉯ $b_n = b_g - d - 3w = 50 \times 5 - 25 - 3 \times 7 = 204\,\mathrm{mm}$

$\therefore\ b_n = 204\,\mathrm{mm}$(최소값)

토목기사 실전 모의고사 제9회 정답 및 해설

01	02	03	04	05	06	07	08	09	10
③	④	④	③	③	①	①	②	③	③
11	12	13	14	15	16	17	18	19	20
③	③	③	②	①	①	①	①	③	④

1 흙에 접하거나 외기에 노출되는 콘크리트의 피복두께
㉮ D19 이상의 철근 : 50mm
㉯ D16 이하 : 40mm

2 압축지배 단면인 띠철근부재 : $\phi = 0.65$

3 $\varepsilon_t = \varepsilon_{cu} \left(\dfrac{d_t - c}{c} \right) = 0.0033 \times \left(\dfrac{450 - 180}{180} \right)$

$= 0.00495 < 0.005$ 이므로 변화구간 단면이다.

$\therefore \phi = 0.65 + 0.2 \left(\dfrac{\varepsilon_t - \varepsilon_y}{0.005 - \varepsilon_y} \right)$

$= 0.65 + 0.2 \times \left(\dfrac{0.00495 - 0.002}{0.005 - 0.002} \right) = 0.847$

4 $a = \dfrac{f_y A_s}{\eta(0.85 f_{ck})b} = \dfrac{300 \times 1,500}{1.0 \times 0.85 \times 21 \times 300} = 84\text{mm}$

5 $a = \dfrac{(A_s - A_s')f_y}{\eta(0.85 f_{ck})b} = \dfrac{(4,790 - 1,916) \times 300}{1.0 \times 0.85 \times 24 \times 280} = 150.95\text{mm}$

6 $a = \dfrac{(A_s - A_s')f_y}{\eta(0.85 f_{ck})b} = \dfrac{(5,730 - 1,980) \times 350}{1.0 \times 0.85 \times 24 \times 350} = 184\text{mm}$

$\therefore M_n = f_y (A_s - A_s') \left(d - \dfrac{a}{2} \right) + f_y A_s'(d - d')$

$= 350 \times (5,730 - 1,980) \times \left(550 - \dfrac{184}{2} \right)$

$+ 350 \times 1,980 \times (550 - 50) \times 10^{-6}$

$= 947.63 \text{kN} \cdot \text{m}$

7 철근의 설계기준항복강도
㉮ 휨철근 : 600MPa
㉯ 전단철근 : 500MPa

8 횡방향 비틀림철근의 간격은 $p_h/8$ 보다 작아야 하고, 300mm보다 작아야 한다.

9 ㉮ $V_u = \phi(V_c + V_s)$

$V_s = \dfrac{V_u}{\phi} - V_c = \dfrac{200}{0.75} - 98 = 168.6\text{kN}$

여기서, $V_c = \dfrac{1}{6} \sqrt{f_{ck}}\, b_w d$

$= \dfrac{1}{6} \sqrt{24} \times 300 \times 400$

$= 97979.59\text{N} = 98\text{kN}$

㉯ $\dfrac{1}{3} \sqrt{f_{ck}}\, b_w d = \dfrac{1}{3} \times \sqrt{24} \times 300 \times 400 = 196\text{kN}$

㉰ $V_s \leq \dfrac{1}{3} \sqrt{f_{ck}}\, b_w d$ 이므로 스터럽간격은 3가지 값 중에서 최소값이다.

$\left[\dfrac{d}{2} \text{ 이하, } 600\text{mm 이하, } s = \dfrac{A_v f_y d}{V_s} \right]_{\min}$

$= \left[\dfrac{400}{2}, \ 600\text{mm}, \ \dfrac{127 \times 2 \times 350 \times 400}{189.8 \times 10^3} \right]_{\min}$

$= 200\text{mm}$

10 ㉮ 전체 철근 중에서 겹침이음된 철근량이 1/2 이하인 경우 : A급 이음
㉯ A급 이음이 아닌 경우 : B급 이음

11 $M_{cr} = \dfrac{I_g}{y_t} f_r = \dfrac{I_g}{y_t} \left(0.63 \lambda \sqrt{f_{ck}} \right)$

$= \dfrac{\dfrac{1}{12} \times 300 \times 500^3}{250} \times 0.63 \times 1.0 \sqrt{21}$

$= 36,087,784\text{N} \cdot \text{mm}$

$= 36.1\text{kN} \cdot \text{m}$

12 $s = \dfrac{4 A_s}{D_c \rho_s}$

$= \dfrac{4 A_s}{D_c \left[0.45 \left(\dfrac{D^2}{D_c^{\ 2}} - 1 \right) \dfrac{f_{ck}}{f_y} \right]}$

$= \dfrac{4 \times 71.3}{300 \times 0.45 \times \left(\dfrac{400^2}{300^2} - 1 \right) \times \dfrac{24}{400}}$

$= 45.3\text{mm}$

13 $q_u = \dfrac{P}{A} = \dfrac{1,500}{2.5 \times 2.5} = 240\text{kN/m}^2$

$B = t + d = 0.55 + 0.55 = 1.1\text{m}$

$\therefore V_u = q_u(SL - B^2)$
$= 240 \times (2.5 \times 2.5 - 1.1^2) = 1209.6\text{kN}$

14 ㉮ 뒷부벽 : T형보로 설계(인장철근)
㉯ 앞부벽 : 직사각형 보로 설계(압축철근)

15 $P_e = fA = E\varepsilon A$
$= 26,000 \times 3.5 \times 10^{-4} \times 150,000$
$= 1,365,000\text{N} = 1,365\text{kN}$

$P_e = 0.85 P_i$

$\therefore P_i = \dfrac{P_e}{0.85} = \dfrac{1,365}{0.85} = 1605.88\text{kN}$

16 $w = w_d + w_l$
$= (25 \times 0.4 \times 0.9) + 18 = 27\text{kN/m}$

$M = \dfrac{wl^2}{8} = \dfrac{27 \times 20^2}{8} = 1,350\text{kN·m}$

$\therefore f_c = \dfrac{P}{A} - \dfrac{Pe}{I}y + \dfrac{M}{I}y$

$= \dfrac{3,375}{0.4 \times 0.9} - \dfrac{12 \times 3,375 \times 0.25}{0.4 \times 0.9^3} \times 0.45$

$+ \dfrac{12 \times 1,350}{0.4 \times 0.9^3} \times 0.45$

$= 18,750\text{kN/m}^2 = 18.75\text{MPa}$

17 ㉮ 도입 시 손실(즉시 손실) : 탄성변형, 마찰(포스트 텐션), 활동
㉯ 도입 후 손실(시간적 손실) : 건조수축, 크리프, 릴 랙세이션

18 $M = Ps = \dfrac{ul^2}{8}$

$\therefore P = \dfrac{ul^2}{8s} = \dfrac{40 \times 8^2}{8 \times 0.15} = 2133.33\text{kN}$

19 ㉮ $b_n = b_g - 2d = 200 - 2 \times 25 = 150\text{mm}$

㉯ $b_n = b_g - d - \left(d - \dfrac{p^2}{4g}\right)$

$= 200 - 25 - \left(25 - \dfrac{40^2}{4 \times 50}\right) = 158\text{mm}$

㉰ $b_n = b_g - d - 2\left(d - \dfrac{p^2}{4g}\right)$

$= 200 - 25 - 2\left(25 - \dfrac{40^2}{4 \times 50}\right) = 141\text{mm}$

$\therefore b_n = 141\text{mm}(\text{최소값})$

20 $a = 0.70s = 0.70 \times 9 = 6.3\text{mm}$

$l_e = 2(l - 2s) = 2 \times (200 - 2 \times 9) = 364\text{mm}$

$\therefore f = \dfrac{P}{\sum a l_e} = \dfrac{250,000}{6.3 \times 364} = 109.02\text{MPa}$

토목산업기사 실전 모의고사 제1회 정답 및 해설

01	02	03	04	05	06	07	08	09	10
②	②	②	②	③	③	④	④	④	②

1 $U = 1.2D + 1.6L(\text{기본하중조합}) = 1.2 \times 30 + 1.6 \times 50$
$= 116\text{kN/m}$

2 $a = \dfrac{A_s f_y}{\eta(0.85 f_{ck})b} = \dfrac{2,000 \times 350}{1.0 \times 0.85 \times 28 \times 600} = 49\text{mm}$

3 $a = \dfrac{f_y(A_s - A_s{}')}{\eta(0.85 f_{ck})b} = \dfrac{350 \times (4,765 - 1,927)}{1.0 \times 0.85 \times 28 \times 300} = 139.1\text{mm}$

4 $V_u \leq \dfrac{1}{2}\phi V_c$(전단철근 불필요)

$V_u = \dfrac{1}{2}\phi\left(\dfrac{1}{6}\lambda\sqrt{f_{ck}}\,b_w d\right)$

$\therefore d = \dfrac{2 \times 6 V_u}{\phi\lambda\sqrt{f_{ck}}\,b_w} = \dfrac{2 \times 6 \times 50,000}{0.75 \times 1.0\sqrt{22} \times 350} = 487.3\text{mm}$

5 ㉮ $P_s = \tau_a \dfrac{\pi d^2}{4} = 75 \times \dfrac{\pi \times 19^2}{4} = 21,254\text{N}$

$P_b = \sigma_b dt = 150 \times 19 \times 10 = 28,500\text{N}$

$\therefore$ 리벳값 $= 21,254\text{N}(\text{최소값})$

㉯ $n = \dfrac{400}{21.25} = 18.8 \fallingdotseq 19$개

6 $P_n = \alpha[0.85 f_{ck}(A_g - A_{st}) + f_y A_{st}]$
$= 0.80 \times [0.85 \times 24 \times (400 \times 400 - 2,027)$
$+ 300 \times 2,027]$
$= 3,064,599\text{N} = 3064.6\text{kN}$

7 $u = \dfrac{8Ps}{l^2} = \dfrac{8 \times 3,000 \times 0.1}{12^2} = 16.7\text{kN/m}$

8 ㉮ 뒷부벽 : T형보
　　㉯ 앞부벽 : 직사각형 보

9 프리스트레스 손실원인
　㉮ 도입 시 손실
　　• 콘크리트의 탄성변형
　　• PS강선과 시스의 마찰
　　• 정착장치의 활동

㉯ 도입 후 손실
　• 콘크리트의 건조수축
　• 콘크리트의 크리프
　• PS강선의 릴랙세이션

10 $a = 0.7S_1$

토목산업기사 실전 모의고사 제2회 정답 및 해설

01	02	03	04	05	06	07	08	09	10
③	③	③	②	①	③	④	②	④	④

1 콘크리트의 극한변형률 $\varepsilon_{cu} = 0.0033$으로 가정

2 $\rho_b = \eta(0.85\beta_1)\left(\dfrac{f_{ck}}{f_y}\right)\left(\dfrac{660}{660+f_y}\right)$

$= 1.0 \times 0.85 \times 0.80 \times \dfrac{28}{400} \times \left(\dfrac{660}{660+400}\right) = 0.0296$

3 $M_{cr} = \dfrac{I_g}{y_t} f_r = \dfrac{8,100 \times 10^6}{300} \times 3.09$

$= 83,430,000 \text{N} \cdot \text{mm} = 83.4 \text{kN} \cdot \text{m}$

여기서, $I_g = \dfrac{450 \times 600^3}{12} = 8,100 \times 10^6 \text{mm}^4$

4 $V_u \leq \dfrac{1}{2}\phi V_c$(전단철근 배치 불필요)

$\therefore V_u = \dfrac{1}{2}\phi\left(\dfrac{1}{6}\lambda\sqrt{f_{ck}}\, b_w\, d\right)$

$= \dfrac{1}{2} \times 0.75 \times \dfrac{1}{6} \times 1.0\sqrt{21} \times 300 \times 500$

$= 42961.6 \text{N} \fallingdotseq 43.0 \text{kN}$

5 기본정착길이

㉮ 인장이형철근 : $l_{db} = \dfrac{0.6d_b f_y}{\lambda\sqrt{f_{ck}}}$

㉯ 압축이형철근 : $l_{db} = \dfrac{0.25d_b f_y}{\lambda\sqrt{f_{ck}}} \geq 0.043d_b f_y$

㉰ 표준 갈고리에 의한 정착 : $l_{hb} = \dfrac{0.24\beta d_b f_y}{\lambda\sqrt{f_{ck}}}$

6 $f = \dfrac{P}{\sum a l_e} = \dfrac{400 \times 10^3}{10 \times 200} = 200 \text{N/mm}^2 = 200 \text{MPa}$

7 ④의 경우 활하중은 고정하중의 2배 이하이어야 한다.

8 프리스트레스 손실원인
　㉮ 도입 시 손실
　　• 콘크리트의 탄성변형
　　• PS강선과 시스의 마찰
　　• 정착장치의 활동
　㉯ 도입 후 손실
　　• 콘크리트의 건조수축
　　• 콘크리트의 크리프
　　• PS강선의 릴랙세이션

9 $M = \dfrac{wl^2}{8} = \dfrac{40 \times 8^2}{8} = 320 \text{kN} \cdot \text{m}$

$f = \dfrac{P}{A} - \dfrac{M}{I}y = \dfrac{P}{bh} - \dfrac{6M}{bh^2} = 0$

$\therefore P = \dfrac{6M}{h} = \dfrac{6 \times 320}{0.5} = 3,840 \text{kN}$

10 $n = \dfrac{P}{2\rho} = \dfrac{240}{2 \times 56} = 7.5 \fallingdotseq 8$개

토목산업기사 실전 모의고사 제3회 정답 및 해설

01	02	03	04	05	06	07	08	09	10
①	②	③	②	①	④	③	①	③	①

1 ①의 경우는 하중계수를 사용하는 이유이다.

2 대칭 T형보의 플랜지 유효폭

    ㉮ $16t + b_w = 16 \times 100 + 400 = 2,000\,\text{mm}$

    ㉯ 슬래브 중심 간의 거리 $= 3,000\,\text{mm}$

    ㉰ 보의 경간 $\times \dfrac{1}{4} = \dfrac{6,000}{4} = 1,500\,\text{mm}$

    $\therefore\ b_e = 1,500\,\text{mm}(최소값)$

3 $f_{ck} \le 40\,\text{MPa}$이면 $\beta_1 = 0.80$

$$\rho_b = \eta(0.85\beta_1)\left(\frac{f_{ck}}{f_y}\right)\left(\frac{660}{660+f_y}\right)$$

$$= 1.0 \times 0.85 \times 0.80 \times \frac{21}{240} \times \left(\frac{660}{660+240}\right) = 0.0436$$

$$\therefore\ A_{sb} = \rho_b b_w d = 0.0436 \times 300 \times 700 = 9,156\,\text{mm}^2$$

4 $V_c = \dfrac{1}{6}\lambda\sqrt{f_{ck}}\,b_w d = \dfrac{1}{6} \times 1.0\sqrt{28} \times 300 \times 450$

    $= 119.06 \times 10^3\,\text{N} = 119.06\,\text{kN}$

5 $h = \dfrac{l}{8} = \dfrac{8,000}{8} = 1,000\,\text{mm}$

6 ㉮ 앞부벽식 옹벽 : 직사각형 보

    ㉯ 뒷부벽식 옹벽 : T형보

7 ③은 도입 후 손실(시간적 손실)이다.

8 $\Delta f_p = n f_{ci} = n\left(\dfrac{P_i}{A_c} + \dfrac{P_i e_p}{I} e_p\right)$

$$= 7 \times \left(\frac{250 \times 10^3}{300 \times 500} + \frac{12 \times 250 \times 10^3 \times 150}{300 \times 500^3} \times 150\right)$$

$$= 24.3\,\text{MPa}$$

9 $w = d - \dfrac{p^2}{4g} = 25 - \dfrac{60^2}{4 \times 50} = 7\,\text{mm}$

    ㉮ $b_n = b_g - d = 50 \times 5 - 25 = 225\,\text{mm}$

    ㉯ $b_n = b_g - d - 3w = 50 \times 5 - 25 - 3 \times 7 = 204\,\text{mm}$

    $\therefore\ b_n = 204\,\text{mm}(최소값)$

10 $l_e = l\sin\theta = 300 \times \sin 30° = 150\,\text{mm}$

토목산업기사 실전 모의고사 제4회 정답 및 해설

01	02	03	04	05	06	07	08	09	10
②	③	②	④	②	④	②	④	①	②

1 $P_n = \alpha P_n'$

    $= 0.85\{0.85 f_{ck}(A_g - A_{st}) + f_y A_{st}\}$

    $= 0.85 \times \{0.85 \times 22 \times (160,000 - 4,765)$

    $+ 350 \times 4,765\}$

    $= 3,885,047\,\text{N} = 3,885\,\text{kN}$

2 $f = \dfrac{P}{\sum a l_e} = \dfrac{400 \times 10^3}{200 \times 10} = 200\,\text{MPa}$

3 $f_{ck} \ge 60\,\text{MPa}$일 때 $\beta_1 = 0.76$이다.

4 전단철근으로 사용하는 스터럽과 기타 철근 또는 철선은 콘크리트압축연단부터 거리 d만큼 연장하여야 한다.

5 PS강재와 시스 사이 마찰(파상, 곡률) 근사식 적용 조건

    ㉮ $l < 40\,\text{m}$

    ㉯ $\alpha < 30\,\text{rad}$

    ㉰ $K l_{px} + \mu_p \alpha_{px} \le 0.3$

6

$a = \dfrac{f_y A_s}{\eta(0.85 f_{ck})b} = \dfrac{500 \times 1,520}{1.0 \times 0.85 \times 30 \times 200} = 149.01\text{mm}$

$f_{ck} \le 40\text{MPa}$이므로 $\beta_1 = 0.80$

$a = \beta_1 c$

$\therefore c = \dfrac{a}{\beta_1} = \dfrac{149.01}{0.80} = 186.3\text{mm}$

7

$\rho_b = \eta(0.85\beta_1)\left(\dfrac{f_{ck}}{f_y}\right)\left(\dfrac{660}{660+f_y}\right)$

$\quad = 1.0 \times 0.85 \times 0.80 \times \dfrac{21}{300} \times \left(\dfrac{660}{660+300}\right) = 0.033$

8
㉮ 뒷부벽 : T형보로 설계(인장철근)
㉯ 앞부벽 : 직사각형 보로 설계(압축철근)
[암기] 앞·직, 뒷·티

9 처짐을 계산하지 않는 경우 슬래브 최소두께(단, $f_y =$ 400MPa인 경우)

부재	최소두께(h)	
	캔틸레버 지지	단순 지지
• 1방향 슬래브	$l/10$	$l/20$
• 보 • 리브가 있는 1방향 슬래브	$l/8$	$l/16$

10 프리스트레스 손실원인
㉮ 도입 시 손실
• 콘크리트의 탄성변형
• PS강선과 시스의 마찰
• 정착장치의 활동
㉯ 도입 후 손실
• 콘크리트의 건조수축
• 콘크리트의 크리프
• PS강선의 릴랙세이션

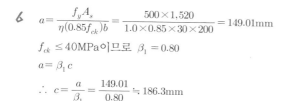

토목산업기사 실전 모의고사 제5회 정답 및 해설

01	02	03	04	05	06	07	08	09	10
③	④	②	①	②	②	④	②	①	②

1

$\rho = v_a \times 2(\text{복전단}) = 48 \times 2 = 96\text{kN}$

$\therefore n = \dfrac{P}{\rho} = \dfrac{560}{96} = 5.83 = 6$개

2

$P_n = 0.85[0.85 f_{ck}(A_g - A_{st}) + f_y A_{st}]$

$\quad = 0.85 \times [0.85 \times 24 \times (180,000 - 4,500) + 350 \times 4,500]$

$\quad = 4,381,920\text{N} = 4381.9\text{kN}$

3 ②의 경우 1방향 슬래브는 단변을 경간으로 하고 폭이 1m인 보로 보고 설계한다.

4

$\lambda_\Delta = \dfrac{\xi}{1+50\rho'} = \dfrac{2.0}{1+50 \times 0.005} = 1.6$

장기처짐(δ_t) = 탄성처짐(δ_e) × λ_Δ

$\qquad\qquad = 30 \times 1.6 = 48\text{mm}$

$\therefore$ 총처짐(δ_t) = 탄성처짐(δ_e) + 장기처짐(δ_ℓ)

$\qquad\qquad = 30 + 48 = 78\text{mm}$

5 $\Delta f_p = n f_c = 6 \times 7 = 42\text{MPa}$

6

$a = \dfrac{f_y A_s}{\eta(0.85 f_{ck})b}$

$\quad = \dfrac{350 \times 2,000}{1.0 \times 0.85 \times 28 \times 600}$

$\quad = 49\text{mm}$

7 $f_{ck} \le 40\text{MPa}$이면 $\beta_1 = 0.80$이다.

8
㉮ $V_s \le \dfrac{1}{3}\sqrt{f_{ck}}\,b_w d$일 때 수직스터럽간격

$\quad = \left[\dfrac{d}{2} \text{ 이하, } 600\text{mm 이하}\right]_{\min}$

㉯ $V_s > \dfrac{1}{3}\sqrt{f_{ck}}\,b_w d$일 때 수직스터럽간격

$\quad = \left[\dfrac{d}{4} \text{ 이하, } 300\text{mm 이하}\right]_{\min}$

$\dfrac{1}{3}\sqrt{f_{ck}}\,b_w d = \dfrac{1}{3} \times \sqrt{28} \times 400 \times 600 = 423\text{kN}$이므로 ㉮의 경우이다.

$\therefore \dfrac{d}{2} = \dfrac{600}{2} = 300\text{mm}$ 이하

9 $c = \left(\dfrac{660}{660+f_y}\right)d = \left(\dfrac{\varepsilon_{cu}}{\varepsilon_{cu}+\varepsilon_y}\right)d = \left(\dfrac{0.0033}{0.0033+\dfrac{f_y}{E_s}}\right)d$

10 필릿용접 목두께$(a) = S_1\sin 45°$

$\therefore\ a = S_1 \times \dfrac{1}{\sqrt{2}} = S_1 \times \dfrac{\sqrt{2}}{2} = S_1 \times 0.7$

토목산업기사 실전 모의고사 제6회 정답 및 해설

01	02	03	04	05	06	07	08	09	10
①	①	②	④	②	③	④	④	②	④

1 $E_c = 0.077 m_c^{1.5}\sqrt[3]{f_{cm}}$

$= 0.077 \times 2{,}300^{1.5} \times \sqrt[3]{f_{cm}}$

$\fallingdotseq 8{,}500\sqrt[3]{f_{cm}}\ [\text{MPa}]$

2 $V_c = \dfrac{1}{6}\lambda\sqrt{f_{ck}}\,b_w d$

3 ㉮ 뒷부벽 : T형보로 설계(인장철근)
　㉯ 앞부벽 : 직사각형 보로 설계(압축철근)
　[암기] 앞·직, 뒷·티

4 D : 복부(web)

5 PSC의 3대 개념
　㉮ 응력개념(탄성이론)
　㉯ 강도개념(RC와 동일)
　㉰ 하중평형개념

6 $w = d - \dfrac{p^2}{4g}$

7 $A_s = \rho_b bd = 0.0285 \times 300 \times 500 = 4{,}275\text{mm}^2$

8 압축지배 단면 중 나선철근의 강도감소계수 $\phi = 0.70$이다.

9 표피철근 : 부재 측면 균열제어의 목적으로 주철근위치부터 중립축까지 표면 근처에 배치하는 철근

10 활하중은 고정하중의 2배 이하이어야 한다.

토목산업기사 실전 모의고사 제7회 정답 및 해설

01	02	03	04	05	06	07	08	09	10
②	③	①	④	①	③	③	①	①	①

1 $f_{ck} \le 40\text{MPa}$이면 $\beta_1 = 0.80$이다.

2 $f_{ck} \le 40\text{MPa}$이면 $\beta_1 = 0.80$

$\therefore\ \rho_b = \eta(0.85\beta_1)\left(\dfrac{f_{ck}}{f_y}\right)\left(\dfrac{660}{660+f_y}\right)$

$= 1.0 \times 0.85 \times 0.80 \times \dfrac{24}{280} \times \left(\dfrac{660}{660+280}\right) = 0.041$

3 $V_c = \dfrac{1}{6}\lambda\sqrt{f_{ck}}\,b_w d = \dfrac{1}{6}\times 1.0\sqrt{28}\times 400 \times 600 = 211.7\text{kN}$

4 $A_s = \rho_b bd = 0.0285 \times 300 \times 500 = 4{,}275\text{mm}^2$

5 $\lambda_\Delta = \dfrac{\xi}{1+50\rho'} = \dfrac{2.0}{1+50\times 0.005} = 1.6$

장기처짐(δ_l) = 탄성처짐 $\times \lambda_\Delta$

$= 30 \times 1.6 = 48\text{mm}$

$\therefore$ 총처짐(δ_t)= 탄성처짐(δ_e)+장기처짐(δ_l)
$$=30+48=78\text{mm}$$

6 $l_{db}=\dfrac{0.6d_b f_y}{\lambda\sqrt{f_{ck}}}=\dfrac{0.6\times28.6\times400}{1.0\sqrt{28}}=1297.2\fallingdotseq1,300\text{mm}$

7 $h=\dfrac{l}{16}=\dfrac{10,000}{16}=625\text{mm}$

8 스터럽의 기능 : 수직 및 45° 이상 경사로 배치하며 전단균열을 방지한다.

9 $\Delta f_p=E_p\,\varepsilon_p=E_p\,\dfrac{\Delta l}{l}=200,000\times\dfrac{0.4}{2,000}=40\text{MPa}$

10 $a=0.7s=0.7\times10=7\text{mm}$

토목산업기사 실전 모의고사 제8회 정답 및 해설

01	02	03	04	05	06	07	08	09	10
④	①	①	②	②	①	①	②	②	③

1 강도설계법의 설계하중=계수하중=사용하중×하중계수

2 $c=\left(\dfrac{660}{660+f_y}\right)d=\dfrac{660}{660+300}\times600=412.5\text{mm}$

3 $a=\dfrac{f_y A_s}{\eta(0.85f_{ck})b}=\dfrac{400\times3,855}{1.0\times0.85\times28\times800}=81\text{mm}$

4 $V_s=\dfrac{d}{s}A_v f_y=\dfrac{600}{300}\times2\times127\times400$
$$=203,200\text{N}=203.2\text{kN}$$

5 전단철근의 종류
㉮ 주철근에 직각배치 스터럽(수직스터럽)
㉯ 주철근에 45° 또는 그 이상 경사스터럽
㉰ 주철근에 30° 또는 그 이상 굽힘철근
㉱ 스터럽과 굽힘철근의 병용
㉲ 부재축에 직각배치 용접철망

6 처짐을 계산하지 않는 경우 슬래브의 최소두께(단, $f_y=400\text{MPa}$인 경우)

부재	최소두께(h)	
	캔틸레버지지	단순 지지
• 1방향 슬래브	$l/10$	$l/20$
• 보 • 리브가 있는 1방향 슬래브	$l/8$	$l/16$

7 ㉮ $6t+b_w=6\times100+300=900\text{mm}$

㉯ $\dfrac{1}{12}l+b_w=\dfrac{1}{12}\times9,000+300=1,050\text{mm}$

㉰ $\dfrac{1}{2}b_n+b_w=\dfrac{1}{2}\times1,600+300=1,100\text{mm}$

$\therefore b_e=900\text{mm}$(최소값)

8 띠철근의 간격
㉮ 축방향 철근×16=31.8×16=508.8mm
㉯ 띠철근지름×48=9.5×48=456mm
㉰ 기둥 단면의 최소치수=500mm
$\therefore s=456\text{mm}$(최소값)

9 $\sum V=0$
$U=2F\sin\theta+2F\sin\theta=4F\sin\theta$

10 $b_g=b_1+b_2-t=150+150-12=288\text{mm}$

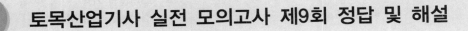

토목산업기사 실전 모의고사 제9회 정답 및 해설

01	02	03	04	05	06	07	08	09	10
④	③	①	③	①	①	①	②	①	③

1 $f_{ck} \leq 40\text{MPa}$이면 $\beta_1 = 0.80$이다.

2 $a = \dfrac{f_y A_s}{\eta(0.85 f_{ck})b} = \dfrac{300 \times 2,870}{1.0 \times 0.85 \times 21 \times 280} = 172.27\text{mm}$

$\therefore M_n = f_y A_s \left(d - \dfrac{a}{2} \right)$

$= 2,870 \times 300 \times \left(500 - \dfrac{172.27}{2} \right)$

$= 356,337,765\text{N} \cdot \text{mm} = 356.3\text{kN} \cdot \text{m}$

3 $M_n = CZ = TZ$

$C = T$

$\therefore T = f_y A_s = 350 \times 1,548 = 541,800\text{N} \fallingdotseq 542\text{kN}$

4 깊은 보에서 내부전단저항은 콘크리트의 경사압축대 (concrete compression strut)에 의해서만 저항할 수 있으며, 이런 한계상태를 아치거동(arch compression strut)이라고 한다. 또 깊은 보의 강도는 전단에 의해 지배된다.

5 ㉮ $l_{db} = \dfrac{0.6 d_b f_y}{\lambda \sqrt{f_{ck}}} = \dfrac{0.6 \times 28.6 \times 300}{1.0 \sqrt{21}} = 1123.4\text{mm}$

㉯ $l_d = l_{db} \times 보정계수 = 1123.4 \times 1.3 = 1460.4\text{mm}$

여기서, 보정계수$(\alpha) = 1.3$(철근배근위치계수)

6 수직스터럽간격은 $\left[\dfrac{d}{2} \text{ 이하, } 600\text{mm 이하} \right]$ 중 작은 값이다.

$\therefore \dfrac{d}{2} = \dfrac{500}{2} = 250\text{mm}$

7 $c = \left(\dfrac{660}{660 + f_y} \right) d = \left(\dfrac{\varepsilon_{cu}}{\varepsilon_{cu} + \varepsilon_y} \right) d = \left(\dfrac{0.0033}{0.0033 + \dfrac{f_y}{E_s}} \right) d$

8 긴장할 때 긴장재의 인장응력

$[0.8 f_{pu}, \ 0.94 f_{py}]_{\min}$

㉮ $0.8 \times 1,900 = 1,520\text{MPa}$

㉯ $0.94 \times 1,600 = 1,504\text{MPa}$

$\therefore 1,504\text{MPa}$(작은 값)

9 $M = \dfrac{wl^2}{8} = \dfrac{30 \times 8^2}{8} = 240\text{kN} \cdot \text{m}$

$f = \dfrac{P}{A} - \dfrac{M}{I} y = \dfrac{P}{bh} - \dfrac{6M}{bh^2} = 0$

$\therefore P = \dfrac{6M}{h} = \dfrac{6 \times 240}{0.8} = 1,800\text{kN}$

10 $f = \dfrac{P}{\sum a l_e} = \dfrac{400 \times 10^3}{200 \times 10} = 200\text{MPa}$

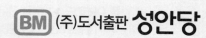

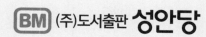

저 자 약 력

고영주

- 공학박사/기술사
- 현, (주)씨이비 대표
- 전, 신성대학교 드론스마트건설과 교수
- 전, 한국도로공사 근무

토목기사 · 산업기사 필기 완벽 대비

핵심시리즈④ 철근콘크리트 및 강구조

2019. 1. 11. 초 판 1쇄 발행
2025. 1. 22. 개정증보 6판 2쇄 발행

지은이 | 고영주
펴낸이 | 이종춘
펴낸곳 | BM ㈜도서출판 **성안당**

주소 | 04032 서울시 마포구 양화로 127 첨단빌딩 3층(출판기획 R&D 센터)
 | 10881 경기도 파주시 문발로 112 파주 출판 문화도시(제작 및 물류)

전화 | 02) 3142-0036
 | 031) 950-6300

팩스 | 031) 955-0510
등록 | 1973. 2. 1. 제406-2005-000046호
출판사 홈페이지 | www.cyber.co.kr
ISBN | 978-89-315-1164-2 (13530)
정가 | 24,000원

이 책을 만든 사람들

책임 | 최옥현
진행 | 이희영
교정 · 교열 | 문 황
전산편집 | 이다은
표지 디자인 | 박원석
홍보 | 김계향, 임진성, 김주승, 최정민
국제부 | 이선민, 조혜란
마케팅 | 구본철, 차정욱, 오영일, 나진호, 강호묵
마케팅 지원 | 장상범
제작 | 김유석

www.cyber.co.kr ★★★
성안당 Web 사이트